LEÇONS
DE GÉOMÉTRIE
ANALYTIQUE.

PARIS, IMP. DE FÉLIX LOCQUIN,
rue N.-D.-des-Victoires, 16.

LEÇONS
DE GÉOMÉTRIE
ANALYTIQUE,

COMPRENANT LA TRIGONOMÉTRIE RECTILIGNE ET SPHÉRIQUE, LES LIGNES ET LES SURFACES DES DEUX PREMIERS ORDRES;

PAR

LEFEBURE DE FOURCY,

CHEVALIER DE LA LÉGION-D'HONNEUR, SUPPLÉANT A LA FACULTÉ DES SCIENCES DE L'ACADÉMIE DE PARIS, EXAMINATEUR POUR L'ADMISSION AUX ÉCOLES ROYALES POLYTECHNIQUE, MILITAIRE, NAVALE ET FORESTIÈRE.

TROISIÈME ÉDITION.

PARIS,

BACHELIER, LIBRAIRE DE L'ÉCOLE POLYTECHNIQUE,

QUAI DES AUGUSTINS, N° 55.

1834

AVERTISSEMENT.

CETTE édition ne différerait de la précédente que par quelques légères améliorations dans les détails, si je ne plaçais pas à la suite de la trigonométrie un chapitre nouveau, dont l'objet principal est d'exposer la formule de MOIVRE, les séries du sinus et du cosinus, ainsi que l'usage des tables pour résoudre l'équation binome et celle du troisième degré.

Par cette addition, mon ouvrage me semble aussi complet qu'on doit le désirer, tant qu'on ne s'élève pas aux considérations qui appartiennent spécialement au calcul différentiel; et j'ai lieu d'espérer qu'il pourra désormais trouver place dans la bibliothèque des érudits, sans cesser d'être propre aux études élémentaires.

Le lecteur qui voudra connaître les applications du calcul différentiel à la théorie de l'étendue, ne saurait mieux faire que de consulter les ouvrages de M. LACROIX, et l'*Application de l'analyse à la Géométrie*, par MONGE.

M. LEROY, professeur à l'École Polytechnique, a aussi écrit, sur cette branche importante des mathématiques, un traité que le public savant a recherché avec empressement; et, parmi les publications d'un grand intérêt, mais qui n'ont pas été réunies en corps de doctrine, je dois citer principalement celles de MM. J. BINET, PETIT et CHASLES.

J'ai eu soin, dans la table des matières, de marquer d'un astérisque * toutes les parties qui ne sont pas exigées des candidats à l'École Polytechnique.

TABLE DES MATIÈRES.

PREMIÈRE PARTIE.

TRIGONOMÉTRIE.

Pages.

CHAPITRE I. Théorie des lignes trigonométriques........... 1
Objet de la Trigonométrie. Comment on représente par des nombres les longueurs et les angles........................... *Ibid.*
Définitions des lignes trigonométriques. Usages des signes + et — pour indiquer des situations opposées................. 3
Marche progressive des lignes trigonométriques. Comment on les ramène au premier quadrant.......................... 6
Sur les arcs qui répondent à un sinus donné, ou à un cosinus, etc.. 11
Comment on ramène les sinus, cosinus, etc. à de simples rapports.. 13
Relations des lignes trigonométriques entre elles............. 15
*Formules pour trouver le sinus et le cosinus de $a+b$ et de $a-b$.. 19
*Formules pour la multiplication et la division des arcs......... 22
Formules relatives aux tangentes........................... 28
De quelques autres formules fréquemment employées.......... 30
Démonstrations géométriques des formules trouvées précédemment.. 32

CHAPITRE II. Tables trigonométriques et résolution des triangles.. 37
Construction des tables trigonométriques................... *Ibid.*
Calcul des sinus et cosinus de 9° en 9° pour la vérification des tables.. 42
Disposition et usage des tables de Callet.................... 43
Relations entre les côtés et les angles d'un triangle rectiligne.... 48
Résolution des triangles rectilignes rectangles................ 51
Résolution des triangles rectilignes quelconques.............. 52
Application à des exemples................................. 59
* Relations entre les angles et les côtés d'un triangle sphérique... 64
* Résolution des triangles sphériques rectangles.............. 72
* Résolution des triangles sphériques quelconques........... 74
* Sur les cas douteux des triangles sphériques............... 79
* Application de la trigonométrie sphérique.................. 82

CHAPITRE III. De quelques formules qui servent dans les mathématiques élevées. Développement du sinus et du cosinus en séries. Résolution de l'équation binome et de l'équation du 3e degré.. 85
Formule de Moivre. Sens multiple qu'on doit y remarquer... *Ibid.*
Formule pour exprimer $\sin n\varphi$ et $\cos n\varphi$, $(\sin\varphi)^n$ et $(\cos\varphi)^n$ 91
Développement du sinus et du cosinus en séries.............. 94
Résolution des équations binomes par les tables. Théorème de Côtes.. 9[illegible]
Résolution des équations du 3e degré par les tables............ 10[illegible]
Autre moyen de résoudre le 3e degré par la trigonométrie....... 10[illegible]

DEUXIÈME PARTIE.

GÉOMÉTRIE ANALYTIQUE A DEUX DIMENSIONS.

Pages.

CHAPITRE I. Des problèmes déterminés.......... 113
Règles pour mettre un problème en équation.......... Ibid.
Sur les valeurs négatives des inconnues.......... 127
Sur l'homogénéité.......... 130
Construction des expressions algébriques.......... 134
Problèmes de Géométrie résolus par l'Algèbre.......... 141

CHAPITRE II. Des lieux géométriques.......... 149
Lieux géométriques. Moyen de les représenter par des équations.......... Ibid.
Exemples de lieux géométriques.......... 153

CHAPITRE III. Transformation des coordonnées.......... 161
Objet de cette transformation.......... Ibid.
Formules pour la transformation des coordonnées.......... 162
Remarques sur les formules de la transformation.......... 165

CHAPITRE IV. Classification des lignes en général.......... 167

CHAPITRE V. Lignes du premier ordre.......... 171
Construction des équations du premier degré.......... Ibid.
Problèmes sur la ligne droite.......... 176

CHAPITRE VI. Lignes du second ordre.......... 188
Division des lignes du second ordre en trois genres.......... Ibid.
Discussion de l'ellipse.......... 192
Discussion de l'hyperbole.......... 196
Asymptotes de l'hyperbole en général.......... 202
Discussion de la parabole.......... 207
Application des discussions précédentes à des exemples numériques.......... 210

CHAPITRE VII. Réduction de l'équation générale du second degré a des formes plus simples.......... 219
Evanouissement des termes du premier degré.......... Ibid.
Evanouissement du rectangle.......... 221
Réduction de l'équation générale.......... 223
Du centre et des axes.......... 225
Développemens des calculs qui mènent aux transformées.......... 227

CHAPITRE VIII. Du Cercle.......... 231
Formes diverses de l'équation du cercle.......... Ibid.
Théorèmes relatifs au cercle.......... 234
De la tangente au cercle et de la normale.......... 241

CHAPITRE IX. De l'Ellipse.......... 247
L'ellipse rapportée à son centre et à ses axes, etc.......... Ibid.
Comment on décrit l'ellipse au moyen de ses axes.......... 250
Des foyers et des directrices.......... 252
De la tangente et de la normale.......... 260

Pages.

Des diamètres 268
Des cordes supplémentaires 271
L'ellipse rapportée à ses diamètres conjugués, etc 276
* Quadrature de l'ellipse 283

CHAPITRE X. De l'Hyperbole 286
L'hyperbole rapportée à ses axes, etc .... *Ibid.*
Des foyers et des directrices 289
De la tangente et de la normale 293
Des diamètres 300
Des cordes supplémentaires 303
L'hyperbole rapportée à ses diamètres conjugués, etc 305
Des asymptotes 310
L'hyperbole rapportée à ses asymptotes 314
* Quadrature de l'hyperbole 317

CHAPITRE XI. De la Parabole 321
La parabole rapportée à son axe, etc .... *Ibid.*
Du foyer et de la directrice 323
De la tangente et de la normale 327
Des diamètres 332
La parabole rapportée à ses diamètres, etc 333
* Quadrature de la parabole 336

CHAPITRE XII. Des Coordonnées polaires 337
Définitions. Formules générales .... *Ibid.*
Équations polaires des trois courbes du second ordre 339
Sur les signes et l'extension qu'il convient de donner aux coordonnées polaires. Exemples 344

CHAPITRE XIII. Des sections du Cône et du Cylindre 348
Section conique. Identité de ces courbes avec celles du second ordre .... *Ibid.*
Autre méthode 354
Section cylindrique 357
Section anti-parallèle du cône oblique .... *Ibid.*

*CHAPITRE XIV. Tangentes et Asymptotes considérées généralement 359
Tangente aux courbes algébriques .... *Ibid.*
Tangentes aux courbes rapportées à des coordonnées polaires ... 361
Asymptotes des courbes algébriques 363

* CHAPITRE XV. Sur les Courbes semblables 368
Théorie générale .... *Ibid.*
Applications 371

* CHAPITRE XVI. Quelques usages des courbes 375
Construction des équations déterminées .... *Ibid.*
De quelques problèmes fameux chez les anciens 378
Usages des courbes dans l'Algèbre 382

* CHAPITRE XVII. Quelques questions choisies 365

* TROISIÈME PARTIE.

GÉOMÉTRIE ANALYTIQUE A TROIS DIMENSIONS.

Pages.

CHAPITRE I. Des projections linéaires et des projections superficielles.......... 401
Projection linéaire d'un système de droites.......... Ibid.
Relations qui résultent des projections faites sur différens axes.. 403
Projection superficielle des aires planes.......... 406

CHAPITRE II. Du plan et de la ligne droite dans l'espace.. 410
Généralités préliminaires : comment on détermine dans l'espace les points, les surfaces et les lignes.......... Ibid.
Équation du plan.......... 413
Équations de la ligne droite.......... 416

CHAPITRE III. Problèmes sur le plan et la ligne droite. .. 418
Première partie : problèmes dont la solution est indépendante du choix des axes.......... Ibid.
Deuxième partie : problèmes dont la solution est plus simple avec des axes rectangulaires.......... 424

CHAPITRE IV. Transformation des coordonnées dans l'espace. 434
Formules propres aux différens cas.......... Ibid.
Sur les équations de condition entre les coefficiens a, a', etc.... 437
Formules d'Euler pour passer des axes rectangulaires à d'autres axes rectangulaires, au moyen de trois angles φ, θ, ψ.......... 439
Formules pour trouver l'intersection d'une surface par un plan.. 440
Coordonnées polaires.......... 441

CHAPITRE V. Énumération des surfaces renfermées dans le second ordre.......... 442
Sur la classification des surfaces en général.......... Ibid.
Simplification de l'équation générale du 2e degré : évanouissement des rectangles.......... 443
Réductions ultérieures.......... 444
Remarques sur les équations réduites. Distinction entre les surfaces qui ont un centre et celles qui n'en ont pas.......... 446
Surfaces douées de centre.......... 447
Surfaces dénuées de centre.......... 451
Cas particuliers.......... 452
Conclusion du chapitre.......... 453

CHAPITRE VI. Du centre. Plans diamétraux et diamètres. Plans et axes principaux.......... 454
Recherche du centre dans le cas le plus général.......... Ibid.
Des plans diamétraux en général.......... 455
Des diamètres.......... 457
Plans et diamètres principaux.......... 458
Cas dans lesquels il y a une infinité de plans principaux. Conditions pour que la surface soit de révolution.......... 462

CHAPITRE VII. Propriétés des diamètres conjugués.......... 465

Pages.

CHAPITRE VIII. Du plan tangent et de la normale........ 471
Plan tangent, et normale à une surface algébrique quelconque. Ibid
Plan tangent aux surfaces du second ordre.................. 476
Théorème de Monge... 478

CHAPITRE IX. Des sections faites par des plans dans les surfaces du second ordre... 480
Différentes courbes que donnent les sections planes.......... Ibid.
Cas particuliers où les sections sont des hyperboles. Cône asymptote... 482
Sections rectilignes de l'hyperboloïde à une nappe.............. 484
Sections rectilignes du paraboloïde hyperbolique............... 488
Sections circulaires.. 490
Démonstrations de quelques théorèmes........................ 494

CHAPITRE X. Discussion des équations numériques du second ordre a trois variables.. 497
Exposé de la méthode....................................... Ibid.
Exemples.. 499

CHAPITRE XI. Des surfaces considérées d'après leur génération... 505
Règles générales.. Ibid.
Surfaces cylindriques.. 507
Surfaces coniques.. 509
Surfaces développables en général............................ 511
Surfaces de révolution....................................... 513
Surfaces gauches... 516

ERRATA.

Page 3, ligne 17, TAGENTE *lisez* TANGENTE
54, — 13, *mettez une parenthèse après* sin A cos φ.
80, — 6 en montant, *ajoutez* il est sous-entendu que l'angle A n'est pas égal à 90°.
85, — 19 (26) *lisez* (28)
115, — 2 en montant, l'une de ces trois lignes étant donnée, l'autre en dérive nécessairement. *lisez* deux de ces trois lignes étant données, la troisième en dérive nécessairement.
188, — 9, $a = -\frac{-B}{2A}$ *lisez* $a = \frac{-B}{2A}$
194, — 28, $x'' - x''$ *lisez* $x'' - x'$
205, — 11, la même de *d* *lisez* la même valeur de *d*
233, — 1 en montant, $\cos^2 \frac{1}{1}\varphi$ *lisez* $\cos^2 \frac{1}{2}\varphi$
286, — 5 en montant, 341 *lisez* 360
337, — 16, limitée *lisez* illimitée
338, — 1, $\omega = 362°$ *lisez* $\omega = 352°$
339, — 7 à la fin, *au lieu de* PM *lisez* FM
365, — 8, et que la seconde *lisez* et la seconde.
417, — 3 en montant, ou aux *z* *lisez* ou aux *x*

LEÇONS
DE GÉOMÉTRIE
ANALYTIQUE.

PREMIÈRE PARTIE.

TRIGONOMÉTRIE.

CHAPITRE PREMIER.

THÉORIE DES LIGNES TRIGONOMÉTRIQUES.

Objet de la Trigonométrie. Comment on représente par des nombres les longueurs et les angles.

1. DANS un triangle quelconque, rectiligne ou sphérique, il y a six parties à considérer : trois angles et trois côtés. Pour qu'elles soient toutes déterminées, il suffit en général d'en connaître trois ; mais il faut de plus, quand le triangle est rectiligne, qu'il y ait au moins un côté parmi ces trois parties. On sait en effet qu'avec trois angles donnés, on peut former une infinité de triangles rectilignes, lesquels ne sont point égaux, mais seulement semblables. Bien entendu que la somme des trois angles donnés doit être égale à deux angles droits.

La géométrie fournit des constructions fort simples pour chacun des cas où l'on peut déterminer un triangle au moyen de quelques-unes de ses parties ; mais elles ont, ainsi que tous les procédés *graphiques* dont on pourrait s'aider, l'inconvénient de ne donner qu'une approximation très-médiocre, et souvent insuffisante, à cause de l'imperfection des instrumens dont elle exige l'emploi. Aussi a-t-on cherché à remplacer ces constructions par des calculs numériques, qui permettent toujours d'atteindre le degré de précision dont on a besoin. *L'objet spécial de la trigonométrie est de donner des méthodes pour calculer toutes les parties d'un triangle, quand on a des données suffisantes.* C'est ce qu'on appelle *résoudre* un triangle.

2. Pour exprimer les longueurs en nombres, on les rapporte à une unité usuelle, au mètre, par exemple; et alors chaque côté est égal à un certain nombre de mètres.

3. On désigne les angles par les arcs qui leur servent de mesure. A cet effet, on divise la circonférence, quel que soit son rayon, en un certain nombre de parties égales ou *degrés;* et alors un angle ou un arc est exprimé par un nombre de degrés.

Autrefois les géomètres s'accordaient à diviser la circonférence en 360 degrés, le degré en 60 minutes, la minute en 60 secondes, etc. De cette manière le quart de la circonférence ou *quadrant*, qui est la mesure de l'angle droit, vaut 90 degrés. Mais afin d'éviter les embarras des nombres complexes, on a proposé de soumettre aussi la mesure des angles à la division décimale; et alors le quadrant est partagé en 100 degrés, le degré en 100 minutes, la minute en 100 secondes, etc.

Les degrés, minutes et secondes s'indiquent par les signes $^\circ$, $'$, $''$. Ainsi, pour représenter 14 degrés 9 minutes 37 secondes, on écrit $14^\circ\,9'\,37''$. Si les degrés appartiennent à la nouvelle division, et qu'on veuille rapporter cet arc au quadrant, pris pour unité, il s'exprimera par 0,140937 : car, dans cette division, les degrés sont des centièmes du quadrant, les minutes des dix millièmes, et les secondes des millioniėmes. Afin de ne pas confondre dans les calculs le degré ancien avec le nouveau, quelques auteurs ont jugé à propos de distinguer ce dernier par le nom de *grade*.

Malgré les avantages de la nouvelle division l'ancienne prévaut encore aujourd'hui, et c'est elle que j'adopterai. Souvent aussi, dans les formules, j'emploierai la lettre H pour représenter la demi-circonférence 180°.

Définitions des lignes trigonométriques. Usage des signes + et — pour indiquer des situations opposées.

4. Les géomètres ont dû être long-temps arrêtés par la difficulté d'établir les relations qui existent entre les angles et les côtés des triangles. Leur première idée a été sans doute de substituer aux angles les arcs qui leur servent de mesure ; mais n'ayant pas trouvé plus de facilité à introduire les arcs dans le calcul, ils ont été conduits naturellement à remplacer les arcs eux-mêmes par des droites qui en dépendent de telle sorte qu'elles soient déterminées quand l'arc est connu, et réciproquement. Ces droites, dont l'utilité s'étend aujourd'hui à toutes les branches des mathématiques, sont celles qu'on nomme collectivement *lignes trigonométriques* et qu'on va définir.

Le SINUS *de l'arc* AM (fig. 1) *est la perpendiculaire* MP *abaissée, d'une extrémité de l'arc, sur le diamètre qui passe par l'autre extrémité.*

La TAGENTE *de l'arc* AM *est la distance* AT *interceptée, sur la tangente menée à l'une des extrémités de l'arc, entre cette extrémité et le prolongement du rayon* OM, *qui passe par l'autre extrémité.*

La SÉCANTE *est la partie* OT *du rayon prolongé, comprise entre le centre et la tangente.*

En nommant x l'arc AM, le sinus, la tangente et la sécante se désignent d'une manière abrégée comme il suit :

$$\mathrm{MP} = \sin x, \quad \mathrm{AT} = \mathrm{tang}\, x, \quad \mathrm{OT} = \mathrm{séc}\, x.$$

Prolongez MP jusqu'à la rencontre N avec la circonférence : la corde MN sera double de MP, et l'arc MAN double de AM ; donc *le sinus d'un arc est la moitié de la corde qui sous-tend un arc double.*

En désignant le rayon du cercle par r, le côté du carré inscrit est égal à $r\sqrt{2}$: or l'arc sous-tendu est de 90° ; donc $\sin 45° = \frac{1}{2} r \sqrt{2}$. Pareillement le côté de l'hexagone inscrit étant égal à r, et l'arc sous-tendu étant de 60°, il s'ensuit que $\sin 30° = \frac{1}{2} r$.

5. On appelle *complément* d'un arc ou d'un angle ce qu'il faut lui ajouter pour avoir le quadrant 90°. Quand l'arc est plus grand

que 90°, son complément est négatif : par exemple, le complément de 127° est — 37°. Les deux angles aigus d'un triangle rectangle sont complémens l'un de l'autre.

On nomme COSINUS, COTANGENTE et COSÉCANTE d'un arc, le sinus, la tangente et la sécante du complément de cet arc ; et pour désigner ces nouvelles lignes, on emploie les abréviations *cos*, *cot*, *coséc*. Ainsi, d'après les définitions mêmes, on a

$$\cos x = \sin(90° - x), \cot x = \text{tang}(90° - x), \text{coséc}\, x = \text{séc}(90° - x).$$

Élevons le rayon OB perpendiculaire à OA, et menons MQ, BS, perpendiculaires à OB. L'arc BM a MQ pour sinus, BS pour tangente, OS pour sécante : or il est évident que l'arc BM est le complément de AM ; donc, en désignant toujours AM par x, on a

$$MQ = \cos x, \quad BS = \cot x, \quad OS = \text{coséc}\, x.$$

Remarquez que MQ = OP : c'est-à-dire que *le cosinus est égal à la partie du rayon comprise entre le centre et le pied du sinus.*

6. La distance AP, comprise entre l'origine de l'arc et le pied du sinus, a reçu le nom de *sinus-verse* ; et la distance BQ, celui de *cosinus-verse*. Mais ces deux lignes sont hors d'usage.

7. En donnant au point M toutes les positions possibles sur la circonférence, les lignes trigonométriques peuvent prendre des situations tout-à-fait contraires à celles qu'elles ont quand l'arc AM est moindre que 90°. Par exemple, s'il s'agit de l'arc AM′, dont le complément est négatif et égal à BM′, le cosinus QM′ ou OP′ se trouve placé à gauche du point O, tandis que d'abord il était à droite. De tels changemens dans la position des lignes amènent en général, dans le calcul, des difficultés que la question suivante, quoique très-simple, rendra sensibles.

Soit ABX (fig. 2) une ligne quelconque sur laquelle sont donnés deux points A et B, séparés par a distance AB = a. On suppose connu l'intervalle x du point B à un point quelconque M de la ligne ABX, et on veut avoir l'intervalle du point A à ce dernier point. Si on désigne l'intervalle demandé par z, il est clair qu'on aura

$$z = a + x \quad \text{ou} \quad z = a - x,$$

selon que le point M est situé du côté BX ou du côté BA : de sorte qu'il faut employer deux formules différentes pour ces deux positions du point M. Mais on élude cet inconvénient de la manière la plus heureuse, et une seule formule suffira, en ayant soin de donner des signes différens aux distances qui ont des positions contraires par rapport au point B. Et en effet, si, dans la première formule $z = a + x$, on fait successivement $x = +\text{BM}$ et $x = -\text{BM}$, il vient d'abord $z = a + \text{BM}$, et ensuite $z = a - \text{BM}$, ainsi que cela doit être. De cette manière, la première formule conviendra à toutes les positions du point M, et la seconde devient inutile. On pourrait aussi prendre x positif du côté BA, et négatif du côté BX; alors ce serait la seconde formule qu'il faudrait conserver. Il serait facile de multiplier les exemples, mais ce qui précède suffit pour faire pressentir l'importance de la règle suivante, établie par DESCARTES :

Si on considère sur une ligne quelconque, droite ou courbe, différentes distances, mesurées à partir d'une origine commune, fixe sur cette ligne; on introduira dans le calcul les distances qui ont des situations opposées par rapport à l'origine, en affectant les unes du signe +, et les autres du signe —.

Le sens des distances positives est d'ailleurs tout-à-fait indifférent; mais une fois qu'il a été fixé, les distances négatives doivent se prendre du côté opposé. A l'égard des lignes trigonométriques, l'usage est de les considérer comme positives dans la situation qu'elles occupent lorsque l'arc est moindre que 90°, et qui est aussi celle où elles se présentent d'abord.

Nous aurons bientôt occasion de faire de nombreuses applications de cette règle, sur laquelle nous reviendrons encore quand nous appliquerons l'algèbre à la solution des problèmes de géométrie; mais avant d'aller plus loin, je dois prémunir le lecteur contre une erreur assez ordinaire, laquelle consiste à assimiler le principe dont il s'agit à un théorème susceptible d'être démontré *à priori*. Il s'en faut de beaucoup qu'il en soit ainsi; et quelles que soient les considérations plus ou moins ingénieuses dont les auteurs l'aient étayé, on doit reconnaître qu'il n'est véritablement qu'une simple convention, à laquelle il faut avoir soin de ne pas contrevenir dans la suite, et dont l'utilité est rendue évidente par les applications qu'on en fait.

Marche progressive des lignes trigonométriques. Comment on les ramène au premier quadrant.

8. Quand le rayon OM (fig. 1) est couché sur OA, il est évident que l'arc AM est nul, que le sinus est nul, que la tangente est nulle, et que la sécante est égale à OA. En même temps le cosinus MQ devient aussi égal à OA : et quant à la cotangente et à la cosécante, elles sont infinies ; car il est évident que les lignes BS et OS augmentent à mesure qu'on rapproche OM de OA, et qu'elles peuvent devenir aussi grandes qu'on voudra. Ainsi, en nommant r le rayon, on a

$$\sin 0 = 0, \quad \tan 0 = 0, \quad \text{séc}\, 0 = r,$$
$$\cos 0 = r, \quad \cot 0 = \infty, \quad \text{coséc}\, 0 = \infty.$$

Si le rayon OM s'élève vers la position OB, il est facile de voir que le sinus, la tangente et la sécante augmentent, tandis que le cosinus, la cotangente et la cosécante diminuent.

Lorsque le point M est au milieu de AB, l'arc AM est de 45°, le triangle OPM est isoscèle, et le sinus est égal au cosinus. Or ce triangle donne $2\overline{MP}^2 = r^2$ d'où $MP = \frac{1}{2} r\sqrt{2}$; donc

$$\sin 45^\circ = \cos 45^\circ = \tfrac{1}{2} r\sqrt{2}.$$

Les triangles OAT, OBS, étant aussi isoscèles et égaux entre eux, la tangente et la cotangente sont égales au rayon ; donc

$$\tan 45^\circ = \cot 45^\circ = r.$$

Enfin la sécante et la cosécante sont aussi égales ; et le triangle OAT donnant $\overline{OT}^2 = 2r^2$ d'où $OT = r\sqrt{2}$, on conclut

$$\sec 45^\circ = \text{coséc}\, 45^\circ = r\sqrt{2}.$$

Quand le point M est venu en B, le sinus est égal à BO, la tangente et la sécante sont infinies, le cosinus MQ est nul, la cotangente BS est nulle aussi, et la cosécante OS devient égale à OB. On a donc

$$\sin 90^\circ = r, \quad \tan 90^\circ = \infty, \quad \text{séc}\, 90^\circ = \infty,$$
$$\cos 90^\circ = 0, \quad \cot 90^\circ = 0, \quad \text{coséc}\, 90^\circ = r.$$

Au reste, ces valeurs sont des conséquences de celles qui ont été trouvées quand l'arc était nul : car les arcs o et 90° étant complémens l'un de l'autre, on doit avoir sin 90°=cos o, tang 90°=cot o, séc 90°=coséc o ; et *vice versâ*.

9. Le rayon OM continuant sa rotation, supposons-le arrivé en OM' ; alors l'arc est AM', et son sinus est M'P'. Menez M'M parallèle à A'A, et construisez toutes les lignes trigonométriques de l'arc AM, ainsi que l'indique la figure. D'abord il est clair que les sinus MP et M'P' seront égaux ; donc sin AM' = sin AM.

Pour avoir la tangente, on est obligé de prolonger le rayon OM' au-dessous du diamètre AA', d'où il résulte que cette tangente, qui est ici AT', se trouve dans une position opposée à celle qu'elle avait d'abord ; par conséquent elle sera négative. Or les triangles égaux OAT, OAT', donnent AT' = AT ; donc tang AM' = — tang AM.

D'après la définition (4), la sécante de l'arc AM' est OT'. Cette ligne n'est plus dirigée sur le rayon OM', du même côté du centre que le point décrivant M', mais elle est du côté opposé. Pour cette raison elle doit être négative, et comme d'ailleurs OT' = OT, il s'ensuit que séc AM' = — séc AM.

Le cosinus, la cotangente et la cosécante donnent lieu à des remarques analogues. Puisque l'arc AM' surpasse 90°, son complément est négatif ; et, en outre, comme le cosinus QM' ou OP' se trouve à gauche du point O, on prendra aussi ce cosinus négativement. Même raisonnement à l'égard de la cotangente BS'. Quant à la cosécante OS', il n'y a pas lieu à l'affecter du signe — ; car elle est sur OM', du même côté que le point décrivant, ainsi que cela avait lieu dans le premier quadrant. Les triangles OBS et OBS' étant égaux, on a QM' = QM, BS' = BS, OS' = OS ; donc cos AM'=—cos AM, cot AM'=—cot AM, coséc AM'=coséc AM.

On appelle *supplément* d'un arc ou d'un angle ce qu'il faut lui ajouter pour avoir 180° ; donc A'M' ou son égal AM est le supplément de AM', et l'on peut énoncer les propriétés trouvées plus haut en disant que *deux arcs supplémentaires ont leurs lignes trigonométriques égales et de signes contraires, à l'exception du sinus et de la cosécante, qui ne changent pas de signe.*

Si on veut exprimer ces propriétés par des équations, on désignera AM' par x: on aura AM=A'M' $= 180^\circ - x$, et ensuite on pourra écrire

$$[1] \left\{ \begin{array}{l} \sin x = \sin(180^\circ - x), \\ \text{tang}\, x = -\text{tang}(180^\circ - x), \\ \text{séc}\, x = -\text{séc}(180^\circ - x); \end{array} \right. \left\{ \begin{array}{l} \cos x = -\cos(180^\circ - x), \\ \cot x = -\cot(180^\circ - x), \\ \text{coséc}\, x = \text{coséc}(180^\circ - x). \end{array} \right.$$

Il est d'ailleurs évident que, de 90° à 180°, le sinus, la tangente et la sécante diminuent; et qu'au contraire, le cosinus, la cotangente et la cosécante augmentent. Quand OM coïncide avec OA', on a

$$\sin 180^\circ = 0, \quad \text{tang}\, 180^\circ = 0, \quad \text{séc}\, 180^\circ = -r.$$
$$\cos 180^\circ = -r, \quad \cot 180^\circ = -\infty, \quad \text{coséc}\, 180^\circ = \infty.$$

Toutes ces valeurs peuvent se déduire des relations [1] en faisant $x=180^\circ$. Par exemple, la relation $\cos x = -\cos(180^\circ - x)$ devient $\cos 180^\circ = -\cos 0$: or $\cos 0 = r$; donc $\cos 180^\circ = -r$, ainsi que cela doit être.

10. Les applications de l'analyse à la géométrie conduisent fréquemment à des arcs qui renferment plusieurs demi-circonférences. Il convient donc de donner encore des formules pour réduire aussi tous ces arcs au premier quadrant. Afin d'abréger, nous considérerons spécialement le sinus et le cosinus, qui sont les lignes les plus usitées; et comme tout arc plus grand que la demi-circonférence se compose d'un arc moindre que 180°, augmenté d'une ou plusieurs fois 180°, nous examinerons d'abord ce que doivent être le sinus et le cosinus de l'arc $180^\circ + x$, x étant $< 180^\circ$.

Soit AM l'arc désigné par x, lequel peut être pris comme on voudra entre 0 et 180°: ajoutons à AM la demi-circonférence MA'N', et le nouvel arc AMA'N' sera égal à $180^\circ + x$. Les deux arcs ont des sinus égaux; savoir, MP et N'P', ou, ce qui est la même chose, OQ et OQ': mais comme ces lignes ont des positions inverses, on doit, conformément à la convention établie (7), leur donner des signes contraires. Les cosinus OP et OP' sont aussi égaux, et doivent aussi avoir des signes différens; donc

$$[2] \quad \sin(180^\circ + x) = -\sin x, \quad \cos(180^\circ + x) = -\cos x.$$

En second lieu, ajoutons 360° à AM, il est clair qu'on revient au même point M de la circonférence, et que par suite toutes les lignes trigonométriques redeviennent les mêmes. Ainsi on a

$$[3] \qquad \sin(360^\circ + x) = \sin x, \qquad \cos(360^\circ + x) = \cos x.$$

En général, quelque grandeur qu'on suppose à l'arc x, si on lui ajoute 180° ou un nombre impair de demi-circonférences, son extrémité se trouvera transportée du sommet d'un diamètre au sommet opposé; et dès-lors il est évident que le sinus et le cosinus ne font que changer de signe. Mais si à x on ajoute 360° ou un nombre pair de demi-circonférences, comme on revient sur le même point du cercle, aucune ligne trigonométrique ne doit changer.

11. Il reste à parler des arcs négatifs, c'est-à-dire, de ceux qui sont décrits lorsque le rayon, qui était d'abord couché sur OA, se meut dans le sens AB'A', contraire à celui qu'il a suivi d'abord. Soient AM et AN deux arcs égaux et de situation inverse, désignés par x et $-x$. Il est évident que leurs sinus MP et NP sont aussi égaux et de situation inverse. Pour avoir les cosinus, on remarque que les complémens $90^\circ - x$ et $90^\circ + x$ sont représentés par les arcs BM et BMN, dont les sinus MQ et NQ' sont égaux et semblablement situés; donc on a

$$[4] \qquad \sin(-x) = -\sin x, \quad \cos(-x) = \cos x.$$

Quoique dans la figure les arcs AM et AN soient $< 90^\circ$, ces formules n'en sont pas moins générales. D'abord il est clair qu'en augmentant les deux arcs autant qu'on voudra, pourvu qu'ils restent égaux, les sinus MP et NP ne cesseront pas d'être égaux et opposés; donc on a toujours $\sin(-x) = -\sin x$. Quant à l'autre formule, supposons qu'on y mette des arcs $> 90^\circ$, comme ABM' et AB'N', par exemple; et faisons $x =$ ABM' et $-x = -$AB'N'. Le complément $90^\circ - x$ du premier arc est négatif et représenté sur la figure par l'arc BM', situé à gauche du point B; et le complément $90^\circ + x$ du second arc est égal à BAN', et toujours à droite du point B. Or les sinus M'Q et N'Q' de ces arcs complémentaires sont égaux, et de même situation à l'égard du diamètre BB'; donc on a toujours $\cos(-x) = \cos x$. Ainsi les formules [4] ont toute la généralité désirable.

Il est bon de remarquer que le cosinus d'un arc quelconque, positif ou négatif, est toujours représenté en grandeur et en situation par la distance du centre au pied du sinus.

12. Il est bon de remarquer aussi, avant d'aller plus loin, que les formules [1], [2], [3], [4], trouvées jusqu'à présent, peuvent s'appliquer à tous les arcs possibles tant positifs que négatifs. Pour plus de brièveté je ne m'occuperai que du sinus et du cosinus.

1°. Reprenons n° 9 les deux formules $\sin x = \sin(180^\circ - x)$, $\cos x = -\cos(180^\circ - x)$, lesquelles n'ont été démontrées que pour les arcs positifs compris entre 0 et 180°. En changeant x en $180^\circ + x$, elles deviennent

$$\sin(180^\circ + x) = \sin(-x), \quad \cos(180^\circ + x) = -\cos(-x):$$

égalités évidentes en vertu des relations [2] et [4]. Il est clair que l'arc peut encore être augmenté de 180°, et ainsi de suite jusqu'à l'infini. En mettant $-x$ au lieu de x, on voit de la même manière que les deux formules sont encore vraies : donc elles conviennent à tous les arcs possibles.

2° Les formules [2], qui ont été démontrées pour tous les arcs positifs, s'étendent aussi aux arcs négatifs. En effet, si on y change x en $-x$, elles deviennent

$$\sin(180^\circ - x) = -\sin(-x) = \sin x,$$
$$\cos(180^\circ - x) = -\cos(-x) = -\cos x,$$

et rentrent alors dans les formules [1].

3° Puisque l'addition de 180° à un arc quelconque $+x$ ou $-x$ ne fait que changer les signes du sinus et du cosinus, il s'ensuit que l'addition de 360° ne doit produire aucun changement ; et par conséquent les formules [3] conviennent aussi aux arcs négatifs.

4° Quant aux formules [4], il n'y a aucune démonstration à faire ; car il est évident qu'on peut y remplacer x par $-x$.

13. Rien n'est plus facile maintenant que de ramener au premier quadrant les lignes trigonométriques de tel arc qu'on voudra. Soit $x = 1029^\circ$ un arc dont on demande le sinus. On en retranche 360° autant de fois que possible, et il reste 309° ; donc, d'après les formules [3], $\sin x = \sin 309^\circ$. On ôte encore 180° de 309°, et, par les formules [2], on a $\sin x = -\sin 129^\circ$. Enfin on prend le supplé-

ment de 129°, qui est 51°; et il vient $\sin x = - \sin 51°$ (9). On peut même encore pousser la réduction plus loin, car $\sin 51° = \cos (90° - 51°) = \cos 39°$; donc $\sin x = - \cos 39°$.

Si l'arc donné était $x = - 1029°$, le sinus serait de signe contraire au précédent (11), et l'on aurait $\sin x = \cos 39°$.

Sur les arcs qui répondent à un sinus donné, ou à un cosinus, etc.

14. Les développemens dans lesquels on vient d'entrer donnent lieu à cette remarque importante, qu'il existe une infinité d'arcs qui ont les mêmes lignes trigonométriques. Supposons qu'une de ces lignes soit donnée, et cherchons les différens arcs qui lui correspondent.

Soit donné $\sin x = a$. Sur le rayon OB (fig. 1), perpendiculaire à OA, je porte $OQ = a$, et par le point Q je mène MM' parallèle à OA. Il est clair qu'on doit prendre pour valeur de x tous les arcs terminés aux points M et M'. Je désigne l'arc AM par α, et 180° par H : AM' sera égal à $H - \alpha$, et les arcs positifs terminés en M et M' seront compris dans les deux séries

$$\alpha,\quad 2H+\alpha,\quad 4H+\alpha,\quad 6H+\alpha,\quad \text{etc.}$$
$$H-\alpha,\quad 3H-\alpha,\quad 5H-\alpha,\quad 7H-\alpha,\quad \text{etc.}$$

On a $AB'A'M = 2H - \alpha$ et $AB'A'M' = H + \alpha$. Ajoutons à ces arcs un nombre quelconque de circonférences, puis prenons négativement les arcs résultans, et on aura tous les arcs négatifs qui répondent au sinus donné : savoir,

$$-2H+\alpha,\quad -4H+\alpha,\quad -6H+\alpha,\quad \text{etc.}$$
$$-H-\alpha,\quad -3H-\alpha,\quad -5H-\alpha,\quad \text{etc.}$$

Les arcs de ces quatre séries peuvent se renfermer dans deux formules assez simples. Remarquez que dans deux de ces séries l'arc α est ajouté à tous les multiples pairs de H, tant négatifs que positifs, et que, dans les deux autres, il est retranché des multiples impairs de H. Désignons donc par k un nombre entier quelconque, positif ou négatif, lequel peut même être égal à zéro, et tous les arcs cherchés pourront se représenter par les formules

[1] $$x = 2kH + \alpha,\quad x = (2k+1)H - \alpha.$$

Nous avons supposé a positif : si on avait $\sin x = -a$, on devrait porter a en OQ', du côté OB'. Alors ce sont les arcs terminés en N' et N qui sont les valeurs de x. Faisons $ABN' = \alpha$, il est facile de voir qu'on a $ABN = 3H - \alpha$, $AB'N' = 2H - \alpha$, et $AN = \alpha - H$. Par suite, les valeurs de x, tant négatives que positives, qui répondent au sinus OQ', sont

$$\alpha,\ 2H+\alpha,\ 4H+\alpha,\ \text{etc.}\ 3H-\alpha,\ 5H-\alpha,\ 7H-\alpha,\ \text{etc.}$$
$$-2H+\alpha,\ -4H+\alpha,\ -6H+\alpha,\ \text{etc.}\ H-\alpha,\ -H-\alpha,\ -3H-\alpha,\ \text{etc.}$$

et il est clair qu'elles sont encore comprises dans les formules [1].

Dans tous les cas, si a est plus grand que le rayon r du cercle, l'arc x sera imaginaire; car le plus grand sinus positif est $+r$, et le plus grand sinus négatif est $-r$.

15. Soit donné $\cos x = a$. Si a est positif, on prend $OP = a$ du côté OA, on élève au point P la perpendiculaire MN; et les valeurs de x sont les différens arcs positifs et négatifs terminés en M et N. En faisant $AM = \alpha$, il est facile de voir que ces arcs sont ceux des quatre séries

$$\alpha,\ 2H+\alpha,\ 4H+\alpha,\ \text{etc.}\ 2H-\alpha,\ 4H-\alpha,\ 6H-\alpha,\ \text{etc.}$$
$$-\alpha,\ -2H-\alpha,\ -4H-\alpha,\ \text{etc.}\ -2H+\alpha,\ -4H+\alpha,\ -6H+\alpha,\ \text{etc.},$$

et en désignant par k un nombre entier quelconque positif ou négatif, on peut comprendre tous ces arcs dans les deux formules

[2] $$x = 2kH + \alpha,\quad x = 2kH - \alpha.$$

Si on donne $\cos x = -a$, on portera a du côté OA'. Alors on désignera par α l'arc AMM', et il n'y aura rien à changer à ce qui précède. Si a surpasse le rayon, l'arc x est imaginaire.

16. Soit encore $\operatorname{tang} x = a$. Supposons a positif, prenons la tangente $AT = a$ au-dessus de OA, et menons la droite TMN' qui passe au centre et rencontre le cercle en M et N'. Les valeurs de x sont les arcs positifs ou négatifs, qui se terminent en M et N'. Faisons l'arc $AM = \alpha$, on aura $AMN' = H + \alpha$, $AN'M = 2H - \alpha$, $AN' = H - \alpha$; et les arcs cherchés seront ceux des séries

$$\alpha,\ 2H+\alpha,\ 4H+\alpha,\ \text{etc.}\ H+\alpha,\ 3H+\alpha,\ 5H+\alpha\ \text{etc.}$$
$$-2H+\alpha,\ -4H+\alpha,\ -6H+\alpha,\ \text{etc.}\ -H+\alpha,\ -3H+\alpha,\ -5H+\alpha,\ \text{etc.}$$

Dans ces quatre suites, l'arc α se trouve ajouté à tous les multiples de H, positifs et négatifs; donc la formule générale des arcs cherchés est

[3] $$x = k\mathrm{H} + \alpha,$$

Quand la tangente donnée a est négative, on la porte en AT', au-dessous de OA : α représente alors un arc compris entre 90° et 180°, tel que ABM'. Il est d'ailleurs évident que la tangente peut avoir telle grandeur qu'on voudra.

17. Nous n'examinons point le cas où l'arc est donné par une des autres lignes trigonométriques. Au reste, on reconnaît facilement que les arcs qui ont même sinus, ou même cosinus, ou même tangente, ont aussi même cosécante, ou même sécante, ou même cotangente ; et c'est ce qu'on verra encore plus loin (20) quand on aura établi les relations des lignes trigonométriques entre elles. Il suit de là que les formules [1], [2] et [3] sont encore celles qu'on doit avoir quand on donne coséc x, séc x, tang x.

Il ne faut pas oublier que, dans ces formules, α représente toujours le plus petit arc, entre 0 et 360°, correspondant à la ligne donnée, H la demi-circonférence, et k un nombre entier quelconque, positif ou négatif, lequel peut aussi être zéro.

Comment on ramène les sinus, cosinus, etc. à de simples rapports.

18. Dans la trigonométrie, un arc n'étant employé que comme mesure d'un angle, ce n'est pas sa grandeur absolue que l'on considère, mais seulement son rapport avec la circonférence dont il fait partie. Or, c'est précisément ce rapport qui est indiqué par le nombre de degrés de l'arc ; et il est évident qu'il suffit pour déterminer un angle, car tous les arcs compris dans un même angle et décrits de son sommet comme centre, contiennent un égal nombre de degrés, quels que soient d'ailleurs les rayons de ces arcs.

Les rapports qui existent entre les lignes trigonométriques de ces arcs et les rayons des cercles auxquels elles appartiennent, ne dépendent aussi que de ce nombre de degrés. Par exemple, la fig. 3, dans laquelle MP, M'P', M''P'',... sont des sinus d'arcs semblables, donne $\frac{\mathrm{MP}}{\mathrm{OM}} = \frac{\mathrm{M'P'}}{\mathrm{OP'}} = \frac{\mathrm{M''P''}}{\mathrm{OM''}} \ldots$; ce sont donc ces rapports, et non les sinus, qui sont déterminés quand on donne un angle. La même chose peut se dire des cosinus, tangentes, etc. On voit par-là que ce ne sont pas les longueurs absolues des lignes trigonométriques, mais bien leurs rapports au rayon qui doivent entrer dans les calculs; et, par cette raison, il convient de n'y introduire que ces rapports. Pour cela le moyen est bien simple: il suffit de prendre pour unité le rayon du cercle dans lequel on considère les lignes trigonométriques; car alors les valeurs numériques de ces lignes ne seront plus autre chose que ces rapports eux-mêmes. On donne quelquefois à ces rapports les noms de *sinus naturels, cosinus naturels*, etc.

C'est ainsi que les lignes trigonométriques se ramènent à ne plus être que de simples rapports, et c'est sous ce point de vue qu'il serait convenable de les présenter tout d'abord. Mais, pour ne point changer les habitudes de l'enseignement, je ne ferai dans les formules fondamentales aucune hypothèse sur le rayon, et je l'y désignerai toujours par r.

19. Au reste, quand un calcul a été fait en prenant le rayon pour unité, il est toujours facile de modifier les résultats de manière qu'ils soient applicables à toute autre supposition. En effet, d'après ce qui vient d'être dit, il est clair que, dans la seconde hypothèse, les rapports des sinus, cosinus, etc. au rayon sont égaux aux sinus, cosinus, etc. de la première; par conséquent il n'y aura qu'à changer dans les résultats dont il s'agit les quantités telles que $\sin a$, $\tang b$, etc. en $\frac{\sin a}{r}$, $\frac{\tang b}{r}$, etc. Par exemple, supposons qu'on ait trouvé d'abord entre les arcs a et b la relation $\tang b = \frac{1 - \cos a}{1 + \sin a}$: ces substitutions donneront

$$\frac{\tang b}{r} = \frac{1 - \frac{\cos a}{r}}{1 + \frac{\sin a}{r}};$$

et en réduisant on aura, sans faire aucune hypothèse sur le rayon r,

$$\tang b = \frac{r(r - \cos a)}{r + \sin a}.$$

Surtout on doit bien se garder de croire qu'il existe une longueur absolue qui est le rayon 1, et une autre qui est le rayon r, de même qu'il y a des distances égales à 1 mèt., 2 mèt., etc. : le rayon reste essentiellement indéterminé. À la vérité, chaque ligne trigonométrique d'un angle donné se trouve exprimé par des nombres différens, suivant l'hypothèse qu'on fait sur le rayon ; mais ces nombres ont toujours le même rapport avec celui qui représente le rayon, et c'est ce rapport seul qui entre dans les calculs.

Relations des lignes trigonométriques entre elles.

20. Les triangles de la fig. 1 font connaître les relations des six lignes trigonométriques entre elles.

D'abord, le triangle OMP étant rectangle, on a

$$\overline{MP}^2 + \overline{OP}^2 = \overline{OM}^2\,;$$

en second lieu, les triangles semblables OMP, OTA, donneront

$$AT : MP :: OA : OP, \qquad OT : OM :: OA : OP\,;$$

et, en troisième lieu, les triangles OMQ, OSB, donnent aussi

$$BS : MQ :: OB : OQ, \qquad OS : OM :: OB : OQ.$$

Faisons l'arc AM $= a$, le rayon OM $= r$, puis remplaçons les lignes par leurs désignations trigonométriques, savoir : MP par $\sin a$, OP par $\cos a$, etc. Les cinq relations précédentes donneront

$$[1] \qquad \sin a + \cos^2 a = r^2,$$

$$[2] \qquad \text{tang}\, a = \frac{r \sin a}{\cos a}, \qquad [3] \qquad \text{séc}\, a = \frac{r^2}{\cos a},$$

$$[4] \qquad \cot a = \frac{r \cos a}{\sin a}, \qquad [5] \qquad \text{coséc}\, a = \frac{r^2}{\sin a}.$$

L'équation [1] servira à déterminer le sinus au moyen du cosinus, et réciproquement. Si on donne $\sin a$, on aura $\cos a = \pm\sqrt{r^2 - \sin^2 a}$. On obtient deux valeurs égales et de signes contraires, parce qu'à un même sinus, à OQ, par exemple, il répond deux cosinus OP et OP′, égaux et de situation opposée.

Les formules [2], [3], [4], [5], font connaître les valeurs de la tangente, sécante, etc., quand on a celles du sinus et du cosinus.

21. Pour présenter des applications, prenons la valeur $\sin 30^\circ = \frac{1}{2} r$ trouvée n° 4. Au moyen de cette valeur, il sera facile de calculer d'abord le cosinus de 30°, et ensuite la tangente, la sécante, etc. En remarquant que le complément de 30° est 60°, on forme le tableau suivant :

$$\sin 30^\circ = \cos 60^\circ = \frac{r}{2}, \qquad \cos 30^\circ = \sin 60^\circ = \frac{r\sqrt{3}}{2},$$

$$\operatorname{tang} 30^\circ = \cot 60^\circ = \frac{r\sqrt{3}}{3}, \qquad \cot 30^\circ = \operatorname{tang} 60^\circ = r\sqrt{3},$$

$$\sec 30^\circ = \operatorname{cos\acute{e}c} 60^\circ = \frac{2r\sqrt{3}}{3}, \qquad \operatorname{cos\acute{e}c} 30^\circ = \sec 60^\circ = 2r.$$

22. Quoique déduites d'une figure, dans laquelle l'arc a est $< 90^\circ$, les formules du n° 20 n'en sont pas moins générales. Cela serait évident si l'on ne considérait que les valeurs absolues des lignes trigonométriques ; car ces lignes forment toujours des triangles rectangles et semblables, dont on peut tirer les mêmes résultats que dans le n° cité. D'abord il est clair qu'en ayant égard aux signes des lignes, la formule [1] ne cesse pas d'avoir lieu, puisqu'elle ne contient que des carrés ; il reste donc à examiner si, par suite des autres formules, la tangente, la sécante, etc., prennent toujours des signes conformes à leurs positions.

Dans le premier quadrant, c'est-à-dire de 0 à 90°, le sinus et le cosinus étant positifs, les quatre formules donnent des valeurs positives, ainsi que cela doit être. Dans le second quadrant, le sinus est positif, le cosinus est négatif, et par suite les valeurs de la tangente, de la sécante et de la cotangente sont négatives, tandis que celle de la cosécante reste positive : or la figure montre qu'en effet ce sont là les signes que doivent avoir ces lignes. Dans le troisième quadrant, le sinus et le cosinus sont négatifs : donc les valeurs [2] et [4] sont positives, tandis que les valeurs [3] et [5] sont négatives ; et c'est ce qui doit avoir lieu d'après la position que prennent alors les quatre lignes. Dans le quatrième quadrant, le sinus étant négatif, et le cosinus positif, les valeurs [2], [4], [5] sont négatives, et la valeur [3] est positive : c'est encore ce qui doit être, d'après la figure.

Au-delà de 360°, le sinus et le cosinus reprennent, pour un arc quelconque $360°+a$, les mêmes grandeurs et les mêmes signes que pour l'arc a ; les quatre formules donnent donc aussi les mêmes résultats. Et effectivement la tangente, la sécante, etc., doivent avoir les mêmes valeurs pour l'arc $360°+a$ que pour l'arc a.

Supposons les arcs négatifs. Puisque $\sin(-a) = -\sin a$, et que $\cos(-a) = \cos a$ (11), il s'ensuit qu'en changeant le signe de l'arc, les valeurs données par les formules, pour la tangente, la cotangente et la cosécante, prennent des signes contraires sans changer de grandeur, tandis que la sécante reste tout-à-fait la même. Ces résultats sont encore conformes aux indications de la figure.

Enfin, à parler rigoureusement, on pourrait craindre que les formules ne fussent pas vraies pour les arcs 0, 90°, 180°, etc., parce qu'alors les triangles cessent d'exister. Mais il est facile de voir qu'elles donnent encore des résultats qui conviennent à ces arcs. Par exemple, si on fait $a = 90°$, on aura $\sin 90° = r$, $\cos 90° = 0$; par suite $\text{tang}\,90° = \infty$, $\text{séc}\,90° = \infty$, $\cot 90° = 0$, $\text{coséc}\,90° = r$. Ces valeurs sont en effet celles qu'on doit avoir. Remarquez que la valeur $\text{tang}\,90° = \infty$ doit être prise avec le signe ambigu $\pm$; car elle est à la fois limite des tangentes positives qu'on obtient en faisant croître l'arc de 0 à 90°, et limite des tangentes négatives qu'on obtient en le faisant décroître de 180° à 90°. La même observation s'applique aux autres lignes trigonométriques susceptibles de devenir infinies.

Concluons maintenant que la généralité des cinq formules n'est limitée par aucune restriction.

23. Il eût suffi de démontrer la généralité des formules [2] et [3] pour en conclure celle de [4] et [5] : car celles-ci peuvent se tirer des premières en y mettant $90°-a$ au lieu de a. En général, toutes les fois qu'une relation entre les lignes trigonométriques aura été démontrée pour toutes les valeurs possibles des arcs, il sera permis d'y remplacer ces arcs par leurs complémens, ce qui revient évidemment à changer les sinus, tangentes, sécantes, en cosinus, cotangentes, cosécantes ; et réciproquement.

24. Les cinq relations [1] .... [5] peuvent servir à en trouver d'autres. Nous allons faire connaître les plus remarquables.

1° En multipliant entre elles les formules [2] et [4], il vient

[6] $$\text{tang}\, a \times \cot a = r^2.$$

C'est-à-dire que le rayon est moyen proportionnel entre la tangente et la cotangente. Cette conséquence se déduirait immédiatement des triangles semblables OTA, OSB.

2° La formule [2] donne

$$r^2 + \text{tang}^2 a = r^2 + \frac{r^2 \sin^2 a}{\cos^2 a} = \frac{r^2(\sin^2 a + \cos^2 a)}{\cos^2 a}.$$

Or $\sin^2 a + \cos^2 a = r^2$, $\text{séc}^2\, a = \dfrac{r^4}{\cos^2 a}$; donc

[7] $$r^2 + \text{tang}^2 a = \text{séc}^2 a:$$

formule évidente dans le triangle rectangle OTA. On trouve d'une manière analogue cette autre formule

[8] $$r^2 + \cot^2 a = \text{cosé}c^2 a,$$

laquelle résulte immédiatement de la précédente en mettant $90^\circ - a$ au lieu de a.

3° Des formules [3] et [5] on tire

$$\frac{1}{\text{séc}\, a} = \frac{\cos a}{r^2}, \quad \frac{1}{\text{coséc}\, a} = \frac{\sin a}{r^2};$$

par suite, en ajoutant les carrés et remarquant que $\cos^2 a + \sin^2 a = r^2$, on a

[9] $$\frac{1}{\text{séc}^2 a} + \frac{1}{\text{coséc}^2 a} = \frac{1}{r^2}.$$

25. En général, une quelconque des six lignes trigonométriques étant donnée, les cinq relations [1], [2], [3], [4], [5] serviront à connaître les cinq autres lignes : il n'y aura, pour cela, qu'une simple résolution d'équations à effectuer.

Par exemple, si on veut trouver le sinus et le cosinus au moyen de la tangente, il faut prendre les équations [1] et [2], savoir :

$$\sin^2 a + \cos^2 a = r^2, \quad \tang a = \frac{r \sin a}{\cos a};$$

et en tirer les valeurs de $\sin a$ et de $\cos a$. La seconde donne $r^2 \sin^2 a = \tang^2 a \cos^2 a$; puis, au moyen de la première, on obtient facilement.

$$[10] \quad \sin a = \frac{\pm r \tang a}{\sqrt{r^2 + \tang^2 a}}, \qquad \cos a = \frac{\pm r^2}{\sqrt{r^2 + \tang^2 a}}.$$

Le double signe $\pm$ apprend qu'il existe deux sinus et deux cosinus, égaux et opposés, qui répondent à une même tangente; et c'est aussi ce que montre la figure. Il faut avoir bien soin de prendre les signes supérieurs ensemble, et les signes inférieurs ensemble: autrement on ne retrouverait pas $\frac{r \sin a}{\cos a} = \tang a$.

Formules pour trouver le sinus et le cosinus de $a+b$ et de $a-b$.

26. La question à résoudre est celle-ci: *Connaissant les sinus et les cosinus de deux arcs* a *et* b, *trouver le sinus et le cosinus de leur somme et de leur différence.*

Soient (fig. 4) les arcs $AB = a$ et $BC = BD = b$: menez la corde CD et le rayon OB qui la coupe perpendiculairement en son milieu Q; menez aussi le rayon OA, ainsi que les perpendiculaires BP, CR, DS. On aura

$$\begin{aligned} &BP = \sin a,\ OP = \cos a,\ \ CQ = \sin b,\ \ OQ = \cos b, \\ &AC = a+b,\ CR = \sin(a+b),\ OR = \cos(a+b), \\ &AD = a-b,\ DS = \sin(a-b),\ OS = \cos(a-b). \end{aligned}$$

Tirez encore QE perpendiculaire à OA, et QF, DG, parallèles à OA. Les triangles CQF, QDG seront égaux, comme ayant les angles égaux et le côté QC égal à QD; donc $DG = QF$ et $GQ = CF$. Cela posé, on a évidemment

$$\begin{aligned} \sin(a+b) &= CR = FR + CF = QE + CF, \\ \cos(a+b) &= OR = OE - ER = OE - QF, \\ \sin(a-b) &= DS = QE - QG = QE - CF, \\ \cos(a-b) &= OS = OE + DG = OE + QF. \end{aligned}$$

Le triangle OBP est semblable à OQE, à cause des parallèles BP,

QE; et il l'est aussi à CQF, à cause des côtés perpendiculaires. Par conséquent on a

$$\begin{array}{lll} QE:BP::OQ:OB & \text{ou} & QE:\sin a::\cos b:r, \\ OE:OP::OQ:OB & \text{ou} & OE:\cos a::\cos b:r, \\ CF:OP::CQ:OB & \text{ou} & CF:\cos a::\sin b:r, \\ QF:BP::CQ:OB & \text{ou} & QF:\sin a::\sin b:r. \end{array}$$

De ces proportions on déduit

$$QE=\frac{\sin a\cos b}{r},\qquad OE=\frac{\cos a\cos b}{r},$$

$$CF=\frac{\cos a\sin b}{r},\qquad QF=\frac{\sin a\sin b}{r};$$

et en substituant ces valeurs dans $\sin(a+b)$, etc., il vient

[1] $$\sin(a+b)=\frac{\sin a\cos b+\cos a\sin b}{r},$$

[2] $$\cos(a+b)=\frac{\cos a\cos b-\sin a\sin b}{r},$$

[3] $$\sin(a-b)=\frac{\sin a\cos b-\cos a\sin b}{r},$$

[4] $$\cos(a-b)=\frac{\cos a\cos b+\sin a\sin b}{r}.$$

27. La figure dont on s'est servi semble attacher certaines restrictions à ces formules; car elle suppose que a et b sont des arcs positifs, que la somme $a+b$ est $< 90°$, et même que a surpasse b dans les formules relatives à $a-b$. A la vérité on peut modifier facilement les constructions pour les autres cas; mais ces cas sont nombreux, et il serait peu commode de reconnaître par ce procédé si les formules sont générales. Le suivant est préférable.

1° La restriction $a>b$ peut être écartée des formules [3] et [4]. En effet, quand a est moindre que b, on sait (11) qu'on a

$$\sin(a-b)=-\sin(b-a)\quad\text{et}\quad\cos(a-b)=\cos(b-a).$$

Mais, b étant plus grand que a, on peut obtenir $\sin(b-a)$ et $\cos b-a$ par les formules [3] et [4], en y changeant a en b et b en a: or il est évident qu'alors la première change seulement de signe, tandis que la seconde reste la même; donc on aura encore, pour sin $(a-b)$ et cos $(a-b)$, les mêmes formules que dans le cas où a est plus grand que b. Ainsi, ces quatre formules ont lieu dans tous les cas où a et b sont positifs et font une somme $a+b<90°$; par conséquent il est permis d'y supposer à chacun de ces arcs telles valeurs qu'on voudra entre 0 et 45°.

2° Comme les formules relatives à la différence $a-b$ peuvent se déduire de celles qui expriment $\sin(a+b)$ et $\cos(a+b)$, en changeant b en $-b$, il s'ensuit que les formules [1] et [2] sont vraies pour toutes les valeurs de a entre 0° et 45°, et pour toutes les valeurs de b entre $-45°$ et $+45°$. Or je dis que ces mêmes formules conviennent aussi aux valeurs négatives de a, prises de 0 à $-45°$

Supposons que α soit $< 45°$, et faisons $a=-\alpha$, on aura

$$\sin(a+b)=\sin(-\alpha+b)=-\sin(\alpha-b),$$
$$\cos(a+b)=\cos(-\alpha+b)=\cos(\alpha-b).$$

Les arcs α et $-b$ sont dans les limites pour lesquelles les formules [1] et [2] sont démontrées; donc

$$\sin(a+b)=-\sin(\alpha-b)=\frac{-\sin\alpha\cos b+\cos\alpha\sin b}{r},$$

$$\cos(a+b)=\cos(\alpha-b)=\frac{\cos\alpha\cos b+\sin\alpha\sin b}{r}.$$

Puisque $a=-\alpha$, on a (11) $\sin\alpha=-\sin a$, $\cos\alpha=\cos a$; et par suite ces formules reviennent aux formules [1] et [2].

3° Maintenant démontrons qu'on peut, dans les formules [1] et [2], reculer indéfiniment les limites positives et négatives de a et b. Faisons $a=90°+\alpha$, α étant un arc quelconque entre $-45°$ et $+45°$: on aura, en prenant les complémens,

$$\sin(a+b)=\sin(90°+\alpha+b)=\cos(-\alpha-b)=\cos(\alpha+b)$$
$$=\frac{\cos\alpha\cos b-\sin\alpha\sin b}{r},$$

$$\cos(a+b)=\cos(90°+\alpha+b)=\sin(-\alpha-b)=-\sin(\alpha+b)$$
$$=\frac{-\sin\alpha\cos b-\cos\alpha\sin b}{r}.$$

Mais, par des réductions connues on a

$$\sin a = \sin(90^\circ + \alpha) = \cos(-\alpha) = \cos\alpha,$$
$$\cos a = \cos(90^\circ + \alpha) = \sin(-\alpha) = -\sin\alpha;$$

donc on peut remplacer $\cos\alpha$ par $\sin a$, et $\sin\alpha$ par $-\cos a$, ce qui ramène encore aux formules [1] et [2]. Or, en prenant α entre -45° et $+45^\circ$, l'arc $90^\circ + \alpha$, ou a, passe par toutes les grandeurs depuis 45° jusqu'à 135°; donc la limite positive de a est reculée jusqu'à 135°. En répétant le même raisonnement, il est évident que cette limite peut encore être reculée de 90°; et ainsi de suite à l'infini.

La démonstration faite plus haut (2°) quand on a prouvé que les formules [1] et [2] étant vraies pour les valeurs positives de a moindres que 45°, le sont aussi pour les mêmes valeurs prises négativement, peut évidemment s'appliquer au cas où la limite positive de a serait différente de 45°. Donc, puisqu'on vient de reconnaître qu'elles sont vraies pour toutes les valeurs positives de a, elles le sont aussi pour toutes les valeurs négatives.

Quant à l'arc b, il est évident qu'il se prête aux mêmes raisonnemens que a, et qu'on peut aussi éloigner à l'infini chacune de ses limites; donc enfin les formules [1] et [2], et par conséquent les formules [3] et [4], sont démontrées pour toutes les valeurs des arcs a et b.

Formules pour la multiplication et la division des arcs.

28. Désormais je supposerai toujours le rayon $r = 1$, de sorte que les sinus, cosinus, etc., ne devront plus être considérés que comme de simples rapports, ainsi qu'on l'a expliqué n° 18. Par cette hypothèse, les formules des n°s 20 et 26, deviennent

$$\sin^2 a + \cos^2 a = 1;$$

$$\tang a = \frac{\sin a}{\cos a}, \quad \cot a = \frac{\cos a}{\sin a},$$

$$\text{séc}\, a = \frac{1}{\cos a}, \quad \text{coséc}\, a = \frac{1}{\sin a},$$

$$\sin(a \pm b) = \sin a \cos b \pm \cos a \sin b;$$
$$\cos(a \pm b) = \cos a \cos b \mp \sin a \sin b;$$

29. Cela posé, dans les expressions de $\sin(a+b)$ et $\cos(a+b)$, faisons $b=a$, il vient

[1] $$\sin 2a = 2\sin a\cos a,$$

[2] $$\cos 2a = \cos^2 a - \sin^2 a:$$

formules qui servent à calculer le sinus et le cosinus du double d'un arc, quand on connaît le sinus et le cosinus de cet arc.

30. Soit fait $b = 2a$, les mêmes expressions donnent d'abord

$$\sin 3a = \sin a \cos 2a + \cos a \sin 2a,$$
$$\cos 3a = \cos a \cos 2a - \sin a \sin 2a;$$

puis, en remplaçant $\sin 2a$ et $\cos 2a$ par leurs valeurs, et simplifiant les résultats au moyen de la relation $\sin^2 a + \cos^2 a = 1$, on obtient

[3] $$\sin 3a = 3\sin a - 4\sin^3 a,$$

[4] $$\cos 3a = 4\cos^3 a - 3\cos a.$$

En continuant de la même manière on s'élevera aux multiples $4a$, $5a$, etc. Au reste, il existe, pour la *multiplication des arcs*, des formules générales qu'on trouvera dans le chapitre III.

31. Occupons-nous maintenant des formules relatives à la *division des arcs*, et supposons d'abord qu'on veuille trouver le sinus et le cosinus de la moitié d'un arc. Changeons a en $\frac{1}{2}a$ dans les formules [1] et [2] : elles donneront

[5] $$2\sin\tfrac{1}{2}a\cos\tfrac{1}{2}a = \sin a,$$

[6] $$\cos^2\tfrac{1}{2}a - \sin^2\tfrac{1}{2}a = \cos a;$$

et d'ailleurs on a aussi

[7] $$\cos^2\tfrac{1}{2}a + \sin^2\tfrac{1}{2}a = 1.$$

Si on donne $\cos a$, il n'y a qu'à résoudre les équations [6] et [7]. Or, en retranchant la première de la seconde, et ensuite en l'ajoutant, il vient facilement

[8] $$\sin\tfrac{1}{2}a = \sqrt{\frac{1-\cos a}{2}}, \quad \cos\tfrac{1}{2}a = \sqrt{\frac{1+\cos a}{2}}.$$

Telles sont donc les formules qui servent à calculer $\sin\frac{1}{2}a$ et $\cos\frac{1}{2}a$

quand on connaît cos a. Sur quoi il faut observer que le radical doit être considéré comme portant avec lui le signe $\pm$.

La raison pour laquelle on obtient ainsi deux valeurs, égales et de signes opposés, pour chacune des inconnues $\sin\frac{1}{2}a$ et $\cos\frac{1}{2}a$, est facile à trouver. Remarquez d'abord que ce n'est pas l'arc a lui-même qui entre dans ces valeurs, mais seulement son cosinus ; de sorte qu'elles doivent donner en même temps le sinus et le cosinus de la moitié de tous les arcs qui ont même cosinus. D'après le n° 15, ces arcs sont fournis par la formule.

$$x = 2k\text{H} \pm \alpha,$$

dans laquelle on désigne par α le plus petit arc positif correspondant au cosinus donné ; par H la demi-circonférence, et par k un nombre entier quelconque. On doit donc trouver pour $\sin\frac{1}{2}a$ et $\cos\frac{1}{2}a$, les valeurs comprises dans

$$\sin\left(k\text{H} \pm \tfrac{1}{2}\alpha\right) \text{ et } \cos\left(k\text{H} \pm \tfrac{1}{2}\alpha\right).$$

Si k est pair, kH sera un multiple de 360°, on pourra le supprimer sans altérer ni le sinus ni le cosinus (10), et il viendra

$$\sin\left(\pm\tfrac{1}{2}\alpha\right) = \pm \sin\tfrac{1}{2}\alpha \text{ et } \cos\left(\pm\tfrac{1}{2}\alpha\right) = \cos\tfrac{1}{2}\alpha.$$

Si k est impair, on supprimera encore kH ; mais il faudra changer les signes du sinus et du cosinus (10) : on aura

$$-\sin\left(\pm\tfrac{1}{2}\alpha\right) = \mp \sin\tfrac{1}{2}\alpha \quad \text{et} \quad -\cos\left(\pm\tfrac{1}{2}\alpha\right) = -\cos\tfrac{1}{2}\alpha.$$

On voit donc qu'on devait avoir en effet deux valeurs égales et de signes contraires pour $\sin\frac{1}{2}a$; et de même pour $\cos\frac{1}{2}a$.

32. Si on donnait le sinus au lieu du cosinus, il suffirait de remplacer dans les formules [8] cos a par sa valeur $\sqrt{1 - \sin^2 a}$; et comme ce nouveau radical porte aussi avec lui le double signe $\pm$, on aurait quatre valeurs pour chacune des inconnues $\sin\frac{1}{2}a$ et $\cos\frac{1}{2}a$.

Mais on peut obtenir ces valeurs sous une autre forme. Reprenons les équations [5] et [7]

$$2\sin\tfrac{1}{2}a\cos\tfrac{1}{2}a = \sin a,$$
$$\cos^2\tfrac{1}{2}a + \sin^2\tfrac{1}{2}a = 1 ;$$

et tirons-en les valeurs de $\sin\frac{1}{2}a$ et $\cos\frac{1}{2}a$. En ajoutant d'abord la première à la deuxième, et en la retranchant ensuite, puis en extrayant la racine carrée, il vient

$$\cos\tfrac{1}{2}a+\sin\tfrac{1}{2}a=\sqrt{1+\sin a},$$
$$\cos\tfrac{1}{2}a-\sin\tfrac{1}{2}a=\sqrt{1-\sin a}:$$

d'où l'on déduit facilement les valeurs cherchées,

[9] $$\sin\tfrac{1}{2}a=\tfrac{1}{2}\sqrt{1+\sin a}-\tfrac{1}{2}\sqrt{1-\sin a},$$

[10] $$\cos\tfrac{1}{2}a=\tfrac{1}{2}\sqrt{1+\sin a}+\tfrac{1}{2}\sqrt{1-\sin a}.$$

A cause des deux radicaux, chacune de ces expressions a quatre valeurs. Pour démontrer *à priori* que cela doit être ainsi, on observe qu'elles doivent donner le sinus et le cosinus de la moitié de tous les arcs qui ont le même sinus : or (14) ces arcs résultent des formules

$$x=2k\text{H}+\alpha,\quad x=(2k+1)\,\text{H}-\alpha;$$

donc les expressions de $\sin\frac{1}{2}a$ et $\cos\frac{1}{2}a$ doivent donner le sinus et le cosinus des arcs représentés par

$$k\text{H}+\tfrac{1}{2}\alpha\quad\text{et}\quad(k+\tfrac{1}{2})\,\text{H}-\tfrac{1}{2}\alpha.$$

Mais on peut supprimer kH, en ayant soin de conserver ou de changer les signes du sinus et du cosinus selon que k est pair ou impair. Par conséquent on doit avoir pour $\sin\frac{1}{2}a$, et aussi pour $\cos\frac{1}{2}a$, quatre valeurs, savoir :

$$\sin\tfrac{1}{2}a=\pm\sin\tfrac{1}{2}\alpha\quad\text{et}\quad\sin\tfrac{1}{2}a=\pm\sin(\tfrac{1}{2}\text{H}-\tfrac{1}{2}\alpha);$$
$$\cos\tfrac{1}{2}a=\pm\cos\tfrac{1}{2}\alpha\quad\text{et}\quad\cos\tfrac{1}{2}a=\pm\cos(\tfrac{1}{2}\text{H}-\tfrac{1}{2}\alpha).$$

On voit de plus qu'elles sont égales deux à deux, et de signes contraires. Si $\alpha=90°$, on a $\frac{1}{2}\alpha=45°$, $\frac{1}{2}\text{H}-\frac{1}{2}\alpha=45°$; et les quatre valeurs se réduisent à deux.

Une autre remarque se présente encore. Puisque H représente 180°, il s'ensuit que les deux arcs $\frac{1}{2}\alpha$ et $\frac{1}{2}\text{H}-\frac{1}{2}\alpha$ sont complémens l'un de l'autre, et par suite les valeurs précédentes peuvent être présentées ainsi :

$$\sin\tfrac{1}{2}a=\pm\sin\tfrac{1}{2}\alpha,\qquad\sin\tfrac{1}{2}a=\pm\cos\tfrac{1}{2}\alpha;$$
$$\cos\tfrac{1}{2}a=\pm\cos\tfrac{1}{2}\alpha,\qquad\cos\tfrac{1}{2}a=\pm\sin\tfrac{1}{2}\alpha.$$

C'est-à-dire que les valeurs de $\sin\frac{1}{2}a$ sont les mêmes que celles de $\cos\frac{1}{2}a$; et c'est ce qu'indiquent aussi les formules [9] et [10].

Il reste maintenant une difficulté à éclaircir : c'est de savoir comment, lorsqu'on connaît l'arc a et son sinus, on peut discerner celle des quatre déterminations qu'il faut choisir pour $\sin\frac{1}{2}a$ ou pour $\cos\frac{1}{2}a$: car on comprend bien qu'il ne doit y en avoir qu'une seule. Afin d'abréger, ne considérons que $\sin\frac{1}{2}a$; en prenant les radicaux avec leurs différens signes, les quatre valeurs peuvent s'écrire ainsi :

$$\sin\tfrac{1}{2}a = \pm\tfrac{1}{2}(\sqrt{1+\sin a} - \sqrt{1-\sin a}),$$
$$\sin\tfrac{1}{2}a = \pm\tfrac{1}{2}(\sqrt{1+\sin a} + \sqrt{1-\sin a}).$$

D'abord il est évident que les deux premières sont égales et de signes contraires ; et il en est de même des deux dernières. Ensuite, si on fait le carré des unes, on le trouve $< \frac{1}{2}$; tandis que celui des autres est $> \frac{1}{2}$: or, on sait (8) que $\sin^2 45° = \cos^2 45° = \frac{1}{2}$; donc, abstraction des signes, les deux premières valeurs sont moindres que $\sin 45°$, et les deux dernières sont plus grandes.

Mais, d'un autre côté, quand un arc est donné, il est toujours facile de déterminer *à priori* si le sinus de sa moitié est positif ou négatif, et s'il doit être moindre ou plus grand que celui de 45°. Ainsi toute indétermination cessera. Les mêmes raisonnemens s'appliquent au cosinus.

Par exemple, soit $a < 90°$; $\sin\frac{1}{2}a$ devra être positif et moindre que $\sin 45°$; $\cos\frac{1}{2}a$ devra être positif aussi, mais plus grand que $\cos 45°$: donc il faudra prendre les valeurs [9] et [10] avec les signes qui y sont en évidence.

Ces formules sont, comme on le voit, appropriées aux cas des arcs moindres que 90°. On a le même soin à l'égard de toutes les formules trigonométriques, parce que ces cas sont en effet les plus ordinaires.

33. Passons à la trisection des arcs. En changeant a en $\frac{1}{3}a$, les formules [3] et [4] du nº 30 donnent

$$\sin a = 3\sin\tfrac{1}{3}a - 4\sin^3\tfrac{1}{3}a,$$
$$\cos a = 4\cos^3\tfrac{1}{3}a - 3\cos\tfrac{1}{3}a.$$

Supposons, par exemple, qu'on donne $\cos a$ et qu'on demande $\cos \frac{1}{3}a$: on posera $\cos a = b$, $\cos \frac{1}{3}a = z$, et la seconde équation deviendra

[11] $$z^3 - \frac{3}{4}z - \frac{1}{4}b = 0.$$

Telle est donc l'équation qu'il faut résoudre pour avoir $\cos \frac{1}{3}a$. Sans entrer dans aucun détail d'algèbre, je me contenterai de montrer *à priori* que ses trois racines sont réelles.

C'est ici un cosinus qui est donné, et la formule des arcs correspondans à ce cosinus est $2k\text{H} \pm \alpha$ (15); donc l'équation [11] a pour racines toutes les valeurs comprises dans l'expression

$$z = \cos \frac{2k\text{H} \pm \alpha}{3}.$$

Le nombre entier k ne peut avoir qu'une de trois formes $3n$, $3n+1$, $3n-1$ (n étant aussi un nombre entier) : faisons donc successivement $k = 3n$, $k = 3n+1$, $k = 3n-1$. Il vient, en supprimant les circonférences inutiles,

$$z = \cos \frac{3n.2\text{H} \pm \alpha}{3} = \cos\left(2n\text{H} \pm \frac{\alpha}{3}\right) = \cos\left(\pm\frac{\alpha}{3}\right) = \cos\frac{\alpha}{3},$$

$$z = \cos \frac{(3n+1).2\text{H} \pm \alpha}{3} = \cos\left(2n\text{H} + \frac{2\text{H}}{3} \pm \frac{\alpha}{3}\right) = \cos\left(\frac{2\text{H}}{3} \pm \frac{\alpha}{3}\right),$$

$$z = \cos \frac{(3n-1).2\text{H} \pm \alpha}{3} = \cos\left(-\frac{2\text{H}}{3} \pm \frac{\alpha}{3}\right) = \cos\left(\frac{2\text{H}}{3} \mp \frac{\alpha}{3}\right).$$

Les deux dernières valeurs sont les mêmes que les deux précédentes; ainsi il y a en tout trois valeurs différentes, savoir :

$$z = \cos\frac{\alpha}{3}, \qquad z = \cos\left(\frac{2\text{H}}{3} + \frac{\alpha}{3}\right), \qquad z = \cos\left(\frac{2\text{H}}{3} - \frac{\alpha}{3}\right).$$

Toutefois, il peut se faire que deux de ces valeurs soient égales entre elles : par exemple, la première est égale à la troisième quand $\alpha = \text{H}$.

Nous n'entrerons pas dans de plus longs développemens sur la division des arcs : ceux qui précèdent montrent assez la marche à suivre dans ce genre de questions.

Formules relatives aux tangentes.

34. Proposons-nous d'abord de *trouver la tangente de la somme ou de la différence de deux arcs, quand on connaît les tangentes de ces deux arcs.*

D'après la relation qui existe entre le sinus, le cosinus et la tangente (28), on a

$$\operatorname{tang}(a+b)=\frac{\sin(a+b)}{\cos(a+b)},$$

ou, en remplaçant $\sin(a+b)$ et $\cos(a+b)$ par leurs valeurs [28],

$$\operatorname{tang}(a+b)=\frac{\sin a\cos b+\cos a\sin b}{\cos a\cos b-\sin a\sin b}.$$

Pour n'avoir que des tangentes, divisons le numérateur et le dénominateur par $\cos a\cos b$, il vient

$$\operatorname{tang}(a+b)=\frac{\dfrac{\sin a}{\cos a}+\dfrac{\sin b}{\cos b}}{1-\dfrac{\sin a\sin b}{\cos a\cos b}}.$$

Mais $\dfrac{\sin a}{\cos a}=\operatorname{tang} a$ et $\dfrac{\sin b}{\cos b}=\operatorname{tang} b$; donc

[1] $$\operatorname{tang}(a+b)=\frac{\operatorname{tang} a+\operatorname{tang} b}{1-\operatorname{tang} a\operatorname{tang} b}.$$

On trouvera de même, pour la différence des arcs,

[2] $$\operatorname{tang}(a-b)=\frac{\operatorname{tang} a-\operatorname{tang} b}{1+\operatorname{tang} a\operatorname{tang} b}.$$

35. Soit $b=a$, on aura, pour la duplication des arcs,

[3] $$\operatorname{tang} 2a=\frac{2\operatorname{tang} a}{1-\operatorname{tang}^2 a}.$$

En faisant $b=2a$, on trouverait $\operatorname{tang} 3a$; et ainsi de suite.

36. Déterminons $\operatorname{tang}\frac{1}{2}a$ en fonction de $\operatorname{tang} a$. En changeant a en $\frac{1}{2}a$, la dernière formule donne l'équation

$$\frac{2\operatorname{tang}\frac{1}{2}a}{1-\operatorname{tang}^2\frac{1}{2}a}=\operatorname{tang} a,$$

qui revient à cette équation du second degré

$$[4] \qquad \text{tang}^2 \tfrac{1}{2} a + \frac{2}{\text{tang}\, a} \text{tang} \tfrac{1}{2} a - 1 = 0 ;$$

et de celle-ci on tire

$$\text{tang} \tfrac{1}{2} a = \frac{1}{\text{tang}\, a} \left(-1 \pm \sqrt{1 + \text{tang}^2 a}\right).$$

L'équation [4] ayant pour dernier terme -1, on est sûr, sans la résoudre, que les deux valeurs de tang $\frac{1}{2}a$ ont pour produit -1; donc, si AT et AT′ (fig. 5) sont ces valeurs dans la situation qui convient à leurs signes, on doit avoir $AT \times AT' = \overline{OA}^2$; donc l'angle TOT′ est droit, ou, ce qui est la même chose, l'arc MM′ est égal à 90°. Il serait d'ailleurs facile de faire voir, d'après la nature même de la question, pourquoi tang $\frac{1}{2}a$ a deux valeurs et n'en a que deux. Mais je laisse au lecteur cet exercice, qui ne saurait offrir aucune difficulté après tout ce qui a été dit plus haut dans des cas analogues.

37. On rencontre assez souvent les formules suivantes :

$$[5] \qquad \text{tang} \tfrac{1}{2} a = \sqrt{\frac{1 - \cos a}{1 + \cos a}},$$

$$[6] \qquad \text{tang} \tfrac{1}{2} a = \frac{\sin a}{1 + \cos a},$$

$$[7] \qquad \text{tang} \tfrac{1}{2} a = \frac{1 - \cos a}{\sin a}.$$

Elles se déduisent facilement de formules déjà connues. Il est clair en effet qu'on a

$$\text{tang} \tfrac{1}{2} a = \frac{\sin \frac{1}{2} a}{\cos \frac{1}{2} a} = \sqrt{\frac{1 - \cos a}{1 + \cos a}} \qquad (31),$$

$$\text{tang} \tfrac{1}{2} a = \frac{\sin \frac{1}{2} a \cos \frac{1}{2} a}{\cos^2 \frac{1}{2} a} = \frac{\sin a}{1 + \cos a} \qquad (29, 31),$$

$$\text{tang} \tfrac{1}{2} a = \frac{\sin^2 \frac{1}{2} a}{\sin \frac{1}{2} a \cos \frac{1}{2} a} = \frac{1 - \cos a}{\sin a} \qquad (29, 31).$$

De quelques autres formules fréquemment employées.

38. Les formules du n° 28 qui expriment le sinus et le cosinus de la somme $a+b$ et de la différence $a-b$ conduisent à un grand nombre de formules dont les astronomes font un usage presque continuel. Je me bornerai à rapporter ici seulement les principales.

En combinant ces formules par addition et soustraction, on en tire celles-ci :

$$2\sin a\cos b=\sin(a+b)+\sin(a-b),$$

$$2\cos a\sin b=\sin(a+b)-\sin(a-b),$$

$$2\cos a\cos b=\cos(a-b)+\cos(a+b),$$

$$2\sin a\sin b=\cos(a-b)-\cos(a+b).$$

Elles peuvent servir à transformer le produit d'un sinus par un cosinus, ou bien celui de deux cosinus entre eux, ou bien encore celui de deux sinus, en une somme ou une différence de deux lignes trigonométriques.

39. Désignons par p et q deux arcs quelconques, et faisons $a+b=p$, $a-b=q$: on aura $a=\frac{1}{2}(p+q)$, $b=\frac{1}{2}(p-q)$. En mettant ces valeurs dans les formules précédentes, et changeant l'ordre des membres, il vient :

$$\sin p+\sin q=2\sin\tfrac{1}{2}(p+q)\cos\tfrac{1}{2}(p-q),$$

$$\sin p-\sin q=2\cos\tfrac{1}{2}(p+q)\sin\tfrac{1}{2}(p-q),$$

$$\cos p+\cos q=2\cos\tfrac{1}{2}(p+q)\cos\tfrac{1}{2}(p-q),$$

$$\cos q-\cos p=2\sin\tfrac{1}{2}(p+q)\sin\tfrac{1}{2}(p-q):$$

formules qui sont d'un usage fréquent, surtout dans le calcul logarithmique, pour changer une somme ou une différence en un produit.

40. Enfin, par la division, et en observant en général que

$$\frac{\sin A}{\cos A}=\operatorname{tang} A=\frac{1}{\cot A},$$

les dernières formules donnent les suivantes, qui sont d'un usage non moins fréquent :

$$\frac{\sin p + \sin q}{\sin p - \sin q} = \frac{\sin\frac{1}{2}(p+q)}{\cos\frac{1}{2}(p+q)}\,\frac{\cos\frac{1}{2}(p-q)}{\sin\frac{1}{2}(p-q)} = \frac{\tang\frac{1}{2}(p+q)}{\tang\frac{1}{2}(p-q)},$$

$$\frac{\sin p + \sin q}{\cos p + \cos q} = \frac{\sin\frac{1}{2}(p+q)}{\cos\frac{1}{2}(p+q)} = \tang\frac{1}{2}(p+q),$$

$$\frac{\sin p + \sin q}{\cos q - \cos p} = \frac{\cos\frac{1}{2}(p-q)}{\sin\frac{1}{2}(p-q)} = \cot\frac{1}{2}(p-q),$$

$$\frac{\sin p - \sin q}{\cos p + \cos q} = \frac{\sin\frac{1}{2}(p-q)}{\cos\frac{1}{2}(p-q)} = \tang\frac{1}{2}(p-q),$$

$$\frac{\sin p - \sin q}{\cos q - \cos q} = \frac{\cos\frac{1}{2}(p+q)}{\sin\frac{1}{2}(p+q)} = \cot\frac{1}{2}(p+q),$$

$$\frac{\cos p + \cos q}{\cos q - \cos p} = \frac{\cos\frac{1}{2}(p+q)}{\sin\frac{1}{2}(p+q)}\,\frac{\cos\frac{1}{2}(p-q)}{\sin\frac{1}{2}(p-q)} = \frac{\cot\frac{1}{2}(p+q}{\tang\frac{1}{2}(p-q)}.$$

Parmi ces formules je remarquerai particulièrement la première, qu'on peut énoncer en ces termes : *la somme des sinus de deux arcs est à la différence de ces mêmes sinus, comme la tangente de la demi-somme des arcs est à la tangente de leur demi-différence.*

41. En étudiant les auteurs, on rencontre quelquefois des transformations trigonométriques dont on n'aperçoit pas l'origine. Le mieux est alors de se borner à les vérifier, ce qui ne peut jamais offrir de difficulté.

Par exemple, pour vérifier la relation

$$\sin(a+b)\sin(a-b) = \sin^2 a - \sin^2 b,$$

je remplacerai d'abord $\sin(a+b)$ et $\sin(a-b)$ par leurs valeurs (28), et j'aurai

$$\sin(a+b)\sin(a-b) = \sin^2 a\cos^2 b - \cos^2 a\sin^2 b;$$

puis à la place de $\cos^2 a$ et $\cos^2 b$, je substituerai encore $1 - \sin^2 a$ et $1 - \sin^2 b$. Après que les réductions auront été effectuées, on trouvera l'égalité proposée.

S'il s'agissait de cette autre relation

$$\cos a = \frac{1 - \tang^2\frac{1}{2}a}{1 + \tang^2\frac{1}{2}a},$$

je mettrais pour $\tang \frac{1}{2}a$ sa valeur $\frac{\sin \frac{1}{2}a}{\cos \frac{1}{2}a}$; et le second membre deviendrait

$$\frac{\cos^2 \frac{1}{2}a - \sin^2 \frac{1}{2}a}{\cos^2 \frac{1}{2}a + \sin^2 \frac{1}{2}a},$$

Or, on sait (nos 20 et 29) que $\cos^2 \frac{1}{2}a + \sin^2 \frac{1}{2}a = 1$, et que $\cos^2 \frac{1}{2}a - \sin^2 \frac{1}{2}a = \cos a$; par conséquent l'expression précédente se réduit à $\cos a$, et c'est ce qu'il fallait démontrer.

Voici encore plusieurs transformations que je propose comme exercices :

$$\cos(a+b)\cos(a-b) = \cos^2 a - \sin^2 b,$$

$$\tang(50^\circ + a) = \frac{1 + \tang a}{1 - \tang a},$$

$$\cos a = \frac{1}{1 + \tang a \tang \frac{1}{2}a},$$

$$\tang a + \tang b = \frac{\sin(a+b)}{\cos a \cos b},$$

$$\tang a + \tang b + \tang c = \tang a \tang b \tang c.$$

La dernière formule suppose que $a + b + c = 180^\circ$, et elle prouve qu'*on peut choisir d'une infinité de manières trois quantités telles que leur somme soit égale à leur produit.*

Démonstrations géométriques des formules trouvées précédemment.

42. Le lecteur a sans doute remarqué qu'après avoir établi au moyen de la géométrie les formules du sinus et du cosinus des arcs $a + b$ et $a - b$, j'ai employé le calcul algébrique pour déduire toutes les autres. De là résulte que, les premières ayant été démontrées vraies pour tous les arcs possibles, les dernières ne peuvent manquer d'avoir le même degré de généralité; et c'est là le caractère essentiel des méthodes analytiques. Au contraire, en se servant des constructions géométriques, il y a toujours lieu de craindre que les conséquences ne conviennent qu'aux seuls cas représentés dans les figures : cependant, comme elles ont l'avantage de rendre la vérité plus sensible, je vais démontrer par cette voie les principaux résultats obtenus précédemment.

43. *Le sinus et le cosinus d'un arc étant donnés, trouver le sinus et le cosinus de l'arc double.*

Soit (fig. 6) l'arc AB = BC = a, et faisons les constructions telles que les indique la figure : on a

$$\sin a = AP, \quad \cos a = OP, \quad \sin 2a = CQ = 2PH,$$
$$\cos 2a = OQ = OH - QH = OH - AH.$$

Le triangle rectangle OPA donne

$$PH = \frac{AP \times OP}{OA}, \quad OH = \frac{\overline{OP}^2}{AO}, \quad AH = \frac{\overline{AP}^2}{OA};$$

Par conséquent, en remplaçant les différentes lignes par leurs désignations trigonométriques, et faisant le rayon OA = 1, il vient

$$\sin 2a = 2PH = 2\sin a \cos a,$$
$$\cos 2a = OH - AH = \cos^2 a - \sin^2 a.$$

Ce sont les formules [1] et [2] du n°. 29.

44. *Étant donné* cos a, *trouver* $\sin\frac{1}{2}a$ et $\cos\frac{1}{2}a$.

Prenez l'arc AC = a (fig. 7), menez CP perpendiculaire au diamètre AB, puis tirez les cordes AC et BC, ainsi que les deux rayons OD et OE qui les coupent perpendiculairement en leurs milieux. En supposant toujours OA = 1, on aura OP = cos a, AP = 1 − cos a, BP = 1 + cos a, AC = $2\sin\frac{1}{2}a$, BC = $2\cos\frac{1}{2}a$. Or, chacune des cordes est moyenne proportionnelle entre le diamètre et le segment adjacent ; donc

$$\overline{AC}^2 = AB \times AP \quad \text{ou} \quad 4\sin^2\tfrac{1}{2}a = 2(1 - \cos a),$$
$$\overline{BC}^2 = AB \times BP \quad \text{ou} \quad 4\cos^2\tfrac{1}{2}a = 2(1 + \cos a),$$

De là on tire les formules connues (31)

$$\sin\tfrac{1}{2}a = \sqrt{\frac{1 - \cos a}{2}}, \quad \cos\tfrac{1}{2}a = \sqrt{\frac{1 + \cos a}{2}}.$$

45. *Le sinus et le cosinus d'un arc étant donnés, trouver le sinus et le cosinus de l'arc triple.*

Considérons la fig. 8, dans laquelle le rayon OB = 1 et l'arc AB = BC = CD = a. Le triangle isoscèle BOD est semblable [illegible] l'angle OBD est commun, et l'angle BDF, qui a pour mesure $\frac{1}{2}$BE ou BD, est égal à BOD. On a donc

$$BF : BD :: BD : OB \quad \text{d'où} \quad BF = 4\sin^2 a.$$

Menez PG parallèle à BF : on a $PG = BF = 4\sin^2 a$, et les triangles semblables QGP, OBP, donnent

$$QG : BP :: PG : OB \quad \text{d'où} \quad QG = 4\sin^3 a.$$
$$PQ : OP :: PG : OB \quad \text{d'où} \quad PQ = 4\sin^2 a \cos a.$$

Mais on a

$$\sin 3a = DQ = DF + FG - QG$$
$$= BD + BP - QG = 3\sin a - QG,$$
$$\cos 3a = OQ = OP - PQ = \cos a - PQ;$$

donc, en substituant les valeurs qui viennent d'être trouvées pour QG et PQ, il viendra

$$\sin 3a = 3\sin a - 4\sin^3 a,$$
$$\cos 3a = \cos a - 4\sin^2 a \cos a.$$

La première de ces deux expressions n'est autre que la formule [3] du n° 30; et, en remplaçant $\sin^2 a$ par $1 - \cos^2 a$, la seconde devient la formule [4]

46. *Etant données les tangentes de deux arcs, trouver la tangente de leur somme et celle de leur différence.*

Soient (fig. 9) $OA = 1$, $AB = a$, $BC = b$: aux extrémités des rayons OA et OB je mène les tangentes AT et BS que je termine comme l'indique la figure, et j'abaisse SH perpendiculaire sur OA. Par l'énoncé on donne $BR = \operatorname{tang} a$, $BS = \operatorname{tang} b$; et il faut chercher $AT = \operatorname{tang}(a+b)$.

A cause des triangles semblables OAT, OHS, on a

$$\frac{AT}{OA} = \frac{SH}{OH} \quad \text{d'où}, \quad \operatorname{tang}(a+b) = \frac{SH}{OH}.$$

On déduit SH des triangles semblables SHR et OBR, lesquels donnent

$$\frac{SH}{SR} = \frac{OB}{OR} \quad \text{d'où} \quad SH = \frac{\operatorname{tang} a + \operatorname{tang} b}{OR}.$$

Pour trouver OH, on observera que, d'après un théorème connu, l'on a

$$\overline{SR}^2 = \overline{OR}^2 + \overline{OS}^2 - 2OR \times OH.$$

Mais

$$\overline{SR}^2 = (BR + BS)^2 = \overline{BR}^2 + \overline{BS}^2 + 2BR \times BS;$$

donc

$$\overline{BR}^2 + \overline{BS}^2 + 2BR \times BS = \overline{OR}^2 + \overline{OS}^2 - 2OR \times OH.$$

De là on tire

$$2OR \times OH = \overline{OR}^2 - \overline{BR}^2 + \overline{OS}^2 - \overline{BS}^2 - 2BR \times BS$$
$$= 2\overline{OB}^2 - 2BR \times BS = 2 - 2\operatorname{tang} a \operatorname{tang} b;$$

par conséquent

$$OH = \frac{1 - \operatorname{tang} a \operatorname{tang} b}{OR}.$$

Remplaçons, dans tang $(a+b)$, SH et OH par leurs valeurs, et on trouve la formule connue (34)

$$\operatorname{tang}(a+b) = \frac{\operatorname{tang} a + \operatorname{tang} b}{1 - \operatorname{tang} a \operatorname{tang} b}.$$

On obtient avec la même facilité la valeur de tang $(a-b)$. Il faut alors employer la fig. 10, dans laquelle l'arc AC $= a-b$; et l'on voit sur-le-champ que les mêmes calculs ont encore lieu dans ce cas. Seulement il arrive que, RS étant égal à tang a — tang b, le second terme des numérateurs de SH et de OH change de signe : de sorte qu'on a

$$\operatorname{tang}(a-b) = \frac{\operatorname{tang} a - \operatorname{tang} b}{1 + \operatorname{tang} a \operatorname{tang} b}.$$

47. *Démontrer par la géométrie les formules*

$$\sin p + \sin q = 2 \sin \tfrac{1}{2}(p+q) \cos \tfrac{1}{2}(p-q),$$
$$\sin p - \sin q = 2 \cos \tfrac{1}{2}(p+q) \sin \tfrac{1}{2}(p-q).$$

Ayant pris (fig. 11) AB $= p$ et AC $= q$, tirez la corde BC et le rayon OD qui la coupe perpendiculairement en son milieu

E ; abaissez sur OA les perpendiculaires BP, CQ, DR, EF ; puis menez EG parallèle à OA. D'après la construction même, on a

$$BP = \sin p,\ CQ = \sin q,\ EF = \frac{\sin p + \sin q}{2},\ BG = \frac{\sin p - \sin q}{2},$$

$$AD = \tfrac{1}{2}(p+q),\ DR = \sin\tfrac{1}{2}(p+q),\ OR = \cos\tfrac{1}{2}(p+q),$$

$$BD = \tfrac{1}{2}(p-q),\ BE = \sin\tfrac{1}{2}(p-q),\ OE = \cos\tfrac{1}{2}(p-q).$$

Mais les triangles semblables OEF, ODR, donnent

$$EF : DR :: OE : OD \quad \text{et} \quad BG : OR :: BE : OD\,;$$

d'où
$$EF = \frac{DR \times OE}{OD} \quad \text{et} \quad BG = \frac{OR \times BE}{OD}.$$

En remplaçant les différentes lignes par leurs valeurs, doublant ces expressions, et faisant le rayon OD = 1, on obtient les formules dont il s'agit.

Les mêmes triangles donnent aussi les valeurs de $\cos p + \cos q$ et de $\cos q - \cos p$.

48. *Démontrer géométriquement que la somme des sinus de deux arcs est à la différence de ces sinus, comme la tangente de la demi-somme des deux arcs est à la tangente de leur demi-différence.*

Faites (fig. 11) la même construction que précédemment ; de plus, menez au point D la tangente ST que vous terminerez en S et en T sur les rayons prolongés OA et OB ; prolongez aussi BC jusqu'en H. Cela posé, à cause des parallèles, on a

$$\frac{EF}{BG} = \frac{EH}{EB} = \frac{DS}{DT}.$$

Mais on a $2EF = \sin p + \sin q$, $2BG = \sin p - \sin q$, $DS = \operatorname{tang} DA = \operatorname{tang}\frac{1}{2}(p+q)$, $DT = \operatorname{tang} DB = \operatorname{tang}\frac{1}{2}(p-q)$; par conséquent

$$\frac{\sin p + \sin q}{\sin p - \sin q} = \frac{\operatorname{tang}\frac{1}{2}(p+q)}{\operatorname{tang}\frac{1}{2}(p-q)}\,;$$

c'est ce qu'il fallait démontrer.

CHAPITRE II.

TABLES TRIGONOMÉTRIQUES ET RÉSOLUTION DES TRIANGLES.

Construction des tables trigonométriques.

49. Pour qu'il y ait une véritable utilité à remplacer les angles et les arcs par les sinus, cosinus, etc., il faut, quand l'arc est donné, qu'on puisse connaître les nombres qui expriment ces rapports, et réciproquement. Or, le meilleur moyen d'atteindre ce but est de former des tables dans lesquelles ces nombres se trouvent écrits à côté des arcs auxquels ils correspondent. En conséquence, je vais enseigner à calculer les sinus, cosinus, etc., pour tous les arcs de 10″ en 10″, dans la division ancienne. Cette loi est celle suivant laquelle les arcs se succèdent dans les Tables de Callet. Je ne parle pas de la nouvelle division; si on l'adoptait, la marche qui va être tracée serait encore applicable.

Cherchons d'abord le sinus de 10″. A cet effet, rappelons que le rapport de la circonférence au diamètre est

$$\pi = 3,14159\ 26535\ 89793\ \ldots.$$

Quand le rayon est pris pour unité, la demi-circonférence est donc égale à π; et comme il y a 648000 secondes dans 180°, on aura, en parties du rayon,

$$[1] \qquad \text{arc}\ 10'' = \frac{\pi}{64800} = 0,00004\ 84813\ 68110\ \ldots.$$

Or, un très-petit arc étant à fort peu près égal à son sinus, le nombre ci-dessus peut être regardé comme une valeur très-approchée de sin 10″. Mais ceci demande quelques développemens.

50. D'abord je vais démontrer que *dans le premier quadrant un arc est plus grand que son sinus et moindre que sa tangente.*

Soient (fig. 12) AP le sinus de l'arc AB, et AT la tangente :

pliez la figure autour de OT, et supposez que le point A vienne en C. On aura arc AC $>$ corde AC, et par suite arc AB $>$ AP ; donc l'arc est plus grand que le sinus. On a aussi arc AC $<$ AT $+$ CT ; donc AB $<$ AT ; donc l'arc est moindre que la tangente.

De là il suit que si $\frac{\text{tang}\, a}{\sin a}$ diffère très-peu de 1, le rapport $\frac{a}{\sin a}$ en diffèrera moins encore.

51. En second lieu, je dis que *si l'on fait décroître un arc jusqu'à zéro, le rapport de cet arc à son sinus peut devenir aussi peu différent qu'on voudra de l'unité : c'est-à-dire que ce rapport a pour limite l'unité.*

La formule $\text{tang}\, a = \frac{\sin a}{\cos a}$ (28) donne $\frac{\text{tang}\, a}{\sin a} = \frac{1}{\cos a}$. Or, en diminuant l'arc a (qui est supposé $< 90°$), le cosinus augmente et peut approcher autant qu'on veut de l'unité ; donc le rapport $\frac{1}{\cos a}$, ou son égal $\frac{\text{tang}\, a}{\sin a}$, va en diminuant et a pour limite l'unité.

L'arc étant plus grand que le sinus et moindre que la tangente, le rapport $\frac{a}{\sin a}$ ne peut jamais être ni < 1 ni $> \frac{\text{tang}\, a}{\sin a}$; donc, puisque ce dernier rapport peut approcher autant qu'on veut de l'unité, il en sera de même du premier. C'est ce qu'il fallait démontrer, et c'est pourquoi l'on prend la valeur de l'arc de 10″ pour celle de sin 10″.

52. Il faut maintenant déterminer le degré de l'approximation, afin de rejeter les décimales inutiles. On a $\sin a = 2 \sin \frac{1}{2} a \cos \frac{1}{2} a$. Or l'inégalité $\text{tang}\, \frac{1}{2} a > \frac{1}{2} a$, laquelle revient à $\frac{\sin \frac{1}{2} a}{\cos \frac{1}{2} a} > \frac{1}{2} a$, donne $2 \sin \frac{1}{2} a > a \cos \frac{1}{2} a$; donc on a

$$\sin a > a \cos^2 \tfrac{1}{2} a.$$

Mais on a $\cos^2 \frac{1}{2} a = 1 - \sin^2 \frac{1}{2} a$, et par conséquent $\cos^2 \frac{1}{2} a > 1 - (\frac{1}{2} a)^2$; donc

$$\sin a > a - \frac{a^3}{4}.$$

Appliquons ce résultat à l'arc 10″. D'après la valeur [1], en augmentant d'une unité la 5ᵉ décimale, on aura arc 10″ $< 0{,}00005$;

donc $\frac{1}{6}(\text{arc } 10'')^3 < 0,00000\ 00000\ 00032$; et par suite il viendra

$$\sin 10'' > \left\{ \begin{array}{l} 0,00004\ 84813\ 68110 \ldots \\ -0,00000\ 00000\ 00032\,; \end{array} \right.$$

donc $\sin 10'' > 0,00004\ 84813\ 68078 \ldots$

On voit que ce sinus ne commencera à différer de l'arc 10″ que par la 13e décimale; et même, dans l'arc, cette 13e décimale n'a qu'une unité de plus. De là il suit que si on prend

$$\sin 10'' = 0,00004\ 84813\ 681,$$

on sera assuré que l'erreur sera moindre qu'une unité du 13e ordre. En effet, il est clair que la valeur précédente devient trop petite si on ôte une unité à son dernier chiffre; et qu'au contraire, si on lui en ajoute une, elle devient trop grande, car alors elle surpasserait l'arc.

En mettant la valeur de sin 10″ sous le radical $\sqrt{1 - \sin^2 10''}$, on trouve cos 10″, savoir :

$$\cos 10'' = 0,99999\ 99988\ 248.$$

Ensuite on pourra obtenir successivement les sinus et les cosinus de 20″, 30″, 40″,... jusqu'à 45°, au moyen des formules connues

$$\sin(a+b) = \sin a \cos b + \cos a \sin b,$$
$$\cos(a+b) = \cos a \cos b - \sin a \sin b.$$

53. Les calculs se font plus rapidement par le procédé suivant, que j'emprunte à Thomas Simpson, géomètre anglais.

Les formules du n° 38 donnent

$$\sin(a+b) = 2\cos b \sin a - \sin(a-b),$$
$$\cos(a+b) = 2\cos b \cos a - \cos(a-b).$$

On peut considérer les arcs $a-b$, a, $a+b$, comme trois termes consécutifs d'une progression arithmétique dont la raison est b; donc, si on nomme t, t', t'', ces trois termes, on a

$$\sin t'' = 2\cos b \sin t' - \sin t,$$
$$\cos t'' = 2\cos b \cos t' - \cos t.$$

La première formule montre que deux sinus consécutifs étan

calculés, on trouvera le sinus suivant en multipliant le dernier par $2\cos b$, l'avant-dernier par -1, et en ajoutant les deux produits. Même règle pour les cosinus.

En conséquence, pour obtenir les sinus et les cosinus de 10 secondes en 10 secondes, on fera $b = 10''$; et, en nommant α et β les valeurs connues de $\sin 10''$ et $\cos 10''$, on aura

$\sin 0 = 0,$	$\cos 0 = 1,$
$\sin 10'' = \alpha,$	$\cos 10'' = \beta,$
$\sin 20'' = 2\beta \sin 10'',$	$\cos 20'' = 2\beta \cos 10'' - 1,$
$\sin 30'' = 2\beta \sin 20'' - \sin 10'',$	$\cos 30'' = 2\beta \cos 20'' - \cos 10'',$
$\sin 40'' = 2\beta \sin 30'' - \sin 20'',$	$\cos 40'' = 2\beta \cos 30'' - \cos 20'',$
etc.	etc.

Mais comme 2β diffère peu de 2 unités, ces calculs peuvent encore être abrégés. Désignons par k la différence $2 - 2\beta$, on aura $k = 0,00000\ 00023\ 504$ et $2\beta = 2 - k$. Par suite la valeur de $\sin t''$ devient

$$\sin t'' = 2 \sin t' - k \sin t' - \sin t,$$

d'où $$\sin t'' - \sin t' = (\sin t' - \sin t) - k \sin t'.$$

Quand la différence $\sin t'' - \sin t'$ sera calculée, on l'ajoutera à $\sin t'$, et on connaîtra $\sin t''$. Or, d'après la dernière formule, cette différence est égale à $\sin t' - \sin t$, différence déjà calculée avant d'arriver à l'arc t'', moins le produit $k \sin t'$; donc la seule opération laborieuse, qui se renouvelle à chaque sinus, sera la multiplication du dernier sinus par le nombre constant $k = 0,00000\ 00023\ 504$. Mais cette opération peut elle-même être abrégée en formant d'avance les produits de 23504 par les chiffres 1, 2, 3,.... jusqu'à 9: par-là on aura immédiatement les produits partiels qui composent chaque produit tel que $k \sin t'$, et il ne restera qu'à les ajouter. Des calculs presque semblables feront connaître les cosinus.

Pendant une si longue suite d'opérations les erreurs pouvant se multiplier considérablement, on comprend qu'il est impossible de conserver treize décimales exactes jusqu'à la fin. Pour déterminer le degré de précision sur lequel on doit compter, je chercherai bientôt (56), par des procédés qui donnent une approximation certaine, les valeurs de plusieurs sinus et cosinus; et alors le nombre des décimales qui leur seront communes avec les valeurs fournies par les calculs qui viennent d'être expliqués, indiquera assez sûrement les décimales que l'on peut regarder comme exactes dans les résultats intermédiaires.

Si on venait à reconnaître qu'on n'a point une approximation suffisante, on choisirait pour point de départ un arc moindre que $10''$; celui de $1''$, par exemple, et on recommencerait tous les calculs.

54. Dans la pratique, il est bien moins utile d'avoir les nombres trigonométriques que leurs logarithmes : aussi les tables donnent-elles immédiatement ces derniers. Mais, en conservant la supposition du rayon $= 1$, les sinus et les cosinus seraient des fractions, et par suite leurs logarithmes seraient négatifs. Afin de les rendre positifs, on fait $r = 10^{10}$, ce qui revient à partager le rayon en 10 billions de parties égales; et alors le logarithme d'un sinus ou d'un cosinus ne pourra plus être négatif que pour un angle si peu différent de zéro ou de $90°$, que la différence sera tout-à-fait négligeable.

Il est d'ailleurs facile de transporter tous les résultats de la première hypothèse à la seconde, en les multipliant par 10^{10}, ou en ajoutant 10 à leurs logarithmes. En effet, dans la première hypothèse, celle de $r = 1$, on trouve les rapports des sinus et des cosinus au rayon; et il est clair que si on divise le rayon en m parties égales, il faut multiplier m par tous ces rapports, pour connaître le nombre de parties contenues dans les sinus et les cosinus.

55. Les logarithmes des tangentes se déterminent par la formule $\tang a = \frac{r \sin a}{\cos a}$, laquelle donne

$$\log \tang a = \log \sin a + (10 - \log \cos a):$$

c'est-à-dire qu'il faut ajouter au logarithme du sinus le complément arithmétique de celui du cosinus.

On obtient ensuite les logarithmes des cotangentes au moyen de la relation $\tang a \cot a = r^2$, d'où l'on tire

$$\log \cot a = 10 + (10 - \log \tang a).$$

Quelques tables ne contiennent pas les cotangentes : on voit qu'il est facile d'y suppléer, puisqu'il suffit d'ajouter 10 au complément arithmétique du logarithme de la tangente.

Quant aux sécantes et aux cosécantes, les tables n'en font aucune mention, attendu que leurs logarithmes se calculent sans peine par ceux du sinus et du cosinus. On fait d'ailleurs très-peu usage de ces deux lignes.

Les tables ne vont jamais plus loin que 45°. Au-delà, on obtient les sinus et les tangentes par les cosinus et les cotangentes, et *vice versâ*: par exemple, a étant $>45°$, on aurait $\sin a = \cos(90° - a)$. La disposition des tables trigonométriques épargne même le calcul de ce complément.

Calcul des sinus et cosinus de 9° en 9°, pour la vérification des tables.

56. Pour obtenir les vérifications dont il a été parlé plus haut, à la fin du n° 53, je vais calculer les sinus et les cosinus des arcs de 9° en 9°.

Soit d'abord $\sin 18° = x$; $2x$ sera la corde de 36° ou le côté du décagone régulier inscrit. Or, ce côté est égal au plus grand segment du rayon divisé en moyenne et extrême raison; donc, le rayon étant 1, on a $1 : 2x :: 2x : 1 - 2x$. De là on tire

$$x^2 + \tfrac{1}{2}x^2 = \tfrac{1}{4};$$

puis, en résolvant cette équation, et négligeant la valeur négative de x, qui nous est inutile, il vient

$$x = \sin 18° = \cos 72° = \tfrac{1}{4}(-1 + \sqrt{5}).$$

Avec cette valeur, on trouve facilement

$$\sqrt{1 - x^2} = \cos 18° = \sin 72° = \tfrac{1}{4}\sqrt{10 + 2\sqrt{5}}.$$

Mettons ces valeurs de $\sin 18°$ et $\cos 18°$ à la place de $\sin a$ et $\cos a$, dans les formules qui expriment $\sin 2a$ et $\cos 2a$ (29); et on aura

$$\sin 36° = \cos 54° = \tfrac{1}{4}\sqrt{10 - 2\sqrt{5}}.$$
$$\cos 36° = \sin 54° = \tfrac{1}{4}(1 + \sqrt{5}).$$

Substituons la même valeur de $\sin 18°$, dans les formules qui donnent les valeurs de $\sin\frac{1}{2}a$ et $\cos\frac{1}{2}a$ en fonction de $\sin a$ (32) ; il viendra

$$\sin 9^\circ = \cos 81^\circ = \tfrac{1}{4}\sqrt{3+\sqrt{5}} - \tfrac{1}{4}\sqrt{5-\sqrt{5}},$$
$$\cos 9^\circ = \sin 81^\circ = \tfrac{1}{4}\sqrt{3+\sqrt{5}} + \tfrac{1}{4}\sqrt{5-\sqrt{5}}.$$

Enfin, si on remplace, dans les mêmes formules, $\sin a$ par la valeur $\sin 54^\circ = \frac{1}{4}(1+\sqrt{5})$, on en déduit

$$\sin 27^\circ = \cos 63^\circ = \tfrac{1}{4}\sqrt{5+\sqrt{5}} - \tfrac{1}{4}\sqrt{3-\sqrt{5}},$$
$$\cos 27^\circ = \sin 63^\circ = \tfrac{1}{4}\sqrt{5+\sqrt{5}} + \tfrac{1}{4}\sqrt{3-\sqrt{5}}.$$

D'un autre côté, rappelons qu'on a (8) $\sin 45^\circ = \cos 45^\circ = \frac{1}{2}\sqrt{2}$; et nous formerons le tableau suivant :

$$\sin 0^\circ = \cos 90^\circ = 0,$$
$$\sin 9^\circ = \cos 81^\circ = \tfrac{1}{4}\sqrt{3+\sqrt{5}} - \tfrac{1}{4}\sqrt{5-\sqrt{5}},$$
$$\sin 18^\circ = \cos 72^\circ = \tfrac{1}{4}(-1+\sqrt{5}),$$
$$\sin 27^\circ = \cos 63^\circ = \tfrac{1}{4}\sqrt{5+\sqrt{5}} - \tfrac{1}{4}\sqrt{3-\sqrt{5}},$$
$$\sin 36^\circ = \cos 54^\circ = \tfrac{1}{4}\sqrt{10-2\sqrt{5}},$$
$$\sin 45^\circ = \cos 45^\circ = \tfrac{1}{2}\sqrt{2},$$
$$\sin 54^\circ = \cos 36^\circ = \tfrac{1}{4}(1+\sqrt{5}),$$
$$\sin 63^\circ = \cos 27^\circ = \tfrac{1}{4}\sqrt{5+\sqrt{5}} + \tfrac{1}{4}\sqrt{3-\sqrt{5}},$$
$$\sin 72^\circ = \cos 18^\circ = \tfrac{1}{4}\sqrt{10+2\sqrt{5}},$$
$$\sin 81^\circ = \cos 9^\circ = \tfrac{1}{4}\sqrt{3+\sqrt{5}} + \tfrac{1}{4}\sqrt{5-\sqrt{5}},$$
$$\sin 90^\circ = \cos 0^\circ = 1.$$

Ces diverses expressions étant fort simples et ne renfermant que des racines carrées, il sera facile d'avoir leurs valeurs avec autant de décimales exactes qu'on voudra. Ces valeurs sont celles qui doivent servir à vérifier les calculs expliqués n° 53. On pourrait même descendre par la bissection aux arcs de 4° 30' et de 2° 15', puis remonter aux multiples successifs de 2° 15', ce qui fournirait de nouvelles vérifications. Il en existe encore d'autres, mais de plus grands détails ne seraient pas ici à leur place.

Disposition et usage des Tables de CALLET.

57. Les Tables de CALLET sont les meilleures pour l'ancienne division, et celles de BORDA, pour la nouvelle. Dans l'ouvrage de CALLET, trois tables principales sont à distinguer. La première

contient les logarithmes des nombres jusqu'à 108000, et j'ai expliqué dans mon algèbre comment elles sont disposées et comment on doit s'en servir. La deuxième renferme les logarithmes des sinus, tangentes et cosinus, pour tous les arcs de minute en minute, selon la nouvelle division; et la troisième, ceux des sinus, cosinus, tangentes et cotangentes, de 10″ en 10″, pour l'ancienne division. Je ne parlerai ici que des dernières, attendu que les instrumens et les calculs astronomiques sont toujours assujettis à la division sexagésimale.

58. On y trouve d'abord les LOG-SIN et les LOG-TANG de seconde en seconde jusqu'à 5°, et par conséquent aussi les LOG-COS et les LOG-COT des angles au-dessus de 85°. C'est à cette partie de la table qu'on a recours quand les arcs sont dans ces limites. A la suite viennent les logarithmes des sinus, cosinus, tangentes et cotangentes, de 10″ en 10″. Ils sont écrits dans les colonnes intitulées SINUS, COSIN, etc. Quand la tangente ou la cotangente est plus grande que le rayon, son logarithme surpasse 10; dans la table on a supprimé la dizaine, mais il ne faut pas oublier de la rétablir.

Si on ne considère que les degrés qui sont à la tête de chaque page, on croira que les tables ne s'étendent que jusqu'à 45°; mais si l'on observe que les colonnes marquées par en haut SINUS, COSIN,... sont marquées par en bas COSIN, SINUS,.... on voit qu'en consultant les degrés et les titres qui sont au bas des pages, ainsi que les colonnes ascendantes placées à droite pour les minutes et secondes, on aura les logarithmes des sinus, cosinus, etc., depuis 45° jusqu'à 90°.

D'après ce qui précède, on trouve sur-le-champ

$$\text{L. sin } 6°\,32'\,30'' = 9{,}0566218,$$
$$\text{L. cot} 81°\,46'\,20'' = 9{,}1601596.$$

59. Quand l'angle donné contient des secondes et des fractions de seconde, il faut recourir aux *différences*, et faire des calculs absolument semblables à ceux qui ont été indiqués en parlant des logarithmes des nombres. Cela revient à considérer les différences des LOG-SIN, LOG-COS, etc., comme proportionnelles à celles des arcs; et cette proportion, quoique inexacte, donne ce-

pendant une approximation suffisante. Remarquez bien que les mêmes différences sont communes aux LOG-TANG et aux LOG-COT. Les exemples suivans tiendront lieu d'explication.

1° On veut trouver L. sin 6° 32′ 37″,8.

L. sin 6° 32′ 30″ (diff. 1836	9,0566218
pour 7″	1285 2
pour 0,8	046 88
L. sin 6° 32′ 37″,8	9,0567650

2° On veut trouver L. cos 83° 27′ 22″,2.

L. cos 83° 27′ 30″ (diff. 1836	9,0566218
pour — 7″	1285 2
pour — 0,8	146 88
L. cos 83° 27′ 22″,2	9,0567650

3° On veut connaître L. tang 8° 13′ 52″,76.

L. tang 8° 13′ 50″ (diff. 1486	9,1603083
pour 2″	297 2
pour 0,7	104 02
pour 0,06	8 916
L. tang 8° 13′ 52″,76	9,1603493

4° On veut connaître L. cot 81° 46′ 7″,24.

L. cot 81° 46′ 10″ (diff. 1486	9,1603083
pour — 2	297 2
pour — 0,7	104 02
pour — 0,06	8 916
L. cot 81° 46′ 7″,24	9,1603493

60. Maintenant il faut résoudre aussi la question inverse. Supposons donc qu'on connaisse le logarithme d'un sinus, d'un cosinus, etc., et déterminons l'angle. Par exemple, soit donné L. sin $x = 9,0567650$. Dans les tables, parmi les log-sin moindres que celui-ci, le plus approchant est 9,0566218, et il répond à 6° 32′ 30″. La différence avec le logarithme donné est 1432, et la différence tabulaire, correspondante à 10″, est 1836. En conséquence, je diviserai 1432 par 1836, et je compterai les dixièmes du quotient comme des secondes. De cette manière on

trouve $7'',8$. Donc on a l'arc demandé $x = 6° 32' 37'',8$. Voici les calculs de cet exemple et de plusieurs analogues.

1° Quel est l'angle dont le L. sin est 9,0567650 ?

L. sin x = 9,0567650		
pour	9,0566218 (diff. 1836	6° 32′ 30″
1er reste	14320	7
2e reste	14680	0,8
		x = 6° 32′ 37″,8

2° Quel est l'angle dont le L. cos est 9,0567650 ?

L. cos x = 9,0567650		
pour	9,0568054 (diff. 1836	83° 27′ 20″
1er reste	4040	2
2e reste	3680	0,2
		x = 83° 27′ 22″,2

3° Quel est l'angle dont le L. tang est 9,1603493 ?

L. tang x = 9,1603493		
pour	9,1603083 (diff. 1486	8° 13′ 50″
1er reste	4100	2
2e reste	11280	0,7
3e reste	8780	0,06
		x = 8° 13′ 52″,76

4° Quel est l'angle dont le L. cot est 9,1603493 ?

L. cot x = 9,1603493		
pour	9,1604569 (diff. 1486	81° 46′ 0″
1er reste	10760	7
2e reste	3580	0,2
3e reste	6080	0,04
		x = 81° 46′ 7″,24

61. Les formules qui contiennent des sinus, cosinus, etc., supposent presque toujours que le rayon a été pris pour unité. Pour leur appliquer les tables, on peut s'y prendre de deux manières différentes.

La première consiste à rétablir le rayon r dans les formules, comme il a été dit n° 19, et à employer ensuite les logarithmes tels qu'ils sont dans les tables, en ayant soin de prendre $L.r = 10$.

Dans la seconde, on ne change rien à la formule, c'est-à-dire que l'on conserve l'hypothèse $r = 1$, mais on ôte 10 à chaque logarithme que l'on prend dans la table trigonométrique. Il est bien d'opérer cette soustraction sur la caractéristique seule, qui par-là pourra devenir négative; et mieux encore d'employer les logarithmes tels que la table les donne, et de ne tenir compte de cette dizaine qu'à la fin. Cette espèce de correction sera toujours facile : car, dans les calculs, on n'a jamais qu'à ajouter et retrancher des logarithmes; et il est évident que chaque logarithme additif, pris dans la table trigonométrique, mettra une dizaine de trop dans le résultat, et que chaque logarithme soustractif en mettra une de moins.

Afin d'abréger, on doit toujours remplacer la soustraction d'un logarithme par l'addition de son *complément arithmétique*. Alors la dizaine qu'il faudrait retrancher à ce logarithme, pour le réduire à l'hypothèse $r=1$, est compensée par celle qui se trouve ajoutée en prenant le complément. Au reste, l'erreur d'une dizaine, dans un logarithme, serait si considérable qu'elle ne saurait rester inaperçue. Pour dissiper tout nuage, je calculerai deux exemples.

1° Soit $x = 419 \times \sin^2 40°$, d'où $L.x = L.419 + 2L.\sin 40°$; en prenant $L.\sin 40°$ dans les tables, $L.x$ contiendra 2 dizaines de trop, qu'il faudra retrancher dans le résultat.

L. 419	2,6222140
2 L. sin 40°	19,6161350
L. x	2,2383490

Si on veut avoir x à $\frac{1}{100}$ près, on ajoute 2 à la caractéristique, et on trouve $x = 173,12$.

2° Soit $\sin x = \dfrac{314 \times \sin 30°}{411 \times \cos^2 15°}$, d'où $L.\sin x = L.314 - L.411 + L.\sin 30° - 2L.\cos 15°$. En opérant par complémens, les 2 dizaines qu'il faut ôter à $2L.\cos 15°$ sont compensées par les 2 dizaines sur lesquelles on prend le complément. Le $L.\sin 30°$ et le complément de $L.411$ introduisent 2 dizaines de trop : mais, comme il faudra chercher l'angle x au moyen des tables, on n'ôtera au résultat qu'une seule dizaine, ainsi qu'on le voit ci-dessous. Je désigne les complémens arithmétiques des logarithmes par L'.

L. 314	2, 4969296 5
L'. 411	7, 3861581 8
L. sin 30°	9, 6989700
2L'. cos 15°	0, 0301124
L. sin x	9, 6121702

Ce logarithme est préparé comme il convient pour être cherché dans les tables : on trouve $x = 24° \ 10' \ 7''$.

Relations entre les côtés et les angles d'un triangle rectiligne.

62. Afin d'abréger, nous désignerons, dans tout ce qui va suivre, les angles des triangles par les lettres A, B, C, placées à leurs sommets ; et les côtés opposés, respectivement par a, b, c. De plus, si le triangle est rectangle, A sera l'angle droit, et a l'hypoténuse. Cela posé, je vais démontrer les principes sur lesquels s'appuie la résolution des triangles rectilignes.

63. Théorème I. *Dans un triangle rectangle, chaque côté de l'angle droit est égal à l'hypoténuse multipliée par le sinus de l'angle opposé à ce côté.*

Soit ABC (fig. 13) un triangle rectangle en A : du point B, comme centre et avec un rayon quelconque, décrivez l'arc DE, et abaissez la perpendiculaire EF. Le sinus de l'angle B est le rapport de EF au rayon BE (18) : or les triangles semblables BCA, BEF, donnent $\frac{AC}{BC} = \frac{EF}{BE}$; donc $\frac{b}{a} = \sin B$, ou

[1] $$b = a \sin B.$$

C'est le théorème qu'il fallait démontrer.

L'angle B est le complément de C, donc $\sin B = \cos C$. Ainsi, on peut dire encore que *chaque côté de l'angle droit est égal à l'hypoténuse multipliée par le cosinus de l'angle adjacent à ce côté.*

64. Théorème II. *Dans un triangle rectangle, chaque côté de l'angle droit est égal à l'autre côté multiplié par la tangente de l'angle opposé au premier côté.*

Soit encore le triangle ABC (fig. 13) : après avoir décrit l'arc DE, élevez DG perpendiculaire à AB. Le rapport de DG à BD est la tangente de l'angle B (18) : or $\frac{AC}{AB}=\frac{DG}{BD}$; donc $\frac{b}{c}=\text{tang}\,B$, ou

[2] $$b=c\,\text{tang}\,B.$$

Ce résultat peut aussi se déduire du théorème I. En effet, si on applique ce théorème à chacun des côtés b et c, et si on observe que $\sin C=\cos B$, on aura $b=a\sin B$ et $c=a\cos B$; donc

$$\frac{b}{c}=\frac{\sin B}{\cos B}=\text{tang}\,B \quad \text{ou} \quad b=c\,\text{tang}\,B.$$

65. THÉORÈME III. *Dans tout triangle rectiligne, les sinus des angles sont entre eux comme les côtés opposés.*

Soient A et B deux angles quelconques du triangle ABC (fig. 14), et soit CD la perpendiculaire abaissée du sommet C sur le côté AB. Si elle tombe au dedans du triangle ABC, les deux triangles rectangles ACD, BCD, donneront $CD=b\sin A$ et $CD=a\sin B$, donc $b\sin A=a\sin B$, ou bien

$$\sin A : \sin B :: a : b.$$

Si la perpendiculaire tombe sur le prolongement de BA (fig. 15), le triangle ACD donne $CD=b\sin CAD$. Mais l'angle CAD étant supplément de CAB, on a (9) $\sin CAD=\sin CAB=\sin A$; et par suite on a encore

[3] $$\sin A : \sin B :: a : b.$$

66. THÉORÈME IV. *Dans tout triangle rectiligne, le carré d'un côté est égal à la somme des carrés des deux autres, moins le double rectangle de ces deux côtés, multiplié par le cosinus de l'angle compris entre ces côtés. C'est-à-dire qu'on a*

[4] $$a^2=b^2+c^2-2bc\cos A.$$

Soit ABC (fig. 14) le triangle dont il s'agit, abaissez CD perpendiculaire sur AB. Quand l'angle A est aigu, on a, d'après un théorème connu, $\overline{CB}^2=\overline{AC}^2+\overline{AB}^2-2AB\times AD$, ou

$$a^2=b^2+c^2-2c\times AD.$$

Or le triangle rectangle ACD donne AD $= b \cos A$ (63); et en substituant cette valeur de AD, on trouve l'équation [4].

Quand l'angle A est obtus (fig. 15), on a

$$a^2 = b^2 + c^2 + 2c \times AD.$$

et le triangle ACD donne AD $= b \cos CAD$. Mais CAD étant supplément de CAB ou A, on a $\cos CAD = -\cos A$ (9); donc AD $= -b \cos A$, et par suite, en mettant cette valeur dans celle de a^2, on trouve encore l'équation [4].

67. Le théorème précédent peut suffire à lui seul pour résoudre un triangle rectiligne. Il est clair en effet que, si on l'applique successivement à chaque côté, on aura les trois équations

$$a^2 = b^2 + c^2 - 2bc \cos A,$$
$$b^2 = a^2 + c^2 - 2ac \cos B,$$
$$c^2 = a^2 + b^2 - 2ab \cos C,$$

par lesquelles on peut déterminer trois des six parties du triangle, quand les trois autres sont connus (sauf les cas où le triangle est impossible, et celui où l'on ne donne que les trois angles).

68. Le théorème III, exprimant une relation entre deux côtés et les deux angles opposés, doit être une conséquence de ces équations. Or voici comment elle s'en déduit:

La première équation donne $\cos A = \frac{b^2 + c^2 - a^2}{2bc}$; donc

$$\sin^2 A = 1 - \cos^2 A = \frac{4b^2c^2 - (b^2 + c^2 - a^2)^2}{4b^2c^2}$$
$$= \frac{2a^2b^2 + 2a^2c^2 + 2b^2c^2 - a^4 - b^4 - c^4}{4b^2c^2},$$

et par conséquent

$$\frac{\sin A}{a} = \frac{\sqrt{2a^2b^2 + 2a^2c^2 + 2b^2c^2 - a^4 - b^4 - c^4}}{2abc}.$$

Les deux autres équations donnent de la même manière les rapports $\frac{\sin B}{b}$ et $\frac{\sin C}{c}$; mais on les obtient plus simplement en changeant, dans le second membre de l'égalité précédente, d'abord a en b et

b en a, puis a en c et c en a. Or, remarquez que ce second membre est une fonction symétrique de a, b, c, c'est-à-dire qu'il demeure le même en y faisant un échange quelconque entre ces lettres; donc on a, conformément au théorème III,

$$\frac{\sin A}{a} = \frac{\sin B}{b} = \frac{\sin C}{c},$$

Résolution des triangles rectilignes rectangles.

69. PREMIER CAS. *Étant donnés l'hypoténuse* a *et un angle aigu* B, *trouver l'angle* C *et les deux côtés* b *et* c.

On a d'abord $C = 90° - B$. Puis, on détermine b et c au moyen du théorème I, lequel donne

$$b = a \sin B, \quad c = a \cos B.$$

Il est bien entendu que les calculs se feront par logarithmes.

70. SECOND CAS. *Étant donnés le côté* b *de l'angle droit et l'angle aigu* B, *trouver* C, a, c.

On a encore $C = 90° - B$. Le théor. I donne a par la relation

$$b = a \sin B \quad \text{d'où} \quad a = \frac{b}{\sin B};$$

et le théor. II donne c au moyen de celle-ci :

$$c = b \operatorname{tang} C \quad \text{ou} \quad c = b \cot B.$$

71 TROISIÈME CAS. *Étant donnés l'hypoténuse* a *et un côté* b, *trouver l'autre côté* c *et les angles* B *et* C.

Par la propriété du triangle rectangle, on a $c^2 = a^2 - b^2$, d'où $c = \sqrt{(a+b)(a-b)}$, expression qui est très-facile à calculer par logarithmes.

On trouvera B par la relation $b = a \sin B$ (63), d'où $\sin B = \frac{b}{a}$; et enfin on aura $C = 90° - B$.

Si on commence par chercher les angles, on peut encore déterminer le côté c par la relation $c = a \sin C$.

72. QUATRIÈME CAS. *Étant donnés les deux côtés* b *et* c *de l'angle droit, trouver l'hypoténuse* a *et les angles* B *et* C.

On calcule d'abord B par la relation $b = c$ tang B (théor. II), et on a ensuite $C = 90° - B$. L'hypoténuse a s'obtient par la relation $b = a$ sin B (théor. I).

On pourrait trouver a directement par la formule $a = \sqrt{b^2 + c^2}$. Mais comme $b^2 + c^2$ ne se décompose pas en facteurs, elle est peu commode pour le calcul logarithmique, et il vaut mieux déterminer d'abord l'angle B, et s'en servir ensuite pour avoir a.

Résolution des triangles rectilignes quelconques.

73. PREMIER CAS. *Étant donnés un côté* a *et deux angles d'un triangle, trouver les autres parties.*

En retranchant de 180° la somme des deux angles connus, on a le troisième. Puis on trouve les deux côtés b et c par le théor. III, en faisant les proportions

$$\sin A : \sin B :: a : b, \quad \sin A : \sin C :: a : c.$$

74. DEUXIÈME CAS. *Étant donnés deux côtés* a *et* b, *avec l'angle* A *opposé à l'un d'eux, trouver le troisième côté* c *et les deux autres angles* B *et* C.

Le plus simple est de chercher d'abord l'angle B, opposé au côté b, par la proportion $a : b :: \sin A : \sin B$.

A et B étant connus, on a $C = 180° - (A + B)$.

Alors c se trouve en posant $\sin A : \sin C :: a : c$.

75. Cette solution exige quelques développemens. La première proportion détermine d'abord sin B, savoir :

$$\sin B = \frac{b \sin A}{a};$$

et les tables font ensuite trouver pour B un angle aigu. Mais le même sinus répond aussi à l'angle supplémentaire, qui est obtus ; donc, en nommant M l'angle des tables, on aura pour B les deux valeurs $B = M$, $B = 180° - M$, ce qui semble indiquer deux triangles, et donne lieu aux remarques suivantes.

1° Quand l'angle connu A est obtus ou droit (fig. 16), les deux autres angles doivent être aigus ; donc on prendra seulement $B = M$. Et encore faut-il, pour que le triangle soit possible, qu'on ait $a > b$. Cette condition est d'ailleurs suffisante.

2° Quand on donne A aigu et $a>b$ (fig. 17), on doit avoir $A>B$, et il faut encore rejeter la valeur $B=180°-M$. Alors le triangle est toujours possible.

3°. Mais quand on donne A aigu et $a<b$, on prendra indifféremment $B=M$ ou $B=180°-M$. Et en effet, soit (fig. 18) l'angle aigu $BAC=A$ et $AC=b$: le cercle décrit du centre C avec le rayon a pourra dans certains cas couper AB en deux points B et B'; et alors on aura deux triangles ACB, ACB', qui seront construits avec les données, et dans lesquels les angles ABC, AB'C, sont supplémentaires. La condition pour qu'il y ait deux solutions est que le côté a, qui est supposé $<b$, soit plus grand que la perpendiculaire CD abaissée sur AB. Si le côté a est égal à CD, le cercle est tangent à AB, et les deux solutions se réduisent au seul triangle rectangle ACD. Enfin, si le côté a est moindre que CD, il n'y a plus de triangle possible : or je vais faire voir que cette impossibilité est indiquée par la valeur même de sin B.

Le triangle rectangle ACD donne $CD=b\sin A$. Mais par hypothèse a est moindre que CD ; donc on a

$$a<b\sin A \quad \text{d'où} \quad \frac{b\sin A}{a}>1.$$

Ainsi la valeur de sin B est plus grande que l'unité : or il n'y a point de sinus plus grand que l'unité ; donc le triangle est impossible.

76. Nous avons prescrit de chercher le côté c après l'angle B. Cependant on peut avoir c immédiatement au moyen des données a, b, A : car, par le théor. IV, on a

$$a^2=b^2+c^2-2bc\cos A,$$

ou

$$c^2-2b\cos A.\,c=a^2-b^2,$$

équation du second degré, de laquelle on tire

$$c=b\cos A\pm\sqrt{a^2-b^2+b^2\cos^2 A}$$
$$=b\cos A\pm\sqrt{a^2-b^2\sin^2 A}.$$

Le côté d'un triangle devant toujours être une quantité réelle et positive, il y aurait à examiner quelles relations entre a, b, A, peuvent amener pour c une ou deux valeurs de cette espèce : mais je ne m'arrêterai pas à cette discussion.

Les valeurs précédentes de c étant peu commodes pour le calcul logarithmique ne sont d'aucun usage en trigonométrie. Néanmoins, comme on en rencontre souvent de semblables, je vais montrer l'espèce de transformation que les astronomes leur feraient subir pour en faciliter l'emploi.

Mettons d'abord ces valeurs sous la forme

$$c = b\cos A \pm a\sqrt{1 - \frac{b^2 . \sin^2 A}{a^2}}.$$

Comme nous les supposons réelles, la quantité $\frac{b \sin A}{a}$ est moindre que 1, et on peut la regarder comme le sinus d'un angle φ qu'on déterminera en posant

$$\sin\varphi = \frac{b \sin A}{a}.$$

Alors on a $b = \frac{a \sin\varphi}{\sin A}$, $\sqrt{1 - \frac{b^2 \sin^2 A}{a^2}} = \cos\varphi$, et par suite

$$c = \frac{a(\sin\varphi\cos A \pm \sin A\cos\varphi)}{\sin A} = \frac{a\sin(\varphi \pm A)}{\sin A}:$$

valeurs faciles à calculer par logarithmes.

Cette solution, au reste, rentre exactement dans la première : car l'angle auxiliaire φ n'est autre que l'angle B.

77. Troisième cas. *Étant donnés dans un triangle les deux côtés* a *et* b *avec l'angle compris* C, *trouver* c, A, B.

Par le théorème III, on a

$$a : b :: \sin A : \sin B,$$

proportion qui renferme deux inconnues A et B. Mais on en tire

$$a + b : a - b :: \sin A + \sin B : \sin A - \sin B,$$

et, d'un autre côté, on sait (40) que

$$\sin A + \sin B : \sin A - \sin B :: \tang \tfrac{1}{2}(A + B) : \tang \tfrac{1}{2}(A - B);$$

donc on a

[1] $$a + b : a - b :: \tang \tfrac{1}{2}(A + B) : \tang \tfrac{1}{2}(A - B).$$

Or $\frac{1}{2}(A+B)=\frac{1}{2}(180°-C)=90°-\frac{1}{2}C$; donc les trois premiers termes de cette proportion sont connus, et on pourra en déduire la valeur de $\frac{1}{2}(A-B)$. Quand on connaît la demi-somme et la demi-différence des angles A et B, chacun d'eux est connu : car on a évidemment

$$A=\frac{A+B}{2}+\frac{A-B}{2}, \quad \text{et} \quad B=\frac{A+B}{2}-\frac{A-B}{2}.$$

A et B étant trouvés, on peut obtenir le côté c en posant

[2] $$\sin A : \sin C :: a : c.$$

78. Cette proportion demande qu'on cherche trois nouveaux logarithmes, savoir : ceux de a, $\sin A$, $\sin C$. Dans le procédé suivant il y en a un de moins à calculer.

Puisqu'on a $\sin A : \sin B : \sin C :: a : b : c$, on doit avoir aussi

$$\sin A + \sin B : \sin C :: a+b : c, \text{ d'où } c=\frac{(a+b)\sin C}{\sin A+\sin B}.$$

Par des formules connues (nos 39 et 29), on a $\sin A+\sin B =2\sin\frac{1}{2}(A+B)\cos\frac{1}{2}(A-B)$, $\sin C=2\sin\frac{1}{2}C\cos\frac{1}{2}C$; et, d'un autre côté, $\sin\frac{1}{2}(A+B)=\sin(90°-\frac{1}{2}C)=\cos\frac{1}{2}C$. Substituons ces valeurs dans c, et il vient, réductions faites,

[3] $$c=\frac{(a+b)\sin\frac{1}{2}C}{\cos\frac{1}{2}(A-B)}.$$

Cette formule contenant $a+b$ dont le logarithme est déjà connu, il y a réellement un logarithme de moins à chercher que dans la proportion [2].

79. La détermination de c n'est venue qu'après celle de A et de B. Pour avoir c directement, on se sert du théorème IV, lequel donne

$$c=\sqrt{a^2+b^2-2ab\cos C}.$$

Mais comme les logarithmes ne peuvent pas s'appliquer à cette formule, il faut recourir à un angle auxiliaire. Parmi les différentes transformations que cette formule peut subir, je choisis la plus remarquable.

On a $\cos^2\frac{1}{2}C+\sin^2\frac{1}{2}C=1$ et $\cos^2\frac{1}{2}C-\sin^2\frac{1}{2}C=\cos C$ (31); par conséquent

$$c=\sqrt{(a^2+b^2)(\cos^2\tfrac{1}{2}C+\sin^2\tfrac{1}{2}C)-2ab(\cos^2\tfrac{1}{2}C-\sin^2\tfrac{1}{2}C)}$$
$$=\sqrt{(a+b)^2\sin^2\tfrac{1}{2}C+(a-b)^2\cos^2\tfrac{1}{2}C}$$
$$=(a+b)\sin\tfrac{1}{2}C\sqrt{1+\frac{(a-b)^2\cot^2\frac{1}{2}C}{(a+b)^2}}.$$

Puisqu'une tangente peut avoir tous les états de grandeur, on fera

$$\operatorname{tang}\varphi=\frac{(a-b)\cot\frac{1}{2}C}{a+b}.$$

Alors le dernier radical devient

$$\sqrt{1+\operatorname{tang}^2\varphi}=\sqrt{1+\frac{\sin^2\varphi}{\cos^2\varphi}}=\frac{1}{\cos\varphi};$$

et par conséquent on a

$$c=\frac{(a+b)\sin\frac{1}{2}C}{\cos\varphi}.$$

Ainsi, on trouvera successivement l'angle auxiliaire φ et le côté c au moyen de deux formules faciles à calculer par les tables.

Cette solution ne diffère de la précédente qu'en apparence : car, $\operatorname{tang}\frac{1}{2}(A+B)$ étant égale à $\cot\frac{1}{2}C$, la valeur de $\operatorname{tang}\varphi$ est identique à celle de $\operatorname{tang}\frac{1}{2}(A-B)$ déduite de la proportion [1]; et par suite la dernière valeur de c se trouve aussi identique à la formule [3].

80. Dans les applications, il arrive souvent que les côtés sont connus par leurs logarithmes. Supposons qu'il en soit ainsi de a et b, que d'ailleurs C soit donné, et que A et B soient les seules quantités dont on ait besoin. Alors, pour déterminer $\frac{1}{2}(A-B)$ au moyen de la proportion [1], il faudrait préalablement chercher a et b dans les tables : mais on peut éviter cette recherche par l'emploi d'un angle auxiliaire. En effet, soit ψ un angle trouvé en posant $\operatorname{tang}\psi=\frac{b}{a}$: par la formule [2] du n° 34, on a

$$\operatorname{tang}(45°-\psi)=\frac{\operatorname{tang}45°-\operatorname{tang}\psi}{1+\operatorname{tang}45°\operatorname{tang}\psi}=\frac{1-\operatorname{tang}\psi}{1+\operatorname{tang}\psi};$$

donc, en remplaçant tang ψ par sa valeur, on aura

$$\text{tang}(45^\circ - \psi) = \frac{a-b}{a+b}.$$

D'autre part, la proportion [1], déjà citée, donne

$$\text{tang}\,\tfrac{1}{2}(A-B) = \frac{a-b}{a+b}\,\text{tang}\,\tfrac{1}{2}(A+B);$$

donc

$$\text{tang}\,\tfrac{1}{2}(A-B) = \text{tang}(45^\circ - \psi)\,\text{tang}\,\tfrac{1}{2}(A+B):$$

et puisque ψ est connu on trouvera facilement $\frac{1}{2}(A-B)$. Par ce procédé on a deux logarithmes de moins à calculer que si l'on eût déterminé les côtés a et b.

81. Quatrième cas. *Étant donnés les trois côtés* a, b, c, *trouver les angles* A, B, C.

Par le théorème IV, on a $a^2 = b^2 + c^2 - 2bc \cos A$; donc

$$\cos A = \frac{b^2 + c^2 - a^2}{2bc}.$$

On détermine semblablement B et C. Mais il faut chercher une autre formule plus commode pour les logarithmes.

Le n° 31 donne la formule

$$2 \sin^2 \tfrac{1}{2} A = 1 - \cos A,$$

et, en y substituant la valeur de cos A, il vient successivement

$$2 \sin^2 \tfrac{1}{2} A = 1 - \frac{b^2 + c^2 - a^2}{2bc} = \frac{a^2 - b^2 - c^2 + 2bc}{2bc}$$

$$= \frac{a^2 - (b-c)^2}{2bc} = \frac{(a+b-c)(a-b+c)}{2bc};$$

donc $$\sin \tfrac{1}{2} A = \sqrt{\frac{(a+b-c)(a-b+c)}{4bc}}.$$

Pour simplifier cette formule, on fait le périmètre $a+b+c = 2s$. Par suite on a $a+b-c = 2s-2c = 2(s-c)$, et $a-b+c = 2s-2b = 2(s-b)$; donc

$$\sin \tfrac{1}{2} A = \sqrt{\frac{(s-b)(s-c)}{bc}}.$$

De là on tire cette règle : *Du demi-périmètre retranchez alternativement chacun des côtés qui comprennent l'angle cherché ; divisez le produit des deux restes par celui des deux côtés ; puis extrayez la racine carrée du quotient : vous aurez ainsi le sinus de la moitié de l'angle cherché.*

Quoique l'angle $\frac{1}{2}$A soit déterminé par son sinus, il n'en résulte aucune ambiguïté, parce que A étant un angle d'un triangle on doit avoir $A < 180°$ et $\frac{1}{2}A < 90°$.

82. On peut se procurer avec une égale facilité des formules qui déterminent $\cos\frac{1}{2}A$ et $\tan\frac{1}{2}A$. En remarquant (31) que $2\cos^2\frac{1}{2}A = 1 + \cos A$, des transformations toutes semblables aux précédentes conduisent à

$$\cos\tfrac{1}{2}A = \sqrt{\frac{s(s-a)}{bc}}.$$

Puis, en divisant $\sin\frac{1}{2}A$ par $\cos\frac{1}{2}A$, on a cette autre formule

$$\text{tang}\,\tfrac{1}{2}A = \sqrt{\frac{(s-b)(s-c)}{s(s-a)}}.$$

Chacune des trois formules exigeant qu'on cherche quatre logarithmes, aucune d'elles ne mérite d'être préférée aux deux autres quand on ne veut déterminer qu'un seul angle du triangle. Mais quand on en doit calculer deux, il vaut mieux faire usage de la dernière : car il suffira de chercher les logarithmes des quatre quantités s, $s-a$, $s-b$, $s-c$, tandis qu'il en faudrait chercher deux de plus en se servant des deux premières formules.

83. On sait qu'il n'est pas toujours possible de former un triangle avec trois côtés pris à volonté : or je vais montrer que cette impossibilité est indiquée par le calcul même. Supposons qu'on fasse usage de la formule

$$\sin\tfrac{1}{2}A = \sqrt{\frac{(s-b)(s-c)}{bc}}.$$

Quand le triangle est possible, elle doit donner pour $\sin\frac{1}{2}A$ une valeur réelle moindre que 1 : mais, s'il est impossible, je dis qu'on aura une valeur ou imaginaire ou plus grande que 1. Pour que l'impossibilité ait lieu, il faut qu'un côté soit plus grand que la somme des deux autres : voyons quels résultats donne alors la formule.

1° Soit $b > a + c$: on aura $2b > a + b + c$; donc $2b > 2s$; donc $s - b < o$. Mais d'ailleurs on a évidemment $a + b > c$; donc $a + b + c$ ou $2s > 2c$; donc $s - c > o$. Ainsi la valeur de $\sin \frac{1}{2} A$ est imaginaire.

2° Soit $c > a + b$: on conclura $s - c < o$ et $s - b > o$, c'est-à-dire que $\sin \frac{1}{2} A$ est encore imaginaire.

3° Soit $a > b + c$: on aura $a + b + c$ ou $2s > 2b + 2c$; donc $s > b + c$; donc $s - b > c$, $s - c > b$, et $(s - b) \cdot (s - c) > bc$; par conséquent la valeur de $\sin \frac{1}{2} A$ serait plus grande que 1, ce qui ne peut convenir à aucun angle.

Application à des exemples.

84. Les grandes opérations trigonométriques exigent l'emploi de divers instrumens qu'il n'entre pas dans mon sujet de décrire. Les indications suivantes suffiront pour comprendre les exemples que je proposerai.

Pour tracer une ligne droite sur le terrain, on emploie des piquets ou *jalons* que l'on plante de distance en distance, de manière que, l'œil étant placé au-dessus du premier, tous les autres paraissent confondus en un seul.

On trace un angle sur le papier au moyen du *rapporteur* : c'est un demi-cercle divisé en degrés.

Il existe un grand nombre d'instrumens employés pour mesurer les angles, soit sur le terrain, soit dans l'espace : le *graphomètre*, la *boussole*, le *cercle répétiteur*, etc. En général, ils sont formés d'un cercle, ou secteur de cercle, sur lequel on marque un rayon fixe qui sert d'origine aux subdivisions, tandis qu'un second rayon, mobile autour de son centre, peut prendre la direction qu'on veut. Le plan du cercle peut lui-même tourner autour de son centre. Quand on a besoin de connaître l'angle compris par les droites qui vont d'un point donné à deux autres, il n'y a qu'à placer le centre de l'instrument au premier point et à diriger les deux rayons vers les deux autres points : alors on lira sur la circonférence le nombre de degrés interceptés entre les rayons, et ce sera l'angle cherché.

Je vais maintenant passer aux exemples. Je dois prévenir le lecteur que tous les calculs sont effectués par le procédé que j'ai développé n° 61.

85. EXEMPLE I (fig. 19). *Dans un triangle* ABC, *rectangle en* A, *on donne* $a = 1785^m,395$, $B = 59° 37' 42''$; *et l'on propose de trouver* C, b, c (69).

En retranchant B de 90°, on a l'angle $C = 90° - 59° 37' 42'' = 30° 22' 18''$. Il reste à trouver *b* et *c*.

Calcul de *b* : $b = a \sin B$.

L. sin 59° 37′ 42″	9,9358919
L. 1785,395	3,2517343
L. *b*	3,1876262

$b = 1540^m,374$.

Calcul de *c* : $c = a \cos B$.

L. cos 59° 37′ 42″	9,7038132
L. 1785,395	3,2517343
L. *c*	2,9555475

$c = 902^m,708$.

86. EXEMPLE II (fig. 20). *Dans un triangle* ABC, *on donne* a $2597^m,845$, $b = 3084^m,327$, $A = 56° 12' 47''$; *et l'on veut trouver* B, C, c (74).

Calcul de B : $a : b :: \sin A : \sin B$.

L. sin 56° 12′ 47″	9,9196592
L. 3084,327	3,4891604
L′. 2597,845	6,5853868
L. sin B	9,9942064

Il y a deux solutions :

Dans la première $B = 80° 39' 43''$,

Dans la deuxième $B = 99° 20' 17''$.

PREMIÈRE SOLUTION : $B = 80° 39' 43''$.

Calcul de C : $C = 180° - A - B$.

180°
A = 56° 12′ 47″
B = 80° 39′ 43″
C = 43° 7′ 30″

Calcul de *c* : sin A : sin C :: *a* : *c*.

L. 2597,845	3,4146132
L. sin 43° 7′ 30″	9,8347972
L′. sin 56° 12′ 47″	0,0803408
L. *c*	3,3297512

$c = 2136^m,737$.

DEUXIÈME SOLUTION : $B = 99° 20' 17''$.

Calcul de C : $C = 180° - A - B$.

180°
A = 56° 12′ 47″
B = 99° 20′ 17″
C = 24° 26′ 56″

Calcul de *c* : sin A : sin C :: *a* : *c*.

L. 2597,845	3,4146132
L. sin 24° 26′ 56″	9,6168759
L′. sin 56° 12′ 47″	0,0803408
L. *c*	3,1118299

$c = 1293^m,689$.

87. Exemple III (fig. 20). *On propose de retrouver sur le terrain un point C, dont on a mesuré les distances.* a *et* b *à deux points connus* A *et* B.

Si le triangle ABC n'a qu'une très-petite étendue, on pourra décrire deux arcs de cercle, des points A et B comme centres, avec les distances données pour rayons. Mais cette opération étant impraticable quand les distances sont considérables, on mesure d'abord la distance AB : alors on connaît les trois côtés du triangle ABC, et il est facile de calculer l'angle A (81). La direction du côté AC est ainsi déterminée, et il ne reste plus qu'à s'avancer, dans cette direction, de la distance donnée $AC = b$.

Soient les données $a = 9459^m,31$, $b = 8032^m,29$, $c = 8242^m,58$. On aura $2s = 25734,18$, $s = 12867,09$, $s - b = 4834,80$, $s - c = 4624,51$.

$$\sin \tfrac{1}{2} A = \sqrt{\frac{(s-b)(s-c)}{bc}}.$$

L. $(s-b)$	3,6843785
L. $(s-c)$	3,6650657
L'. b	6,0951606
L'. c	6,0839368
2 L. $\sin \frac{1}{2} A$	19,5285416
L. $\sin \frac{1}{2} A$	9,7642708
$\frac{1}{2} A = 35° 31' 47''$	
$A = 71° 3' 34''$.	

88. Exemple IV (fig. 21). *Trouver la hauteur* AB *d'un édifice dont le pied est accessible.*

Sur le terrain, supposé de niveau, on mesure une base BC, à partir du pied de l'édifice ; et, afin d'éviter les petits angles, cette base ne doit être ni très-petite ni très-grande par rapport à la hauteur AB. On place en C le pied de l'instrument avec lequel on mesure l'angle EDA, formé par DA avec l'horizontale DE parallèle à CB. Alors, dans le triangle rectangle AED, on connaît le côté DE et l'angle D ; donc on peut calculer AE (70). En ajoutant CD à AE, on aura la hauteur demandée AB.

Soit $CD = 1^m,10$, $DE = 61^m,28$, $D = 41° 31' 25''$. On aura

$$AE = 61,28 \times \text{tang } 41° 31' 25''.$$

L. tang 41° 31' 25''	9,9471690
L. 61,28	1,7873188
L. AE	1,7344878

$AE = 54^m,261$, $AB = 55^m,361$.

Quand le pied de l'édifice est inaccessible, où quand AB est l'élévation d'une colline au-dessus du sol environnant (fig. 22), le pied de cette perpendiculaire est inconnu, et on ne peut plus mesurer la distance BC. Mais alors on peut encore mesurer l'angle ADE; car, sans voir la ligne AB, il est possible d'amener le plan du cercle, avec lequel on mesure les angles, à passer par la verticale AB. En outre, on déterminera la distance AD comme il sera dit dans l'exemple suivant; donc on connaîtra l'hypoténuse AD et l'angle D, et par suite on pourra trouver AE (69).

89. Exemple V (fig. 23). *Trouver la distance d'un point A, où l'on est placé, à un point éloigné P, qui est inaccessible, mais qu'on peut apercevoir.*

On mesure d'abord une base AB, ainsi que les angles PAB, PBA; et alors on peut déterminer AP (73).

Prenons pour données : AB=247m,49, A=62° 41′, B=59° 42′. On en déduit l'angle P=57° 37′; et alors on calcule AP comme il suit :

Sin P : sin B :: AB : AP

L. AB	2,3935577
L. sin B	9,9362098
L′. sin P	0,0734087
L. AP	2,4031762

Distance cherchée AP=253m,032.

90. Exemple VI (fig. 24). *Trouver la distance* PQ *de deux points inaccessibles, mais visibles.*

On mesure une base AB, et les angles BAP, BAQ, ABP, ABQ; puis on détermine comme ci-dessus le côté AP du triangle ABP, et le côté AQ du triangle ABQ. D'ailleurs l'angle PAQ est connu : car, si les quatre points A, B, P, Q, sont dans un même plan, on a PAQ=BAP—BAQ; et, dans tous les cas, on peut trouver cet angle en le mesurant directement. Ainsi, on connaîtra, dans le triangle PAQ, deux côtés et l'angle compris; il sera donc facile d'avoir le côté PQ (77).

Soient les données : AB=345m,29, BAP=69° 26′, BAQ=44° 31′, PAQ=25° 41′, ABP=48° 15′, ABQ=102° 14′.

De là on conclut immédiatement APB=62° 19′, AQB=33° 15′; puis on effectue les calculs comme dans le tableau suivant:

1° Calcul de AP.

Sin APB : sin ABP :: AB : AP

L. AB	2,5381840
L. sin ABP	9,8727722
L'. sin APB	0,0527973
L. AP	2,4637535

AP = 290^m, 907.

2° Calcul de AQ.

Sin AQB : sin ABQ :: AB : AQ

L. AB	2,5381840
L. sin ABQ	9,9900247
L'. sin AQB	0,2609871
L. AQ	2,7891958

AQ = 615^m, 454.

3° Calcul des angles P et Q.

Soit AQ = p, AP = q, APQ = P, AQP = Q. On trouvera $p + q =$ 906, 361, ... $p - q =$ 324,547, $\frac{1}{2}$(P+Q) = 77° 9′ 30″.

Puis, on posera

$p+q : p-q ::$ tang $\frac{1}{2}$(P+Q) : tang $\frac{1}{2}$(P−Q)

L. tang $\frac{1}{2}$ (P+Q)	10,6421427
L. ($p-q$)	2,5112776
L'. ($p+q$)	7,0426988
L. tang $\frac{1}{2}$ (P−Q)	10,1961191

$\frac{1}{2}$(P − Q) = 57° 31′ 6″ ; par suite P = 134° 40′ 36″ et Q = 19° 38′ 24″.

4° Calcul de PQ.

sin Q : sin PAQ :: q : PQ.

L. q	2,4637535
L. sin PAQ	9,6368859
L'. sin Q	0,4735196
L. PQ	2,5741590

PQ = 375^m, 110.

91. *Autre solution.* On n'a obtenu les distances AP et AQ qu'en passant par leurs logarithmes ; c'est donc ici le cas d'employer l'angle auxiliaire ψ dont il est parlé n° 80. Alors, après avoir trouvé L. AP et L. AQ, on cherche les angles P et Q comme il suit :

Calcul de ψ.

$$\text{tang}\,\psi = \frac{AP}{AQ}$$

L. AP	2,4637535
L'. AQ	7,2108042
L. tang ψ	9,6745577

ψ = 25° 17′ 55″

45° − ψ = 19° 42′ 5″.

Calcul de P et Q.

tang $\frac{1}{2}$(P−Q) = { tang $\frac{1}{2}$(P+Q) × tang (45° − ψ)

L. tang $\frac{1}{2}$ (P+Q)	10,6421427
L. tang (45° − ψ)	9,5539790
L. tang $\frac{1}{2}$ (P−Q)	10,1961217

$\frac{1}{2}$ (P−Q) = 57° 31′ 6″.

Le reste s'achève comme plus haut.

92. Exemple VII (fig. 25). *Trois points remarquables* A, B, C, *sont situés sur un terrain uni ; et l'on veut y retrouver le point* M, *d'où les distances* AB *et* AC *ont été vues sous des angles connus.*

D'après l'énoncé les angles AMB et AMC sont connus. Décrivez donc sur AB un segment capable du premier, et sur AC un segment capable du second : les arcs se couperont en A et en M ; et le point M sera le point demandé. Mais cette construction étant impraticable sur le terrain, on va déterminer par le calcul l'angle BAM et la distance AM. La méthode suivante, dans laquelle on cherche d'abord les angles ABM et ACM, m'a paru la plus simple.

Je ferai les données $AB=a$, $AC=b$, $BAC=A$, $AMB=\alpha$, $AMC=\beta$; et les inconnues, $ABM=x$, $ACM=y$.

Dans le quadrilatère ABMC on a

$$x+y=360^\circ-(A+\alpha+\beta) :$$

ainsi la somme des angles x et y est connue. Cherchons leur différence. Les triangles ABM et ACM donnent

$$[1] \qquad \sin\alpha : \sin x :: a : AM, \quad \sin\beta : \sin y :: b : AM.$$

En égalant les valeurs de AM, on a

$$\frac{a\sin x}{\sin\alpha}=\frac{b\sin y}{\sin\beta}, \quad \text{ou} \quad \frac{b\sin\alpha}{a\sin\beta}=\frac{\sin x}{\sin y}.$$

Posons $a'=\frac{a\sin\beta}{\sin\alpha}$: la quantité a' sera facile à calculer par logarithmes. Par suite on aura

$$\frac{b}{a'}=\frac{\sin x}{\sin y}, \quad \text{d'où} \quad \frac{b+a'}{b-a'}=\frac{\sin x+\sin y}{\sin x-\sin y};$$

donc (40)

$$\frac{b+a'}{b-a'}=\frac{\tang\frac{1}{2}(x+y)}{\tang\frac{1}{2}(x-y)}.$$

Puisque la somme $x+y$ est connue, on aura la différence $x-y$ au moyen de la dernière égalité, et ensuite on trouvera facilement x et y. Alors on aura l'angle $BAM=180^\circ-(a+x)$, et la distance AM sera donnée par l'une des proportions [1].

Relations entre les angles et les côtés d'un triangle sphérique.

93. Formule fondamentale. Les parties d'un triangle sphérique, tracé sur une sphère donnée, sont connues lorsqu'on sait le nombre de degrés que contient chacune d'elles. La solution des questions relatives aux triangles sphériques dépend donc des

relations qui existent entre ces nombres de degrés, c'est-à-dire, entre les nombres trigonométriques correspondans, sinus, cosinus, etc. En conséquence, je vais établir d'abord la formule qui lie un angle quelconque avec les trois côtés, et je montrerai ensuite comment on en déduit la solution de tous les cas que peuvent présenter les triangles sphériques. Les angles seront toujours désignés par A, B, C; et les côtés opposés, par a, b, c.

Soit O (fig. 26) le centre de la sphère sur laquelle est situé le triangle ABC : je mène les rayons OA, OB, OC ; j'élève sur OA les perpendiculaires AD et AE, l'une dans le plan OAB, l'autre dans le plan OAC, et je suppose qu'elles rencontrent en D et E les rayons OB et OC prolongés. L'angle DAE est égal à l'angle A du triangle sphérique ; et, en prenant OA pour unité, on aura AD=tang c, OD=séc c, AE=tang b, OE=séc b.

Cela posé, les triangles DAE, DOE, donnent (66)

$$\overline{AD}^2+\overline{AE}^2-2AD.AE.\cos A=\overline{DE}^2,$$
$$\overline{OD}^2+\overline{OE}^2-2OD.OE.\cos a=\overline{DE}^2.$$

De la 2ᵉ égalité retranchons la 1ʳᵉ, remarquons que $\overline{OD}^2-\overline{AD}^2=\overline{OE}^2-\overline{AE}^2=1$, remplaçons les lignes par leurs désignations trigonométriques, et divisons par 2 ; il vient

$$1-\text{séc}\,b\,\text{séc}\,c\cos a+\text{tang}\,b\,\text{tang}\,c\cos A=0:$$

mais $\text{séc}\,b=\dfrac{1}{\cos b}$, $\text{tang}\,b=\dfrac{\sin b}{\cos b}$, $\text{séc}\,c=\dfrac{1}{\cos c}$,... donc on a

$$1-\frac{\cos a}{\cos b\cos c}+\frac{\sin b\sin c\cos A}{\cos b\cos c}=0,$$

d'où

[1] $$\cos a=\cos b\cos c+\sin b\sin c\cos A.$$

Telle est la formule fondamentale de la trigonométrie sphérique.

94. Dans la figure les côtés b et c sont moindres que 90°, mais il est facile de voir que la formule [1] est générale. Supposons que l'un de ces côtés surpasse 90°, et que ce soit, par exemple, b ou AC (fig. 27) : j'achève les demi-circonférences CAC', CBC', et je forme ainsi le triangle ABC', dont les côtés a' et b', ou BC' et AC', sont supplémens de a et b, et dont l'angle BAC' est sup-

plément de A. Puisque les côtés b' et c sont moindres que $90°$, la formule [1] s'applique au triangle ABC', et donne

$$\cos a' = \cos b' \cos c + \sin b' \sin c \cos BAC'.$$

Or $a' = 180° - a$, $b' = 180° - b$, $BAC' = 180° - A$; et en substituant ces valeurs, puis changeant les signes des deux membres, on retombe sur la formule [1]; donc cette formule convient au cas où l'on a $b > 90°$.

Supposons que les deux côtés b et c surpassent $90°$ (fig. 28): je prolonge les côtés AB et AC jusqu'à leur intersection A', et je forme le triangle BCA', dans lequel l'angle A' est égal à A, et les côtés b' et c' égaux aux supplémens de b et c. La formule [1], étant appliquée à ce triangle, devra avoir lieu en y remplaçant b et c par $180° - b$ et $180° - c$: or ces substitutions n'y produisent aucun changement.

Enfin, on peut vérifier aussi la formule dans les cas où l'on a $b = 90$ et $c = 90°$, ensemble ou isolément. Mais comme elle convient à des valeurs aussi voisines qu'on voudra de $90°$, il est évident qu'elle doit encore subsister dans ces cas particuliers.

95. On peut appliquer la formule [1] à chacun des côtés du triangle, et on aura ainsi trois équations, au moyen desquelles on pourra toujours déterminer trois parties quelconques de ce triangle, quand les trois autres seront connues. Mais, pour les applications, il est nécessaire d'avoir séparément les diverses relations qui existent entre quatre parties du triangle, prises de toutes les manières possibles. Il n'y a en tout que quatre combinaisons distinctes que nous allons parcourir successivement.

96. 1° *Relation entre les trois côtés et un angle.* C'est l'équation [1] déjà trouvée, laquelle en produit trois par la permutation des lettres, savoir :

[1] $$\cos a = \cos b \cos c + \sin b \sin c \cos A,$$
[2] $$\cos b = \cos a \cos c + \sin a \sin c \cos B,$$
[3] $$\cos c = \cos a \cos b + \sin a \sin b \cos C.$$

97. 2° *Relation entre deux côtés et les deux angles opposés.* Pour avoir celle qui répond à la combinaison a, b, A, B, il faut éliminer c entre [1] et [2]. Le moyen qui se présente d'abord, c'est

d'en tirer les valeurs de $\sin c$ et $\cos c$, puis de les substituer dans l'équation $\sin^2 c + \cos^2 c = 1$; mais le calcul suivant, analogue à celui du n° 68, est plus simple.

L'équation [1] donne $\cos A = \dfrac{\cos a - \cos b \cos c}{\sin b \sin c}$: par suite

$$\sin^2 A = 1 - \cos^2 A = 1 - \frac{(\cos a - \cos b \cos c)^2}{\sin^2 b \sin^2 c}$$

$$= \frac{(1-\cos^2 b)(1-\cos^2 c) - (\cos a - \cos b \cos c)^2}{\sin^2 b \sin^2 c}$$

$$= \frac{1 - \cos^2 a - \cos^2 b - \cos^2 c + 2\cos a \cos b \cos c}{\sin^2 b \sin^2 c};$$

donc

$$\frac{\sin A}{\sin a} = \frac{\sqrt{1 - \cos^2 a - \cos^2 b - \cos^2 c + 2\cos a \cos b \cos c}}{\sin a \sin b \sin c}.$$

Il n'y a ici aucune ambiguité dans le signe du radical, attendu que les angles et les côtés étant moindres que 180°, leurs sinus sont positifs. Comme le second membre demeure constant quand on change A et a en B et b, et *vice versâ*, ou bien en C et c, et *vice versâ*, on conclut

$$[4] \qquad \frac{\sin A}{\sin a} = \frac{\sin B}{\sin b} = \frac{\sin C}{\sin c};$$

donc, *dans un triangle sphérique, les sinus des angles sont entre eux comme les sinus des côtés opposés.*

98. 3° *Relation entre deux côtés, l'angle qu'ils comprennent, et l'angle opposé à l'un d'eux.* Considérons la combinaison a, b, A, C. Eliminons d'abord $\cos c$ entre [1] et [3], il vient

$$\cos a = \cos a \cos^2 b + \cos b \sin a \sin b \cos C + \sin b \sin c \cos A.$$

En transposant $\cos a \cos^2 b$, observant que $\cos a - \cos a \cos^2 b = \cos a \sin^2 b$, et divisant tout par $\sin b \sin a$, on trouve

$$\frac{\cos a \sin b}{\sin a} = \cos b \cos C + \frac{\sin c \cos A}{\sin a}.$$

Mais $\dfrac{\sin c}{\sin a} = \dfrac{\sin C}{\sin A}$; et par suite on a, pour la relation cherchée,

$$\cot a \sin b = \cos b \cos C + \sin C \cot A.$$

On peut y faire différentes permutations entre les lettres, et on obtient en tout six équations, savoir :

[5] $\cot a \sin b = \cos b \cos C + \sin C \cot A,$
[6] $\cot b \sin a = \cos a \cos C + \sin C \cot B,$
[7] $\cot a \sin c = \cos c \cos B + \sin B \cot A,$
[8] $\cot c \sin a = \cos a \cos B + \sin B \cot C,$
[9] $\cot b \sin c = \cos c \cos A + \sin A \cot B,$
[10] $\cot c \sin b = \cos b \cos A + \sin A \cot C.$

99. 4° *Relation entre un côté et les trois angles.* C'est la dernière qui reste à chercher. Eliminons b et c entre les équations [1], [2], [3]. A cet effet, mettons d'abord dans la 1re la valeur de $\cos c$, tirée de la 3e : il vient, comme ci-dessus,

$$\frac{\cos a \sin B}{\sin a} = \cos b \cos C + \frac{\sin c \cos A}{\sin a};$$

et cette relation, au moyen des égalités

$$\frac{\sin b}{\sin a} = \frac{\sin B}{\sin A} \quad \text{et} \quad \frac{\sin c}{\sin a} = \frac{\sin C}{\sin A},$$

se change facilement en celle-ci :

$$\cos a \sin B = \cos b \sin A \cos C + \cos A \sin C.$$

En effectuant les mêmes calculs sur l'équation [2], ou mieux, en changeant, dans la dernière, a et A en b et B, et *vice versâ*, on a

$$\cos b \sin A = \cos a \sin B \cos C + \cos B \sin C.$$

Il n'y a donc plus qu'à éliminer $\cos b$ entre les deux équations précédentes. On trouve ainsi, après toutes réductions, la relation cherchée entre A, B, C et a, laquelle, étant appliquée aux trois angles successivement, donne les trois équations

[11] $\cos A = -\cos B \cos C + \sin B \sin C \cos a,$
[12] $\cos B = -\cos A \cos C + \sin A \sin C \cos b,$
[13] $\cos C = -\cos A \cos B + \sin A \sin B \cos c.$

100. L'analogie de ces équations avec la formule fondamen-

tale [1] est frappante, et conduit à une conséquence remarquable. Imaginons un triangle sphérique A′ B′ C′ dont les côtés a', b', c', soient les supplémens des angles A, B, C : en vertu de la formule [1] on aura

$$\cos a' = \cos b' \cos c' + \sin b' \sin c' \cos A' :$$

or $\sin a' = \sin A$, $\cos a' = -\cos A$, $\sin b' = \sin B$, etc. ; donc

$$-\cos A = \cos B \cos C + \sin B \sin C \cos A'.$$

On tirerait de là, pour cos A′, une valeur égale et de signe contraire à celle que donne [11] pour $\cos a$; donc $a = 180° - A'$. Semblablement, $b = 180° - B'$ et $c = 180° - C'$; donc, *un triangle sphérique étant donné, si l'on en forme un second dont les côtés soient supplémens des angles du premier, réciproquement les côtés du premier sont les supplémens des angles du second.*

Par cette raison, les deux triangles sont dits *supplémentaires*. On a vu en géométrie que chacun d'eux peut être décrit en prenant pour pôles les trois sommets de l'autre : c'est d'après cette propriété que chacun des deux triangles est dit le *polaire* de l'autre.

101. *Analogies de Neper*. Je vais encore démontrer les proportions qui sont connues sous le nom d'*analogies de Neper,* et qu'on emploie pour simplifier quelques cas des triangles sphériques.

Les équations [1] et [2] donnent

$$\cos a - \cos b \cos c = \sin b \sin c \cos A,$$
$$\cos b - \cos a \cos c = \sin a \sin c \cos B.$$

d'où l'on tire, par la division, et en ayant égard à la relation $\frac{\sin a}{\sin b} = \frac{\sin A}{\sin B}$,

$$\frac{\cos b - \cos a \cos c}{\cos a - \cos b \cos c} = \frac{\sin A \cos B}{\sin B \cos A}.$$

Mettons cette égalité sous forme de proportion, et comparons la différence des termes de chaque rapport avec la somme des mêmes termes : alors, par des transformations faciles à apercevoir, on trouve

$$\frac{\cos b - \cos a}{\cos b + \cos a} \times \frac{1 + \cos c}{1 - \cos c} = \frac{\sin (A - B)}{\sin (A + B)}.$$

Mais, par des formules connues (40, 37, 29), on a

$$\frac{\cos b - \cos a}{\cos b + \cos a} = \operatorname{tang} \tfrac{1}{2}(a+b) \operatorname{tang} \tfrac{1}{2}(a-b),$$

$$\frac{1+\cos c}{1-\cos c} = \frac{1}{\operatorname{tang}^2 \frac{1}{2}c},$$

$$\sin(A+B) = 2\sin\tfrac{1}{2}(A+B)\cos\tfrac{1}{2}(A+B),$$

$$\sin(A-B) = 2\sin\tfrac{1}{2}(A-B)\cos\tfrac{1}{2}(A-B);$$

substituons donc ces valeurs, et il viendra

$$[\alpha] \quad \operatorname{tang}\tfrac{1}{2}(a+b)\operatorname{tang}\tfrac{1}{2}(a-b) = \operatorname{tang}^2\tfrac{1}{2}c\,\frac{\sin\frac{1}{2}(A-B)\cos\frac{1}{2}(A-B)}{\sin\frac{1}{2}(A+B)\cos\frac{1}{2}(A+B)}.$$

D'un autre côté, l'équation $\frac{\sin a}{\sin b} = \frac{\sin A}{\sin B}$ donne

$$\frac{\sin a + \sin b}{\sin a - \sin b} = \frac{\sin A + \sin B}{\sin A - \sin B};$$

et celle-ci peut se transformer en cette autre (40, 39)

$$\frac{\operatorname{tang}\frac{1}{2}(a+b)}{\operatorname{tang}\frac{1}{2}(a+b)} = \frac{\sin\frac{1}{2}(A+B)\cos\frac{1}{2}(A-B)}{\cos\frac{1}{2}(A+B)\sin\frac{1}{2}(A-B)}.$$

Multiplions d'abord l'éq. [α] par cette dernière, puis divisons-les l'une par l'autre, il ne restera que des carrés. Alors, en extrayant les racines, et observant qu'en vertu de l'éq. [α], $\operatorname{tang}\frac{1}{2}(a+b)$ et $\cos\frac{1}{2}(A+B)$ doivent être de même signe, il vient

$$[14] \quad \operatorname{tang}\tfrac{1}{2}(a+b) = \operatorname{tang}\tfrac{1}{2}c\,\frac{\cos\frac{1}{2}(A-B)}{\cos\frac{1}{2}(A+B)},$$

$$[15] \quad \operatorname{tang}\tfrac{1}{2}(a-b) = \operatorname{tang}\tfrac{1}{2}c\,\frac{\sin\frac{1}{2}(A-B)}{\sin\frac{1}{2}(A+B)}.$$

On peut appliquer ces formules au triangle polaire; et pour cela il faut y remplacer a, b, c, A, B, par 180°—A, 180°—B, 180°—C, 180°—a, 180°—b : il en résulte

$$[16] \quad \operatorname{tang}\tfrac{1}{2}(A+B) = \cot\tfrac{1}{2}C\,\frac{\cos\frac{1}{2}(a-b)}{\cos\frac{1}{2}(a+b)},$$

$$[17] \quad \operatorname{tang}\tfrac{1}{2}(A-B) = \cot\tfrac{1}{2}C\,\frac{\sin\frac{1}{2}(a-b)}{\sin\frac{1}{2}(a+b)}.$$

Les quatre formules ci-dessus sont, sous forme d'égalités, les proportions ou analogie découvertes par NÉPER. On se sert des deux premières lorsqu'on connaît un côté avec les angles qui lui sont adjacens; et des deux dernières, quand on connaît deux côtés et l'angle compris.

102. *Relations entre les parties d'un triangle sphérique rectangle.* Pour avoir les formules propres au cas du triangle rectangle, il suffira de faire $A=90°$ dans celles des relations, trouvées précédemment, qui contiennent cet angle. De cette manière, on trouve

[a]	$\cos a = \cos b \cos c$,		n° 96.
[b]	$\sin b = \sin a \sin B$,	$\sin c = \sin a \sin C$,	n° 97.
[c]	$\tang b = \tang a \cos C$,	$\tang c = \tang a \cos B$,	n° 98.
[d]	$\tang b = \sin c \tang B$,	$\tang c = \sin b \tang C$,	*ibid.*
[e]	$\cos B = \sin C \cos b$,	$\cos C = \sin B \cos c$,	n° 99.
[f]	$\cos a = \cot B \cot C$,		*ibid.*

En tout six formules distinctes, également commodes pour le calcul logarithmique. La première donne une relation entre l'hypoténuse et les deux côtés de l'angle droit; la deuxième, entre l'hypoténuse, un côté et l'angle opposé; la troisième, entre l'hypoténuse, un côté et l'angle adjacent; la quatrième, entre les deux côtés et l'angle opposé à l'un d'eux; la cinquième, entre un côté et les deux angles obliques; enfin, la sixième, entre l'hypoténuse et les angles obliques. Ainsi, deux des cinq parties étant connues, on a une formule pour déterminer telle autre partie qu'on voudra.

103. Certaines propriétés des triangles rectangles sont à remarquer ici.

1° La formule [a] exige que $\cos a$ ait le signe du produit $\cos b \cos c$: or, pour cela, il faut que les trois cosinus soient positifs, ou qu'un seul le soit. Donc, *dans un triangle sphérique rectangle, les trois côtés sont moindres que 90°; ou bien deux des côtés sont plus grands que 90°, et le troisième est moindre.*

2° Les formules [d] montrent que $\tang b$ a le même signe que $\tang B$, et $\tang c$ le même signe que $\tang C$. Donc *chaque côté de l'angle droit est de même espèce que l'angle opposé: c'est-à-dire que l'angle et le côté sont tous deux moindres que 90° ou tous deux plus grands.*

Résolution des triangles sphériques rectangles.

104. Un triangle sphérique peut être bi-rectangle et même tri-rectangle, c'est-à-dire que deux de ses angles peuvent être droits, et même tous les trois. Dans le dernier cas, les trois côtés sont des quadrans. Dans l'autre, les côtés opposés aux deux angles droits sont aussi des quadrans ; et le troisième angle, ayant pour mesure le troisième côté, doit être exprimé par le même nombre de degrés que ce côté. Ainsi, ces deux cas ne donnant lieu à aucune question, je parlerai seulement du triangle sphérique qui ne renferme qu'un angle droit. Pour le déterminer, il suffit de connaître deux des cinq autres parties, ce qui fera six cas à considérer.

105. PREMIER CAS. *Étant donnés l'hypoténuse* a *et un côté* b, *trouver* c, B, C.

Il faut recourir aux relations [*a*], [*b*], [*c*], lesquelles donnent

$$\cos c = \frac{\cos a}{\cos b}, \quad \sin B = \frac{\sin b}{\sin a}, \quad \cos C = \frac{\operatorname{tang} b}{\operatorname{tang} a}.$$

Comme il s'agit ici d'arcs et d'angles qui ne peuvent surpasser 180°, et comme dans cette limite il n'y a qu'un seul arc qui réponde à un cosinus donné, il s'ensuit que c et C sont déterminés sans aucune ambiguité. Quant à l'angle B, comme il est connu par son sinus, il semble qu'on puisse le prendre indifféremment aigu ou obtus ; mais, d'après les remarques du n° 103, il doit être de même espèce que le côté donné b.

106. DEUXIÈME CAS. *Étant donnés les deux côtés* b *et* c *de l'angle droit, trouver l'hypoténuse* a *et les angles* B, C.

Par les relations [*a*] et [*d*] on a

$$\cos a = \cos b \cos c, \quad \operatorname{tang} B = \frac{\operatorname{tang} b}{\sin c}, \quad \operatorname{tang} C = \frac{\operatorname{tang} c}{\sin b};$$

et il est clair qu'il n'y a ici aucune ambiguité.

107. TROISIÈME CAS. *Étant donnés l'hypoténuse* a *et un angle* B, *trouver* b, c, C.

Des relations [*b*], [*c*], [*f*], tirez

$$\sin b = \sin a \sin B, \quad \operatorname{tang} c = \operatorname{tang} a \cos B, \quad \cot C = \cos a \operatorname{tang} B.$$

c et C seront déterminés sans ambiguité, et le côté b devra être de même espèce que B (103).

108. QUATRIÈME CAS. *Étant donnés le côté* b *de l'angle droit, ainsi que l'angle opposé* B, *trouver* a, c, C.

Au moyen des relations [b], [d], [e], on a

$$\sin a = \frac{\sin b}{\sin B}, \quad \sin c = \frac{\tang b}{\tang B}, \quad \sin C = \frac{\cos B}{\cos b};$$

Il y a ici ambiguité à cause des sinus, et il est facile de voir qu'elle doit véritablement exister. En effet, si le triangle BAC (fig. 29), rectangle en A, satisfait à la question, prolongez BA et BC jusqu'à leur intersection D, puis prenez DA'=BA et DC'=BC, les triangles BAC, DA'C', seront égaux dans toutes leurs parties; donc l'angle A' est droit, et $C'A' = CA = b$. Ainsi le triangle BA'C' est rectangle et contient aussi les deux parties données B et b. On peut donc prendre à volonté $a < 90°$ ou $a > 90°$; mais quand le choix sera fait, l'espèce de c sera donnée par la relation $\cos a = \cos b \cos c$, et cette espèce sera aussi celle de C.

Il n'y a plus qu'un seul triangle, lequel est bi-rectangle, quand $b = B$. Il n'y en a plus si l'on a $\sin b > \sin B$.

109. CINQUIÈME CAS. *Étant donné un côté* b *de l'angle droit avec l'angle adjacent* C, *trouver* a, c, B.

Des relations [c], [d], [e], on tire

$$\tang a = \frac{\tang b}{\cos C}, \quad \tang c = \sin b \tang C, \quad \cos B = \cos b \sin C.$$

Par-là on connaîtra a, c, B, sans aucune ambiguité.

110. SIXIÈME CAS. *Étant donnés les deux angles obliques* B *et* C, *trouver* a, b, c.

Les équations [f] et [e] donnent

$$\cos a = \cot B \cot C, \quad \cos b = \frac{\cos B}{\sin C}, \quad \cos c = \frac{\cos C}{\sin B}.$$

Ces valeurs ne laissent aucune ambiguité; et si le triangle est impossible, elles en avertiront.

111. REMARQUE. Plusieurs cas se ramènent au triangle rectangle.

1° Si dans un triangle sphérique on donne trois parties parmi lesquelles il y ait un côté égal à 90°, l'angle correspondant, dans le triangle polaire, sera droit. De plus, on connaîtra deux des cinq autres élémens de ce triangle; donc on pourra le résoudre par ce qui a été dit plus haut : or il est évident que la résolution de ce triangle fera trouver le premier.

2° Quand un triangle est isoscèle, les deux côtés égaux ne sont comptés que pour un seul élément, les angles qui leur sont opposés, aussi pour un seul; et alors il suffit de deux élémens pour déterminer le triangle. Or, en menant un arc de grand cercle du sommet au milieu de la base, on le décompose en deux triangles rectangles, égaux dans toutes leurs parties, et dans chacun desquels on connaîtra deux élémens, outre l'angle droit; donc les triangles isoscèles peuvent se résoudre par les triangles rectangles.

3° Soit un triangle sphérique ABC (fig 30) dans lequel on a $a+b=180°$. En prolongeant a et c jusqu'à leur intersection D, on aura $a+\text{CD}=180°$; donc $\text{CD}=b$. Or chaque élément connu du triangle ABC en fait connaître un dans le triangle isoscèle ACD, et *vice versâ*; donc la résolution d'un triangle dans lequel la somme de deux côtés est égale à 180° revient à celle d'un triangle isoscèle, et par suite à celle d'un triangle rectangle.

4° La même chose peut se dire d'un triangle sphérique dans lequel deux angles sont supplémens l'un de l'autre; car on ne peut pas avoir $a+b=180°$ sans avoir en même temps $\text{A}+\text{B}=180°$, et *vice versâ*. En effet, dans le triangle isoscèle ACD, l'angle $\text{CAD}=\text{D}=\text{B}$: or $\text{CAD}+\text{CAB}=180°$; donc aussi, dans le triangle ABC, on doit avoir $\text{A}+\text{B}=180°$.

Résolution des triangles sphériques quelconques.

112. **Premier cas.** *Étant donnés les trois côtés* a, b, c, *trouver les angles* A, B, C.

Pour avoir A, par exemple, de l'équation [1] n° 96 on tire

$$\cos \text{A} = \frac{\cos a - \cos b \cos c}{\sin b \sin c};$$

mais on obtient une expression mieux appropriée aux logarithmes en cherchant $\sin\frac{1}{2}\text{A}$, $\cos\frac{1}{2}\text{A}$, ou $\text{tang}\frac{1}{2}\text{A}$, comme on l'a fait pour les triangles rectilignes. Prenons donc (31) la formule $2\sin^2\frac{1}{2}\text{A}=1-\cos \text{A}$, et mettons-y la valeur de cos A : on trouve

$$2\sin^2\tfrac{1}{2}A = 1 - \frac{\cos a - \cos b\cos c}{\sin b\sin c} = \frac{\cos b\cos c + \sin b\sin c - \cos a}{\sin b\sin c}$$

$$= \frac{\cos(b-c) - \cos a}{\sin b\sin c}.$$

Dans la formule connue $\cos q - \cos p = 2\sin\frac{1}{2}(p+q)\sin\frac{1}{2}(p-q)$, faisons $p = a$ et $q = b - c$: il vient $\cos(b-c) - \cos a = 2\sin\frac{1}{2}(a+b-c)\sin\frac{1}{2}(a-b+c)$; donc

$$\sin\tfrac{1}{2}A = \sqrt{\frac{\sin\frac{1}{2}(a+b-c)\sin\frac{1}{2}(a-b+c)}{\sin b\sin c}}.$$

Pour abréger, posons $a+b+c = 2s$, on aura $a+b-c = 2(s-c)$, $a-b+c = 2(s-b)$; et par suite la formule précédente devient

$$\sin\tfrac{1}{2}A = \sqrt{\frac{\sin(s-b)\sin(s-c)}{\sin b\sin c}}.$$

De même, $$\cos\tfrac{1}{2}A = \sqrt{\frac{\sin s\sin(s-a)}{\sin b\sin c}};$$

et par suite, $$\tang\tfrac{1}{2}A = \sqrt{\frac{\sin(s-b)\sin(s-c)}{\sin s\sin(s-a)}}.$$

113. Deuxième cas. *Étant donnés deux côtés* a, b, *avec l'angle* A *opposé à l'un d'eux, trouver* c, B, C.

On obtient d'abord l'angle B, opposé à b, par la proportion

$$\sin a : \sin b :: \sin A : \sin B, \text{ d'où } \sin B = \frac{\sin A\sin b}{\sin a}.$$

Ensuite, le mieux sera de déterminer c et C par les analogies de Néper (101), lesquelles donnent

$$\tang\tfrac{1}{2}c = \tang\tfrac{1}{2}(a-b)\frac{\sin\frac{1}{2}(A+B)}{\sin\frac{1}{2}(A-B)},$$

$$\cot\tfrac{1}{2}C = \tang\tfrac{1}{2}(A-B)\frac{\sin\frac{1}{2}(a+b)}{\sin\frac{1}{2}(a-b)}.$$

L'élément B étant déterminé par son sinus, cet angle peut être aigu ou obtus. Cependant, pour certaines valeurs des données a, b, A, il n'existe qu'un seul triangle. Nous reviendrons dans un article à part (118) sur cette discussion, analogue à celle qui a été faite sur le second cas des triangles rectilignes (75).

On peut aussi trouver C directement par l'équation [5] n° 98,

$$\cot A \sin C + \cos b \cos C = \cot a \sin b.$$

A cet effet, déterminons d'abord un angle auxiliaire φ en posant $\cot A = \cos b \cot \varphi$, d'où

$$\cot \varphi = \frac{\cot A}{\cos b};$$

puis, dans l'équation $\cot A \sin C + \ldots\ldots$, substituons la valeur $\cot A = \cos b \cot \varphi = \frac{\cos b \cos \varphi}{\sin \varphi}$, ce qui donne

$$\cos b (\sin C \cos \varphi + \cos C \sin \varphi) = \cot a \sin b \sin \varphi.$$

De là on peut tirer

$$\sin (C + \varphi) = \frac{\tang b \sin \varphi}{\tang a};$$

donc on connaîtra $C + \varphi$. Soit $C + \varphi = m$, on aura $C = m - \varphi$.

Après avoir trouvé C, on obtient le côté c par la proportion $\sin A : \sin C :: \sin a : \sin : c$. Mais si on veut calculer c directement, il faut recourir à l'équation [1] du n° 96,

$$\cos b \cos c + \cos A \sin b \sin c = \cos a.$$

On réduit, comme plus haut, le premier membre à un seul terme, au moyen d'un angle auxiliaire φ, en posant $\cos A \sin b = \cos b \cot \varphi$, d'où

$$\cot \varphi = \cos A \tang b.$$

Par suite l'équation devient $\cos b (\sin \varphi \cos c + \cos \varphi \sin c) = \cos a \sin \varphi$, ou

$$\sin (c + \varphi) = \frac{\cos a \sin \varphi}{\cos b};$$

donc, après avoir calculé φ, on aura facilement c.

114. Troisième cas. *Étant donnés deux côtés* a *et* b, *avec l'angle compris* C, *trouver* A, B, c.

Les formules [5] et [6] du n° 98 donnent, pour A et B,

$$\cot A = \frac{\cot a \sin b - \cos b \cos C}{\sin C}, \quad \cot B = \frac{\cot b \sin a - \cos a \cos C}{\sin C}.$$

En employant des angles auxiliaires, il est facile de réduire chaque numérateur à un monôme. Mais il est plus simple de recourir aux analogies de NÉPER (101),

$$\tang \tfrac{1}{2}(A+B) = \cot \tfrac{1}{2} C \frac{\cos \frac{1}{2}(a-b)}{\cos \frac{1}{2}(a+b)},$$

$$\tang \tfrac{1}{2}(A-B) = \cot \tfrac{1}{2} C \frac{\sin \frac{1}{2}(a-b)}{\sin \frac{1}{2}(a+b)}.$$

Elles font connaître $\frac{1}{2}(A+B)$ et $\frac{1}{2}(A-B)$, et par suite A et B.

Une fois ces angles trouvés, on obtient c par la proportion $\sin A : \sin C :: \sin a : \sin c$. Mais si on veut avoir c directement, on prendra (96) la formule

$$\cos c = \cos a \cos b + \sin a \sin b \cos C,$$

dans laquelle on fera $\sin b \cos C = \dfrac{\cos b \cos \varphi}{\sin \varphi} = \cos b \cot \varphi$. Alors il viendra, sans aucune ambiguité,

$$\cot \varphi = \tang b \cos C, \quad \cos c = \frac{\cos b \sin(a+\varphi)}{\sin \varphi}.$$

115. QUATRIÈME CAS. *Étant donnés deux angles* A *et* B *avec le côté adjacent* c, *trouver* a, b, C.

On peut trouver a et b par les formules [7] et [9] du n° 98,

$$\cot a = \frac{\cot A \sin B + \cos B \cos c}{\sin c}, \quad \cot b = \frac{\cos B \sin A + \cos A \cos c}{\sin c};$$

et mieux encore par les analogies de NÉPER

$$\tang \tfrac{1}{2}(a+b) = \tang \tfrac{1}{2} c \frac{\cos \frac{1}{2}(A-B)}{\cos \frac{1}{2}(A+B)},$$

$$\tang \tfrac{1}{2}(a-b) = \tang \tfrac{1}{2} c \frac{\sin \frac{1}{2}(A-B)}{\sin \frac{1}{2}(A+B)}.$$

Ensuite on a C par la proportion $\sin a : \sin c :: \sin A : \sin C$. Si on veut avoir C directement, on prendra (99) la formule

$$\cos C = \sin A \sin B \cos c - \cos A \cos B,$$

on posera $\sin B \cos c = \cos B \cot \varphi$, et il viendra

$$\cot \varphi = \tang B \cos c, \qquad \cos C = \frac{\cos B \sin(A-\varphi)}{\sin \varphi}.$$

Ce cas est analogue au troisième, et n'offre aucune ambiguité.

116. CINQUIÈME CAS. *Étant donnés deux angles* A *et* B *avec le côté* a *opposé à l'un d'eux, trouver* b, c, C.

Ce cas est tout-à-fait analogue au second, il se traite de même et présente les mêmes ambiguités.

On déduit b de la proportion $\sin A : \sin B :: \sin a : \sin b$; et on trouve c et C par les formules, déjà employées (113),

$$\tang \tfrac{1}{2} c = \tang \tfrac{1}{2}(a-b)\frac{\sin \frac{1}{2}(A+B)}{\sin \frac{1}{2}(A-B)},$$

$$\cot \tfrac{1}{2} C = \tang \tfrac{1}{2}(A-B)\frac{\sin \frac{1}{2}(a+b)}{\sin \frac{1}{2}(a-b)}.$$

Le côté c s'obtient aussi par l'équation [7], n° 98,

$$\cot a \sin c - \cos B \cos c = \cot A \sin B,$$

dans laquelle on fait $\cot a = \cos B \cot \varphi$; et par là il vient

$$\cot \varphi = \frac{\cot a}{\cos B}, \quad \sin(c-\varphi) = \frac{\tang B \sin \varphi}{\tang A}.$$

Enfin, on peut aussi connaître C en posant $\sin a : \sin c :: \sin A : \sin C$; ou bien (99) au moyen de l'équation

$$\cos a \sin B \sin C - \cos B \cos C = \cos A.$$

On réduit d'abord le premier membre à un monôme, en posant $\cos a \sin B = \cos B \cot \varphi$; et il en résulte

$$\cot \varphi = \cos a \tang B, \quad \sin(C-\varphi) = \frac{\cos A \sin \varphi}{\cos B}.$$

Ces valeurs déterminent φ, $C-\varphi$, et par suite l'angle C.

117. SIXIÈME ET DERNIER CAS. *Étant donnés les trois angles* A, B, C, *trouver les côtés* a, b, c.

Ce cas se résout par des calculs semblables à ceux du premier. Par exemple, pour avoir a, on se sert de l'équation [11] n° 99, laquelle donne d'abord

$$\cos a = \frac{\cos A + \cos B \cos C}{\sin B \sin C}.$$

Ensuite, par les transformations employées dans le cas cité, on trouve les expressions de $\sin \frac{1}{2} a$, $\cos \frac{1}{2} a$, $\tang \frac{1}{2} a$, lesquelles sont plus commodes pour le calcul logarithmique. En posant $A+B+C=180^d+2S$, ces expressions sont

$$\sin\tfrac{1}{2}a=\sqrt{\frac{\sin S\sin(A-S)}{\sin B\sin C}},$$

$$\cos\tfrac{1}{2}a=\sqrt{\frac{\sin(B-S)\sin(C-S)}{\sin B\sin C}},$$

$$\tang\tfrac{1}{2}a=\sqrt{\frac{\sin S\sin(A-S)}{\sin(B-S)\sin(C-S)}}.$$

Si les trois derniers cas ont une si grande analogie avec les trois premiers, c'est qu'en effet ils peuvent s'y ramener par les propriétés du triangle polaire (100).

Sur les cas douteux des triangles sphériques.

118. Les seuls cas dans lesquels il y ait incertitude sur l'espèce des élémens inconnus sont le second et le cinquième. Je me propose, dans cet article, de rechercher à quels symptômes on reconnaîtra qu'il doit y avoir deux solutions ou une seule, ou même que le triangle est impossible; et pour cela je vais établir d'abord plusieurs propositions sur lesquelles je m'appuierai.

Considérons sur une sphère un demi-cercle DCD' (fig. 31) perpendiculaire à un cercle entier DHD', prenons $CD<90^o$, et menons des arcs de grand cercle CB, CB', CH,... du point C aux différens points de la circonférence DHD'. Prolongeons CD d'une quantité égale C'D, et joignons C'B. Les triangles CDB, C'DB ont un angle droit compris entre côtés égaux; donc CB = C'B. Or on a CDC' < CB + BC'; donc CD < CB. Donc 1° *l'arc* CD *est le plus petit qu'on puisse mener du point* C *à la circonférence* DHD'; *et par suite* CD' *est le plus grand.*

Soit DB' = DB : les triangles CDB, CDB' ont aussi un angle droit compris entre côtés égaux; donc CB' = CB. Donc 2° *les arcs obliques également éloignés de* CD, *ou de* CD', *sont égaux.*

Enfin soit DH > DB : menons C'H, et prolongeons CB jusqu'à sa rencontre I avec C'H. Puisque l'arc CC' est moindre qu'un demi-cercle, il doit être rencontré par le prolongement de CB, au-delà du point C', ce qui exige que l'intersection I se fasse entre H et C'. On a donc $C'B < C'I + IB$, et par suite $C'B + BC < C'I + IC$. Mais on a $IC < IH + HC$, et par suite $C'I + IC < C'H + HC$; donc à plus forte raison $C'B + BC < C'H + HC$. Or $C'B = BC$ et $C'H = HC$; donc on a $BC < HC$. Donc 3° *les arcs obliques sont d'autant plus grands qu'ils s'écartent davantage de* CD, *ou qu'ils se rapprochent davantage de* CD'.

119. Maintenant supposons qu'on veuille construire un triangle sphérique avec deux côtés donnés a, b, et l'angle A opposé à a.

D'abord je remarquerai que certains cas d'impossibilité sont indiqués par le calcul même. Pour les faire connaître, je fais (fig. 32 et 33) l'angle $CAB = A$ et $AC = b$, je prolonge AC, AB, jusqu'à leur intersection E, puis j'abaisse CD perpendiculaire sur AE. L'arc CD doit être de même espèce que l'angle A (103); donc, lorsque A est aigu, CD est la plus courte distance du point C à la demi-circonférence AE, et c'est la plus grande lorsque A est obtus (118, 1°). Dans la première hypothèse, le triangle sera impossible si l'on a $a < CD$, ce qui donne $\sin a < \sin CD$; et dans la seconde il sera impossible si l'on a $a > CD$, ce qui donne encore $\sin a < \sin CD$. Or, dans le triangle rectangle ACD, on a

$$1 : \sin b :: \sin A : \sin CD = \sin b \sin A;$$

donc, dans les deux hypothèses, on aurait $\sin a < \sin b \sin A$. D'un autre côté, quand on cherche l'angle B du triangle inconnu ACB on a

$$\sin a : \sin A :: \sin b : \sin B = \frac{\sin b \sin A}{\sin a};$$

donc cette valeur de sin B serait > 1, ce qui indique une impossibilité évidente.

Si l'on donnait $a = CD$, il n'y aurait que le seul triangle rectangle ACD qui fût possible; et c'est ce qu'indique encore la valeur de sin B, laquelle devient $\sin B = 1$.

120. Laissant donc ces cas de côté, examinons les différentes relations de grandeur que peuvent présenter les données a, b, A.

Soit $A < 90°$ et $b < 90°$ (fig. 32). Puisque A et b sont $< 90°$, AD est aussi $< 90°$ (103); donc $AD < DE$. Cela posé, si l'on a en outre $a < b$, il est clair qu'on peut placer entre CA et CD un arc CD $= a$, et que de l'autre côté, entre CD et CE, on peut en placer un autre $CB' = CB = a$: c'est-à-dire qu'il existe deux triangles ACB et ACB′, construits avec les mêmes données a, b, A. Lorsque $a = b$, le triangle ACB disparaît, et il ne reste que ACB′. Quand on a $a + b = 180°$ ou $a + b > 180°$, le point B′ vient en E ou passe au-delà ; et alors il n'y a plus de triangle.

On discute de la même manière les autres hypothèses. Les résultats sont tous compris dans le tableau suivant. Le signe $\not<$ veut dire *égal à ou plus grand que* ; $\not>$ signifie *égal à ou moindre que*.

$A < 90°$	$b < 90°$	$a < b$	deux solutions.	
		$a \not< b$	une solution,	à moins qu'on n'ait
		$a + b \not< 180°$	aucune.	$a + b \not< 180°$.
	$b > 90°$	$a + b < 180°$	deux solutions.	
		$a + b \not< 180°$	une solution,	à moins qu'on n'ait
		$a \not< b$	aucune.	$a \not< b$.
	$b = 90°$	$a < b$	deux solutions.	
		$a \not< b$	aucune.	
$A > 90°$	$b < 90°$	$a + b > 180°$	deux solutions.	
		$a + b \not> 180°$	une solution,	à moins qu'on n'ait
		$a \not> b$	aucune.	$a \not> b$.
	$b > 90°$	$a > b$	deux solutions.	
		$a \not> b$	une solution,	à moins qu'on n'ait
		$a + b \not> 180°$	aucune.	$a + b \not> 180°$.
	$b = 90°$	$a > b$	deux solutions.	
		$a \not> b$	aucune.	
$A = 90°$	$b < 90°$	$a > b$	une solution,	à moins qu'on n'ait
		$a \not> b$	aucune.	$a + b \not< 180°$.
		$a + b \not< 180°$	aucune.	
	$b > 90°$	$a < b$	une solution,	à moins qu'on n'ait
		$a \not< b$	aucune.	$a + b \not> 180°$.
		$a + b \not> 180°$	aucune.	
	$b = 90°$	$a = 90°$	infinité de solutions.	
		$a <$ ou $> 90°$	aucune.	

121. La propriété du triangle polaire permet d'appliquer ces résultats au triangle dont on donne les élémens A, B, a, ce qui est le cinquième cas (116). Seulement il faut changer partout a, b, A, en A, B, a, le signe $>$ en $<$, et $<$ en $>$.

Lorsque les données tombent dans l'un des cas où l'on ne doit avoir qu'une seule solution, le calcul ne laisse pas que d'en indiquer deux. Mais, pour discerner celle qui doit être conservée, il suffira d'observer que les plus grands angles doivent être opposés aux plus grands côtés, et réciproquement.

Supposons que les données soient $A=112°$, $a=102°$, $b=106°$. Dans le tableau précédent, parmi les cas correspondans à $A>90°$, je considère ceux où l'on a $b>90°$, et parmi ceux-ci je remarque celui où l'on a $a \not< b$. J'observe en outre qu'on a $a+b=208°$; donc $a+b>180°$. Alors je conclus, d'après le tableau, qu'il n'y a qu'une solution : et, puisque b est $>a$, l'angle B est $>$ A, donc B est obtus.

Application de la trigonométrie sphérique.

122. EXEMPLE I (fig. 34). *Réduire un angle à l'horizon.*

Soit BAC un angle situé dans un plan incliné, et AD la verticale qui passe au sommet A. Menez à volonté le plan horizontal MN qui rencontre les lignes AB, AC, AD, en E, F, G : l'angle EGF est *la projection horizontale* de l'angle BAC, ou, en d'autres termes, c'est l'angle BAC *réduit à l'horizon*. C'est cet angle EGF qu'il s'agit de calculer, en supposant connus les angles BAC, BAD, CAD, qu'on mesure avec l'instrument.

La solution graphique serait aisée : car la ligne AG étant arbitraire, on aura les données suffisantes pour construire d'abord les triangles rectangles EAG et FAG, puis le triangle EAF, puis enfin le triangle EGF.

Le calcul de l'angle EGF est également facile. Si on décrit une sphère du centre A avec un rayon quelconque, les droites AB, AC, AD, déterminent un triangle sphérique BCD, dont les côtés sont connus en degrés au moyen des angles donnés, et dont l'angle BDC n'est autre que l'angle cherché EGF. C'est donc par le premier cas des triangles sphériques quelconques que la question sera résolue (112) : c'est-à dire qu'on prendra la formule

$$\sin \tfrac{1}{2}A = \sqrt{\frac{\sin(s-b)\sin(s-c)}{\sin b \sin c}},$$

et qu'on fera $a = BAC$, $b = BAD$, $c = CAD$, $s = \frac{1}{2}(a+b+c)$.

Soient $a = 47° 45' 39''$, $b = 69° 49' 19''$, $c = 80° 17' 36''$. On aura $2s = 197° 52' 34''$, $s = 98° 56' 17''$, $s-b = 29° 6' 58''$, $s-c = 18° 38' 41''$, et on fera le calcul suivant :

L. sin $(s-b)$	9,6871552
L. sin $(s-c)$	9,5047412
L'. sin b	0,0275078
L'. sin c	0,0062623
2L. sin $\frac{1}{2}$A	19,2256665
L. sin $\frac{1}{2}$A	9,6128332
$\frac{1}{2}A = 24° 12' 27'',9$	
$A = 48° 24' 56''$.	

123. Exemple II (fig. 35). *Étant données les latitudes et les longitudes de deux points du globe, trouver la distance de ces deux points.*

Soient A et B les deux points. Supposons que QR soit l'équateur, C le pôle boréal, et CED, CFD, les méridiens des points A et B. Enfin, supposons encore que les longitudes se comptent à partir du point P dans le sens PEF.

La différence des longitudes, PF—PE, est égale à l'arc EF ou à l'angle C compris entre les deux méridiens ; et les arcs AC, BC, sont les complémens des latitudes données AE, BF. Ainsi, dans le triangle sphérique ABC, on connaît l'angle C avec les côtés qui le comprennent, et il s'agit de calculer le troisième côté AB : or, d'après le n° 114, AB ou c est déterminé par les formules

$$\cot\varphi = \operatorname{tang} b \cos C, \qquad \cos c = \frac{\cos b \sin(a+\varphi)}{\sin\varphi}.$$

Supposons qu'on demande la distance de Brest à Cayenne. Dans l'annuaire du bureau des longitudes, pour 1828, on trouve

Long. de Brest $= 6° 49' 0''$, Lat. $= 48° 23' 14''$;
Long. de Cayenne $= 54° 35' 0''$, Lat. $= 4° 56' 15''$.

Les deux longitudes sont occidentales, et comptées à partir du méridien de Paris; les deux latitudes sont boréales.

En conséquence de ces données, on trouvera d'abord

$$C = 54^\circ 35' - 6^\circ 49' = 47^\circ 46',$$
$$a = 90^\circ - 48^\circ 23' 14'' = 41^\circ 36' 46'',$$
$$b = 90^\circ - 4^\circ 56' 15'' = 85^\circ 3' 45''.$$

Après quoi on cherche c comme il suit :

Calcul de l'auxiliaire φ.

L. cos C	9,8274671
L. tang b	11,0635386
L. cot φ	10,8910057

$\varphi = 7^\circ 19' 26''$.
$a + \varphi = 48^\circ 56' 12''$.

Calcul du côté c.

L. cos b	8,9348468
L. sin $(a + \varphi)$	9,8773621
L'. sin φ	0,8945642
L. cos c	9,7067731

$c = 59^\circ 23' 54'',38$.

Ainsi, l'arc qui mesure la distance entre Brest et Cayenne est de $59^\circ 23' 54'',38$. Pour l'évaluer en myriamètres, il faut se rappeler que le quart du méridien terrestre vaut 10 000 000 mét., ou 1000 myr. Alors on fera la proportion

$$90^\circ : 59^\circ 23' 54'',38 :: 1000 : x;$$

et, en réduisant les arcs en secondes, on trouvera

$$x = \frac{213834,38 \times 1000}{324000} = 659^{\text{myr}},983.$$

Cette dernière évaluation eût été plus facile si l'arc c eût été exprimé en degrés centésimaux. Par exemple, soit dans cette division un arc de $37^\circ 45' 69''$: en le rapportant au quadrant il sera exprimé par 0,37 45 69, et, en multipliant ce nombre par la valeur du quadrant en myriamètres, on trouve sur-le-champ, par le simple déplacement de la virgule, $374^{\text{myr}},569$.

Je ne présenterai point ici un plus grand nombre d'exemples : les applications de la trigonométrie doivent être étudiées dans les ouvrages qui leur sont spécialement consacrés.

CHAPITRE III.

DE QUELQUES FORMULES QUI SERVENT DANS LES MATHÉMATIQUES ÉLEVÉES. DÉVELOPPEMENT DU SINUS ET DU COSINUS EN SÉRIES. RÉSOLUTION DE L'ÉQUATION BINÔME ET DE L'ÉQUATION DU 3e DEGRÉ.

Formule de MOIVRE. Sens multiple qu'on y doit remarquer.

124. Cette formule, à laquelle on attache le nom du géomètre français qui l'a découverte, est la suivante:

$$[A]\qquad (\cos\varphi+\sqrt{-1}\sin\varphi)^n=\cos n\varphi+\sqrt{-1}\,\sin n\varphi.$$

Elle exprime que, pour élever le binôme $\cos\varphi+\sqrt{-1}\sin\varphi$ à une puissance quelconque, il suffit de multiplier l'arc φ par l'exposant de cette puissance. On peut y mettre indifféremment $+$ ou $-$ devant $\sqrt{-1}$: car cela revient à changer φ en $-\varphi$.

Le cas où l'exposant est entier positif est le seul dont j'aurai besoin dans la suite : c'est celui que je vais considérer d'abord. Par la multiplication on trouve

$$(\cos\varphi+\sqrt{-1}\sin\varphi)(\cos\psi+\sqrt{-1}\sin\psi)=$$
$$\cos\varphi\cos\psi-\sin\varphi\sin\psi+\sqrt{-1}(\sin\varphi\cos\psi+\cos\varphi\sin\psi).$$

Or, d'après les formules connues [26], la partie réelle de ce produit est égale à $\cos(\varphi+\psi)$, et la partie imaginaire est égale à $\sqrt{-1}\sin(\varphi+\psi)$; donc

$$(\cos\varphi+\sqrt{-1}\sin\varphi)(\cos\psi+\sqrt{-1}\sin\psi)=$$
$$\cos(\varphi+\psi)+\sqrt{-1}\sin(\varphi+\psi).$$

C'est-à-dire qu'en multipliant entre elles deux expressions de la forme $\cos\varphi+\sqrt{-1}\sin\varphi$, on obtient encore une expression semblable, dans laquelle les deux arcs sont ajoutés entre eux. Pour multiplier le produit par un nouveau facteur de même forme, il suffira donc d'ajouter encore le nouvel arc aux deux autres, et ainsi de suite, quel que soit le nombre des facteurs. Donc, si on suppose qu'il y ait n facteurs, tous égaux à $\cos\varphi + \sqrt{-1}\sin\varphi$, il viendra

[1] $$(\cos\varphi + \sqrt{-1}\sin\varphi)^n = \cos n\varphi + \sqrt{-1}\sin n\varphi.$$

Considérons le cas où l'exposant est fractionnaire. En remplaçant φ par $\frac{\varphi}{n}$, la formule [1] donne

$$\left(\cos\frac{\varphi}{n} + \sqrt{-1}\sin\frac{\varphi}{n}\right)^n = \cos\varphi + \sqrt{-1}\sin\varphi;$$

Puis, en extrayant la racine $n^{ème}$, et mettant un exposant fractionnaire au lieu d'un radical, la formule [A] se trouvera démontrée pour l'exposant $\frac{1}{n}$; car on aura

[2] $$(\cos\varphi + \sqrt{-1}\sin\varphi)^{\frac{1}{n}} = \cos\frac{\varphi}{n} + \sqrt{-1}\sin\frac{\varphi}{n}.$$

En général, l'expression $A^{\frac{m}{n}}$ signifie qu'on doit faire la puissance m de a, et extraire ensuite la racine $n^{ème}$ du résultat. En conséquence, si j'élève $\cos\varphi + \sqrt{-1}\sin\varphi$ à la puissance m par la formule [1], et si ensuite j'extrais la racine $n^{ème}$ par la formule [2], il viendra

[3] $$(\cos\varphi + \sqrt{-1}\sin\varphi)^{\frac{m}{n}} = \cos\frac{m\varphi}{n} + \sqrt{-1}\sin\frac{m\varphi}{n}.$$

C'est la formule [A] dans laquelle n est changé en une fraction positive quelconque $\frac{m}{n}$.

Enfin, quand l'exposant est négatif, on observe que

$$(\cos n\varphi + \sqrt{-1}\sin n\varphi)(\cos n\varphi - \sqrt{-1}\sin n\varphi) = \cos^2 n\varphi + \sin^2 n\varphi = 1;$$

et de là on tire

$$\frac{1}{\cos n\varphi + \sqrt{-1}\sin n\varphi} = \cos n\varphi - \sqrt{-1}\sin n\varphi,$$

ou, ce qui est la même chose,

[4] $$(\cos\varphi + \sqrt{-1}\sin\varphi)^{-n} = \cos(-n\varphi) + \sqrt{-1}\sin(-n\varphi).$$

Ainsi la formule [A] est vraie, quand on prend pour n un nombre quelconque positif ou négatif.

J'ai laissé de côté les exposans irrationnels, attendu qu'ils n'offrent aucun sens, à moins qu'on ne les remplace par des nombres commensurables, qui d'ailleurs peuvent en différer aussi peu qu'on voudra. Et quant aux exposans imaginaires, ils ne sont en eux-mêmes susceptibles d'aucune interprétation.

125. La formule [A], qui est si simple et si élégante, a un défaut bien grave, quand l'exposant est une fraction. En effet, le premier membre, étant alors équivalent à un radical, doit avoir plusieurs valeurs, et cependant le second membre n'en présente qu'une seule. Les explications qui suivent ont pour objet de corriger cette imperfection.

Revenons à la formule [2], dans laquelle n est un nombre entier positif. D'après les principes de l'algèbre, le premier membre, qui équivaut à $\sqrt[n]{\cos\varphi + \sqrt{-1}\sin\varphi}$, doit alors avoir n valeurs différentes; et, pour que le second les donne toutes, je vais montrer qu'il suffit d'y remplacer φ par tous les arcs qui ont même sinus et même cosinus que φ lui-même.

L'expression générale de ces arcs est $\varphi + k\text{C}$, C désignant la circonférence entière, et k un nombre entier quelconque positif ou négatif. En mettant $\varphi + k\text{C}$ au lieu de x, le second membre de la formule [2] devient

$$[5] \qquad \cos\frac{\varphi + k\text{C}}{n} + \sqrt{-1}\sin\frac{\varphi + k\text{C}}{n};$$

et, dans cet état, je dis qu'il a précisément les mêmes valeurs que le premier membre.

D'abord, puisque n est entier, il est clair, en vertu de la formule [1], qu'en élevant ce second membre à la puissance n, on retombe sur $\cos\varphi + \sqrt{-1}\sin\varphi$.

En second lieu, si on y fait successivement $k=0$, $k=1$, $k=2, \ldots k=n-1$, on obtient n valeurs différentes. En effet, soient deux quelconques de ces valeurs,

$$\cos\frac{\varphi+\alpha\text{C}}{n} + \sqrt{-1}\sin\frac{\varphi+\alpha\text{C}}{n} \text{ et } \cos\frac{\varphi+\beta\text{C}}{n} + \sqrt{-1}\sin\frac{\varphi+\beta\text{C}}{n},$$

dans lesquelles α et β sont des nombres entiers $< n$. Pour qu'elles fussent égales, il faudrait qu'il y eût séparément égalité entre les parties réelles, et égalité entre les parties imaginaires ; donc la différence des deux arcs $\frac{\phi + \alpha C}{n}$ et $\frac{\phi + \beta C}{n}$ devrait être égale à une ou plusieurs circonférences : or cette différence, qui est $\frac{(\alpha - \beta)C}{n}$, est moindre que C, attendu que α et β sont $< n$.

En troisième lieu, si on prend pour k d'autres nombres que $0, 1, 2, \ldots n-1$, on ne trouvera point de nouvelles valeurs. En effet, tous les autres nombres entiers, positifs ou négatifs, peuvent se représenter par la formule $n\gamma + n'$, γ étant un nombre entier quelconque positif ou négatif, et n' un nombre entier positif $< n$: or, en faisant $k = n\gamma + n'$, l'expression [5] devient

$$\cos\left(\gamma C + \frac{\phi + n'C}{n}\right) + \sqrt{-1}\sin\left(\gamma C + \frac{\phi + n'C}{n}\right),$$

ou bien, en supprimant les circonférences inutiles,

$$\cos\frac{\phi + n'C}{n} + \sqrt{-1}\sin\left(\frac{\phi + n'C}{n}\right);$$

et comme n' est un nombre positif $< n$, cette valeur est comprise parmi celles qu'on a obtenues en posant $k = 0, 1, 2, \ldots n-1$.

Ainsi, le second membre de la formule [2] acquerra toute la généralité qu'il doit avoir, si on a soin d'y prendre, pour l'arc ϕ, non-seulement cet arc ϕ lui-même, mais encore les arcs $\phi + C$, $\phi + 2C, \ldots, \phi + (n-1)C$.

La formule [3] doit aussi être interprétée d'une manière analogue. On l'a trouvée en élevant $\cos\phi + \sqrt{-1}\sin\phi$ à la puissance m, et en extrayant la racine $n^{ème}$ du résultat. Or la formule [1], relative au cas de l'exposant entier positif, donne d'abord $(\cos\phi + \sqrt{-1}\sin\phi)^m = \cos m\phi + \sqrt{-1}\sin\phi m$; et ensuite, pour la racine $n^{ème}$, la formule [2] donne

$$(\cos\phi + \sqrt{-1}\sin\phi)^{\frac{m}{n}} = \cos\frac{m\phi}{n} + \cos\sqrt{-1}\sin\frac{m\phi}{n}.$$

Mais pour que le second membre ait la même extension que le premier, il faut, d'après ce qu'on vient d'expliquer y mettre $m\phi + kC$

au lieu de $m\varphi$, ou, ce qui est la même chose, y remplacer $m\varphi$ successivement par $m\varphi$, $m\varphi + C$, $m\varphi + 2C, \ldots m\varphi + (n-1)C$ (*).

Quelques explications sont encore nécessaires quand on veut employer la formule [3] pour extraire la racine $n^{ième}$ de l'expression $\cos\varphi + \sqrt{-1}\sin\varphi$, et élever ensuite cette racine à la puissance m. Si la fraction $\frac{m}{n}$ est irréductible, on peut se servir immédiatement de la formule [3] : car, lorsque les nombres m et n sont premiers entre eux, l'algèbre démontre que $\left(\sqrt[n]{A}\right)^m = \sqrt[n]{A^m} = A^{\frac{m}{n}}$. Mais si la fraction $\frac{m}{n}$ est réductible, et que sa plus simple expression soit $\frac{p}{q}$, on démontre que $\left(\sqrt[n]{A}\right)^m = \sqrt[q]{A^p} = A^{\frac{p}{q}}$; donc, pour faire usage de la formule [3], il faut préalablement y réduire la fraction $\frac{m}{n}$ à ses moindres termes, et l'écrire ainsi

$$(\cos\varphi + \sqrt{-1}\sin\varphi)^{\frac{p}{q}} = \cos\frac{p\varphi}{q} + \sqrt{-1}\sin\frac{p\varphi}{q}.$$

Si on laissait subsister $\frac{m}{n}$ dans la formule, le premier membre serait équivalent à un radical du degré n, lequel aurait n valeurs différentes, tandis qu'il ne doit y en avoir qu'un nombre égal à q. Il est d'ailleurs inutile d'avertir qu'on doit, ainsi qu'il a été dit plus haut, sous-entendre le terme $+kC$ à la suite de $p\varphi$.

126. Quand les nombres m et n sont premiers entre eux, j'ai dit qu'on avait $\left(\sqrt[n]{A}\right)^m = \sqrt[n]{A^m}$: cela revient à dire que l'extraction de la racine et l'élévation à la puissance peuvent s'ef-

(*) C'est pour plus de concision et d'élégance qu'on laisse l'arc $\frac{m\varphi}{n}$ dans le second membre de la formule [3] : car l'exactiude exigerait qu'on y mît $\frac{m\varphi + kC}{n}$. Par là on voit qu'il faut bien se garder de réduire la fraction $\frac{m}{n}$ à sa plus simple expression. D'ailleurs, cette réduction n'est pas plus permise dans le premier membre ; car on ne doit point y considérer l'exposant comme une fraction, mais bien comme une notation dans laquelle le numérateur m désigne une puissance qu'on doit former d'abord, et le dénominateur n, une racine qu'on doit extraire ensuite.

fectuer dans l'ordre qu'on voudra. Extrayons d'abord la racine $n^{ième}$ de $\cos\phi+\sqrt{-1}\sin\phi$, par la formule [2]; puis faisons la puissance m, par la formule [1] : il vient

$$\left(\sqrt[n]{\cos\phi+\sqrt{-1}\sin\phi}\right)^m=\cos\frac{m\phi}{n}+\sqrt{-1}\sin\frac{m\phi}{n};$$

et alors il faut concevoir que ϕ est remplacé dans le second membre par $\phi+kC$. Si, au contraire, on commence par faire la puissance m au moyen de la formule [1], et qu'ensuite on applique la formule [2] pour extraire la racine $n^{ième}$, il viendra

$$\sqrt[n]{(\cos\phi+\sqrt{-1}\sin\phi)^m}=\cos\frac{m\phi}{n}+\sqrt{-1}\sin\frac{m\phi}{n};$$

et alors c'est $m\phi$ qu'il faut remplacer par $m\phi+kC$. De là il résulte comme conséquence nécessaire que les deux expressions

$$\cos\frac{m(\phi+kC)}{n}+\sqrt{-1}\sin\frac{m(\phi+kC)}{n},$$

$$\cos\frac{m\phi+kC}{n}+\sqrt{-1}\sin\frac{m\phi+kC}{n},$$

dans lesquelles k est un nombre entier quelconque, doivent être parfaitement équivalentes, toutes les fois que m et n seront des nombres premiers entre eux. C'est au reste ce qu'on reconnaîtrait directement en posant successivement $k=1, 2, 3, \ldots (n-1)$ et en montrant que si on divise $m, 2m, 3m, \ldots (n-1)m$ par n, tous les restes sont différens entre eux.

127. Ce qui précède montre quelles précautions on doit prendre en employant la formule de Moivre. Ordinairement, quand l'exposant y est un nombre fractionnaire $\frac{m}{n}$, on suppose, pour plus de simplicité, m et n premiers entre eux; mais dans ce cas même il ne faut jamais négliger d'y regarder ϕ ou $m\phi$ comme devant être augmenté des différens multiples de la circonférence. Cette attention est surtout nécessaire dans la théorie connue sous le nom de *sections angulaires*. « Pour y avoir manqué, dit M. Poinsot, quelques auteurs n'ont pas prévenu certaines difficultés qu'on a trouvées dans cette branche d'analyse, et ceux qui les ont rencontrées ne les ont pas toujours résolues. »

Formules pour exprimer $\sin n\varphi$ et $\cos n\varphi$, $(\sin\varphi)^n$ et $(\cos\varphi)^n$.

128. Reprenons (124) la formule de Moivre

[1] $$\cos n\varphi + \sqrt{-1}\sin n\varphi = (\cos\varphi + \sqrt{-1}\sin\varphi)^n,$$

dans laquelle je supposerai n entier et positif. Changeons-y φ en $-\varphi$, il vient

[2] $$\cos n\varphi - \sqrt{-1}\sin n\varphi = (\cos\varphi - \sqrt{-1}\sin\varphi)^n.$$

En ajoutant cette égalité à la précédente, et ensuite en la retranchant, on trouve ces valeurs

[3] $$\cos n\varphi = \frac{(\cos\varphi + \sqrt{-1}\sin\varphi)^n + (\cos\varphi - \sqrt{-1}\sin\varphi)^n}{2},$$

[4] $$\sin n\varphi = \frac{(\cos\varphi + \sqrt{-1}\sin\varphi)^n - (\cos\varphi - \sqrt{-1}\sin\varphi)^n}{2\sqrt{-1}}.$$

129. On peut effectuer les puissances par la formule du binôme ; et, en supprimant les termes qui se détruisent, on obtient

[5] $$\cos n\varphi = \left(\cos\varphi\right)^n - \frac{n(n-1)}{1.2}\left(\cos\varphi\right)^{n-2}\left(\sin\varphi\right)^2 + \frac{n(n-1)(n-2)(n-3)}{1.2.3.4}\left(\cos\varphi\right)^{n-4}\left(\sin\varphi\right)^4 - \text{etc.}$$

[6] $$\sin n\varphi = \frac{n}{1}\left(\cos\varphi\right)^{n-1}\sin\varphi - \frac{n(n-1)(n-2)}{1.2.3}\left(\cos\varphi\right)^{n-3}\left(\sin\varphi\right)^3 + \frac{n(n-1)(n-2)(n-3)(n-4)}{1.2.3.4.5}\left(\cos\varphi\right)^{n-5}\left(\sin\varphi\right)^5 - \text{etc.}$$

Ces formules expriment le sinus et le cosinus du multiple $n\varphi$, en fonction de ceux de l'arc simple. La loi des termes y est évidente; et, comme la formule du binôme, de laquelle elles dérivent, elles doivent se prolonger jusqu'à ce qu'on trouve un terme nul.

On peut encore parvenir à ces formules au moyen de la seule équation [1]. En effet, le développement du second membre contiendra une partie réelle et une partie affectée de $\sqrt{-1}$; et, pour que l'équation subsiste, il faut que, dans les deux membres, les parties réelles soient égales entre elles, et les parties imaginaires égales entre elles, ce qui ramène aux deux formules.

130. Dans les applications élevées des mathématiques, on a souvent besoin d'exprimer $(\sin\phi)^n$ et $(\cos\phi)^n$ en fonction du sinus et du cosinus des arcs multiples. Voici comment on y parvient lorsque n est entier positif, ce qui est le cas ordinaire. Posons

$$\cos\phi+\sqrt{-1}\sin\phi=u, \qquad \cos\phi-\sqrt{-1}\sin\phi=v.$$

On aura $2\cos\phi=u+v$, $2\sqrt{-1}\sin\phi=u-v$; donc

$$2^n(\cos\phi)^n=(u+v)^n, \qquad (2\sqrt{-1})^n(\sin\phi)^n=(u-v)^n,$$

ou, en développant les puissances,

[7] $$2^n(\cos\phi)^n=u^n+\frac{n}{1}u^{n-1}v+\frac{n(n-1)}{1.2}u^{n-2}v^2+\text{etc.}$$

[8] $$(2\sqrt{-1})^n(\sin\phi)^n=u^n-\frac{n}{1}u^{n-1}v+\frac{n(n-1)}{1.2}u^{n-2}v^2-\text{etc.}$$

Pour le moment, ne considérons que la formule [7], et supposons d'abord que n soit un nombre impair $2m+1$. Par ce qui a été dit en algèbre, on sait que les termes également éloignés des extrêmes ont des coefficiens égaux, et que le nombre des termes de la formule est $2m+2$. Avec ces remarques, il est facile de voir qu'en prenant la deuxième moitié des termes dans un ordre inverse, et, en l'écrivant au-dessous de la première, on aura

$$2^n(\cos\phi)^n=u^n+\frac{n}{1}u^{n-1}v\ldots+\frac{n(n-1)(n-2)\ldots(m+2)}{1.2.3\ldots\ldots m}u^{m+1}v^m$$
$$+v^n+\frac{n}{1}u^{n-1}v\ldots+\frac{n(n-1)(n-2)\ldots(m+2)}{1.2.3\ldots\ldots m}u^mv^{m+1},$$

ou bien, ce qui est la même chose,

$$2^n(\cos\phi)_n=(u^n+v^n)+\frac{n}{1}uv(u^{n-2}+v^{n-2})+\frac{n(n-1)}{1.2}u^2v^2(u^{n-4}+v^{n-4})$$
$$+\frac{n(n-1)(n-2)\ldots(m+2)}{1.2.3\ldots\ldots m}u^mv^m(u+v).$$

Mais la formule de MOIVRE donne en général

$$u^k+v^k=(\cos\phi+\sqrt{-1}\sin\phi)^k+(\cos\phi-\sqrt{-1}\sin\phi)^k$$
$$=\cos k\phi+\sqrt{-1}\sin k\phi+\cos k\phi-\sqrt{-1}\sin k\phi=2\cos k\phi;$$

et, d'un autre côté, les puissances du produit uv sont égales à 1, car on a

$$uv=(\cos\phi+\sqrt{-1}\sin\phi)(\cos\phi-\sqrt{-1}\sin\phi)=\cos^2\phi+\sin^2\phi=1.$$

En conséquence de ces remarques, l'expression de $2^n (\cos)\phi^n$ se simplifiera; et, en divisant tous les termes par 2, il viendra

$$[9] \quad 2^{n-1}(\cos\phi)^n = \cos n\phi + \frac{n}{1}\cos(n-2)\phi + \frac{n(n-1)}{1.2}\cos(n-4)\phi \;\ldots\; + \frac{n(n-1)(n-2)\ldots(m+2)}{1.2.3\ldots\ldots m}\cos\phi.$$

Supposons en second lieu que n soit un nombre pair $2m$. La formule [7] aura $2m+1$ termes; et si on décompose le terme du milieu en deux autres, chacun égal à la moitié de ce terme, on trouvera, par des réductions semblables aux précédentes,

$$[10] \quad 2^{n-1}(\cos\phi)^n = \cos n\phi + \frac{n}{1}\cos(n-2)\phi + \frac{n(n-1)}{1.2}\cos(n-4)\phi \;\ldots\; + \frac{1}{2}\,\frac{n(n-1)(n-2)\ldots(m+1)}{1.2.3\ldots\ldots m}.$$

Maintenant considérons la formule [8]. Les termes sont affectés alternativement des signes + et —; de sorte que si n est un nombre impair $2m+1$, les termes également éloignés des extrêmes auront des coefficiens égaux, mais de signes contraires. Par suite, en raisonnant comme pour la formule [7], il est facile de voir qu'on aura

$$(2\sqrt{-1})^{2m+1}(\sin\phi)^{2m+1} = u^n - v^n + \frac{n}{1}uv(u^{n-2} - v^{n-2}) + \frac{n(n-1)}{1.2}u^2v^2(u^{n-4} - v^{n-4}) \;\ldots\; + \frac{n(n-1)(n-2)\ldots(m+2)}{1.2.3\ldots\ldots m}u^m v^m(u-v).$$

Pour opérer les réductions, on observera encore que $uv = 1$, et qu'en général $u^k - v^k = 2\sqrt{-1}\sin k\phi$. En conséquence les deux membres seront divisibles par $2\sqrt{-1}$, et il restera

$$[11] \quad (2\sqrt{-1})^{2m}(\sin\phi)^{2m+1} = \sin n\phi + \frac{n}{1}\sin(n-2)\phi + \frac{n(n-1)}{1.2}\sin(n-4)\phi \;\ldots\; + \frac{n(n-1)(n-2)\ldots(m+2)}{1.2.3\ldots\ldots m}\sin\phi.$$

Lorsque n est un nombre pair $2m$, les termes également éloignés des extrêmes, dans la formule [8], ont des coefficiens égaux et de même signe; et en raisonnant ici comme dans le cas analogue de la formule [7], on trouve facilement

$$[12]\quad (2\sqrt{-1})^{2m}(\sin\phi)^{2m} = \cos n\phi - \frac{n}{1}\cos(n-2)\phi + \frac{n(n-1)}{1.2}\cos(n-4)\phi \ldots\ldots \pm \frac{1}{2}\,\frac{n(n-1)(n-2)\ldots(m+1)}{1.2.3\ldots\ldots m}.$$

Les formules [9], [10], [11], [12], sont celles que je voulais établir : elles servent à convertir les puissances d'un cosinus ou d'un sinus en une suite de termes dont chacun contient, au premier degré seulement, le sinus ou le cosinus d'un arc multiple.

On ne peut pas manquer d'observer que dans les deux dernières formules l'imaginaire $\sqrt{-1}$ étant élevé à une puissance paire devra donner un facteur réel égal à $+1$ ou -1, selon que m sera pair ou impair. On doit remarquer aussi, pour la commodité du calcul, qu'en suivant la loi indiquée par les premiers termes, on doit s'arrêter dès qu'on en trouve un qui renferme un arc négatif, en ayant soin de ne prendre que la moitié du dernier quand il renferme l'arc zéro.

Développement du sinus et du cosinus en séries.

131. Voici comment Euler déduit des formules [5] et [6] du n° 129 les séries qui expriment le sinus et le cosinus en fonction de l'arc. On peut, sans que n cesse d'être entier, disposer de ϕ de manière que $n\phi$ soit égal à un arc quelconque x. Posons donc $n\phi = x$, on aura $n = \frac{x}{\phi}$, et par suite les formules pourront s'écrire ainsi :

$$[1]\quad \cos x = \left(\cos\phi\right)^n - \frac{x(x-\phi)}{1.2}\left(\cos\phi\right)^{n-2}\left(\frac{\sin\phi}{\phi}\right)^2 + \frac{x(x-\phi)(x-2\phi)(x-3\phi)}{1.2.3.4}\left(\cos\phi\right)^{n-4}\left(\frac{\sin\phi}{\phi}\right)^4 - \text{etc.}$$

$$[2]\quad \sin x = \frac{x}{1}\left(\cos\phi\right)^{n-1}\left(\frac{\sin\phi}{\phi}\right) - \frac{x(x-\phi)(x-2\phi)}{1.2.3}\left(\cos\phi\right)^{n-3}\left(\frac{\sin\phi}{\phi}\right)^3 + \frac{x(x-\phi)(x-2\phi)(x-3\phi)(x-4\phi)}{1.2.3.4.5}\left(\cos\phi\right)^{n-5}\left(\frac{\sin\phi}{\phi}\right)^5 - \text{etc.}$$

Concevons que ϕ diminue jusqu'à zéro, le nombre n devra augmenter jusqu'à l'infini : alors les formules ci-dessus ne conserveront aucune trace de ϕ et de n, et elles ne contiendront plus que le seul arc x. C'est en effet ce qui doit arriver à des formules dont l'objet est d'exprimer le sinus et le cosinus d'un arc en fonction de cet arc. Quand ϕ devient zéro, on a $\cos\phi = 1$, et aussi $\frac{\sin\phi}{\phi} = 1$ (51). Admettons que les puissances de $\cos\phi$ et de $\frac{\sin\phi}{\phi}$ soient aussi alors toutes égales à l'unité, quelque grands que soient les exposans : les formules ci-dessus deviennent

$$[3] \quad \cos x = 1 - \frac{x^2}{1.2} + \frac{x^4}{1.2.3.4} - \frac{x^6}{1.2.3.4.5.6} + \text{etc.}$$

$$[4] \quad \sin x = x - \frac{x^3}{1.2.3} + \frac{x^5}{1.2.3.4.5} - \frac{x^7}{1.2.3.4.5.6.7} + \text{etc.}$$

Comme le nombre n est devenu infini, il s'ensuit que ces séries ne doivent point s'arrêter. Mais elles n'en sont pas moins propres à donner des valeurs très-approchées du sinus et du cosinus, surtout quand l'arc x est une petite fraction ; et ce cas est le seul dans lequel les géomètres en fassent usage (*).

132. Au premier coup d'œil il semble évident, ainsi que je l'ai admis, que toutes les puissances de $\cos\phi$ et $\frac{\sin\phi}{\phi}$ doivent donner l'unité, quand on fait décroître ϕ jusqu'à zéro. Mais en y regardant de plus près, on aperçoit une difficulté qu'il faut résoudre. Pour être mieux compris, je reprends les choses de plus loin.

Soit l'expression u^v dans laquelle u et v sont des variables tout-à-fait indépendantes l'une de l'autre. Si on prend pour v un nombre positif constant, et qu'on fasse augmenter u de 0 à 1, la quantité u^v augmentera elle-même depuis 0 jusqu'à 1. Si c'est u

---

(*) Ces deux séries sont de la nature de celles qu'on nomme *convergentes*. Pour passer d'un terme au suivant, on multiplie constamment ce terme par x^2, tandis qu'on le divise par deux nombres entiers qui vont toujours en augmentant (je fais en ce moment abstraction du signe) : on est donc assuré qu'il y aura dans chaque suite un terme à partir duquel tous les autres seront indéfiniment décroissans. D'un autre côté, les termes étant alternativement positifs et négatifs, il est facile de voir qu'en arrêtant les séries à l'un quelconque des termes décroissans, l'erreur que l'on commettra sera moindre que le terme suivant ; par conséquent cette erreur peut être rendue aussi petite qu'on voudra. De plus amples détails sur ce sujet appartiennent à l'algèbre.

qui demeure constant, mais < 1, et qu'on donne à v de très-grandes valeurs, la quantité u^v sera très-petite, et sa limite, correspondante à $n = +\infty$, sera zéro. Or, maintenant concevons que u croisse de o à 1 en même temps que v augmente jusqu'à $+\infty$. Tant qu'il n'existe aucune relation entre u et v, on peut toujours imaginer entre ces variables une liaison telle que la limite de u^v, correspondante aux valeurs $u = 1$ et $v = +\infty$, soit ou o, ou 1, ou toute autre grandeur comprise entre o et 1 : c'est-à-dire qu'il y a alors une véritable indétermination.

Mais il en est autrement lorsque les variables u et v ne sont point indépendantes. Imaginons, par exemple, qu'elles soient des fonctions d'une même variable t, et que ce soit la variation de t qui fasse croître u jusqu'à 1, et v jusqu'à $+\infty$. Il faut alors examiner comment se balance l'augmentation que tend à produire, dans l'expression u^v, l'accroissement de u, avec la diminution que tend à produire l'accroissement de v : ou au moins faut-il reconnaître, d'après la composition de u et v en fonction de t, vers quelle limite tend l'expression u^v. C'est précisément une difficulté de ce genre qui se présente dans le passage des formules [1] et [2] aux séries [3] et [4].

Ici les deux variables sont ϕ et n; elles sont liées entre elles par la relation $n\phi = x$, laquelle exige que le produit $n\phi$ reste constamment égal à un arc donné x, qui peut être quelconque. Or, les formules [1] et [2] contiennent les expressions $(\cos\phi)^n$, $(\cos\phi)^{n-1}$,... dans lesquelles on doit faire en même temps $\phi = 0$ et $n = +\infty$; donc il n'est pas évident que les limites de ces expressions soient l'unité. D'un autre côté, les mêmes séries contiennent aussi les puissances croissantes du rapport de $\sin\phi$ à ϕ, et lorsque n est infini, les séries ont une infinité de termes; par conséquent, les exposans de ce rapport dans les termes des deux séries peuvent augmenter jusqu'à l'infini, et la même difficulté se reproduit encore. Les explications suivantes me paraissent à l'abri de toute objection.

Revenons aux formules [1] et [2], et, pour abréger, posons

$$F = (\cos\phi)^{n-m}\left(\frac{\sin\phi}{\phi}\right)^m :$$

le terme général de chacune de ces formules pourra s'écrire ainsi :

$$\pm\frac{x}{1}\left(\frac{x}{2}-\frac{\varphi}{2}\right)\left(\frac{x}{3}-\frac{2\varphi}{2}\right)\ldots\left(\frac{x}{m}-\frac{(m-1)\varphi}{m}\right)F,$$

m étant un nombre pair pour la formule [1], et un nombre impair pour la formule [2]. Faisons $\varphi=0$, et nommons M ce que devient alors F : ce terme général deviendra

[5] $$\pm\frac{Mx^m}{1.2.3\ldots m}.$$

Ainsi c'est M qu'il faut déterminer. Or, en supposant φ moindre que le quadrant, ce qui est permis puisqu'on doit faire $\varphi=0$, on a $\varphi<\tang\varphi$, et par conséquent

$$F>(\cos\varphi)^{n-m}.\left(\frac{\sin\varphi}{\tang\varphi}\right)^m;$$

ou, en réduisant,

$$F>(\cos\varphi)^n.$$

Mais $\cos\varphi=\sqrt{1-\sin^2\varphi}$; donc $\cos\varphi>\sqrt{1-\varphi^2}$, et par suite

$$F>\sqrt{(1-\varphi^2)^{2n}}.$$

En développant la puissance $2n$, et en se rappelant que $n\varphi=x$, on a

$$(1-\varphi^2)^{2n}=1-\frac{2n}{1}\varphi^2+\frac{2n(2n-1)}{1.2}\varphi^4-\frac{2n(2n-1)(2n-2)}{1.2.3}\varphi^6+\text{etc.}$$

$$=1-\frac{2x}{1}\varphi+\frac{2x}{1}\left(\frac{2x}{2}-\frac{\varphi}{2}\right)\varphi^2-\frac{2x}{1}\left(\frac{2x}{2}-\frac{\varphi}{2}\right)\left(\frac{2x}{3}-\frac{2\varphi}{3}\right)\varphi^3+\text{etc.}$$

Pour arriver à l'hypothèse $\varphi=0$, on peut commencer par supposer φ extrêmement petit. Alors il est clair que les termes de cette suite iront en décroissant ; et comme ils sont alternativement positifs et négatifs, si on se borne aux deux premiers, on aura un résultat trop faible ; donc $(1-\varphi^2)^{2n}>1-2\varphi x$, et *à fortiori*

$$F>\sqrt{1-2\varphi x}.$$

Quand on fait $\varphi=0$, ce radical se réduit à 1, et F devient la limite M ; donc M ne peut pas être <1. D'ailleurs, la fonction F étant le produit de deux facteurs qui ne peuvent pas être > 1, la limite M ne peut pas non plus devenir > 1; donc $M = 1$. Donc enfin le terme général [5], des séries qui expriment $\cos x$ et $\sin x$, sera

$$\pm \frac{x^m}{1.2.3\ldots m}.$$

En faisant $m = 0, 2, 4\ldots$ ou bien $m = 1, 3, 5\ldots$, et ayant soin d'alterner les signes, on obtient tous les termes des séries [3] et [4], lesquelles se trouvent ainsi rigoureusement démontrées.

Résolution des équations binômes par les tables. Théorème de Côtes.

133. Soit une équation binôme $y^n = \pm A$: si on nomme a l'une quelconque des racines $n^{èmes}$ de A, et qu'on fasse $y = ax$, l'équation binôme devient $x^n = \pm 1$.

Considérons d'abord le premier cas

[1] $$x^n = +1.$$

En posant

$$x = \cos\varphi + \sqrt{-1}\sin\varphi,$$

la formule de Moivre donne $x^n = \cos n\varphi + \sqrt{-1}\sin n\varphi$; par conséquent toutes les valeurs de φ déterminées par l'égalité

$$\cos n\varphi + \sqrt{-1}\sin n\varphi = +1,$$

donneront des valeurs de x qui seront racines de l'équation [1]. Dans l'usage qu'on fait ici de la formule de Moivre, il suffit qu'elle ait été démontrée pour les exposans entiers positifs.

Pour satisfaire à cette dernière égalité, il faut que la partie imaginaire $\sqrt{-1}\sin n\varphi$ s'évanouisse, d'où l'on conclut que $n\varphi$ doit être un multiple de la demi-circonférence. Ensuite il faut qu'on ait $\cos n\varphi = 1$, et cela exige que $n\varphi$ soit un multiple pair de la demi-circonférence; donc, en désignant par H la demi-circonférence, et par $2k$ un nombre pair quelconque, on devra avoir

$$n\varphi = 2k\text{H}, \quad \text{d'où} \quad \varphi = \frac{2k\text{H}}{n},$$

et par suite

$$x = \cos\frac{2k\text{H}}{n} + \sqrt{-1}\sin\frac{2k\text{H}}{n}.$$

En mettant partout $-$ devant $\sqrt{-1}$ le raisonnement eût été le même : ainsi on aura des racines de l'équation $x^n = 1$, en prenant toutes les valeurs de x comprises dans l'expression

$$[\alpha] \qquad x = \cos\frac{2k\mathrm{H}}{n} \pm \sqrt{-1}\sin\frac{2k\mathrm{H}}{n}.$$

L'équation [1] a n racines, et l'on sait que toutes ces racines sont inégales. Or, dans la formule ci-dessus, on peut donner à k toutes les valeurs entières possibles, positives et négatives; et je vais montrer que de cette manière on obtient n valeurs différentes pour x, et qu'on n'en obtient pas davantage : ces n valeurs seront donc les n racines de l'équation [1].

D'abord il est inutile de donner à k des valeurs négatives : car, en mettant $-k$ au lieu de k, les deux valeurs de la formule [α] ne font que se changer l'une dans l'autre.

En second lieu, il est inutile aussi de prendre $k = n$ ou $> n$, car on peut ôter de k le plus grand multiple de n qui y soit contenu; et cela revient à retrancher de l'arc $\frac{2k\mathrm{H}}{n}$ une ou plusieurs circonférences, ce qui ne change ni le cosinus ni le sinus.

Enfin, si on considère, entre 0 et n, des nombres k' et $n-k'$ également éloignés de ces deux extrêmes, les valeurs correspondantes de x seront les mêmes. En effet, soit $k = n - k'$, il vient

$$\begin{aligned} x &= \cos\frac{2(n-k')\mathrm{H}}{n} \pm \sqrt{-1}\sin\frac{2(n-k')\mathrm{H}}{n} \\ &= \cos\frac{-2k'\mathrm{H}}{n} \pm \sqrt{-1}\sin\frac{-2k'\mathrm{H}}{n} \\ &= \cos\frac{2k'\mathrm{H}}{n} \mp \sqrt{-1}\sin\frac{2k'\mathrm{H}}{n}; \end{aligned}$$

et ces valeurs sont les mêmes que celles qui répondent à $k = k'$. Il est donc inutile de donner à k des valeurs $> \frac{1}{2}n$; et par conséquent, soit qu'on suppose n égal à un nombre pair $2p$ ou à un nombre impair $2p+1$, on pourra se borner à prendre pour k les valeurs $k = 0, 1, 2, \ldots p$.

Il reste à prouver que de cette manière la formule [α] donne toutes les racines que comporte l'équation [1], et c'est ce que je vais faire.

Si l'équation est de la forme $x^{2p}=1$, la formule [α] devient

$$x=\cos\frac{kH}{p}\pm\sqrt{-1}\sin\frac{kH}{p}.$$

Pour les nombres extrêmes $k=0$ et $k=p$, on trouve $x=+1$ et $x=-1$. Pour les nombres intermédiaires $1, 2, 3, \ldots p-1$, l'arc est compris entre 0 et 180°; donc le sinus qui multiplie $\sqrt{-1}$ ne devient pas nul; donc les valeurs de x sont imaginaires. De plus, parmi ces dernières, il n'y en a aucune qui se répète: car, dans les deux racines conjuguées qui font partie d'un même couple, c'est-à-dire, qui résultent d'une même valeur de k, l'imaginaire $\sqrt{-1}$ a des signes contraires; et, dans les couples provenant de valeurs différentes de k, les parties réelles sont différentes, attendu qu'elles sont les cosinus d'arcs qui vont en croissant de 0 à 180°. En réunissant à ces valeurs imaginaires, dont le nombre est $2p-2$, les deux valeurs réelles $+1$ et -1, on a en tout $2p$ racines pour l'équation $x^{2p}=1$, ainsi que cela doit être.

Si l'équation [1] a la forme $x^{2p+1}=1$, la formule [α] devient

$$x=\cos\frac{2kH}{2p+1}\pm\sqrt{-1}\sin\frac{2kH}{2p+1}.$$

Dans ce cas, il n'y aura qu'une seule racine réelle $x=+1$, laquelle répond à $k=0$; toutes les autres sont imaginaires; et d'ailleurs il est clair que le nombre total des racines est égal à l'exposant $2p+1$.

Maintenant considérons l'équation

[2] $$x^n=-1.$$

Si on pose

$$x=\cos\varphi\pm\sqrt{-1}\sin\varphi,$$

on aura $x^n=\cos n\varphi\pm\sqrt{-1}\sin n\varphi$. Ainsi on obtiendra pour x des racines de l'équation, en déterminant φ par la condition

$$\cos n\varphi\pm\sqrt{-1}\sin n\varphi=-1:$$

donc on doit avoir séparément $\sin n\varphi=0$ et $\cos n\varphi=-1$. De là on conclut que l'arc $n\varphi$ doit être un multiple impair de H. C'est pourquoi je fais

$$n\varphi = (2k+1)\,\mathrm{H}, \quad \text{d'où} \quad \varphi = \frac{(2k+1)\,\mathrm{H}}{n};$$

et on aura

$$[\beta] \qquad x = \cos\frac{(2k+1)\,\mathrm{H}}{n} \pm \sqrt{-1}\,\sin\frac{(2k+1)\,\mathrm{H}}{n}.$$

On ne prendra point de multiples négatifs de H, car il en résulterait les mêmes valeurs de x que si ces multiples étaient positifs. On ne prendra point non plus $k > n$, ni même $k = n$: car en ôtant de k le multiple de n qu'il renferme, on diminue l'arc $\frac{(2k+1)\,\mathrm{H}}{n}$ d'une ou plusieurs circonférences entières, ce qui ne change pas les valeurs [β]. Le nombre $k = n - 1$ donne

$$x = \cos\frac{(2n-1)\,\mathrm{H}}{n} \pm \sqrt{-1}\,\sin\frac{(2n-1)\,\mathrm{H}}{n}$$
$$= \cos\frac{-\mathrm{H}}{n} \pm \sqrt{-1}\,\sin\frac{-\mathrm{H}}{n} = \cos\frac{\mathrm{H}}{n} \mp \sqrt{-1}\,\sin\frac{\mathrm{H}}{n}.$$

Ces valeurs sont les mêmes qu'on obtient par l'hypothèse $k = 0$; et, en général, les valeurs de k également éloignées de 0 et de $n - 1$ donnent les mêmes valeurs de x. En effet, si on pose $k = n - 1 - k'$, il vient

$$x = \cos\frac{(2n-2k'-1)\,\mathrm{H}}{n} \pm \sqrt{-1}\,\sin\frac{(2n-2k'-1)\,\mathrm{H}}{n}$$
$$= \cos\frac{(2k'+1)\,\mathrm{H}}{n} \mp \sqrt{-1}\,\sin\frac{(2k'+1)\,\mathrm{H}}{n},$$

résultat qui est le même que si on eût fait $k = k'$. De là il suit qu'on obtient toutes les valeurs de x en donnant à k des valeurs qui ne surpassent pas $\frac{1}{2}(n-1)$. Donc si n est un nombre pair $2p$, il faudra faire $k = 0, 1, 2, \ldots p-1$; et si n est un nombre impair $2p+1$, on fera $k = 0, 1, 2, \ldots p$.

Dans le cas où $n = 2p$, l'équation à résoudre est $x^{2p} = -1$, et les nombres $k = 0, 1, 2, \ldots p-1$ donnent dans la formule [β] les arcs croissans

$$\frac{\mathrm{H}}{2p}, \quad \frac{3\mathrm{H}}{2p}, \quad \frac{5\mathrm{H}}{2p}, \ldots \quad \frac{(2p-1)\,\mathrm{H}}{2p},$$

lesquels sont tous renfermés entre 0 et H; par conséquent le sinus d'aucun d'eux n'est égal à zéro; et leurs cosinus sont tous inégaux. Chaque arc donnera donc deux valeurs imaginaires de x, qui différeront l'une de l'autre par le signe de $\sqrt{-1}$, et qui ne pourront point se répéter. Ainsi x aura $2p$ valeurs différentes.

Dans le cas où $n=2p+1$, l'équation est $x^{2p+1}=-1$, et les nombres $k=0, 1, 2, \ldots p$, amèneront dans la formule [β] les arcs

$$\frac{H}{2p+1}, \frac{3H}{2p+1}, \ldots \frac{(2p+1)H}{2p+1} \text{ ou } H.$$

Le dernier étant égal à H donne $x=-1$. Pour chacun des autres, x a deux valeurs imaginaires; et il est facile de voir que, parmi toutes ces valeurs, il n'y en a aucune qui se répète. Donc x aura $2p+1$ valeurs.

134. Quand on connaît les racines des équations $x^n=+1$ et $x^n=-1$, il est facile de former les diviseurs réels du 2e degré des binômes x^n-1 et x^n+1.

D'abord la formule [α] donne pour facteurs du 1er degré du binôme x^n-1, les deux expressions

$$x-\cos\frac{2kH}{n}-\sqrt{-1}\sin\frac{2kH}{n},\quad x-\cos\frac{2kH}{n}+\sqrt{-1}\sin\frac{2kH}{n};$$

et, en les multipliant entre elles, il vient

$$[\alpha'] \qquad x^2-2x\cos\frac{2kH}{n}+1.$$

Cette formule renferme tous les diviseurs réels du 2e degré du binôme x^n-1 : pour les en déduire, il suffit d'y mettre au lieu de k les nombres positifs à partir de 0 jusqu'à $\frac{1}{2}n$.

On trouve semblablement, pour les diviseurs du 2e degré du binôme x^n+1, la formule

$$[\beta'] \qquad x^2-2x\cos\frac{(2k+1)H}{n}+1,$$

dans laquelle il faudra remplacer k par les nombres entiers positifs, à partir de $k=0$ jusqu'au nombre $\frac{1}{2}(n-1)$.

Comme les formules [α] et [β] comprennent les racines réelles des équations $x^n=1$ et $x^n=-1$, il s'ensuit que les deux dernières formules doivent aussi comprendre les facteurs réels du 1er degré des binômes x^n-1 et x^n+1. Mais il faut remarquer qu'ils s'y présentent élevés au carré. Par exemple, si on suppose $k=0$ dans la formule [α'], elle devient x^2-2x+1 ou $(x-1)^2$; mais on ne prendra que $x-1$.

135. Théorème de Côtes. Pour établir ce théorème, je remarquerai que si on donne à k, dans la formule [α'], toutes les valeurs $k=0, 1, 2, \ldots$ jusqu'à $n-1$, et qu'on multiplie entre eux tous les trinômes qui résultent de ces valeurs, il est clair qu'on aura un produit dans lequel tous les facteurs de x^n-1 seront élevés au carré; et par conséquent ce produit sera égal à $(x^n-1)^2$. Pareillement, si on donne à k, dans la formule [β'], toutes les valeurs $k=0, 1, 2, \ldots$ jusqu'à $n-1$, le produit de tous les trinômes résultans sera égal à $(x^n+1)^2$.

Cela posé, divisez une circonférence quelconque en $2n$ parties égales, et désignez les points de division par les nos 0, 1, 2, 3, etc.; menez à la division 0, prise pour origine, un rayon que vous prolongerez au-delà de cette division, si cela est nécessaire; sur ce rayon, du côté de la division 0, marquez un point à une distance quelconque x du centre; puis, de ce point, tirez des droites à toutes les divisions de la circonférence.

Alors prenez le rayon du cercle pour unité, nommez u une quelconque de ces droites, et considérez le triangle qu'elle forme avec celles qui joignent ses deux extrémités au centre. Si elle aboutit à une division de rang pair désigné par $2k$, l'arc compris entre cette division et l'origine 0 sera $\frac{2\mathrm{H}}{2n}\times 2k$ ou $\frac{2k\mathrm{H}}{n}$; et il est facile de voir, par le triangle, qu'on aura

$$u^2=x^2-2x\cos\frac{2k\mathrm{H}}{n}+1.$$

Mais si la droite u aboutit à une division impaire dont l'ordre soit marqué par $2k+1$, on aura

$$u^2=x^2-2x\cos\frac{(2k+1)\mathrm{H}}{n}+1.$$

En mettant dans ces trinômes successivement, au lieu de k, tous les nombres $0, 1, 2, \ldots n-1$, le premier donnera les carrés des droites qui aboutissent aux divisions paires; et le second, les carrés des droites qui aboutissent aux divisions impaires. Or ces trinômes étant les mêmes que [α'] et [β'], on peut conclure, d'après ce qui a été remarqué plus haut, le théorème suivant, découvert par Côtes: *le produit de toutes les droites menées aux divisions paires de la circonférence est égal à la différence* $x^n - 1$, *et le produit de toutes celles qui sont menées aux divisions impaires est égal à la somme* $x^n + 1$.

Résolution des équations du 3e degré par les tables.

136. L'équation du 3e degré se ramène à la forme

$$x^3 + 3px + 2q = 0,$$

et l'on démontre en algèbre que les trois valeurs de x sont renfermées dans la formule

$$x = \sqrt[3]{-q + \sqrt{q^2 + p^3}} + \sqrt[3]{-q - \sqrt{q^2 + p^3}}.$$

Mais comme les valeurs multiples des radicaux cubiques feraient prendre neuf valeurs à cette expression, il faut en outre se rappeler qu'en désignant le premier radical cubique par a, et le second par b, on ne devra associer que les valeurs de a et de b pour lesquelles on a $ab = -p$. Par conséquent, on écartera toutes les valeurs étrangères, en posant

$$a = \sqrt[3]{-q + \sqrt{q^2 + p^3}}, \quad \text{et} \quad x = a - \frac{p}{a}.$$

137. Lorsque $q^2 + p^3$ est une quantité négative, les valeurs générales de x sont compliquées d'imaginaires; et comme d'un autre côté on démontre en algèbre que, dans l'hypothèse $q^2 + p^3 < 0$, les trois racines de l'équation sont réelles, il semble que le calcul doive fournir des moyens pour opérer la réduction des imaginaires. Cependant il n'en est pas ainsi, à moins qu'on n'emploie des séries infinies; et cette difficulté, qui a beaucoup exercé les analystes, a fait donner le nom d'*irréductible* au cas dont il s'agit.

La difficulté vient de ce que les deux racines cubiques qui entrent dans l'expression générale de x ne peuvent pas, si ce n'est dans des cas particuliers, s'extraire de manière que la partie réelle soit isolée de la partie imaginaire. Or, par la formule de Moivre, cette séparation s'obtient sur-le-champ dans les expressions de la forme $\sqrt[n]{\cos\varphi+\sqrt{-1}\sin\varphi}$: c'est pourquoi je vais ramener les deux radicaux cubiques à cette forme.

Puisqu'on a $q^2+p^3<0$, p doit être négatif. Je mettrai donc $-p$ au lieu de p, et l'équation s'écrira ainsi

$$[1] \qquad x^3-3px+2q=0.$$

Alors on aura $q^2-p^3<0$ ou $q^2<p^3$, les valeurs de a seront données par la formule

$$a=\sqrt[3]{-q+\sqrt{q^2-p^3}},$$

et celles de x par la formule

$$x=a+\frac{p}{a}=\sqrt{p}\left(\frac{a}{\sqrt{p}}+\frac{\sqrt{p}}{a}\right),$$

dans laquelle il faudra mettre les différentes valeurs de a.

Cela posé, l'expression générale de a donne

$$\frac{a}{\sqrt{p}}=\sqrt[3]{-\frac{q}{\sqrt{p^3}}+\sqrt{1-\frac{q^2}{p^3}}\sqrt{-1}};$$

et puisqu'on suppose $q^2<p^3$, on peut déterminer un arc φ au moyen de l'équation

$$\cos\varphi=\frac{-q}{\sqrt{p^3}}.$$

Il existe une infinité d'arcs qui répondent à un cosinus donné; mais nous conviendrons ici de prendre celui qui est $<180°$.

Par la formule de Moivre, on a évidemment

$$[2] \qquad (\cos\tfrac{1}{3}\varphi+\sqrt{-1}\sin\tfrac{1}{3}\varphi)^3=\cos\varphi+\sqrt{-1}\sin\varphi.$$

Donc aussi réciproquement $\sqrt[3]{\cos\varphi+\sqrt{-1}\sin\varphi}=\cos\frac{1}{3}\varphi+\sqrt{-1}\sin\frac{1}{3}\varphi$; et par suite il viendra

$$\frac{a}{\sqrt{p}}=\sqrt[3]{\cos\varphi+\sqrt{-1}\sin\varphi}=\cos\tfrac{1}{3}\varphi+\sqrt{-1}\sin\tfrac{1}{3}\varphi,$$

$$\frac{\sqrt{p}}{a}=\frac{1}{\cos\frac{1}{3}\varphi+\sqrt{-1}\sin\frac{1}{3}\varphi}=\cos\tfrac{1}{3}\varphi-\sqrt{-1}\sin\tfrac{1}{3}\varphi,$$

$$\frac{a}{\sqrt{p}}+\frac{\sqrt{p}}{a}=2\cos\tfrac{1}{3}\varphi.$$

Remarquons que le second membre de la formule [2] ne change pas lorsque dans cette formule on ajoute à ϕ autant de circonférences qu'on veut; et de là il suit qu'en désignant 180° par H, et par k un nombre entier quelconque, on pourra prendre pour x toutes les valeurs comprises dans la formule

$$x = 2\sqrt{p}\cos\tfrac{1}{3}(\phi + 2k\mathrm{H}).$$

Cependant il ne faut pas croire qu'il en résulte pour x plus de trois valeurs; car, après avoir fait $k = 0, 1, 2$, toutes les autres substitutions ramèneront aux mêmes résultats, et l'on n'aura pas d'autres valeurs que celles-ci :

$$x = 2\sqrt{p}\cos\tfrac{1}{3}\phi,$$
$$x = 2\sqrt{p}\cos\tfrac{1}{3}(\phi + 2\mathrm{H}),$$
$$x = 2\sqrt{p}\cos\tfrac{1}{3}(\phi + 4\mathrm{H}).$$

138. C'est principalement pour vaincre la difficulté propre au cas irréductible qu'on a recours aux lignes trigonométriques; mais on peut aussi les employer dans les autres cas. Continuons de prendre p négatif, et en conséquence considérons encore l'équation

[3] $$x^3 - 3px + 2q = 0,$$

mais supposons $q^2 > p^3$. Les transformations du numéro précédent sont alors impossibles, car cos ϕ, abstraction faite de son signe, serait > 1. Voici comment ce cas doit être traité.

On a toujours

$$x = \sqrt{p}\left(\frac{a}{\sqrt{p}} + \frac{\sqrt{p}}{a}\right).$$

Mais actuellement on mettra $\frac{a}{\sqrt{p}}$ sous la forme

$$\frac{a}{\sqrt{p}} = \sqrt[3]{-\frac{q}{\sqrt{p^3}} + \sqrt{\frac{q^2}{p^3} - 1}},$$

on déterminera l'arc ϕ par l'équation

$$\sin 2\phi = -\frac{\sqrt{p^3}}{q};$$

et alors on aura

$$\frac{a}{\sqrt{p}}=\sqrt[3]{\frac{1}{\sin 2\phi}+\sqrt{\frac{1}{\sin^2 2\phi}-1}}=\sqrt[3]{\frac{1-\cos 2\phi}{\sin 2\phi}}.$$

En extrayant la racine carrée on peut prendre indifféremment $-\cos 2\phi$ ou $+\cos 2\phi$: on en verra la raison tout à l'heure.

Remplaçons $1-\cos 2\phi$ par $2\sin^2\phi$ et $\sin 2\phi$ par $2\sin\phi\cos\phi$, puis réduisons ; il vient

$$\frac{a}{\sqrt{p}}=\sqrt[3]{\frac{2\sin^2\phi}{2\sin\phi\cos\phi}}=\sqrt[3]{\operatorname{tang}\phi}.$$

Posons encore

$$\operatorname{tang}\psi=\sqrt[3]{\operatorname{tang}\phi},$$

et calculons l'arc ψ par cette formule. Si on représente par θ et θ^2 les deux racines cubiques imaginaires de l'unité, lesquelles sont, comme on sait, le carré l'une de l'autre, les trois valeurs de $\frac{a}{\sqrt{p}}$ seront

$$\frac{a}{\sqrt{p}}=\operatorname{tang}\psi,\quad \frac{a}{\sqrt{p}}=\theta\operatorname{tang}\psi,\quad \frac{a}{\sqrt{p}}=\theta^2\operatorname{tang}\psi.$$

En substituant ces valeurs dans x, et en observant que $\operatorname{tang}\psi\cot\psi=1$ et que que $\theta^3=1$, il vient

$$x=\sqrt{p}\,(\operatorname{tang}\psi+\cot\psi),$$
$$x=\sqrt{p}\,(\theta\operatorname{tang}\psi+\theta^2\cot\psi),$$
$$x=\sqrt{p}\,(\theta^2\operatorname{tang}\psi+\theta\cot\psi).$$

Si on eût mis dans le calcul $+\cos 2\phi$ au lieu de $-\cos 2\phi$, $\operatorname{tang}\psi$ serait devenue $\cot\psi$ et *vice versâ*, mais il n'en serait résulté aucune nouvelle valeur pour x.

A présent remplaçons θ et θ^2 par leurs valeurs, et isolons dans chaque valeur de x la partie réelle de la partie imaginaire. Par l'algèbre, on a $\theta=\frac{1}{2}(-1+\sqrt{-3})$, $\theta^2=\frac{1}{2}(-1-\sqrt{-3})$; si en outre on observe que $\cot\psi+\operatorname{tang}\psi=2\operatorname{cos\acute{e}c}2\psi$, et que $\cot\psi-\operatorname{tang}\psi=2\cot 2\psi$, il viendra, après toutes réductions faites,

$$x=2\sqrt{p}\operatorname{cos\acute{e}c}2\psi,$$
$$x=-\sqrt{p}(\operatorname{cos\acute{e}c}2\psi+\sqrt{-3}\cot 2\psi),$$
$$x=-\sqrt{p}(\operatorname{cos\acute{e}c}2\psi-\sqrt{-3}\cot 2\psi).$$

139. Le cas où p est positif doit aussi être considéré. Reprenons l'équation du 3e degré telle qu'elle était d'abord,

[4] $$x^3+3px+2q=0.$$

Alors, à cause de $ab=-p$, on a

$$x=a-\frac{p}{a}=\sqrt{p}\left(\frac{a}{\sqrt{p}}-\frac{\sqrt{p}}{a}\right);$$

et d'ailleurs

$$\frac{a}{\sqrt{p}}=\sqrt[3]{\frac{-q}{\sqrt{p^3}}+\sqrt{\frac{q^2}{p^3}+1}}.$$

La tangente et la cotangente peuvent passer par tous les états de grandeur; et comme le terme $\frac{-q}{\sqrt{p^3}}$ peut avoir une grandeur quelconque, je le remplacerai par une de ces lignes. Soit posé

$$\cot 2\phi=\frac{-q}{\sqrt{p^3}}:$$

il viendra

$$\frac{a}{\sqrt{p}}=\sqrt[3]{\cot 2\phi+\sqrt{\cot^2 2\phi+1}}=\sqrt[3]{\frac{1+\cos 2\phi}{\sin 2\phi}}$$
$$=\sqrt[3]{\frac{2\cdot\cos^2\phi}{2\sin\phi\cos\phi}}=\sqrt[3]{\cot\phi}.$$

Soit encore posé

$$\cot\psi=\sqrt[3]{\cot\phi}:$$

les angles ϕ et ψ seront faciles à connaître par les tables, et l'on aura ces trois valeurs

$$\frac{a}{\sqrt{p}}=\cot\psi,\quad \frac{a}{\sqrt{p}}=\theta\cot\psi,\quad \frac{a}{\sqrt{p}}=\theta^2\cot\psi;$$

par conséquent, celles de x seront, toutes réductions faites,

$$x=\ 2\sqrt{p}\cot 2\psi,$$
$$x=-\sqrt{p}\left(\cot 2\psi-\sqrt{-3}\,\text{coséc}\,2\psi\right),$$
$$x=-\sqrt{p}\left(\cot 2\psi+\sqrt{-3}\,\text{coséc}\,2\psi\right).$$

Autre moyen de résoudre le 3e degré par la trigonométrie.

140. Quand on connaît une ligne trigonométrique correspondante à un arc quelconque, si on demande une ligne correspondante à un arc qui soit la moitié, le tiers, etc. du premier arc, on arrive à des équations dont la comparaison avec certaines équations données peut servir à trouver directement les racines de ces dernières. C'est ce qu'on va voir pour l'équation du 3e degré.

Reprenons l'équation sans second terme

[1] $$x^3 + 3px + 2q = 0.$$

Soit φ un arc quelconque, si on regarde $\cos\varphi$ comme donné et qu'on fasse $\cos\frac{1}{3}\varphi = z$, on a trouvé (33), pour déterminer z, l'équation

[2] $$z^3 - \tfrac{3}{4}z - \tfrac{1}{4}\cos\varphi = 0;$$

et, si on suppose que φ soit l'arc positif moindre que H correspondant au cosinus donné, il est démontré que les trois racines de l'équation [2] sont

[3] $$z = \cos\tfrac{1}{3}\varphi, \quad z = \cos\tfrac{1}{3}(2\text{H} + \varphi), \quad z = \cos\tfrac{1}{3}(2\text{H} - \varphi).$$

Pour rendre l'équation [2] identique avec [1], il faut poser deux conditions : il faudrait donc qu'il y eût deux indéterminées dans l'équation [2], et il n'y en a qu'une seule φ. On en introduira une seconde ρ en faisant $x = \rho z$, d'où $z = \dfrac{x}{\rho}$. Par cette transformation, l'équation [2] devient

[4] $$x^3 - \tfrac{3}{4}\rho^2 x - \tfrac{1}{4}\rho^3\cos\varphi = 0;$$

et en multipliant par ρ les valeurs [3], on aurait les racines de cette dernière équation.

On la rendra identique avec [1], en posant $-\frac{3}{4}\rho^2 = 3p$, $-\frac{1}{4}\rho^3\cos\varphi = 2q$, d'où

$$\rho = 2\sqrt{-p}, \qquad \cos\varphi = \frac{q}{p\sqrt{-p}}.$$

Pour que l'arc φ soit réel, il faut d'abord que $\cos\varphi$ le soit, ce qui exige que p soit négatif dans l'équation [1]. En conséquence, j'y change p en $-p$, par-là elle devient

[5] $$x^3 - 3px + 2q = 0;$$

et les valeurs de ρ et $\cos\phi$ sont

$$\rho = 2\sqrt{p}, \qquad \cos\phi = \frac{-q}{\sqrt{p^3}}.$$

Mais, pour que ϕ soit réel, il faut de plus que $\cos\phi$, abstraction faite du signe, soit < 1 : c'est-à-dire qu'on doit avoir $q^2 < p^3$ ou $q^2 - p^3 < 0$. Alors on pourra calculer ϕ par les tables, et en multipliant les valeurs [3] par ρ ou $2\sqrt{p}$, on aura les racines de l'équation [5], savoir :

$$x = 2\sqrt{p}\cos\tfrac{1}{3}\phi$$
$$x = 2\sqrt{p}\cos\tfrac{1}{3}(2H + \phi),$$
$$x = 2\sqrt{p}\cos\tfrac{1}{3}(2H - \phi),$$

lesquelles sont elles-mêmes faciles à calculer par les tables. On ramènera sans peine celles du n° 137 à celles-ci.

On a supposé tacitement que la valeur $\rho = 2\sqrt{p}$ était positive. On peut aussi prendre la valeur négative $\rho = -2\sqrt{p}$. Alors, au lieu de $\cos\phi = \frac{-q}{\sqrt{p^3}}$, on aurait $\cos\phi = \frac{q}{\sqrt{p^3}}$; donc il faudrait, dans les valeurs précédentes, changer $\sqrt{p}$ en $-\sqrt{p}$, et ϕ en $H - \phi$. Mais comme une équation du 3e degré n'a que trois racines, on ne trouvera point de nouvelle valeur pour x, et c'est d'ailleurs ce qu'il sera aisé de vérifier.

Lorsqu'on suppose p négatif et $q^2 < p^3$, l'éq. [1] tombe dans le cas irréductible : ainsi ce cas est résolu par ce qui précède.

141. Continuons de prendre p négatif, mais supposons qu'on ait $q^2 - p^3 > 0$, le signe $>$ n'excluant pas l'égalité.

Dans cette hypothèse, les valeurs de x trouvées plus haut ne sont imaginaires que parce que la condition qui détermine ϕ exige qu'on ait $\cos\phi > 1$; il est donc naturel de chercher pour x une valeur $> 2\sqrt{p}$, et pour cela je poserai $x = 2\sqrt{p}\,\text{coséc}\,\psi$, ou mieux, afin d'éviter les fractions, $x = 2\sqrt{p}\,\text{coséc}\,2\psi$. Il faut donc composer *à priori* une équation du 3e degré qui admette une racine réelle de cette forme, dont les deux autres racines soient imaginaires, et qui puisse facilement se résoudre par les tables.

Sans rien supposer sur le multiplicateur de coséc 2ψ, posons $x = 2\rho$ coséc 2ψ, ρ et ψ étant deux indéterminées. Si on observe que $2 \operatorname{coséc} 2\psi = \frac{2}{\sin 2\psi} = \frac{\sin^2\psi + \cos^2\psi}{\sin\psi\cos\psi} = \operatorname{tang}\psi + \cot\psi$, on aura

$$x = \rho(\operatorname{tang}\psi + \cot\psi).$$

Donc $x^3 = \rho^3(\operatorname{tang}^3\psi + \cot^3\psi) + 3\rho^3(\operatorname{tang}\psi + \cot\psi)$, ou bien, en remettant x à la place de $\rho(\operatorname{tang}\psi + \cot\psi)$, et transposant,

[6] $$x^2 - 3\rho^2 x - \rho^3(\operatorname{tang}^3\psi + \cot^3\psi) = 0.$$

Les deux racines cubiques imaginaires de l'unité étant θ et θ^2, il est facile de voir qu'on arrive à la même équation [6], en prenant l'une quelconque des trois valeurs

$$x = \rho(\operatorname{tang}\psi + \cot\psi),$$
$$x = \rho(\theta \operatorname{tang}\psi + \theta^2 \cot\psi),$$
$$x = \rho(\theta^2 \operatorname{tang}\psi + \theta \cot\psi);$$

par conséquent, ces valeurs sont les racines de l'équation [6].

Maintenant il faut rendre cette équation identique avec la proposée, $x^3 - 3px + 2q = 0$, ce qui donne

$$\rho = \sqrt{p} \quad \text{et} \quad \operatorname{tang}^3\psi + \cot^3\psi = -\frac{2q}{\sqrt{p^3}}.$$

Pour trouver ψ, posons

$$\operatorname{tang}\psi = \sqrt[3]{\operatorname{tang}\phi}:$$

on aura $\operatorname{tang}\phi = \operatorname{tang}^3\psi$, $\cot\phi = \cot^3\psi$; et par suite

$$\operatorname{tang}\phi + \cot\phi = -\frac{2q}{\sqrt{p^3}}, \quad \frac{\sin\phi}{\cos\phi} + \frac{\cos\phi}{\sin\phi} = -\frac{2q}{\sqrt{p^3}},$$
$$\frac{\sin^2\phi + \cos^2\phi}{\sin\phi\cos\phi} = -\frac{2q}{\sqrt{p^3}}, \quad \sin 2\phi = -\frac{\sqrt{p^3}}{q}.$$

Ainsi les tables donneront ϕ; au moyen de ϕ, on aura ψ; puis enfin on aura les valeurs de x. En remplaçant ρ, θ, θ^2, par leurs valeurs, et effectuant les réductions, il vient, comme au n° 138,

$$x = \sqrt{p} \operatorname{coséc} 2\psi,$$
$$x = -\sqrt{p}(\operatorname{coséc} 2\psi + \sqrt{-3}\cot 2\psi),$$
$$x = -\sqrt{p}(\operatorname{coséc} 2\psi - \sqrt{-3}\cot 2\psi).$$

142. Ces formules ne conviennent qu'aux seuls cas de l'équation $x^3+3px+2q=0$, dans lesquels on a p négatif et $q^2>p^3$: car autrement la valeur de $\sin 2\phi$ serait ou imaginaire ou >1. Il faut donc changer de moyen quand p est positif.

Alors soit fait $x=2\rho\cot 2\psi$; on aura aussi

$$x=2\rho\left(\frac{\cos^2\psi-\sin^2\psi}{2\sin\psi\cos\psi}\right)=\rho(\cot\psi-\text{tang}\,\psi),$$

et l'élévation au cube conduit, comme plus haut, à l'équation

[7] $$x^3+3\rho^2x-\rho^3(\cot^3\psi-\text{tang}^3\psi)=0,$$

dont les trois racines sont

$$x=\rho(\cot\psi-\text{tang}\,\psi),$$
$$x=\rho(\theta\cot\psi-\theta^2\text{tang}\,\psi),$$
$$x=\rho(\theta^2\cot\psi-\theta\,\text{tang}\,\psi).$$

On la rend identique avec la proposée en faisant $\rho=\sqrt{p}$, $\cot^3\psi-\text{tang}^3\psi=\frac{-2q}{\sqrt{p^3}}$; et pour déterminer ψ à l'aide des tables, on pose

$$\cot\psi=\sqrt[3]{\cot\phi};$$

donc $\cot\phi-\text{tang}\,\phi=\cot^3\psi-\text{tang}^3\psi$, et par suite

$$\cot\phi-\text{tang}\,\phi=\frac{-2q}{\sqrt{p^3}},\quad\text{ou}\quad\cot 2\phi=\frac{-q}{\sqrt{p^3}}.$$

L'arc ϕ étant connu, on trouvera ψ, et ensuite les trois valeurs de x, savoir :

$$x=\ \ 2\sqrt{p}\cot 2\psi,$$
$$x=-\sqrt{p}(\cot 2\psi-\sqrt{-3}\,\text{coséc}\,2\psi),$$
$$x=-\sqrt{p}(\cot 2\psi+\sqrt{-3}\,\text{coséc}\,2\psi).$$

Les transformations précédentes ne doivent point s'appliquer au cas où p est négatif, parce qu'alors $\cot 2\phi$ est imaginaire.

DEUXIÈME PARTIE.

GÉOMÉTRIE ANALYTIQUE

A DEUX DIMENSIONS.

CHAPITRE PREMIER.

DES PROBLÈMES DÉTERMINÉS.

Règles pour mettre un problème en équation.

143. On appelle Géométrie analytique, ou, en d'autres termes, Application de l'Algèbre a la Géométrie, cette branche importante des mathématiques qui apprend à faire usage de l'algèbre dans les recherches géométriques. Sous ce point de vue elle doit comprendre la trigonométrie, qui forme la première partie de ce traité.

Viète, géomètre français, qui donna à l'algèbre de si remarquables accroissemens, est le premier qui l'ait employée pour trouver les parties inconnues d'une figure, en exprimant par des équations les relations qui lient entre elles toutes les parties de cette figure. Descartes non-seulement perfectionna les travaux de Viète, mais encore il inventa des méthodes générales, tout à la fois simples et fécondes, pour ramener la théorie des courbes au calcul algébrique; et ces méthodes sont aux yeux de la postérité le plus beau titre de gloire de ce célèbre philosophe. Elles n'ont été appliquées d'abord qu'aux courbes *planes*, c'est-à-dire, dont tous les points sont renfermés dans un plan; et plus tard elles ont été étendues aux surfaces et aux lignes quelconques.

C'est de là que vient la distinction, assez généralement adoptée, de *géométrie analytique à deux*, ou *à trois dimensions.*

Pour suivre l'ordre le plus naturel, je commencerai par exposer, avec les développemens qu'elle a reçus dans l'*Arithmétique universelle* de NEWTON, la méthode employée par VIÈTE pour résoudre les problèmes déterminés. Il semble qu'on n'y ait en vue que les questions relatives aux figures planes, mais il sera facile de voir qu'on peut y considérer aussi les surfaces et les solides.

144. Ces diverses grandeurs, lignes, surfaces, ou solides, peuvent être rapportées à une unité de mesure et évaluées en nombres; pour plus de généralité, ces nombres peuvent être représentés par des lettres; et dès lors on conçoit comment les grandeurs de la géométrie peuvent être soumises aux calculs de l'arithmétique et de l'algèbre.

145. Il arrive quelquefois qu'une question de géométrie est si facile à mettre en équation, qu'il n'est besoin d'aucune règle pour y parvenir.

Par exemple, s'il s'agit de *partager une droite en moyenne et extrême raison*, on désignera par a la ligne donnée, et par x le plus grand segment; alors le plus petit segment sera $a-x$, et, d'après l'énoncé du problème, on posera sur-le-champ l'équation

[1] $$x^2 = a(a-x),$$

d'où il est facile de tirer

$$x = -\frac{a}{2} \pm \sqrt{a^2 + \frac{a^2}{4}}.$$

La seconde valeur est négative, et ne saurait convenir à la question; car il est évident que le segment cherché ne peut être qu'une quantité positive. On n'a donc qu'une solution, savoir :

$$x = -\frac{a}{2} + \sqrt{a^2 + \frac{a^2}{4}}.$$

Il est clair que quand on aura évalué en nombre la ligne donnée, au moyen d'une certaine unité de longueur, il ne restera plus qu'à exécuter les calculs indiqués dans la formule, pour connaître le nombre d'unités linéaires contenues dans le segment cherché.

Si on veut avoir ce segment par une construction géométrique, la valeur précédente en indique une fort simple. Élevez (fig. 36), à l'extrémité de la ligne donnée AB, une perpendiculaire BC égale à la moitié de AB, et joignez AC. L'hypoténuse AC sera égale à $\sqrt{a^2+\frac{a^2}{4}}$; et en décrivant, du centre C avec le rayon BC, une circonférence qui coupe AC en D, on a évidemment

$$\mathrm{AD}=\sqrt{a^2+\frac{a^2}{4}}-\frac{a}{2}:$$

donc $x=\mathrm{AD}$. Ainsi, pour résoudre la question, il n'y a plus qu'à rapporter AD en AM sur AB. On remarquera que cette construction est précisément celle qui est connue en géométrie.

La circonférence décrite du centre C coupe le prolongement de AC en D'; et si on porte AD' en AM', sur AB prolongée, on aura

$$\mathrm{AM}'=\mathrm{AD}'=\sqrt{a^2+\frac{a^2}{4}}+\frac{a}{2}:$$

donc la seconde valeur de x est $x=-\mathrm{AM}'$. Je reviendrai bientôt sur les valeurs négatives des inconnues, et sur les constructions dont les expressions algébriques sont susceptibles.

146. Le problème précédent était fort simple; mais le plus souvent les rapports de grandeur et de situation, qui lient les lignes entre elles, compliquent les questions de géométrie à tel point qu'on a besoin de méthodes et d'artifices particuliers pour former les équations d'où dépendent les inconnues. Alors, la première règle à observer consiste à se bien pénétrer des relations que ce problème établit entre les lignes, les angles, les surfaces, les solides, sans aucune distinction des données et des inconnues : il devient facile ensuite d'exprimer ces relations par des équations; et enfin on déduit de ces équations, quand cela est possible, les valeurs des quantités inconnues.

Par exemple, considérons (fig. 37) un triangle isoscèle inscrit dans un cercle; il est évident qu'il existe entre le côté BC, la base CD et le diamètre AB, une telle dépendance, que l'une de ces trois lignes étant donnée, l'autre en dérive nécessairement.

De là il suit que la question peut être de chercher le diamètre par le moyen du côté et de la base, ou de chercher la base par le moyen du côté et du diamètre, ou enfin de chercher le côté par le moyen de la base et du diamètre. Mais, quelle que soit celle de ces trois questions qu'on ait à résoudre, on ne mettra d'abord aucune différence entre les données et l'inconnue, et on posera l'équation qui établit la relation mutuelle des trois quantités. Il n'y aura plus alors qu'à déduire de l'équation la valeur de la ligne qui aura été prise pour inconnue.

Soit fait la base $CD = b$, le côté $BC = c$, le diamètre $AB = d$. Supposons que ce diamètre soit celui qui divise l'angle CBD en deux parties égales, il devra couper la base CD perpendiculairement en son milieu E. Or, d'après un théorème connu, la corde CB est moyenne proportionnelle entre le diamètre BA et le segment BE; donc on a $\overline{BC}^2 = AB \times BE$, ou, en mettant les lettres qui représentent les lignes,

$$c^2 = d \times BE, \quad \text{d'où} \quad BE = \frac{c^2}{d}.$$

Mais le triangle rectangle CBE donne $\overline{BC}^2 - \overline{BE}^2 = \overline{CE}^2$, et par suite il vient

$$[2] \qquad c^2 - \frac{c^4}{d^2} = \frac{1}{4} b^2,$$

équation facile à résoudre, quelle que soit l'inconnue.

Si c'est le diamètre qu'on cherche, on tire de cette équation la valeur de d, et l'on a

$$d = \frac{c^2}{\sqrt{c^2 - \frac{1}{4} b^2}}.$$

Si c'est la base qui est inconnue, on tire de l'équation la valeur de b, et l'on trouve

$$b = \frac{2c\sqrt{d^2 - c^2}}{d}.$$

Enfin, si on cherche le côté du triangle isoscèle, il faut résoudre l'équation par rapport à c, ce qui donnera

$$c = \sqrt{\frac{1}{2} d^2 \pm \frac{1}{2} d \sqrt{d^2 - b^2}}.$$

Dans chacun de ces trois cas nous avons négligé les valeurs négatives, parce qu'elles ne peuvent point convenir à la question. Les deux premiers cas n'admettent qu'une seule solution. Le troisième peut en admettre deux : il est évident en effet que, quand on donne le diamètre AB et la base CD, chacun des triangles ACD, BCD, satisfait également à la question.

147. Revenons maintenant sur nos pas, et remarquons la manière dont on est parvenu à l'équation [2]. L'inspection de la figure a montré sur-le-champ que, par le moyen du diamètre AB et du côté BC, on pouvait calculer d'abord BE, et ensuite la demi-base CE; et ceci a suffi pour former l'équation. De là résulte la règle suivante posée par NEWTON :

Lorsqu'un problème est proposé, il faut le regarder comme résolu, et comparer entre elles toutes les quantités qu'il renferme, sans aucune distinction entre celles qui sont connues et celles qui sont inconnues; examiner ensuite comment elles dépendent les unes des autres, afin de reconnaître quelles sont celles qui, étant données, pourraient conduire à la détermination des autres. Alors il sera facile de mettre le problème en équation.

148. Toutefois, il importe de remarquer, avec le même géomètre, qu'il n'est pas nécessaire de reconnaître du premier coup d'œil par quelles opérations le calcul peut conduire des premières quantités aux dernières : il suffit de sentir en général que les unes peuvent se déduire des autres par un moyen quelconque. C'est ce qu'on va développer.

Soit proposé une question dans laquelle il y ait à considérer le diamètre AB (fig. 38) avec les trois lignes BC, CD, DA, inscrites dans le demi-cercle. Si on cherche le diamètre AB et que les autres lignes soient données, on ne voit ni calcul ni construction propre à déterminer cette inconnue. Cependant, il est évident que ce diamètre n'est pas arbitraire, car il doit être tel qu'on puisse inscrire dans le demi-cercle les trois lignes données. C'est pourquoi l'on regardera AB comme connu, et l'on établira le calcul comme s'il l'était véritablement. Alors on remarque qu'il est facile, en s'aidant de quelques théorèmes de géométrie, de calculer l'une quelconque des trois cordes, AD, par exemple, au moyen du diamètre et des deux autres cordes.

Pour y parvenir, menez la diagonale AC, et abaissez CE perpendiculaire sur AD prolongée. Puisque l'angle ACB est inscrit dans un demi-cercle, cet angle est droit. Puisque le quadrilatère ABCD est inscrit dans un cercle, la somme des angles opposés ABC, ADC, est égale à deux angles droits : or, la somme des angles CDE et ADC est aussi égale à deux angles droits ; il est donc facile d'apercevoir que les angles ABC, CDE, sont égaux, et que par conséquent les triangles rectangles ACB, CED, sont semblables. Cela posé, pour déterminer AD au moyen de AB, BC et CD, voici de quelle manière le calcul se conduit.

Soit fait $AB=x$, $BC=a$, $CD=b$, $AD=c$. Le triangle rectangle ACB donne la valeur de AC, au moyen de AB et de BC ; et l'on a

$$AC=\sqrt{x^2-a^2}.$$

Les triangles semblables ACB, CED, feront trouver CE et DE. En effet, ils donnent les proportions

$$CE : AC :: CD : AB \quad \text{ou} \quad CE : \sqrt{x^2-a^2} :: b : x,$$
$$DE : BC :: CD : AB \quad \text{ou} \quad DE : a :: b : x;$$

et de là on tire

$$CE=\frac{b\sqrt{x^2-a^2}}{x}, \quad DE=\frac{ab}{x}.$$

Le triangle rectangle AEC donne $AE=\sqrt{\overline{AC}^2-\overline{CE}^2}$. Par suite, en remplaçant AC et CE par leurs valeurs, on obtient

$$AE=\sqrt{x^2-a^2-\frac{b^2(x^2-a^2)}{x^2}}=\frac{\sqrt{(x^2-a^2)(x^2-b^2)}}{x}.$$

Maintenant la différence $AE-DE$ donne AD; c'est-à-dire qu'on a

$$AD=\frac{\sqrt{(x^2-a^2)(x^2-b^2)}}{x}-\frac{ab}{x}.$$

Or AD doit être égal à c ; donc on a l'équation

$$\frac{\sqrt{(x^2-a^2)(x^2-b^2)}}{x}-\frac{ab}{x}=c,$$

laquelle devient successivement

$$\sqrt{(x^2-a^2)(x^2-b^2)}=cx+ab,$$
$$(x^2-a^2)(x^2-b^2)=(cx+ab)^2,$$
$$x^4-a^2x^2-b^2x^2+a^2b^2=c^2x^2+2abcx+a^2b^2,$$
$$x^4-(a^2+b^2+c^2)x^2-2abcx=0,$$

et enfin, en divisant par x

[3] $$x^3-(a^2+b^2+c^2)x-2abc=0.$$

Ainsi, la détermination du diamètre AB dépend d'une équation du 3e degré, ce qui donne lieu de penser que le problème peut avoir trois solutions. Nous ne ferons d'ailleurs aucune autre observation : car, pour le moment, il s'agit principalement de montrer de quelle manière on ramène les problèmes de géométrie à des équations.

149. On est parvenu à l'équation [3], en suivant littéralement la règle du n° 147 : c'est-à-dire qu'on a regardé comme connues toutes les lignes de la question, et qu'on a examiné ensuite celles qui pouvaient être employées à trouver facilement les autres. Mais souvent il est difficile, et même impossible, de suivre rigoureusement cette marche. En effet, on est obligé, dans la plupart des cas, de tracer sur la figure des lignes auxiliaires, qu'il faudrait exprimer d'abord par le moyen des lignes qu'on regarde comme connues, et dont les valeurs devraient entrer ensuite dans les valeurs des lignes qu'on regarde comme inconnues : or il est évident que ces calculs deviennent extrêmement embarrassans, lorsque les expressions des lignes auxiliaires sont compliquées d'un grand nombre de termes. Pour surmonter ces difficultés, il convient de modifier, ainsi qu'il suit, la règle du n° 147.

Après avoir tracé sur la figure toutes les lignes connues ou inconnues, qui se trouvent dans la question proposée, on mènera les lignes auxiliaires qu'on jugera propres à en faciliter la solution par l'emploi des théorèmes de la géométrie. Ces lignes auxiliaires seront de nouvelles inconnues, que l'on considérera comme si elles étaient dans l'énoncé même de la question. Alors on posera les équations qui lient entre elles toutes les lignes de la figure. Quand le problème est déterminé, on arrivera toujours à un nombre d'équations égal à celui des lignes inconnues, et le problème de géométrie sera ramené à la résolution de ces équations.

150. Le problème du n° 148 peut offrir une application fort simple de cette règle. Ayant tiré les lignes auxiliaires AC, CE, faisons toujours $AB=x$, $BC=a$, $CD=b$, $DA=c$; considérons la diagonale AC comme une nouvelle inconnue, et faisons $AC=y$. Le triangle rectangle ACB donne, entre x et y, l'équation

$$x^2=a^2+y^2.$$

Or, les triangles semblables ACB, CED, donnent la valeur $DE=\frac{ab}{x}$; et le triangle obtusangle ACD donne, par un théorème connu, l'équation

$$y^2=b^2+c^2+2c\times\frac{ab}{x}.$$

Voilà donc deux équations dans lesquelles se trouvent l'inconnue auxiliaire y, et l'inconnue principale x. Si on veut avoir l'équation qui détermine x par le moyen des seules lignes données a, b, c, il faut éliminer y^2 entre les deux équations, ce qui est facile. Il suffit de substituer, dans la première équation, la valeur de y^2, donnée par la seconde. Il vient ainsi

$$x^2=a^2+b^2+c^2+\frac{2abc}{x},$$

ou, en réduisant convenablement,

$$x^3-(a^2+b^2+c^2)\,x-2abc=0:$$

c'est l'équation [3] trouvée plus haut.

151. Afin de présenter encore une application de la règle du n° 149, et de montrer de combien de manières les solutions d'une même question peuvent être variées, plaçons ici une autre solution du même problème. Prolongez CD et BA (fig. 39) jusqu'à leur intersection F, et vous aurez deux triangles BCF, DAF, qui seront semblables : car l'angle F est commun, et de plus les angles ABC, ADF, sont égaux, comme supplémens du même angle ADC. Maintenant il est évident que si, outre les lignes qui sont dans la question, la ligne BF était encore donnée, nous trouverions

facilement CF et DF, et par suite l'équation CF — DF = CD. Conservant toujours à nos premières lignes les mêmes noms a, b, c, x, faisons de plus BF = y. Nous aurons AF = $y-x$, et les triangles semblables donneront

$$\mathrm{DF} : y :: c : a, \quad \text{d'où} \quad \mathrm{DF} = \frac{cy}{a},$$

$$\mathrm{CF} : y - x :: a : c, \quad \text{d'où} \quad \mathrm{CF} = \frac{a(y-x)}{c}.$$

Remplaçant, dans CF — DF = CD, les lignes par leurs valeurs, on aura

$$\frac{a(y-x)}{c} - \frac{cy}{a} = b, \qquad 1^{\text{re}} \text{ équation.}$$

Mais ayant traité comme connues deux quantités inconnues, BA et BF, il faut encore trouver une autre équation. Pour cela, j'abaisse CG perpendiculaire sur BA, et j'ai

$$\mathrm{BG} : \mathrm{BC} :: \mathrm{BC} : \mathrm{BA}, \quad \text{d'où} \quad \mathrm{BG} = \frac{\overline{\mathrm{BC}}^2}{\mathrm{BA}} = \frac{a^2}{x}.$$

Or, le triangle CBF donne

$$\overline{\mathrm{CF}}^2 = \overline{\mathrm{BC}}^2 + \overline{\mathrm{BF}}^2 - 2\mathrm{BF} \times \mathrm{BG};$$

je remplace donc les lignes par leurs valeurs, et il vient

$$\frac{a^2(y-x)^2}{c^2} = a^2 + y^2 - \frac{2a^2y}{x}, \qquad 2^{\text{e}} \text{ équation.}$$

En éliminant l'inconnue auxiliaire y, on aura l'équation de laquelle dépend l'inconnue principale x. Je ramène d'abord les deux équations à celles-ci

$$(a^2-c^2)\,y - a^2x = abc,$$
$$(a^2-c^2)\,y^2x + 2a^2(c^2-x^2)\,y + a^2x^3 - a^2c^2x = 0;$$

puis, de la première, je tire $y = \dfrac{a^2x + abc}{a^2 - c^2}$; et en substituant cette valeur dans la seconde, je trouve, comme précédemment, après réductions faites,

$$x^3 - (a^2+b^2+c^2)\,x - 2abc = 0.$$

152. Les trois solutions que nous venons de donner pour le même problème, ne sont pas également simples ; et ceci donne lieu de remarquer que les moyens qui se présentent les premiers à la pensée conduisent souvent à des calculs laborieux, quand on veut les mettre en usage. Il faut alors revenir sur ses pas, et faire de nouvelles tentatives pour s'ouvrir un chemin plus facile.

153. Le problème suivant nous offrira de nouvelles remarques qui ne sont point sans importance.

Étant donné un carré OCMN (fig. 40), *mener une droite, par le sommet* M, *de telle sorte que la distance comprise sur cette droite, entre les lignes* AA' *et* BB', *qui forment l'angle* O *opposé au sommet* M, *soit égale à une longueur donnée* m.

Pour le moment, ne faites pas attention aux lignes ponctuées de la figure : elles se rapportent au n° 157. Soit MQP une ligne qui satisfait au problème ; comme l'énoncé laisse l'inconnue à volonté, et qu'il suffit qu'on puisse s'en servir pour déterminer facilement la ligne cherchée, je prends OP pour inconnue. Je fais OP $= x$, OC $=$ MC $= a$; on a d'ailleurs, par l'énoncé même, QP $= m$. Cela posé, les triangles semblables OQP, CMP, donnent QO : MC :: PO : PC ; mais PC $= x + a$; donc

$$\text{QO} : a :: x : x+a, \quad \text{d'où} \quad \text{QO} = \frac{ax}{x+a}.$$

Par suite, le triangle OQP donne $\overline{\text{PQ}}^2 = x^2 + \frac{a^2x^2}{(x+a)^2}$. Or, PQ doit être égal à m ; donc $x^2 + \frac{a^2x^2}{(x+a)^2} = m^2$, ou bien, en réduisant,

$$[4] \qquad x^4 + 2ax^3 - (m^2 - 2a^2)x^2 - 2am^2x - a^2m^2 = 0.$$

Ainsi la question dépend d'une équation du 4e degré.

Nous avons supposé, dans ce qui précède, la ligne QP placée dans l'angle BOA'. Or la question demande qu'elle soit placée entre les droites AA', BB', sans désigner en particulier aucun des quatre angles droits. Il suit de là qu'on peut remplir les conditions de l'énoncé de quatre manières, ainsi que l'indique la figure. Les deux solutions représentées dans les angles BOA', AOB', existent toujours; mais les deux autres, représentées dans l'angle AOB, n'existent que lorsque la ligne donnée m est suffisamment grande.

Pour former les équations qui déterminent les trois dernières solutions, il n'y a que de légers changemens à faire aux raisonnemens précédens. En désignant par x l'inconnue OP', ou OP", ou OP''', on arrive toujours à l'équation

$$x^4 - 2ax^3 - (m^2 - 2a^2)x^2 + 2am^2x - a^2m^2 = 0.$$

Une observation se présente ici d'elle-même, c'est qu'en changeant dans cette équation x en $-x$, on retombe sur l'équation [4]; donc celle-ci suffit pour donner toutes les solutions de la question, pourvu qu'on ait soin de porter les valeurs négatives de x du côté OA, tandis que la valeur positive se portera du côté OA'.

154. L'équation [4] est complète; mais, par un choix convenable d'inconnue, on peut parvenir à une équation plus simple et plus facile à résoudre. Soit toujours MQP (fig. 40) une droite qui satisfait au problème, et soit H le milieu de PQ : je prends MH pour inconnue, et je fais MH $= y$. J'aurai

$$\text{MQ} = y - \frac{m}{2};\ \text{MP} = y + \frac{m}{2};\ \text{CP} = \sqrt{\left(y + \frac{m}{2}\right)^2 - a^2}.$$

Ensuite, à cause de MC parallèle à QO, on a

$$\text{CP} : \text{OC} :: \text{MP} : \text{MQ}, \quad \text{d'où} \quad \text{MQ} \times \text{CP} = \text{OC} \times \text{MP}.$$

En remplaçant les lignes par leurs valeurs, cette égalité devient

$$\left(y - \frac{m}{2}\right)\sqrt{\left(y + \frac{m}{2}\right)^2 - a^2} = a\left(y + \frac{m}{2}\right);$$

ou, en élevant au carré et réduisant,

$$[5] \qquad y^4 - \left(2a^2 + \frac{m^2}{2}\right)y^2 + \frac{m^4}{16} - \frac{a^2m^2}{2} = 0,$$

équation qui se résout par le second degré. On en tire d'abord

$$y^2 = a^2 + \frac{m^2}{4} \pm a\sqrt{a^2 + m^2},$$

et ensuite

$$y = \sqrt{a^2 + \frac{m^2}{4} \pm a\sqrt{a^2 + m^2}}.$$

La première de ces deux valeurs est toujours réelle ; c'est elle qui donne les deux lignes MQP, MP'Q'. La seconde peut devenir imaginaire, et c'est elle qui donne les lignes P"MQ", P'''MQ'''. Quant aux valeurs négatives de y, on n'en tient aucun compte, parce qu'elles sont inutiles.

155. Il était facile de prévoir que l'inconnue y ne dépendrait que des équations du second degré. En effet, comme le point M est également éloigné des côtés de l'angle AOB', il est évident que, si on connaît la solution MQP, qu'on prenne $OP' = OQ$, et qu'on tire MP'Q', on aura $P'Q' = PQ = m$; donc P'Q' sera une autre solution du problème. Pareillement, si P"Q" est une droite égale à m, en prenant $OP''' = OQ''$ et tirant P'''MQ''' on aura aussi $P'''Q''' = m$. Il est également évident que, si on prend les milieux H, H', H", H''', de PQ, P'Q', P"Q", P'''Q''', la distance MH' sera égale à MH, et la distance MH''' égale à MH" ; donc, en adoptant pour inconnue la distance du point M au milieu de la droite égale à m, qui doit être inscrite, on est certain que cette inconnue n'aura que deux valeurs différentes, et ne devra par conséquent dépendre que du second degré.

Il n'en était pas ainsi lorsqu'on prenait pour inconnue la distance du point O au point où la droite demandée coupe la ligne AA'. Alors l'inconnue, qui était désignée par x, devait avoir quatre valeurs tout-à-fait différentes, lesquelles sont : $x = OP$, $x = -OP'$, $x = -OP''$, $x = -OP'''$.

De ce qui vient d'être dit résulte cette règle importante que, *pour se déterminer dans le choix de l'inconnue, il faut examiner quelle est celle qui doit avoir le moins de valeurs.*

156. D'après cette règle, s'il arrive que deux quantités aient une telle ressemblance de relation avec les autres quantités de la question, qu'en prenant l'une ou l'autre pour inconnue, on arrive à des équations entièrement semblables, il faudra les rejeter toutes deux également, et prendre à leur place, pour inconnue, une quantité qui ait une même relation avec l'une et l'autre, par exemple, leur somme, ou leur différence, ou une moyenne proportionnelle, ou enfin toute autre quantité convenablement choisie.

Quelquefois on aperçoit sur-le-champ qu'une quantité ne peut pas avoir une valeur positive $+a$, sans en avoir aussi une négative de même grandeur $-a$. Cette circonstance peut déterminer à prendre cette quantité pour inconnue : car on est sûr que l'équation finale dont elle dépend aura toutes ses racines égales deux à deux et de signes contraires, et que par conséquent cette équation ne contiendra que des puissances paires de l'inconnue.

Dans certains cas encore, on reconnaît qu'en prenant pour inconnue le rapport de deux quantités, cette inconnue ne peut pas avoir une valeur a sans avoir aussi la valeur $\frac{1}{a}$. Alors on est sûr que l'inconnue sera donnée par une équation réciproque. Or, on sait qu'une telle équation s'abaisse à un degré moitié moindre, et cette considération peut paraître déterminante.

157. Mais, parmi les inconnues qui au premier aperçu paraissent pouvoir être employées avec un égal avantage, il y a encore un choix à faire, quand on veut avoir la solution la plus simple possible ; et ce choix est quelquefois tellement difficile, que le bonheur semble y avoir plus de part que la sagacité. La dernière question nous servira encore d'exemple.

Supposons, comme plus haut (153), que la ligne MPQ satisfasse à l'énoncé, et élevons sur MP la perpendiculaire PR, qui rencontre en R le prolongement de MN. Il est clair que le point P est déterminé quand on connaît le point R : car il suffit alors de décrire une demi-circonférence sur MR comme diamètre. Sans doute il ne vient guère à la pensée de prendre la distance NR pour inconnue ; cependant on va voir qu'on obtient, par ce moyen, un résultat d'une extrême simplicité.

Soit donc $NR = z$. Je fais de plus $MQ = u$, et j'abaisse PS perpendiculaire sur MR. Les triangles MNQ, PRS sont égaux, car ils sont rectangles, et on a $MN = PS$; donc $PR = MQ = u$. Cela posé, le triangle rectangle MPR donne les deux égalités

$$\overline{MR}^2 = \overline{MP}^2 + \overline{PR}^2, \quad MR \times PS = MP \times PR.$$

En remplaçant les lignes par leurs désignations analytiques, il vient

$$(z+a)^2 = (m+u)^2 + u^2, \quad (z+a)\,a = (m+u)\,u\,;$$

et on a ainsi deux équations entre deux inconnues. Si on fait passer le point P dans les quatre positions qu'il peut occuper, on verra que ces équations subsistent encore, avec cette différence que z change de signe quand le point R tombe du côté NR′, et que u en change aussi quand Q tombe de l'autre côté du point M par rapport au point P, lequel doit toujours rester sur la ligne AA′.

On élimine u en retranchant de la 1re équation deux fois la 2e, et il vient

$$z^2 = a^2 + m^2 \quad \text{d'où} \quad z = \pm\sqrt{a^2 + m^2}\,:$$

résultat d'une simplicité inespérée, et qui donne lieu à la construction suivante.

Perpendiculairement à MN prenez $MT = m$, et tirez NT : on aura $NT = \sqrt{a^2 + m^2}$. Il faut donc porter NT, de N en R et en R′ sur MN prolongée, puis décrire, sur MR et MR′, des demi-circonférences qui rencontrent la ligne AA′ aux points P, P′, P″, P‴; et alors on obtient les solutions du problème en traçant les quatre droites MQP, MP′Q′, P″MQ″, P‴MQ‴. Les intersections P″ et P‴ disparaissent quand on a $MR' < 2MC$, c'est-à-dire $\sqrt{a^2 + m^2} - a < 2a$. De là on déduit aisément $m < 2a\sqrt{2}$, ou bien $m < 2OM$, en remarquant que la diagonale $OM = a\sqrt{2}$; donc la plus petite ligne qu'on puisse mener par le point M, dans l'angle AOB, est égale au double de la distance OM.

La construction précédente était connue de PAPPUS, géomètre d'Alexandre, qui vivait vers l'an 400 de l'ère chrétienne.

158. Après les développemens dans lesquels je viens d'entrer, le lecteur à qui les théorèmes de la géométrie sont familiers trouvera peu de difficultés à mettre les problèmes en équation.

Quand la question proposée renfermera des angles, il faudra tirer des droites entre les côtés de ces angles, ce qui formera des triangles ; et on introduira dans le calcul, au lieu des angles, les côtés des triangles, ou plutôt les rapports de ces côtés. On pourra aussi se servir des *lignes trigonométriques*, ce qui est la même chose au fond : car ces lignes sont elles-mêmes les côtés, ou plutôt les rapports des côtés de certains triangles rectangles.

S'il y a des surfaces à considérer, on peut les remplacer par des carrés ou par des rectangles, et les représenter par des expressions telles que a^2 et ab. Si la question renferme des solides, on pourra leur substituer des cubes ou des parallélipipèdes rectangles équivalens, et les désigner par des expressions de la forme a^3, a^2b, abc.

Sur les valeurs négatives des inconnues.

159. Lorsqu'on emploie l'Algèbre pour traiter une question de nombres, on trouve quelquefois, pour les inconnues, des valeurs négatives. On sait que ces valeurs ne conviennent point à la question, prise avec toutes les restrictions contenues dans son énoncé, ou avec celles qu'on y introduit souvent par certaines suppositions, faites soit au commencement, soit dans le cours du calcul; et on sait aussi comment, en changeant dans les équations le signe des lettres qui représente les inconnues, on peut lever ces différentes sortes de restrictions. Ces remarques s'appliquent également aux problèmes de géométrie qu'on résout par l'Algèbre : c'est ce qui va être développé.

160. Reprenons le problème du n° 145, dans lequel on propose de partager une droite en moyenne et extrême raison. Il est évident que cet énoncé revient au suivant : *Partager une droite* AB (fig. 41) *en deux segmens* AM, MB, *de telle sorte que le segment* AM *soit moyen proportionnel entre la ligne entière* AB *et l'autre segment* MB.

En faisant $AB = a$, $AM = x$, on a $MB = a - x$, et l'équation du problème est

[1] $$x^2 = a(a - x),$$

de laquelle on tire les deux valeurs

$$x = -\frac{a}{2} \pm \sqrt{a^2 + \frac{a^2}{4}}.$$

La première valeur est positive et moindre que a; donc elle détermine véritablement un point M situé entre A et B, ainsi que l'exige l'énoncé. Mais la seconde est négative, et, par cette raison, ne saurait convenir à la question.

Changeons, dans l'équation, le signe de x, elle devient

$$[2] \qquad x^2 = a(a+x);$$

et en prenant positivement la valeur de x, qui tout à l'heure était négative, on aura l'expression

$$x = \frac{a}{2} + \sqrt{a^2 + \frac{a^2}{4}},$$

qui devra satisfaire à l'équation [2]. Or cette équation est précisément celle qu'on trouve, si on cherche, sur le prolongement de la droite BA au-delà de A, un point M', tel que la distance AM' soit moyenne proportionnelle entre la distance BM' et la droite donnée AB. De là il suit qu'en portant la valeur positive de x du côté AB, à droite de A, et la valeur négative de x, prise abstraction faite de son signe, du côté AX, à gauche de A, on aura toutes les solutions du problème proposé, généralisé ainsi qu'il suit :

Sur une droite indéfinie, qui passe par deux points donnés A *et* B, *déterminer un point dont la distance au point* A *soit moyenne proportionnelle entre sa distance à l'autre point* B, *et la distance donnée* AB.

Cet énoncé est dégagé, comme on voit, de la restriction qui exigeait que le point demandé fût placé entre A et B, et non ailleurs.

161. On aurait pu proposer d'abord ce dernier énoncé. Alors, considérant le problème comme résolu, et supposant que le point M en remplit toutes les conditions, nous aurions fait encore l'inconnue AM $= x$, et nous serions arrivés à la même équation [1], et aux mêmes valeurs de x. Mais il est évident que nous aurions introduit, dès le commencement, une restriction étrangère à l'énoncé : car nous aurions assujéti nos calculs à la supposition que le point cherché M fût placé entre les points A et B. La valeur positive est la seule qui réponde à cette hypothèse; et la valeur négative, étant prise positivement et portée du côté AX opposé à celui où l'on a cherché le point M, déterminera la seconde solution du problème général.

Ainsi, la valeur négative sert tantôt à compléter la résolution d'un problème, dont la question proposée n'est qu'un cas particulier, tantôt à lever une restriction introduite pour faire les raisonnemens et les calculs. Mais ce qu'il faut remarquer dans tous les cas, c'est que cette valeur, prise en grandeur absolue, a été portée du côté opposé à celui où devait être située la distance cherchée. C'est pourquoi nous établirons le principe suivant :

Si on emploie l'algèbre pour résoudre un problème de géométrie, et qu'on prenne pour inconnue une distance comptée sur une ligne donnée, à partir d'un point fixe situé sur cette ligne, les valeurs négatives de l'inconnue devront être portées dans un sens opposé à celui où l'on a supposé que cette distance était placée.

Au fond, ce principe ne diffère pas de celui qui a déjà été établi dans la première partie (7); et je dirai aussi qu'il n'est pas du nombre de ceux qu'on puisse démontrer *à priori*. On y parvient par analogie ou par extension d'idées, et les applications viennent ensuite le confirmer.

162. Je vais encore me servir du même problème pour prémunir le lecteur contre une erreur grave, dans laquelle on tombe quelquefois.

Je n'ai pas supposé que le point cherché pût se trouver du côté BY, parce que, pour un point quelconque N situé de ce côté, la distance AN étant plus grande que AB et que BN, on ne saurait avoir $\overline{AN}^2 = AB \times BN$, ainsi que l'exige la question. Mais admettons pour un moment que cette remarque ait échappé, qu'on veuille déterminer le point N d'après la condition $\overline{AN}^2 = AB \times BN$, et qu'on prenne pour inconnue la distance BN. En faisant $BN = x$, on aura $AN = a + x$, et l'équation à résoudre sera

$$(a+x)^2 = ax, \quad \text{ou} \quad x^2 + ax + a^2 = 0.$$

On en tire

$$x = -\frac{a}{2} \pm \sqrt{-\frac{3a^2}{4}},$$

valeurs qui sont imaginaires, et qui indiquent une *impossibilité*. Mais on se tromperait grossièrement si on concluait que l'impossibilité se trouve dans la question même : car ce qui a été dit plus haut montre le contraire. L'impossibilité réside ici, tout entière, dans la supposition que le point cherché soit placé du côté BY. Pour nous en assurer, cherchons s'il existe de l'autre côté BX quelque point qui puisse remplir la condition de l'énoncé. On désignera encore par x la distance du point B à ce point inconnu; et sa distance au point A sera $a-x$ ou $x-a$, selon que ce point inconnu sera avant ou après le point A.

Dans le premier cas, on aura $(a-x)^2=ax$; et, dans le second, on aura $(x-a)^2=ax$. Or, ces équations reviennent toutes deux à celle-ci :

$$x^2-3ax+a^2=0;$$

par conséquent cette dernière donnera en même temps le point M et le point M'. Et en effet, si on la résout, on trouve deux valeurs réelles et positives, savoir :

$$x=\frac{3a}{2}\pm\sqrt{\frac{5a^2}{4}}.$$

On voit donc que *si on cherche une distance inconnue du côté opposé à celui où elle doit être placée, l'erreur de la supposition n'est pas toujours rectifiée par des valeurs négatives*, ainsi qu'on pourrait le penser. Cette erreur en effet, dans l'exemple ci-dessus, n'a été indiquée que par des expressions imaginaires.

Sur l'homogénéité.

163. Dans les calculs de l'Algèbre, les lettres sont regardées comme exprimant des nombres ou des rapports; par conséquent, dans les formules et dans les équations auxquelles conduisent les problèmes de Géométrie, les lignes, les surfaces et les solides doivent être considérés comme évalués en nombres. Ainsi, les lettres a, b, x, ayant été prises pour désigner des lignes, la formule $x=2+\frac{b}{a}$ montrerait qu'il faut diviser le nombre d'unités linéaires contenues dans b, par le nombre d'unités linéaires contenues dans a, puis ajouter 2 au quotient, et qu'alors on aurait le nombre d'unités linéaires contenues dans la ligne inconnue x.

164. Mais il y a, sur la forme des équations dans lesquelles il entre des grandeurs géométriques, un principe important, qu'on pourrait nommer *loi d'homogénéité*, et qu'il faut établir ici. En

voici l'énoncé : *Si des lettres* a, b, c,.... *qui entrent dans une équation, représentent des lignes, et qu'aucune ligne particulière n'ait été prise pour unité, l'équation doit être homogène par rapport à ces lettres, ou être la somme de plusieurs équations homogènes* (*).

Ce principe se vérifie sur toutes les égalités qui sont établies par les théorèmes de la Géométrie, et il est évident qu'elle doit également avoir lieu pour toutes les égalités qui se déduisent de celles-là par les calculs algébriques. Mais une démonstration générale est nécessaire, et j'ai proposé la suivante.

Pour mieux fixer les idées, je me servirai d'une équation particulière. Soit celle-ci,

$$[1] \qquad a^2+b\sqrt{ac}+\sqrt[3]{ab}-\sqrt[3]{cd}-\frac{2}{b}+\frac{d}{ac}=0,$$

qui n'est point homogène par rapport à a, b, c, d. Supposons que ces lettres représentent des lignes, et admettons qu'aucune ligne particulière n'ait été prise pour unité, ou, en d'autres termes, que l'unité soit restée indéterminée.

Remarquons que dans cette équation les opérations indiquées sont toutes des opérations de calcul : de sorte que cette équation ne peut avoir aucun sens, à moins qu'on n'y regarde les lettres a, b, c, d comme représentant non pas les lignes elles-mêmes, mais bien les nombres ou rapports qu'on obtiendrait en mesurant les lignes avec une unité linéaire. C'est en effet de cette manière que l'équation doit être comprise ; mais afin d'éviter toute confusion, je désignerai, pour un moment, par A, B, C, D les lignes elles-mêmes, et je ne considérerai plus a, b, c, d que comme de simples rapports. Par hypothèse, l'unité est restée indéterminée : prenons-la à volonté et nommons-la λ. Alors les lettres a, b, c, d, dans l'équation [1], pourront être regardées comme les rapports des lignes A, B, C, D, à la ligne λ.

(*) Une expression ou une équation est dite *homogène* par rapport à certaines lettres quand tous les termes sont de même degré par rapport à ces lettres. Ainsi l'équation $2ax+3a\sqrt{bc}=bx-\frac{abc}{x}$ est homogène par rapport à a, b, c, x ; et le degré de l'homogénéité est 2, parce que tous les termes sont du 2e degré.

D'un autre côté, il est évident qu'au lieu de rapporter directement une ligne P à l'unité λ, on peut évaluer d'abord P et λ en nombres au moyen d'une ligne quelconque ρ, et qu'en prenant ensuite le rapport de ces deux nombres, on aura le rapport de P à λ.

D'après cette remarque, si nous désignons par a', b', c', d', λ', les nombres qui expriment les lignes A, B, C, D, λ, rapportées à une ligne arbitraire ρ, les rapports de A, B, C, D, à λ, seront égaux à $\frac{a'}{\lambda'}\frac{b'}{\lambda'}\frac{c'}{\lambda'}\frac{d'}{\lambda'}$. Or ces rapports sont désignés dans l'équation [1] par a, b, c, d; on peut donc mettre ces rapports à la place de ces lettres, et il viendra

$$\frac{a'^2}{\lambda'^2}+\frac{b'}{\lambda'}\sqrt{\frac{a'c'}{\lambda'^2}}+\sqrt[3]{\frac{a'b'}{\lambda'^2}}-\sqrt[3]{\frac{c'd'}{\lambda'^2}}-\frac{2\lambda'}{b'}+\frac{d'\lambda'}{a'c'}=0.$$

On peut d'abord écrire cette équation ainsi :

$$\frac{a'^2}{\lambda'^2}+\frac{b'\sqrt{a'c'}}{\lambda'^2}+\sqrt[3]{\frac{a'b'\lambda'^4}{\lambda'^6}}-\sqrt[3]{\frac{c'd'\lambda'^4}{\lambda'^6}}-\frac{2\lambda'^3}{b'\lambda'^2}+\frac{d'\lambda'^3}{a'c'\lambda'^2}=0;$$

et ensuite, en multipliant les deux membres par λ'^2, on aura

$$[2] \qquad a'^2+b'\sqrt{a'c'}+\sqrt[3]{a'b'\lambda'^4}-\sqrt[3]{c'd'\lambda'^4}-\frac{2\lambda'^3}{b'}+\frac{d'\lambda'^3}{a'c'}=0,$$

ou, ce qui est la même chose,

$$a'^2+b'\sqrt{a'c'}+(\sqrt[3]{a'b'}-\sqrt[3]{c'd'})\,\lambda'^{\frac{4}{3}}+\left(\frac{d'}{a'c'}-\frac{2}{b'}\right)\lambda'^3=0.$$

Maintenant, rappelons que l'unité λ peut être prise à volonté, et observons que, quelle que soit cette ligne, les rapports a', b', c', d', des lignes A, B, C, D, à l'unité ρ, ne doivent point changer, mais que le rapport λ' de λ à ρ variera nécessairement, et pourra même devenir égal à tel nombre qu'on voudra. Il résulterait de là que l'équation précédente devrait subsister pour toutes les valeurs de λ'; donc les multiplicateurs des diverses puissances de λ' devraient être nuls séparément, ce qui donne les équations

$$a'^2+b'\sqrt{a'c'}=0,\ \sqrt[3]{a'b'}-\sqrt[3]{c'd'}=0,\ \frac{d'}{a'c'}-\frac{2}{b'}=0.$$

Comme a', b', c', d', représentent les rapports des lignes A, B, C, D, à une unité arbitraire ρ, prise tout-à-fait en dehors des lignes de la question, le sens des lettres accentuées a', b', c', d', est absolument le même que celui des lettres a, b, c, d, dans l'équation [1]. On peut donc indifféremment ou conserver les équations précédentes ou y supprimer les accens, et écrire

$$[3] \qquad a^2 + b\sqrt{ac} = 0, \quad \sqrt[3]{ab} - \sqrt[3]{cd} = 0, \quad \frac{d}{ac} - \frac{2}{b} = 0.$$

Or, celles-ci peuvent se déduire immédiatement de l'équation [1], en groupant ensemble les termes de même degré et égalant chaque groupe à zéro.

Ainsi se trouve démontrée la loi d'homogénéité; et de plus on voit comment s'obtiennent les équations séparées dans lesquelles se partage l'équation proposée quand elle n'est pas homogène.

On doit remarquer aussi que le principe et la démonstration subsistent encore quand l'équation contient des surfaces et des solides, pourvu qu'on ait soin de compter pour deux facteurs les lettres qui représentent des surfaces, et pour trois facteurs celles qui représentent des solides.

165. La loi d'homogénéité cesse de s'appliquer dès qu'on suppose qu'une ligne donnée a été prise pour unité; car alors les facteurs et les diviseurs égaux à cette ligne disparaissent. Mais il est toujours facile de rétablir l'homogénéité en restituant dans l'équation ces facteurs et ces diviseurs. C'est ce que montre de la manière la plus évidente la comparaison des équations [1] et [2]. Dans celle-ci, λ' ne sera plus un nombre arbitraire, puisque λ n'est plus une unité indéterminée, mais bien une ligne donnée qui a été prise pour unité. D'ailleurs, l'unité auxiliaire ρ, à laquelle les lignes A, B, C, D, λ, sont rapportées, est tout-à-fait arbitraire. Ainsi a', b', c', d', λ', représenteront les nombres qu'on obtiendrait en évaluant les lignes de la question avec telle unité qu'on voudra, et qui reste indéterminée. Pour simplifier, on ôtera les accens, et il viendra

$$[4] \qquad a^2 + b\sqrt{ac} + \sqrt[3]{ab\lambda^4} - \sqrt[3]{cd\lambda^4} - \frac{2\lambda^3}{b} + \frac{d\lambda^3}{ac} = 0.$$

Mais les lettres a, b, c, d, n'ont plus exactement le même sens que dans l'équation [1]: car d'abord on supposait $\lambda = 1$, de sorte que ces lettres désignaient les autres lignes rapportées à cette ligne λ prise pour unité, tandis qu'à présent l'unité est entièrement indéterminée. Et remarquez bien qu'en même temps la ligne λ se trouve replacée dans l'équation de telle manière que l'homogénéité est rétablie.

Comme l'équation [2] a été déduite de l'équation [1] en y substituant $\frac{a'}{\lambda'}$, $\frac{b'}{\lambda'}$,... au lieu de a, b,..., et que l'équation homogène [4] vient de l'équation [2] en y supprimant partout les accens, il est clair qu'on peut arriver à cette équation homogène en mettant immédiatement $\frac{a}{\lambda}$, $\frac{b}{\lambda}$, . . . dans l'équation [1] à la place de a, b,... On est ainsi ramené à la règle prescrite pour rétablir le rayon dans les formules trigonométriques [19].

Construction des expressions algébriques.

166. Non-seulement l'Algèbre remplace les procédés graphiques par des méthodes de calcul qui permettent de porter les approximations aussi loin qu'on veut; mais elle est elle-même le moyen le plus sûr pour découvrir les constructions dont un problème de Géométrie est susceptible. C'est ce qu'on peut déjà pressentir par celles qui ont été rapportées n°s 145 et 157, et c'est ce que je vais plus particulièrement expliquer dans cet article.

167. Je vais d'abord faire voir comment on peut construire, avec la règle et le compas, une ligne inconnue x, qui est exprimée sans radicaux en fonction de lignes connues a, b, c... Je ne prendrai pour exemples que des équations homogènes, parce que les autres se ramènent à celles-ci (165).

1° Soit

$$x = \frac{ab}{c}.$$

Cette valeur est égale au quatrième terme de la proportion $c : a :: b : x$; on obtiendra donc x en construisant une quatrième proportionnelle aux trois lignes c, a, b.

2° Soit

$$x = \frac{2a^2bc}{d^2e},$$

On décompose cette expression ainsi : $x = \frac{2a.a}{d} \times \frac{bc}{de}$. Par une quatrième proportionnelle, on trouve une ligne α égale à $\frac{2a.a}{d}$, et l'on aura $x = \frac{\alpha bc}{de}$. On peut écrire $x = \frac{\alpha b}{d} \times \frac{c}{e}$; et en cherchant encore une quatrième proportionnelle, β, égale à $\frac{\alpha b}{d}$, on a $x = \frac{\beta c}{e}$, expression qui se construit elle-même par une quatrième proportionnelle.

3° Si on avait

$$x = \frac{am^3}{n^3} + \frac{bm^2}{n^2} + \frac{cm}{n},$$

il est clair qu'il suffirait de chercher des quatrièmes proportionnelles. Mais, dans ce cas, les constructions s'enchaînent assez élégamment comme il suit.

Soient (fig. 42) $RM = m$ et $RN = n$: faites un angle quelconque RNS, menez MT parallèle à NS, prenez $NA = a$, et tirez RA qui coupe MT en F. On aura

$$RN \text{ ou } n : RM \text{ ou } m :: NA \text{ ou } a : MF, \text{ d'où } MF = \frac{am}{n}.$$

Menez FF′ parallèle à RN, et prenez $F'B = b$, on aura $NB = MF + F'B = \frac{am}{n} + b$; donc, si on tire RB, qui rencontre MT en G, on aura

$$RN \text{ ou } n : RM \text{ ou } m :: NB \text{ ou } \frac{am}{n} + b : MG, \text{ d'où } MG = \frac{am^2}{n^2} + \frac{bm}{n}.$$

Enfin, soit GG′ encore parallèle à RN, et $G'C = c$. On aura $NC = MG + G'C = \frac{am^2}{n^2} + \frac{bm}{n} + c$; et par conséquent, après avoir mené RC, qui coupe MT en H, il viendra

$$n : m :: \frac{am^2}{n^2} + \frac{bm}{n} + c : MH, \quad \text{d'où } MH = \frac{am^3}{n^3} + \frac{bm^2}{n^2} + \frac{cm}{n};$$

donc $x = MH$.

4° Soit

$$x=\frac{abc-d^3}{mn+p^2}.$$

Ayant remarqué que la ligne d entre dans cette expression plus de fois que les autres, je fais $abc=d^2\alpha$, $mn=d\beta$, $p^2=d\gamma$; et il vient

$$x=\frac{d^2(\alpha-d)}{d(\beta+\gamma)}=\frac{d(\alpha-d)}{\beta+\gamma}.$$

On obtiendra donc x en construisant une quatrième proportionnelle aux trois lignes $\beta+\gamma$, $\alpha-d$ et d. Quant aux lignes inconnues α, β, γ, elles sont déterminées par les équations posées ci-dessus, lesquelles donnent

$$\alpha=\frac{abc}{d^2},\quad \beta=\frac{mn}{d},\quad \gamma=\frac{p^2}{d},$$

monômes semblables à ceux des exemples précédens.

On voit que tout l'artifice de la méthode consiste à transformer le numérateur et le dénominateur en produits de facteurs du premier degré.

5° Soit encore

$$x=\frac{a^4+b^4+c^4-2a^2b^2-2a^2c^2-2b^2c^2}{a^2b+ab^2+a^2c+ac^2+b^2c+bc^2+2abc}.$$

L'habitude du calcul suggère quelquefois d'heureuses décompositions, et c'est ce qui arrive ici. En effet, avec un peu d'attention, on reconnaît que cette expression peut se changer en celle-ci :

$$x=\frac{(a+b+c)(a+b-c)(a+c-b)(a-b-c)}{(a+b)(a+c)(b+c)},$$

laquelle est facile à construire, puisqu'elle ne contient que des produits de lignes connues.

168. Je passe aux expressions qui contiennent des radicaux du second degré. Les plus simples sont les suivantes :

$$x=\sqrt{ab},\ x=\sqrt{a^2+b^2},\ x=\sqrt{a^2-b^2}.$$

La première, $x=\sqrt{ab}$, est une moyenne proportionnelle entre les lignes a et b, et la Géométrie donne plusieurs constructions pour la déterminer. La deuxième, $x=\sqrt{a^2+b^2}$, est l'hypoténuse du triangle rectangle dont les côtés sont a et b. Enfin la troisième, $x=\sqrt{a^2-b^2}$, est le côté d'un triangle rectangle qui a pour hypoténuse a, et pour second côté b. On peut encore décomposer $\sqrt{a^2-b^2}$, en $\sqrt{(a+b)(a-b)}$, et alors ce sera une moyenne proportionnelle entre $a+b$ et $a-b$.

Construisons les valeurs de y trouvées n° 154,

$$y=\sqrt{a^2+\tfrac{1}{4}m^2\pm a\sqrt{a^2+m^2}}.$$

Sur les côtés a et m on formera un triangle rectangle, sur les côtés a et $\frac{1}{2}m$ on en formera un second ; et, en nommant α, β, leurs hypoténuses, les valeurs de y se réduiront à celles-ci, $y=\sqrt{\beta^2\pm a\alpha}$. Pour changer $a\alpha$ en un carré, on prendra la moyenne proportionnelle, γ, entre a et α ; et alors on aura $y=\sqrt{\beta^2\pm\gamma^2}$, valeurs qui se construisent par des triangles rectangles.

Considérons maintenant une valeur aussi compliquée qu'on voudra : par exemple,

$$x=\frac{ac}{b}+\sqrt{\frac{a^2b^2-abc^2+c^4}{ac+b^2}}.$$

Je transforme d'abord la quantité qui est sous le radical en une fraction dont le numérateur et le dénominateur soient des produits de lignes, comme dans le n° 167. Je pose donc $a^2b^2=c^3\alpha$, $abc^2=c^3\beta$, $b^2=c\gamma$; et alors il vient

$$x=\frac{ac}{b}+\sqrt{\frac{c^3(\alpha-\beta+c)}{c(a+\gamma)}}=\frac{ac}{b}+\sqrt{\frac{c^2(\alpha-\beta+c)}{a+\gamma}}.$$

Je cherche, par des quatrièmes proportionnelles, deux lignes δ et δ' égales à $\frac{ac}{b}$ et à $\frac{c(\alpha-\beta+c)}{a+\gamma}$; on aura $x=\delta+\sqrt{c\delta'}$. Enfin, soit ρ une moyenne proportionnelle entre c et δ', il viendra $x=\delta+\rho$, et il ne s'agira que d'ajouter deux lignes.

Quant aux lignes représentées par α, β, γ, on les trouve par des quatrièmes proportionnelles : car on a

$$\alpha=\frac{a^2b^2}{c^3},\quad \beta=\frac{ab}{c},\quad \gamma=\frac{b^2}{c}.$$

169. Les constructions ne seraient pas plus difficiles, si les radicaux avaient pour indice une puissance de 2. Par exemple, soit

$$x=\sqrt[4]{\frac{a^7-3a^4b^3+b^7}{a^3+b^3}};$$

je changerai facilement la quantité soumise au radical en un produit de quatre facteurs simples. Pour cela, je pose $b^3=a^2\alpha$, $b^7=a^6\beta$, et il vient

$$x=\sqrt[4]{\frac{a^6(a-3\alpha+\beta)}{a^2(a+\alpha)}}=\sqrt[4]{\frac{a^4(a-3\alpha+\beta)}{a+\alpha}}.$$

Je représente par γ la quatrième proportionnelle égale à $\frac{a(a-3\alpha+\beta)}{a+\alpha}$, par δ la moyenne proportionnelle égale à $\sqrt{a\gamma}$; et on aura

$$x=\sqrt[4]{a^3\gamma}=\sqrt{\sqrt{a^3\gamma}}=\sqrt{a\sqrt{a\gamma}}=\sqrt{a\delta}.$$

Il ne s'agit donc plus que d'avoir une moyenne proportionnelle entre a et δ.

170. Les équations du second degré se ramènent à la forme $x^2+ax=q$. Si a et x sont des lignes, l'homogénéité exige que q, abstraction faite de son signe, représente une surface ou un produit de deux lignes. Soit b^2 le carré équivalent, faisons dans l'équation toutes les combinaisons que peuvent donner les signes de ses termes, et on aura les quatre suivantes:

[1] $x^2-ax=-b^2$, [2] $x^2+ax=-b^2$,
[3] $x^2-ax=+b^2$, [4] $x^2+ax=+b^2$.

En tirant de ces équations les valeurs de x, on n'aura que des radicaux du second degré; mais ce qu'il faut bien remarquer, c'est qu'il n'est pas nécessaire de les résoudre pour en construire les racines.

La première équation, $x^2-ax=-b^2$, étant mise sous la forme

$$x(a-x)=b^2,$$

montre que x et $a-x$ sont deux lignes dont la somme est égale à une longueur donnée a, et dont le rectangle est égal à un carré donné b^2. On décrira donc (fig. 43) un demi-cercle sur un diamètre AB égal à a; perpendiculairement à AB, on élevera BC égal à b; puis on mènera, parallèlement à AB, la ligne CF qui coupe la demi-circonférence en D; enfin on abaissera DE perpendiculaire sur AB. Les segmens BE et AE seront les valeurs de l'inconnue. En effet, soit x l'un des segmens, l'autre sera $a-x$. Or on a $BE \times AE = \overline{DE}^2$; donc $x(a-x)=b^2$, ce qui est l'équation à résoudre.

Si $BC = \frac{1}{2}AB$, ou $b^2 = \frac{1}{4}a^2$, la ligne CF devient tangente, et les deux segmens, AE, BE, sont égaux à $\frac{1}{2}a$: ce cas répond à celui où les racines de l'équation sont égales. Mais si BC surpasse $\frac{1}{2}AB$, la ligne CF cesse de rencontrer le cercle, circonstance qui répond au cas des racines imaginaires.

L'équation [2], $x^2+ax=-b^2$, n'a point de racines positives. En y changeant x en $-x$, elle devient $x^2-ax=-b^2$, équation semblable à la première; donc, après avoir trouvé les racines de celle-ci, il faudra leur donner le signe $-$.

Prenons maintenant l'équation [3], et écrivons-la ainsi :

$$x(x-a)=b^2.$$

Sous cette forme, on voit que x et $x-a$ sont deux lignes dont la différence est égale à a, et dont le rectangle est égal à b^2. Pour les trouver, je décris un cercle (fig. 44) sur le diamètre $AB=a$, je mène la tangente $BC=b$, et je tire la sécante CDE par le point C et par le centre. Les valeurs de x seront $x=CE$, $x=-CD$: car, en mettant chacune d'elles dans l'équation $x(x-a)=b^2$, on arrive à l'égalité $CD \times CE = \overline{BC}^2$, laquelle a été démontrée en Géométrie.

L'équation [4] a pour racines celles de l'équation [3], prises avec des signes contraires; par conséquent les valeurs de x sont $x=CD$, $x=-CE$.

171. Nous ne parlerons point ici des expressions irrationnelles qui ne peuvent pas se réduire à des radicaux du second degré, attendu qu'*il n'est point possible de les construire avec la droite et le cercle*, seules lignes qu'on étudie en Géométrie. Cette proposition, qu'on néglige ordinairement de démontrer, peut cependant l'être d'une manière fort simple.

Supposons, en effet, que le problème dont il s'agit puisse se résoudre en ne traçant que des droites et des cercles, mais qu'on ignore comment ces lignes doivent être menées: il n'en est pas moins évident que, si on suit avec attention les constructions successives qu'on fait sur les données (droites, cercles et angles), pour arriver à la ligne inconnue, il sera toujours possible de lier ces données à l'inconnue par un enchaînement de triangles, tous parfaitement déterminés. Or, on a vu, en Trigonométrie, que dans tous les cas où un triangle est déterminé, les parties inconnues s'expriment, en fonction de celles qui sont connues, ou par des formules qui sont rationnelles, ou par des formules qui ne contiennent que le radical du second degré; donc il en doit être encore de même pour les valeurs des inconnues, qui seront données par les derniers triangles. Il est bien entendu qu'on substitue toujours aux angles leurs sinus, ou leurs cosinus, etc.

Il suit de là que, si un problème peut se résoudre avec la règle et le compas, les inconnues que l'Algèbre fera trouver doivent être ou rationnelles ou réductibles à des radicaux du second degré. Par conséquent, lorsqu'on arrive à des expressions qui ne sont pas susceptibles d'être réduites à l'une de ces formes, il faut conclure que le problème n'est point dans la classe de ceux qui peuvent être résolus par la Géométrie élémentaire. C'est ce qu'il s'agissait de prouver.

172. Les anciens, qui ne connaissaient point l'Algèbre, manquaient de moyens pour juger si un problème est susceptible de se résoudre avec la droite et le cercle; et, comme ils recherchaient avant tout ce genre de construction, qu'ils considéraient comme plus simple et plus élégant, il n'y avait que l'inutilité de leurs efforts qui pût les déterminer à recourir à d'autres lignes. Après le cercle, celles qu'ils préféraient étaient *les sections coniques*, que nous étudierons plus loin: ils ont même inventé certaines courbes dont l'objet spécial était de résoudre quelques problèmes particuliers, tels que ceux de la trisection de l'angle et des deux moyennes proportionnelles géométriques. Mais l'analyse donnant pour ces questions les solutions les plus exactes qu'on puisse désirer, les géomètres n'attachent plus aucune importance à ces courbes.

Jusqu'à présent on a expliqué comment on met les problèmes

en équation, comment on interprète les valeurs négatives des inconnues, et comment on construit les expressions algébriques: il convient maintenant d'exposer les solutions de quelques problèmes choisis.

Problèmes de Géométrie résolus par l'Algèbre.

173. PROBLÈME I. *Connaissant les trois côtés d'un triangle, trouver la surface de ce triangle, le rayon du cercle circonscrit, et celui du cercle inscrit.*

1° *Surface du triangle* (fig. 45). Soit le triangle ABC, dans lequel on donne $BC = a$, $AC = b$, $AB = c$; j'abaisse la perpendiculaire AD. L'un des angles B et C étant nécessairement aigu, je suppose que ce soit l'angle C : on aura, par un théorème connu,

$$c^2 = a^2 + b^2 - 2a \times CD, \quad \text{d'où} \quad CD = \frac{a^2 + b^2 - c^2}{2a}.$$

Par suite, le triangle rectangle ACD donne

$$AD = \sqrt{\overline{AC}^2 - \overline{CD}^2} = \sqrt{b^2 - \frac{(a^2 + b^2 - c^2)^2}{4a^2}}$$

$$= \frac{\sqrt{4a^2b^2 - (a^2 + b^2 - c^2)^2}}{2a}.$$

Or, la surface du triangle est égale à $\frac{1}{2}a \times AD$; donc on a, en désignant cette surface par S,

$$S = \tfrac{1}{4}\sqrt{4a^2b^2 - (a^2 + b^2 - c^2)^2}.$$

On peut décomposer en facteurs la quantité soumise au radical : alors la valeur de S prend une forme remarquable, et surtout commode pour le calcul logarithmique. En effet, cette quantité, étant une différence de deux carrés, se décompose d'abord en $(2ab + a^2 + b^2 - c^2) \times (2ab - a^2 - b^2 + c^2)$. Ensuite chacun de ces facteurs, étant lui-même une différence de carrés, se décompose aussi en deux autres; de telle sorte qu'on a

$$S = \tfrac{1}{4}\sqrt{(a + b + c)\ (a + b - c)\ (a + c - b)\ (b + c - a)}.$$

Soit a la plus grande des trois lignes a, b, c; pour que le triangle soit possible, il faut qu'on ait $a < b + c$. Alors on a, à plus forte raison, $b < a + c$, $c < a + b$; donc tous les facteurs, qui sont sous le radical, sont positifs; donc la valeur de S est réelle, ainsi que cela doit être. Mais, si le triangle est impossible, on doit avoir $a > b + c$; par conséquent le dernier facteur est négatif: d'ailleurs les précédens sont positifs, puisque a est supposé plus grand que b et que c; donc la valeur de S est imaginaire.

Si on suppose $a = b + c$, on aura $S = 0$. Ce cas est celui où le sommet A, après s'être rapproché très-près de la base BC, viendrait enfin se placer sur cette base: il est évident qu'alors la surface du triangle devient nulle.

On simplifie l'expression de S en posant $a + b + c = 2p$. De là on tire $a + b - c = 2(p - c)$, $a + c - b = 2(p - b)$, $b + c - a = 2(p - a)$; et par suite il vient

$$S = \sqrt{p(p-a)(p-b)(p-c)}.$$

2° *Rayon du cercle circonscrit* (fig. 46). Je fais encore $BC = a$, $AC = b$, $AB = c$. Soit AE le diamètre du cercle circonscrit, je mène la hauteur AD, et je joins BE. Les triangles ABE, ADC, sont semblables: car les angles ABE, ADC, sont égaux comme droits, et les angles AEB, ACD, sont égaux comme inscrits dans le même segment. On a donc la proportion AE : AB :: AC : AD, ou $2R : c :: b : AD$, en désignant par R le rayon du cercle. Cette proportion donne

$$R = \frac{bc}{2AD} = \frac{abc}{2a \times AD} = \frac{abc}{4S}.$$

Remplaçons S par sa valeur trouvée plus haut, on aura, pour la valeur cherchée,

$$R = \frac{abc}{4\sqrt{p(p-a)(p-b)(p-c)}}.$$

3° *Rayon du cercle inscrit* (fig. 47). Soit O le centre et r le rayon du cercle inscrit dans le triangle ABC. En tirant les lignes OA, OB, OC, le triangle sera décomposé en trois autres, dont les surfaces sont égales à $\frac{1}{2}ar$, $\frac{1}{2}br$, $\frac{1}{2}cr$; donc la surface du triangle est égale à $\frac{1}{2}r(a+b+c)$. Ainsi, on a

$$\frac{1}{2}r(a+b+c) = S, \quad \text{d'où} \quad r = \frac{2S}{a+b+c} = \frac{S}{p};$$

et, en mettant au lieu de S sa valeur, on obtient

$$r = \sqrt{\frac{(p-a)(p-b)(p-c)}{p}},$$

174. PROBLÈME II. *Étant donnés les quatre côtés d'un quadrilatère inscrit, trouver les diagonales.*

La solution suivante, qui est très-connue, se trouve dans VIÈTE.

Soit ABCD (fig. 48) un quadrilatère inscrit, ou plutôt inscriptible : je fais $AB = a$, $BC = b$, $CD = c$, $AD = d$, $AC = x$, $BD = y$. Je suppose, pour fixer les idées, que l'angle ABC soit aigu; l'angle ADC sera obtus et égal au supplément de l'angle ABC, d'où il suit qu'en prolongeant CD, l'angle ADQ sera égal à ABC. Si on abaisse les perpendiculaires CP, AQ, les triangles CBP, ADQ, seront semblables, et donneront BP : DQ :: $b : d$, d'où

$$[1] \qquad d \times BP = b \times DQ.$$

Mais les triangles ABC et ACD donnent, par des théorèmes connus,

$$x^2 = a^2 + b^2 - 2a \times BP, \quad x^2 = c^2 + d^2 + 2c \times DQ.$$

On tire de là

$$BP = \frac{a^2 + b^2 - x^2}{2a}, \quad DQ = \frac{x^2 - c^2 - d^2}{2c};$$

et, en mettant ces valeurs dans l'équation [1], il vient

$$cd(a^2 + b^2 - x^2) = ab(x^2 - c^2 - d^2),$$

d'où

$$x = \sqrt{\frac{a^2cd + b^2cd + abc^2 + abd^2}{ab + cd}}.$$

Le numérateur de la quantité placée sous le radical est égal au produit $(ac + bd)(ad + bc)$; donc la valeur de la diagonale AC peut s'écrire ainsi :

$$x = \sqrt{\frac{(ac + bd)(ad + bc)}{ab + cd}}.$$

Si on cherche l'autre diagonale BD ou y, il est clair que les calculs seront les mêmes que les précédens, avec cette seule différence que a, b, c, d, seront remplacés par b, c, d, a. En faisant donc ces changemens dans la formule ci-dessus, on aura la valeur de y, savoir :

$$y=\sqrt{\frac{(ac+bd)(ab+cd)}{ad+bc}}.$$

Remarques. 1° A l'aide des valeurs précédentes, il est facile de construire le quadrilatère inscriptible, dont les côtés sont connus. Il suffit, en effet, de former au-dessus de AC, comme base, le triangle ACD, qui a pour côtés c, d, et au-dessous un autre triangle dont les côtés soient a, b. On trouve ainsi deux solutions différentes ABCD, AB'CD (fig. 49). Quant à la diagonale AC, elle est elle-même facile à construire. En effet, on peut changer d'abord chaque produit de deux lignes en un carré, et ensuite chaque somme de carré en un carré unique : de cette manière la valeur de x prend la forme $x=\sqrt{\frac{\alpha^2\beta^2}{\gamma^2}}=\frac{\alpha\beta}{\gamma}$, et il n'y a plus qu'à chercher une quatrième proportionnelle à γ ; α, β.

2° Si on multiplie les diagonales l'une par l'autre, on trouve

$$xy=\sqrt{\frac{(ac+bd)^2(ab+cd)(ad+bc)}{(ab+cd)(ad+bc)}}=ac+bd;$$

donc, *dans tout quadrilatère inscrit, le rectangle des diagonales est égal à la somme des rectangles des côtés opposés.*

3° Si on prend le rapport de ces mêmes diagonales, on a

$$\frac{x}{y}=\sqrt{\frac{(ad+bc)^2}{(ab+cd)^2}}=\frac{ad+bc}{ab+cd};$$

donc *les diagonales sont entre elles comme les sommes des rectangles des côtés, qui aboutissent aux extrémités de ces diagonales.*

175. PROBLÈME III. *Connaissant les quatre côtés d'un quadrilatère inscrit, trouver la surface de ce quadrilatère.*

Cherchons, comme dans le numéro précédent, les valeurs de BP et de AC (fig. 48). Ces valeurs sont

$$BP=\frac{a^2+b^2-x^2}{2a},\quad x=\sqrt{\frac{a^2cd+b^2cd+abc^2+abd^2}{ab+cd}}.$$

Dans BP remplaçons x par sa valeur : il vient, toutes réductions faites,

$$BP = \frac{b(a^2 + b^2 - c^2 - d^2)}{2(ab + cd)}.$$

Maintenant, le triangle rectangle BCP donne

$$CP = \sqrt{\overline{BC}^2 - \overline{BP}^2} = \frac{b\sqrt{4(ab+cd)^2 - (a^2+b^2-c^2-d^2)^2}}{2(ab+cd)};$$

donc la surface du triangle ABC sera

$$ABC = \frac{ab\sqrt{4(ab+cd)^2 - (a^2+b^2-c^2-d^2)^2}}{4(ab+cd)}.$$

Si on cherche de même celle de ADC, on trouve

$$ADC = \frac{cd\sqrt{4(ab+cd)^2 - (a^2+b^2-c^2-d^2)^2}}{4(ab+cd)}.$$

Or, ABC + ADC = ABCD; donc, S désignant ABCD, on a

$$S = \tfrac{1}{4}\sqrt{4(ab+cd)^2 - (a^2+b^2-c^2-d^2)^2}.$$

La quantité qui est sous le radical se décompose facilement en facteurs, et il vient

$$S = \tfrac{1}{4}\sqrt{(a+b+c-d)(a+b+d-c)(a+c+d-b)(b+c+d-a)},$$

ou bien, en faisant $a + b + c + d = 2p$,

$$S = \sqrt{(p-a)(p-b)(p-c)(p-d)}.$$

Remarque. Il est facile de trouver le rayon du cercle dans lequel le quadrilatère peut être inscrit. Pour cela, il faut calculer la diagonale AC; alors on connaît les trois côtés du triangle ABC, et on obtient le rayon du cercle circonscrit à ce triangle par la formule trouvée dans le n° 173. Or, ce rayon est précisément celui qu'il faut déterminer.

176. PROBLÈME IV. *Trois parallèles étant données*, FG, HI, KL (fig. 50), *trouver les côtés d'un triangle dont les angles sont donnés, et dont les sommets doivent être placés sur ces parallèles.*

Soit ABC le triangle demandé : par hypothèse, les angles A, B, C, sont donnés; mais les côtés sont inconnus. Je pose $BC = x$, $AC = y$, $AB = z$; sur KL j'abaisse la perpendiculaire AE, qui coupe HI en D, et je fais $AD = a$, $AE = b$.

Cela posé, les triangles rectangles ABD, ACE, donnent (63)

$$\cos \text{BAD} = \frac{a}{z}, \quad \cos \text{CAE} = \frac{b}{y};$$

et par suite on a

$$\sin \text{BAD} = \frac{\sqrt{z^2 - a^2}}{z}, \quad \sin \text{CAE} = \frac{\sqrt{y^2 - b^2}}{y}.$$

Or CAE + BAD = angle A; donc cos (CAE + BAD) = cos A, ou, en développant,

$$\cos \text{CAE} \cos \text{BAD} - \sin \text{CAE} \sin \text{BAD} = \cos \text{A}.$$

Remplaçons les sinus et les cosinus par leurs valeurs, faisons disparaître les radicaux, et effectuons les autres réductions : il vient, pour première équation,

$$y^2 z^2 \sin^2 \text{A} - a^2 y^2 - b^2 z^2 + 2abyz \cos \text{A} = 0.$$

Mais dans tout triangle les côtés sont comme les sinus des angles opposés ; donc on a, dans le triangle ABC,

$$y : x :: \sin \text{B} : \sin \text{A} \quad \text{d'où} \quad y = \frac{x \sin \text{B}}{\sin \text{A}}$$

$$z : x :: \sin \text{C} : \sin \text{A} \quad \text{d'où} \quad z = \frac{x \sin \text{C}}{\sin \text{A}}.$$

Mettons ces valeurs dans l'équation, on aura, toutes réductions faites, et après avoir divisé par x^2,

$$x^2 = \frac{a^2}{\sin^2 \text{C}} + \frac{b^2}{\sin^2 \text{B}} - \frac{2ab \cos \text{A}}{\sin \text{C} \sin \text{B}}.$$

Il est aisé maintenant d'avoir la valeur de x, et ensuite celles de y et de z au moyen des relations précédentes. La question proposée est donc résolue.

La valeur de x est facile à construire. FG, HI, KL, étant les parallèles données, faites les angles RBH, RCL, respectivement égaux aux angles donnés C et B ; puis joignez les points B, C : la droite BC sera le côté cherché, désigné par x. Pour s'en convaincre, on abaisse la perpendiculaire RD'E', et les triangles rectangles RBD', RCE', donnent (63)

$$\text{RB} = \frac{a}{\sin \text{C}}, \quad \text{RC} = \frac{b}{\sin \text{B}}.$$

Maintenant, si on prolonge RB, on aura l'angle ROC = RBH = C : or l'angle RCO est déjà égal à B ; donc CRO, troisième angle du triangle RCO, est égal à l'angle A ; par conséquent le triangle RBC donne (66)

$$\overline{BC}^2 = \overline{RB}^2 + \overline{RC}^2 - 2RB \times RC \times \cos A,$$

ou, en mettant au lieu de RB et de RC leurs valeurs,

$$\overline{BC}^2 = \frac{a^2}{\sin^2 C} + \frac{b^2}{\sin^2 B} - \frac{2ab \cos A}{\sin C \sin B}.$$

Cette expression est la même que celle de x^2 ; donc BC est le côté cherché, placé comme il doit l'être, entre les parallèles données HI, KL.

Pour achever le triangle demandé, on fera passer, par les points R, B, C, une circonférence qui coupera la ligne FG en un second point A, puis on mènera les droites AB, AC ; et ABC sera le triangle demandé.

Si on veut démontrer cette construction *à posteriori*, on remarquera que les propriétés des sécantes parallèles donnent arc ASC = arc RBT ; donc l'angle ABC, inscrit dans le premier arc, est égal à l'angle RCO, inscrit dans le second. Or, par construction, l'angle RCO est égal à B ; donc aussi l'angle ABC = B. Le triangle ABC ayant deux angles, CAB et ABC, égaux à A et B, le troisième est nécessairement égal à C.

On peut faire les mêmes constructions de l'autre côté du point B, et décrire un second triangle A'BC', qui ne différera du premier que par la situation. Il est évident d'ailleurs que chaque point de la parallèle HI peut servir à déterminer deux triangles égaux à ceux-là, et qui résoudront aussi la question.

Remarque. La construction précédente a été faite sur les données elles-mêmes, et la ligne BC a été trouvée dans la situation que doit avoir le côté inconnu désigné par x : c'est en cela que consiste l'élégance des constructions fournies par l'Algèbre. Il est rare qu'elles remplissent ces conditions, et même elles ont ordinairement l'inconvénient d'être moins simples que celles qui se déduisent des seules considérations géométriques. Le problème qui vient d'être résolu en est une preuve.

177. Nous terminerons ce chapitre par les énoncés de quelques problèmes à résoudre.

I. Inscrire un carré dans un triangle.

II. Connaissant la base d'un triangle, l'angle au sommet et la somme des deux côtés, trouver chacun de ces côtés.

III. Sur une base donnée, construire un triangle dans lequel la somme des côtés soit double de la base, et dont le sommet soit sur une droite donnée de position.

IV. Etant donnés la hauteur d'un triangle, le rayon du cercle inscrit, et le rayon du cercle circonscrit, trouver les trois côtés de ce triangle.

V. Connaissant le périmètre d'un triangle, le rayon du cercle inscrit et celui du cercle circonscrit, trouver les côtés.

VI. Etant donnés les angles, la surface et le périmètre d'un trapèze, trouver les quatre côtés.

VII. Diviser un trapèze en deux parties égales par une ligne parallèle aux bases.

VIII. Par un point donné, mener une droite qui renferme, avec deux autres droites données de position, un triangle égal à un carré k^2.

IX. Etant données trois circonférences concentriques, trouver le côté du triangle équilatéral dont les sommets seraient sur ces trois circonférences.

X. Trouver un triangle qui soit semblable à un triangle donné, et dont les sommets reposent sur trois circonférences concentriques données.

XI. Etant donné un cercle sur une sphère, on demande un second cercle, parallèle au premier, comprenant avec lui un segment qui soit dans un rapport donné avec le cône dont le sommet serait au centre du premier cercle, et dont la base serait le second cercle.

XII. Un tronc de cône, à bases parallèles, étant donné, mener un plan parallèle aux bases, qui divise ce tronc en deux parties ayant entre elles un rapport donné.

CHAPITRE II.

DES LIEUX GÉOMÉTRIQUES.

Lieux géométriques. Moyen de les représenter par des équations.

178. Il peut se faire que dans une question de géométrie, où l'on propose de trouver un point, la condition donnée par l'énoncé convienne à tous les points d'une même ligne, le problème est alors indéterminé, et l'Algèbre doit faire connaître cette ligne elle-même. Par exemple, *on demande un point tel, qu'en le prenant pour sommet d'un triangle dont la base est donnée, la somme des carrés des côtés de ce triangle soit égale au carré de la base.* Il est évident que tous les points de la circonférence décrite sur la base, comme diamètre, jouissent de la propriété énoncée. Si on veut appliquer le calcul à cette question très-simple, on supposera que du point cherché, M (fig. 51), on abaisse une perpendiculaire MP sur la base donnée AB : les distances AP et MP seront deux inconnues qu'il faut connaître pour que le point M soit déterminé. On fera $AP = x$, $MP = y$, $AB = a$; et les triangles rectangles AMP, BMP, donneront

$$\overline{AM}^2 = \overline{MP}^2 + \overline{AP}^2 = y^2 + x^2,$$
$$\overline{BM}^2 = \overline{MP}^2 + \overline{PB}^2 = y^2 + (a - x)^2.$$

Or, l'énoncé ne donne que la seule condition $\overline{AM}^2 + \overline{BM}^2 = \overline{AB}^2$; on mettra donc au lieu des lignes leurs valeurs, et on aura, pour déterminer x et y, l'équation unique

$$y^2 + x^2 + y^2 + (a - x)^2 = a^2,$$

ou, en réduisant et transposant,

$$y^2 = ax - x^2.$$

Cette équation ne change pas, quelque position qu'on suppose au point M, soit au-dessus, soit au-dessous de AB. Comme elle contient deux inconnues, on peut donner à l'une d'elles, à x, par exemple, une valeur arbitraire AP; l'autre inconnue, y, se calculera par l'équation, et on connaîtra la hauteur PM, correspondante à la distance AP. En faisant passer x par tous les états de grandeur, on trouvera tous les points de la circonférence qui résout le problème. Remarquons en passant que y a deux valeurs, $y=\pm\sqrt{(ax-x^2)}$, et qu'on peut établir comme convention, que la valeur négative sera portée au-dessous de AB en PM'.

Sans entrer dans de plus longs détails, ce qui précède suffit pour montrer comment il arrive que des problèmes indéterminés conduisent à la recherche de certaines lignes, dont tous les points jouissent d'une même propriété, que l'énoncé fait connaître. Les lignes considérées ainsi, c'est-à-dire comme composées de points qui ont une propriété commune, sont désignées sous le nom de *lieux géométriques*.

La solution la plus élégante d'un problème, dans lequel il s'agit de trouver un point inconnu, consiste souvent à déterminer deux lieux géométriques qui, par leur intersection, font connaître ce point. Mais ce n'est pas le moment de donner des développemens à ce sujet.

L'Algèbre s'emploie de la manière la plus heureuse pour connaître les lieux géométriques et découvrir leurs propriétés. La suite de ce Traité a pour objet principal d'exposer les méthodes propres à ce genre de recherches.

179. Pour déterminer la position d'un point sur une droite $x'x$ (fig. 52), on donne la distance de ce point à un point fixe, A, de cette ligne; et, pour indiquer de quel côté il se trouve par rapport au point A, on affecte cette distance du signe $+$ ou du signe $-$, selon que le point est du côté Ax ou du côté Ax'. D'après cette convention, si on désigne d'une manière générale par x cette distance prise avec le signe qui lui convient, l'équation $x=+2$ déterminera un point M placé du côté Ax, à une distance AM égale à deux unités de longueur, tandis que l'équation $x=-2$ donnera un point M' placé du côté opposé, mais toujours à la même distance.

Ainsi, *le signe $-$, dont on fait précéder la valeur de* x, *ne sert qu'à indiquer le sens dans lequel on doit porter cette distance.*

180. Pour fixer la position d'un point sur un plan, on trace dans ce plan deux droites, $x'x$ et $y'y$ (fig. 53), qui font entre elles un angle connu, et l'on mène par ce point, parallèlement à ces lignes, les droites MP, MQ, qui les coupent en certains points P et Q. Il est clair que le point M est parfaitement déterminé quand on connaît les points P et Q ; car en menant, par ces points, PM parallèle à Ay, et QM parallèle à Ax, ces parallèles iront se croiser au point M. Or, le point P est déterminé quand on donne la distance AP, et qu'on a soin de l'affecter du signe + ou du signe —, selon la position du point P à l'égard du point A ; de même le point Q est déterminé au moyen de la distance AQ et du signe dont on l'affecte : donc, avec ces données, le point M sera entièrement fixé.

Les distances telles que AP, ou son égale MQ, se nomment *abscisses* ; et les distances telles que AQ, ou son égale MP, s'appellent *ordonnées*. La ligne $x'x$, sur laquelle se comptent les abscisses, se nomme l'*axe des abscisses* ; $y'y$ est l'*axe des ordonnées*. Les ordonnées et les abscisses se désignent encore conjointement sous la dénomination de *coordonnées* : les lignes $x'x$ et $y'y$ sont alors les *axes des coordonnées*, et le point A, où elles se coupent, en est l'*origine*. Souvent encore on représente d'une manière générale les abscisses par x, et les ordonnées par y ; et on dit, pour abréger, que $x'x$ est l'axe des x, et $y'y$ l'axe des y.

Les abscisses x et les ordonnées y doivent être considérées comme des quantités variables, qui peuvent recevoir toutes les valeurs possibles, positives et négatives. Le côté des abscisses négatives est tout-à fait arbitraire, et il en est de même de celui des ordonnées négatives : mais dans la suite nous prendrons toujours les abscisses positives à droite, c'est-à-dire du côté Ax, et les abscisses négatives à gauche ; les ordonnées positives, au-dessus de l'origine, du côté Ay, et les ordonnées négatives au-dessous.

De ces conventions, il résulte qu'on aura

x positif et y positif dans l'angle yAx,
x négatif et y positif dans l'angle yAx',
x négatif et y négatif dans l'angle $y'Ax'$,
x positif et y négatif dans l'angle $y'Ax$;

et quand on donnera à x et à y des valeurs particulières, on reconnaîtra sur-le-champ l'angle où est situé le point que ces coordonnées déterminent. Par exemple, qu'on ait $x=-2$, $y=-3$, le point sera situé dans l'angle $y'Ax'$. Si on veut en marquer la position, on prendra, sur Ax', $AP'=2$, et, sur Ay', $AQ'=3$; on mènera $P'M'$, $Q'M'$, parallèles aux deux axes, et le point M', où ces parallèles se coupent, sera le point demandé.

Pour tous les points de l'axe $x'x$, l'ordonnée est nulle; par conséquent les valeurs $x=-2$, $y=0$, détermineraient le point P'.

De même, pour tous les points de l'axe $y'y$, l'abscisse étant nulle, les valeurs $x=0$, $y=-3$, détermineraient le point Q'.

Enfin, l'origine A serait donnée par les valeurs $x=0$, $y=0$.

181. Maintenant que nous savons déterminer la position d'un point, concevons qu'une ligne courbe étant tracée sur un plan, chacun de ses points soit rapporté à deux axes de position connue, et qu'il y ait, entre l'abscisse et l'ordonnée de chaque point, une relation constante, c'est-à-dire, une liaison ou dépendance mutuelle qui ne change pas quand on passe d'un point de la courbe à un autre. Il arrive, dans un grand nombre de cas, que cette relation est de nature à être exprimée par une équation entre l'abscisse et l'ordonnée. Cette équation, une fois trouvée, fait connaître une quelconque de ces quantités au moyen de l'autre, de sorte qu'en donnant à l'abscisse, par exemple, des valeurs arbitraires, on déduit de l'équation les valeurs correspondantes de l'ordonnée, et on obtient ainsi autant de points de la courbe qu'on voudra.

S'il s'agit d'une ligne droite, telle que AB (fig. 54), qui divise en deux parties égales l'angle yAx des coordonnées, on observe que, pour chaque point de cette ligne, l'ordonnée est égale à l'abscisse; donc la relation de ces deux coordonnées sera exprimée par l'équation

$$y=x.$$

Au moyen de cette équation, on peut trouver autant de points qu'on voudra de la droite, en donnant à x des valeurs particulières. Quand on donnera à x des valeurs positives, on trouvera pour y des valeurs positives, ce qui déterminera les points de la droite, situés dans l'angle yAx. En donnant à x des valeurs négatives, y sera négatif, ce qui déterminera des points situés dans l'angle $x'Ay'$. Il est clair, en effet, que chaque point du prolongement de la droite AB, dans l'angle $x'Ay'$, a une abscisse et une ordonnée négatives et toujours égales.

L'équation qui exprime d'une manière générale la relation constante de l'abscisse et de l'ordonnée d'une ligne, est dite l'équation de cette ligne; et cette ligne, à son tour, se nomme *le lieu de l'équation.*

Ainsi, $y = x$ est l'équation de la droite qui divise en deux parties égales l'angle des coordonnées; et réciproquement, la ligne qui divise en deux parties égales l'angle des coordonnées est le lieu de l'équation $y = x$.

182. Une ligne donnée ne peut avoir une équation qu'autant qu'on connaît ou la définition, ou la génération, ou bien encore une propriété de cette ligne. Ainsi, on ne saurait représenter par une équation le trait que décrit la plume d'un écrivain, parce qu'on ignore tout-à-fait la loi de sa génération; mais on aura facilement l'équation du cercle, en partant de sa définition, savoir : que tous ses points sont également éloignés du centre. Quant au lieu d'une équation, il est facile à déterminer, ou du moins on n'y rencontre pas d'autre difficulté que celle de résoudre l'équation.

Exemples de lieux géométriques.

183. Je proposerai d'abord quelques exemples dans lesquels il faut construire des lieux géométriques d'après des équations données.

Exemple I (fig. 55). Soit l'équation

$$ay = x^2,$$

dans laquelle on représente par a une longueur donnée, et par x et y les coordonnées d'une ligne qu'il s'agit de construire. L'équation étant homogène, l'unité est arbitraire (164), et je puis prendre $a = 1$, ce qui donne

$$y = x^2.$$

Pour avoir la courbe, je donnerai à x différentes valeurs positives et négatives; je tirerai de l'équation, pour y, des valeurs correspondantes, qui seront toutes réelles, et chaque solution de l'équation déterminera un point de la ligne cherchée. Ainsi, $x=2$ donnant $y=4$, si on prend $AP=2$ du côté Ax, et que, du côté des y positifs, on mène PM parallèle à Ay et égale à 4, le point M appartiendra au lieu géométrique de l'équation. De cette manière on a autant de points qu'on veut, et à des distances d'autant plus rapprochées que les valeurs de x le sont elles-mêmes davantage.

En faisant $x=0$ on a $y=0$; donc la ligne représentée par l'équation $y=x^2$ passe par l'origine.

Si on pose $x=1, \quad 2, \quad 3, \quad 4, \quad 5, \quad 6,$ etc.,
on trouve $y=1, \quad 4, \quad 9, \quad 16, \quad 25, \quad 36,$ etc. :
l'ensemble de ces valeurs détermine des points dans l'angle yAx.

Si on fait $x=-1, -2, -3, -4,$ etc.,
on a encore $y= \quad 1, \quad 4, \quad 9, \quad 16,$ etc. :
ces coordonnées déterminent des points situés dans l'angle yAx'.

On voit que l'ordonnée, à partir de $x=1$, croît beaucoup plus rapidement que l'abscisse : c'est ce que montre sur-le-champ l'équation. En effet, elle donne $\frac{y}{x}=x$, ce qui prouve que, depuis $x=1$, ce rapport surpasse l'unité et augmente en même temps que x ; donc l'ordonnée contient l'abscisse un nombre de fois d'autant plus grand que l'abscisse est elle-même plus grande.

Pour ne pas se tromper sur la forme de la courbe dans le voisinage de l'origine, il est nécessaire d'en avoir, vers cette partie, des points assez rapprochés. C'est pourquoi l'on calculera les ordonnées correspondantes aux abscisses fractionnaires 0,1, 0,2, 0,3,... On obtient ainsi le tableau suivant :

$x=0{,}10,$	$0{,}20,$	$0{,}30,$	$0{,}40,$	$0{,}50,$	etc.
$y=0{,}01,$	$0{,}04,$	$0{,}09,$	$0{,}16,$	$0{,}25,$	etc.

Il fait connaître que l'ordonnée diminue plus rapidement que l'abscisse, quand la courbe approche très-près de l'origine ; et, en effet, le rapport $\frac{y}{x}=x$ est alors très-petit.

Après avoir construit un certain nombre de points, on les

joindra par un trait continu, et on aura le lieu de l'équation proposée, avec d'autant plus d'exactitude que ces points seront plus nombreux. C'est ainsi qu'a été tracée la courbe représentée sur la figure.

On sent bien qu'il est impossible d'obtenir en réalité tous les points dont les coordonnées satisfont à l'équation $y = x^2$: car il est impossible de substituer, pour x, des valeurs qui ne soient pas discontinues. Mais comme on conçoit parfaitement qu'en faisant varier x d'une manière continue, y doit aussi varier d'une manière continue, il en résulte que la continuité existe dans la suite de tous les points que l'équation détermine. S'il restait quelque doute à cet égard, on le dissiperait en remarquant que la discontinuité ne pourrait avoir lieu que parce qu'il y aurait des abscisses sans ordonnées correspondantes : or c'est ce qui n'arrive pas, puisque chaque valeur réelle de x en détermine aussi une réelle de y.

Exemple II (fig. 56). Soit l'équation

$$y^2 = \frac{x^3}{a}.$$

On en tire

$$y = \pm\sqrt{\frac{x^3}{a}}.$$

Le double signe montre que, pour chaque abscisse AP, il faut porter, au-dessus et au-dessous de l'axe $x'x$, des ordonnées égales. De là il suit que si les axes étaient rectangulaires, et qu'on fît tourner la partie inférieure de la courbe autour de $x'x$, cette partie viendrait coïncider avec la partie supérieure; donc elle lui serait égale.

Quand on fait x négatif, y est imaginaire; donc la courbe n'a aucun point du côté Ax'.

En faisant $x = 0$, on a $y = 0$; donc la courbe passe à l'origine.

Lorsque x croît positivement, y est réel et de plus en plus grand; et même les deux coordonnées n'ont aucune limite, puisque x infini donne y infini. Il résulte de là que la courbe, à partir de l'origine, se sépare en deux branches qui s'éloignent indéfiniment des deux axes, du côté des abscisses positives, l'une au-dessus de l'axe des abscisses, et l'autre au-dessous.

On n'a encore qu'une idée générale de la forme de la courbe. Pour la connaître avec plus de précision, il faut la construire par points, comme on a fait numéro précédent. L'équation étant homogène, l'unité est arbitraire; on peut supposer $a = 1$, et on aura

$$y = \pm\sqrt{x^3}.$$

En donnant à x des valeurs entières et en calculant les valeurs de y, on forme le tableau suivant :

$x = 0,$	$1;$	$2;$	$3,$	$4,$	$5,$	$6,$	etc.
$y = 0,$	$\pm 1,$	$\pm 2{,}82,$	$\pm 5{,}19,$	$\pm 8,$	$\pm 11{,}18,$	$\pm 14{,}69,$	etc.

En donnant à x des valeurs fractionnaires, on forme cet autre tableau :

$x =$	0,10,	0,20,	0,30,	0,40,	0,50,	0,60,	0,70,	0,80,	0,90;
$y =$	$\pm$ 0,20,	$\pm$ 0,09,	$\pm$ 0,16,	$\pm$ 0,25,	$\pm$ 0,35,	$\pm$ 0,46,	$\pm$ 0,58,	$\pm$ 0,71,	$\pm$ 0,85.

L'équation donne $\frac{y}{x} = \sqrt{x}$; donc ce rapport est très-grand quand x est très-grand, et il est très-petit quand x est très-petit, ce qui justifie la forme donnée à la courbe sur la figure.

Exemple III (fig. 57). Soit encore l'équation

$$y^3 - 3axy + x^3 = 0.$$

Jusqu'ici on a fait croître l'abscisse en progression arithmétique, mais on peut adopter telle autre loi qu'on voudra; et même il peut être utile d'employer une troisième indéterminée dont les relations avec x et y soient moins compliquées que celle qui est donnée entre ces variables. C'est ainsi que dans l'exemple proposé, pour éviter la résolution d'une équation du 3ᵉ degré, on fera $y = tx$. Après cette substitution, l'équation peut être divisée par x^2 et devient

$$t^3x - 3at + x = 0.$$

De celle-ci on tire x en t; puis on exprime aussi y en t. On trouve

$$x = \frac{3at}{t^3 + 1}, \quad y = \frac{3at^2}{t^3 + 1}.$$

Alors on fera passer t par tous les états de grandeur, on calculera les valeurs correspondantes de x et y, puis on construira la courbe par points.

En supposant $t=0$, on a $x=0$, $y=0$, ce qui détermine l'origine A. Si on fait croître t positivement, les valeurs de x seront positives, et commenceront aussi par croître : mais elles ne dépasseront pas une certaine limite ; car lorsque t est très-grand, x est très-petit, à cause de t^3 qui est au dénominateur. Quoique nous n'ayons pas de méthode pour assigner cette limite, il n'en est pas moins évident qu'elle existe, et d'ailleurs elle se trouve déterminée par approximation quand on calcule ce que devient x pour des valeurs de t très-rapprochées. Pareillement, l'ordonnée y augmente jusqu'à une certaine limite, après laquelle elle diminue. Enfin, pour $t=\infty$, on a $x=0$, $y=0$; et ces valeurs ramènent à l'origine. On obtient de cette manière la *feuille* ACDEA. Sur quoi il faut observer que, l'équation proposée étant symétrique en x et en y, la droite AD, qui divise l'angle $y\mathrm{A}x$ en parties égales, doit partager aussi la courbe en parties égales.

Il faut maintenant donner à t des valeurs négatives. Pour plus de commodité, je change t en $-t$: il vient

$$x=-\frac{3at}{1-t^3},\quad y=\frac{3at^2}{1-t^3};$$

et alors on devra prendre t positivement. En faisant augmenter t de 0 à 1, les variables x et y croissent de zéro à l'infini, l'une négativement, et l'autre positivement : ainsi se construit la branche indéfinie AF. La même chose arrive quand on fait décroître t depuis l'infini jusqu'à 1, avec cette seule différence que x est positif, tandis que y est négatif : de là résulte la branche AG qui achève la courbe demandée, laquelle est connue sous le nom de *folium de Descartes*.

184. Proposons maintenant des problèmes dans lesquels il s'agira de trouver les équations de quelques lieux géométriques.

PROBLÈME I (fig. 58). *Soit* ALB *un cercle donné, et* BC *une perpendiculaire élevée à l'extrémité du diamètre* AB ; *du point* A, *tirez une infinité de lignes telles que* AD, *qui coupe* BC *en* D *et la circonférence en* L; *et, sur chacune de ces lignes, prenez* AM=LD : *le lieu des points* M, *ainsi déterminés, sera une courbe dont on demande l'équation.* Cette ligne est la *cissoïde* inventée par DIOCLÈS.

Je prendrai le diamètre AB pour axe des abscisses, et la perpendiculaire Ay pour axe des ordonnées. J'abaisse MP, LQ, perpendiculaires sur AB, et LR perpendiculaire sur BC. Je fais AP $= x$, MP $= y$, AB $= a$. Pour avoir une équation entre ces quantités, je remarque d'abord que les triangles AMP, LDR, sont égaux; donc QB $=$ LR $=$ AP $= x$, et AQ $= a - x$. La ligne LQ est moyenne proportionnelle entre AQ et QB; donc LQ $= \sqrt{x(a-x)}$. Enfin les triangles semblables AMP, ALQ, donnent MP : AP :: LQ : AQ, ou

$$y : x :: \sqrt{x(a-x)} : a - x.$$

De cette proportion on tire, toute réduction faite,

$$y = x\sqrt{\frac{x}{a-x}}.$$

Cette valeur ne donne que la partie supérieure de la courbe : pour avoir toute la courbe, il faut prendre cette valeur avec le double signe $\pm$, ou, ce qui revient au même, élever les deux membres de l'équation au carré. On a ainsi, pour l'équation de la cissoïde,

$$y^2 = \frac{x^3}{a-x}.$$

On pourrait en trouver la forme, en suivant la marche tracée dans les numéros précédens. Mais il est plus simple de construire cette courbe d'après l'énoncé même de la question.

PROBLÈME II (fig. 59). *Soient* XX', YY', *deux droites rectangulaires, et* O *un point donné sur la ligne* XX', *on fait mouvoir un angle droit* KEH *de manière que son côté* EK, *qui est indéfini, passe toujours par le point* O, *et que l'autre côté* EH, *qu'on suppose égal à* OA, *ait toujours son extrémité* H *sur la ligne* YY' : *le point* M, *milieu de* EH, *décrira une courbe dont on demande l'équation.*

Je prends XX' et YY' pour les axes de coördonnées. Soit M un point de la courbe, correspondant à une position quelconque de l'angle droit KEH; je mène MP, ER, perpendiculaires à AX, et EQ parallèle à AX. Je fais AP $= x$, MP $= y$, EH $=$ AO $= 2a$.

Le point M étant le milieu de EH, on a ME $= a$, et QE $=$ PR $=$ AP $= x$; donc le triangle MQE donnera

$$MQ = \sqrt{a^2 - x^2}.$$

Les triangles OER, MQE, étant semblables, on a ER : OR :: QE : MQ, ou ER : $2a + 2x :: x : \sqrt{a^2 - x^2}$; donc

$$ER = \frac{2x(a+x)}{\sqrt{a^2 - x^2}}.$$

Mais MP ou $y =$ ER $+$ MQ ; donc

$$y = \frac{2x(a+x)}{\sqrt{a^2 - x^2}} + \sqrt{a^2 - x^2}.$$

En effectuant les calculs et les réductions, puis élevant au carré, on trouve l'équation demandée,

$$y^2 = \frac{(a+x)^3}{a-x}.$$

Si on fait $x = 0$, on a $y = \pm a$; donc, en prenant AB' $=$ AB $= a$, la courbe passera aux points B et B'. Si on fait $y = 0$, il vient $x = -a$; donc, en prenant AC $= a$, du côté des abscisses négatives, le point C appartiendra à la courbe. En continuant cette discussion, on obtient toute la courbe.

Elle paraît semblable à la cissoïde du problème I, et on peut même démontrer que les équations des deux courbes ne diffèrent que parce que les abscisses partent du point A dans l'une d'elles, tandis qu'elles partent du point C dans l'autre. En effet, si au lieu de AP on prend CP pour abscisse, et qu'on désigne CP par x', on aura évidemment $x = x' - a$; et en mettant cette valeur dans l'équation de la courbe, il vient

$$y^2 = \frac{x'^3}{2a - x'},$$

équation d'une cissoïde rapportée aux axes CX, Cy, et construite avec le cercle dont le diamètre est égal à $2a$.

PROBLÈME III (fig. 60). *Sur une base donnée* AB *décrire un triangle* AMB, *tel qu'en abaissant sur* AM *et* BM *les perpen-*

diculaires BC *et* AD, *qui se coupent en* N, *on ait la somme des triangles* AMB, ANB, *égale à un carré donné* k^2.

Il s'agit de trouver le sommet M. Pour cela, j'abaisse la perpendiculaire MP, et je remarque, d'après une propriété connue, qu'elle doit passer par le point N. Je fais $AP=x$, $MP=y$, $NP=y'$, $AB=a$. Les triangles AMB, ANB, ont pour surfaces $\frac{1}{2}ay$, $\frac{1}{2}ay'$; donc leur somme est $\frac{1}{2}a(y+y')$: or cette somme doit être égale à k^2; donc on a l'équation

$$\tfrac{1}{2}a(y+y')=k^2.$$

Il faut maintenant exprimer y' au moyen des coordonnées x et y du point M. Or les triangles AMP, BNP, sont semblables au triangle ACB, et par conséquent semblables entre eux; donc ils donnent NP : BP :: AP : MP, ou

$$y' : a-x :: x : y, \quad \text{d'où} \quad y'=\frac{x(a-x)}{y}.$$

En mettant cette valeur dans l'équation précédente, on a

$$\tfrac{1}{2}a\left\{y+\frac{x(a-x)}{y}\right\}=k^2,$$

ou bien, en faisant $\frac{k^2}{a}=b$ et réduisant,

$$y^2-2by-x^2+ax=0.$$

Cette équation est celle du lieu géométrique des sommets de tous les triangles qui satisfont à la question. Nous laissons au lecteur le soin de rechercher quelle doit être la forme de la courbe.

185. Il serait superflu de multiplier davantage ici les exemples. Plus tard, nous en proposerons d'autres auxquels on pourra faire l'application des théories et des méthodes de calcul que nous avons à exposer.

CHAPITRE III.

TRANSFORMATION DES COORDONNÉES.

Objet de cette transformation.

186. L'équation d'une courbe ne reste pas la même quand on change les axes auxquels on la rapporte. Nous en avons déjà un exemple dans le problème II du n° 184, qui a conduit à une équation dont la différence avec celle de la cissoïde ne venait que de la position de l'origine des abscisses. Le cercle en offre encore un exemple frappant. Si on prend pour axes deux diamètres rectangulaires (fig. 61), et qu'on désigne le rayon par R, on aura, pour chaque point de la circonférence, l'équation

$$x^2 + y^2 = R^2 :$$

car cette équation exprime, ainsi que le montre la figure, que la distance de l'origine à chaque point de la courbe est égale à R.

Mais supposons que les axes rectangulaires auxquels on rapporte le cercle ne passent point par le centre, et désignons les coordonnées de ce centre par α et β. Soit O le centre (fig. 62), et M un point quelconque de la circonférence; menons OB, MP, perpendiculaires à l'axe Ax, et OQ perpendiculaire à MP, le triangle OMQ donnera $\overline{OQ}^2 + \overline{MQ}^2 = \overline{OM}^2$. Or, $OQ = AP - AB = x - \alpha$, $MQ = MP - OB = y - \beta$, et $OM = R$; donc on aura, pour l'équation du cercle,

$$(x-\alpha)^2 + (y-\beta)^2 = R^2,$$

ou, en développant les carrés,

$$x^2 - 2\alpha x + y^2 - 2\beta y + \alpha^2 + \beta^2 = R^2.$$

Cette équation est, comme on voit, beaucoup moins simple que la première. On en aurait une moins simple encore si les axes n'étaient point rectangulaires.

187. Puisque l'équation d'une ligne peut devenir plus ou moins

simple, selon les axes auxquels elle est rapportée, il s'ensuit qu'on doit avoir le plus grand soin lorsqu'on cherche l'équation d'une courbe, dont on donne la génération ou une propriété quelconque, de faire choix d'un système d'axes qui n'entraîne point dans des calculs compliqués, et qui conduise à l'équation la plus propre à manifester la forme et les propriétés de la courbe.

D'un autre côté, il peut se faire qu'on connaisse déjà l'équation d'une ligne rapportée à un système d'axes déterminé, et il n'est pas moins important de savoir trouver l'équation qui représenterait cette même ligne rapportée à d'autres axes. Ce problème sera résolu quand on connaîtra, pour un point quelconque, les valeurs des anciennes coordonnées en fonction des nouvelles ; car alors, en substituant ces valeurs dans l'équation proposée, on obtient une relation entre les nouvelles coordonnées de chacun des points de la courbe que l'on considère. C'est en cela que consiste la transformation des coordonnées.

Formules pour la transformation des coordonnées.

188. D'après ce qui précède, la question à résoudre est celle-ci : *Exprimer les coordonnées primitives d'un point quelconque en fonction des nouvelles.*

Supposons d'abord que la direction des axes reste la même, et que l'origine seule varie. Soit (fig. 63) A′ la nouvelle origine, et $A'x'$, $A'y'$, les nouveaux axes auxquels on veut rapporter les points précédemment rapportés aux axes parallèles Ax, Ay. Si on prend un point quelconque M, situé dans l'angle $y'A'x'$, et que l'on mène l'ordonnée MP qui coupe $A'x'$ en P′, on a évidemment

$$AP = AB + BP, \quad MP = A'B + MP'.$$

AB et A′B sont les coordonnées de la nouvelle origine : elles déterminent sa position par rapport aux anciens axes. Faisons donc $AB = a$ et $A'B = b$; représentons par x, y, les anciennes coordonnées du point M ; et par x', y', les nouvelles. Alors on aura

[1] $$x = a + x', \quad y = b + y'.$$

Ces formules serviront à changer deux axes quelconques en d'autres qui leur soient parallèles.

189. Passons maintenant au cas général, dans lequel on change en même temps l'origine et la direction des axes.

Soient Ax et Ay (fig. 64) les axes primitifs, qui forment entre eux l'angle $yAx = \theta$; et soient $A'x'$, $A'y'$, les nouveaux axes. Menez $A'E$ parallèle à Ax, et $A'F$ parallèle à Ay. Pour déterminer les derniers axes, il suffit de connaître les coordonnées AB, A'B, de l'origine A', et les angles $x'A'E$, $y'A'E$, que ces axes font avec la droite A'E. Je désignerai ces deux coordonnées par a et b, et ces deux angles par α et α'.

Soit M un point quelconque : menez MP parallèle à Ay, et MQ parallèle à $A'y'$. Les anciennes coordonnées du point M sont $AP = x$, $PM = y$; les nouvelles sont $A'Q = x'$, $MQ = y'$.

Par le point Q, menez QR parallèle à Ay, et QT parallèle à Ax, on aura

$$x = AP = a + A'S + QT,$$
$$y = PM = b + QS + MT.$$

Le triangle A'QS donne, par un principe connu (65),

$$\frac{A'S}{\sin A'QS} = \frac{QS}{\sin QA'S} = \frac{A'Q}{\sin A'SQ}.$$

Mais on a

$$A'Q = x',$$
$$\sin A'QS = \sin FA'x' = \sin(\theta - \alpha),$$
$$\sin QA'S = \sin \alpha,$$
$$\sin A'SQ = \sin(180^\circ - \theta) = \sin \theta;$$

donc

$$\frac{A'S}{\sin(\theta - \alpha)} = \frac{QS}{\sin \alpha} = \frac{x'}{\sin \theta},$$

d'où

$$A'S = \frac{x' \sin(\theta - \alpha)}{\sin \theta}, \quad QS = \frac{x' \sin \alpha}{\sin \theta}.$$

Semblablement, le triangle MQT donne

$$\frac{QT}{\sin QMT} = \frac{MT}{\sin MQT} = \frac{MQ}{\sin MTQ}.$$

Or, on a

$$MQ = y',$$
$$\sin QMT = \sin y'A'F = \sin(\theta - \alpha'),$$
$$\sin MQT = \sin y'A'E = \sin \alpha',$$
$$\sin MTQ = \sin(180^\circ - \theta) = \sin \theta;$$

donc $$\frac{QT}{\sin(\theta-\alpha')}=\frac{MT}{\sin\alpha'}=\frac{y'}{\sin\theta},$$

d'où $$QT=\frac{y'\sin(\theta-\alpha')}{\sin\theta},\quad MT=\frac{y'\sin\alpha'}{\sin\theta}.$$

Maintenant il ne reste plus qu'à remplacer A'S, QT, QS, MT, par leurs valeurs, pour obtenir les formules cherchées, savoir :

[2] $$\left\{\begin{aligned} x&=a+\frac{x'\sin(\theta-\alpha)+y'\sin(\theta-\alpha')}{\sin\theta}\,;\\ y&=b+\frac{x'\sin\alpha+y'\sin\alpha'}{\sin\theta}.\end{aligned}\right.$$

Elles sont rarement employées dans toute leur généralité; mais nous allons en déduire, comme cas particuliers, celles dont l'usage est le plus fréquent.

190. *Pour passer d'un système de coordonnées rectangulaires à un système de coordonnées obliques*, on fait dans ces formules $\theta=90°$; et elles se réduisent à celles-ci :

[3] $$\left\{\begin{aligned} x&=a+x'\cos\alpha+y'\cos\alpha',\\ y&=b+x'\sin\alpha+y'\sin\alpha'.\end{aligned}\right.$$

191. *Pour passer d'un système de coordonnées rectangulaires à de nouvelles coordonnées rectangulaires*, il faut faire de plus $\alpha'=90°+\alpha$ dans les dernières formules. On remarquera que

$$\sin\alpha'=\sin(90°+\alpha)=\sin(90°-\alpha)=\cos\alpha,$$
$$\cos\alpha'=\cos(90°+\alpha)=-\cos(90°-\alpha)=-\sin\alpha\,;$$

et par suite il viendra

[4] $$\left\{\begin{aligned} x&=a+x'\cos\alpha-y'\sin\alpha,\\ y&=b+x'\sin\alpha+y'\cos\alpha.\end{aligned}\right.$$

192. Enfin, *quand on veut passer d'un système d'axes obliques à des axes rectangulaires*, il faut, dans les valeurs générales, faire $\alpha'=90°+\alpha$. On aura

$$\sin\alpha'=\sin(90°+\alpha)=\sin(90°-\alpha)=\cos\alpha,$$
$$\begin{aligned}\sin(\theta-\alpha')=\sin(\theta-90°-\alpha)&=-\sin[90°-(\theta-\alpha)]\\ &=-\cos(\theta-\alpha)\,;\end{aligned}$$

et par suite les formules deviendront

$$[5] \quad \begin{cases} x = a + \dfrac{x' \sin(\theta - \alpha) - y' \cos(\theta - \alpha)}{\sin \theta}, \\ y = b + \dfrac{x' \sin \alpha + y' \cos \alpha}{\sin \theta}. \end{cases}$$

193. Outre les coordonnées parallèles à des axes qui se coupent, les géomètres en emploient encore d'autres qu'ils nomment *coordonnées polaires*, et que nous ferons connaître plus tard.

Remarques sur les formules de la transformation.

194. Pour que ces formules aient toute la généralité dont elles sont susceptibles, il faut donner aux diverses coordonnées les signes qui conviennent à leur position, et aux angles l'extension nécessaire pour que les nouveaux axes puissent prendre toutes les inclinaisons possibles à l'égard des axes primitifs.

S'il s'agit des formules [1] qui ont été déduites de la fig. 63, il faudra y supposer x et x' positifs dans le sens Ax, $A'x'$, et négatifs dans le sens contraire; et de même, y et y' positifs dans le sens Ay, $A'y'$, et négatifs au-dessous. Par exemple, pour un point situé comme l'est le point N, il faudra prendre $x = AQ$, $x' = -A'Q'$, $y = -QN$, $y' = -Q'N$. En effet, ces valeurs vérifient les formules [1] : car, en les substituant, il vient

$$AQ = a - A'Q' = AB - BQ = AQ,$$
$$-QN = b - Q'N = A'B - Q'N = Q'Q - Q'N = -QN.$$

Si on faisait occuper au point N toutes les positions possibles, on obtiendrait toujours des vérifications analogues, en ayant soin de prendre les signes comme il a été prescrit.

Il faut encore remarquer que la figure suppose la nouvelle origine A' située dans l'angle yAx. Si on veut la placer dans un autre angle, dans l'angle $x_{,}Ay_{,}$, par exemple, il suffira de considérer les coordonnées a et b comme ayant des valeurs négatives dans les formules [1]. C'est ce qu'on vérifierait en cherchant directement, pour la nouvelle position de l'origine A', les valeurs de x et de y.

Quand on fera usage des formules [2], ou des suivantes, qui en sont déduites, on devra soigneusement se rappeler :

1° Que θ représente l'angle yAx, formé par les portions des anciens axes sur lesquelles sont mesurées les coordonnées positives : on peut toujours regarder cet angle comme moindre que 180°

2° Que α et α' sont les angles formés, du côté des x positifs, par les portions $A'x'$, $A'y'$, des nouveaux axes, sur lesquelles se comptent le x' et les y' positifs : ces angles peuvent croître jusqu'à 360°. Pour les évaluer plus facilement, on mène, par l'origine A' dans le sens des x et des y positifs, les droites A'E, A'F, parallèles à ces coordonnées, puis on suppose que $A'x'$ et $A'y'$, d'abord confondus avec la ligne A'E, s'en écartent, en se rapprochant de A'F, pour venir à leurs positions actuelles ; et ce sont les arcs décrits par un point de ces lignes qu'on devra prendre pour la mesure des angles α et α'.

Eclaircissons ce qui précède par un exemple. Les deux systèmes d'axes étant dans les positions qu'indique la figure 65, supposons qu'on ait trouvé AB = 3, A'B = 2, l'arc $\lambda\mu = 87°$, $\lambda\mu\nu = 240°$, $\lambda\mu\nu\rho = 315°$. On fera $a = 3$, $b = -2$; $\theta = 87°$, $\alpha = 240°$, $\alpha' = 315°$; et les formules générales deviendront d'abord

$$x = 3 + \frac{x' \sin(87° - 240°) + y' \sin(87° - 315°)}{\sin 87°},$$

$$y = -2 + \frac{x' \sin 240° + y' \sin 315°}{\sin 87°}.$$

Mais, d'après la Trigonométrie,

$$\sin 240° = -\sin(240 - 180) = -\sin 60°,$$
$$\sin 315° = -\sin(360° - 315°) = -\sin 45°,$$
$$\sin(87° - 240°) = \sin(-153°) = -\sin(180° - 153°) = -\sin 27°,$$
$$\sin(87° - 315°) = \sin(-228°) = -\sin(180° - 228°) = \sin 48°;$$

donc on aura, par suite de ces réductions,

$$x = 3 + \frac{-x' \sin 27° + y' \sin 48°}{\sin 87°},$$

$$y = -2 - \frac{x' \sin 60° + y' \sin 45°}{\sin 87°}.$$

CHAPITRE IV.

CLASSIFICATION DES LIGNES EN GÉNÉRAL.

195. Les géomètres de l'antiquité ont dû étudier les lignes courbes dans l'ordre même où elles se sont offertes à leurs recherches ; mais ils n'ont point tardé à laisser de côté celles dont la découverte avait été, en quelque sorte, fortuite, pour donner une attention plus particulière à celles qui peuvent se trouver par des considérations générales. C'était sans doute une idée simple et féconde de couper les surfaces par des plans, et de rechercher ensuite les propriétés des lignes résultant de ces intersections : aussi s'est-elle présentée à eux ; et comme les surfaces courbes connues par les élémens de géométrie sont celles de la sphère, du cylindre et du cône, c'est en coupant ces corps par des plans, qu'ils ont obtenu les lignes vers lesquelles ils ont dirigé leurs méditations. La section de la sphère est un cercle, et celle du cylindre se retrouve parmi celles du cône ; de sorte que ces lignes nouvelles se sont réduites aux seules *sections coniques*, courbes fameuses, sur lesquelles Apollonius *de Perge* a laissé un beau et savant traité.

Aujourd'hui, l'on doit adopter une autre marche ; et, puisque les lignes peuvent être représentées par des équations, c'est dans les équations qu'il faut les chercher. L'ordre à suivre dans l'étude des lignes se présente alors de lui-même.

196. Toutes les équations, entre les coordonnées x et y, qui peuvent être ramenées à la forme

$$Ay^m + (Bx + C)y^{m-1} + (Dx^2 + Ex + F)y^{m-2} + \text{etc.} = 0,$$

sont appelées *algébriques* : toutes les autres sont des équations *transcendantes*. De là résulte la distinction des lignes en *algébriques* et en *transcendantes*, suivant que leurs équations sont elles-mêmes algébriques ou transcendantes. On classe ensuite les lignes algébriques d'après le degré de leurs équations par rapport aux coordonnées x et y. L'*ordre* de la ligne est marqué par l'exposant de ce degré.

La ligne droite, qui divise l'angle des coordonnées en deux parties égales (181), et dont l'équation est $y=x$, est une ligne du premier ordre, parce que son équation est du premier degré. La courbe du n° 183, Ex. I, laquelle a pour équation $ay=x^2$ est du second ordre; celle de l'Ex. II est du troisième.

NEWTON remarquant que le premier ordre ne renferme que des lignes droites, ainsi qu'on le verra tout à l'heure, appelait courbes *du premier genre* celles qui sont données par des équations du 2ᵉ degré, courbes *du second genre* celles dont l'équation est du 3ᵉ degré, et ainsi de suite. Ces dénominations n'ont pas été adoptées; et, pour la facilité de l'expression, on dit indifféremment ligne ou courbe du second ordre, du troisième ordre, etc.

197. La classification des lignes en différens ordres, suivant le degré des équations, serait défectueuse s'il pouvait arriver qu'en changeant les axes des coordonnées, le degré de l'équation changeât; mais il n'en est point ainsi. En effet, étant donnée, entre x et y, l'équation d'une ligne rapportée à certains axes, pour avoir l'équation de la même ligne, rapportée à de nouveaux axes, il faut remplacer, dans l'équation donnée, x et y par les valeurs trouvées n° 189: or ces valeurs sont du premier degré en x' et y'; donc le degré de l'équation ne saurait s'élever par cette substitution. Par cela même qu'il ne peut point s'élever, il ne peut pas non plus diminuer : car, si cela était possible, il faudrait qu'en revenant des nouveaux axes aux anciens le degré s'élevât.

198. L'équation générale d'un certain degré comprend non-seulement les lignes dont l'ordre est indiqué par ce degré, mais encore toutes celles d'un ordre inférieur. Par exemple, si on a l'équation du second degré,

$$(y-ax-b)(y-a'x-b')=0,$$

il est clair qu'elle sera vérifiée, soit en posant $y=ax+b$, soit en posant $y=a'x+b'$. Ces deux équations représentent deux lignes du premier ordre : ainsi, à parler exactement, l'équation proposée ne représente pas une ligne du second ordre, mais bien deux lignes du premier; et même elle n'en représenterait plus qu'une seule, si on avait $a'=a$ et $b'=b$.

Semblablement, l'équation du troisième degré,

$$(y-ax-b)(cy-x^2)=0,$$

représente une ligne du premier ordre qui est donnée par l'équation $y=ax+b$, et une ligne du second, qui est donnée par l'équation $cy=x^2$.

199. *Une droite ne peut pas rencontrer une ligne de l'ordre* m *en plus de* m *points*. En effet, supposons qu'on prenne cette droite pour l'axe des x, et que $U=0$ soit alors l'équation de la ligne dont il s'agit : si on veut connaître en quels points elle est coupée par la droite, il faut faire $y=0$ dans l'équation $U=0$; et les valeurs correspondantes de x seront les abscisses des points cherchés. Or l'équation $U=0$ étant du degré m, celle qui donne x sera au plus du degré m; donc x n'aura pas plus de m valeurs; donc il ne peut pas y avoir plus de m points d'intersection. Mais remarquez que le nombre de ces points peut être moindre; car il peut se faire que l'équation en x soit d'un degré inférieur à m: et même cette équation étant de degré m, si elle a des racines égales ou des racines imaginaires, le nombre des points d'intersection sera encore moindre que m.

200. Les lignes du premier ordre ne peuvent donc jamais être rencontrées par une droite en plus d'un point; et comme il est évident qu'aucune ligne courbe ne jouit de cette propriété, on en conclut sur-le-champ que *les lignes du premier ordre sont droites*.

201. Il peut arriver que y soit facteur dans tous les termes de l'équation $U=0$. Alors elle est satisfaite en faisant $y=0$, quel que soit x; et tous les points de l'axe des abscisses se trouvent ainsi indiqués comme points d'intersection. Or, si on met le facteur commun en évidence, l'équation peut s'écrire ainsi

$$Vy=0;$$

et il est clair qu'on y satisfait en posant soit $V=0$, soit $y=0$. Cette dernière équation représente l'axe des x; mais l'autre, $V=0$, qui n'est plus que du degré $m-1$, ne peut pas représenter une ligne du degré m.

Si on veut maintenant ne plus prendre la droite donnée pour la ligne des x, et employer des axes quelconques, il faut mettre dans l'équation $Vy = 0$ les valeurs de x et de y trouvées n° 189. On obtient alors une équation de la forme

$$V'(a + bx' + cy') = 0,$$

dans laquelle V' sera du degré $m - 1$ en x', y'.

De ce qui précède on peut tirer cette conclusion : *Si on trouve sur une droite plus de* m *points, dont les coordonnées satisfassent à une équation du degré* m, *les coordonnées des autres points doivent également y satisfaire, et cette équation est décomposable en deux autres, dont l'une est du premier degré, et l'autre du degré* m — 1.

202. On ne se borne pas à distribuer les courbes algébriques en *ordres*, d'après le degré de leurs équations; on cherche encore les différens *genres* de lignes qu'un même ordre peut renfermer, et même, s'il y avait lieu, les différentes espèces de chaque genre. On classe ensuite toutes ces lignes entre elles d'après certains caractères, faciles à reconnaître, qui les distinguent complétement les unes des autres; puis enfin on s'attache à déterminer la forme et les propriétés de chacune d'elles. C'est ce que nous ferons pour les deux premiers degrés. Dans l'un il n'y a que des lignes droites, ainsi qu'on l'a déjà dit; l'autre donnera trois genres de courbes bien distinctes.

L'énumération des lignes du troisième ordre a été faite, d'abord par Newton, qui en avait trouvé soixante-douze espèces, comprises sous quatorze divisions. Mais Stirling a restitué quatre espèces qui avaient été omises par ce géomètre; et même Cramer en a ajouté encore deux autres, ce qui ferait en tout soixante-dix-huit espèces. Du reste, Cramer maintient, sous la dénomination de *genres*, les quatorze divisions principales de Newton : seulement il les place dans un ordre différent. Voyez Newton, *Enumeratio linearum tertii ordinis*; Stirling, *Lineæ tertii ordinis Neætonianæ*; Cramer, *Introduction à l'analyse des courbes algébriques*.

CHAPITRE V.

LIGNES DU PREMIER ORDRE.

Construction des équations du premier degré.

203. Nous savons déjà que l'équation du premier degré ne peut donner que des lignes droites (200). Je vais démontrer ici cette proposition, sans recourir à aucune transformation de coordonnées.

Toutes les équations du premier degré sont comprises dans la forme générale:

$$Ay + Bx = C:$$

construisons d'abord l'équation plus simple

$$y = ax,$$

dans laquelle nous supposerons que a est une quantité positive.

Si on donne à x des valeurs positives, y sera positif, et si on donne à x des valeurs négatives, y sera négatif; donc tous les points déterminés par l'équation $y = ax$ sont situés dans l'angle $y\mathrm{A}x$ (fig. 66) et dans l'angle opposé $y'\mathrm{A}x'$.

Cette équation donne

$$\frac{y}{x} = a.$$

Ainsi, pour tous ces points, le rapport de l'ordonnée à l'abscisse est égal à la constante a; par conséquent, si M et M' sont deux de ces points, et qu'on mène les ordonnées MP et M'P', les triangles MPA, M'P'A, qu'on formerait en tirant les droites MA, M'A, sont semblables: donc les angles MAP, M'AP', sont égaux; donc les droites AM, AM', se confondent, ainsi que toutes celles qui seraient menées du point A aux différens points déterminés par l'équation $y = ax$. Cela veut dire, en d'autres termes, *que tous ces points sont sur une ligne droite* DAD', *menée par l'origine et par l'un quelconque d'entre eux.*

Réciproquement, *tous les points de cette droite peuvent être considérés comme déterminés par l'équation* y = ax. En effet, soit M un point, déterminé au moyen de cette équation, par lequel la droite DAD' a été menée, et soit M' un point quelconque de cette droite : si on abaisse les ordonnées MP, M'P', les triangles AMP, AM'P', seront semblables et donneront

$$\frac{M'P'}{AP'} = \frac{MP}{AP}.$$

Mais le point M étant déterminé au moyen de l'équation $y = ax$, on doit avoir $\frac{MP}{AP} = a$; donc aussi $\frac{M'P'}{AP'} = a$; et par conséquent, en représentant par x et y les coordonnées du point M', on a $y = ax$. De là on conclut que tout point de la droite DAD' peut être considéré comme déterminé par l'équation $y = ax$.

Lorsque a est une quantité négative $-a'$, l'équation à construire est

$$y = -a'x.$$

Alors les valeurs positives de x répondent à des valeurs négatives de y, et les valeurs négatives de x répondent à des valeurs positives de y ; donc tous les points déterminés par cette équation sont situés dans les angles yAx', $y'Ax$. On peut d'ailleurs faire les mêmes raisonnemens que plus haut, et on arrive aux mêmes conséquences : c'est-à-dire que l'équation $y = -a'x$ représente aussi une ligne droite, telle que dAd', qui passe par l'origine (fig. 66). Ainsi, *quel que soit* a, *l'équation* y = ax *représente toujours une ligne droite qui passe par l'origine.*

Pour avoir un second point de cette ligne, on fera $x = 1$, ce qui donne $y = a$. On prendra donc, du côté Ax, une abscisse AF, qui représentera l'unité ; on mènera KFK' parallèle aux ordonnées, et on prendra sur cette parallèle, au-dessus ou au-dessous du point F, suivant le signe de a, une longueur FG égale à a : la droite DD', tirée par l'origine et par le point G, sera la ligne de l'équation $y = ax$.

204. Construisons actuellement l'équation

$$y = ax + b,$$

dans laquelle nous supposerons, afin de mieux fixer les idées, que a et b sont positifs. On observera que si on donne à x, dans cette équation, les mêmes valeurs que dans l'équation $y=ax$, la différence des valeurs correspondantes de y sera constante et égale à b; donc le lieu de la nouvelle équation est une droite parallèle à la droite DD' (fig. 67), que l'équation $y=ax$ détermine, et on construira cette nouvelle ligne en prenant $AB=b$ sur Ay, et en menant BE parallèle à AD.

S'il reste des doutes à cet égard, on peut les lever en prenant des points de la droite, dans chacun des trois angles qu'elle traverse, et en démontrant que pour tous ces points on a $y=ax+b$. Si, par exemple, on considère un point M situé dans l'angle yAx', qu'on mène MP parallèle à Ay, et qu'on prolonge cette parallèle jusqu'au point N où elle rencontre DD', on aura

$$MP=MN-PN=b-PN.$$

L'abscisse des points M et N est égale à $-AP$; donc l'ordonnée correspondante du point N, qui est situé sur la ligne DD', sera égale à $-a\times AP$. Cette valeur est négative, parce que le point N est au-dessous de $x'x$: en ne prenant que la valeur absolue, on a $PN=a\times AP$, et par suite

$$MP=b-a\times AP,$$

valeur égale à celle qu'on déduit de l'équation $y=ax+b$ en y substituant $-AP$ à la place de x.

Nous venons de construire l'équation $y=ax+b$, dans la supposition que a et b étaient des quantités positives; mais cette équation présente trois autres variétés relativement aux signes de ces constantes, savoir:

$$y=ax-b,\quad y=-ax+b,\quad y=-ax-b.$$

On peut appliquer à chacune de ces équations des raisonnemens semblables à ceux qu'on a faits pour l'équation $y=ax+b$, et on trouve toujours une ligne droite, mais la position n'en est point la même. Voici les constructions auxquelles on est conduit dans chacun de ces trois cas.

Si l'équation est $y=ax-b$, on construit, comme dans le

premier cas, la droite AD (fig. 68), représentée par l'équation $y = ax$, on prend encore sur l'axe des y une distance $AB = b$, mais du côté opposé Ay', et on mène encore BE parallèle à AD.

Si on a l'équation $y = -ax + b$, on construit la droite dA (fig. 69), représentée par l'équation $y = -ax$, on prend $AB = b$, du côté Ay, et on mène encore BE parallèle à Ad.

Enfin, quand on considère l'équation $y = -ax - b$, la seule différence avec le cas précédent consiste en ce que l'on prend $AB = b$ (fig. 70) au-dessous de l'origine, du côté Ay'.

205. Lorsque A n'est pas nul, on peut ramener l'équation $Ay + Bx = C$ à la forme $y = ax + b$, et cette dernière représente toujours une ligne droite, ainsi qu'on vient de le démontrer. Quand $A = 0$, l'équation se réduit à

$$Bx = C, \quad \text{ou} \quad x = \frac{C}{B};$$

et il est clair que celle-ci a pour lieu géométrique une droite CF (fig. 71) parallèle à l'axe des y, et qui rencontre l'axe des x à une distance AC de l'origine, égale à $\frac{C}{B}$, du côté Ax ou du côté Ax', selon que cette quantité est positive ou négative.

206. Concluons maintenant que, *dans tous les cas, l'équation du premier degré a pour lieu géométrique une ligne droite.*

207. D'après ce qui précède, pour construire une équation du premier degré, il faudrait d'abord la mettre sous la forme $y = ax + b$, construire la droite représentée par l'équation $y = ax$, prendre sur l'axe des y, au-dessus ou au-dessous de l'origine, une distance égale à b, et mener ensuite une parallèle à cette droite. Mais il est plus simple de déterminer les deux points où la droite cherchée rencontre les axes, ce qui se fera en supposant successivement $x = 0$ et $y = 0$, dans l'équation de cette droite.

Soit, par exemple, l'équation

$$3y - 2x + 5 = 0.$$

Pour trouver le point où la droite qu'elle représente vient couper l'axe des ordonnées, on remarque que pour ce point l'abscisse est zéro; c'est pourquoi on fait $x = 0$ dans l'équation, et on trouve l'ordonnée correspondante $y = -\frac{5}{3}$. Si donc on prend (fig. 72), du côté des y négatifs, la distance AB égale aux $\frac{5}{3}$ de l'unité de longueur, le point B appartiendra à la droite cherchée. De même, le point de cette droite qui est sur la ligne des abscisses, ayant une ordonnée nulle, je ferai $y = 0$, et j'aurai l'abscisse correspondante $x = \frac{5}{2}$, ce qui montre qu'en prenant, dans le sens des x positifs, $AC = \frac{5}{2}$, le point C appartiendra encore à la droite cherchée. Cette droite est donc déterminée.

208. Jusqu'à présent on a démontré seulement que l'équation du premier degré représente toujours une ligne droite. Actuellement, on va faire voir qu'il n'y a pas de ligne droite qui ne puisse être donnée par une équation du premier degré.

1° D'après ce qui a été vu n° 203, pour construire la droite de l'équation $y = ax$, on fait $x = 1$, ce qui donne $y = a$, on prend sur Ax (fig. 66), dans le sens des abscisses positives, une distance AF pour représenter l'unité, qui est ici tout-à-fait arbitraire, on mène KFK′ parallèle à l'axe des y, on prend sur cette parallèle, et dans le sens indiqué par le signe de la quantité a, la distance FG égale à a, puis enfin on tire, par le point G et par l'origine A, la droite DD′ : cette droite est la ligne demandée. Par cette construction, il est clair qu'en donnant des valeurs différentes à a, le point G change de position, et par suite la droite DD′; et comme la quantité a peut passer par tous les états de grandeur, le point G peut prendre toutes les positions possibles sur KK′, et par conséquent la droite DD′ peut avoir toutes les positions possibles autour de l'origine A. Donc *toutes les droites passant par l'origine peuvent être données par une équation de la forme* $y = ax$.

2° On a vu aussi (204) qu'après avoir construit la droite DD′ (fig. 67) représentée par l'équation $y = ax$, il faut, pour avoir celle de l'équation $y = ax + b$, prendre sur l'axe Ay une ordonnée $AB = b$, au-dessus ou au-dessous de l'origine, selon le signe de b, puis mener BE parallèle à DD′. Il est clair, par cette construction, qu'en faisant passer b par tous les états de grandeur, positivement et négativement, le point B pourra prendre toutes les positions possibles sur l'axe $y'y$; d'ailleurs, en faisant varier le coefficient a, la droite DD′, à laquelle BE est parallèle, peut prendre, à l'égard de Ax toutes les inclinaisons possibles ; donc *toutes les droites qui rencontrent l'axe des ordonnées peuvent être données par une équation de la forme* $y = ax + b$.

3° Enfin toute droite CF (fig. 71) parallèle à l'axe Ay, est représentée par une équation telle que $x = c$, puisque pour tous les points de cette droite l'abscisse est constante : or l'équation $x = c$ est un cas particulier de l'équation $Ay + Bx = C$; donc enfin, *toute ligne droite, quelle que soit sa position, peut être donnée par une équation du premier degré.*

Problèmes sur la ligne droite.

209. **Problème I** (fig. 73). *Connaissant l'angle* ECx, *qu'une droite* CE *fait avec l'axe des abscisses, et l'ordonnée* AB, *à l'origine, trouver l'équation de cette droite.*

Comme la droite doit couper l'axe Ay, elle sera donnée par une équation de la forme

$$y = ax + b.$$

Dans cette équation, b est l'ordonnée du point B, où la droite coupe l'axe Ay : cette ordonnée est positive ou négative selon la position de ce point, et c'est elle qu'on appelle l'*ordonnée à l'origine* ; ainsi cette quantité est donnée immédiatement par l'énoncé même.

Quant au coefficient a, il dépend de l'angle que fait la droite avec l'axe des x. Menons, par l'origine, AD parallèle à CE : l'équation de cette parallèle sera $y = ax$ (204) ; et si MP est l'ordonnée d'un point quelconque de cette ligne, on aura $\frac{MP}{AP} = a$. Mais le triangle AMP donne (65)

$$a = \frac{MP}{AP} = \frac{\sin DAx}{\sin AMP};$$

et, en désignant par α l'angle donné ECx, et par θ l'angle yAx des coordonnées, on aura

$$DAx = \alpha, \quad AMP = DAy = \theta - \alpha :$$

donc la valeur de a devient

$$a = \frac{\sin \alpha}{\sin(\theta - \alpha)},$$

et par suite l'équation de la droite CE sera

$$[1] \qquad y=\frac{\sin\alpha}{\sin(\theta-\alpha)}x+b.$$

210. Nous avons supposé implicitement que l'angle donné ECx était moindre que yAx ; mais l'équation à laquelle nous sommes parvenus n'en convient pas moins au cas où ECx serait plus grand que yAx. En effet, dans ce cas, la parallèle AD est située comme le représente la figure 74, et le triangle MAP donne

$$\frac{\mathrm{MP}}{\mathrm{AP}}=\frac{\sin \mathrm{MAP}}{\sin \mathrm{AMP}}=\frac{\sin \mathrm{DA}x}{\sin \mathrm{DA}y}=\frac{\sin\alpha}{\sin(\alpha-\theta)}.$$

Mais, dans l'équation $y=ax$, a est toujours le rapport de l'ordonnée à l'abscisse, et ici l'abscisse du point M est $-$ AP ; donc $a=\frac{\mathrm{MP}}{-\mathrm{AP}}$; et par suite, en remarquant que $\sin(\alpha-\theta)=-\sin(\theta-\alpha)$, on aura

$$a=-\frac{\sin\alpha}{\sin(\alpha-\theta)}=\frac{\sin\alpha}{\sin(\theta-\alpha)}.$$

Ainsi l'équation [1] est toujours celle de la droite CE.

211. Il est très-important, pour ne point commettre d'erreur lorsqu'on applique cette équation à des cas particuliers, de se rappeler : 1° que b est une quantité positive ou négative, suivant que la droite coupe l'axe des ordonnées en dessus ou en dessous de l'origine ; 2° que θ est l'angle yAx des coordonnées positives, et non l'angle adjacent yAx' ; 3° que α est l'angle ECx, formé du côté des abscisses positives par la partie supérieure de la droite, c'est-à-dire, par la partie qui est située du même côté que les ordonnées positives.

212. Si l'angle des coordonnées est droit, on a $\theta=90°$, $\sin(\theta-\alpha)=\cos\alpha$; donc $a=\frac{\sin\alpha}{\cos\alpha}=\operatorname{tang}\alpha$; donc a représente la tangente de l'angle que fait la droite donnée avec l'axe des x.

213. Problème II. *Étant donnée l'équation d'une droite,*

$$y=ax+b,$$

calculer l'angle que cette droite fait avec l'axe des x.

AD (fig. 73) étant la droite de l'équation $y=ax$, à laquelle la droite de l'équation donnée est parallèle (204), si on mène l'ordonnée MP, et qu'on désigne par α l'angle demandé ECx, et par θ l'angle yAx, on trouvera, comme plus haut, à l'aide du triangle AMP,

$$\frac{\sin\alpha}{\sin(\theta-\alpha)}=a.$$

Pour déduire α de cette équation, on chasse le dénominateur et on remplace $\sin(\theta-\alpha)$ par sa valeur $\sin\theta\cos\alpha-\sin\alpha\cos\theta$: il vient

$$\sin\alpha=a\sin\theta\cos\alpha-a\sin\alpha.\cos\theta,$$

ou

$$(1+a\cos\theta)\sin\alpha=a\sin\theta\cos\alpha;$$

et de là on tire, en observant que $\tan\alpha=\frac{\sin\alpha}{\cos\alpha}$,

[2] $$\text{tang}\,\alpha=\frac{a\sin\theta}{1+a\cos\theta}.$$

La tangente de α étant connue, l'angle α lui-même doit être regardé comme connu.

214. **Problème III.** *Trouver l'équation d'une droite qui passe par deux points donnés.*

Soient x', y', et x'', y'', les coordonnées de ces points. La ligne cherchée devant être droite, son équation, en supposant que la droite ne soit pas parallèle à l'axe des y, sera de la forme

$$y=ax+b,$$

a et b étant encore inconnus.

Pour qu'elle passe par le point dont les coordonnées sont x', y', il faut que son équation soit satisfaite quand on y met x' pour x, et y' pour y, ce qui exige qu'on ait

$$y'=ax'+b.$$

Au moyen de cette équation on peut déjà éliminer l'une des deux quantités inconnues. En la retranchant de l'équation $y=ax+b$, b sera éliminé, et il viendra

$$y-y'=a(x-x').$$

Cette équation est celle d'une droite assujétie à passer par le point dont les coordonnées sont x', y'; mais a reste encore indéterminé, parce qu'on peut mener une infinité de droites par un point.

Pour que la droite passe par le second point donné, il faut que la dernière équation soit satisfaite en y remplaçant x par x'', et y par y'', ce qui donne

$$y''-y'=a\,(x''-x'),$$

d'où l'on tire

$$a=\frac{y''-y'}{x''-x'}.$$

En substituant au lieu de a cette valeur, on aura

[3] $$y-y'=\frac{y''-y'}{x''-x'}\,(x-x'),$$

équation de la droite qui passe par les deux points donnés. Il est d'ailleurs facile de s'assurer que les conditions de la question sont remplies : car $x=x'$ donne $y=y'$, et $x=x''$ donne $y=y''$.

215. Cette équation donne toutes les positions particulières qu'une droite peut prendre, puisque les coordonnées x', y', x'', y'', sont tout-à-fait arbitraires. On va même voir qu'elle donne les droites parallèles à l'axe des y, quoiqu'on soit parti de l'équation $y=ax+b$, qui ne convient pas à ces droites.

Si $y''=y'$, l'équation [3] se réduit à $y=y'$: c'est-à-dire qu'alors la droite est parallèle à l'axe des x. Cela doit avoir lieu en effet, puisqu'elle passe par les extrémités des deux ordonnées égales MP et M'P' (fig. 75).

Si $x''=x'$, le multiplicateur de $x-x'$, dans le second membre, devient infini : mais si on résout l'équation par rapport à $x-x'$, on aura

$$x-x'=\frac{x''-x'}{y''-y'}\,(y-y');$$

et si maintenant on suppose $x''=x'$ il viendra $x=x'$, ce qui montre que la droite est parallèle à l'axe des y, ainsi que cela doit être, puisqu'elle passe par les extrémités de deux abscisses égales, MQ et M'Q' (fig. 76).

Si on suppose en même temps $x''=x'$ et $y''=y'$, l'équation [3] devient

$$y-y'=\frac{0}{0}(x-x').$$

Le coefficient de $x-x'$ étant indéterminé, la droite peut prendre toutes les positions possibles autour du point dont les cordonnées sont x' et y'. C'est en effet ce qui doit avoir lieu : car les deux points donnés n'en font plus qu'un seul, et par un point on peut faire passer une infinité de droites.

216. Problème IV. *Trouver l'équation d'une ligne droite qui passe par un point donné, et qui est parallèle à une droite donnée.*

Supposons que l'équation de la droite donnée soit

$$y=ax+b,$$

a et b étant connus ; et que celle de la droite cherchée soit

$$y=a'x+b',$$

a' et b' étant inconnus.

Pour que les droites soient parallèles on doit avoir

$$a'=a.$$

En effet, l'une est parallèle à une droite qui passe par l'origine et dont l'équation est $y=ax$ (204) ; l'autre est parallèle à une droite dont l'équation est $y=a'x$. Or, les deux dernières lignes, passant par l'origine, doivent se confondre en une seule, quand les deux premières sont parallèles ; donc on doit avoir $a'=a$. Par suite l'équation de la parallèle à la droite donnée devient

$$y=ax+b'.$$

Ici b' reste encore indéterminé, parce qu'il y a une infinité de droites qui sont parallèles à une ligne donnée. Mais si on veut que cette parallèle passe par un point donné, dont les coordonnées soient x' et y', il faudra qu'on ait

$$y'=ax'+b',$$

équation qui fait connaître b'. En la retranchant de la précédente, b' sera éliminé, et on aura, pour l'équation de la parallèle demandée,

$$y-y'=a(x-x').$$

217. Problème V. *Déterminer le point d'intersection de deux droites dont on connaît les équations.*

Soient les équations des deux droites,

$$y=ax+b,$$
$$y=a'x+b'.$$

Au point où ces droites se coupent, elles ont les mêmes coordonnées, et réciproquement les coordonnées de ces lignes ne sont égales qu'au point où elles se rencontrent; donc, pour ce point, et pour ce point seulement, on a

$$ax+b=a'x+b',$$

ce qui donne

$$x=\frac{b-b'}{a'-a}.$$

En mettant cette valeur à la place de x dans l'équation de l'une des droites, on trouve

$$y=\frac{a'b-ab'}{a'-a}.$$

218. Quand $a'=a$, ces valeurs deviennent infinies; donc alors il n'y a plus d'intersection. Nous savons en effet (216) que les droites sont parallèles quand on a $a'=a$.

Quand on a à la fois $a'=a$ et $b'=b$, les valeurs de x et de y deviennent $\frac{0}{0}$, c'est-à-dire indéterminées; donc on doit conclure que tous les points de l'une des droites sont communs à l'autre. C'est en effet ce qui arrive : car alors, les équations des droites devenant identiques, les deux droites n'en font plus qu'une seule.

219. Problème VI. *Trouver la distance de deux points dont on connaît les coordonnées.*

Supposons d'abord les axes rectangulaires (fig. 77), et soient M et N les points dont il s'agit. Si on mène les ordonnées MP, NQ, et la parallèle NR à l'axe des x, le triangle MNR, rectangle en R, donnera

$$\text{MN}=\sqrt{\overline{\text{NR}}^2+\overline{\text{MR}}^2}.$$

Soient maintenant x, y, les coordonnées du point M, et x', y', celles du point N; NR sera égal à $x-x'$, et MR à $y-y'$. Si donc on représente par δ la distance cherchée, on aura

$$\delta=\sqrt{(x-x')^2+(y-y')^2}.$$

En plaçant successivement les points M et N dans toutes les positions où la construction du triangle MNR peut offrir quelque changement dans la figure, et en ayant égard aux conventions établies sur les signes des coordonnées, on reconnaîtra que cette formule ne souffre aucune exception.

Par exemple, si le point N est à l'origine (fig. 78), on aura $x'=0$, $y'=0$, et par suite

$$\delta=\sqrt{x^2+y^2}.$$

C'est l'expression de la distance d'un point quelconque à l'origine des coordonnées; et il est aisé de s'en convaincre, car le triangle rectangle AMP donne

$$AM=\sqrt{\overline{AP}^2+\overline{MP}^2}=\sqrt{x^2+y^2}.$$

Prenons pour second exemple celui où les points M et N ont la position représentée sur la figure 79. Alors les abscisses de ces points sont $-AP$ et $-AQ$; ainsi $x=-AP$ et $x'=-AQ$. L'ordonnée du point M est encore MP, mais celle du point N est $-QN$; donc $y=PM$ et $y'=-QN$. Mettons, pour x, y, x', y', ces valeurs dans la formule générale, et on aura

$$\begin{aligned}\delta&=\sqrt{(-AP+AQ)^2+(PM+QN)^2}\\&=\sqrt{(AP-AQ)^2+(PM+PR)^2}\\&=\sqrt{\overline{NR}^2+\overline{MR}^2}:\end{aligned}$$

résultat semblable à celui qu'on tire immédiatement du triangle rectangle MNR.

220. Actuellement, supposons les axes obliques (fig. 80), et menons encore la ligne NR, parallèle à l'axe des x et terminée aux ordonnées MP, NQ. Le triangle MNR ne sera plus rectangle, mais une formule connue (66) donnera

$$MN=\sqrt{\overline{NR}^2+\overline{MR}^2-2NR\times MR\times\cos MRN}.$$

L'angle MRN est le supplément de l'angle yAx; en désignant donc ce dernier par θ, et conservant les mêmes dénominations que dans le numéro précédent, on aura

$$\delta=\sqrt{(x-x')^2+(y-y')^2+2(x-x')(y-y')\cos\theta}.$$

Si on suppose $\theta = 90°$, on a $\cos\theta = 0$, et par suite

$$\delta = \sqrt{(x-x')^2 + (y-y')^2}:$$

c'est la formule trouvée plus haut pour le cas des axes rectangulaires.

221. Problème VII. *Étant données les équations de deux droites, trouver l'angle de ces droites.*

Soient

$$y = ax + b, \quad y = a'x + b',$$

les équations des deux droites. Menons par l'origine (fig 81) les lignes AD, AD', parallèles à ces droites. L'angle DAD' est égal à l'angle cherché : nous le désignerons par V. Les angles DAx, D'Ax, sont égaux à ceux que les droites données font avec l'axe Ax : nous les désignerons par α et α'. Cela posé, on a évidemment $V = \alpha' - \alpha$; donc

$$\text{tang}\, V = \text{tang}\,(\alpha' - \alpha) = \frac{\text{tang}\,\alpha' - \text{tang}\,\alpha}{1 + \text{tang}\,\alpha\, \text{tang}\,\alpha'}.$$

Supposons en premier lieu que les axes des coordonnées soient rectangulaires : on a (212) $\text{tang}\,\alpha = a$, $\text{tang}\,\alpha' = a'$; donc

$$\text{tang}\, V = \frac{a' - a}{1 + aa'}.$$

Cette formule résout la question, puisqu'elle fait connaître la tangente de l'angle demandé.

Quand les droites sont parallèles, l'angle V est nul, tang V doit être nulle aussi ; donc $a' = a$, ainsi qu'on l'a déjà vu (216).

Quand elles font un angle droit, tang V doit être infinie, et pour cela il faut qu'on ait

$$aa' + 1 = 0, \quad \text{d'où} \quad a' = -\frac{1}{a}.$$

Telle est la condition qui doit être remplie pour que deux droites soient perpendiculaires l'une sur l'autre. Si la première droite est perpendiculaire aux abscisses, a est infini, et on trouve $a' = 0$; donc la seconde droite est parallèle aux abscisses, ainsi que cela doit être. Pareillement, si la première est parallèle aux abscisses, a est nul, et on trouve $a' = \infty$, ce qui montre que l'autre droite est parallèle aux ordonnées.

222. En second lieu, supposons que les axes des coordonnées soient obliques, et qu'ils fassent entre eux un angle θ, on a (213) $\tang \alpha = \frac{a \sin \theta}{1 + a \cos \theta}$, $\tang \alpha' = \frac{\sin \theta}{1 + a' \cos \theta}$. Remplaçons donc $\tang \alpha$ et $\tang \alpha'$ par ces valeurs; il vient, toute réduction faite,

$$\tang V = \frac{(a' - a) \sin \theta}{1 + aa' + (a + a') \cos \theta}.$$

Si on veut exprimer que les deux droites données sont perpendiculaires entre elles, il faut égaler le dénominateur à zéro, ce qui donne la condition

$$1 + aa' + (a + a') \cos \theta = 0, \quad \text{d'où} \quad a' = \frac{-1 - a \cos \theta}{a + \cos \theta}.$$

Lorsque $\theta = 90°$, cette formule se réduit à celle qui a été donnée plus haut, $a' = -\frac{1}{a}$.

223. Problème VIII. *Mener, par un point donné, une perpendiculaire à une droite donnée, et trouver la longueur comprise sur cette perpendiculaire, entre le point et la droite données.*

Soit l'équation de la droite donnée,

$$y = ax + b,$$

et x', y' les coordonnées du point donné. La ligne cherchée étant droite et devant passer par ce point (214), son équation sera de la forme

$$y - y' = a'(x - x'),$$

a' étant encore inconnu. Mais la condition d'être perpendiculaire à la droite donnée exige qu'on ait, quand les axes sont rectangulaires (221), $a' = -\frac{1}{a}$; donc l'équation de la perpendiculaire sera

$$y - y' = -\frac{1}{a}(x - x').$$

Pour avoir les coordonnées du point d'intersection de la droite donnée et de la perpendiculaire, il faut tirer des équations de ces lignes les valeurs de x et de y (217). Afin de faire l'élimination avec plus de facilité, on mettra la première, $y=ax+b$, sous la forme

$$y-y'=a(x-x')+b+ax'-y'.$$

En la combinant avec celle de la perpendiculaire, et prenant pour inconnues les différences $y-y'$, $x-x'$, on trouve

$$x-x'=\frac{a(y'-ax'-b)}{1+a^2}, \quad y-y'=-\frac{y'-ax'-b}{1+a^2}:$$

valeurs d'où il est facile de déduire les coordonnées x et y du pied de la perpendiculaire.

Maintenant si on désigne par p la distance comprise sur la perpendiculaire, entre le point et la droite donnés, l'expression de cette distance sera

$$p=\sqrt{(x-x')^2+(y-y')^2};$$

et, en mettant pour $x-x'$ et $y-y'$ leurs valeurs, elle devient

$$p=\pm\frac{y'-ax'-b}{\sqrt{1+a^2}}.$$

Comme la valeur de p doit être essentiellement positive, on prendra le signe supérieur quand le numérateur $y'-a'x-b$ sera positif, et le signe inférieur quand ce numérateur sera négatif.

Si le point donné est situé à l'origine, il faut faire $x'=0$, et $y'=0$: alors la valeur de p se réduit à celle-ci

$$p=\frac{\pm b}{\sqrt{1+a^2}}.$$

Si le point est placé sur la droite donnée, les coordonnées x' et y' doivent satisfaire à l'équation de cette droite. On a donc $y'=ax'+b$, et par suite la valeur de p se réduit à zéro, ainsi que cela doit être.

224. Quand les axes sont obliques a' n'est plus égal à $-\frac{1}{a}$, mais on a $a'=\frac{-1-a\cos\theta}{a+\cos\theta}$ (206), et l'équation de la perpendiculaire est

$$y-y'=\frac{-1-a\cos\theta}{a+\cos\theta}(x-x').$$

En combinant cette équation avec celle de la droite donnée, mise sous la forme

$$y-y'=a(x-x')+b+ax'-y',$$

on trouve

$$x-x'=\frac{(a+\cos\theta)(y'-ax'-b)}{1+a^2+2a\cos\theta},$$

$$y-y'=\frac{-(1+a\cos\theta)(y'-ax'-b)}{1+a^2+2a\cos\theta};$$

et, pour avoir la longueur p de la perpendiculaire, il faut prendre la formule

$$\delta=\sqrt{(x-x')^2+(y-y')^2+2(x-x')(y-y')\cos\theta},$$

trouvée n° 220, et y remplacer $x-x'$, $y-y'$, par leurs valeurs. Après toutes les réductions, il vient

$$p=\pm\frac{(y'-ax'-b)\sin\theta}{\sqrt{1+a^2+2a\cos\theta}}.$$

Que les axes soient rectangulaires ou qu'ils soient obliques, l'expression générale de la perpendiculaire p est toujours du premier degré par rapport aux coordonnées, x' et y', du point d'où elle est abaissée. Cette remarque peut être quelquefois utile.

225. Exercices. Comme il importe beaucoup de se rendre familières les applications qu'on peut faire de l'équation de la ligne droite, et des questions qui viennent d'être traitées, je placerai ici les énoncés de quelques problèmes à résoudre et de quelques théorèmes à démontrer.

I. Problème. Trouver l'équation d'une droite qui divise en deux parties égales l'angle de deux droites rapportées à des coordonnées rectangles, et dont les équations sont données.

II. Théorème. Démontrer que les droites, qui divisent les trois angles d'un triangle en deux parties égales, se coupent en un même point (centre du cercle inscrit).

III. Théorème. Les perpendiculaires élevées sur les milieux des trois côtés d'un triangle se coupent en un même point (centre du cercle circonscrit).

IV. Théorème. Les droites menées, par les sommets d'un triangle, aux milieux des côtés opposés, se coupent en un même point (centre de gravité).

V. Théorème. Les perpendiculaires abaissées des sommets d'un triangle sur les trois côtés se coupent en un même point.

VI. Théorème. Dans tout triangle rectiligne, le centre du cercle circonscrit, le centre de gravi é et le point d'intersection des trois hauteurs sont toujours en ligne droite; et la distance des deux derniers points est double de celle des deux premiers.

VII. Théorème. Si l'on mène à volonté une parallèle à la base d'un triangle, et que, par les points où cette parallèle coupe les deux autres côtés, on tire des droites aux sommets des deux angles opposés, elles se couperont toujours sur un point de la droite qui joint le milieu de la base au sommet du triangle.

VIII. Problème. Etant donné un point A (fig. 82) dans le plan de l'angle yOx, tirez par ce point deux droites quelconques CF, ED; menez la droite CD par les points C et D, où CF rencontre Oy et où ED rencontre Ox; menez de la même manière la droite FE par les points où les mêmes lignes CF et ED rencontrent Ox et Oy; prolongez, si cela est nécessaire, les droites CD et EF jusqu'à leur intersection B; puis menez par ce point deux sécantes quelconques qui coupent les côtés de l'angle en G, H, I, K, d'où résulte le quadrilatère IGHK : il faut prouver que le point M, où les diagonales GK et IH de ce quadrilatère viennent se couper, est situé sur la droite OA, qui joint le point donné A au sommet de l'angle donné.

IX. Problème. Un point A et une droite BC étant donnés (fig. 83), menez par ce point une droite quelconque AP, terminée à la ligne BC; faites l'angle PAM égal à un angle donné; puis prenez sur le côté AM une distance telle que AM soit à AP dans un rapport donné : le lieu des points M, ainsi déterminés, est une droite, et c'est ce qu'il s'agit de trouver.

CHAPITRE VI.

LIGNES DU SECOND ORDRE.

Division des lignes du second ordre en trois genres.

226. L'ÉQUATION générale du second degré, entre x et y, est

$$[A] \qquad Ay^2 + Bxy + Cx^2 + Dy + Ex + F = 0.$$

Quand le coefficient A n'est pas nul, elle donnera, en la résolvant par rapport à y,

$$y = -\frac{B}{2A}x - \frac{D}{2A} \pm \frac{1}{2A}\sqrt{(B^2-4AC)x^2+2(BD-2AE)x+D^2-4AF},$$

et si, pour abréger, on pose $a = -\frac{B}{2A}$, $b = \frac{-D}{2A}$, $n = B^2 - 4AC$, $p = BD - 2AE$, $q = D^2 - 4AF$, on aura plus simplement

$$y = ax + b \pm \frac{1}{2A}\sqrt{nx^2 + 2px + q}.$$

Les deux valeurs de y ont une partie rationnelle commune, exprimée par $ax + b$. Or $ax + b$ est l'ordonnée d'une ligne droite, dont l'équation est $y = ax + b$: supposons que cette ligne soit construite, et que ce soit HH′ (fig 84). Si on veut avoir les points que l'équation [A] détermine pour une abscisse quelconque AP, on mènera d'abord l'ordonnée PQ terminée à la droite HH′, et on portera ensuite dans la direction de PQ, tant en dessus qu'en dessous de la droite HH′, des parties QM, QN, égales à la valeur correspondante de la partie irrationnelle $\frac{1}{2A}\sqrt{nx^2 + 2px + q}$. Il est clair en effet, qu'on aura, par cette construction,

$$PM = PQ + QM = ax + b + \frac{1}{2A}\sqrt{nx^2 + 2px + q},$$

$$PN = PQ - QN = ax + b - \frac{1}{2A}\sqrt{nx^2 + 2px + q}.$$

Si on imagine que cette construction soit répétée pour toutes les valeurs de x qui donnent au radical des valeurs réelles, on obtiendra tous les points de la ligne représentée par l'équation [A].

227. La droite HH' donnée par l'équation $y = ax + b$, jouit de la propriété de partager en deux parties égales les lignes menées parallèlement à l'axe des y, entre deux points de la courbe : pour cette raison on lui a donné le nom de *diamètre*.

Afin d'abréger, j'appellerai *ordonnée comptée à partir du diamètre* la quantité qu'il faut porter au-dessus et au-dessous de HH', et je la représenterai par Y : de sorte qu'on aura toujours

$$Y = \frac{1}{2A}\sqrt{nx^2 + 2px + q}.$$

228. Pour connaître l'étendue et les limites de la courbe, il faut chercher l'étendue et les limites des valeurs de x qui rendent réelle, nulle ou imaginaire, l'ordonnée Y comptée à partir du diamètre, ou bien qui rendent positive, nulle ou négative, la quantité $nx^2 + 2px + q$ placée sous le radical. Or, on démontre en Algèbre que, dans un polynôme quelconque tel que

$$fx^m + gx^{m-1} + hx^{m-2} + \text{etc.},$$

on peut toujours assigner à x une valeur positive et une valeur négative, telles que toutes les valeurs positives et négatives plus grandes donnent pour ce polynôme des valeurs de même signe que le premier terme ; et on démontre aussi qu'en faisant croître x jusqu'à l'infini, les valeurs du polynôme augmenteront elles-mêmes jusqu'à l'infini. Ainsi, à partir de certaines valeurs de x, positives et négatives, la quantité $nx^2 + 2px + q$ prendra des valeurs croissantes jusqu'à l'infini, et de même signe que nx^2 ; et comme le carré x^2 est toujours positif par lui-même, ce signe sera celui de n, c'est-à-dire de $B^2 - 4AC$. De là résultent les deux conséquences suivantes.

Lorsque $B^2 - 4AC$ est négatif, il y a des valeurs de x au-delà desquelles l'ordonnée Y est toujours imaginaire, soit qu'on prenne x positivement, soit qu'on le prenne négativement. D'ailleurs, pour les valeurs de x entre lesquelles Y reste réelle, cette ordonnée ne saurait être infinie ; donc la courbe, que l'équation [A] peut représenter alors, est limitée dans le sens des abscisses, positives et négatives, tant au-dessus qu'au-dessous du diamètre. Cette courbe porte le nom d'ELLIPSE.

Lorsque B^2-4AC est positif, il y a des valeurs positives et négatives de x au-delà desquelles l'ordonnée Y est toujours réelle. D'ailleurs cette ordonnée peut croître jusqu'à l'infini; donc la courbe représentée par l'équation [A] est infinie dans le sens des x, tant positifs que négatifs, tant au-dessus qu'au-dessous du diamètre: c'est-à-dire, en d'autres termes, qu'elle s'étend à l'infini vers quatre régions différentes. Elle se nomme HYPERBOLE.

229. Lorsque $B^2-4AC=0$, le polynôme affecté du radical perd son premier terme, et on a simplement

$$Y=\frac{1}{2A}\sqrt{2px+q}.$$

Alors, si p est une quantité positive, on peut prendre x positif aussi grand qu'on voudra; Y sera réel et croîtra jusqu'à l'infini. mais si on prend x négatif, Y sera imaginaire, ou il deviendra tel quand x aura dépassé une certaine grandeur; la courbe est donc limitée du côté des x négatifs. Ce sera le contraire si p est une quantité négative. Ainsi, dans ces deux cas la courbe est indéfinie au-dessus et au-dessous du diamètre, mais elle n'est illimitée que d'un seul côté de l'origine; de sorte qu'elle ne s'étend à l'infini que dans deux sens seulement. On la nomme PARABOLE.

Pour le moment nous ne considérons pas le cas où p serait nul en même temps que B^2-4AC, parce qu'alors Y est constant, et que l'équation proposée ne peut plus représenter une ligne courbe. Nous reviendrons sur ce cas particulier.

230. Les raisonnemens précédens conduisent à établir trois *genres* de courbes du second ordre. Cette énumération, il est vrai, semble exiger que l'équation soit du second degré par rapport à y; mais nous allons montrer qu'elle comprend les autres cas.

231. Le coefficient A étant nul et C ne l'étant point, l'équation [A] sera du second degré en x; et si on la résout par rapport à cette variable, on aura

$$x=-\frac{B}{2C}y-\frac{E}{2C}\pm\frac{1}{2C}\sqrt{B^2y^2+2(BE-2CD)y+E^2-4CF}.$$

Si B n'est pas nul, B^2y^2 est positif; et si on raisonne comme plus haut (228), en mettant partout y à la place de x, on verra que la courbe doit avoir quatre parties indéfinies, et que, par cette raison, il est permis de la placer dans le genre des hyperboles, auquel elle appartient encore par le caractère analytique : car la quantité $B^2 - 4AC$, qui se réduit ici à B^2, est essentiellement positive.

Si $B = o$, y n'est plus qu'au premier degré sous le radical, et il est facile de voir que la courbe représentée par l'équation doit être rangée parmi les paraboles, où la porte aussi le caractère analytique : car $B^2 - 4AC$ est égal à zéro, à cause des hypothèses $A = o$, $B = o$.

232. Il peut arriver que C soit nul en même temps que A. Alors l'équation [A] devient

$$Bxy + Dy + Ex + F = o,$$

et ne peut plus être résolue que comme équation du premier degré. On en tire.

$$y = \frac{-Ex - F}{Bx + D} = \frac{-E - \frac{F}{x}}{B + \frac{D}{x}},$$

et

$$x = \frac{-Dy - F}{By + E} = \frac{-D - \frac{F}{y}}{B + \frac{E}{y}}.$$

La valeur de y montre que si on fait x égal à l'infini positif ou à l'infini négatif, on a $y = \frac{-E}{B}$; donc, si on prend (fig. 85) sur l'axe des y, et dans le sens convenable, une partie AB égale à cette quantité, et que par le point B, on mène HH' parallèle à Ax, la ligne du second ordre ira rencontrer cette parallèle à une distance infinie du point B, tant du côté BH que du côté BH'; donc elle s'étend indéfiniment dans l'un et l'autre sens. La valeur de x montre qu'en faisant $y = \pm \infty$, on a $x = \frac{-D}{B}$; donc, si on prend, du côté convenable de l'origine, l'abscisse AC égale à cette quantité, et qu'on mène, par le point C, la ligne KK' parallèle à Ay, la courbe rencontrera cette parallèle à l'infini, tant au-dessus qu'au-dessous; donc elle s'étend indéfiniment du côté CK et du côté CK'. La courbe a donc quatre parties indéfinies, et pour cette raison on la placera parmi les hyperboles. On remarquera d'ailleurs que la quantité $B^2 - 4AC$ est encore positive, puisqu'elle se réduit à B^2, et que B n'est point nul, sans quoi l'équation proposée ne serait plus du second degré.

233. Maintenant on doit voir bien clairement qu'il n'y a lieu à distinguer que trois *genres* de courbes du second ordre.

1° Les ELLIPSES, qui sont des courbes limitées dans tous les sens, et pour lesquelles on a $B^2 - 4AC < 0$;

2° Les HYPERBOLES, qui sont des courbes composées de quatre parties indéfinies, et pour lesquelles on a toujours $B^2 - 4AC > 0$;

3° Les PARABOLES, qui sont des courbes composées de deux parties indéfinies, et pour lesquelles on a $B^2 - 4AC = 0$.

La condition $B^2 - 4AC = 0$ est celle qui doit avoir lieu pour que $Ay^2 + Bxy + Cx^2$ soit un carré; ainsi, on peut dire que *dans les cas où l'équation du second degré représente une parabole, les trois termes du second degré forment un carré.* La réciproque est vraie.

Nous allons discuter en particulier chacun des trois genres de courbes.

Discussion de l'ELLIPSE. $B^2 - 4AC < 0$.

234. En résolvant l'équation [A], on a trouvé (226)

$$y = ax + b \pm \frac{1}{2A}\sqrt{nx^2 + 2px + q},$$

valeurs dans lesquelles n désigne $B^2 - 4AC$. Dans le cas que nous discutons, cette quantité est négative; c'est pourquoi nous mettrons $-\delta^2$ au lieu de n, et nous pourrons écrire les valeurs de y comme il suit:

$$y = ax + b \pm \frac{\delta}{2A}\sqrt{-\left(x^2 - \frac{2p}{\delta^2}x - \frac{q}{\delta^2}\right)}.$$

Supposons que HH' (fig. 86) soit le diamètre qui a pour équation $y = ax + b$, et cherchons les points où il est rencontré par la courbe. Pour ces points, l'ordonnée comptée à partir du diamètre est nulle; donc les abscisses de ces points sont données par l'équation

$$[1] \qquad x^2 - \frac{2p}{\delta^2}x - \frac{q}{\delta^2} = 0.$$

Représentons-en les racines par x' et x''; et comme ces deux racines peuvent être réelles et inégales, ou réelles et égales, ou imaginaires, examinons successivement ces trois cas.

235. 1er *cas.* x' et x'' étant des quantités réelles et inégales, il s'ensuit que la courbe a en effet deux points placés sur le diamètre. Supposons, pour mieux fixer les idées, x' et x'' positifs, et x' moindre que x'' : si on veut construire les points placés sur le diamètre, on prendra $AB = x'$, $AB' = x''$, on mènera, par les points B et B', les droites CD, C'D', parallèles à l'axe des y, et les intersections de ces lignes avec HH' détermineront les points H et H', où le diamètre rencontre la courbe.

Représentons, comme on en est déjà convenu (227), par Y l'ordonnée comptée à partir du diamètre, nous aurons

$$Y = \frac{\delta}{2A}\sqrt{-\left(x^2 - \frac{2p}{\delta^2}x - \frac{q}{\delta^2}\right)}.$$

Afin de saisir plus facilement la marche de cette ordonnée, quand on fait passer x par tous les états de grandeur, décomposons en facteurs le polynôme placé sous le radical. Puisque x' et x'' sont les racines de l'équation [1], il s'ensuit que le polynôme $x^2 - \frac{2p}{\delta^2}x - \frac{q}{\delta^2}$ est le produit des facteurs $x - x'$, $x - x''$: par conséquent on a

$$Y = \frac{\delta}{2A}\sqrt{(x - x')(x'' - x)}.$$

Cela posé, il est clair que, de A en B, l'abscisse x est plus petite que x' et x''; donc le facteur $x - x'$ est négatif, tandis que le facteur $x'' - x$ est positif; donc Y est imaginaire; donc il n'existe aucun point de la courbe entre l'axe Ay et la parallèle CD menée par le point B.

De B en B', x est plus grand que x' et moindre que x''. Alors les facteurs $x-x'$, $x''-x$, sont positifs, et par suite Y est réel; donc à chaque abscisse AP, comprise entre ces limites, il correspond deux points de l'ellipse.

Au-delà de B', jusqu'à l'infini, x surpasse x'' et x', le facteur $x-x'$ est positif, mais le facteur $x''-x$ est négatif; donc Y est imaginaire; donc l'ellipse n'a aucun point au-delà de la ligne C'D', menée parallèlement à Ay par le point B'.

Du côté Ax', l'abscisse x est négative : le facteur $x-x'$ sera donc négatif, tandis que le facteur $x''-x$ sera positif; donc Y sera imaginaire, et l'ellipse n'aura aucun point du côté des x négatifs.

L'ellipse est donc placée tout entière entre les parallèles CD, C'D'; et comme les valeurs de x, pour lesquelles Y est réel, sont comprises entre x' et x'', et que d'ailleurs Y ne peut devenir infini par aucune de ces valeurs, il s'ensuit que l'ellipse est limitée dans tous les sens, ce qu'on savait déjà (228).

Mais on peut aussi déterminer d'une manière précise les limites de l'ellipse parallèlement au diamètre. Remarquons que les deux facteurs qui sont sous le radical, étant ajoutés ensemble, donnent une somme $x''-x'$ qui ne change point quand x varie, et que par conséquent le produit $(x-x')(x''-x)$ sera le plus grand possible, quand chaque facteur sera égal à la moitié de cette somme, c'est-à-dire à $\frac{1}{2}(x''-x')$. Je pose donc

$$x-x'=\tfrac{1}{2}(x''-x'),\ \text{d'où}\ x=x'+\tfrac{1}{2}(x''-x')=\tfrac{1}{2}(x''+x');$$

et cette valeur de x sera l'abscisse pour laquelle Y est *maximum*. Elle répond visiblement au milieu E de BB' : car on a $AE = AB+BE = x'+\frac{1}{2}(x''-x')$. La valeur de ce *maximum* est

$$Y=\frac{\delta}{2A}\sqrt{\tfrac{1}{2}(x''-x')\times\tfrac{1}{2}(x''-x')}=\frac{\delta(x''-x'')}{4A}.$$

Pour avoir les points correspondans de la courbe, on mène EO parallèle aux ordonnées, et on prend sur cette ligne, de chaque côté du diamètre, $OG=OG'=\frac{\delta(x''-x')}{4A}$: les points G et G' seront ceux où l'ellipse s'éloigne le plus de HH'. Si on tire GK et G'K' parallèles à HH', ces lignes serviront de limites à la courbe;

de telle sorte que les quatre droites CD, C'D', GK, G'K', forment un parallélogramme qui renferme toute la courbe, et dont les côtés ont leurs milieux sur cette courbe même (*).

Si on donne au diamètre une position particulière, si on prend pour δ, A, x' et x'', des valeurs numériques, et si on construit la courbe par points suffisamment rapprochés, on trouve qu'elle a la forme indiquée fig. 86. On est certain d'ailleurs qu'elle doit être partout concave vers le diamètre : car en admettant qu'elle eût une autre forme (fig. 87), on pourrait tracer une ligne droite, telle que RS, qui la rencontrerait en plus de deux points, ce qui ne peut pas arriver à une ligne de second ordre (199).

236. 2° *cas.* Lorsque les racines x' et x'' sont réelles et égales, l'ordonnée Y devient

$$Y=\frac{\delta}{2A}\sqrt{-(x-x')^2}=\frac{\delta(x-x')}{2A}\sqrt{-1}.$$

La seule abscisse qui rende Y réel est $x=x'$; par conséquent

---

(*) On peut écrire Y sous cette forme

$$Y=\frac{\delta}{2A}\sqrt{\left(\frac{p^2}{\delta^4}+\frac{q}{\delta^2}\right)-\left(x-\frac{p}{\delta^2}\right)^2};$$

et alors on voit immédiatement que sa valeur *maximum* répond à $x=\frac{p}{\delta^2}$. Cette valeur de x équivaut à $\frac{1}{2}(x''+x')$: car on sait que dans l'équation [1] la somme des racines est égale au coefficient du second terme, pris avec un signe contraire.

Soit pris $EP=EP'=\rho$: on aura $AP=\frac{p}{\delta^2}-\rho$, $AP'=\frac{p}{\delta^2}+\rho$. En substituant ces abscisses à la place de x, on aura pour Y la même valeur ; donc, pour ces abscisses, les ordonnées QM, QN, Q'M', Q'N', comptées à partir du diamètre, sont égales. De là on conclut que les triangles OQM, OQ'N', sont égaux, et par suite que MON' est une ligne droite divisée en deux parties égales au point O : c'est-à-dire que le point O est le milieu de toutes les droites menées par ce point dans l'ellipse. Cette propriété a fait donner au point O le nom de *centre*.

L'égalité des mêmes triangles prouve que la corde MM', parallèle à HH', est coupée en son milieu par la ligne GG' ; et comme il en est de même de toutes les cordes parallèles à HH', il s'ensuit que GG' est un *diamètre*. Ainsi, les deux diamètres HH' et GG' sont tellement disposés que chacun d'eux passe par les milieux des cordes parallèles à l'autre : pour cette raison on les nomme *diamètres conjugués*.

l'ellipse se réduit au point unique dont les coordonnées sont $x=x'$, $y=ax'+b$.

237. 3e *cas.* Enfin, quand les racines x' et x'' sont imaginaires, on sait que le polynôme $nx^2+2px+q$, qui se trouve sous le radical, ne peut jamais changer de signe, quelque valeur qu'on prenne pour x. D'un autre côté, il est démontré que des valeurs de x suffisamment grandes doivent donner à ce polynôme des valeurs de même signe que le premier terme. Or ce premier terme est constamment négatif; donc le polynôme le sera aussi; donc Y est imaginaire : par conséquent il n'existe aucun point dont les coordonnées puissent satisfaire à l'équation [A]. On dit alors que l'équation est *impossible*, ou bien encore qu'elle représente une *ellipse imaginaire*.

238. Le cercle est un cas particulier de l'ellipse. Pour s'en convaincre, il suffit de remarquer que l'équation de la circonférence est du second degré (186), et que les ellipses sont les seules courbes du second ordre qui soient limitées dans tous les sens. A la vérité, l'équation du n° cité suppose que les coordonnées sont rectangulaires; mais nous avons vu (197) que le degré d'une équation entre x et y n'est jamais altéré par le changement des axes.

Discussion de l'HYPERBOLE. $B^2-4AC>0$.

239. Puisque la quantité n, ou B^2-4AC, est positive dans le cas des hyperboles, remplaçons n par δ^2, et les valeurs générales de y (226) s'écriront ainsi :

$$y=ax+b\pm\frac{\delta}{2A}\sqrt{x^2+\frac{2p}{\delta^2}x+\frac{q}{\delta^2}}.$$

Posons l'équation

$$x^2+\frac{2p}{\delta^2}x+\frac{q}{\delta^2}=0,$$

désignons par x' et x'' ses deux racines, et distinguons trois cas, comme précédemment, selon qu'elles sont réelles et inégales, réelles et égales, ou bien imaginaires.

240. 1er *cas.* Les racines x' et x'' étant des quantités réelles et inégales, la courbe rencontre le diamètre donné par l'équation $y=ax+b$, en deux points H et H' (fig. 88), correspondans

aux abscisses $AB = x'$ et $AB' = x''$. (On suppose x' et x'' positifs, et $x' < x''$).

Décomposant en facteurs le trinôme qui est sous le radical, nous aurons, pour l'ordonnée à partir du diamètre,

$$Y = \frac{\delta}{2A}\sqrt{(x-x')(x-x'')}.$$

De A en B, x est positif et moindre que chacune des racines x' et x'', les facteurs $x-x'$, $x-x''$, sont négatifs, et Y est réel. Pour découvrir si, x augmentant, Y augmente ou diminue, rendons ces facteurs positifs, et écrivons

$$Y = \frac{\delta}{2A}\sqrt{(x'-x)(x''-x)}.$$

On voit que x croissant de zéro à x', la valeur de y diminue depuis $\frac{\delta}{2A}\sqrt{x'x''}$ jusqu'à zéro. Soit donc $IF = IF' = \frac{\delta}{2A}\sqrt{x'x''}$, la portion d'hyperbole comprise entre Ay et BH sera terminée aux points F et F', et aura à peu près la forme FHF'.

De B à B', x est $> x'$ et $< x''$; donc Y est imaginaire; donc il n'y a pas de courbe entre les parallèles BH, B'H'.

Au-delà de B', x est plus grand que x'' et x'; Y est donc réel. De plus, il est évident qu'en faisant croître x, les deux facteurs augmentent, et n'ont pas d'autre limite que l'infini. Cela détermine une branche de courbe, SH'S, qui s'étend à l'infini dans le sens des x positifs, au-dessus et au-dessous du diamètre.

A partir de l'origine A, du côté Ax, x étant négatif, on fera $x = -z$, et on aura

$$Y = \frac{\delta}{2A}\sqrt{(z+x')(z+x'')}.$$

Chaque valeur positive de z déterminera une valeur réelle de Y; et z augmentant indéfiniment, cette ordonnée augmentera jusqu'à l'infini. On aura ainsi deux arcs d'hyperbole, FR et F'R', qui s'étendront à l'infini du côté des x négatifs, en s'écartant de plus en plus du diamètre.

Si on donne au diamètre une position particulière, si on prend pour δ, A, x' et x'', des valeurs numériques, et si on construit la courbe par points, on trouve qu'elle a la forme indiquée sur la figure.

241. 2e *cas*. Quand les racines x', x'', sont égales, les valeurs de y sont

$$y = ax + b \pm \frac{\delta}{2A}(x - x').$$

Elles déterminent deux droites FO et F'O (fig. 89), qui se coupent sur le diamètre, au point O dont l'abscisse est x' : car, en faisant $x = x'$, les ordonnées des deux droites se réduisent à $y = ax' + b$.

242. 3e *cas*. Lorsque x' et x'' sont imaginaires, l'hyperbole ne rencontre pas le diamètre. Le trinôme $\delta^2 x^2 + 2px + q$ devant rester toujours positif, chaque valeur de x donne donc pour Y une valeur réelle, et par suite deux points de l'hyperbole, situés l'un au-dessus du diamètre et l'autre au-dessous. La courbe est encore composée de deux branches indéfinies, mais séparées par le diamètre; chacune de ces branches est convexe vers le diamètre, et a la forme représentée (fig. 90).

On peut se proposer de déterminer les points où l'hyperbole approche le plus de son diamètre. Pour y parvenir, on met d'abord la valeur de Y sous cette forme,

$$Y = \frac{\delta}{2A}\sqrt{\left(x + \frac{p}{\delta^2}\right)^2 + \left(\frac{q}{\delta^2} - \frac{p^2}{\delta^4}\right)}.$$

Ensuite on observe que la quantité $\left(\frac{q}{\delta^2} - \frac{p^2}{\delta^4}\right)$ doit être positive : autrement, en égalant à zéro celle qui est sous le radical, on trouverait pour x des valeurs réelles, ce qui est contre l'hypothèse. D'après cette observation, on voit que Y sera *minimum* quand le carré $\left(x + \frac{p}{\delta^2}\right)^2$ sera nul, ce qui n'a lieu qu'en faisant

$$x = -\frac{p}{\delta^2}.$$

La valeur correspondante de Y est

$$Y = \frac{1}{2A}\sqrt{q - \frac{p^2}{\delta^2}}.$$

On prendra donc l'abscisse AE égale à la valeur de x, on mènera EO parallèle aux ordonnées, puis on prendra, de chaque côté du diamètre, les distances OG, OG', égales à la valeur de Y : les points G et G' seront ceux où les branches de l'hyperbole s'approchent le plus du diamètre (*).

243. On a vu (231) que A étant nul, B et C ne l'étant point, l'équation [A] donne des courbes qui doivent être rangées parmi les hyperboles. Suivant ce qui a été dit alors, on peut résoudre l'équation par rapport à x, et établir une discussion semblable à la précédente, sans autre changement que celui de x en y et de y en x. Mais puisque le carré de y manque, l'équation [A] n'est plus que du premier degré relativement à y, et il paraît naturel de la résoudre par rapport à cette variable. Suivons cette nouvelle marche.

L'équation qu'il s'agit de construire est

[B] $$Bxy + Cx^2 + Dy + Ex + F = 0.$$

ou $$(Bx + D)y + Cx^2 + Ex + F = 0.$$

Elle donne $$y = \frac{-Cx^2 - Ex - F}{Bx + D}.$$

Si on effectue la division, en désignant par $rx + s$ les deux premiers termes du quotient, et par t le reste de la division, lequel ne contient point la variable x, la valeur ci-dessus devient

$$y = rx + s + \frac{t}{Bx + D}.$$

Construisons d'abord la droite qui a pour équation $y = rx + s$, et supposons que ce soit HH' (fig. 91). Il est clair que, pour avoir les points de la courbe, il faut porter, dans la direction des ordonnées de cette droite, des distances représentées par $\frac{t}{Bx + D}$, non point au-dessus et au-dessous, mais seulement au-dessus lorsque cette quantité est positive, et seulement au-dessous lors-

(*) Par des raisonnemens semblables à ceux de la note p. 195, on démontre que, dans les fig. 88 et 90, le point O est un *centre*, que la ligne GG' est un *diamètre*, et que HH' et GG' sont deux *diamètres conjugués*.

qu'elle est négative. En effet, il est évident que dans le premier cas cette quantité doit être ajoutée à l'ordonnée de la droite, et que dans le second elle doit en être retranchée.

Posons, pour abréger,

$$V = \frac{t}{Bx + D};$$

et supposant que B, D, t, soient des quantités positives, examinons quelle marche suivent les valeurs de V lorsqu'on fait passer x par tous les états de grandeur.

On a $V = \frac{t}{D}$ quand $x = 0$; donc, en prenant sur Ay, au-dessus de HH', une partie GC égale à cette valeur, le point C sera à la courbe. En faisant croître x positivement jusqu'à l'infini, V reste positif, mais diminue jusqu'à zéro. Cela indique qu'à partir du point C la courbe se rapproche de plus en plus de la droite HH', sans qu'on puisse assigner de limite à ce rapprochement. On obtient ainsi un arc indéfini tel que CR.

Afin de ramener la substitution des valeurs négatives à celle de valeurs positives, faisons $x = -z$; il vient

$$V = \frac{t}{D - Bz}.$$

Le dénominateur $D - Bz$ devient nul, et V est infini en faisant $z = \frac{D}{B}$; donc si on porte cette valeur de A en K, du côté des x négatifs, et qu'on mène LKL' parallèle à Ay, la droite LKL' ne rencontrera pas la courbe, ou du moins ne la rencontrera qu'à l'infini. Si on donne à z des valeurs croissantes depuis zéro jusqu'à AK, V sera toujours positif, et augmentera depuis GC jusqu'à l'infini : cela détermine un nouvel arc hyperbolique CR', qui est comme le prolongement de l'arc CR, et qui se rapproche continuellement de la ligne KL à mesure qu'il s'éloigne de la droite HH', sans qu'on puisse assigner aucune limite à ce rapprochement.

Si on donne à z une valeur $AE > AK$, V sera négatif; donc le point F, qui répond à cette abscisse, sera situé au-dessous de la ligne HH'. En faisant décroître z depuis AE jusqu'à AK, V augmente négativement depuis DF jusqu'à l'infini; et en faisant croître z depuis AE jusqu'à l'infini, V diminue jusqu'à zéro tout en restant négatif. Donc, de chaque côté du point F, il existe deux arcs hyperboliques indéfinis, FS' et FS, dont l'un s'approche indéfiniment de la droite KL', et l'autre, de la droite GH'.

Les droites HH' et LL', qui sont données par les deux équations $y=rx+s$ et $x=-\frac{D}{B}$, approchent indéfiniment de l'hyperbole sans jamais la rencontrer : cette propriété remarquable leur a fait donner le nom d'*asymptotes*. La partie OH est asymptote de l'arc CR, et la partie OH' est asymptote de l'arc FS. Pareillement, les lignes OL et OL' sont asymptotes des arcs CR' et FS'.

Il a été supposé, dans ce qui précède, qu'en faisant la division indiquée dans la valeur de y déduite de l'équation [B], le reste t n'était pas nul. Supposons maintenant $t=0$: alors on a

$$-Cx^2-Ex-F=(rx+s)(Bx+D).$$

Par suite l'équation [B] peut s'écrire ainsi

$$(Bx+D)y-(rx+s)(Bx+D)=0,$$

ou encore, de cette manière

$$(Bx+D)(y-rx-s)=0;$$

et il est évident qu'on y satisfera, soit en posant

$$Bx+D=0 \quad \text{d'où} \quad x=-\frac{D}{B},$$

soit en posant

$$y-rx-s=0 \quad \text{d'où} \quad y=rx+s.$$

De là on conclut que, dans le cas dont il s'agit, l'équation [B] représente deux droites, dont l'une est parallèle à l'axe des y.

Il résulte de la discussion qui vient d'être faite que, dans le cas où l'équation du second degré manque du carré y^2, sans toutefois manquer de rectangle xy, elle représente ou une hyperbole qui a deux asymptotes dont l'une est parallèle à l'axe des y, ou deux droites dont l'une est parallèle à cet axe.

244. Il est clair que si l'équation manquait du carré x^2, et non du carré y^2, elle donnerait ou une hyperbole qui aurait une

asymptote parallèle à l'axe des x, ou bien deux droites dont l'une serait parallèle à cet axe.

245. Si les deux carrés manquent à la fois, l'équation du second degré doit donner une hyperbole qui ait deux asymptotes respectivement parallèles aux deux axes, ou bien deux droites parallèles à ces axes. C'est en effet ce qu'on déduit de l'équation $Bxy + Dy + Ex + F = 0$, en lui appliquant les raisonnemens du n° 243. Je ne m'arrête pas à ces détails.

Asymptotes de l'hyperbole en général.

246. Lorsqu'une branche de courbe est infinie, une droite qui en approche indéfiniment, sans jamais la rencontrer, se nomme *asymptote*. D'après cette définition, les asymptotes sont faciles à déterminer. Voici comment M. CAUCHY a présenté cette recherche dans ses leçons d'Analyse.

Soit CR (fig. 92) une branche de courbe, et GH son asymptote, que nous supposons n'être point parallèle à l'axe Ay; et soient MP, NP, des ordonnées quelconques de ces lignes, correspondant à une même abscisse AP. Il faudra que la distance MN devienne très-petite pour de très-grandes valeurs de x, et même qu'elle se réduise à zéro quand on fera x infini; donc, si l'équation de l'asymptote est

$$y = cx + d,$$

il faut qu'on puisse tirer de l'équation de la courbe une valeur de y, dont la différence avec $cx + d$ devienne nulle quand x est infini. Cette valeur peut donc se mettre sous la forme

$$y = cx + d + V,$$

V étant une fonction de x, qui devient zéro pour $x = +\infty$ ou pour $x = -\infty$, suivant que la branche de courbe dont il s'agit est infinie du côté des x positifs ou du côté des x négatifs. De cette équation on tire

$$c = \frac{y}{x} - \frac{d + V}{x}, \quad d = y - cx - V.$$

Or, quand x est infini, les quantités V et $\frac{d + V}{x}$ deviennent nulles : on obtiendra donc c en cherchant ce que devient alors le rapport $\frac{y}{x}$, de l'ordonnée de la courbe à son abscisse; et, après avoir déterminé c, on obtiendra d en cherchant ce que devient la quantité $y - cx$, pour la même valeur $x = infini$. Alors, c et d étant connus, l'équation de l'asymptote sera $y = cx + d$.

Si on peut déterminer de cette manière plusieurs systèmes de valeurs réelles et finies pour c et d, c'est qu'il existera dans la courbe plusieurs branches infinies qui auront des asymptotes non parallèles aux ordonnées. En faisant $x = +\infty$ on obtient les asymptotes des branches qui sont infinies du côté des x positifs, et en faisant $x = -\infty$, on obtient celles des branches qui sont infinies dans le sens des x négatifs.

247. Pour ne laisser échapper aucune asymptote, il faut encore chercher celles qui sont parallèles aux ordonnées; et à cet effet il suffira de remarquer qu'elles résultent des valeurs non infinies de x, qui rendent infinie l'ordonnée de la courbe.

Au reste, en changeant partout, dans ce qui vient d'être dit, x en y et y en x, on aurait toutes les asymptotes non parallèles aux abscisses : de sorte qu'on retrouverait toutes celles qui sont déjà connues, plus celles qui sont parallèles aux ordonnées, les seules qui restent encore à découvrir.

248. Appliquons à l'hyperbole les règles précédentes. Pour cette courbe, les valeurs générales de y sont (239)

$$y = ax + b + \frac{1}{2A}\sqrt{\delta^2 x^2 + 2px + q},$$

$$y = ax + b - \frac{1}{2A}\sqrt{\delta^2 x^2 + 2px + q}.$$

Supposons qu'il s'agisse de l'hyperbole représentée fig. 88 : selon qu'on fait croître x jusqu'à $+\infty$ ou jusqu'à $-\infty$, la première valeur de y détermine l'arc H'S ou l'arc HR, et la seconde valeur de y détermine l'arc H'S' ou l'arc HR'.

Pour avoir l'asymptote du premier arc, H'S, il faut prendre d'abord le rapport de y à x, et chercher la valeur de ce rapport correspondante à $x = +\infty$. Or on a

$$\frac{y}{x} = a + \frac{b}{x} + \frac{1}{2A}\sqrt{\delta^2 + \frac{2p}{x} + \frac{q}{x^2}};$$

et, si on fait $x = +\infty$, il vient

$$c = \text{Limite de } \frac{y}{x} = a + \frac{\delta}{2A}.$$

Après avoir trouvé c, il faut, pour avoir d, chercher la limite de $y - cx$. On a

$$y - cx = ax + b + \frac{1}{2A}\sqrt{\delta^2x^2 + 2px + q} - \left(a + \frac{\delta}{2A}\right)x$$

$$= b + \frac{1}{2A}\left(\sqrt{\delta^2x^2 + 2px + q} - \delta x\right);$$

mais, on ne voit pas ce que devient cette quantité lorsque x augmente positivement jusqu'à l'infini : car la partie positive et la partie négative de la parenthèse deviennent infinies en même temps. Pour éluder cette difficulté, nous aurons recours à une transformation connue, de laquelle il résulte

$$y - cx = b + \frac{\left(\sqrt{\delta^2x^2 + 2px + q} - \delta x\right)\left(\sqrt{\delta^2x^2 + 2px + q} + \delta x\right)}{2A\left(\sqrt{\delta^2x^2 + 2px + q} + \delta x\right)}$$

$$= b + \frac{2px + q}{2A\left(\sqrt{\delta^2x^2 + 2px + q} + \delta x\right)}$$

$$= b + \frac{2p + \frac{q}{x}}{2A\left(\sqrt{\delta^2 + \frac{2p}{x} + \frac{q}{x^2}} + \delta\right)}.$$

Sous cette forme, on reconnaît facilement qu'en faisant $x = +\infty$, il vient

$$d = \text{Limite de } y - cx = b + \frac{p}{2A\delta}.$$

Remplaçons, dans l'équation $y = cx + d$, c et d par leurs valeurs, et on aura, pour l'asymptote de l'arc H'S,

[1] $$y = \left(a + \frac{\delta}{2A}\right)x + b + \frac{p}{2A\delta}.$$

Si on veut l'asymptote de l'arc HR', on remarquera que cet arc est donné par la seconde valeur de y, en y faisant croître x jusqu'à $-\infty$. Dans ce cas, on a

$$\frac{y}{x} = a + \frac{b}{x} - \frac{1}{2Ax}\sqrt{\delta^2x^2 + 2px + q}.$$

Changeons x en $-z$, et on fera ensuite $z=+\infty$. Il vient

$$\frac{y}{x}=a-\frac{b}{z}+\frac{1}{2Az}\sqrt{\delta^2z^2-2pz+q}$$

$$=a-\frac{b}{z}+\frac{1}{2A}\sqrt{\delta^2-\frac{2p}{z}+\frac{q}{z^2}};$$

donc, pour $z=\infty$, c a la même valeur que dans l'autre cas, savoir :

$$c=\text{Limite de }\frac{y}{x}=a+\frac{\delta}{2A}.$$

On trouve pareillement

$$y-cx=ax+b-\frac{1}{2A}\left(\sqrt{\delta^2x^2+2px+q}\right)-\left(a+\frac{\delta}{2A}\right)x$$

$$=b-\frac{1}{2A}\left(\sqrt{\delta^2x^2+2px+q}+\delta x\right)$$

$$=b-\frac{1}{2A}\left(\sqrt{\delta^2z^2-2pz+q}-\delta z\right);$$

et par suite, en opérant la même transformation que ci-dessus, et faisant de nouveau $z=+\infty$, on a aussi la même de d que pour le premier arc, savoir :,

$$d=\text{Limite de }y-cx=b+\frac{p}{2A\delta}.$$

Il suit de là que les deux arcs H'S et HR' ont leurs asymptotes sur une même ligne droite, laquelle est donnée par l'équation [1].

En raisonnant tout-à-fait de la même manière, on trouve que les deux autres arcs, HR et H'S', ont aussi leurs asymptotes sur une même droite, qui a pour équation

[2] $$y=\left(a-\frac{\delta}{2A}\right)x+b-\frac{p}{2A\delta}.$$

Les équations [1] et [2] peuvent s'écrire de cette manière

$$y=ax+b+\frac{1}{2A}\left(\delta x+\frac{p}{\delta}\right),$$

$$y=ax+b-\frac{1}{2A}\left(\delta x+\frac{p}{\delta}\right),$$

ou encore, en les réunissant en une seule, de cette manière

[3] $$y=ax+b\pm\frac{1}{2A}\left(\delta x+\frac{p}{\delta}\right);$$

et cette forme montre mieux comment les asymptotes peuvent se déduire immédiatement des valeurs générales qui expriment l'ordonnée de l'hyperbole. En effet, si, dans ces valeurs, on ne conserve sous le radical que les termes variables $\delta^2x^2 + 2px$, si on complète le carré $\delta^2x^2 + 2px + \frac{p^2}{\delta^2}$, et si on extrait la racine de ce carré, on aura précisément l'équation [3].

249. Les deux asymptotes se coupent sur le diamètre de l'hyperbole : car les ordonnées de ces trois droites deviennent égales quand on pose

$$\delta x + \frac{p}{\delta} = 0, \quad \text{d'où} \quad x = -\frac{p}{\delta^2}.$$

Cette valeur est la même qui rend Y *minimum* (242) dans le cas de la fig. 90; les asymptotes passent donc alors par le point O. Si on remonte au n° 240, auquel se rapporte la fig. 88, et qu'on mène l'ordonnée OE du milieu de HH', on aura

$$AE = AB + \tfrac{1}{2}BB' = x' + \tfrac{1}{2}(x'' - x') = \tfrac{1}{2}(x' + x'').$$

Mais x' et x'' sont racines de l'équation $x^2 + \frac{2p}{\delta^2}x + \frac{q}{\delta^2} = 0$; donc la somme $x' + x''$ est égale au coefficient de x, pris avec un signe contraire ; donc

$$AE = \tfrac{1}{2}(x' + x'') = -\frac{p}{\delta^2}.$$

Cette valeur prouve que, dans le cas du n° 240, les asymptotes de l'hyperbole passent par le milieu O de HH'.

Connaissant ainsi le point où les asymptotes coupent le diamètre, pour achever de les déterminer on fera $x = 0$ dans leurs équations, ce qui donne

$$y = b \pm \frac{p}{2A\delta}.$$

On prendra donc sur l'axe des y (fig. 88 et 90), au-dessus et au-dessous du diamètre, les distances IT, IT', égales à $\frac{p}{2A\delta}$; et en menant les droites OT, OT', on aura les asymptotes.

250. Lorsque, dans l'équation générale du second degré, le coefficient de y^2 n'est pas nul, les valeurs de y ne contiennent point

x en diviseur : elles ne peuvent donc devenir infinies que par une valeur infinie de x ; par conséquent il n'existe point alors d'asymptote parallèle aux ordonnées (247).

Si A = o, alors l'équation est

$$Bxy + Cx^2 + Dy + Ex + F = 0\,;$$

et l'on en tire, comme dans le n° 243, une valeur de y de la forme

$$y = rx + s + \frac{t}{Bx + D}.$$

La méthode générale fera bien trouver une asymptote non parallèle aux y, représentée par l'équation $y = rx + s$; mais il y a une autre asymptote qui est parallèle aux y, et qu'on obtient en cherchant, comme il a été prescrit n° 247, s'il y a quelque valeur finie de x qui rende y infini. Or, la valeur finie $x = -\frac{D}{B}$ jouit de cette propriété ; par conséquent il existe une asymptote parallèle aux y, laquelle a précisément cette valeur pour abscisse. Ces résultats sont conformes à ceux du n° 243.

On aurait pu aussi obtenir cette dernière asymptote par la méthode générale, en changeant dans tous les calculs x en y et y en x. Je ne pense pas que de plus amples explications soient nécessaires.

Discussion de la PARABOLE. $B^2 - 4AC = 0$.

251. Lorsque $B^2 - 4AC = 0$, on a, pour l'ordonnée comptée à partir du diamètre,

$$Y = \frac{1}{2A}\sqrt{2px + q}.$$

Alors, si p et q sont positifs, chaque valeur positive de x donne pour Y une valeur réelle ; et x augmentant depuis zéro jusqu'à l'infini, Y augmente depuis $\frac{\sqrt{q}}{2A}$ jusqu'à l'infini. On conclut de là que si on prend sur l'axe Ay (fig. 93), au-dessus et au-dessous du diamètre, $IF = IF' = \frac{\sqrt{q}}{2A}$, la parabole passera aux points F et F', et aura du côté des x positifs deux arcs infinis tels que FS et F'S'. Pour avoir les points situés du côté des x négatifs, on fait $x = -z$, ce qui donne

$$Y = \frac{1}{2A}\sqrt{q - 2pz} = \frac{1}{2A}\sqrt{2p\left(\frac{q}{2p} - z\right)}.$$

On voit que z augmentant depuis zéro jusqu'à $\frac{q}{2p}$, Y est réel et diminue jusqu'à zéro : mais z devenant plus grand, Y est imaginaire. On prendra donc $AB = \frac{q}{2p}$, du côté Ax', et on mènera, parallèlement à Ay, la droite BC qui coupe le diamètre en C ; la parabole sera terminée, du côté des x négatifs, par un arc tel que FCF′. La parabole n'a donc qu'une seule branche SCS′, composée de deux parties, qui sont indéfinies dans le sens des abscisses positives, qui s'écartent de plus en plus du diamètre, et qui d'ailleurs sont concaves vers ce diamètre, puisqu'une droite ne saurait rencontrer la courbe en plus de deux points.

Quand, p étant positif, q est nul, la parabole prend la position RIR′; et quand, p étant positif, q est négatif, elle prend la position TDT′.

252. Lorsque p est négatif, la courbe prend une position inverse, c'est-à-dire qu'elle s'étend à l'infini dans le sens des x négatifs. La figure 94 indique comment elle se trouve placée, selon que q est positif, nul ou négatif.

253. Enfin, lorsque $p = 0$, on a

$$Y = \frac{\sqrt{q}}{2A},$$

ce qui donne deux droites parallèles au diamètre, et également éloignées de ce diamètre, pourvu toutefois que q soit positif. Ces droites se réduisent au seul diamètre, si $q = 0$. Elles sont imaginaires, ou en d'autres termes, l'équation est impossible, si q est négatif.

254. Si A est zéro, et que B soit zéro en même temps, l'équation générale [A] devient celle-ci

$$Cx^2 + Dy + Ex + F = 0,$$

qui est encore comprise dans le cas des paraboles (231). Si on la résout par rapport à x, on a

$$x = -\frac{E}{2C} \pm \frac{1}{2C}\sqrt{-4CDy + E^2 - 4CF}.$$

En ne prenant que la partie rationnelle $x = -\frac{E}{2C}$, on a l'équation d'un diamètre qui est parallèle à l'axe des y. Rien n'empêche d'ailleurs d'appliquer ici les raisonnemens précédens, en y remplaçant partout x par y et y par x.

On peut aussi résoudre l'équation par rapport à y ; il vient

$$y = -\frac{C}{D}\left(x^2 + \frac{E}{C}x + \frac{F}{C}\right),$$

valeur qu'il serait facile de discuter.

255. Comme la parabole s'étend à l'infini, on peut demander si elle a des asymptotes. D'abord, elle n'en a point de parallèle aux ordonnées : car, pour cette courbe, on a

$$y = ax + b \pm \frac{1}{2A}\sqrt{2px + q},$$

et il est évident qu'aucune valeur finie de x ne peut rendre infinies ces valeurs de y, ce qui devrait arriver s'il y avait des asymptotes parallèles aux ordonnées (247).

En second lieu, pour découvrir s'il existe des asymptotes non parallèles aux ordonnées, appliquons la méthode générale du n° 246. Or, on a

$$\frac{y}{x} = a + \frac{b}{x} \pm \frac{1}{2A}\sqrt{\frac{2p}{x} + \frac{q}{x^2}};$$

et en faisant $x = \pm \infty$, il vient Limite de $\frac{y}{x} = a$. Cette valeur doit être le coefficient de x dans l'équation de l'asymptote, et elle prouve que si la parabole a en effet des asymptotes, elles sont parallèles au diamètre.

Maintenant, on a

$$y - ax = b \pm \frac{1}{2A}\sqrt{2px + q};$$

donc Limite de $y - ax = \pm \infty$. Cette limite est l'ordonnée du point où l'asymptote rencontre l'axe des y. Ainsi, pour avoir les asymptotes de la parabole, il faudrait mener des parallèles au diamètre, infiniment éloignées de l'origine, ce qui revient à dire que cette courbe n'a point d'asymptotes.

Application des discussions précédentes à des exemples numériques.

256. *Exemples dans lesquels on a* $B^2-4AC<0$.

EXEMPLE I (fig. 95). $y^2-\frac{1}{2}xy+\frac{17}{16}x^2-4y+4x-6=0$.

En comparant cette équation à l'équation générale [A], on trouve $B^2-4AC=-4$; donc, si elle représente une courbe, ce ne peut être qu'une ellipse (233). Mais il pourrait se faire qu'elle ne représentât qu'un point (236), ou même qu'elle fût impossible (237). Pour savoir lequel de ces trois cas a lieu, on la résout par rapport à y, ce qui donne

$$y=\frac{1}{4}x+2\pm\sqrt{-x^2-3x+10};$$

puis on pose

$$-x^2-3x+10=0,\text{ d'où } x=2 \text{ et } x=-5.$$

Ces racines étant réelles et inégales, on en conclut (235) que la courbe est réellement une ellipse qui a pour diamètre la droite de l'équation $y=\frac{1}{4}x+2$, et qui coupe ce diamètre en deux points dont les abscisses sont $+2$ et -5.

En faisant $x=0$ dans l'équation du diamètre, il vient $y=2$; et en faisant $y=0$, on a $x=-8$. Je prends donc, sur les axes, $AI=2$ et $AI'=8$, et je mène, par les points I et I', une droite qui sera le diamètre. De plus, je prends $AB=2$ et $AB'=5$, je mène, parallèlement à l'axe Ay, des droites qui coupent ce diamètre aux points H et H'; et ces points sont ceux où la courbe elle-même rencontre ce diamètre.

La quantité qui est sous le radical peut se décomposer en $-(x-2)(x+5)$ ou $(2-x)(x+5)$. En nommant donc toujours Y l'ordonnée comptée à partir du diamètre, on a

$$Y=\sqrt{(2-x)(x+5)}.$$

De A jusqu'à B, l'abscisse x est positive et moindre que 2; donc Y est réel. L'abscisse $x=0$ donne $Y=\sqrt{10}$, et $x=2$ donne $Y=0$. Donc, si on prend $IF=IF'=\sqrt{10}$, l'ellipse aura un arc tel que FHF'. Au-delà du point B, l'abscisse x est plus grande que 2, et Y devient imaginaire; par conséquent la courbe ne s'étend pas au-delà de la ligne BH.

Pour avoir les points placés du côté des x négatifs, on fera $x = -z$. Alors

$$Y = \sqrt{(2+z)(5-z)};$$

et il est clair que dans l'intervalle AB', z étant moindre que 5, Y est réel, mais qu'au-delà de B', z étant plus grand que 5, Y est imaginaire. De là résulte un second arc tel que FH'F', qui ne s'étend pas au-delà de la droite B'H', et qui achève la courbe.

S'il était utile de déterminer les points où elle coupe l'axe Ax, on ferait $y = 0$ dans l'équation proposée; alors il viendrait $\frac{17}{16}x^2 + 4x - 6 = 0$, d'où l'on tire les abscisses des points cherchés.

Pour connaître les limites de l'ellipse parallèlement au diamètre HH', on remarquera (235) que la somme des facteurs qui entrent dans l'expression de Y, étant égale à 7, le *maximum* de cette expression est

$$Y = \sqrt{\tfrac{7}{2} \times \tfrac{7}{2}} = \tfrac{7}{2},$$

et que la valeur correspondante de x est donnée en posant

$$2 - x = \tfrac{7}{2}, \quad \text{d'où} \quad x = -\tfrac{3}{2}.$$

Cette abscisse est celle du milieu E de BB'; de sorte qu'on aura les limites cherchées, en portant sur la ligne EO, parallèle aux ordonnées, au-dessus et au-dessous du diamètre, les distances OG $=$ OG' $= \frac{7}{2}$, et en menant ensuite les droites GK et G'K' parallèles au diamètre. Si on résout l'équation de la courbe par rapport à x, on trouvera un autre diamètre et d'autres limites.

EXEMPLE II (fig. 96). $y^2 + 2xy + 5x^2 - 4x = 0$.

De cette équation on en tire

$$y = -x \pm 2\sqrt{x - x^2} = -x \pm 2\sqrt{x(1-x)}.$$

Sous le radical, x^2 a le signe $-$; et si on pose $x - x^2 = 0$, on trouve $x = 0$ et $x = 1$; donc l'équation représente une ellipse. Le diamètre a pour équation $y = -x$; donc il divise l'angle xAy' en deux parties égales. Les abscisses $x = 0$ et AB $= 1$ déterminent les points A et H, où l'ellipse coupe le diamètre.

De $x = 0$ à $x = 1$, le radical est réel; au-delà du point B, il est imaginaire; pour les abscisses négatives, il est aussi imaginaire. Donc l'ellipse est comprise entre les parallèles Ay et BH.

En faisant $y=0$ dans l'équation, on trouve $x=0$ et $x=\frac{4}{5}$, valeurs qui donnent les points où la courbe rencontre l'axe des x.

La valeur de x qui rend le radical *maximum* est $x=\frac{1}{2}$; et ce *maximum* est $2\sqrt{\frac{1}{2}\times\frac{1}{2}}=1$, ce qui détermine les limites de la courbe de chaque côté du diamètre.

Exemple III (fig. 97). $y^2-2xy+6x^2-2y-28x+46=0$.

De là on tire $y=x+1\pm\sqrt{-5x^2+30x-45}$;

et, en posant $-5x^2+30x-45=0$, on trouve deux racines égales à 3. Comme d'ailleurs le coefficient de x^2 est négatif, on conclut que l'équation proposée représente un point seulement (236). Et en effet, les valeurs de y pouvant s'écrire ainsi

$$y=x+1\pm(x-3)\sqrt{-5},$$

il est évident qu'elles ne peuvent être réelles que par la seule abscisse $x=3$, à laquelle correspond $y=4$.

Dans ce cas, l'équation proposée est la somme de deux carrés : en effet, il est clair d'abord qu'elle revient à celle-ci

$$[y-x-1-(x-3)\sqrt{-5}]\cdot[y-x-1+(x-3)\sqrt{-5}]=0;$$

ou bien, en remarquant que le premier membre est le produit de la somme de deux quantités par leur différence,

$$(y-x-1)^2+5(x-3)^2=0.$$

Sous cette forme, on voit bien qu'on n'y peut satisfaire qu'en égalant à zéro, en même temps, chacun des deux carrés, ce qui donne $x=3$ et $y=4$, comme plus haut.

Exemple IV. $y^2-2xy+2x^2-2y+3=0$.

Ici, on a $y=x+1\pm\sqrt{-x^2+2x-2}$;

puis on pose $-x^2+2x-2=0$, d'où $x=1\pm\sqrt{-1}$; et comme ces racines sont imaginaires, on conclut que l'équation proposée est impossible (237). Pour mettre ce résultat en évidence dans l'équation même, on remarque d'abord que

$$-x^2+2x-2=-(x-1-\sqrt{-1})(x-1+\sqrt{-1})=-(x-1)^2-1,$$

et que par suite la proposée revient à

$$\left[y-x-1-\sqrt{-(x-1)^2-1}\right]\left[y-x-1+\sqrt{-(x-1)^2-1}\right]=0,$$

ou à $$(y-x-1)^2+(x-1)^2+1=0,$$

équation évidemment impossible : car la somme des trois carrés, dont l'un est une quantité constante, ne peut jamais être nulle, quelque valeur réelle qu'on donne à x.

EXEMPLE V (fig. 98). $\quad y^2+x^2-4y+2x=0.$

On suppose que les axes sont rectangulaires. Si on ajoute 4 aux termes y^2-4y, on aura le carré de $(y-2)$; et si on ajoute 1 à x^2+2x, on aura le carré de $(x+1)$: donc si on ajoute $4+1$ ou 5 aux deux membres de l'équation, on aura

$$(y-2)^2+(x+1)^2=5.$$

Le premier membre de cette équation est l'expression du carré de la distance d'un point quelconque M de la courbe, au point O dont les coordonnées sont $x=-1$ et $y=2$ (219). Cette distance est donc égale à $\sqrt{5}$ pour tous les points de la courbe ; par conséquent cette courbe est une circonférence de cercle qui a le point O pour centre et $\sqrt{5}$ pour rayon. La distance AO sera le rayon de cette circonférence : car le triangle rectangle AOE donne

$$AO=\sqrt{\overline{AE}^2+\overline{EO}^2}=\sqrt{1+4}=\sqrt{5};$$

Il est important de remarquer que toutes les fois qu'une équation du second degré doit être construite sur des axes rectangulaires, si elle ne contient pas le rectangle xy, et que les carrés x^2 et y^2 aient le même coefficient, cette équation peut être traitée comme la précédente, et représentera un cercle ou un point, ou bien sera impossible, selon que le second membre, après qu'on a complété les carrés, est positif, nul ou négatif.

257. *Exemples dans lesquels on a* $B^2-4AC>0$.

EXEMPLE I (fig. 99). $\quad y^2+xy-2x^2-2y-2x+3=0.$

Cette équation donne $\quad y=-\frac{1}{2}x+1\pm\sqrt{\frac{9}{4}x^2+x-2}.$

On construit d'abord le diamètre dont l'équation est $y=-\frac{1}{2}x+1$, et on pose ensuite

$$\tfrac{9}{4}x^2+x-2=0, \quad \text{d'où} \quad x=-\tfrac{2}{9}\pm\tfrac{1}{9}\sqrt{76};$$

et comme ces racines sont réelles et inégales, et que d'ailleurs le coefficient de x^2 est positif sous le radical, on est sûr que l'équation proposée est une hyperbole qui coupe le diamètre (240).

En prenant $AE = \frac{2}{9}$, du côté des x négatifs, et portant, de chaque côté du point E, une distance égale à $\frac{1}{9}\sqrt{76}$, on a les deux points B et B′, qui ont pour abscisses les valeurs précédentes de x; et en menant par ces points des parallèles à l'axe Ay, on détermine les intersections H et H′ de l'hyperbole avec le diamètre.

La première valeur de x est positive, et la seconde est négative : je les désignerai l'une par x' et l'autre par $-x''$. Alors on aura, pour l'ordonnée comptée à partir du diamètre,

$$Y = \sqrt{\tfrac{9}{4}x^2 + x - 2} = \tfrac{3}{2}\sqrt{x^3 + \tfrac{4}{9}x - \tfrac{8}{9}} = \tfrac{3}{2}\sqrt{(x - x')(x + x'')}.$$

De A en B, x est positif et moindre que x', donc Y est imaginaire. Au-delà du point B, x augmentant depuis x' jusqu'à l'infini, Y est réel et augmente depuis zéro jusqu'à l'infini, ce qui détermine la branche d'hyperbole RHR′.

Soit $x = -z$, on a

$$Y = \tfrac{3}{2}\sqrt{(z + x')(z - x'')}.$$

Lorsque z est compris entre zéro et x'', Y est imaginaire. Mais si z augmente depuis $z = x''$ jusqu'à $z = \infty$, Y sera réel et augmentera lui-même depuis zéro jusqu'à l'infini, ce qui donnera la seconde branche SH′S′.

Pour avoir les asymptotes de cette hyperbole, il faut, suivant la règle donnée à la fin du n° 248, prendre le binôme $\frac{3}{2}x + \frac{1}{3}$, dont le carré reproduit les deux premiers termes $\frac{9}{4}x^2 + x$, qui se trouvent sous le radical dans les valeurs de y ; et les équations des deux asymptotes seront

$$y = -\tfrac{1}{2}x + 1 \pm \left(\tfrac{3}{2}x + \tfrac{1}{3}\right).$$

Ces droites se coupent sur le diamètre au point O, pour lequel on a $x = -\frac{2}{9}$. Afin d'obtenir un second point de chacune d'elles, on fait $x = 0$, et la partie $\frac{3}{2}x + \frac{1}{3}$, qui est précédée du signe $\pm$, se réduit à $\frac{1}{3}$. On prendra donc, de chaque côté du diamètre $IT = IT' = \frac{1}{3}$, on mènera la droite KK′ par les points O et T, et la droite LL′ par les points O et T′; et ces lignes seront les asymptotes de l'hyperbole.

EXEMPLE II (fig. 100). $y^2-2xy-2y-2x-4=0$.

De là on tire $y=x+1\pm\sqrt{x^2+4x+5}$.

Si on pose $x^2+4x+5=0$, on trouve des racines imaginaires : d'ailleurs x^2 a le signe $+$ sous le radical ; donc l'équation représente une hyperbole qui ne rencontre point le diamètre (242).

Soit HH' le diamètre. L'ordonnée à partir de ce diamètre est

$$Y=\sqrt{x^2+4x+5}=\sqrt{(x+2)^2+1},$$

et on voit qu'elle est *minimum* lorsque $x=-2$, ce qui donne $Y=1$. On prend donc AE $=2$, on mène l'ordonnée EO du diamètre, sur laquelle on porte OG $=$ OE $=1$; et les points G et E seront ceux de l'hyperbole qui approchent le plus du diamètre : de sorte que si on tire EK et GK' parallèles à HH', la courbe sera tout entière hors de ces parallèles.

La quantité Y va en croissant de $x=-2$ à $x=0$, et de $x=0$ à $x=+\infty$. Elle croît encore de $x=-2$ à $x=-\infty$. Ainsi, à partir des points E et G, les deux branches de l'hyperbole s'éloignent de plus en plus du diamètre, à droite et à gauche.

Si on fait $x=0$, on a $Y=\sqrt{5}$, ce qui donne les points F et F' où la courbe coupe l'axe des y ; et si on fait $y=0$ dans l'équation proposée il vient $x=-2$, ce qui donne, pour l'intersection de la courbe avec l'axe des x, le point unique E, déjà trouvé.

Quant aux asymptotes, elles ont pour équations $y=x+1\pm(x+2)$, ou bien

$$y=2x+3 \quad \text{et} \quad y=-1.$$

La première détermine la droite UU', qui rencontre les deux axes ; et la seconde donne une parallèle VV' à l'axe des x. On pouvait d'ailleurs prévoir, à l'inspection de l'équation proposée, que l'hyperbole avait une asymptote parallèle à l'axe des x, puisque le carré de cette variable n'entre pas dans l'équation (244).

EXEMPLE III. $y^2-2xy-2y+4x=0$.

On trouve $y=x+1\pm\sqrt{x^2-2x+1}$;

et si on pose $x^2-2x+1=0$, on obtient deux racines égales à 1. Donc, au lieu d'une hyperbole, on a deux droites qui se coupent (241), et dont les équations sont

$$y=2x \quad \text{et} \quad y=2.$$

L'équation proposée peut donc se décomposer en facteurs rationnels, et s'écrire ainsi

$$(y-2x)(y-2)=0\,;$$

sous cette forme, on voit bien pourquoi elle représente deux lignes droites.

EXEMPLE IV (fig. 101). $x^2-2yx-2x+4y-1=0$.

Comme le carré y^2 manque, cette équation se rapporte au cas traité n° 243. Si on en tire d'abord la valeur de y, et qu'on effectue la division, on trouve

$$y=\frac{x^2-2x-1}{2x-4}=\tfrac{1}{2}x+\frac{1}{2(2-x)}.$$

Construisons la droite HH' qui a pour équation $y=\frac{1}{2}x$, et faisons

$$V=\frac{1}{2(2-x)}.$$

A $x=0$ répond $V=\frac{1}{4}$; donc il faut prendre au-dessus de la droite HH' la distance $AC=\frac{1}{4}$. Si on fait augmenter x depuis zéro jusqu'à 2, V augmente positivement jusqu'à l'infini ; donc si on prend $AB=2$ et qu'on mène, par le point B, la parallèle LL' à l'axe des y, la courbe aura un arc indéfini, tel que CR, dont OL est asymptote.

Quand x est plus grand que 2, écrivons V de cette manière :

$$V=-\frac{1}{2(x-2)}.$$

On voit que, si on fait décroître l'abscisse jusqu'à $x=2$, V augmente jusqu'à $-\infty$; et, si on fait augmenter x jusqu'à l'infini, V diminue jusqu'à zéro ; donc la courbe a une branche telle que TT', dont OL' et OH sont asymptotes.

Faisons $x=-z$, on a

$$V=\frac{1}{2(2+z)}.$$

Cette quantité reste positive et diminue depuis $V=\frac{1}{4}$ jusqu'à $V=0$, lorsque z augmente depuis zéro jusqu'à l'infini : de là résulte l'arc indéfini CR', qui est le prolongement de CR et qui a pour asymptote OH'.

EXEMPLE V (fig. 102). $x^2+3xy+2y+2x+\frac{8}{9}=0$.

Cette équation donne $y=\dfrac{-x^2-2x-\frac{8}{9}}{3x+2}=-\frac{1}{3}x-\frac{4}{9}$;

et cette valeur indique une droite telle que BC, qui rencontre les deux axes. Mais l'équation proposée détermine aussi une droite DE parallèle à l'axe des y : en effet, de ce que la division a pu se faire exactement, il s'ensuit que $3x+2$ est un facteur de l'équation ; donc elle est satisfaite en posant $3x+2=0$, ou $x=-\frac{2}{3}$, ce qui donne une parallèle aux ordonnées.

EXEMPLE VI (fig. 103). $xy+2y+3x-2=0$.

De là on tire $y=\dfrac{-3x+2}{x+2}=-3+\dfrac{8}{x+2}$;

et une discussion facile à faire détermine une hyperbole, telle que l'indique la figure, avec ses deux asymptotes HH′, KK′, qui sont parallèles aux axes, et qui ont pour équations $y=-3$, $x=-2$.

258. *Exemples dans lesquels on a* $B^2-4AC=0$.

EXEMPLE I (fig. 104). $y^2+2xy+x^2+4y+3x+3=0$.

Cette équation donne $y=-x-2\pm\sqrt{x+1}$;

et comme le radical renferme la première puissance de x, sans le carré x^2, on doit avoir une parabole (251). Le diamètre est donné par l'équation $y=-x-2$: il rencontre les axes en deux points I, I′, aux distances AI $=2$, AI′ $=2$.

En faisant croître x positivement de zéro à l'infini, le radical $\sqrt{x+1}$ est réel et augmente indéfiniment à partir de l'unité. Ainsi sont déterminés les arcs FS et F′S′, qui coupent l'axe des y aux points F et F′, construits en prenant IF $=$ IF′ $=1$.

Si x croît négativement jusqu'à l'unité, $\sqrt{x+1}$ diminue jusqu'à zéro ; donc, en prenant AB $=1$ et menant BC parallèle à Ay, cette parallèle coupera le diamètre au point C, où viennent se réunir les deux arcs de la parabole. Ils ne vont pas au-delà de BC ; car les abscisses négatives >1 rendent le radical imaginaire.

La parabole ne rencontre point l'axe des x : car en faisant $y=0$ dans l'équation proposée, il vient $x^2+3x+3=0$, d'où l'on tire des valeurs imaginaires $x=-\frac{3}{2}\pm\sqrt{-\frac{3}{4}}$.

Exemple II (fig. 105). $y^2+2xy+x^2-4y-3x+4=0$.

De là on tire $$y=-x+2\pm\sqrt{-x}:$$

alors la parabole et son diamètre sont placés comme on le voit dans la figure.

Exemple III (fig. 106). $x^2-3x+2y+1=0$.

On peut résoudre cette équation par rapport à y ; mais on peut aussi la traiter comme les exemples précédens, en changeant dans les raisonnemens x en y et y en x. On trouvera le diamètre HH′ et la parabole SCS′.

Exemple IV. $y^2-2xy+x^2+2y-2x-3=0$.

On trouve $$y=x-1\pm\sqrt{4}=x-1\pm2,$$

c'est-à-dire $$y=x+1 \quad \text{et} \quad y=x-3.$$

Ces valeurs déterminent deux droites parallèles. Dans ce cas, l'équation proposée a pour premier membre le produit des deux facteurs $(y-x-1)$ et $(y-x+3)$.

Exemple V. $y^2-2xy+x^2-2y+2x+1=0$.

Cette équation donnant pour y deux valeurs égales à $x+1$, son premier membre est le carré de $(y-x-1)$, et elle ne détermine qu'une seule droite, laquelle a pour équation $y=x+1$.

Exemple VI. $y^2+2xy+x^2+y+x+1=0$.

Ici on a $$y=-x-\tfrac{1}{2}\pm\sqrt{-\tfrac{3}{4}};$$

et comme ces valeurs sont imaginaires, on conclut que l'équation est impossible. Et en effet, elle revient à $(y+x+\frac{1}{2})^2+\frac{3}{4}=0$, et, sous cette forme, on voit sur-le-champ pourquoi elle est impossible.

CHAPITRE VII.

RÉDUCTION DE L'ÉQUATION GÉNÉRALE DU SECOND DEGRÉ A DES FORMES PLUS SIMPLES.

Evanouissement des termes du premier degré.

259. POUR reconnaître avec plus de facilité les propriétés des courbes du second degré, il convient de réduire leur équation à la plus grande simplicité; et le procédé qu'on emploie pour opérer cette réduction mérite d'être soigneusement remarqué. Il consiste à changer le système des coordonnées sans supposer d'abord aucune valeur particulière aux quantités qui servent à fixer la position des nouveaux axes. Par-là, on introduit dans l'équation transformée des quantités indéterminées, dont on dispose ensuite pour annuler quelques-uns des termes de cette équation.

La transformation la plus générale serait de changer à la fois l'origine et la direction des axes : mais il revient tout-à-fait au même d'effectuer ces changemens l'un après l'autre. De cette manière, on démêle mieux l'influence propre à chacun d'eux, et le calcul est moins compliqué.

260. Soit donc l'équation générale

$$[A] \qquad Ay^2 + Bxy + Cx^2 + Dy + Ex + F = 0 :$$

prenons d'autres axes, parallèles aux axes actuels, mais passant par une origine quelconque. A cet effet, il faudra faire dans [A]

$$x = x' + a, \quad y = y' + b,$$

a et b étant les coordonnées de cette origine, et x', y', les nouvelles coordonnées variables. Par cette substitution l'équation se transforme en celle-ci,

$$[B] \qquad Ay'^2 + Bx'y' + Cx'^2 + D'y' + E'x' + F' = 0,$$

dans laquelle, pour abréger, on a fait

$$D' = 2Ab + Ba + D, \quad E' = 2Ca + Bb + E,$$
$$F' = Ab^2 + Bab + Ca^2 + Db + Ea + F.$$

Remarquons la composition de la transformée [B]. 1° Les coefficiens des termes du 2e degré n'ont pas changé. 2° Les coefficiens D' et E' de y' et de x' s'obtiennent en formant le polynôme dérivé relatif à y et le polynôme dérivé relatif à x, du premier membre de l'équation primitive [A], et en remplaçant dans ces polynômes x et y par les coordonnées a et b de la nouvelle origine. 3° Enfin, la partie constante F' se trouve en substituant a et b à la place de x et de y dans le premier membre de l'équation [A].

Revenons maintenant à l'équation [B], et profitons de l'indétermination de a et b pour faire disparaître les termes du premier degré. En conséquence nous poserons

[1] $$2Ab + Ba + D = 0, \quad 2Ca + Bb + E = 0;$$

et nous tirerons de ces équations les valeurs de a et b, savoir :

$$a = \frac{2AE - BD}{B^2 - 4AC}, \quad b = \frac{2CD - BE}{B^2 - 4AC}.$$

Dans le cas des ellipses ou des hyperboles, le dénominateur $B^2 - 4AC$ n'est pas nul (233) : ces valeurs ne sont donc ni infinies, ni indéterminées ; de sorte qu'en plaçant l'origine au point qu'elles déterminent, l'équation [B] perd véritablement les termes en x' et en y'. Ce point est le seul qui jouisse de cette propriété : car les équations [1] n'admettent pas deux solutions.

Pour les paraboles cette simplification est impossible : car alors $B^2 - 4AC = 0$, et les valeurs de a et de b sont infinies.

Mais si, de plus, un des numérateurs, $2AE - BD$, par exemple, est nul en même temps que $B^2 - 4AC$, ces deux suppositions rendent aussi nul l'autre numérateur, et les valeurs de a et de b deviennent indéterminées. Alors on sait que les équations [1] rentrent l'une dans l'autre : ou, ce qui est la même chose, les droites qu'elles représentent n'en font plus qu'une seule ; et par conséquent il existe une infinité d'origines, toutes situées sur cette droite, avec lesquelles on peut faire évanouir les termes du premier degré. Alors aussi l'équation [A] ne représente plus une courbe. En effet, les valeurs générales de y qui s'en déduisent sont

$$y = \frac{-Bx - D}{2A} \pm \frac{1}{2A}\sqrt{(B^2 - 4AC)x^2 + 2(BD - 2AE)x + D^2 - 4AF};$$

et, par la double hypothèse $B^2-4AC=0$ et $2AE-BD=0$, elles se changent en celles-ci :

$$y=\frac{-Bx-D}{2A}\pm\frac{1}{2A}\sqrt{D^2-4AF}.$$

Or, ces valeurs ne représentent plus que deux droites parallèles, lesquelles peuvent, dans certains cas, se réduire à une seule, ou même devenir imaginaires.

Donc les ellipses et les hyperboles sont les seules courbes du second ordre dont l'équation puisse se ramener à la forme

[C] $$Ay'^2+Bx'y'+Cx'^2+F'=0.$$

261. On pourrait penser qu'en changeant à la fois l'origine et la direction des axes, il sera possible de faire disparaître les termes du 1er degré, dans des cas où le seul changement d'origine ne suffirait pas. Il est facile de se détromper à cet égard. Supposons qu'une telle transformation ait en effet opéré cette simplification, et qu'elle ait donné l'équation [C]. Remplaçons les derniers axes par d'autres qui aient même origine qu'eux, mais qui soient parallèles aux coordonnées primitives x et y. Les valeurs qu'il faudra substituer dans la dernière équation [C] seront de la forme $x'=mx''+ny''$, $y'=m'x''+n'y''$; et il est évident qu'on ne reproduira aucun terme du 1er degré. De là je conclus que si on était passé tout d'abord de la première origine à la seconde, sans altérer la direction des premiers axes, les termes du 1er degré auraient également disparu; de sorte que la direction des axes n'a aucune influence sur l'évanouissement de ces termes.

Evanouissement du rectangle.

262. Dans ce qui précède, les coordonnées de l'équation [A] avaient une direction quelconque. On suppose, dans ce qui suit, qu'elles sont rectangulaires. Si elles ne l'étaient pas, on pourrait les rendre telles par une simple transformation d'axes.

Cela posé, cherchons à faire disparaître le produit des coordonnées, en choisissant de nouveaux axes qui soient aussi rectangulaires. Il est inutile de changer l'origine : car si, en la plaçant en un certain point, ce produit disparaît, cette simplification aurait encore lieu pour toute autre origine, attendu qu'en y transportant les nouveaux axes parallèlement à eux-mêmes, les termes du second degré ne changent pas (260), et que par conséquent le produit ne saurait reparaître. Prenons donc les formules [4] du n° 191 qui servent à passer des axes rectangulaires à d'autres axes rectangulaires, et faisons-y $a=0$, $b=0$: on aura

$$x=x'\cos\alpha-y'\sin\alpha,\quad y=x'\sin\alpha+y'\cos\alpha;$$

et en mettant ces valeurs dans l'équation [A], on la change en une autre telle que

[D] $$My'^2+Kx'y'+Nx'^2+Ry'+Sx'+F=0.$$

dans laquelle M, K, N, R, S, contiennent l'indéterminée α.

Pour que le terme affecté du rectangle $x'y'$ puisse disparaître, il faut que l'équation $K=0$ détermine pour α une valeur réelle. Or, si on développe les calculs autant que cela est nécessaire pour avoir K, on trouve

$$K=2(A-C)\sin\alpha\cos\alpha+B(\cos^2\alpha-\sin^2\alpha).$$

Ainsi, pour connaître α, l'équation à résoudre est

$$2(A-C)\sin\alpha\cos\alpha+B(\cos^2\alpha-\sin^2\alpha)=0.$$

Dans la trigonométrie (29), on a trouvé $2\sin\alpha\cos\alpha=\sin 2\alpha$; $\cos^2\alpha-\sin^2\alpha=\cos 2\alpha$. Par suite, l'équation $K=0$ devient

$$(A-C)\sin 2\alpha+B\cos 2\alpha=0,$$

d'où $$\frac{\sin 2\alpha}{\cos 2\alpha}=\tang 2\alpha=\frac{-B}{A-C}.$$

Comme la tangente peut prendre tous les états de grandeur entre $-\infty$ et $+\infty$, il s'ensuit que 2α est toujours réel. Cet arc peut avoir quatre valeurs : en effet, α doit être compris entre 0 et 360° (194) ; donc 2α est compris entre 0 à 360° × 2, et, si nous désignons par $2\alpha'$ l'arc moindre que 180°, qui répond à la tangente ci-dessus, il y aura entre 0 et 360° × 2 quatre arcs qui auront cette même tangente (16), savoir :

$$2\alpha',\quad 2\alpha'+180°,\quad 2\alpha'+2.180°,\quad 2\alpha'+3.180°;$$

donc α aura aussi quatre valeurs,

$$\alpha',\quad \alpha'+90°,\quad \alpha'+2.90°,\quad \alpha'+3.90°.$$

Les deux premières déterminent deux droites à angle droit; et les dernières en déterminent les prolongemens. Il est clair que si on prend une de ces droites pour l'axe des x', l'autre sera celui des y'. N'oublions pas que l'origine n'a pas été changée, et qu'elle était située d'une manière quelconque : alors on pourra conclure qu'il existe, autour de chaque origine, un système d'axes rectangulaires propre à faire disparaître le rectangle $x'y'$, ou à réduire l'équation du second ordre à la forme

$$[E] \qquad My'^2 + Nx'^2 + Ry' + Sx' + F = 0;$$

et en général il n'en existe qu'un seul.

263. Il faut cependant remarquer ici le cas où l'on a en même temps $B = 0$ et $A = C$. Alors l'équation [A] peut s'écrire ainsi

$$y^2 + x^2 + \frac{D}{A}y + \frac{E}{A}x + \frac{F}{A} = 0;$$

et on voit qu'elle représente un cercle (n° 256), Ex. V. Alors aussi tang 2α est indéterminée, ou plutôt le coefficient K est nul de lui-même : et cela prouve qu'on peut prendre deux axes quelconques à angles droits, sans ramener dans l'équation le rectangle des coordonnées. Cette conclusion s'accorde avec le n° 186, où on voit que l'équation générale du cercle, rapporté à des axes rectangulaires, ne contient point le rectangle xy.

264. Selon que l'équation primitive [A] représente une ellipse, une hyperbole ou une parabole, la quantité $B^2 - 4AC$ est négative, positive ou nulle. Or la quantité analogue, tirée de l'équation [E], est $-4MN$; donc les coefficiens M et N doivent être de même signe dans le cas de l'ellipse, et de signe différent dans le cas de l'hyperbole. Dans le cas de la parabole, un de ces coefficiens doit être nul : d'ailleurs, ils ne peuvent pas l'être tous deux ; autrement l'équation [E] cesserait d'être du 2ᵉ degré.

Réduction de l'équation générale.

265. Si on ne considère que les ellipses et les hyperboles, on peut faire disparaître d'abord les termes du premier degré, en déplaçant l'origine (260), et ensuite le rectangle des variables, en choisissant de nouveaux axes rectangulaires, comme on vient de l'expliquer; ou bien, si on le préfère, on peut changer d'abord

la direction des axes, et ensuite l'origine. Par cette double opération, l'équation de la courbe sera réduite à la forme

$$[F] \qquad My^2 + Nx^2 = P,$$

en désignant par x et y les dernières coordonnées.

Dans le cas de l'ellipse, M et N sont de même signe; et en faisant $\frac{N}{M} = m^2$, $\frac{P}{M} = p$, l'équation peut s'écrire ainsi :

$$y^2 + m^2x^2 = p.$$

Dans le cas de l'hyperbole, M est de signe contraire à N. Alors on fait $\frac{N}{M} = -m^2$, $\frac{P}{M} = p$, et l'équation s'écrit ainsi :

$$y^2 - m^2x^2 = p.$$

266. Ces formes d'équations ne conviennent point aux paraboles : car l'équation de ces courbes ne peut jamais perdre les deux termes du premier degré (260). Mais on peut en faire disparaître le rectangle, et même alors l'un des carrés disparaît aussi (264). Supposons que ce soit le carré x'^2 : l'équation des paraboles sera

$$[G] \qquad My'^2 + Ry' + Sx' + F = 0.$$

Prenons de nouveaux axes, parallèles à ceux des x' et des y', et rapportons-y la courbe. Pour cela, on fera dans l'équation [G]

$$x' = x'' + a, \quad y' = y'' + b :$$

il ne reparaîtra point de rectangle $x''y''$, et nous introduirons ainsi deux indéterminées a et b, à l'aide desquelles on pourra faire disparaître deux nouveaux termes. La substitution donne

$$[H] \quad My''^2 + Sx'' + (2Mb + R)y'' + Mb^2 + Rb + Sa + F = 0,$$

équation dans laquelle la partie affectée de y'', et celle qui est indépendante des variables, sont les seules où entrent les indéterminées a et b. On fera disparaître ces deux parties en posant

$$2Mb + R = 0, \quad Mb^2 + Rb + Sa + F = 0,$$

d'où $$b = \frac{-R}{2M}, \quad a = \frac{-Mb^2 - Rb - F}{S}.$$

b n'est pas infini, car M n'est pas nul; et a n'est pas infini non plus, car il est permis de supposer que S n'est pas zéro. En effet, si S était zéro, l'équation [G] ne contiendrait plus x', et, en la résolvant par rapport à y', on trouverait deux valeurs constantes; donc l'équation donnée ne représenterait plus une ligne courbe, et pour cette raison on rejette le cas particulier où S est nul.

Maintenant, il est clair qu'en plaçant l'origine au point qui a pour coordonnées les valeurs précédentes de a et b, la dernière transformée [H] se réduit à cette équation

[I] $$My''^2 + Sx'' = 0,$$

ou bien, en supprimant les accens et faisant $-\frac{S}{M} = 2p$, à

$$y^2 = 2px,$$

qui est, sous la forme la plus simple, l'équation des paraboles.

267. En résumé, on conclut qu'en choisissant convenablement l'origine et la direction des axes, les ellipses, les hyperboles et les paraboles peuvent être représentées par les équations

[a] $y^2 + m^2x^2 = p$, [b] $y^2 - m^2x^2 = p$, [c] $y^2 = 2px$;

et que ces formes d'équations ne subsistent que pour un seul système d'axes rectangulaires (le cas du cercle excepté).

Du centre et des axes.

268. Ces équations mettent en évidence quelques propriétés qui méritent de fixer l'attention. D'abord, de ce que [a] et [b] ne contiennent pas les termes du 1er degré, on conclut que l'origine est un *centre*. Mais il faut reprendre les choses de plus haut.

On appelle *centre d'une courbe un point qui divise en deux parties égales toutes les droites qui passent par ce point, et qui sont terminées à la courbe.* De cette définition découle le théorème suivant :

Quand l'origine des coordonnées est placée au centre d'une ligne du second ordre, les termes du 1er degré, par rapport aux coordonnées, n'entrent point dans l'équation de cette ligne; et réciproquement, *lorsque les termes du 1er degré n'entrent pas dans l'équation d'une ligne du second ordre, l'origine est le centre de cette courbe.*

Pour le démontrer, reprenons l'équation générale

$$[A] \qquad Ay^2 + Bxy + Cx^2 + Dy + Ex + F = 0;$$

supposons que la courbe représentée par cette équation ait un centre, et que ce centre soit pris pour origine des coordonnées. Toute droite menée par ce point a pour équation $y = ax$; et pour obtenir les abscisses des points de rencontre de la droite avec la courbe, il faut faire $y = ax$ dans l'équation [A]. On a ainsi

$$(Aa^2 + Ba + C)x^2 + (Da + E)x + F = 0,$$

équation dont les racines sont les abscisses cherchées. Or, MN (fig. 107) étant la partie de la droite comprise dans la courbe, on doit avoir AN = AM; donc si on mène les ordonnées MP, NQ, les triangles AMP, ANQ, seront égaux; donc AQ = AP : c'est-à-dire que l'équation qui donne ces abscisses a ses racines égales et de signes contraires; donc on doit avoir $Da + E = 0$. Mais cette égalité doit exister, quel que soit a; donc on a séparément $D = 0$, $E = 0$: par conséquent, les termes du 1er degré ne doivent pas entrer dans l'équation [A].

Réciproquement, lorsqu'on a $D = 0$, $E = 0$, l'équation qui donne x a ses deux racines égales et de signes contraires, d'où l'on conclut que les triangles APM, AQN, sont égaux, et par suite que toute corde MN, menée par l'origine, y est divisée en deux parties égales : c'est-à-dire que l'origine est un centre.

Pour qu'une courbe du second ordre ait un centre, il faut donc qu'on puisse transporter les axes, parallèlement à eux-mêmes, à une origine qui fasse évanouir les termes du 1er degré; et alors cette origine sera le centre. Or cette transformation est impossible pour les paraboles, et elle ne l'est que d'une manière pour les ellipses et les hyperboles (260); donc les ellipses et les hyperboles ont un centre qui est unique, mais les paraboles n'en ont pas.

269. Suivant la définition du n° 227, un *diamètre* est une droite qui divise en deux parties égales une suite de cordes parallèles. De là il suit que si une des coordonnées, y, par exemple, n'entre qu'au carré dans l'équation d'une courbe du second ordre, l'axe auquel l'autre coordonnée x est parallèle est un diamètre. Il est visible en effet que, pour chaque abscisse, les valeurs de y seront

égales et de signes contraires : donc l'axe des x divise en parties égales les cordes parallèles à la ligne des y; donc il est un diamètre.

Quand un diamètre est perpendiculaire à la direction des cordes qu'il coupe par moitiés, c'est un *axe de la courbe*. La partie comprise dans la courbe est la *longueur* de cet axe. Les points où il la rencontre se nomment *sommets*.

La ligne sur laquelle se comptent les abscisses x, dans les équations [a], [b], [c], est donc un *diamètre*, et même un *axe de la courbe*. Pareillement, la ligne des y est aussi un *axe* de l'ellipse et de l'hyperbole données par les deux premières : mais elle n'en est pas un pour la parabole donnée par la troisième, parce que x y est au 1er degré. On verra plus tard que les axes dont nous parlons ici sont les seuls qui existent dans les courbes du second ordre.

Développemens des calculs qui mènent aux transformées [F] et [I].

270. L'objet de ce chapitre était de découvrir la forme des équations les plus simples qui représentent les courbes du second ordre. Il était donc bien plus important de reconnaître la possibilité des transformations que de les effectuer ; et c'est pourquoi j'ai négligé les détails de calcul qui m'auraient écarté du but vers lequel je tendais. Je vais réparer ici cette omission volontaire.

Supposons d'abord que l'équation

[A] $$Ay^2 + Bxy + Cx^2 + Dy + Ex + F = 0$$

représente une ellipse ou une hyperbole, et développons les calculs nécessaires pour la réduire à la forme [F], $My^2 + Nx^2 = P$, en prenant des axes rectangulaires. La question se résout en opérant, ainsi qu'on l'a dit (265), deux transformations d'axes.

Première transformation (260). On fait disparaître les termes du 1er degré, ce qui revient à transporter l'origine au centre; et on obtient une transformée telle que

[C] $$Ay^2 + Bxy + Cx^2 + F' = 0.$$

Les coefficiens A, B, C, sont les mêmes que dans [A] ; les coordonnées du centre sont déterminées par les équations

[1] $$2Ab + Ba + D = 0, \quad 2Ca + Bb + E = 0\,;$$

et on a $$F' = Ab^2 + Bab + Ca^2 + Db + Ea + F.$$

On peut simplifier cette valeur de F' : en effet, si on multiplie les éq. [1] respectivement par b et par a, et qu'on ajoute, il vient

$$2Ab^2+2Bab+2Ca^2+Db+Ea=0,$$

d'où $$Ab^2+Bab+Ca^2=-\frac{Db+Ea}{2};$$

donc $$F'=F+\frac{Db+Ea}{2}.$$

En réunissant ici les valeurs de a et b (260) à celle de F', on aura les élémens de la première transformation, savoir :

$$a=\frac{2AE-BD}{B^2-4AC},\quad b=\frac{2CD-BE}{B^2-4AC},\quad F'=F+\frac{Db+Ea}{2}.$$

SECONDE TRANSFORMATION. Avant de procéder à cette transformation il faudrait rendre les coordonnées rectangulaires si elles ne l'étaient pas. Mais je supposerai qu'elles le soient déjà dans l'équation [C], et je cherche immédiatement de nouveaux axes rectangulaires qui fassent disparaître le produit xy : de telle sorte que l'équation résultante prenne la forme demandée

[F] $$My^2+Nx^2=P.$$

Pour y parvenir, dans [C] on remplace x par $x\cos\alpha-y\sin\alpha$, y par $x\sin\alpha+y\cos\alpha$; et on détermine α d'après la condition que le multiplicateur de xy soit égal à zéro. On a trouvé (262)

$$\operatorname{tang} 2\alpha=\frac{-B}{A-C};$$

et par suite on obtient facilement (25)

$$\cos 2\alpha=\frac{1}{\sqrt{1+\operatorname{tang}^2 2\alpha}}=\frac{A-C}{\sqrt{B^2+(A-C)^2}},$$
$$\sin 2\alpha=\cos 2\alpha \operatorname{tang} 2\alpha=\frac{-B}{\sqrt{B^2+(A-C)^2}}.$$

Dans ces valeurs, le radical porte avec lui le signe $\pm$, parce qu'on peut choisir chacun des nouveaux axes pour celui des x; mais, pour écarter toute ambiguité, je donnerai partout au radical le signe positif, ce qui revient à prendre $\sin 2\alpha$ de signe contraire à B.

Maintenant il faut calculer les coefficiens M, N, P. La substitution immédiate des formules $x\cos\alpha - y\sin\alpha$, $x\sin\alpha + y\cos\alpha$, dans l'équation [C], donne

$$\begin{aligned} M &= A\cos^2\alpha - B\sin\alpha\cos\alpha + C\sin^2\alpha, \\ N &= A\sin^2\alpha + B\sin\alpha\cos\alpha + C\cos^2\alpha, \\ P &= -F', \end{aligned}$$

En faisant la somme $M+N$ et la différence $M-N$, on trouve

$$\begin{aligned} M+N &= A+C, \\ M-N &= (A-C)(\cos^2\alpha - \sin^2\alpha) - 2B\sin\alpha\cos\alpha \\ &= (A-C)\cos 2\alpha - B\sin 2\alpha, \\ &= \frac{B^2+(A-C)^2}{\sqrt{B^2+(A-C)^2}} = \sqrt{B^2+(A-C)^2}; \end{aligned}$$

et alors on obtient facilement les valeurs de M et de N. En y joignant celles de tang 2α et de P, on aura tous les élémens de la seconde transformation, savoir :

$$\begin{aligned} \text{tang } 2\alpha &= \frac{-B}{A-C}, \\ M &= \tfrac{1}{2}(A+C) + \tfrac{1}{2}\sqrt{B^2+(A-C)^2}, \\ N &= \tfrac{1}{2}(A+C) - \tfrac{1}{2}\sqrt{B^2+(A-C)^2}, \\ P &= -F'. \end{aligned}$$

Il ne faut pas oublier que $\sin 2\alpha$ est de signe contraire à B.

271. Supposons maintenant que l'équation [A] représente une parabole, et, sans cesser de prendre des coordonnées rectangulaires, ramenons-la à la forme [I], $My^2 + Sx = 0$. Dans ce cas, on fait d'abord évanouir le rectangle en changeant la direction des axes, et ensuite on déplace l'origine.

Première transformation. Elle conduit (266) à l'équation

[G] $$My^2 + Ry + Sx + F = 0.$$

Les axes primitifs sont supposés rectangulaires ; les nouveaux le sont aussi, et l'angle α qui détermine leur situation est déterminé par la même formule que dans le n° 270. On a aussi, pour M et N, les mêmes formules : mais comme, dans la parabole, on a $B^2 = 4AC$, elles reçoivent de grandes simplifications.

D'abord $\sqrt{B^2+(A-C)^2} = \pm(A+C)$. Relativement au signe

$\pm$, observons qu'on peut toujours rendre A positif dans l'équation [A], et qu'alors, en vertu de la relation $B^2 = 4AC$, C est aussi positif; donc, si on continue de prendre le radical positivement, on aura $\sqrt{B^2 + (A-C)^2} = A + C$. En conséquence, il viendra

$$\tang 2\alpha = \frac{-B}{A-C}, \quad \cos 2\alpha = \frac{A-C}{A+C}, \quad \sin 2\alpha = \frac{-B}{A+C},$$

$$M = A + C; \quad N = 0.$$

On voit, ainsi qu'on devait s'y attendre, que l'évanouissement du rectangle fait disparaître un des carrés (264).

Il faut de plus calculer R et S. Or, quand on remplace dans [A] x par $x\cos\alpha - y\sin\alpha$, et y par $x\sin\alpha + y\cos\alpha$, on trouve

$$R = D\cos\alpha - E\sin\alpha, \quad S = D\sin\alpha + E\cos\alpha.$$

Mais (31) $$\sin\alpha = \sqrt{\frac{1-\cos 2\alpha}{2}} = \sqrt{\frac{C}{A+C}},$$

et $$\cos\alpha = \frac{\sin 2\alpha}{2\sin\alpha} = \frac{-B}{2\sqrt{C(A+C)}};$$

donc $$R = \frac{-2CE - BD}{2\sqrt{C(A+C)}}, \quad S = \frac{2CD - BE}{2\sqrt{C(A+C)}}.$$

J'ai pris $\sin\alpha$ positivement parce qu'il est permis de choisir le côté des x positifs de manière qu'on ait $\alpha < 180°$. Quant à $\cos\alpha$, il est de signe contraire à B, comme on le voit ci-dessus.

SECONDE TRANSFORMATION. Il reste encore à déplacer l'origine. Mettons $x + a$ et $y + b$ à la place de x et de y dans [G], puis égalons à zéro le multiplicateur de y et la partie constante, on a

$$2Mb + R = 0, \quad Mb^2 + Rb + Sa + F = 0,$$

d'où $$b = \frac{-R}{2M}, \quad a = \frac{R^2 - 4MF}{4MS}.$$

Les coefficiens de y^2 et de x restent les mêmes que dans [G], de sorte qu'on a, pour dernière transformée,

[I] $$My^2 + Sx = 0.$$

CHAPITRE VIII.

DU CERCLE.

Formes diverses de l'Équation du cercle.

272. Si, dans l'équation [a] du n° 267, on suppose $m=1$ et $p=R^2$, on a

$$[1] \qquad y^2+x^2=R^2,$$

équation déjà trouvée n° 186, et qui exprime que, dans le cas particulier dont il s'agit, la courbe a tous ses points à une distance de l'origine, constante et égale à R; cette courbe est donc une circonférence de cercle. Par-là on apprendrait, si on ne le savait déjà (238), que cette ligne est un cas particulier de l'ellipse.

273. L'équation la plus générale du cercle, tant que les coordonnées sont rectangulaires, est (186)

$$[2] \qquad (x-\alpha)^2+(y-\beta)^2=R^2.$$

Elle redonne l'équation [1] en faisant $\alpha=0$, $\beta=0$.

Si on veut placer l'origine à l'extrémité d'un diamètre, et prendre ce diamètre pour axe des x (fig. 108), il faut faire $\alpha=R$, $\beta=0$; et l'équation [2] devient $(x-R)^2+y^2=R^2$, ou, ce qui est la même chose,

$$[3] \qquad y^2=2Rx-x^2.$$

Si on fait seulement $\beta=0$, le centre sera sur l'axe des x (fig. 109), mais la circonférence ne passera plus à l'origine; et si on fait seulement $\alpha=0$, le centre sera sur la ligne des y (fig. 110). Dans ces deux positions, les équations du cercle seront

$$[4] \qquad y^2+(x-\alpha)^2=R^2,$$

$$[5] \qquad x^2+(y-\beta)^2=R^2.$$

274. En coordonnées obliques, l'équation du cercle est peu employée. On l'obtient immédiatement en exprimant que la distance du centre à un point quelconque de la courbe est égale au rayon. Cette distance est donnée par la formule du n° 220, de sorte que, si on désigne par θ l'angle des axes, par α et β les coordonnées du centre du cercle, et par r le rayon, on aura

[6] $$(x-\alpha)^2+(y-\beta)^2+2(x-\alpha)(y-\beta)\cos\theta=r^2.$$

275. L'équation [2] étant développée, en donne une de la forme

$$x^2+y^2+ax+by+c=0,$$

qui ne contient point le rectangle xy, et où les coefficiens des carrés x^2 et y^2 sont égaux. Quand ces conditions sont remplies (les axes étant toujours rectangulaires), l'équation ne peut pas représenter d'autre courbe qu'une circonférence. En effet, après l'avoir divisée par le coefficient de y^2, si ce coefficient n'est pas déjà égal à l'unité, on lui donne la forme précédente, puis, en complétant les carrés, on lui donne celle-ci

$$(x+\tfrac{1}{2}a)^2+(y+\tfrac{1}{2}b)^2=\tfrac{1}{4}a^2+\tfrac{1}{4}b^2-c:$$

or cette équation représente évidemment un cercle, dont le centre a pour coordonnées $-\frac{1}{2}a$, $-\frac{1}{2}b$, et dont le rayon est égal à $\sqrt{\frac{1}{4}a^2+\frac{1}{4}b^2-c}$. Toutefois, cette équation ne représente véritablement un cercle que lorsque la quantité $\frac{1}{4}a^2+\frac{1}{4}b^2-c$ est positive: car si elle est nulle, le cercle se réduit à son centre, et si elle négative, l'équation est impossible. Ces détails ont déjà été donnés n° 256, Ex. V.

276. Étant donnée une équation du second degré, entre coordonnées obliques dont l'inclinaison est connue, on peut demander comment on jugera qu'elle représente un cercle. Pour répondre à cette question, on développe l'équation [6], et on l'écrit ainsi :

$$x^2+y^2+2xy\cos\theta-2(\alpha+\beta\cos\theta)x-2(\beta+\alpha\cos\theta)y$$
$$+\alpha^2+\beta^2+2\alpha\beta\cos\theta-r^2=0.$$

Alors on voit sur-le-champ qu'après avoir divisé l'équation proposée par le multiplicateur de y^2, il faudra que celui de x^2 soit égal à l'unité, et celui de xy au cosinus de l'angle des axes.

Je dis de plus que toute équation qui remplit ces conditions ne peut pas représenter d'autre ligne qu'une circonférence. En effet, supposons que cette équation soit

[7] $$x^2+y^2+2xy\cos\theta+ax+by+c=0,$$

et, afin de la rendre identique avec celle du cercle, posons

$$\alpha+\beta\cos\theta=-\frac{a}{2},\quad \beta+\alpha\cos\theta=-\frac{b}{2},\quad \alpha^2+\beta^2+2\alpha\beta\cos\theta-r^2=c.$$

De ces égalités on tire

$$\alpha=\frac{b\cos\theta-a}{2\sin^2\theta},\quad \beta=\frac{a\cos\theta-b}{2\sin^2\theta},\quad r=\sqrt{\frac{a^2+b^2-2ab\cos\theta}{4\sin^2\theta}-c};$$

donc ces valeurs étant mises à la place de α, β, r, rendront l'équation [6] identique avec l'équation [7]; donc cette dernière ne peut pas représenter d'autre ligne qu'une circonférence dont le centre et le rayon seront donnés par les formules ci-dessus.

Pour construire le centre, il n'est pas nécessaire de calculer α et β. Soit O ce centre (fig. 111) dont les coordonnées sont $AB=OC=\alpha$ et $AC=OB=\beta$: abaissez OD perpendiculaire à Ax, et OE perpendiculaire à Ay. Les triangles rectangles BOD, COE donnent $BD=\beta\cos\theta$, $CE=\alpha\cos\theta$; donc

$$AD=\alpha+\beta\cos\theta=-\frac{a}{2},\quad AE=\beta+\alpha\cos\theta=-\frac{b}{2}.$$

Ainsi, en prenant avec des signes contraires, dans l'équation [7], les moitiés des coefficiens de x et de y, on aura les longueurs AD et AE; et par suite, en élevant les perpendiculaires DO et EO, on connaîtra le centre O.

Si la valeur de r est nulle, l'équation [6] exprimant que le carré d'une distance entre deux points est égale à zéro, on en conclut que le cercle se réduit à son centre. Si r est imaginaire, l'équation est impossible. On peut encore rendre ces conséquences évidentes en écrivant l'équation [6] d'abord sous cette forme

$$\left[(x-\alpha^2)+(y-\beta)^2\right](\cos^2\tfrac{1}{2}\theta+\sin^2\tfrac{1}{2}\theta)$$
$$+2(x-\alpha)(y-\beta)(\cos^2\tfrac{1}{2}\theta-\sin^2\tfrac{1}{2}\theta)=r^2;$$

puis, sous la suivante:

$$\left[(x-\alpha)+(y-\beta)\right]^2\cos^2\tfrac{1}{2}\theta+\left[(x-\alpha)-(y-\beta)\right]^2\sin^2\tfrac{1}{2}\theta)=r^2.$$

Comme le premier membre est la somme de deux carrés, on voit que si r est imaginaire l'équation est impossible ; et si r est zéro, elle ne peut être satisfaite qu'en égalant chaque carré à zéro, ce qui conduit à $x=\alpha$, $y=\beta$.

Théorèmes relatifs au cercle.

277. Je vais faire voir ici comment on peut démontrer par le calcul les théorèmes sur le cercle, établis dans la Géométrie.

Reprenons l'équation du cercle,

$$y^2+x^2=R^2.$$

Elle donne $y=\pm\sqrt{R^2-x^2}$; donc il y a (fig. 112) deux ordonnées égales et opposées, MP et PN, pour chaque abscisse AP. Or MN étant perpendiculaire à AB, si on applique la partie inférieure du cercle sur la partie supérieure, en la faisant tourner autour du diamètre BC, le point N tombera sur le point M ; et pareillement, tous les autres points de la partie BNC se placeront sur la partie supérieure BMC. De là on conclut

1° Que *tout diamètre divise le cercle et la circonférence en deux parties égales ;*

2° Que *le diamètre, perpendiculaire à une corde, divise aussi cette corde et l'arc soutendu, chacun en deux parties égales.*

278. Il est évident, sur la figure, que $CP=R+x$ et $BP=R-x$; donc

$$CP\times BP=(R+x)(R-x)=R^2-x^2.$$

Mais, par l'équation du cercle, on a $\overline{MP}^2=y^2=R^2-x^2$; donc

$$\overline{MP}^2=CP\times BP\,;$$

donc *l'ordonnée, perpendiculaire au diamètre, est moyenne proportionnelle entre les deux segmens de ce diamètre.*

279. Si on mène la corde CM, et qu'on désigne par x et y les coordonnées du point M, on aura

$$\overline{CM}^2=y^2+(x+R)^2=y^2+x^2+2Rx+R^2.$$

Or, l'équation du cercle donne $x^2+y^2=R^2$; donc

$$\overline{CM}^2=2R^2+2Rx=2R\,(R+x)\,;$$

mais on a $BC = 2R$, $CP = R + x$; donc

$$\overline{CM}^2 = BC \times CP :$$

c'est-à-dire que *la corde* CM *est moyenne proportionnelle entre le diamètre* BC *et le segment* CP.

280. Si, par le point C pour lequel $y = 0$ et $x = -R$, et par le point M dont nous continuerons de désigner les coordonnées par x et y, on mène une droite CM, et qu'on représente par a la tangente de l'angle MCx, on aura

$$a = \frac{y}{x + R}.$$

Si par le même point M, et par le point B pour lequel $y = 0$ et $x = +R$, on mène la droite MB, et qu'on représente par a' la tangente de l'angle MBx, on aura pareillement

$$a' = \frac{y}{x - R}.$$

En multipliant a par a' et remarquant que $y^2 = R^2 - x^2$, il vient

$$aa' = \frac{y^2}{x^2 - R^2} = \frac{R^2 - x^2}{x^2 - R^2} = -1,$$

ou, ce qui est la même chose,

$$aa' + 1 = 0;$$

donc (221) les droites CM et MB sont perpendiculaires l'une sur l'autre, ou, en d'autres termes, *tout angle inscrit dans un demi-cercle est droit.*

281. En général, les angles inscrits dans un même segment sont égaux. Pour le prouver, je prends pour axe de x (fig. 113) la corde DE qui sous-tend le segment dont il s'agit, et pour axe des y le diamètre perpendiculaire : alors le cercle sera donné par l'équation [5] du n° 273, et on aura

$$(y - \beta)^2 + x^2 = c^2 + \beta^2,$$

en désignant par β l'élévation du centre O au-dessus de DE, et par c la demi-corde AD.

Si on joint un point quelconque M de l'arc DME avec les points E et D, et si on nomme encore x, y, les coordonnées du point M, et a, a', les tangentes des angles MEx, MDx, il est facile de voir qu'on aura

$$a=\frac{y}{x+c},\quad a'=\frac{y}{x-c}.$$

Mais $\tang \text{DME}=\frac{a'-a}{1+aa'}$ (221) ; remplaçons donc a et a' par leurs valeurs, et il viendra

$$\tang \text{DME}=\frac{y(x+c)-y(x-c)}{x^2-c^2+y^2}=\frac{2cy}{x^2-c^2+y^2}.$$

Comme le point M appartient au cercle, on a, entre x et y,

$$(y-\beta)^2+x^2=c^2+\beta^2:$$

de là on tire $x^2-c^2+y^2=2\beta y$; et par suite

$$\tang \text{DME}=\frac{c}{\beta}.$$

Cette valeur est constante, c'est-à-dire qu'elle ne varie pas quand le point M change de position sur la circonférence. De plus, le triangle rectangle AOD donne

$$\tang \text{AOD}=\frac{\text{AD}}{\text{AO}}=\frac{c}{\beta};$$

donc *tous les angles inscrits dans un même segment de cercle sont égaux à la moitié de l'angle au centre, qui s'appuie sur le même arc que le segment.*

282. Démontrons maintenant les théorèmes relatifs aux lignes droites qui se coupent dans le cercle, et hors du cercle. Soit A (fig 114) un point quelconque, pris dans le plan d'un cercle. Ayant mené Ax par le point A et par le centre O, puis Ay perpendiculaire sur Ax, prenons les abscisses et les ordonnées sur ces deux lignes. En désignant le rayon par R, et la distance AO par α, l'équation du cercle sera (273)

$$(x-\alpha)^2+y^2=\text{R}^2.$$

L'équation d'une droite quelconque passant par le point A, sera de la forme

$$y=\delta x;$$

et si on veut avoir l'équation qui donne les abscisses des points

M et N, où cette droite rencontre le cercle, il faut mettre cette valeur de y dans l'équation du cercle, ce qui donne

$$(x-\alpha)^2+\delta^2x^2=R^2,$$

ou, en effectuant le carré, transposant R^2, et divisant ensuite par le coefficient de x^2,

$$[\alpha] \qquad x^2-\frac{2\alpha}{1+\delta^2}x+\frac{\alpha^2-R^2}{1+\delta^2}=0.$$

Nommons x', y', et x'', y'', les coordonnées des points de rencontre, on aura

$$\overline{AM}^2=x'^2+y'^2, \quad \overline{AN}^2=x''^2+y''^2:$$

or, ces points étant sur la droite, on a

$$y'=\delta x', \quad y''=\delta x'';$$

donc

$$\overline{AM}^2=(1+\delta^2)x'^2 \quad \text{et} \quad \overline{AN}^2=(1+\delta^2)x''^2;$$

et en multipliant $\overline{AM}^2$ par $\overline{AN}^2$, il vient

$$\overline{AM}^2\times\overline{AN}^2=(1+\delta^2)^2x'^2x''^2.$$

Maintenant remarquons que x' et x'' sont les deux racines de l'équation $[\alpha]$, et que dans toute équation du second degré le produit des racines est égal au dernier terme: nous conclurons que $x'x''=\frac{\alpha^2-R^2}{1+\delta^2}$; et par suite que

$$\overline{AM}^2\times\overline{AN}^2=(\alpha^2-R^2)^2.$$

De là, suivant que α est $>R$ ou $<R$, on tire

$$AM\times AN=\alpha^2-R^2, \quad \text{ou} \quad AM\times AN=R^2-\alpha^2.$$

Dans le premier cas, le point est extérieur au cercle, et dans le second il est intérieur. Mais, ni dans l'un, ni dans l'autre, le produit $AM\times AN$ ne contient δ; et cela prouve qu'il reste le même, quelle que soit la position de la sécante: donc, si on mène une seconde sécante qui coupe le cercle en M' et N', on aura $AM\times AN=AM'\times AN'$. Or, cette égalité donne

$$AM : AM' :: AN' : AN;$$

donc *si, par un point A, extérieur ou intérieur, on mène deux droites qui coupent le cercle, les distances comprises entre le point A et le cercle, sur l'une des droites, sont réciproquement proportionnelles aux distances analogues comprises sur l'autre droite.*

Cet énoncé comprend évidemment les deux théorèmes suivans, démontrés en Géométrie :

Quand deux cordes se coupent dans le cercle, les parties de la première sont réciproquement proportionnelles aux parties de la seconde.

Si, par un point pris hors d'un cercle, on mène deux sécantes quelconques à la circonférence, les sécantes entières sont réciproquement proportionnelles à leurs parties extérieures.

A quoi l'on peut ajouter ce troisième théorème :

Si, par un point pris hors d'un cercle, on mène une sécante et une tangente à ce cercle, la tangente sera moyenne proportionnelle entre la sécante entière et sa partie extérieure.

Ce dernier n'est en effet qu'un cas particulier du précédent, et il s'en déduit en supposant que l'une des sécantes tourne autour du point A jusqu'à ce que, les deux points d'intersection M′ et N′ se confondant en un seul, la droite devienne tangente. Alors la sécante entière et sa partie extérieure ne font plus qu'une seule et même distance, égale à la tangente.

283. Cherchons encore les conditions relatives à l'intersection et au contact des cercles. Pour y parvenir de la manière la plus facile, prenons pour axe des x (fig. 115) la droite Ax qui passe par les centres A et B, et plaçons l'origine des coordonnées rectangulaires au centre A. En désignant par α la distance AB, et les deux rayons par R et R′, les équations des cercles seront

$$x^2+y^2=R^2, \quad (x-\alpha)^2+y^2=R'^2.$$

Les coordonnées de chaque point commun aux deux circonférences doivent satisfaire à ces deux équations; et réciproquement, deux coordonnées qui satisfont à ces équations appartiennent à un point commun aux deux circonférences. Si donc on considère x et y comme deux inconnues, et qu'on cherche toutes les solutions des deux équations, celles qui seront réelles feront connaître les intersections des deux cercles.

Pour résoudre les équations, on effectue le carré $(x-\alpha)^2$ et on retranche la seconde de la première : il vient $2\alpha x-\alpha^2=R^2-R'^2$, d'où l'on tire

$$x=\frac{\alpha^2+R^2-R'^2}{2\alpha}.$$

En substituant cette valeur dans la première équation, on obtient les valeurs correspondantes de y, savoir :

$$y=\pm\frac{1}{2\alpha}\sqrt{4\alpha^2R^2-(\alpha^2+R^2-R'^2)^2}.$$

On ne trouve que deux solutions, et de là ce théorème connu : *Deux circonférences ne peuvent avoir plus de deux points communs, à moins qu'elles ne se confondent.*

Les deux points d'intersection ayant une même abscisse AP, mais deux ordonnées MP et NP, égales et opposées, on conclut encore cet autre théorème : *Quand deux circonférences se coupent, la ligne des centres est perpendiculaire à la corde qui joint les points d'intersection, et la divise en deux parties égales.*

Pour qu'il y ait en effet intersection, il faut que la quantité soumise au radical, dans les valeurs de y, soit positive. Afin de reconnaître dans quel cas cette condition est remplie, remarquons d'abord que cette quantité est une différence de carrés, et que par suite y peut s'écrire ainsi :

$$y=\pm\frac{1}{2\alpha}\sqrt{(2\alpha R+\alpha^2+R^2-R'^2)(2\alpha R-\alpha^2-R^2+R'^2)}.$$

Chaque facteur est lui-même une différence de carrés, et peut aussi se décomposer en deux autres ; et de là résulte

$$y=\pm\frac{1}{2\alpha}\sqrt{(\alpha+R+R')(\alpha+R-R')(R+R'-\alpha)(\alpha+R'-R)}.$$

Il est toujours permis de placer l'origine au centre du plus grand cercle, et de prendre les abscisses positives du même côté que le centre de l'autre cercle ; c'est pourquoi nous supposerons α positif, et R plus grand que R' ou tout au plus égal. Alors les deux premiers facteurs sont positifs, et, pour que y soit réel, il faut que les deux autres facteurs soient tous deux positifs, ou tous deux négatifs. On devrait donc avoir en même temps

$$\alpha<R+R' \quad \text{et} \quad R<\alpha+R',$$

ou bien $$\alpha>R+R' \quad \text{et} \quad R>\alpha+R' :$$

mais les deux dernières conditions sont incompatibles ; car il résulte de l'une que α serait $> R$, et de l'autre, que R serait $> \alpha$, ce qui implique contradiction. Ainsi les conditions relatives à l'intersection des cercles sont $\alpha < R + R'$ et $R < \alpha + R'$: c'est-à-dire que *la distance des centres doit être moindre que la somme des rayons, et que le plus grand rayon doit être moindre que la somme faite de la distance des centres et du plus petit rayon.*

Pour qu'il y ait contact, il faut que les deux valeurs de y se réduisent à une seule, ce qui ne peut pas avoir lieu si la quantité placée sous le radical n'est pas nulle : mais les deux premiers facteurs ne peuvent pas être nuls ; il faut donc que ce soit le troisième ou le quatrième. Ainsi on doit avoir

$$R + R' - \alpha = 0 \quad \text{d'où} \quad \alpha = R + R',$$

ou bien

$$\alpha + R' - R = 0 \quad \text{d'où} \quad \alpha = R - R'.$$

Donc, *pour que deux cercles se touchent, il faut que la distance des centres soit égale à la somme des rayons, ou bien à leur différence. Dans l'un et l'autre cas, le contact a lieu sur la ligne des centres ; et il est évident d'ailleurs que dans le premier il est extérieur, et que dans le second il est intérieur.*

Enfin y est imaginaire, et il n'y a plus de point commun aux deux circonférences, quand on a $\alpha > R + R'$, ou bien quand on a $R > \alpha + R'$: car, dans l'une de ces hypothèses, il n'y a que le troisième facteur qui soit négatif, et dans l'autre, il n'y a que le quatrième facteur qui le soit. *Donc, pour que deux circonférences n'aient aucun point commun, il faut que la distance des centres soit plus grande que la somme des rayons, ou que le plus grand rayon surpasse la somme faite de la distance des centres et du plus petit rayon.*

Si on avait en même temps $R' = R$ et $\alpha = 0$, les valeurs de x et de y se présenteraient sous la forme $\frac{0}{0}$, qui est le symbole de l'indétermination. Et en effet, les deux cercles ayant même centre et même rayon, leurs circonférences ont tous leurs points communs.

On pourrait se servir du calcul pour démontrer beaucoup d'autres théorèmes relatifs au cercle ; mais il nous suffit d'avoir retrouvé ceux qui sont établis dans les Élémens de Géométrie, et dont l'usage est le plus fréquent.

De la tangente au cercle et de la normale.

284. En Géométrie on définit la *tangente* au cercle une droite qui n'a qu'un point commun avec la circonférence. Il suit de cette définition que si, par deux points M et M' (fig. 116), pris sur la circonférence, on mène une sécante indéfinie MS, et qu'on la fasse tourner autour du point M, jusqu'à ce que le point M' se réunisse au point M, alors la droite deviendra tangente : car elle n'aura qu'un point commun avec la circonférence. Cette considération fournit un moyen facile de déterminer la tangente en un point donné sur la circonférence.

Soit S le point où l'axe des x est rencontré par la sécante qui passe par les points M et M' : en désignant par x' et y', x'' et y'', les coordonnées des points M et M', on aura (214)

$$\operatorname{tang} MSx = \frac{y'-y''}{x'-x''}.$$

comme ces deux points sont sur le cercle, leurs coordonnées doivent satisfaire à l'équation de cette courbe ; donc, si l'équation du cercle est

[1] $$y^2+x^2=R^2,$$

on aura

$$y'^2+x'^2=R^2, \quad y''^2+x''^2=R^2.$$

En retranchant la seconde équation de la première, il vient

$$y'^2-y''^2+x'^2-x''^2=0.$$

Cette équation peut se mettre sous cette forme

$$(y'-y'')(y'+y'')+(x'-x'')(x'+x')=0.$$

Alors elle donne

$$\frac{y'-y''}{x'-x''}=-\frac{x'+x''}{y'+y''},$$

et par suite

$$\operatorname{tang} MSx=-\frac{x'+x''}{y'+y''}.$$

Lorsque le point M' se réunit au point M, $x''=x'$ et $y''=y'$: alors la sécante MS prend la position de la tangente MT ; donc, si dans l'expression ci-dessus on suppose $x''=x'$ et $y''=y'$, on aura la tangente de l'angle $\mathrm{MT}x$, formé avec l'axe des x par la tangente au point M. Ainsi, en nommant a la tangente de cet angle, on a

$$a=-\frac{x'}{y'}.$$

L'équation de la droite MT est $y-y'=a(x-x')$: remplaçons a par sa valeur, et il viendra, pour l'équation de la tangente au point M,

$$y-y'=-\frac{x'}{y'}(x-x').$$

En chassant le dénominateur y', effectuant la multiplication par x', transposant les termes convenablement, et remarquant que $y'^2+x'^2=\mathrm{R}^2$, on obtient cette équation, qui est plus simple,

$$[t] \qquad yy'+xx'=\mathrm{R}^2.$$

285. Il est facile de s'assurer *à posteriori* que la droite donnée par cette équation est en effet tangente au cercle, en démontrant qu'elle est tout entière hors du cercle, excepté dans le seul point qu'elle a de commun avec lui. Cela se voit très-simplement au moyen des équations

$$yy'+xx'=\mathrm{R}^2, \quad y'^2+x'^2=\mathrm{R}^2,$$

dont l'une appartient à la tangente, et dont l'autre signifie que le point de tangence est sur la circonférence du cercle. Si de la seconde on retranche le double de la première, il vient

$$y'^2-2yy'+x'^2-2xx'=-\mathrm{R}^2;$$

et en ajoutant x^2+y^2 aux deux membres on a

$$(y-y')^2+(x-x')^2=x^2+y^2-\mathrm{R}^2.$$

Le premier membre étant la somme de deux carrés, il s'ensuit que, pour aucun point de la tangente, la quantité $y^2+x^2-\mathrm{R}^2$ ne saurait être négative : or, x^2+y^2 est le carré de la distance de l'origine, qui est le centre du cercle, à un point quelconque de la tangente ; donc cette distance n'est pas moindre que le rayon. Elle ne devient égale au rayon que lorsqu'on fait $x=x'$ et $y=y'$; donc tous les points de la tangente, le point de tangence excepté, sont situés hors du cercle.

286. Supposons maintenant qu'on veuille l'équation de la tangente qui passe par un point donné hors du cercle. Désignons par x'', y'', les coordonnées de ce point, et par x', y', celles du point de contact qui est inconnu : quand on connaîtra x' et y', on aura, pour l'équation de la tangente,

$$yy' + xx' = R^2;$$

et comme la tangente doit passer au point donné, cette équation doit être satisfaite en y mettant x'', y'', au lieu de x et de y, ce qui donne

$$[\alpha] \qquad y''y' + x''x' = R^2.$$

On a de plus, pour exprimer que le point de contact est sur la circonférence,

$$[\beta] \qquad y'^2 + x'^2 = R^2.$$

Ces deux équations serviront à déterminer x', y'. De $[\alpha]$ on tire

$$y' = \frac{R^2 - x''x'}{y''}.$$

En substituant cette valeur dans $[\beta]$, on trouve l'équation

$$x'^2(x''^2 + y''^2) - 2R^2x''x' + R^2(R^2 - y''^2) = 0,$$

laquelle étant résolue par rapport à x', donne

$$x' = \frac{R^2x'' \pm Ry''\sqrt{x''^2 + y''^2 - R^2}}{x''^2 + y''^2};$$

et, en remplaçant x' par ces valeurs, on obtient les valeurs correspondantes de y',

$$y' = \frac{R^2y'' \mp Rx''\sqrt{x''^2 + y''^2 - R^2}}{x''^2 + y''^2}.$$

Quand le point donné est extérieur par rapport au cercle, on a $x''^2 + y''^2 > R^2$; donc alors les valeurs de x' et de y' sont réelles, et il y a deux tangentes. Quand le point donné est sur la circonférence, on a $x''^2 + y''^2 = R^2$, les valeurs de x' se réduisent à une seule, de même que celles de y', et il n'y a plus qu'une seule tangente. Enfin, quand le point est intérieur, on a $x''^2 + y''^2 < R^2$, les valeurs de x' et de y' sont imaginaires, et on ne peut plus mener de tangente au cercle.

287. La construction des valeurs de x' et y' est assez compliquée et ne présente rien de remarquable. Mais si on reprend les deux équations [α] et [β]

$$y''y' + x''x' = R^2, \quad y'^2 + x'^2 = R^2,$$

et qu'on regarde, dans chacune d'elles successivement, les coordonnées x' et y' comme indéterminées, on aura les équations de deux lieux géométriques qui contiennent les points de tangence. La seconde équation est celle du cercle proposé lui-même. La première est celle d'une ligne droite facile à construire; car si on suppose alternativement $y' = 0$ et $x' = 0$, on aura les distances de l'origine aux points où cette droite rencontre les axes, savoir (fig. 117):

$$AT = \frac{R^2}{x''}, \quad AT' = \frac{R^2}{y''}.$$

Ces expressions se construisent assez simplement par des troisièmes proportionnelles. Les points T et T' sont donc déterminés; et par suite la droite TT', dont les rencontres avec la circonférence donnent les points de contact M et M', l'est aussi.

288. En général, lorsqu'un problème conduit à deux équations, entre les coordonnées x et y d'un point inconnu, chacune de ces équations, prise isolément, donne un lieu géométrique sur lequel ce point est placé; par conséquent, en construisant les deux lieux géométriques, on a deux lignes dont les intersections déterminent les points qui satisfont au problème.

Mais il arrive rarement que ces lignes soient d'une construction facile, et alors on en cherche d'autres qui remplissent cette condition. Or, si on ajoute les deux équations, ou qu'on les retranche l'une de l'autre, ou qu'on les combine de toute autre manière, on en déduira une nouvelle équation qui devra se vérifier par les mêmes valeurs de x et de y que les deux premières; et par conséquent le lieu géométrique de cette équation devra contenir aussi le point cherché. Tout l'artifice consiste donc à opérer des combinaisons propres à donner des lignes faciles à construire; et ce sont ordinairement des droites et des cercles qu'on tâche d'obtenir.

289. La construction donnée plus haut (287) pour obtenir les points de contact, toute simple qu'elle est, ne l'est pas encore

autant que celle qui est connue par la Géométrie. Mais cette dernière se déduit aisément des considérations générales qu'on vient d'exposer. Reprenons encore les équations

$$y''y' + x''x' = R^2, \quad y'^2 + x'^2 = R^2,$$

dans lesquelles x' et y' sont les coordonnées inconnues du point de contact. Si on retranche la première de la seconde, il vient

$$y'^2 - y''y' + x'^2 - x''x' = 0.$$

En complétant les carrés, cette équation peut s'écrire ainsi

$$(y' - \tfrac{1}{2}y'')^2 + (x' - \tfrac{1}{2}x'')^2 = \tfrac{1}{4}y''^2 + \tfrac{1}{4}x''^2;$$

et en la comparant alors avec l'équation générale du cercle (273), on reconnaît qu'elle représente elle-même une circonférence dont le centre a pour coordonnées $\frac{1}{2}x''$, $\frac{1}{2}y''$, et dont le rayon est $\sqrt{\frac{1}{4}y''^2 + \frac{1}{4}x''^2}$. Or, si on suppose que N soit le point donné par lequel on doit mener les tangentes, qu'on joigne AN, et qu'on prenne le milieu O de AN, il est clair que x'' et y'' étant les coordonnées du point N, celles du point O seront $\frac{1}{2}x''$, $\frac{1}{2}y''$, et que $AO = \sqrt{\frac{1}{4}y''^2 + \frac{1}{4}x''^2}$; donc le nouveau cercle, dont la circonférence contient les points cherchés, doit être décrit sur AN comme diamètre : c'est la construction connue.

Les résultats de cette construction s'accordent parfaitement avec les conclusions tirées des valeurs de x' et de y'. Il est évident, en effet, que dans tous les cas où le point N est hors du cercle donné, la circonférence décrite sur AN doit couper la première en deux points ; que ces deux points se réduisent à un seul, qui est le point N lui-même, quand le point N est sur cette circonférence (fig. 118) ; et qu'il n'y a plus d'intersection possible quand le point N est au-dedans du cercle donné, car alors les deux circonférences sont intérieures l'une à l'autre (fig. 119).

290. La valeur $AT = \frac{R^2}{x''}$ (287), qui détermine le point T, où l'axe des x est coupé par la ligne TT' (fig. 117), donne lieu à une conséquence remarquable. Comme elle ne renferme point l'ordonnée y'' du point N, il s'ensuit que le point T ne doit pas changer lorsque le point N change de position, en restant

néanmoins, sur la droite NL perpendiculaire à Ax; car alors x'' conserve toujours la même valeur. De là ce théorème, qui a son analogue dans toutes les lignes du second ordre : *Si, de chaque point d'une droite donnée, on mène deux tangentes à un cercle, et qu'on joigne les deux points de contact, on aura des sécantes qui se rencontreront toutes au même point.*

Pour que AT change, il faut que x'' varie ; d'où l'on conclut cette proposition réciproque : *Si, par un point pris dans le plan d'un cercle, on tire différentes sécantes à ce cercle, et que, par les points où chaque sécante rencontre la circonférence, on mène deux tangentes, le lieu des points d'intersection de ces tangentes, ainsi prises deux à deux, sera une ligne droite.*

291. Une ligne droite menée par le point de contact, perpendiculairement à la tangente, se nomme une *normale*. Les coordonnées de ce point étant x' et y', l'équation de la normale sera de la forme

$$y-y'=a'(x-x').$$

La condition d'être perpendiculaire à la tangente donne (221)

$$a'=-\frac{1}{a}=\frac{y'}{x'};$$

donc l'équation de la normale au cercle est

$$y-y'=\frac{y'}{x'}(x-x'),$$

ou, en réduisant,

$$y=\frac{y'}{x'}x.$$

Cette ligne passe par l'origine, qui est ici le centre du cercle ; et on retrouve ainsi cette propriété connue, que *la tangente au cercle est perpendiculaire à l'extrémité du rayon mené au point de contact.*

CHAPITRE IX.

DE L'ELLIPSE.

L'ellipse rapportée à son centre et à ses axes, etc.

292. On a vu précédemment (267) qu'il existe un système unique de coordonnées rectangulaires pour lequel l'équation de l'ellipse prend la forme

$$[a] \qquad y^2 + m^2x^2 = p.$$

Si p est négatif, cette équation est impossible, puisque le premier membre ne peut pas devenir négatif, quelque valeur réelle qu'on y substitue pour x et y. Si $p = 0$, l'équation ne représente que la seule origine : car le premier membre ne peut être nul qu'en y faisant en même temps $x = 0$ et $y = 0$. Ainsi, pour que l'équation représente véritablement une ellipse, p doit être une quantité positive. C'est pourquoi je remplacerai p par b^2, et je prendrai, pour l'équation de l'ellipse,

$$y^2 + m^2x^2 = b^2.$$

293. Cette forme d'équation montre d'ailleurs, à la seule inspection, que l'origine des coordonnées est au centre de l'ellipse : car les termes du premier degré n'y sont pas (268). Elle montre également que l'axe des x et celui des y sont des diamètres, et même des axes de la courbe (269) : car, cette équation donnant, pour chaque abscisse AP (fig. 120), deux ordonnées égales et opposées, et aussi, pour chaque ordonnée AQ, deux abscisses égales et opposées, il s'ensuit que chacun des axes de coordonnées est perpendiculaire sur les cordes parallèles à l'autre, et les divise en deux parties égales. On verra plus loin (337) que l'ellipse n'a pas d'autres axes que ceux-là.

294. Pour avoir les grandeurs de ces axes, c'est-à-dire la partie

de chacun d'eux qui est comprise dans l'ellipse, on fait successivement $y=0$ et $x=0$ dans l'équation de cette courbe. Or,

$$y=0 \text{ donne } x=\pm\frac{b}{m}, \quad x=0 \text{ donne } y=\pm b;$$

en conséquence on prendra $AB=AC=\frac{b}{m}$ sur la ligne des x, et $AD=AE=b$ sur la ligne des y : les distances BC, DE, seront les longueurs des axes.

On appelle *grand axe* ou *premier axe* la plus grande de ces deux distances ; et *petit axe* ou *second axe* la plus petite. Les points B, C, D, E sont les *sommets* de l'ellipse. Cependant ce nom se donne plus particulièrement aux extrémités du grand axe.

295. Représentons AB par a, on aura $\frac{b}{m}=a$ d'où $m=\frac{b}{a}$. En mettant cette valeur au lieu de m dans l'équation [a], et chassant le dénominateur a^2, il vient

$$[e] \qquad a^2y^2+b^2x^2=a^2b^2.$$

Cette équation de l'ellipse est celle dont on fait l'usage le plus fréquent. Comme le centre est pris pour origine, et que les deux axes de l'ellipse sont en même temps les axes des coordonnées, on dit alors que l'*ellipse est rapportée à son centre et à ses axes.*

296. Si on veut placer l'origine au sommet C, il faut changer dans l'équation [e] x en $x-a$; et il vient successivement

$$a^2y^2+b^2(x-a)^2=a^2b^2,$$

$$a^2y^2+b^2x^2-2ab^2x+a^2b^2=a^2b^2,$$

$$[e'] \qquad y^2=\frac{b^2}{a^2}(2ax-x^2).$$

297. Lorsque $b=a$, les équations [e] et [e'] deviennent

$$y^2+x^2=a^2, \quad y^2=2ax-x^2,$$

et alors elles représentent un cercle ; donc le cercle est une ellipse dont les axes sont égaux.

298. L'équation [e] donne

$$y=\pm\frac{b}{a}\sqrt{a^2-x^2};$$

et on voit que x augmentant positivement depuis zéro jusqu'à a, les deux valeurs de y sont réelles, et vont en diminuant depuis b jusqu'à zéro ; mais que x devenant plus grand que a, ces valeurs sont imaginaires. Ainsi, du côté AB (fig. 120), l'ellipse a un arc de la forme DBE. Si on change le signe de x, les valeurs de y ne changent point ; par conséquent l'ellipse a la même forme du côté AC que du côté AB. Remarquez d'ailleurs qu'elle a, en chacun de ses points, sa concavité tournée vers son centre : autrement, elle pourrait être coupée par une droite en plus de deux points, ce qui n'arrive jamais aux lignes du second ordre (199).

299. Soient MP et PN deux ordonnées correspondantes à la même abscisse AP, les angles MPA, NPA, seront droits, puisque les axes sont rectangulaires, et PM sera égal à PN ; donc, si la partie inférieure de l'ellipse tourne autour de BC, pour s'appliquer sur la partie supérieure, le point N tombera en M, et pareillement tous les points de l'arc BNC se placeront sur l'arc BMC ; donc ces deux arcs coïncideront. On peut dire la même chose des arcs DBE, DCE, puisque chaque ordonnée AQ détermine deux abscisses égales et opposées, QM et QL ; donc *chacun des axes de l'ellipse divise cette courbe en deux parties égales.*

300. Le triangle AMP donne

$$\text{MA}=\sqrt{x^2+y^2}=\sqrt{x^2+\frac{b^2}{a^2}(a^2-x^2)}=\sqrt{\left(\frac{a^2-b^2}{a^2}\right)x^2+b^2}.$$

Il est toujours permis de prendre les abscisses sur le grand axe : ainsi on peut, sans nuire à la généralité des résultats, supposer $a>b$. Or, il est clair qu'en faisant occuper au point M toutes les positions possibles entre les points D et B, x croissant depuis zéro jusqu'à a, MA croîtra depuis $\text{DA}=b$ jusqu'à $\text{BA}=a$; donc, *si dans l'ellipse on mène des droites ou rayons entre la courbe et son centre, le plus petit rayon est égal à la moitié du petit axe, et le plus grand rayon, à la moitié du grand axe.*

Quand $b=a$, on a $\text{MA}=a$: c'est-à-dire que les rayons sont égaux, ce qui fait reconnaître le cercle.

301. En supposant que x et y représentent les coordonnées d'un point particulier M pris sur l'ellipse, l'équation [e] donne

$$y^2=\frac{b^2}{a^2}(a^2-x^2)=\frac{b^2}{a^2}(a-x)(a+x).$$

Or $y=MP$, $a-x=PB$, $a+x=PC$; donc

$$\overline{MP}^2=\frac{b^2}{a^2}\times PB\times PC.$$

Pour un autre point M′, on a pareillement

$$\overline{M'P'}^2=\frac{b^2}{a^2}\times P'B\times P'C;$$

donc

$$\frac{\overline{MP}^2}{\overline{M'P'}^2}=\frac{PB\times PC}{P'B\times P'C}.$$

Donc, *dans l'ellipse, les carrés des ordonnées, perpendiculaires à l'un des axes de cette courbe, sont entre eux comme les produits des segmens correspondans formés sur cet axe.*

302. Pour tous les points situés sur l'ellipse, on doit avoir $a^2y^2+b^2x^2-a^2b^2=0$. Si on considère un point extérieur K, et qu'on tire la droite AK, cette ligne coupera l'ellipse en un point M dont les coordonnées seront moindres que celles du point K; donc, pour le point K, on aura $a^2y^2+b^2x^2-a^2b^2>0$. On verrait de la même manière qu'on a $a^2y^2+b^2x^2-a^2b^2<0$ pour un point intérieur K′. Ainsi on a toujours

$a^2y^2+b^2x^2-a^2b^2=0$ pour un point pris sur l'ellipse,
$a^2y^2+b^2x^2-a^2b^2>0$ pour un point extérieur,
$a^2y^2+b^2x^2-a^2b^2<0$ pour un point intérieur.

Par conséquent, pour savoir si un point est sur l'ellipse, s'il est extérieur, ou s'il est intérieur, il suffit de reconnaître si la quantité $a^2y^2+b^2x^2-a^2b^2$ est nulle, positive, ou négative.

Comment on décrit l'ellipse au moyen de ses axes.

303. L'équation [e] de l'ellipse donne

$$y^2=\frac{b^2}{a^2}(a^2-x^2).$$

Si on décrit un cercle sur l'axe BC comme diamètre (fig. 121), son équation sera

$$y^2=a^2-x^2;$$

d'où il suit qu'en représentant par y et Y les ordonnées PN et

PM qui, sur l'ellipse et le cercle, correspondent à une même abscisse, on aura généralement

$$y = \frac{b}{a}\text{Y}, \quad \text{ou} \quad \frac{y}{\text{Y}} = \frac{b}{a}.$$

Supposons, pour rendre le discours plus facile, que BC ou $2a$ soit le grand axe. Ces résultats prouvent que *dans l'ellipse, les ordonnées, perpendiculaires au grand axe, sont aux ordonnées correspondantes du cercle, décrit sur cet axe comme diamètre, dans le rapport constant du petit axe au grand.*

304. 1re *construction.* Il suit de là qu'on peut construire l'ellipse en diminuant les ordonnées du cercle dans le rapport de b à a. En conséquence, ayant décrit une circonférence sur le grand axe BC, décrivez-en une aussi sur le petit axe DE. Soit PM une des ordonnées de la première, tirez le rayon AM qui coupe la seconde en G, puis menez GN parallèle à AP. Cette parallèle rencontre PM en un point N qui appartient à l'ellipse.

En effet, à cause des parallèles, on a

$$\frac{\text{PN}}{\text{PM}} = \frac{\text{AG}}{\text{AM}} = \frac{b}{a}, \quad \text{d'où} \quad \text{PN} = \frac{b}{a} \times \text{PM};$$

et cette valeur est précisément celle de l'ordonnée de l'ellipse, correspondante à l'ordonnée PM du cercle. En répétant cette construction, on aura autant de points qu'on voudra.

305. 2e *construction.* D'un point quelconque F (fig. 122) pris sur l'un des axes, sur l'axe égal à $2b$, par exemple, et d'un rayon égal à la somme $a+b$ des deux demi-axes, on décrit un arc de cercle qui coupe l'autre axe en E; on joint FE, et on prend FM égal à a : le point M sera à l'ellipse.

En effet, si du point M on mène MR et MP parallèles aux deux axes, on aura, par le triangle MRF,

$$\text{FR} = \sqrt{\overline{\text{FM}}^2 - \overline{\text{MR}}^2} = \sqrt{a^2 - x^2};$$

et ensuite les deux triangles semblables MRF, EMP, donneront MP : FR :: ME : MF, ou $y : \sqrt{a^2 - x^2} :: b : a$; donc

$$y = \frac{b}{a}\sqrt{a^2 - x^2};$$

donc le point M est à l'ellipse.

Il est clair que EF peut être une règle dont la longueur est $a+b$, et sur laquelle on marque un point M tel que $MF=a$. En faisant mouvoir cette règle dans l'angle xAy, le point M décrira un quart de l'ellipse demandée; et on aura les autres parties de l'ellipse en plaçant la règle dans les autres angles.

306. 3e *construction*. D'un point quelconque F (fig. 123) pris sur le petit axe, et d'un rayon FE égal à la différence $a-b$ des demi-axes, décrivez nn arc de cercle qui coupe l'axe BC en E; par les points E et F menez FEM; et prenez $FM=AB=a$. Le point M appartiendra à l'ellipse.

Car, si on mène, parallèlement à BC, la ligne FR qui rencontre en R le prolongement de l'ordonnée MP, on aura, dans le triangle rectangle FMR, $MR=\sqrt{a^2-x^2}$; et ensuite les triangles semblables MEP, MFR, donneront MP : MR :: ME : MF, ou $y:\sqrt{a^2-x^2}::b:a$; donc

$$y=\frac{b}{a}\sqrt{a^2-x^2};$$

et par conséquent le point M appartient à l'ellipse.

FM peut être une règle d'une longueur égale à a, sur laquelle on marque un point E tel que $EM=b$. En faisant mouvoir la ligne EM, d'abord dans l'angle xAy, et ensuite dans les trois autres, on aura toutes les parties de l'ellipse demandée.

Des foyers et des directrices.

307. Lorsqu'on cherche la distance d'un point donné à un point quelconque de l'ellipse, et qu'on exprime cette distance en fonction de l'abscisse de la courbe, on trouve une formule assez compliquée, dans laquelle cette abscisse est engagée sous des radicaux. Mais cette formule se réduit à une fonction rationnelle d'une extrême simplicité en plaçant dans certaines positions le point d'où part la distance; et dès-lors ces positions méritent d'être remarquées. La question à résoudre est donc celle-ci:

L'ellipse étant rapportée à ses axes, déterminer les points dont la distance, à un point quelconque de cette courbe, est exprimée par une fonction rationnelle de l'abscisse de ce point. Ces points se nomment les *foyers* de l'ellipse.

Soit pris à volonté un point G (fig. 124) dans le plan de l'ellipse : désignons par x' et y' ses coordonnées, par x et y celles d'un point quelconque M de la courbe, et par δ la distance GM, on aura généralement

$$\delta^2=(x-x')^2+(y-y')^2,$$

ou, en développant les carrés,

$$\delta^2=x^2-2x'x+x'^2+y^2-2y'y+y'^2.$$

Le point M étant sur l'ellipse, on a entre x et y l'équation $a^2y^2+b^2x^2=a^2b^2$. Or on en tire

$$y=\sqrt{b^2-\frac{b^2x^2}{a^2}};$$

portons donc cette valeur dans l'expression de δ^2, et on aura, réductions faites,

$$\delta^2=\frac{a^2-b^2}{a^2}x^2-2x'x+x'^2+y'^2+b^2-2y'\sqrt{b^2-\frac{b^2x^2}{a^2}}.$$

Pour que δ soit une fonction rationnelle de x, il faut à plus forte raison que δ^2 en soit une, ce qui ne peut pas arriver, à moins que le radical ne disparaisse. Or, ce radical ne peut disparaître qu'en faisant $y'=0$; donc le point G, pour être un foyer de l'ellipse, doit être situé sur l'axe des x.

En faisant $y'=0$, on a

$$\delta^2=\frac{a^2-b^2}{a^2}x^2-2x'x+b^2+x'^2;$$

et le seul moyen de rendre la valeur de δ rationnelle en x est de disposer de l'indéterminée x' de manière que le second membre soit carré parfait. Pour cela il faut qu'on ait

$$4(b^2+x'^2)\left(\frac{a^2-b^2}{a^2}\right)=4x'^2,$$

équation d'où l'on tire, après réductions,

$$x'=\pm\sqrt{a^2-b^2}.$$

Ces valeurs ne sont réelles qu'autant que a est plus grand que b; c'est-à-dire que les abscisses doivent être comptées sur le grand axe, et non sur le petit. Supposons donc qu'il en soit ainsi, et nous aurons deux foyers, F et F′, situés sur le grand axe, de part et d'autre du centre, à une distance égale à $\sqrt{a^2-b^2}$

On construit facilement ces foyers par les intersections du grand axe BC et d'un arc de cercle décrit du point D, extrémité du petit axe $2b$, avec un rayon égal à a. En effet, si on suppose que F et F′ aient été trouvés par cette construction, on aura $AF = AF' = \sqrt{a^2-b^2}$.

La distance FF′ se nomme *l'excentricité* de l'ellipse.

308. Cherchons maintenant les valeurs des distances FM et F′M, qu'on nomme ordinairement *rayons vecteurs*. Si on veut avoir FM, il faut mettre dans la dernière expression de δ^2, au lieu de x', la valeur positive $+\sqrt{a^2-b^2}$; et pour avoir F′M, il faut remplacer x' par la valeur négative $-\sqrt{a^2-b^2}$. Faisons, pour plus de simplicité, $\sqrt{a^2-b^2} = c$, remarquons que $b^2 + c^2 = a^2$, et nous trouverons

$$\overline{FM}^2 = \frac{c^2x^2}{a^2} - 2cx + a^2, \quad \overline{F'M}^2 = \frac{c^2x^2}{a^2} + 2cx + a^2,$$

ou, en extrayant les racines,

$$FM = \pm\left(a - \frac{cx}{a}\right), \quad F'M = \pm\left(a + \frac{cx}{a}\right).$$

On ne doit prendre que les valeurs qui sont positives : or x est moindre que a pour tous les points de l'ellipse, et c est aussi une quantité moindre que a; donc il faut prendre, pour FM et F′M, les premières valeurs, c'est-à-dire,

$$FM = a - \frac{cx}{a}, \quad F'M = a + \frac{cx}{a}.$$

309. En ajoutant ces expressions, on trouve

$$FM + F'M = 2a,$$

ce qui donne ce théorème remarquable : *La somme des rayons vecteurs, menés à un point quelconque de l'ellipse, est constante et égale au grand axe.*

310. Soit N (fig. 125) un point hors de l'ellipse, menons NF et NF′. Soit M le point où NF′ coupe l'ellipse, joignons MF. On a $FN + F'N > FM + F'M$: or, $FM + F'M = 2a$; donc $FN + F'N > 2a$.

Pour un point intérieur N', on a, en suivant la figure, $FN' + F'N' < FM + F'M$; donc $FN' + F'N' < 2a$.

Ainsi, selon qu'un point est sur l'ellipse, ou au-dehors, ou au-dedans, la somme des rayons vecteurs, menés à ce point, est égale au grand axe, ou plus grande, ou moindre.

311. Ce qui précède donne un moyen fort simple de trouver autant de points qu'on voudra d'une ellipse, ou même de la décrire d'un mouvement continu, quand on connaît son grand axe BC et ses foyers F et F' (fig. 125).

On prend sur BC une longueur quelconque BK; du foyer F, avec BK pour rayon, on décrit un arc de cercle; de l'autre foyer F', avec CK pour rayon, on décrit aussi un arc de cercle. Le point M, où se coupent ces arcs, appartient à l'ellipse : car on a $FM + F'M = BC$.

Il est bon de décrire les arcs de cercle au-dessus et au-dessous de l'axe. Par ce moyen on trouve à chaque opération deux points de l'ellipse ; et on en obtient quatre quand on porte successivement la même ouverture de compas à chacun des foyers.

Lorsque l'ellipse doit être fort grande, comme cela a lieu lorsqu'on opère sur le terrain, on fixe aux foyers les extrémités d'un cordeau dont la longueur est égale au grand axe, et qu'on tend par le moyen d'un piquet : on fait glisser ce piquet de manière que le cordeau soit toujours tendu, et la courbe se trouve tracée quand il a fait une révolution entière.

312. Proposons-nous de résoudre directement cette question : *Trouver une courbe telle que la somme des distances de chacun de ses points à deux points fixes soit constante et égale à* 2a.

Par les deux points fixes F et F' (fig. 124), menons la droite $x'x$, et au milieu A de FF' élevons la perpendiculaire $y'y$. Soit M un point de la courbe, abaissons MP perpendiculaire à $x'x$, et prenons $PM' = PM$. Le point M' sera aussi à la courbe, car on a $FM' + F'M' = FM + F'M = 2a$; donc la ligne $x'x$ partage la courbe symétriquement. Le même raisonnement s'applique à la ligne $y'y$. C'est pourquoi l'on choisit $x'x$ et $y'y$ pour axes de coordonnées. Cela posé, puisqu'on doit avoir $FM + F'M = 2a$, on peut faire

$$FM = a - z, \quad F'M = a + z,$$

z étant une quantité variable. Désignons par c la distance AF, et par x et y les coordonnées AP et PM; les triangles rectangles MFP, MF'P, donnent

$$y^2+(c-x)^2=(a-z)^2,$$
$$y^2+(c+x)^2=(a+z)^2,$$

équations entre lesquelles il s'agit d'éliminer z. En retranchant la première de la seconde, il vient

$$4cx=4az, \quad \text{d'où} \quad z=\frac{cx}{a}.$$

En portant cette valeur dans l'une des équations, on obtient, pour l'équation de la courbe cherchée, après toute réduction,

$$a^2y^2+(a^2-c^2)x^2=a^2(a^2-c^2).$$

D'après l'énoncé même, il est clair qu'on a $\text{FM}+\text{F'M}>\text{FF'}$; donc $2a>2c$; donc a^2-c^2 est une quantité positive. Si on compare l'équation ci-dessus avec celle de l'ellipse,

$$a^2y^2+b^2x^2=a^2b^2,$$

on voit que les deux équations, et par conséquent les deux courbes qu'elles représentent, seront identiques, quand on aura

$$a^2-c^2=b^2.$$

On tire de là $b=\sqrt{a^2-c^2}$; donc la courbe cherchée est une ellipse dont le grand axe $=2a$, et dont le petit axe $=2\sqrt{a^2-c^2}$.

313. La relation $a^2-c^2=b^2$ donne aussi

$$c=\sqrt{a^2-b^2};$$

donc, si on suppose que BC soit le grand axe d'une ellipse, et si sur BC, à partir du centre, on prend $\text{AF}=\text{AF'}=\sqrt{a^2-b^2}$, on sera sûr que pour chaque point de l'ellipse on aura $\text{FM}+\text{F'M}=2a$. Cette propriété est celle qui a été trouvée n° 309, et pourrait servir à définir les foyers s'ils ne l'avaient pas été d'une autre manière.

En mettant, dans $a-z$ et $a+z$, au lieu de z sa valeur $\frac{cx}{a}$, on retrouve

$$\text{FM}=a-\frac{cx}{a}, \quad \text{F'M}=a+\frac{cx}{a}.$$

Ces expressions sont des fonctions rationnelles de l'abscisse x, et cette propriété est celle que nous avons adoptée pour définition des foyers, selon l'usage le plus répandu.

314. Chaque foyer divise le grand axe en deux segmens respectivement égaux à $a+\sqrt{a^2-b^2}$ et $a-\sqrt{a^2-b^2}$, et dont le rectangle est égal à b^2, carré de la moitié du petit axe : c'est par cette propriété fort simple que les foyers sont définis dans le traité d'APOLLONIUS.

315. Aux deux foyers répondent deux droites fort remarquables, qu'on nomme directrices, et que je vais faire connaître.

Du côté du foyer F (fig. 126), prenons à volonté $AH=d$, et élevons la perpendiculaire HL : la distance MR, d'un point quelconque de l'ellipse à la droite HL, sera $d-x$. On a trouvé $MF=a-\frac{cx}{a}$; donc

$$\frac{MF}{MR}=\frac{a^2-cx}{a(d-x)}=\frac{a^2-cx}{cd-cx}\times\frac{c}{a}.$$

On voit que ce rapport sera constant et égal à $\frac{c}{a}$, si on place le point H de manière qu'on ait $cd=a^2$: c'est-à-dire que *le demi-grand axe* AB *doit être moyen proportionnel entre* AF *et* AH.

Si, de l'autre côté du centre, on porte $AH'=d=\frac{a^2}{c}$, et si on mène la perpendiculaire H'L', on a semblablement, entre les distances MF' et MR',

$$\frac{MF'}{MR'}=\frac{a^2+cx}{a(d+x)}=\frac{a^2+cx}{cd+cx}\times\frac{c}{a}=\frac{c}{a}.$$

Les perpendiculaires HL et H'L' se nomment les *directrices* de l'ellipse ; et les propriétés précédentes, qui les caractérisent, peuvent s'énoncer ainsi : *Les distances de chaque point de l'ellipse à l'un des foyers et à la directrice voisine de ce foyer, sont entre elles comme l'excentricité est au grand axe.*

316. Supposons qu'on veuille *trouver directement la courbe dont chaque point est tel que ses distances à un point donné et à une droite donnée soient entre elles constamment* :: m : n.

Soient F' et H'L' le point et la droite donnés : abaissez la ligne

$H'F'x$ perpendiculaire à la droite donnée $H'L'$, et divisez $F'H''$ en C de manière qu'on ait $F'C : CH'' :: m : n$; il est évident que le point C appartient à la courbe, et qu'on peut supposer $m = F'C$, et $n = CH'$. Elevez CY perpendiculaire à Cx, et prenez les lignes Cx, CY, pour axes des coordonnées.

Cela posé, x et y étant les coordonnées d'un point quelconque M de la courbe, les distances de ce point au point F' et à la ligne H'L' seront

$$MF' = \sqrt{y^2 + (x - m)^2} \quad \text{et} \quad MR' = x + n;$$

donc, d'après l'énoncé, on aura

$$\sqrt{y^2 + (x - m)^2} : x + n :: m : n;$$

et, par suite, toutes réductions faites,

$$n^2y^2 + (n^2 - m^2)x^2 - 2mn(n + m)x = 0.$$

Cette équation est celle de la courbe cherchée, et elle montre que cette courbe sera une ellipse, ou une hyperbole, ou une parabole, selon qu'on donnera $m < n$, ou $m > n$, ou $m = n$.

Prenons la première hypothèse, et, pour avoir les points où l'ellipse coupe l'axe Cx, faisons $y = 0$ dans l'équation : il vient

$$(n^2 - m^2)x^2 - 2mn(n + m)x = 0,$$

d'où $$x = 0 \quad \text{et} \quad x = \frac{2mn}{n - m}.$$

La valeur $x = 0$ donne le point C déjà connu, et l'autre valeur détermine le point B. Transportons l'origine au point A, milieu de CB : il faudra changer x en $x + \frac{mn}{n - m}$, et alors on trouve l'équation

$$n^2y^2 + (n^2 - m^2)x^2 = \frac{m^2n^2(n + m)}{n - m}.$$

L'ellipse est actuellement rapportée à son centre et à ses axes. On connaît déjà la longueur du demi-axe AB ; et si on fait $x = 0$ dans l'équation précédente, on connaîtra l'autre demi-axe. En désignant ces demi-axes par a et b, on aura

[1] $$a = \frac{mn}{n - m}, \quad b = m\sqrt{\frac{n + m}{n - m}}.$$

En nommant c la distance du centre A aux foyers, on a

$$c=\sqrt{a^2-b^2}=\sqrt{\frac{m^2n^2}{(n-m)^2}-\frac{m^2(n+m)}{n-m}}=\frac{m^2}{n-m}.$$

Mais on a

$$AF'=AC-CF'=\frac{mn}{n-m}-m=\frac{m^2}{n-m};$$

donc le point F′ est un foyer de l'ellipse. Il est facile aussi de reconnaître que la droite H′L′ est une des directrices : car elle vérifie la relation $\overline{AC}^2=AF'\times AH'$ (315).

317. *Remarque.* La définition des foyers, telle qu'elle est présentée n° 307, d'après Euler, est fort simple sans doute, mais elle a le défaut de ne point caractériser ces points par une propriété géométrique; et celle d'Apollonius (314) n'exprime pas une propriété assez saillante pour qu'on doive s'y arrêter. Il serait plus satisfaisant de réunir les foyers et les directrices dans une même recherche en les définissant comme dans l'énoncé du problème précédent; et alors l'analyse qui résout ce problème pourra servir à les déterminer. Si on adopte cette marche on devra regarder a et b comme donnés, tandis que m et n seront des inconnus qu'il faudra déduire des équations [1]. Mais il sera mieux encore de prendre pour inconnues les distances AF′ et AH′, lesquelles sont déterminées très-simplement par les relations $AF'=\sqrt{a^2-b^2}$ et $AF'\times AH'=a^2$.

318. *Autre remarque.* Dans le n° 308, nous avons trouvé $FM=a-\frac{cx}{a}$, $F'M=a+\frac{cx}{a}$; et, dans le n° 315, la forme de ces valeurs nous a fait découvrir avec facilité les deux directrices. A ce sujet, je ferai remarquer d'une manière générale qu'il suffit que la distance d'un point fixe à un point quelconque d'une courbe soit exprimée par une fonction rationnelle du 1er degré, entre les coordonnées de ce dernier point, pour conclure qu'il existe une droite fixe qui est telle que les distances de chaque point de la courbe au point fixe et à la droite soient entre elles dans un rapport constant. Voici comment on démontre cette proposition, et comment on détermine la position de la droite.

Désignons par θ l'angle des axes, que nous laisserons quelconques; par x, y, les coordonnées de la courbe; et par ρ, ρ', les deux distances dont il s'agit. D'après l'hypothèse, ρ est une fonction qu'on peut mettre sous la forme

$$\rho = k(y - gx - h).$$

Si on suppose qu'une droite de position indéterminée ait pour équation

$$y_{,} = Gx_{,} + H,$$

et si on fait $K = \dfrac{\sin\theta}{\sqrt{1 + G^2 + 2G\cos\theta}}$, le n° 224 donnera, pour la perpendiculaire ρ',

$$\rho' = K(y - Gx - H).$$

Alors on voit qu'en prenant $G = g$ et $H = h$, les distances ρ et ρ' seront en effet dans un rapport constant; car on aura $\rho : \rho' :: k : K$.

De la tangente et de la normale.

319. Pour avoir une définition de la tangente qui convienne à toutes les courbes, et à laquelle le calcul s'applique facilement, on la considère comme *une sécante qui passe d'abord par deux points de la courbe, et qui ensuite tourne autour d'un de ces points jusqu'à ce que l'autre point vienne se confondre avec lui.*

Occupons-nous de chercher, d'après cette considération, l'équation de la tangente à l'ellipse dont l'équation est

$$[e] \qquad a^2y^2 + b^2x^2 = a^2b^2.$$

Soient x', y', et x'', y'', les coordonnées de deux points pris sur la courbe: si on mène la sécante qui passe par ces points, et qu'on désigne par S l'angle qu'elle fait avec l'axe des x, on aura

$$\operatorname{tang} S = \frac{y' - y''}{x' - x''}.$$

Les deux points étant sur l'ellipse, leurs coordonnées doivent satisfaire à l'équation de cette courbe; donc on a

$$a^2y'^2 + b^2x'^2 = a^2b^2, \quad a^2y''^2 + b^2x''^2 = a^2b^2.$$

En retranchant la seconde équation de la première, il vient

$$a^2(y'^2 - y''^2) + b^2(x'^2 - x''^2) = 0.$$

Cette équation peut s'écrire ainsi

$$a^2(y'-y'')(y'+y'')+b^2(x'-x'')(x'+x'')=0:$$

alors on en tire

$$\frac{y'-y''}{x'-x''}=-\frac{b^2(x'+x'')}{a^2(y'+y'')};$$

et par conséquent on a

$$\text{tang}\,S=-\frac{b^2(x'+x'')}{a^2(y'+y'')}.$$

Quand le second point se réunit au premier, on a $x''=x'$, $y''=y'$, et alors la sécante devient tangente; donc si on suppose, dans l'expression ci-dessus, $x''=x'$ et $y''=y'$, on aura la tangente trigonométrique de l'angle formé avec l'axe des x, par la tangente menée à l'ellipse, au point qui a pour coordonnées x', y'. En désignant cette tangente trigonométrique par α, il vient

$$\alpha=-\frac{b^2x'}{a^2y'}.$$

Par suite l'équation de la tangente sera

$$y-y'=-\frac{b^2x'}{a^2y'}(x-x'),$$

ou, sous une autre forme,

$$a^2y'y+b^2x'x=a^2y'^2+b^2x'^2,$$

ou enfin, en remarquant que $a^2y'^2+b^2x'^2=a^2b^2$, sous celle-ci :

[t] $$a^2y'y+b^2x'x=a^2b^2.$$

Comme il n'y a qu'une valeur pour α, on ne peut mener par chaque point de l'ellipse qu'une seule tangente à cette courbe.

320. On peut ici, comme pour le cercle, prouver que la droite ainsi déterminée est tout entière hors de l'ellipse. En effet, si on reprend les équations

$$a^2y'y+b^2x'x=a^2b^2,\quad a^2y'^2+b^2x'^2=a^2b^2,$$

et qu'on retranche de la seconde le double de la première, le résultat pourra être mis sous cette forme

$$a^2(y-y')^2+b^2(x-x')^2=a^2y^2+b^2x^2-a^2b^2.$$

La quantité $a^2y^2+b^2x^2-a^2b^2$ est donc constamment plus grande que zéro pour tous les points de la droite, excepté pour celui dont les coordonnées sont x', y' : tous ces points, excepté celui de tangence, sont donc situés hors de l'ellipse (302).

321. La formule trouvée plus haut,

$$\alpha = -\frac{b^2x'}{a^2y'},$$

montre que si on tire par le centre une droite quelconque, qui rencontre l'ellipse en M et en M' (fig. 127), les tangentes menées à ces deux points seront parallèles. En effet, en passant du point M au point M', les coordonnées changent de signe, mais non de grandeur; par conséquent la valeur de α ne changera point. Au reste, ce parallélisme des tangentes résulte immédiatement de la symétrie de l'ellipse par rapport à ses axes.

322. La même formule montre encore comment la tangente MT s'incline sur l'axe BC, quand le point M change de position. En B et en C on a $x' = \pm a$ et $y' = 0$; donc α est infini; donc la tangente est perpendiculaire sur BC. En D et en E, on a $x' = 0$, $y' = \pm b$; donc $\alpha = 0$; donc la tangente est parallèle à BC. Dans les points intermédiaires, en allant de B vers D, x' diminue et y' augmente; donc α diminue négativement. Cela prouve que l'angle MTx est obtus, et s'ouvre de plus en plus, jusqu'à ce que la tangente soit devenue parallèle à BC.

323. Pour avoir le point où la tangente rencontre l'axe BC (fig. 128), il faut supposer $y = 0$ dans l'équation [t], laquelle donne alors

$$x \text{ ou } \mathrm{AT} = \frac{a^2}{x'}.$$

Cette valeur ne contient pas b : elle est donc la même pour toutes les ellipses qui ont le même premier axe BC; elle convient par conséquent à la circonférence décrite sur cet axe comme diamètre. Ainsi, prolongez, si cela est nécessaire, MP jusqu'à cette circonférence, menez la tangente NT au point de rencontre N, et alors en tirant MT vous aurez la tangente à l'ellipse au point M.

Cette construction s'appliquerait également au second axe; car l'expression de la distance AR est indépendante de a.

324. On nomme sous-tangente la partie de l'axe des abscisses

comprise entre la tangente et l'ordonnée du point de tangence : telle est PT. On obtient ici cette sous-tangente en retranchant AP ou x' de la valeur trouvée pour AT, ce qui donne

$$PT = \frac{a^2 - x'^2}{x}.$$

En prenant la sous-tangente sur le second axe, on trouverait l'expression analogue

$$QR = \frac{b^2 - y'^2}{y'}.$$

325. Si, par le centre et le point de tangence, on mène le rayon AM (fig. 127), son équation sera de la forme $y = \alpha' x$; et la condition de passer par le point de tangence donnera $y' = \alpha' x'$, d'où

$$\alpha' = \frac{y'}{x'}.$$

En cherchant l'équation de la tangente (319) on a trouvé

$$\alpha = -\frac{b^2 x'}{a^2 y'}.$$

Or, en multipliant ces valeurs l'une par l'autre, il vient

$$\alpha\alpha' = -\frac{b^2}{a^2};$$

donc le produit des tangentes α et α' reste le même, quelle que soit la position du point de tangence.

326. Pour avoir la tangente trigonométrique de l'angle AMT (fig. 127), formé par le rayon et par la tangente, il suffit de remplacer, dans la formule connue (221)

$$\text{tang AMT} = \frac{\alpha - \alpha'}{1 + \alpha\alpha'},$$

α et α' par leurs valeurs. En réduisant à l'aide de la relation $a^2 y'^2 + b^2 x'^2 = a^2 b^2$, on trouve

$$\text{tang AMT} = \frac{-a^2 b^2}{(a^2 - b^2) x' y'}.$$

Il est permis de prendre les abscisses x sur le grand axe, et alors on a $a > b$. Si de plus on suppose que le point M soit situé dans l'angle des coordonnées positives, la valeur précédente sera négative; donc l'angle AMT est obtus. Pour qu'il soit droit, il faut que tang AMT soit infinie, ce qui exige qu'on ait $x'=0$ ou $y'=0$. Or y' n'est zéro qu'aux extrémités de l'axe BC, et x' n'est zéro qu'aux extrémités de l'axe DE; donc les *extrémités des axes sont les seuls points de l'ellipse où la tangente soit perpendiculaire au rayon.*

327. Cherchons présentement l'équation de la tangente, lorsque cette ligne doit passer par un point donné hors de l'ellipse, et dont nous représenterons les coordonnées par x'' et y''. Dans ce cas les coordonnées x' et y' du point de contact sont inconnues, et elles doivent être telles que l'équation de la tangente

$$a^2y'y+b^2x'x=a^2b^2,$$

soit vérifiée en y remplaçant x par x'', et y par y'', d'où résulte cette première équation

$$[1] \qquad a^2y''y'+b^2x''x'=a^2b^2.$$

De plus, le point de contact étant sur l'ellipse, on doit avoir

$$[2] \qquad a^2y'^2+b^2x'^2=a^2b^2.$$

Ces deux équations suffiront pour déterminer les inconnues x' et y'; et quand on les connaîtra, il n'y aura plus qu'à substituer leurs valeurs dans l'équation de la tangente.

Si on tire de l'équation [1] la valeur de y' en fonction de x', et qu'on la substitue dans l'équation [2], on aura une équation du second degré en x' qui donne deux valeurs pour cette inconnue. En portant ensuite ces deux valeurs dans l'équation [1], on trouve les valeurs correspondantes de y'. C'est ainsi qu'on arrive aux formules

$$x'=\frac{a^2\left(b^2x''\pm y''\sqrt{a^2y''^2+b^2x''^2-a^2b^2}\right)}{a^2y''^2+b^2x''^2},$$

$$y'=\frac{b^2\left(a^2y''\mp x''\sqrt{a^2y''^2+b^2x''^2-a^2b^2}\right)}{a^2y''^2+b^2x''^2}.$$

Quand le point donné est au-dehors de l'ellipse, la quantité $a^2y''^2+b^2x''^2-a^2b^2$ est positive (302), et ces valeurs sont réelles et inégales; donc il y a deux tangentes. Quand le point donné est sur l'ellipse, la quantité $a^2y''^2+b^2x''^2-a^2b^2$ est nulle, et l'on n'a plus qu'une seule solution $x'=x''$, $y'=y''$; donc il n'y a plus qu'une seule tangente. Enfin, quand le point donné est intérieur, la quantité $a^2y''^2+b^2x''^2-a^2b^2$ est négative, x' et y' sont imaginaires; donc alors on ne peut plus mener de tangente à l'ellipse.

328. Cherchons l'équation de la normale. On remarque d'abord qu'elle doit être de la forme

$$y-y'=\alpha'(x-x'),$$

Mais de plus elle doit être perpendiculaire à la tangente; donc

$$\alpha'=-\frac{1}{\alpha}=\frac{a^2y'}{b^2x'},$$

et par suite l'équation de la normale devient

$$[n] \qquad y-y'=\frac{a^2y'}{b^2x'}(x-x').$$

329. Pour avoir le point S (fig. 129), où la normale rencontre l'axe des x, il faut faire $y=0$ dans l'équation précédente; et la valeur correspondante de x sera celle de AS. On trouve

$$AS=\frac{a^2-b^2}{a^2}x'.$$

En supposant toujours que BC soit le grand axe, cette valeur de AS aura le même signe que x', ce qui revient à dire que le point P et le point S sont toujours du même côté du centre.

Si on fait $x'=0$, on a $AS=0$; donc le point S tombe en A : mais si x' augmente positivement, AS augmente aussi, et le point S s'éloigne du centre. Enfin quand $x'=a$, la distance AS atteint son *maximum* et est égale à $\frac{a^2-b^2}{a}$. Soit donc pris AN égal à cette valeur, le point N sera une limite dont les normales approchent indéfiniment, à mesure que le point M approche lui-même du point B : de telle sorte qu'on peut toujours prendre le point M assez voisin de B pour que l'intervalle SN devienne moindre que toute quantité donnée.

330. Il existe, entre la direction de la tangente à l'ellipse et celle des rayons vecteurs menés au point de contact, des relations remarquables que nous allons faire connaître.

Soient RT (fig. 130) la tangente à l'ellipse, et FM, F'M, les rayons vecteurs menés au point de contact : la ligne MF passant au point M dont les coordonnées sont x' et y', son équation est de la forme

$$y - y' = \alpha'(x - x').$$

Si on fait $AF = \sqrt{a^2 - b^2} = c$, la condition de passer par le foyer F donnera $-y' = \alpha'(c - x')$, d'où

$$\alpha' = -\frac{y'}{c - x'};$$

Pour la valeur de α, relative à la tangente MT, on a trouvé

$$\alpha = -\frac{b^2 x'}{a^2 y'}.$$

Or, on a

$$\text{tang FMT} = \frac{\alpha - \alpha'}{1 + \alpha\alpha'};$$

remplaçons donc α et α' par leurs valeurs, et il viendra

$$\text{tang FMT} = \frac{-\dfrac{b^2 x'}{a^2 y'} + \dfrac{y'}{c - x'}}{1 + \dfrac{b^2 x' y'}{a^2 y'(c - x')}}.$$

En effectuant les calculs, et remarquant que $a^2 y'^2 + b^2 x'^2 = a^2 b^2$ et que $a^2 - b^2 = c^2$, on trouve successivement

$$\text{tang FMT} = \frac{a^2 y'^2 + b^2 x'^2 - b^2 c x'}{a^2 c y' - (a^2 - b^2) x' y'} = \frac{a^2 b^2 - b^2 c x'}{a^2 c y' - c^2 x' y'}$$
$$= \frac{b^2 (a^2 - c x')}{c y' (a^2 - c x')} = \frac{b^2}{c y'}.$$

On obtiendrait de la même manière, en changeant partout c en $-c$,

$$\text{tang F'MT} = -\frac{b^2}{c y'}.$$

Ainsi, les angles FMT, F'MT, ont leurs tangentes égales et de signes contraires; donc ils sont supplémens l'un de l'autre. Mais l'angle F'MT est aussi supplément de l'angle F'MR; donc FMT est égal à F'MR. Si on mène la normale MS, et que des angles droits TMS, RMS, on retranche les angles égaux TMF, RMF', il restera FMS = F'MS.

Donc, *dans l'ellipse, les rayons vecteurs menés au point de contact font avec la tangente, d'un même côté de cette ligne, des angles égaux; et la normale divise en deux parties égales l'angle de ces rayons vecteurs.*

331. Ces propriétés fournissent une construction très-simple pour mener une tangente à l'ellipse par un point donné.

Supposons d'abord que ce point donné M (fig. 131) soit sur l'ellipse. On mène les rayons vecteurs FM et F'M, on prolonge l'un d'eux, par exemple F'M, d'une quantité MK égale à FM, et on tire FK : la ligne MT, perpendiculaire à FK, sera la tangente demandée. En effet, d'après la construction, le triangle KMF est isoscèle et l'angle KMT = TMF : or KMT = RMF'; donc TMF = RMF'; donc RT est tangente.

On peut d'ailleurs s'assurer que cette droite a tous ses points hors de l'ellipse, à l'exception du point M. En effet, pour tout autre point R, on aurait F'R + RK > F'M + MK : or F'M + MK est égal au grand axe $2a$; donc le point R est hors de l'ellipse (310).

332. *Remarque.* D'après la construction, il est évident que le point O, où MT rencontre FK, est le milieu de FK; et comme le point A est le milieu de F'F, il s'ensuit que la droite AO est parallèle à F'K et égale à $\frac{1}{2}$F'K : or F'K $= 2a$; donc AO $= a$.

Donc, *si des foyers on abaisse des perpendiculaires sur les tangentes à l'ellipse, la distance des pieds de ces perpendiculaires, au centre de l'ellipse, est constante et égale au demi-grand axe : de sorte que tous ces points ont pour lieu géométrique une circonférence décrite sur le grand axe comme diamètre.*

333. Supposons maintenant que le point donné T (fig. 132) soit extérieur à l'ellipse. Si le problème était résolu, que TM fût la tangente et M le point de contact, en menant par le foyer F' la ligne F'MK égale au grand axe $2a$, et par le foyer F la ligne FK, la tangente TM serait perpendiculaire sur le milieu de FK, et les distances TF, TK, seraient égales; donc le point K sera déterminé par la rencontre de deux circonférences, l'une décrite du point F' avec un rayon égal à $2a$, et l'autre, du point T avec un rayon égal à la distance TF. Le point K étant connu,

on tire F'K et KF, puis on abaisse TR perpendiculaire sur KF. Cette perpendiculaire est tangente à l'ellipse, et le point M, où elle rencontre F'K, est le point de tangence.

En effet, par construction, $TK = TF$; donc RT est perpendiculaire sur le milieu de KF; donc $MK = MF$, et par suite $F'M + MF = 2a$, ce qui prouve déjà que le point M est sur l'ellipse. De plus, l'angle $FMT = TMK = RMF'$; donc TM est tangente.

334. Comme deux cercles peuvent se couper en deux points, il peut aussi y avoir deux tangentes. C'est ce qui arrive quand le point T est hors de l'ellipse, car les conditions relatives à l'intersection des cercles sont alors remplies. En effet, si on joint F'T, le triangle F'TF donne $F'T < F'F + FT$, et *à fortiori* $F'T < 2a + FT$; donc 1°, la distance des centres est plus petite que la somme des rayons. Ensuite, le même triangle donne $FT < F'F + F'T$, et *à fortiori* $FT < 2a + F'T$. D'ailleurs, puisque le point T est extérieur à l'ellipse, on a $2a < F'T + FT$ (310); donc 2°, chaque rayon est moindre que la distance des centres, augmentée de l'autre rayon. Donc les cercles se coupent, et il y a deux tangentes.

Si le point T était sur l'ellipse (fig. 133), le plus grand rayon $2a$ serait égal à la distance des centres F'T, augmentée du plus petit rayon TF; donc les cercles se toucheraient intérieurement, et il n'y aurait qu'une seule tangente.

Si le point T était intérieur (fig. 134); le plus grand rayon $2a$ serait plus grand que la distance des centres F'T, augmentée de l'autre rayon TF; donc l'un des cercles serait tout entier intérieur à l'autre, et il n'y aurait plus de tangente.

Des diamètres.

335. Il a déjà été dit que, dans les lignes du second ordre, le diamètre est une droite qui divise en parties égales toutes les cordes parallèles à une même direction. Il est facile d'appliquer le calcul à cette définition et d'en déduire l'équation d'un diamètre quelconque. Il suffit pour cela de prendre l'équation générale d'une corde, et de chercher le lieu géométrique qui contient toujours le milieu de cette corde, quand on suppose qu'elle se meut parallèlement à elle-même dans le plan de la courbe.

Soit donc

$$y=\delta x+\beta,$$

l'équation d'une corde quelconque FG (fig. 135). En la combinant avec celle de l'ellipse,

$$a^2y^2+b^2x^2=a^2b^2,$$

on trouve facilement les coordonnées des points F et G, où la droite rencontre la courbe. L'élimination de y donne

$$x^2+\frac{2\delta\beta a^2}{b^2+a^2\delta^2}x+\frac{(\beta^2-b^2)a^2}{b^2+a^2\delta^2}=0;$$

équation dont les racines sont précisément les abscisses AH et AK des points F et G. Il est facile de voir que l'abscisse AP du milieu I, de FG, est égale à $\frac{1}{2}$(AH+AK); donc, si on nomme x cette abscisse AP, et x', x'', celles des points F et G, on aura

$$x=\frac{x'+x''}{2}.$$

Or, on sait que dans l'équation générale du second degré, $x^2+px+q=0$, la somme des deux racines est égale au coefficient du second terme, pris avec un signe contraire; donc

$$x'+x''=-\frac{2\delta\beta a^2}{b^2+a^2\delta^2},$$

et par conséquent, pour l'abscisse AP, on a

$$x=-\frac{\delta\beta a^2}{b^2+a^2\delta^2}.$$

Si on met cette valeur dans l'équation de la corde, on trouve, pour l'ordonnée correspondante IP,

$$y=\frac{\beta b^2}{b^2+a^2\delta^2}.$$

Actuellement, si, afin d'éliminer β, on divise ces deux valeurs l'une par l'autre, il viendra

$$\frac{y}{x}=\frac{-b^2}{a^2\delta}, \quad \text{ou} \quad y=\frac{-b^2}{a^2\delta}x.$$

Cette équation contient encore δ; par conséquent elle représente le lieu géométrique des milieux de toutes les cordes pour lesquelles δ est constant, c'est-à-dire, de toutes les cordes parallèles à une même direction. Cette équation est donc celle d'un diamètre; et comme la droite qu'elle représente passe à l'origine, qui est ici le centre de la courbe, on conclut que *tous les diamètres de l'ellipse passent par le centre.*

Réciproquement, *toute droite menée par le centre est un diamètre* : car en faisant passer δ par tous les états de grandeur, le coefficient de x, dans l'équation du diamètre, prend lui-même toutes les valeurs possibles, positives ou négatives.

336. Il y a un rapport remarquable entre la direction d'un diamètre et celle des cordes qu'il coupe en parties égales. Soit toujours

$$y = \delta x + \beta,$$

l'équation d'une corde quelconque; et soit

$$y = \delta' x,$$

celle du diamètre correspondant. On vient de trouver

$$\delta' = -\frac{b^2}{a^2 \delta};$$

et de là on tire, entre les tangentes δ et δ',

[1] $$\delta\delta' = -\frac{b^2}{a^2},$$

relation fort simple, au moyen de laquelle on peut toujours les déduire l'une de l'autre.

337. De cette relation découlent plusieurs conséquences :

1° Si par l'extrémité du diamètre on mène une tangente MT à l'ellipse (fig. 135), et qu'on nomme α la tangente trigonométrique de l'angle MTx, on a trouvé (325), entre α et δ', cette équation

$$\alpha\delta' = -\frac{b^2}{a^2};$$

donc $\alpha\delta' = \delta\delta'$, d'où $\alpha = \delta$. Donc *les cordes, qu'un diamètre divise en parties égales, sont parallèles à la tangente menée par l'extrémité de ce diamètre.*

2° Le produit $\delta\delta'$, étant constant et égal à $-\frac{b^2}{a^2}$, ne peut pas devenir égal à -1, si ce n'est dans le cas du cercle où $b=a$; donc les axes actuels des coordonnées sont *les seuls axes de la courbe*, puisqu'aucun autre diamètre n'est perpendiculaire aux cordes qu'il divise en parties égales.

3° Si on mène un second diamètre dont l'équation soit $y=\delta x$, les cordes qu'il coupe en leurs milieux seront parallèles au premier: car si on représente l'équation générale de ces cordes par $y=\delta''x+\beta$, on doit avoir $\delta\delta''=-\frac{b^2}{a^2}$, et par conséquent $\delta\delta'=\delta\delta''$, d'où $\delta''=\delta'$. Ainsi, deux diamètres dont les équations sont

$$y=\delta x,\quad y=\delta' x,$$

et pour lesquels on a la relation [1], sont tels que chacun d'eux divise par moitiés les cordes parallèles à l'autre. Cette propriété leur fait donner le nom de *diamètres conjugués*.

Des cordes supplémentaires.

338. Dans l'ellipse, on appelle *cordes supplémentaires celles qui sont menées d'un point de cette courbe aux extrémités d'un diamètre*. Telles sont GM et G'M (fig. 136).

Si on désigne par x', y', les coordonnées du point G, celles du point G' seront $-x'$, $-y'$; si de plus on représente par x, y, celles du point M, et par γ, γ', les tangentes trigonométriques des angles MHx, MLx, formés par les cordes supplémentaires avec l'axe BC, les valeurs de γ et de γ' seront (214)

$$\gamma=\frac{y-y'}{x-x'},\quad \gamma'=\frac{y+y'}{x+x'}.$$

En multipliant γ par γ', il vient

$$\gamma\gamma'=\frac{y^2-y'^2}{x^2-x'^2}.$$

Or, les deux points M et G étant sur l'ellipse, on a entre x et y, x' et y', les deux équations

$$y^2=\frac{b^2}{a^2}(a^2-x^2),\quad y'^2=\frac{b^2}{a^2}(a^2-x'^2);$$

et, en les retranchant l'une de l'autre, il vient

$$y^2-y'^2=-\frac{b^2}{a^2}(x^2-x'^2):$$

par conséquent on aura

[1] $$\gamma\gamma'=-\frac{b^2}{a^2}.$$

Telle est la condition qui doit toujours être remplie lorsque deux cordes sont supplémentaires.

Réciproquement, toutes les fois que cette condition est remplie pour deux cordes qui passent aux extrémités d'un diamètre, ou pour deux cordes qui passent par un même point de l'ellipse, on est assuré qu'elles sont supplémentaires.

En effet, supposons qu'elles passent en G et G', et que leur intersection N ne tombe pas sur l'ellipse : soit M le point où G'N rencontre l'ellipse, et menons MG. Puisque MG et MG' sont des cordes supplémentaires, on aura

$$\text{tang}\,\text{ML}x\times\text{tang}\,\text{MH}x=-\frac{b^2}{a^2};$$

or, par hypothèse, on a

$$\text{tang}\,\text{ML}x\times\text{tang}\,\text{NK}x=-\frac{b^2}{a^2};$$

donc tang MHx = tang NKx ; donc NG et MG se confondent.

Supposons maintenant qu'on ait

$$\text{tang}\,\text{ML}x\times\text{tang}\,\text{MH}x=-\frac{b^2}{a^2},$$

je dis que la ligne GAG' sera droite. S'il en est autrement, soit AO le prolongement de G'A, menez MO : on aura

$$\text{tang}\,\text{ML}x\times\text{tang}\,\text{MI}x=-\frac{b^2}{a^2};$$

donc, à cause de l'hypothèse, il vient tang MHx = tang MIx, c'est-à-dire que MO se confond avec MG, et AO avec AG.

339. L'équation [1] est remarquable en ce qu'elle montre que le produit $\gamma\gamma'$ demeure constant, non seulement quand on change la direction des cordes supplémentaires qui passent par les extrémités d'un diamètre, mais encore quand on mène ces cordes par les extrémités d'un nouveau diamètre. De là il résulte que *si deux*

cordes supplémentaires BN *et* CN (*fig.* 137) *sont menées par les extrémités d'un diamètre, de l'axe* BC, *par exemple, les parallèles à ces cordes, menées par les extrémités de tout autre diamètre* GG', *seront aussi supplémentaires relativement à cet autre diamètre : et ces nouvelles cordes* GM, G'M, *étant prolongées, feront entre elles les mêmes angles que les premières.*

340. Pour les tangentes α et α', des angles formés avec l'axe BC (fig. 138) par la tangente MT et le demi-diamètre AM, on a trouvé (325) le même produit que pour $\gamma\gamma'$; donc $\alpha\alpha'=\gamma\gamma'$. Il suit de là que si $\alpha'=\gamma'$, on doit avoir $\alpha=\gamma$: c'est-à-dire, en d'autres termes, que *si on mène le demi-diamètre* AM *au point de contact, si on tire, par l'extrémité d'un diamètre quelconque, la corde* CN *parallèle à* AM, *et si on tire ensuite la corde supplémentaire* NB, *la tangente* MT *sera parallèle à cette dernière corde.*

Cette construction fait connaître la tangente à l'ellipse en un point donné sur cette courbe ; et il est facile de la modifier pour le cas où la tangente doit être parallèle à une droite donnée HK. Alors *on mène* BN *parallèle à* HK, *on tire la corde supplémentaire* CN, *puis le rayon* AM *parallèle à* CN, *puis enfin* MT *parallèle à* BN : *la tangente cherchée est* MT.

341. Pour deux diamètres conjugués, dont les équations sont $y=\delta x$, $y=\delta' x$, on a trouvé aussi (337) entre δ et δ' la même relation qu'entre γ et γ'. De là on conclut encore que *deux diamètres parallèles à des cordes supplémentaires sont toujours conjugués*; et, réciproquement, que *deux diamètres conjugués sont toujours parallèles à des cordes supplémentaires.*

D'après cela, on peut construire d'une manière fort simple deux diamètres conjugués qui fassent entre eux un angle donné, en supposant que l'ellipse soit déjà décrite et qu'on en connaisse le centre. On tire (fig. 139) un diamètre quelconque AB, sur lequel on décrit un arc de cercle ACB capable de l'angle donné ; et, par un des points où cet arc coupe l'ellipse, on mène les cordes supplémentaires CA, CB : ces cordes seront parallèles aux diamètres cherchés, et en leur menant des parallèles EE' et FF', par le centre, on aura ces diamètres.

Dans le cas représenté sur la figure, l'arc ACB, capable de l'angle donné, ne rencontre l'ellipse qu'en un seul point C (on fait abstraction des points A et B); mais le prolongement ADB de cet arc coupe l'ellipse en un autre point D, qui détermine une seconde solution du problème, quoique l'angle ADB ne soit pas égal à l'angle donné. Il est clair, en effet, qu'il en est le supplément. Or, deux diamètres parallèles aux cordes AD et BD font entre eux quatre angles, dont deux sont égaux à l'angle ADB, mais dont les deux autres sont égaux à l'angle supplémentaire; par conséquent ces nouveaux diamètres satisfont encore au problème.

Il y aurait plusieurs observations à faire sur cette construction, mais on se bornera à remarquer que la circonférence décrite sur AB ne peut pas donner d'autres diamètres conjugués : car le cercle et l'ellipse ne peuvent pas avoir plus de quatre points communs, attendu que leurs équations, étant du second degré en x et en y, n'ont pas plus de quatre solutions communes.

342. Dans chaque ellipse les angles des cordes supplémentaires sont toujours compris entre certaines limites, et il en doit être de même de ceux des diamètres conjugués. Pour déterminer ces limites plus simplement, nous supposerons, et cela est permis (n° 339), que les cordes soient menées par les extrémités de l'axe BC (fig. 140). Alors on trouve facilement

$$\text{tang MB}x = \frac{y}{x-a}, \qquad \text{tang MC}x = \frac{y}{x+a},$$

et par suite

$$\text{tang CMB} = \frac{\dfrac{y}{x-a} - \dfrac{y}{x+a}}{1 + \dfrac{y^2}{x^2-a^2}} = \frac{2ay}{y^2+x^2-a^2}.$$

Mais le point M étant sur l'ellipse, on a $a^2y^2 + b^2x^2 = a^2b^2$, d'où $x^2 - a^2 = -\dfrac{a^2y^2}{b^2}$; donc

$$\text{tang CMB} = \frac{-2ab^2}{(a^2-b^2)y}.$$

Si BC est le grand axe, et que le point M soit situé au-dessus de cet axe, la valeur précédente sera négative, ce qui montre que l'angle CMB est obtus. Cette valeur, abstraction faite du signe, atteint son *minimum* quand $y = b$: alors le point M est en D à l'extrémité du second axe, et les cordes supplémentaires sont BD et CD. L'angle obtus CDB est donc le plus grand angle, et son supplément BDK, le plus petit angle que puissent faire deux cordes supplémentaires. Pour l'angle *maximum* CDB, on a

$$\text{tang CDB} = \frac{-2ab}{a^2 - b^2}.$$

De part et d'autre du petit axe DE, il y a deux points M et N, pour lesquels y a la même valeur; il y a donc aussi deux points pour lesquels les angles CMB, CNB, formés par des cordes supplémentaires, sont égaux entre eux. D'ailleurs, comme il n'y a que deux points pour lesquels y ait une même valeur, il n'y a aussi, au-dessus de BC, que deux systèmes de cordes supplémentaires formant entre elles un angle donné.

Ainsi, on peut avoir deux systèmes de diamètres conjugués qui se coupent sous un angle donné, et jamais davantage.

Ces deux systèmes se réduisent à un seul dans deux cas : 1° lorsque les diamètres sont parallèles aux cordes BD et CD ; 2° lorsqu'ils sont les axes eux-mêmes.

Enfin il n'existera plus de diamètres conjugués formant entre eux un angle donné, lorsque cet angle sera plus grand que l'angle obtus BDC, ou moindre que l'angle aigu BDK.

343. Les axes de l'ellipse n'étant autre chose que des diamètres conjugués rectangulaires, il faut, pour les construire, quand on connaît le centre, décrire une circonférence de cercle sur un diamètre quelconque ; mener, par un des points d'intersection, des cordes aux extrémités du diamètre, et, par le centre, des parallèles à ces cordes : ces parallèles seront les axes demandés.

Au reste, la symétrie de l'ellipse, par rapport à ses axes, suffit pour rendre raison de cette construction. Il résulte en effet de cette symétrie qu'un cercle décrit du centre A (fig. 141), avec un rayon quelconque AM, coupera la courbe en quatre points situés, deux à deux, symétriquement par rapport à chacun des axes, et que la figure MNQP, formée par ces points, est un rectangle dont les côtés sont parallèles aux axes ; donc en menant, par le centre, des parallèles BC et DE aux côtés de ce rectangle, on aura les axes de l'ellipse.

344. Dans les constructions précédentes, on a supposé connu le centre de l'ellipse. Quand cette courbe est donnée, ce point est en effet facile à trouver. Pour cela, il suffit de mener deux cordes parallèles EF et GH (fig. 142), de tirer par leurs milieux la droite PQ, et de prendre ensuite le milieu A de cette ligne. Le point A sera le centre cherché : car PQ est un diamètre, et tout diamètre passe par le centre et y est coupé en deux parties égales.

L'ellipse rapportée à ses diamètres conjugués, etc.

345. L'équation que nous avons employée jusqu'à présent,

$$[e] \qquad a^2y^2+b^2x^2=a^2b^2,$$

est celle de l'ellipse rapportée à son centre et à ses axes. Si on rapporte cette courbe à des coordonnées obliques, et que son équation conserve la même forme, c'est-à-dire ne contienne que les carrés des variables et une partie constante, les nouveaux axes seront des diamètres conjugués, puisque chaque valeur de l'une des coordonnées fera trouver pour l'autre deux valeurs égales et de signes contraires. Cette circonstance n'aurait plus lieu avec une autre forme d'équation ; donc on passera de l'équation [e] à l'équation aux diamètres conjugués, en cherchant, par la transformation des coordonnées, tous les systèmes d'axes pour lesquels l'équation de l'ellipse conserve la même forme.

Prenons donc (190) les formules qui servent à passer des axes rectangulaires aux axes obliques, et supprimons-y les termes constans, attendu que l'origine doit rester au centre de l'ellipse ; on aura

$$x=x'\cos\alpha+y'\cos\alpha', \quad y=x'\sin\alpha+y'\sin\alpha'.$$

Substituons ces valeurs dans [e], et en posant, pour abréger,

$$A=a^2\sin^2\alpha'+b^2\cos^2\alpha',$$
$$B=a^2\sin^2\alpha+b^2\cos^2\alpha,$$
$$C=a^2\sin\alpha\sin\alpha'+b^2\cos\alpha\cos\alpha',$$

il viendra

$$[1] \qquad Ay'^2+Bx'^2+2Cx'y'=a^2b^2.$$

Afin que cette équation ne contienne x' et y' qu'au carré, il faut profiter de l'indétermination de α et de α' pour faire disparaître le rectangle $x'y'$. Posons donc

[2] $$a^2 \sin\alpha \sin\alpha' + b^2 \cos\alpha \cos\alpha' = 0,$$

et l'équation [1] sera réduite à celle-ci

[3] $$Ay'^2 + Bx'^2 = a^2b^2.$$

346. L'ellipse est actuellement rapportée à des diamètres conjugués. Si on veut connaître leurs longueurs FG, HK (fig. 143), on fera successivement $y=0$ et $x=0$ dans cette équation. En désignant AF par a', et AH par b', on trouve

[4] $$a'^2 = \frac{a^2b^2}{B} = \frac{a^2b^2}{a^2\sin^2\alpha + b^2\cos^2\alpha},$$

[5] $$b'^2 = \frac{a^2b^2}{A} = \frac{a^2b^2}{a^2\sin^2\alpha' + b^2\cos^2\alpha'}.$$

Par suite, en remplaçant A et B par leurs valeurs $\frac{a^2b^2}{b'^2}$, $\frac{a^2b^2}{a'^2}$, l'équation [3] devient

[e_1] $$a'^2y'^2 + b'^2x'^2 = a'^2b'^2.$$

347. L'équation [2], étant divisée par $a^2\cos\alpha\cos\alpha'$, devient

[6] $$\tang\alpha \tang\alpha' = -\frac{b^2}{a^2}.$$

Or, il est clair qu'en donnant à l'axe Ax' une position quelconque, ce qui revient à déterminer α, on pourra sur-le-champ assigner une valeur réelle à α'; donc *chaque diamètre a son conjugué*. De plus, comme l'équation précédente est la même que celle qui lie entre elles les directions de deux cordes supplémentaires (338), il s'ensuit que si l'une de ces cordes est parallèle au premier diamètre, l'autre corde sera aussi parallèle au second diamètre. Ainsi, en général on peut dire que *deux diamètres conjugués sont toujours parallèles à deux cordes supplémentaires*; et que, réciproquement, *deux diamètres parallèles à des cordes supplémentaires sont toujours conjugués*. Ces propriétés sont déjà connues (341).

348. Si on suppose $\sin\alpha = 0$ et $\cos\alpha' = 0$, ce qui fait coïncider les x' avec les x, et les y' avec les y, l'équation [2] est satisfaite; et cela doit être, puisque les axes de l'ellipse sont

des diamètres conjugués. Nous savons même qu'ils forment le seul système de diamètres conjugués rectangulaires qui existe dans l'ellipse (337); et c'est ce qu'on peut retrouver facilement. En effet, supposons qu'il y en ait d'autres : pour ces diamètres on devrait avoir $\alpha' = 90^\circ + \alpha$, et par suite

$$\sin\alpha' = \sin(90^\circ + \alpha) = \sin(90^\circ - \alpha) = \cos\alpha,$$
$$\cos\alpha' = \cos(90^\circ + \alpha) = -\cos(90^\circ - \alpha) = -\sin\alpha.$$

Ces valeurs étant substituées dans l'équation [2], on aurait

$$(a^2 - b^2)\sin\alpha\cos\alpha = 0;$$

et comme on ne peut pas disposer des quantités a et b, on ne peut satisfaire à cette égalité qu'en faisant $\sin\alpha = 0$ ou $\cos\alpha = 0$, suppositions qui ramènent précisément aux deux axes primitifs.

Si l'ellipse se changeait en cercle, on aurait $a = b$, et la dernière égalité serait vérifiée d'elle-même, quelle que fût la valeur de α. Ainsi, dans le cercle tous les diamètres conjugués sont rectangulaires, tandis que dans l'ellipse les axes seuls jouissent de cette propriété.

349. Si on demandait que les diamètres conjugués fussent égaux, on aurait, en égalant les valeurs de a'^2 et de b'^2,

$$a^2\sin^2\alpha + b^2\cos^2\alpha = a^2\sin^2\alpha' + b^2\cos^2\alpha'.$$

En remplaçant $\cos^2\alpha$ par $1 - \sin^2\alpha$, et $\cos^2\alpha'$ par $1 - \sin^2\alpha'$, cette équation se change facilement en

$$(a^2 - b^2)\cdot(\sin^2\alpha - \sin^2\alpha') = 0:$$

par suite on conclut

$$\sin^2\alpha' = \sin^2\alpha, \qquad \cos^2\alpha' = \cos^2\alpha,$$
$$\tang^2\alpha' = \tang^2\alpha, \qquad \tang\alpha' = \pm\tang\alpha.$$

Mais l'équation [6] exige que $\tang\alpha$ et $\tang\alpha'$ soient de signes contraires, il faut donc prendre $\tang\alpha' = -\tang\alpha$. Alors l'équation [6] devient

$$\tang^2\alpha = \frac{b^2}{a^2}, \quad \text{d'où} \quad \tang\alpha = \pm\frac{b}{a}.$$

Le signe inférieur est relatif à l'un des diamètres, et l'autre, à son conjugué. Or, si on mène (fig. 144) les cordes BD et CD par les extrémités des axes, on a

$$\tang \mathrm{DC}x = \frac{b}{a}, \quad \tang \mathrm{DB}x = -\frac{b}{a};$$

donc il faut mener des diamètres parallèles à ces cordes, pour avoir les diamètres conjugués égaux.

Lorsqu'on rapporte l'ellipse à ces deux diamètres, son équation est

$$y'^2 + x'^2 = a'^2,$$

laquelle est analogue à celle du cercle, quand il est rapporté à deux diamètres rectangulaires.

350. Il y a, sur les diamètres conjugués de l'ellipse, deux théorèmes remarquables.

THÉORÈME I. *Dans l'ellipse, le parallélogramme construit sur deux diamètres conjugués est équivalent au rectangle construit sur les axes.*

En multipliant, l'une par l'autre, les valeurs de a'^2 et b'^2, on a

$$a'^2 b'^2 = \frac{a^4 b^4}{a^4 \sin^2\alpha \sin^2\alpha' + b^4 \cos^2\alpha \cos^2\alpha' + a^2 b^2 (\sin^2\alpha' \cos^2\alpha + \cos^2\alpha' \sin^2\alpha)}.$$

Mais on a, entre α et α', l'équation [2]; et si on élève ses deux membres au carré, on en tire

$$a^4 \sin^2\alpha \sin^2\alpha' + b^4 \cos^2\alpha \cos^2\alpha' = -2a^2 b^2 \sin\alpha \sin\alpha' \cos\alpha \cos\alpha';$$

en conséquence le produit $a'^2 b'^2$ devient

$$a'^2 b'^2 = \frac{a^4 b^4}{a^2 b^2 (\sin^2\alpha' \cos^2\alpha + \cos^2\alpha' \sin^2\alpha) - 2a^2 b^2 \sin\alpha \sin\alpha' \cos\alpha \cos\alpha'}$$

$$= \frac{a^2 b^2}{(\sin\alpha' \cos\alpha - \sin\alpha \cos\alpha')^2} = \frac{a^2 b^2}{\sin^2(\alpha' - \alpha)};$$

et de là on conclut

$$a' b' \sin(\alpha' - \alpha) = ab.$$

Or, l'angle $\alpha' - \alpha$ est celui que forment entre eux les diamètres conjugués FG, HK (fig. 145); donc, dans le parallélogramme AFLH, la hauteur $\mathrm{LI} = b' \sin(\alpha' - \alpha)$, et l'aire est exprimée par $a'b' \sin(\alpha' - \alpha)$. Donc cette aire est constante et égale au rectangle ab des demi-axes, ce qui revient au théorème énoncé.

Théorème II. *Dans l'ellipse, la somme des carrés de deux diamètres conjugués est constante et égale à la somme des carrés des deux axes.*

Si on reprend les équations [2], [4], [5],

[2] $$a^2 \sin\alpha \sin\alpha' + b^2 \cos\alpha \cos\alpha' = 0,$$

[4] $$a'^2 = \frac{a^2b^2}{a^2\sin^2\alpha + b^2\cos^2\alpha},$$

[5] $$b'^2 = \frac{a^2b^2}{a^2\sin^2\alpha' + b^2\cos^2\alpha'},$$

et qu'on élimine entre elles les angles α et α', on tombe sur l'équation $a' + b'^2 = a^2 + b^2$, qui démontre le théorème énoncé.

Pour faire cette élimination, on tire d'abord de l'équation [4], combinée avec la relation $\sin^2\alpha + \cos^2\alpha = 1$, les valeurs de $\sin^2\alpha$ et $\cos^2\alpha$: ces valeurs sont

$$\sin^2\alpha = \frac{b^2(a^2 - a'^2)}{a'^2(a^2 - b^2)}, \quad \cos^2\alpha = \frac{a^2(a'^2 - b^2)}{u'^2(a^2 - b^2)}.$$

Comme l'équation [5] se déduit de l'équation [4] en changeant a' en b' et α en α', on déduira $\sin^2\alpha$ et $\cos^2\alpha'$ des valeurs précédentes, en y changeant a' en b'. On trouve ainsi

$$\sin^2\alpha' = \frac{b^2(a^2 - b'^2)}{b'^2(a^2 - b^2)}, \quad \cos^2\alpha' = \frac{a^2(b'^2 - b^2)}{b'^2(a^2 - b^2)}.$$

Prenons maintenant l'équation [2], transposons le second terme dans l'autre membre, puis élevons au carré : il vient

$$a^4 \sin^2\alpha \sin^2\alpha' = b^4 \cos^2\alpha \cos^2\alpha'.$$

Remplaçons les lignes trigonométriques par leurs valeurs : les réductions sont faciles à apercevoir, et il vient successivement

$$(a^2 - a'^2)(a^2 - b'^2) = (a'^2 - b^2)(b'^2 - b^2),$$
$$a^4 - a^2a'^2 - a^2b'^2 = -a'^2b^2 - b'^2b^2 + b^4,$$
$$a^4 - b^4 = a'^2(a^2 - b)^2 + b'^2(a^2 - b^2),$$
$$a^2 + b^2 = a'^2 + b'^2.$$

Ce résultat est conforme à l'énoncé.

351. Les trois équations [2], [4], [5], suffisent pour déterminer trois des six quantités a, b, a', b', α, α', lorsque les trois

autres sont connues ; elles peuvent par conséquent servir à résoudre toutes les questions relatives aux diamètres conjugués.

Mais il sera souvent plus commode d'employer, au lieu de ces équations, les suivantes, qui en ont été déduites,

$$\operatorname{tang}\alpha \operatorname{tang}\alpha' = -\frac{b^2}{a^2},$$

$$a'b'\sin(\alpha'-\alpha)=ab,$$

$$a'^2+b'^2=a^2+b^2.$$

352. Revenons à l'équation $[e_1]$, et, pour plus de simplicité, supprimons-y les accens de x' et de y' : on a

$$[e_1] \qquad a'^2y^2+b'^2x^2=a'^2b'^2.$$

Cette équation étant absolument de même forme que celle qui est relative aux axes, toutes les propriétés indépendantes de l'inclinaison des ordonnées seront communes aux axes de l'ellipse et à ses diamètres conjugués. Ainsi on peut regarder les propositions suivantes comme démontrées.

1° Selon qu'un point est situé sur l'ellipse, ou hors de l'ellipse, ou au dedans, la quantité $a'^2y^2+b'^2x^2-a'^2b'^2$ sera nulle, positive, ou négative (302).

2° Les carrés des ordonnées, parallèles à un diamètre, sont proportionnels aux produits des segmens, qu'elles forment sur son conjugué (301).

3° Désignons par α le rapport de sinus, égal au coefficient de x dans l'équation $y=\alpha x+\beta$: on aura (319), pour la valeur de α qui convient à la tangente menée à l'ellipse, au point dont les coordonnées sont x' et y',

$$\alpha=-\frac{b'^2x'}{a'^2y'};$$

et pour l'équation de la tangente on aura

$$a'^2y'y+b'^2x'x=a'^2b'^2.$$

La sous-tangente sera (324)

$$\text{PT}=\frac{a'^2-x'^2}{x'};$$

et on aura toujours, entre les valeurs de α et de α' relatives à la tangente et au diamètre mené au point de contact, cette relation remarquable (325)

$$\alpha\alpha' = -\frac{b'^2}{a'^2}.$$

4° Si $y = \delta x + \beta$ est l'équation d'une corde quelconque, et que $y = \delta' x$ soit celle du diamètre qui passe par les milieux de toutes les cordes parallèles, on aura (336) la relation

$$\delta\delta' = -\frac{b'^2}{a'^2},$$

laquelle a encore lieu pour deux diamètres conjugués dont les équations seraient $y = \delta x$ et $y = \delta' x$ (337), aussi bien que pour deux cordes supplémentaires menées aux extrémités d'un diamètre quelconque (338).

353. L'ellipse étant rapportée à deux diamètres conjugués, et son équation étant

$$a'^2y^2 + b'^2x^2 = a'^2b'^2,$$

si on veut mener des tangentes à cette courbe, par un point extérieur N (fig. 146) dont les coordonnées sont x'' et y'', on aura (327), entre les coordonnées inconnues de chaque point de contact, les deux équations

$$a'^2y'^2 + b'^2x'^2 = a'^2b'^2;$$
$$a'^2y''y' + b'^2x''x' = a'^2b'^2.$$

La seconde prouve que la droite, qui a pour équation

$$a'^2y''y + b'^2x''x = a'^2b'^2,$$

passe par les points de contact. Pour contruire cette ligne, on fait successivement $y = 0$, $x = 0$, et on obtient les distances de l'origine aux points où elle rencontre les deux diamètres : savoir,

$$\text{AT} = \frac{a'^2}{x''}, \quad \text{AR} = \frac{b'^2}{y''}.$$

Si on considère l'une de ces distances, AT, par exemple, on voit qu'elle ne contient pas y'' : par conséquent, si on mène la droite NL parallèle à Ay, et que d'un autre point quelconque de cette ligne on mène deux tangentes à l'ellipse, la sécante qui passe par les nouveaux points de contact coupera encore le diamètre Ax au même point T. Ce point ne pourrait changer que dans le cas où x'' changerait.

Donc, *si, de chaque point d'une droite donnée, on mène deux tangentes à une ellipse, et qu'on joigne les deux points de contact, on aura des sécantes qui viendront toutes se rencontrer en un même point situé sur le diamètre conjugué de celui qui est parallèle à la droite donnée.*

Et réciproquement, *si, par un point donné dans le plan d'une ellipse, on tire différentes sécantes, et que, par les points où chaque sécante rencontre la courbe, on mène deux tangentes, le lieu des points d'intersection de ces tangentes, ainsi prises deux à deux, sera une droite parallèle au diamètre conjugué de celui qui passe par le point donné.*

354. La conformité des équations [e] et [e_1] donne encore un moyen simple de décrire une ellipse par points, lorsqu'on connaît deux diamètres conjugués $2a'$, $2b'$, et l'angle qu'ils font entre eux. Sur le premier, par exemple, on décrit une ellipse dont les axes soient $2a'$ et $2b'$; ensuite on incline (fig. 147) les ordonnées MP, M'P',... sous l'angle donné, sans changer leurs longueurs : les points N, N',... trouvés par ce procédé appartiennent à la courbe.

Quadrature de l'ellipse.

355. Si, du centre de l'ellipse, avec un rayon égal au demi-axe AB (fig. 148), on décrit un cercle, et qu'on nomme a le demi-axe AB, b le demi-axe perpendiculaire AD, et y, Y, les ordonnées telles que NP et MP, élevées au même point P, on a vu (303) que $\frac{y}{Y}=\frac{b}{a}$. Je vais démontrer que les aires de l'ellipse et du cercle sont aussi dans le même rapport.

Inscrivons à la circonférence un polygone quelconque CMM'B, de chacun de ses angles abaissons des perpendiculaires sur l'axe BC, et joignons les points où ces droites rencontrent l'ellipse : on formera ainsi le polygone CNN'B intérieur à cette courbe.

Cela posé, un trapèze quelconque PNN'P', pris dans le dernier polygone, aura pour mesure $\frac{1}{2}$(PN + P'N') × PP'; et le trapèze correspondant PMM'P', pris dans le cercle, aura pour mesure $\frac{1}{2}$(PM + P'M') × PP'. Ces deux trapèzes seront donc entre eux :: PN + P'N' : PM + P'M'. Or, PN : PM :: P'N' : P'M' :: b : a; donc

$$PN + P'N' : PM + P'M' :: b : a.$$

Les trapèzes correspondans étant entre eux dans le rapport constant de b à a, les aires des polygones seront aussi dans le même rapport; et cela, quel que soit le nombre des côtés de ces polygones. Donc, ce rapport sera encore celui de leurs limites; donc, en nommant E et E' les aires de l'ellipse et du cercle, on a.

$$\frac{E}{E'} = \frac{b}{a}:$$

c'est-à-dire que l'aire de l'ellipse est à celle du cercle, décrit sur l'un des axes, comme l'autre axe est à celui-ci.

En désignant par π le rapport de la circonférence au diamètre, l'aire du cercle est πa^2, et par suite celle de l'ellipse est

$$E = \pi ab;$$

donc *l'aire de l'ellipse est égale à celle d'un cercle, dont le rayon est moyen proportionnel entre les demi-axes de l'ellipse.*

356. Si a' et b' sont deux demi-diamètres conjugués formant un angle γ, on sait (350) que $ab = a'b' \sin\gamma$: on a donc aussi, pour l'aire de l'ellipse en fonction des diamètres conjugués,

$$E = \pi a'b' \sin\gamma.$$

357. Si, au lieu de l'ellipse entière, on ne considère qu'un segment PP'N'N, compris entre deux ordonnées perpendiculaires à l'axe BC, et qu'on fasse un raisonnement semblable à celui qui a été fait pour l'ellipse entière, on trouvera en désignant par S le segment d'ellipse, et par S' le segment correspondant du cercle,

$$\frac{S}{S'} = \frac{b}{a}, \quad \text{d'où} \quad S = \frac{b}{a}S'.$$

La quadrature du premier segment se ramène ainsi à celle du second, laquelle est connue par la Géométrie.

358. Supposons qu'il s'agisse d'un segment d'ellipse, compris entre un diamètre quelconque BC (fig. 149) et deux ordonnées PN, P'N', parallèles à son conjugué. On décrira un cercle sur BC comme diamètre; on inscrira dans le segment d'ellipse une portion de polygone NRR'N'; puis, ayant mené les ordonnées

RS, R'S',... parallèles à NP, on élevera sur BC les perpendiculaires PM, SH,... qui détermineront sur le cercle les points M,H,... Joignons ces points entre eux, et comparons les trapèzes obliques, tels que PSRN, aux trapèzes rectangulaires correspondans.

En abaissant SI perpendiculaire sur NP, l'aire du trapèze oblique sera $\frac{1}{2}(PN+RS)\times SI$. Mais le triangle rectangle SIP donne $SI=SP\times\sin IPS$, donc on a, pour cette aire,

$$\tfrac{1}{2}(PN+RS)\times SP\times\sin IPS.$$

L'aire du trapèze rectangulaire PSHM est exprimée par

$$\tfrac{1}{2}(PM+HS)\times SP;$$

donc le rapport des deux trapèzes est

$$\frac{(PN+RS)\sin IPS}{PM+HS}.$$

L'équation de l'ellipse, rapportée aux deux diamètres conjugués, étant $y^2=\frac{b'^2}{a'^2}(a'^2-x^2)$, celle du cercle, rapporté au diamètre BC et à un autre diamètre perpendiculaire à celui-ci, sera $y^2=a'^2-x^2$: donc PN : PM :: RS : HS :: b' : a'; et par conséquent on a, en nommant γ l'angle IPS des diamètres conjugués,

$$\frac{(PN+RS)\sin IPS}{PM+HS}=\frac{b'}{a'}\sin\gamma.$$

Les trapèzes correspondans étant entre eux dans un rapport constant, le segment elliptique sera au segment circulaire dans le même rapport; d'où il suit qu'en les désignant par S et S', on aura

$$\frac{S}{S'}=\frac{b'}{a'}\sin\gamma,\quad \text{d'où}\quad S=\frac{b'}{a'}S'\sin\gamma.$$

Pour avoir toute l'ellipse il faut prendre $S'=\pi a'^2$, ce qui donne $S=\pi a'b'\sin\gamma$, comme plus haut (356).

CHAPITRE X.

DE L'HYPERBOLE.

L'hyperbole rapportée à ses axes, etc.

339. En plaçant l'origine au centre, il existe (267) un système unique de coordonnées rectangulaires, pour lequel l'équation de l'hyperbole prend la forme

[b] $$y^2 - m^2x^2 = p.$$

Lorsque $p = o$, cette équation donne $y = \pm mx$, et alors elle représente deux droites. Laissant ce cas de côté, on a encore à considérer les deux suivans :

[1] $$y^2 - m^2x^2 = b^2$$

[2] $$y^2 - m^2x^2 = -b^2,$$

selon que p est positif ou négatif. Mais la première équation peut se ramener à la seconde : en effet, remplaçons-y x par y et y par x, divisons tout par m^2, et changeons les signes ; il vient

$$y^2 - \frac{1}{m^2}x^2 = -\frac{b^2}{m^2},$$

équation tout-à-fait semblable à la seconde, et qui s'en déduirait en mettant dans celle-ci $\frac{1}{m^2}$ au lieu de m^2, et $\frac{b^2}{m^2}$ au lieu de b^2. Il suit de là que, pour découvrir les propriétés de l'hyperbole, il suffit de considérer l'équation [2].

341. La forme de cette équation montre sur-le-champ que l'origine est au centre, et que les axes des coordonnées sont aussi des axes de l'hyperbole : mais il n'arrive point ici, comme pour l'ellipse, que les deux axes rencontrent la courbe. En effet,

$$y = o \text{ donne } x = \pm \frac{b}{m}, \quad \text{et} \quad x = o \text{ donne } y = \pm b\sqrt{-1}.$$

Ainsi l'axe des x (fig. 150) est encore coupé en deux points B et C, pour lesquels on a $AB = AC = \frac{b}{m}$. Mais l'axe des y ne rencontre pas la courbe, car $x = 0$ donne des valeurs imaginaires pour y.

Soit $\frac{b}{m} = a$: on tire de là $m = \frac{b}{a}$, et la substitution de cette valeur change l'équation [2] en

$$[h] \qquad a^2y^2 - b^2x^2 = -a^2b^2.$$

L'axe BC, égal à $2a$, est désigné ordinairement sous la dénomination de *premier axe* ou d'*axe transverse* ; et quoique l'axe des y ne rencontre pas l'hyperbole, on n'en porte pas moins sur cet axe les distances AD, AE, égales à b, et l'intervalle DE ou $2b$ est ce qu'on est convenu de prendre pour longueur du *second axe*. Les extrémités du premier axe sont les *sommets* de l'hyperbole.

Pour mettre l'origine au sommet B, il faut changer x par $x + a$, et alors on peut donner à l'équation de l'hyperbole la forme

$$[h'] \qquad y^2 = \frac{b^2}{a^2}(2ax + x^2).$$

Lorsque $b = a$, les équations [h] et [h'] deviennent

$$y^2 - x^2 = -a^2 \quad \text{et} \quad y^2 = 2ax + x^2 :$$

on dit alors que l'hyperbole est *équilatère*. Elle est parmi les hyperboles ordinaires ce qu'est le cercle parmi les ellipses.

361. En résolvant l'équation [h], on a

$$y = \pm \frac{b}{a}\sqrt{x^2 - a^2}.$$

Tant que x est moindre que a, y est imaginaire ; $x = AB = a$ donne $y = 0$; x augmentant jusqu'à $+\infty$, y a deux valeurs réelles et de signes contraires, qui augmentent jusqu'à l'infini. Les valeurs positives de x déterminent donc une branche de courbe telle que RBS, qui s'étend à l'infini dans le sens de Ax, symétriquement au-dessus et au-dessous de cet axe. Les valeurs négatives de x donneront une branche R'CS' tout-à-fait semblable, de l'autre côté de l'axe Ay : car, x changeant seulement de signe, les valeurs de y demeurent les mêmes. Il est clair d'ailleurs que les deux branches qui composent l'hyperbole présentent leur convexité à l'axe des y : autrement, on pourrait mener une droite qui couperait cette courbe du second ordre en plus de deux points, ce qui est impossible.

362. MP étant une ordonnée quelconque de l'hyperbole, le triangle rectangle AMP donne

$$AM=\sqrt{x^2+y^2}=\sqrt{x^2+\frac{b^2}{a^2}(x^2-a^2)}=\sqrt{\frac{a^2+b^2}{a^2}x^2-b^2}.$$

L'abscisse x pouvant croître jusqu'à l'infini, AM peut croître aussi jusqu'à l'infini. Mais, dans l'hyperbole, la plus petite valeur de x est a ; le *minimum* de AM sera donc $AB=a$. Ainsi, *le demi-axe transverse est la ligne la plus courte que l'on puisse mener entre l'hyperbole et son centre.*

363. L'équation [h] donne

$$y^2=\frac{b^2}{a^2}(x^2-a^2)=\frac{b^2}{a^2}(x-a)(x+a):$$

or, $y=MP$, $x-a=BP$, $x+a=CP$; donc

$$\overline{MP}^2=\frac{b^2}{a^2}\times BP\times CP.$$

Pour toute autre ordonnée M'P' on aurait une semblable relation; par conséquent

$$\frac{\overline{MP}^2}{\overline{M'P'}^2}=\frac{BP\times CP}{BP'\times CP'}.$$

Donc *les carrés des ordonnées, perpendiculaires au premier axe de l'hyperbole, sont comme les produits des distances comprises entre les extrémités de cet axe et les pieds des ordonnées.*

364. Pour chaque point appartenant à l'hyperbole on doit avoir $a^2y^2-b^2x^2+a^2b^2=0$. Si on considère un point N situé entre les deux branches, et que, perpendiculairement à Ay, on mène QN dont le prolongement rencontre l'hyperbole en M, il est évident que l'abscisse du point N sera moindre que celle du point M, et que l'ordonnée sera la même ; donc la quantité $a^2y^2-b^2x^2+a^2b^2$, qui est nulle pour le point M, doit être positive pour le point N. Un raisonnement semblable montre

qu'elle doit être négative pour un point N' situé dans l'une ou dans l'autre branche. Ainsi, on a toujours

$$a^2y^2 - b^2x^2 + a^2b^2 = 0 \quad \text{sur l'hyperbole,}$$
$$a^2y^2 - b^2x^2 + a^2b^2 > 0 \quad \text{hors de l'hyperbole,}$$
$$a^2y^2 - b^2x^2 + a^2b^2 < 0 \quad \text{dans l'hyperbole.}$$

365. Si on rapproche l'une de l'autre les équations

$$a^2y^2 + b^2x^2 = a^2b^2, \quad a^2y^2 - b^2x^2 = -a^2b^2,$$

dont l'une représente une ellipse, et l'autre une hyperbole, on voit que, *pour passer de la première à la seconde, il suffit de changer* b^2 *en* $-b^2$ *ou* b *en* $b\sqrt{-1}$. Cette remarque peut être souvent utile pour faire pressentir les propriétés de l'hyperbole qui ont quelque analogie avec celles de l'ellipse.

Des foyers et des directrices.

366. Ce qui a été dit sur les foyers de l'ellipse s'applique à l'hyperbole, avec fort peu de modifications. Et d'abord, l'équation de l'hyperbole étant

$$[h] \qquad a^2y^2 - b^2x^2 = -a^2b^2,$$

les foyers seront les points dont la distance à un point quelconque de la courbe est exprimée rationnellement en fonction de l'abscisse de ce point.

Soient donc x', y', les coordonnées d'un foyer ; x, y, celles d'un point à l'hyperbole ; et δ la distance de ces deux points : on aura

$$\begin{aligned}\delta^2 &= (x-x')^2 + (y-y')^2 \\ &= x^2 - 2x'x + x'^2 + y^2 - 2y'y + y'^2.\end{aligned}$$

Or $y = \frac{b}{a}\sqrt{x^2 - a^2}$; donc δ^2, et à plus forte raison δ, ne sera point exprimé rationnellement en x, à moins que le terme $2y'y$ ne disparaisse, ce qui exige qu'on fasse $y' = 0$. Alors, en remplaçant y^2 par sa valeur, δ^2 devient

$$\delta^2 = \frac{a^2 + b^2}{a^2}x^2 - 2x'x + x'^2 - b^2 ;$$

et il faut que cette expression soit un carré exact. Cette condition donne

$$x'^2 = \left(\frac{a^2+b^2}{a^2}\right)(x'^2 - y^2),$$

et de là on tire, tout calcul fait,

$$x' = \pm\sqrt{a^2+b^2}.$$

Nous avons déjà trouvé $y' = 0$: ainsi l'hyperbole a aussi deux foyers, placés sur son premier axe, de chaque côté du centre, à la distance $\sqrt{a^2+b^2}$.

Pour les construire, on élève (fig. 151) à l'extrémité du premier axe une perpendiculaire BH, égale à la moitié du second axe, on joint AH, et du point A comme centre, avec AH pour rayon, on décrit une circonférence qui coupe le premier axe en deux points F et F' : ces points sont les foyers de l'hyperbole.

La distance FF' se nomme l'*excentricité* de l'hyperbole.

367. Pour avoir les *rayons vecteurs* FM et F'M, faisons $AF = \sqrt{a^2+b^2} = c$, et substituons au lieu de x', dans la valeur de δ^2, d'abord $+c$ et ensuite $-c$. Nous trouverons, en remarquant que $c^2 - b^2 = a^2$,

$$\overline{FM}^2 = \frac{c^2x^2}{a^2} - 2cx + a^2, \qquad \overline{F'M}^2 = \frac{c^2x^2}{a^2} + 2cx + a^2;$$

et par suite, on aura

$$FM = \pm\left(\frac{cx}{a} - a\right), \qquad F'M = \pm\left(\frac{cx}{a} + a\right).$$

Les rayons vecteurs doivent être essentiellement positifs. Or, tant que le point M reste situé sur la branche placée du côté des x positifs, le terme $\frac{cx}{a}$ est positif et $> a$; donc alors il faut prendre les signes supérieurs. Mais ce terme sera négatif, et toujours $> a$, si le point M est sur l'autre branche; donc alors il faut prendre les signes inférieurs pour que FM et F'M soient positifs.

368. Ces distances étant retranchées l'une de l'autre, on trouve $F'M - FM = 2a$ pour la première branche, et $FM - F'M = 2a$ pour la seconde; donc, *dans l'hyperbole, la différence des rayons vecteurs est constante et égale au premier axe.*

Pour un point N (fig. 152) situé hors de l'hyperbole, on a

$F'N - FN < 2a$. En effet, soit M l'intersection de FN et de la courbe, on a $F'N < F'M + NM$; retranchant d'une part FN, et de l'autre, son égal $NM + MF$, il vient $F'N - FN < F'M - MF$: or $F'M - MF = 2a$; donc $F'N - FN < 2a$. On a supposé que le point N était à droite du second axe; s'il était à gauche, ce serait $FN - F'N$ qui serait moindre que $2a$.

Pour un point N' intérieur à l'une des branches, on doit avoir $F'N' - FN' > 2a$. En effet, on a évidemment $FN' < FM + MN'$, et $F'N' = F'M + MN'$; donc par la soustraction il viendra $F'N' - FN' > F'M - FM$, ou $F'N' - FN' > 2a$.

Ainsi, selon qu'un point est sur l'hyperbole ou au-dehors, ou au-dedans, la différence des rayons vecteurs est égale au premier axe, ou moindre que cet axe, ou plus grande.

369. Il est facile maintenant de décrire une hyperbole dont on connaît l'axe transverse BC (fig. 152) et les foyers F et F'. Du foyer F, avec un rayon quelconque BK, on décrit une circonférence de cercle; et de l'autre foyer F', avec $CB + BK$ pour rayon, on décrit une autre circonférence. Les points où ces circonférences se coupent appartiennent à l'hyperbole: car, d'après la construction, on a toujours $F'M - FM = BC$.

On peut aussi décrire l'hyperbole d'un mouvement continu. Pour cela, on fixe au foyer F' une règle F'M qui peut tourner autour de ce point: on attache au point M, et à l'autre foyer F, les extrémités d'un fil MF, d'une longueur telle que $F'M - FM$ soit égal à l'axe transverse CB; puis on fait glisser une pointe le long de la règle, de manière qu'une portion du fil soit toujours forcée de s'y appliquer. La pointe, par ce mouvement, décrit une portion de l'hyperbole demandée.

370. Suivant la marche tracée dans le chapitre précédent, proposons-nous de *trouver une courbe telle que la différence des distances de chacun de ses points à deux points fixes soit constante et égale à une longueur donnée* $2a$.

F et F' (fig. 153) étant les deux points fixes, je mène la droite $x'x$ par ces points, et j'élève la perpendiculaire $y'y$ au milieu de FF'. Je prends ces lignes pour axes, je désigne par x et y les coordonnées AP et MP d'un point quelconque de la courbe, et par $2c$ la distance FF'. Cela posé, puisque la différence $F'M - FM$

est égale à $2a$, on peut représenter F′M par $z+a$ et FM par $z-a$: alors les triangles rectangles F′MP et FMP donnent

$$(z+a)^2=y^2+(x+c)^2,$$
$$(z-a)^2=y^2+(x-c)^2.$$

En retranchant ces deux équations l'une de l'autre, on trouve

$$4az=4cx,\quad \text{d'où}\quad z=\frac{cx}{a};$$

et en mettant cette valeur dans l'une des équations, il vient

$$a^2y^2-(c^2-a^2)x^2=-a^2(c^2-a^2).$$

On voit, comme on devait s'y attendre, que la courbe est une hyperbole, dont $2a$ est le premier axe, et $2\sqrt{c^2-a^2}$ le second.

371. Sans entrer dans d'autres détails sur les foyers, je ferai remarquer, comme pour l'ellipse, que les foyers de l'hyperbole seraient encore définis fort simplement par la propriété que les rectangles F′C × F′B et FB × FC soient égaux au carré b^2.

372. L'hyperbole a aussi ses deux directrices. Du côté AF (fig. 153) prenez AH $=d$, et élevez la perpendiculaire HL. Si d'un point quelconque de la courbe on abaisse MR perpendiculaire à HL, et si on tire MF, on aura

$$\frac{\text{MF}}{\text{MR}}=\frac{\frac{cx}{a}-a}{x-d}=\frac{cx-a^2}{cx-cd}\times\frac{c}{a};$$

donc ce rapport sera constant, et égal à celui de c à a, si on choisit le point H d'après la condition $cd=a^2$. On arrive à la même conclusion sur quelque branche que le point M soit situé. Ainsi, comme dans l'ellipse, *le demi-axe* AB *doit être moyen proportionnel entre* AF *et* AH.

Après avoir déterminé AH, on peut, du côté AF′, prendre AH′ = AH, élever la perpendiculaire H′L′, et reconnaître facilement que pour chaque point de l'hyperbole les distances MF′ et MR′ sont encore entre elles :: $c : a$.

Donc, en nommant *directrices* les deux droites HL et H′L′, on pourra dire, comme pour l'ellipse, *que les distances de chaque point de l'hyperbole à l'un des foyers et à la directrice voisine de ce foyer, sont entre elles comme l'intervalle des foyers est à l'axe transverse.*

On peut passer de cette propriété à la recherche du lieu géométrique défini par l'énoncé du n° 316; et en faisant $m>n$ dans les résultats, on a vu qu'on doit avoir une hyperbole. Si on suppose que F soit le point donné et HL la droite donnée, si on divise, comme dans le numéro cité, la distance FH demanière qu'on ait $FB : BH :: m : n$, si on prend $m=FB$, $n=BH$, et enfin si on choisit pour axes de coordonnées la ligne BF et la perpendiculaire BY élevée au point B, on aura encore l'équation

$$n^2y^2+(n^2-m^2)x^2-2mn\,(n+m)\,x=0.$$

Mais ici le multiplicateur de x^2 est négatif puisqu'on donne $m>n$; et on trouvera que la ligne des abscisses est coupée par la courbe du côté Bx' à la distance

$$BC=\frac{2mn}{m-n}.$$

L'origine étant transportée au milieu A de BC, l'équation de l'hyperbole devient

$$n^2y^2-(m^2-n^2)\,x^2=-\frac{m^2n^2(m+n)}{m-n};$$

les valeurs des demi-axes sont

$$a=\frac{m-n}{mn},\quad b=m\sqrt{\frac{m+n}{m-n}};$$

et, comme on trouve facilement

$$\sqrt{a^2+b^2}=\frac{m^2}{m-n},\quad AF=\frac{m^2}{m-n},\quad AF\times AH=a^2,$$

on conclut que le point F est un des foyers de l'hyperbole, et que HL est une de ses directrices.

373. Le lecteur ne trouvera aucune difficulté à transporter à l'hyperbole les remarques qui ont été faites sur les foyers de l'ellipse, n°s 317 et 318.

De la tangente et de la normale.

374. L'équation de l'hyperbole étant

$$[h]\qquad a^2y^2-b^2x^2=-a^2b^2,$$

pour arriver à l'équation de la tangente, les calculs seront les mêmes que dans l'ellipse, avec cette seule différence que b^2 sera partout remplacé par $-b^2$. Les résultats seront donc aussi les mêmes, à cette modification près. Ainsi, en représentant par x', y', les coordonnées du point de tangence, et par α la tangente trigonométrique de l'angle formé, avec l'axe des x, par la tangente à la courbe, on aura (319)

$$\alpha = \frac{b^2x'}{a^2y'};$$

et l'équation de la tangente sera

$$[t] \qquad a^2y'y - b^2x'x = -a^2b^2.$$

375. Pour montrer *à posteriori* que tous les points de la tangente, excepté le point de tangence, sont hors de l'hyperbole, il faut, d'après le n° 364, prouver que, pour tous ces points, la quantité $a^2y^2 - b^2x^2 + a^2b^2$ est positive. Or, tirons de l'équation de la tangente la valeur de y,

$$y = \frac{b^2(x'x - a^2)}{a^2y'};$$

substituons-la à la place de y dans la quantité $a^2y^2 - b^2x^2 + a^2b^2$, réduisons au même dénominateur, mettons au lieu de $a^2y'^2$ sa valeur $b^2x'^2 - a^2b^2$ tirée de l'équation de l'hyperbole, puis effectuons divers calculs faciles à apercevoir ; il vient

$$a^2y^2 - b^2x^2 + a^2b^2 = \frac{b^4(x'x - a^2)^2}{a^2y'^2} - b^2x^2 + a^2b^2$$
$$= \frac{b^4(x'x - a^2)^2 + (a^2b^2 - b^2x^2)(b^2x'^2 - a^2b^2)}{a^2y'^2}$$
$$= \frac{b^4(x - x')^2}{y'^2}.$$

Le second membre est essentiellement positif : ainsi, sur la tangente, on a toujours $a^2y^2 - b^2x^2 + a^2b^2 > 0$, ce qui prouve que tous ses points sont extérieurs à la courbe. Il n'y a d'exception que pour la valeur $x = x'$, laquelle donne $a^2y^2 - b^2x^2 + a^2b^2 = 0$; et cette valeur nous ramène au point de tangence.

376. Si, dans la formule

$$\alpha = \frac{b^2x'}{a^2y'},$$

on change les signes de x' et de y', la valeur de α reste la même, et on en conclut que si une droite, menée par le centre de l'hyperbole, rencontre cette courbe en deux points, les tangentes à ces points seront parallèles. C'est ce qui résulte aussi de la symétrie de la courbe relativement à ses axes.

377. Si, dans la même formule, on fait $x'=a$ et $y'=0$, on a $\alpha=\infty$; donc la tangente au sommet B (fig. 154) est perpendiculaire à l'axe. La même chose arrive au sommet C.

Supposons que le point de contact prenne toutes les positions possibles dans l'angle $y\mathrm{A}x$, l'abscisse x' croîtra et y' aussi ; mais on ne voit pas au premier coup d'œil la marche des valeurs de α. Pour la rendre sensible, remplaçons x' par sa valeur $\frac{a}{b}\sqrt{y'^2+b^2}$, tirée de l'équation de la courbe, et il viendra

$$\alpha=\frac{b\sqrt{y'^2+b^2}}{ay'}=\frac{b}{a}\sqrt{1+\frac{b^2}{y'^2}}.$$

On voit bien maintenant qu'en faisant croître y' depuis zéro jusqu'à l'infini positif, α diminue depuis l'infini jusqu'à $\frac{b}{a}$; donc la tangente MT va toujours en s'inclinant davantage jusqu'à cette limite.

Pour savoir ce qu'est alors la tangente MT, cherchons ce que devient la distance AT. En faisant $y=0$ dans l'équation [t], on trouve

$$\mathrm{AT}=\frac{a^2}{x'}.$$

Or, cette valeur diminue et tend sans cesse vers zéro, à mesure que x' augmente ; et d'ailleurs elle est toujours de même signe que x' : donc, à mesure que le point de tangence s'éloigne sur l'hyperbole, le point T se rapproche du centre, sans jamais passer de l'autre côté ; et même il ne se confond avec lui que lorsqu'on suppose le point de contact à l'infini.

Ainsi, à cette limite, la tangente à l'hyperbole passe au centre, et l'angle qu'elle fait avec l'axe a pour tangente $\frac{b}{a}$. Pour construire cette tangente, il suffira de former le rectangle HKH'K' sur les axes $2a$ et $2b$, et de tirer la diagonale indéfinie HH' : car on aura tang HAB $= \frac{b}{a}$. Comme l'hyperbole est symétrique par rapport à chacun des axes, cette diagonale est aussi la limite des tangentes qu'on peut mener à la courbe dans l'angle opposé $y'Ax'$. Semblablement, l'autre diagonale KK' sert de limite aux tangentes des deux autres parties de l'hyperbole. Et quant aux équations de ces deux droites, elles sont

$$y = \pm \frac{b}{a} x.$$

Dans l'hyperbole équilatère on a $b = a$: alors ces droites divisent en parties égales les angles des axes, et sont perpendiculaires entre elles.

378. En retranchant AT de AP ou x', on obtient la sous-tangente,

$$\text{PT} = \frac{x'^2 - a^2}{x'}.$$

On doit remarquer ici que les valeurs de AT et de PT sont indépendantes du second axe $2b$, et que par conséquent elles doivent être les mêmes pour toutes les hyperboles décrites sur le même axe transverse.

379. Par le centre et par le point de contact, menez la droite AM (fig. 155) : son équation sera de la forme $y = \alpha' x$, et la condition de passer au point de contact donne $y' = \alpha' x'$, d'où

$$\alpha' = \frac{y'}{x'}.$$

On a trouvé plus haut (374)

$$\alpha = \frac{b^2 x'}{a^2 y'}.$$

En multipliant ces valeurs entre elles, il vient

$$\alpha\alpha' = \frac{b^2}{a^2};$$

donc, pour l'hyperbole, de même que pour l'ellipse, le produit des tangentes α et α' reste constant.

380. Si on cherche tang AMT, on trouve

$$\text{tang AMT} = \frac{a^2 b^2}{(a^2 + b^2) x' y'}.$$

Aux extrémités du premier axe ; y' est nul et alors tang AMT est infinie ; donc, en ces points, la tangente est perpendiculaire à la droite qui joint le centre au point de contact. Cela n'arrive qu'en ces points : car, pour tous les autres, ni y' ni x' n'est zéro, et par conséquent tang AMT n'est pas infinie.

Quand le point M s'éloigne sur la courbe, dans l'angle yAx, x' et y' augmentent positivement, et peuvent même surpasser toute limite ; donc tang AMT diminue positivement jusqu'à zéro ; donc l'angle AMT reste toujours aigu, et diminue jusqu'à zéro : c'est-à-dire qu'à l'infini la tangente MT se confond avec la droite AM, menée du centre au point de contact.

381. Après avoir trouvé (374), pour la tangente à l'hyperbole, au point dont les coordonnées sont x' et y', l'équation

$$[t] \qquad a^2y'y - b^2x'x = -a^2b^2,$$

il est facile de trouver celle de la tangente qui passe par un point extérieur. Si on représente les coordonnées de ce point par x'' et y'', elles devront satisfaire à l'équation $[t]$, ce qui donne

$$a^2y''y' - b^2x''x' = -a^2b^2 ;$$

et puisque le point de tangence est sur l'hyperbole, on a encore

$$a^2y'^2 - b^2x'^2 = -a^2b^2 ;$$

ces deux équations déterminent les inconnues x' et y'.

Les valeurs de ces coordonnées contiennent un radical sous lequel se trouve la quantité $a^2y''^2 - b^2x''^2 + a^2b^2$; et de là on conclut, comme pour l'ellipse, que par un point extérieur on peut mener deux tangentes à l'hyperbole ; que ces tangentes se réduisent à une seule, quand le point donné est sur la courbe ; et enfin qu'il n'est plus possible de mener de tangente, quand ce point est intérieur.

382. La normale au point M (fig. 155), dont les coordonnées sont x' et y', n'est autre chose que la perpendiculaire élevée, par ce point, sur la tangente ; et par suite il est facile de voir que son équation est

$$[n] \qquad y - y' = -\frac{a^2y'}{b^2x'}(x - x').$$

Pour avoir la distance AS, à laquelle cette normale coupe l'axe des x, on fait $y=0$, et on trouve

$$AS=\frac{a+b^2}{a^2}x'.$$

Cette expression diminue en même temps que x'; donc, quand le point M se rapproche du sommet B, le point S se rapproche du centre A : et il ne passe jamais de l'autre côté, car AS est de même signe que x'. Il y a plus : lorsqu'on donne à x' sa valeur *minimum* $x'=a$, AS atteint aussi son *minimum*; et de là on conclut que le pied de la normale ne dépasse jamais un certain point N pour lequel on a $AN=\frac{a^2+b^2}{a}$.

383. *Dans l'hyperbole, les rayons vecteurs menés au point de tangence font avec la tangente, et de différens côtés de cette ligne, des angles égaux.*

C'est-à-dire (fig. 156) que les angles FMT, F'MT, sont égaux. La démonstration étant la même que pour l'ellipse, je laisse au lecteur le soin de la développer.

384. D'après cette propriété, si on veut (fig. 157) tracer une tangente à l'hyperbole, par un point M pris sur cette courbe, on mène les rayons vecteurs FM, F'M; on prend sur l'un d'eux MK=FM, on tire KF, et on abaisse MO perpendiculaire à KF; la ligne MO est la tangente. En effet, d'après la construction, le triangle MKF est isoscèle, et la perpendiculaire MO divise l'angle F'MF en parties égales.

On peut d'ailleurs s'assurer qu'en effet cette ligne a tous ses points hors de l'hyperbole, à l'exception du point M : car, pour tout autre point, R, par exemple, on a $RF'-RK<F'K$; or $RK=RF$ et $F'K=2a$; donc $RF'-RF<2a$; donc le point R est hors de l'hyperbole (368).

385. *Remarque*. Le point O étant le milieu de FK et le centre A le milieu de F'F, la droite AO est parallèle à F'K et égale à $\frac{1}{2}$F'K : or $F'K=2a$; donc $AO=a$.

Donc, *si des foyers de l'hyperbole on abaisse des perpendiculaires sur les tangentes à cette courbe, la distance des pieds de ces perpendiculaires au centre est constante et égale au demi-axe trans-*

verse : de sorte que ces points ont pour lieu géométrique la circonférence décrite sur cet axe comme diamètre.

386. Supposons maintenant qu'on veuille mener une tangente à l'hyperbole par un point extérieur T (fig. 158). Soit TR la tangente cherchée et M le point de contact ; si on mène les rayons vecteurs FM et F'M, qu'on prenne $F'K = 2a$, et qu'on tire KF, la tangente TM doit être perpendiculaire sur le milieu de KF ; donc $TK = TF$; donc le point K sera déterminé par la rencontre du cercle décrit du foyer F' avec un rayon égal à $2a$, et du cercle décrit du point T avec un rayon égal à TF. Le point K étant connu, on tire F'K et KF, puis on abaisse TR perpendiculaire sur KF : cette ligne TR est tangente à l'hyperbole, et le point M, où elle rencontre le prolongement de F'K, est le point de tangence.

En effet, d'après la construction, on a $MK = MF$; donc $F'M - MF = F'K = 2a$; donc le point M est sur l'hyperbole. De plus, l'angle $KMT = FMT$; donc TR est une tangente.

387. Quand le point T est hors de l'hyperbole, les cercles décrits des centres T et F' se coupent en deux points : car on peut démontrer que les conditions relatives à l'intersection des cercles sont alors remplies.

En effet, si on joint F'T, on aura (368) $F'T - TF < 2a$, d'où $F'T < TF + 2a$; donc 1° la distance des centres est moindre que la somme des rayons des cercles. Ensuite, le triangle F'TF donne $F'F < F'T + TF$, et *à fortiori* $2a < F'T + TF$: d'ailleurs, le point T étant supposé tacitement plus près du foyer F que du foyer F', on doit avoir $FT < F'T$, et *à fortiori* $FT < F'T + 2a$; donc 2° chaque rayon est moindre que la distance des centres augmentée de l'autre rayon.

Donc les cercles se coupent en deux points, et il y a deux tangentes à l'hyperbole. La démonstration est facile à modifier pour le cas où le point T serait plus près de F' que de F.

Si le point donné T est sur l'hyperbole (fig. 159), la distance des centres F'T est égale à la somme des rayons, les cercles se touchent extérieurement, et il n'y a plus qu'une seule tangente.

Si le point T est intérieur à l'hyperbole (fig. 160), la différence $F'T - FT$ est plus grande que l'axe transverse $2a$ (368), et par conséquent la distance des centres F'T est plus grande que la somme des deux rayons; donc les cercles n'ont plus de point commun; donc, par le point T, on ne peut plus mener de tangente à l'hyperbole.

Des Diamètres.

388. Soit l'équation

[1] $$y=\delta x+\beta,$$

celle d'une droite quelconque qui coupe l'hyperbole en F et G (fig. 161). En la combinant avec celle de l'hyperbole,

[h] $$a^2y^2-b^2x^2=-a^2b^2,$$

on trouvera les coordonnées des points F et G. Par l'élimination de y, il vient

[2] $$(a^2\delta^2-b^2)x^2+2\delta\beta a^2x+(\beta^2+b^2)a^2=0,$$

ou

$$x^2+\frac{2\delta\beta a^2}{a^2\delta^2-b^2}x+\frac{(\beta^2+b^2)a^2}{a^2\delta^2-b^2}=0;$$

équation dont les racines sont précisément les abscisses AH et AK des points F et G. La demi-somme de ces abscisses est donc égale à la moitié du coefficient du second terme, pris avec un signe contraire: mais cette demi-somme est l'abscisse du milieu I de la corde FG; donc, en nommant x cette abscisse, on aura

$$x=\frac{-\delta\beta a^2}{a^2\delta^2-b^2}.$$

En mettant cette valenr dans [1], on a pour l'ordonnée IP,

$$y=\frac{-\beta b^2}{a^2\delta^2-b^2}.$$

Supposons que δ conservant la même valeur, β prenne successivement tous les états de grandeur : la droite FG se transportera parallèlement à elle-même, et les formules précédentes donnent toujours les coordonnées des milieux de ces cordes; donc si, pour éliminer β, on divise y par x, l'équation résultante

$$\frac{y}{x}=\frac{b^2}{a^2\delta}, \quad \text{ou} \quad y=\frac{b^2}{a^2\delta}x,$$

sera celle d'un diamètre. On voit ici, comme pour l'ellipse, que *tous les diamètres de l'hyperbole passent par le centre.* Et comme on peut faire prendre au coefficient de x toutes les valeurs possibles en faisant varier δ depuis $+\infty$, jusqu'à $-\infty$, on conclut encore que *les droites menées par le centre peuvent être considérées comme des diamètres.*

Cette conclusion souffre cependant deux exceptions. Elles ont lieu lorsqu'on suppose $\delta = \pm\frac{b}{a}$. Alors l'équation ci-dessus devient

$$y = \pm\frac{b}{a}x,$$

et on retrouve les deux droites déjà remarquées comme étant les limites des tangentes (377). Or elles ne peuvent pas être des diamètres ; car les valeurs de δ dont il s'agit, réduisant l'équation [2] au premier degré, les lignes parallèles données par l'équation [1] ne rencontrent plus l'hyperbole qu'en un seul point, et par conséquent il n'existe pas de diamètre correspondant.

389. Pour l'équation du diamètre, on peut prendre

$$y = \delta' x.$$

Mais alors il faut établir entre les tangentes δ et δ' la relation $\delta' = \frac{b^2}{a^2\delta}$, ou, ce qui est la même chose,

$$\delta\delta' = \frac{b^2}{a^2}.$$

390. Cette relation aurait pu se déduire de son analogue dans l'ellipse (336) en changeant b^2 en $-b^2$, et elle donne aussi des conséquences semblables.

1° Si on nomme α la tangente trigonométrique de l'angle que la tangente, menée à l'extrémité du diamètre, fait avec l'axe des x, on a, entre α et δ', cette relation (379)

$$\alpha\delta' = \frac{b^2}{a^2};$$

donc $\alpha\delta' = \delta\delta'$, d'où $\alpha = \delta$; donc *les cordes, qu'un diamètre divise en parties égales, sont parallèles à la tangente menée à l'extrémité de ce diamètre.*

2° Le produit $\delta\delta'$ étant constant et égal à $\frac{b^2}{a^2}$, ne peut pas devenir égal à -1; donc les axes actuels des coordonnées sont *les seuls axes de l'hyperbole*, puisqu'aucun autre diamètre n'est perpendiculaire sur les cordes qu'il divise en parties égales.

3° L'équation $\delta\delta' = \frac{b^2}{a^2}$ montre que, si le diamètre qui a pour équation $y = \delta' x$ divise en parties égales les cordes parallèles à celui dont l'équation est $y = \delta x$, réciproquement le second coupe en parties égales les cordes parallèles au premier. Ainsi, *pour que deux diamètres soient conjugués, la condition est*

$$\delta\delta' = \frac{b^2}{a^2}.$$

391. De deux diamètres conjugués, il n'y en a qu'un seul qui rencontre l'hyperbole. En effet, supposons que $y = \delta x$ soit l'équation d'un diamètre, et qu'on cherche ses intersections avec la courbe, on trouve pour les abscisses de ces points

$$x = \pm\sqrt{\frac{a^2 b^2}{b^2 - a^2\delta^2}} = \pm\sqrt{\frac{b^2}{\frac{b^2}{a^2} - \delta^2}}.$$

Ces valeurs de x sont réelles si on prend $\delta < \frac{b}{a}$, positivement ou négativement; mais elles deviendront imaginaires si on prend $\delta > \frac{b}{a}$. Dans le premier cas, le diamètre rencontre l'hyperbole; et dans le second il ne la rencontre point. Or on voit, par la relation $\delta\delta' = \frac{b^2}{a^2}$, que si δ est $< \frac{b}{a}$, on doit avoir $\delta' > \frac{b}{a}$; donc tous les diamètres qui coupent l'hyperbole ont leurs conjugués parmi ceux qui ne la rencontrent pas.

Que si on construit (fig. 162) sur les axes de la courbe le rectangle HKH'K', tous les diamètres qui traversent les angles HAK et H'AK' font avec l'axe BC un angle dont la tangente, abstraction faite du signe, est $< \frac{b}{a}$, tandis que les diamètres qui traversent les angles HAK' et H'AK font avec BC un angle dont la tangente est $>\frac{b}{a}$; donc les premiers sont ceux qui rencontrent la courbe, et les seconds sont ceux qui ne la rencontrent pas.

392. Dans le cas particulier où $\delta=\frac{b}{a}$, on a aussi $\delta'=\frac{b}{a}$: alors les deux diamètres conjugués se confondent avec la diagonale HH'. Pareillement, quand $\delta=-\frac{b}{a}$, on a aussi $\delta'=-\frac{b}{a}$, et alors les deux diamètres se confondent avec l'autre diagonale KK'. Dans les deux cas, les diamètres ne rencontrent l'hyperbole qu'à l'infini.

Des cordes supplémentaires.

393. Lorsqu'un diamètre rencontre l'hyperbole, on nomme *cordes supplémentaires celles qui sont menées des extrémités de ce diamètre à un point quelconque de la courbe.*

En reprenant ici tous les raisonnemens et tous les calculs qu'on a faits pour l'ellipse, on trouve que si deux cordes GM et G'M (fig. 163) sont supplémentaires, et qu'on désigne par γ et γ' les tangentes des angles MHx et MLx, on doit avoir

$$\gamma\gamma'=\frac{b^2}{a^2}:$$

et réciproquement, toutes les fois qu'on a cette relation pour deux cordes qui passent aux extrémités d'un diamètre, ou pour deux cordes qui passent par un même point de l'hyperbole, on est assuré que ces cordes sont supplémentaires.

Dans le cas de l'hyperbole équilatère, $b=a$ et on a simplement $\gamma\gamma'=1$: ce qui prouve que les angles formés par les cordes supplémentaires avec l'axe transverse sont complémens l'un de l'autre.

394. L'équation précédente donne des conséquences semblables à celles qu'on a déduites de son analogue dans l'ellipse. Il suffira de les énoncer.

1° *Si deux cordes sont supplémentaires par rapport à un certain diamètre, les parallèles à ces cordes, menées par les extrémités de tout autre diamètre, seront aussi supplémentaires relativement à ce diamètre ; et ces nouvelles cordes font entre elles les mêmes angles que les premières.*

2° *Soit* BC (fig. 164) *un diamètre quelconque qui rencontre l'hyperbole, et soit* MT *une tangente : si on mène le demi-diamètre* AM, *la corde* CN *parallèle à* AM *et la corde supplémentaire* BN, *la tangente* MT *sera parallèle à la corde* BN.

Cette propriété donne le moyen de mener à l'hyperbole une tangente qui passe par un point de cette courbe, ou qui soit parallèle à une droite donnée HK. Et toutefois, dans le dernier cas, le problème n'est possible qu'autant que la droite donnée HK est telle qu'une parallèle, qu'on lui mènerait par le centre, serait au-dessus des limites des tangentes (377).

3° *Deux diamètres parallèles à des cordes supplémentaires sont toujours conjugués;* et réciproquement, *deux diamètres conjugués sont toujours parallèles à des cordes supplémentaires.*

De là résulte une construction fort simple pour trouver deux diamètres conjugués qui forment entre eux des angles donnés. Cette construction est représentée dans la figure 165.

Mais il n'arrive pas ici, comme pour l'ellipse, que les angles donnés doivent être compris entre certaines limites : car l'angle aigu des cordes supplémentaires peut passer par tous les états de grandeur, depuis l'angle droit jusqu'à zéro. C'est ce qu'on voit clairement en cherchant la tangente de l'angle CMB (fig. 166). Or, en supposant que BC soit l'axe égal à $2a$, on trouve

$$\text{tang CMB} = \frac{2ab^2}{(a^2+b^2)y};$$

et il est visible que y croissant depuis zéro jusqu'à l'infini, la tangente de CMB décroît depuis l'infini jusqu'à zéro.

Comme il y a sur l'hyperbole deux points M et N, au-dessus de l'axe BC, pour lesquels y a la même valeur, il y a aussi deux systèmes de diamètres conjugués qui font entre eux des angles donnés; mais il n'y en a point davantage.

4° Les axes de l'hyperbole étant des diamètres conjugués rectangulaires, on les trouve comme ceux de l'ellipse, par une construction qui peut aussi se déduire de la symétrie de l'hyperbole relativement à ses axes. *Voyez* la fig. 167.

5° Enfin, le centre de l'hyperbole se découvre aussi par la même construction que celui de l'ellipse (fig. 168).

L'hyperbole rapportée à ses diamètres conjugués, etc.

395. L'équation de l'hyperbole rapportée à ses axes étant

[h] $$a^2y^2 - b^2x^2 = -a^2b^2,$$

on en déduira l'équation aux diamètres conjugués, en cherchant les systèmes de coordonnées pour lesquels l'équation de cette courbe ne contient les variables qu'au carré.

En conséquence, on substitue dans [h] les valeurs

$$x = x'\cos\alpha + y'\cos\alpha', \quad y = x'\sin\alpha + y'\sin\alpha',$$

on fait, pour abréger,

$$A = a^2\sin^2\alpha' - b^2\cos^2\alpha',$$
$$B = a^2\sin^2\alpha - b^2\cos^2\alpha,$$
$$C = a^2\sin\alpha\sin\alpha' - b^2\cos\alpha\cos\alpha',$$

et on a l'équation transformée

[1] $$Ay'^2 + Bx'^2 + 2Cx'y' = -a^2b^2:$$

or, pour qu'elle ait la forme demandée, il faut poser $C=0$, c'est-à-dire,

[2] $$a^2\sin\alpha\sin\alpha' - b^2\cos\alpha\cos\alpha' = 0;$$

et par-là on réduit l'équation [1] à celle-ci

[3] $$Ay'^2 + Bx'^2 = -a^2b^2.$$

396. A $y'=0$ répond $x'^2 = \dfrac{-a^2b^2}{B} = \dfrac{-a^2b^2}{a^2\sin^2\alpha - b^2\cos^2\alpha}$;

et à $x'=0$ répond $y'^2 = \dfrac{-a^2b^2}{A} = \dfrac{-a^2b^2}{a^2\sin^2\alpha' - b^2\cos^2\alpha'}$.

Ces valeurs sont de signes différens, car la relation [2] donne

$$a^2\sin^2\alpha \times a^2\sin^2\alpha' = b^2\cos^2\alpha \times b^2\cos^2\alpha';$$

et on voit que si $a^2\sin^2\alpha$ est moindre que $b^2\cos^2\alpha$, il faut, par compensation, que $a^2\sin^2\alpha'$ soit plus grand que $b^2\cos^2\alpha'$, et réciproquement. Donc l'un des nouveaux axes est rencontré par la courbe, et l'autre ne l'est point, ce qu'on savait déjà (391).

Prenons pour axe des x' celui qui est rencontré, et désignons par $2a'$ la partie de cet axe comprise dans l'hyperbole, on aura

[4] $$a'^2 = \frac{-a^2b^2}{B} = \frac{-a^2b^2}{a^2\sin^2\alpha - b^2\cos^2\alpha}.$$

Puisque la ligne des y' n'est point rencontrée par la courbe, désignons par $-b'^2$ la valeur négative de y'^2, et on aura

[5] $$b'^2 = \frac{a^2b^2}{A} = \frac{a^2b^2}{a^2\sin^2\alpha' - b^2\cos^2\alpha'}.$$

Actuellement, si on remplace A et B par leurs valeurs $\frac{a^2b^2}{b'^2}$ et $\frac{-a^2b^2}{a'^2}$, l'équation [3] devient

[h_1] $$a'^2y'^2 - b'^2x'^2 = -a'^2b'^2.$$

Le diamètre sur lequel se comptent les x', celui qui rencontre la courbe, se nomme *premier diamètre* ou *diamètre transverse*, et sa longueur est $2a'$. L'autre, sur lequel se comptent les y', se nomme *second diamètre*; et, quoiqu'il ne rencontre pas l'hyperbole, on convient de lui donner $2b'$ pour longueur.

397. L'équation [2] étant divisée par $a^2\cos\alpha\cos\alpha'$ donne

[6] $$\tang\alpha \tang\alpha' = \frac{b^2}{a^2};$$

et l'on voit qu'en donnant à l'axe des x' une position particulière, ce qui revient à déterminer α, on aura une valeur réelle pour $\tang\alpha'$: ainsi *chaque diamètre a son conjugué*. Mais il faut remarquer qu'on ne doit point faire $\tang\alpha = \pm\frac{b}{a}$: car alors on n'aurait pas de vrais diamètres (388). D'ailleurs, ces hypothèses donneraient $\tang\alpha' = \pm\frac{b}{a}$; donc, dans les deux cas, l'axe des y' coïnciderait avec celui des x', ce qui montre assez clairement que ces lignes ne peuvent plus être des diamètres conjugués.

De plus, comme l'équation [6] est semblable à celle qui lie entre elles les directions des cordes supplémentaires (393), il s'ensuit que si l'une des cordes est parallèle au premier diamètre, l'autre sera parallèle au second diamètre. On retombe ainsi sur ces propriétés déjà connues (294) : *que deux diamètres conjugués sont parallèles à deux cordes supplémentaires*; et réciproquement, *que deux diamètres parallèles à des cordes supplémentaires sont des diamètres conjugués.*

Dans l'hyperbole équilatère $b=a$; donc $\tang \alpha \tang \alpha' = 1$; donc les angles α et α' sont complémens l'un de l'autre.

398. Pour connaître s'il y a d'autres diamètres conjugués rectangulaires que les deux axes, faisons $\alpha = 90^\circ + \alpha$, ce qui donne $\sin \alpha' = \cos \alpha$ et $\cos \alpha' = -\sin \alpha$. L'équation [2] devient

$$(a^2+b^2)\sin\alpha\cos\alpha = 0;$$

et celle-ci ne peut être vérifiée qu'en faisant $\sin\alpha = 0$ ou $\cos\alpha = 0$, suppositions qui ramènent aux axes primitifs.

399. Si on voulait que les diamètres conjugués de l'hyperbole fussent égaux, on égalerait entre elles les valeurs de a'^2 et de b'^2, et on aurait

$$a^2\sin^2\alpha - b^2\cos^2\alpha = -a^2\sin^2\alpha' + b^2\cos^2\alpha'.$$

En remplaçant $\cos^2\alpha$ par $1-\sin^2\alpha$, et $\cos^2\alpha'$ par $1-\sin^2\alpha'$, cette équation donne

$$[7] \qquad \sin^2\alpha + \sin^2\alpha' = \frac{2b^2}{a^2+b^2}.$$

Si on transpose le second terme de l'équation [2] dans l'autre membre, qu'on élève le tout au carré, et qu'alors on fasse les mêmes substitutions que ci-dessus, on trouve facilement

$$[8] \qquad \sin^2\alpha \sin^2\alpha' = \frac{b^4}{(a^2+b^2)^2}.$$

Du carré de l'équation [7] retranchons quatre fois celle-ci, il vient $(\sin^2\alpha - \sin^2\alpha')^2 = 0$; donc

$$\sin^2\alpha' = \sin^2\alpha,\ \cos^2\alpha' = \cos^2\alpha,\ \tang\alpha' = \pm\tang\alpha.$$

Mais l'équation [6] prouve que les deux tangentes doivent être de même signe; donc $\tang\alpha' = \tang\alpha$, et par suite l'équation [6] donne

$$\tang\alpha = \tang\alpha' = \pm\frac{b}{a}.$$

Ainsi, dans l'hyperbole, le calcul indique, pour diamètres conjugués égaux, deux droites réunies en une seule, et dirigées suivant l'une ou l'autre des diagonales du rectangle construit sur les axes.

400. Dans l'hyperbole il y a deux théorèmes tout-à-fait analogues à ceux du n° 350; et comme ils se démontrent de la même manière, je me bornerai à les énoncer.

THÉORÈME I. *Le parallélogramme construit sur deux diamètres conjugués est équivalent au rectangle des axes.*

THÉORÈME II. *La différence des carrés des diamètres conjugués est égale à la différence des carrés des axes.*

401. De ce qui précède il suit que, dans les problèmes relatifs à l'hyperbole, on pourra, si cela paraît plus commode, substituer, aux équations [2], [4] et [5], celles-ci qui en sont déduites:

$$\tang \alpha \tang \alpha' = \frac{b^2}{a^2},$$
$$a'b' \sin(\alpha' - \alpha) = ab,$$
$$a'^2 - b'^2 = a^2 - b^2.$$

La dernière montre que si $a = b$, on a aussi $a' = b'$; donc, dans l'hyperbole équilatère, les diamètres conjugués sont égaux. Cette propriété a lieu dans le cercle; mais les diamètres conjugués y sont rectangulaires, tandis que, dans l'hyperbole équilatère, ils font avec l'axe transverse des angles complémens l'un de l'autre.

Dans les hyperboles ordinaires, a étant différent de b, a' ne saurait être égal à b', et il n'y a pas, à proprement parler, de diamètres conjugués égaux.

402. En ôtant les accens des variables x' et y', l'équation $[h_1]$ sera

$[h_1]$ $$a'^2y^2 - b'^2x^2 = -a'^2b'^2.$$

Elle est toute semblable à l'équation $[h]$ relative aux axes; donc les propriétés indépendantes de l'inclinaison des ordonnées seront communes aux axes de l'hyperbole et à ses diamètres conjugués. Ainsi,

1° Les carrés des ordonnées, parallèles au second diamètre, sont entre eux comme les produits des segmens formés sur le premier (363).

2° Selon qu'un point donné est situé sur l'hyperbole, ou au-dehors, ou au-dedans, la quantité $a'^2y^2 - b'^2x^2 + a'^2b'^2$ sera nulle, positive ou négative (364).

3° En désignant par α le rapport de sinus, égal au coefficient de x dans l'équation générale de la ligne droite, on aura pour la valeur de α, relative à la tangente (374),

$$\alpha = \frac{b'^2x'}{a'^2y'};$$

et l'équation de la tangente sera encore

$$a'^2y'y - b'^2x'x = -a'^2b'^2.$$

Les limites des tangentes auront pour équation (377)

$$y = \pm\frac{b'}{a'}x,$$

d'où l'on conclut qu'elles se confondent avec les diagonales du parallélogramme construit avec les diamètres conjugués (fig. 169). La sous-tangente est encore (378)

$$\text{PT} = \frac{x'^2 - a'^2}{x'};$$

et on aura toujours entre les valeurs de α et de α', relatives à la tangente et au diamètre mené par le point de tangence, la relation

$$\alpha\alpha' = \frac{b'^2}{a'^2}.$$

4° Si $y = \delta x + \beta$ est l'équation d'une corde quelconque de l'hyperbole, et si $y = \delta' x$ est celle du diamètre qui passe par les milieux de cordes parallèles, on aura (389) la relation

$$\delta\delta' = \frac{b'^2}{a'^2};$$

et cette relation a encore lieu pour deux diamètres conjugués dont les équations seraient $y = \delta x$ et $y = \delta' x$ (390), aussi bien que pour deux cordes supplémentaires menées aux extrémités d'un diamètre quelconque (393).

403. L'hyperbole étant rapportée à deux diamètres conjugués, si on veut lui mener des tangentes par un point extérieur, et qu'on répète les mêmes raisonnemens que pour l'ellipse (353), on aura ce théorème :

Si, de chaque point d'une droite donnée, on mène deux tangentes à une hyperbole, et qu'on joigne les deux points de contact, on aura des sécantes qui viendront toutes se rencontrer en un même point, situé sur le diamètre conjugué de celui qui est parallèle à la droite donnée.

Et réciproquement, *si, par un point donné dans le plan d'une hyperbole, on tire différentes sécantes, et que, par les points où chaque sécante rencontre la courbe, on mène deux tangentes, le lieu des points d'intersection de ces tangentes, ainsi prises deux à deux, sera une droite parallèle au diamètre conjugué de celui qui passe par le point donné.*

404. L'équation $[h_1]$ montre encore que, pour décrire une hyperbole dont on connaît deux diamètres conjugués, il faut décrire une hyperbole sur ces diamètres, comme s'ils étaient les axes de la courbe, et incliner ensuite convenablement les ordonnées, sans changer leurs longueurs.

Des Asymptotes.

405. Supposons que l'équation

$$a^2y^2-b^2x^2=-a^2b^2$$

soit celle d'une hyperbole rapportée à deux diamètres conjugués quelconques : on en tire

$$y=\pm\frac{b}{a}\sqrt{x^2-a^2}.$$

Si on fait abstraction du terme $-a^2$, qui se trouve sous le radical, on aura deux droites représentées par les équations

$$y=+\frac{b}{a}x,\quad y=-\frac{b}{a}x;$$

et ces droites seront les asymptotes de l'hyperbole. Cela est évident d'après la règle donnée à la fin du n° 248 ; mais on peut le démontrer directement.

Pour plus de clarté, ne considérons sur la courbe et la droite que les parties situées dans l'angle $y\mathrm{A}x$ (fig. 170) la différence des ordonnées, correspondantes à une même abscisse x, sera

$$\mathrm{MN}=\frac{b}{a}(x-\sqrt{x^2-a^2}).$$

Comme la partie positive $+x$ et la partie négative $-\sqrt{x^2-a^2}$ croissent et deviennent infinies en même temps, on ne reconnaît pas immédiatement si cette différence va en diminuant. Mais une transformation connue, et déjà employée n° 248, donne

$$MN = \frac{b}{a} \times \frac{(x - \sqrt{x^2 - a^2})(x + \sqrt{x^2 - a^2})}{x + \sqrt{x^2 - a^2}} = \frac{ab}{x + \sqrt{x^2 - a^2}};$$

et alors on voit clairement qu'en faisant croître x jusqu'à l'infini, MN décroît jusqu'à zéro.

On peut raisonner de la même manière pour les portions d'hyperbole comprises dans les autres angles, et on conclut que les deux droites dont il s'agit sont en effet les asymptotes de l'hyperbole.

406. Si on construit sur les diamètres conjugués (fig. 170) un parallélogramme HKH'K', les équations des diagonales HH' et KK' sont

$$y = \pm \frac{b'}{a'} x;$$

donc *les asymptotes de l'hyperbole coïncident avec les diagonales du parallélogramme formé sur deux diamètres conjugués quelconques.*

En rapprochant cette conséquence du n° 402, on voit que les asymptotes peuvent être aussi considérées comme limites des tangentes.

407. Les côtés HK, H'K', menés par les extrémités du premier diamètre BC, sont tangens à l'hyperbole, et divisés en parties égales aux points B et C, de sorte qu'on a $BH = BK = b'$; donc, *en terminant la tangente aux points où elle rencontre les asymptotes, on peut dire qu'elle est divisée en deux parties égales par le point de contact, et qu'elle est égale et parallèle au diamètre conjugué de celui qui aboutit à ce point.*

Il suit de là qu'on peut facilement mener la tangente en un point B de l'hyperbole, quand on connaît les asymptotes. En effet, si on mène BQ parallèle à l'une d'elles, à AH par exemple, qu'on prenne $QK = AQ$, et qu'on mène la droite KBH, elle sera la tangente cherchée : car, à cause des parallèles BQ et AH, on a $BH = BK$.

On peut aussi, lorsqu'on donne un diamètre qui rencontre la courbe, trouver facilement son conjugué : car, ayant mené la tangente HK par l'une des extrémités de ce diamètre, il suffira de mener la droite DE parallèle à HK, et de prendre AD = AE = BH.

408. La propriété de la tangente n'est qu'un cas particulier de ce théorème général : *les portions d'une sécante quelconque, comprises entre l'hyperbole et ses asymptotes, sont égales entre elles.*

Il s'agit donc de démontrer que M'N' = MN (fig. 171). Par le milieu P de MM' et par le centre A, menons le diamètre Ax, et supposons qu'il rencontre l'hyperbole au point B : son conjugué Ay sera parallèle à MM'. Or, si par le point B on mène, entre les asymptotes, la droite HK parallèle à Ay, on doit avoir BH = BK ; donc Ax divise en parties égales toutes les droites parallèles à HK, comprises entre les asymptotes ; donc NP = N'P ; donc NP — MP = N'P — M'P ; donc MN = M'N'.

La démonstration ne serait pas plus difficile, si le diamètre Ax ne rencontrait pas l'hyperbole.

On a maintenant un nouveau moyen très-simple de décrire une hyperbole, quand on en connaît un point M, ainsi que la position des asymptotes. On mène de ce point une droite quelconque NMN', qu'on termine aux asymptotes ; et en portant NM de N' en M', le point M' appartient à la courbe. En répétant cette construction, on trouve autant de points qu'on veut.

Pour le tracé, il est commode de ne pas mener toutes les lignes par un seul point M, et de faire servir à cet usage quelques-uns de ceux qu'on détermine. On évite ainsi la confusion qui résulterait d'un grand nombre de lignes passant par un même point.

On peut employer cette construction quand on connaît la grandeur et l'angle de deux diamètres conjugués ; car alors on connaît deux points de l'hyperbole, et il est facile de déterminer les asymptotes.

409. En désignant par a et b les demi-diamètres conjugués AB et AD (fig. 171), l'équation de l'hyperbole rapportée à ces deux diamètres est

$$a^2y^2 - b^2x^2 = -a^2b^2,$$

et celle de l'asymptote AH est

$$y = \frac{b}{a}x.$$

En nommant y et Y les ordonnées de la courbe et de la droite, qui répondent à la même abscisse AP, on a

$$Y^2 - y^2 = \frac{b^2x^2}{a^2} - \frac{b^2}{a^2}(x^2 - a^2) = b^2:$$

mais $Y - y = MN$, et $Y + y = PM + PN = PM + PN' = MN'$; donc, pour les parties MN et MN′ de la sécante NN′, on a

$$MN \times MN' = Y^2 - y^2 = b^2.$$

Si la sécante était parallèle au diamètre $2a$, on ferait voir semblablement que

$$MV \times MV' = a^2.$$

Donc, *lorsqu'une sécante à l'hyperbole est parallèle à un diamètre, le rectangle des parties de cette sécante, comprises entre un point de la courbe et les asymptotes, est égal au carré de la moitié du diamètre.*

De là résulte un moyen de trouver deux diamètres conjugués, quand on connaît la direction de l'un d'eux Ay, les asymptotes et un point de la courbe. Par le point connu M, on mène, entre les asymptotes, NMN′ parallèle à Ay; et le demi-diamètre AD sera moyen proportionnel entre MN et MN′. Connaissant AD, on mène Ax par le centre A et par le milieu P de NN′; on mène aussi, parallèlement à Ax la ligne DH qui coupe l'asymptote en H; enfin on mène, parallèlement à AD, la droite HB, qu'on termine à Ax en B : AB sera le demi-diamètre conjugué de AD.

La même propriété sert encore à trouver les axes quand on a deux diamètres conjugués : car alors on connaît un point de l'hyperbole, on peut tracer les asymptotes et avoir la direction des axes en divisant en parties égales les angles des asymptotes. Le reste s'achève facilement.

410. Les droites BQ, BR (fig. 170), étant menées parallèles aux asymptotes, le triangle ABR est égal à ABQ : mais les triangles ABQ et BQK sont équivalens, puisque AQ=QK ; donc le parallélogramme AQBR est équivalent au triangle ABK. Or, ce triangle est la huitième partie du parallélogramme HKH′K′, dont l'aire est constante, quelle que soit la position du point B (400); donc *l'aire du parallélogramme formé par les asymptotes de l'hyperbole et par les parallèles menées, à ces lignes, d'un point quel-*

conque de la courbe, est constante, et égale à la huitième partie du rectangle des axes, ou du parallélogramme construit sur deux diamètres conjugués.

L'hyperbole rapportée à ses asymptotes.

411. Si on prend l'asymptote inférieure (fig. 172) pour la ligne des x, et l'asymptote supérieure pour celle des y; si par un point quelconque de l'hyperbole on mène les coordonnées MP, MQ, et si on désigne par β l'angle des asymptotes, l'aire du parallélogramme APMQ sera exprimée par $xy\sin\beta$. Cette aire doit être constante et égale à la huitième partie du rectangle des axes; donc, si ces axes sont donnés et qu'on les représente par $2a$ et $2b$, l'équation de l'hyperbole, rapportée à ses asymptotes, sera

$$xy\sin\beta=\frac{ab}{2},\quad \text{ou}\quad xy=\frac{ab}{2\sin\beta}.$$

On peut exprimer $\sin\beta$ au moyen de a et de b. Élevons à l'extrémité du premier axe la perpendiculaire BH terminée à l'asymptote Ay : la ligne BH sera égale à b; et, si on désigne par θ l'angle BAH, le triangle ABH donnera

$$\sin\theta=\frac{b}{\sqrt{a^2+b^2}},\quad \cos\theta=\frac{a}{\sqrt{a^2+b^2}}.$$

Or $\sin\beta=\sin 2\theta=2\sin\theta\cos\theta$; donc on a

$$\sin\beta=\frac{2ab}{a^2+b^2};$$

et par conséquent l'équation de l'hyperbole devient

$$[h_{ii}]\qquad xy=\frac{a^2+b^2}{4}.$$

La forme de cette équation rappelle sur-le-champ que les asymptotes sont prises pour axes des coordonnées : car on en tire

$$y=\frac{a^2+b^2}{4x},$$

valeur qui est nulle lorsque $x=\pm\infty$, et qui augmente de zéro à $\pm\infty$ quand on fait décroître x jusqu'à zéro. Il en est de même des valeurs de x comparées à celles de y.

412. Quand on veut trouver l'équation aux asymptotes en partant de l'équation aux axes

[h] $$a^2y^2 - b^2x^2 = -a^2b^2,$$

on a recours aux formules

$$x = x'\cos\alpha + y'\cos\alpha', \quad y = x'\sin\alpha + y'\sin\alpha'.$$

Il faut d'abord y mettre au lieu de $\sin\alpha$, $\cos\alpha$, $\sin\alpha'$, $\cos\alpha'$, les valeurs qui se rapportent aux nouveaux axes dont on fait choix. En prenant, comme dans le numéro précédent, les x' sur l'asymptote inférieure Ax' (fig. 173), et les y' sur l'asymptote supérieure Ay', l'angle α' sera égal à $y'Ax$, et l'angle α égal à $360° - x'Ax$. Or, si on élève, à l'extrémité de l'axe transverse, la perpendiculaire $BH = b$, le point H doit être sur l'asymptote (406), et par conséquent le triangle ABH donne, comme plus haut,

$$\sin\alpha' = \frac{b}{\sqrt{a^2+b^2}}, \quad \cos\alpha' = \frac{a}{\sqrt{a^2+b^2}}.$$

Puis, si on observe que $\alpha = 360° - x'Ax = 360° - \alpha'$, on aura

$$\sin\alpha = -\sin\alpha' = \frac{-b}{\sqrt{a^2+b^2}}, \quad \cos\alpha = \cos\alpha' = \frac{a}{\sqrt{a^2+b^2}}.$$

Par suite, les formules qui feront passer des axes aux asymptotes sont

$$x = \frac{a(y'+x')}{\sqrt{a^2+b^2}}, \quad y = \frac{b(y'-x')}{\sqrt{a^2+b^2}}.$$

Il n'y a donc plus qu'à substituer ces valeurs dans l'équation (h). De cette manière il vient, en ôtant les accens dont on n'a plus besoin,

[$h_{\prime\prime}$] $$xy = \tfrac{1}{4}(a^2+b^2):$$

c'est l'équation de l'hyperbole rapportée aux asymptotes.

Le carré égal à $\frac{1}{4}(a^2+b^2)$, est quelquefois nommé *la puissance de l'hyperbole*. Représentons ce carré par m^2, et l'équation précédente devient

[$h_{\prime\prime\prime}$] $$xy = m^2.$$

413. Soient x', y', et x'', y'', les coordonnées de deux points

de l'hyperbole, si on mène une sécante par ces deux points, et si on fait

$$\alpha = \frac{y' - y''}{x' - x''},$$

l'équation de la sécante sera

[1] $$y - y' = \alpha(x - x').$$

On doit avoir

$$x'y' = m^2, \quad x''y'' = m^2;$$

et, en retranchant la seconde équation de la première, il vient

$$x'y' - x''y'' = 0.$$

Cette égalité peut s'écrire ainsi : $x'(y' - y'') + y''(x' - x'') = 0$; et alors on en tire

$$\alpha = \frac{y' - y''}{x' - x''} = -\frac{y''}{x'}.$$

Si on veut que la droite devienne tangente, il faut supposer $x'' = x'$, $y'' = y'$. Par ces hypothèses, α se réduit à $-\frac{y'}{x'}$; par conséquent l'équation de la tangente sera

$$y - y' = -\frac{y'}{x'}(x - x').$$

414. En faisant $y = 0$ dans cette équation, on trouve, pour le pied de la tangente MT (fig. 174),

$$x = \mathrm{AT} = 2x';$$

donc AT = 2AP, et par suite MT = MR : résultat connu (407).

415. Reprenons l'équation [1] de la sécante MM', et faisons-y $y = 0$, il vient

$$x - x' = \mathrm{PS} = -\frac{y'}{\alpha}.$$

Au lieu de α, mettons sa valeur générale $-\frac{y''}{x'}$, relative à la sécante, on aura

$$\mathrm{PS} = \frac{y'x'}{y''} = \frac{y''x''}{y''} = x'' = \mathrm{AP}';$$

donc, si on mène M'Q parallèle à Ax, les triangles MPS, M'QV, sont égaux ; donc MS = M'V : théorème déjà trouvé (408).

Quadrature de l'hyperbole.

416. Supposons d'abord l'hyperbole équilatère, et sa puissance égale à l'unité ; l'équation de cette courbe, rapportée à ses asymptotes sera

$$xy = 1.$$

Prenons (fig. 175) une abscisse AC=1 et une abscisse quelconque AP=x : puis proposons-nous d'évaluer l'aire BCPM, comprise entre l'hyperbole, l'asymptote et les ordonnées CB, PM.

Divisons CP en un nombre quelconque de parties (elles ne sont pas supposées égales) ; élevons aux points de division les ordonnées C'B', C''B'',... et formons les rectangles CBDC', C'B'D'C'',... Si on fait la somme de tous ces rectangles, la limite de cette somme sera l'aire demandée : c'est-à-dire que si les intervalles CC', C'C'',... se resserrent indéfiniment jusqu'à devenir nuls, ce qui exige que leur nombre augmente jusqu'à l'infini, la somme des rectangles décroîtra en se rapprochant de plus en plus de l'aire hyperbolique BCPM, à laquelle elle finit par être égale. C'est donc cette limite qu'il s'agit de découvrir.

Les abscisses. . . . . AC, AC', AC'', AC''',... AP,
étant désignées par. . . . . 1, x', x'', x''',... x,
les ordonnées sont . . . . 1, $\frac{1}{x'}$, $\frac{1}{x''}$, $\frac{1}{x'''}$... $\frac{1}{x}$;

donc rectangle CBDC' = CC' $\times$ CB $= (x'-1)\times 1 = x'-1$,

rectangle C'B'D'C'' = C'C'' $\times$ C'B' $= (x''-x')\times\frac{1}{x'} = \frac{x''}{x'} - 1$,

rectangle C''B''D''C''' = C''C''' $\times$ C''B'' $= (x'''-x'')\times\frac{1}{x''} = \frac{x'''}{x''} - 1$,

ainsi de suite.

La loi selon laquelle les points C', C'',... ont été espacés est tout-à-fait arbitraire ; ainsi on peut prendre les abscisses $1, x', x'', \ldots$ en progression géométrique. Le premier terme étant 1, la raison sera x', et on aura $x'' = x'^2$, $x''' = x'^3$, etc. ; de sorte que si n est le nombre des intervalles entre C et P, la dernière abscisse sera $x = x'^n$. Alors tous les rectangles sont égaux à $x' - 1$.

Si on ajoute d'abord les deux premiers rectangles, ensuite les trois premiers, puis les quatre premiers, et toujours de même, les sommes seront $2(x'-1)$, $3(x'-1)$, $4(x'-1)$, etc. Donc les aires rectangulaires, commençant à l'abscisse $AC=1$, et terminées aux abscisses successives, pourront se représenter comme il suit :

abscisses	1,	x',	x'^2	x'^3;.....	x'^n ou x,
aires	0,	$x'-1$,	$2(x'-1)$,	$3(x'-1)$,..	$n(x'-1)$.

On met zéro pour la première aire, parce que l'aire comprise entre BC et BC lui-même est nulle.

On voit que les abscisses forment une progression géométrique qui commence par l'unité, et les aires une progression arithmétique qui commence par zéro ; donc les aires rectangulaires, comprises entre BC et les autres ordonnées successives, sont les logarithmes des abscisses auxquelles ces ordonnées correspondent.

Cette conséquence est indépendante du nombre des divisions faites sur CP, et doit par conséquent s'appliquer encore au cas où leur nombre devient infini, ou, en d'autres termes, au cas où, au lieu de passer du point C au point P par un nombre fini d'abscisses en progression géométrique, on passerait successivement par toutes les abscisses intermédiaires. Mais alors les aires rectangulaires ne sont plus autre chose que les aires hyperboliques, comprises entre CB et les ordonnées correspondantes à ces abscisses ; par conséquent on a ce beau théorème : *les aires hyperboliques telles que* BCPM *sont les logarithmes des abscisses correspondantes* AP.

Quelle est la base du système dans lequel se prennent ces logarithmes ? Cette question revient à déterminer un nombre tel qu'en l'élevant à la puissance indiquée par l'une de ces aires, on trouve pour résultat l'abscisse correspondante. Reprenons, dans les progressions ci-dessus, les termes correspondans

$$x \quad \text{et} \quad n(x'-1),$$

dont le second exprime la somme des rectangles compris entre BC et MP. En faisant $n=\infty$, cette somme doit devenir égale à l'aire hyperbolique BCPM ; c'est pourquoi nous poserons l'équation $E^{n(x'-1)}=x$, ou, ce qui est la même chose,

$$[1] \qquad E^{n(\sqrt[n]{x}-1)}=x,$$

et nous déterminerons la valeur de E qui répond à la valeur $n=\infty$. Nous aurons alors la base cherchée.

Comme la valeur de E doit rester la même quel que soit x, nous choisirons pour x la valeur qui rend l'exposant de E égal à 1, lorsqu'on fait $n=\infty$. Or, l'équation

$$[2] \qquad n(\sqrt[n]{x}-1)=1$$

donne

$$x=\left(1+\frac{1}{n}\right)^n.$$

Si on développe la puissance, il vient

$$x=1+\frac{n}{1}\left(\frac{1}{n}\right)+\frac{n}{1}\cdot\frac{n-1}{2}\left(\frac{1}{n}\right)^2+\frac{n}{1}\cdot\frac{n-1}{2}\cdot\frac{n-2}{3}\left(\frac{1}{n}\right)^3+\text{etc.}$$

$$=2+\left(\frac{1}{2}-\frac{1}{2n}\right)+\left(\frac{1}{2}-\frac{1}{2n}\right)\left(\frac{1}{3}-\frac{2}{3n}\right)$$

$$+\left(\frac{1}{2}-\frac{1}{2n}\right)\left(\frac{1}{3}-\frac{2}{3n}\right)\left(\frac{1}{4}-\frac{3}{4n}\right)+\text{etc.};$$

et, en supposant $n=\infty$, on trouve

$$x=2+\frac{1}{2}+\frac{1}{2.3}+\frac{1}{2.3.4}+\text{etc.}$$

On démontre en algèbre que la valeur exacte de cette série numérique est irrationnelle. Mais si on prend dans la série un nombre suffisant de termes, on peut obtenir cette valeur avec une aussi grande approximation qu'on veut. En la désignant, selon l'usage, par e, on trouve

$$e=2,718\;281\;828\;459\;045\ldots$$

Maintenant, pour l'indéterminée x, prenons cette valeur particulière, et l'équation [1] devient

$$[3] \qquad E^{n(\sqrt[n]{e}-1)}=e.$$

Mais l'équation [2] doit se vérifier en posant $x=e$ et $n=\infty$; donc l'exposant de E, dans l'équation [3], se réduit à 1 quand on fait $n=\infty$; donc $E=e$. Ainsi, *c'est le nombre* e *qui est la base du système dans lequel il faut prendre les logarithmes des abscisses* AP, *pour avoir les aires hyperboliques telles que* BCPM.

Ces logarithmes sont ceux que NÉPER, inventeur des logarithmes, calcula d'abord, et on leur donne le nom de *Népériens*. Je les indiquerai par la lettre l, et en conséquence j'écrirai

$$\text{aire BCPM} = \mathrm{l}x.$$

Cette formule donne aussi les aires qui répondent aux abscisses $<$AC, pourvu qu'on regarde comme négatives les aires telles que BCQN, qui sont placées à gauche de BC. En effet, si on mène BG et NH perpendiculaires sur Ay, on aura BGHN $= \mathrm{l}y$: car tout est semblable pour chaque asymptote. Or,

$$\mathrm{BCQN} = \mathrm{BCAG} + \mathrm{BGHN} - \mathrm{NQAH},$$

et, à cause de $xy = 1$, on a BCAG $=$ NQAH $= 1$; donc

$$\mathrm{BCQN} = \mathrm{BGHN} = \mathrm{l}y = \mathrm{l}\frac{1}{x} = -\mathrm{l}x.$$

417. Jusqu'ici l'on n'a considéré que l'hyperbole équilatère donnée par l'équation $xy = 1$. Maintenant supposons plus généralement que les asymptotes fassent entre elles un angle $y\mathrm{A}x = \beta$ (fig. 176), et qu'on ait l'équation

$$xy = m^2.$$

Menons Ay' perpendiculaire sur Ax, et concevons qu'on ait décrit sur les axes rectangulaires Ax et Ay' l'hyperbole équilatère qui a pour équation $xy = 1$. Si on prend AC $= 1$ et AP $= x$, si on mène les ordonnées correspondantes des deux hyperboles, et si on désigne par S et s les surfaces BCPM, B'CPM', il sera facile de démontrer, par un raisonnement semblable à celui du n° 358, que

$$\frac{\mathrm{S}}{s} = \frac{m^2 \sin\beta}{1}, \quad \text{d'où} \quad \mathrm{S} = m^2 \sin\beta \times \mathrm{l}x.$$

On peut, si l'on veut, considérer l'aire S comme étant elle-même le logarithme de x ; mais il faut prendre alors les logarithmes dans un système qui aurait pour *module* $m^2 \sin\beta$ (c'est ainsi qu'on nomme la quantité constante par laquelle il faut multiplier les logarithmes népériens pour les transporter dans un autre système.)

CHAPITRE XI.

DE LA PARABOLE.

La parabole rapportée à son axe, etc.

418. On a vu (267) qu'un choix convenable de coordonnées rectangulaires ramène l'équation d'une parabole à la forme

[p] $$y^2 = 2px.$$

De plus, on pourra supposer p positif : car si on avait $y^2 = -2px$, il n'y aurait qu'à changer le sens des x positifs pour changer cette équation en $y^2 = 2px$.

Cette forme d'équation montre sur-le-champ que l'origine est un point de la courbe : car en faisant $x = 0$, on a $y = 0$. Elle montre encore que la ligne des x est un axe de la courbe, puisque chaque abscisse donne pour l'ordonnée deux valeurs égales et de signes contraires, et que d'ailleurs les coordonnées sont rectangulaires. Cet axe est le seul qui existe dans la parabole (445).

419. L'équation [p] donnant

$$y = \pm\sqrt{2px},$$

on voit que la courbe ne s'étend pas vers les x négatifs ; car x négatif rend y imaginaire. Mais, si x croît depuis zéro jusqu'à $+\infty$, y croît aussi jusqu'à $\pm\infty$; donc la parabole s'étend à partir de l'origine jusqu'à l'infini, symétriquement au-dessus et au-dessous de l'axe des x. Elle doit d'ailleurs être toujours concave vers cet axe, ainsi que le représente la figure 177 : autrement, on pourrait la couper en plus de deux points par une ligne droite, ce qui est impossible.

La parabole n'a qu'un seul *sommet* : c'est le point A où elle est rencontrée par son axe. Le coefficient de x dans l'équation [p], par lequel une parabole diffère d'une autre parabole, se nomme le *paramètre.*

420. Le rapport du carré de l'ordonnée à l'abscisse étant constant d'après l'équation même, *il s'ensuit que dans la parabole les carrés des ordonnées, perpendiculaires sur l'axe, sont entre eux comme les distances du sommet aux pieds de ces ordonnées.*

421. Pour chaque point de la parabole on a $y^2 - 2px = 0$. Si on considère un point extérieur K, et qu'on mène sur Ay la perpendiculaire QK dont le prolongement rencontre la parabole en M, l'abscisse du point K sera moindre que celle du point M, et l'ordonnée sera la même; donc au point K on devra avoir $y^2 - 2px > 0$. Un raisonnement semblable montre que pour un point intérieur K' on a $y^2 - 2px < 0$. Ainsi on a toujours

$y^2 - 2px = 0$ sur la parabole,
$y^2 - 2px > 0$ hors de la parabole,
$y^2 - 2px < 0$ dans la parabole.

422. On peut décrire très-simplement la parabole. Soit (fig. 177) AP une abscisse quelconque, on porte sur l'axe Ax, à gauche du sommet, une distance AB égale au paramètre $2p$; on décrit sur BP, comme diamètre, une circonférence qui coupe au point R la perpendiculaire Ay; enfin on élève l'ordonnée PN, qu'on termine à la droite RN parallèle à Ax : le point N appartient à la parabole. En effet, par cette construction, PN = AR et $\overline{AR}^2 = AB \times AP$; donc $\overline{PN}^2 = 2p \times AP$.

423. On a vu (260) que dans le cas de la parabole les coordonnées du centre sont infinies. Cela conduit à considérer cette courbe comme une ellipse infiniment alongée; et cette analogie pouvant être utile pour prévoir avec facilité les propriétés de la parabole, il importe de la vérifier.

Prenons (296) l'équation

$$[e'] \qquad y^2 = \frac{b^2}{a^2}(2ax - x^2),$$

dans laquelle l'origine est au sommet A de l'ellipse (fig. 178). La distance OF, du centre au foyer, est $\sqrt{a^2 - b^2}$, et en la retranchant de a on a

$$AF = a - \sqrt{a^2 - b^2}.$$

Introduisons cette quantité dans l'équation de l'ellipse, comme constante que nous prendrons égale à $\frac{1}{2}p$: on aura

$$a-\sqrt{a^2-b^2}=\frac{1}{2}p; \quad \text{d'où} \quad b^2=ap-\frac{1}{4}p^2;$$

et, par la substitution de cette valeur, l'équation [e'] devient

$$y^2=\frac{ap-\frac{1}{4}p^2}{a^2}(2ax-x^2),$$

ou, en développant convenablement,

$$y^2=2px-\frac{px(p+2x)}{2a}+\frac{p^2x^2}{4a^2}.$$

Si dans cette équation on donne successivement à a différentes valeurs, p restant constant, on aura une suite d'ellipses dont les grands axes seront différens, mais dont le sommet A et le foyer F conserveront la même position. Or, en augmentant le grand axe jusqu'à l'infini, il faut supprimer les termes qui contiennent a en diviseur ; la dernière équation se change donc en celle-ci,

$$y^2=2px,$$

qui est précisément celle de la parabole. Ainsi, on peut prendre a si grand que la différence entre l'ordonnée de l'ellipse et celle de la parabole soit aussi petit qu'on voudra, ce qui revient à dire que *la parabole est une ellipse dont le grand axe est infini.*

Du foyer et de la directrice.

424. Les coordonnées étant rectangulaires, et l'équation de la parabole étant $y^2=2px$, on nomme *foyer le point dont la distance à un point quelconque de la parabole est une fonction rationnelle de l'abscisse de ce point.*

Si on considère (fig. 178) la suite des ellipses qui ont un sommet A et un foyer F communs, la distance de ce foyer à un point quelconque M de chacune de ces courbes est une fonction rationnelle de l'abscisse OP comptée à partir du centre ; elle est donc aussi une fonction rationnelle de l'abscisse AP comptée à partir du sommet : car OP = AP — AO. Or, la parabole est la limite de ces ellipses ; donc la distance du point F à chaque point de cette courbe est encore une fonction rationnelle de l'abscisse de ce point. D'ailleurs, AF étant représenté par $\frac{1}{2}p$, le paramètre de la parabole est égal à $2p$; donc cette courbe a pour foyer un point situé sur son axe, à une distance du sommet égale au quart du paramètre.

425. Dans l'ellipse, la somme des rayons vecteurs, menés des foyers à un même point de cette courbe, est égale au grand axe: cherchons la propriété correspondante dans la parabole.

Soit une ellipse (fig. 178) dont le grand axe est AA', et dont les foyers sont F et F'. Décrivons du point F' comme centre, avec AA' pour rayon, une circonférence HBH'; elle coupera l'axe en un point B à une distance $AB = AF$. Menons deux rayons vecteurs FN, F'N, à un point quelconque de l'ellipse, et prolongeons F'N jusqu'à sa rencontre K avec la circonférence; on aura évidemment $FN = NK$. Maintenant supposons que l'ellipse conserve toujours le sommet A et le foyer F, mais que son grand axe augmente jusqu'à devenir infini. A cette limite, l'ellipse devient une parabole, la circonférence HH' se change en une droite LL' perpendiculaire à l'axe au point B, et la ligne NK devient perpendiculaire à LL', sans cesser d'être égale au rayon vecteur NF. La perpendiculaire LL', qui passe à une distance du sommet égale à AF ou au quart du paramètre, porte le nom de *directrice*. On a donc ce théorème : *Chacun des points de la parabole est également éloigné du foyer et de la directrice.*

Il est d'ailleurs facile de reconnaître qu'à la limite $a = \infty$, l'une des directrices de l'ellipse devient LL'. En effet, d'après le n° 315, c et d étant les distances du centre aux foyers et aux directrices, on doit avoir $cd = a^2$. Nommons d' la distance du sommet A à la directrice voisine, on aura $c = a - \frac{1}{2}p$, $d = a + d'$, et par suite

$$\left(a - \tfrac{1}{2}p\right)\left(a + d'\right) = a^2,$$

d'où

$$d' = \frac{pa}{2a - p} = \frac{p}{2 - \dfrac{p}{a}}.$$

Or, par l'hypothèse $a = \infty$, il vient $d' = \frac{1}{2}p$, ce qui donne la ligne LL'.

426. Pour trouver directement le foyer de la parabole, on applique à la définition les calculs déjà faits pour l'ellipse et

pour l'hyperbole. Désignons par x', y', les coordonnées du foyer inconnu; par x, y, celles d'un point quelconque de la parabole, et par δ la distance de ces deux points : on aura

$$\begin{aligned}\delta^2 &= (x-x')^2 + (y-y')^2 \\ &= x^2 - 2x'x + x'^2 + y^2 - 2y'y + y'^2.\end{aligned}$$

L'équation de la parabole donne $y = \sqrt{2px}$; donc, pour que δ^2 soit une fonction rationnelle de x, il faut faire $y' = 0$. Cette supposition donne

$$\delta^2 = x^2 - 2x'x + x'^2 + 2px = x^2 + 2(p-x')x + x'^2.$$

Il ne suffit pas que δ^2 soit une fonction rationnelle de x, il faut que δ lui-même en soit une : cette condition exige qu'on ait

$$(p-x')^2 = x'^2, \quad \text{d'où} \quad x' = \tfrac{1}{2}p;$$

donc dans la parabole il n'existe qu'un foyer, lequel est situé sur l'axe à une distance du sommet égale au quart du paramètre.

427. En mettant $\frac{1}{2}p$ au lieu de x', il vient

$$\delta = x + \tfrac{1}{2}p.$$

Si on prend (fig. 179) $AB = AF = \frac{1}{2}p$, et qu'on élève BL perpendiculaire à l'axe Ax, le point F sera le foyer de la parabole, et BL en sera la directrice. Si ensuite on mène, d'un point quelconque de cette courbe, le rayon vecteur FM et les lignes MP et MQ perpendiculaires sur Ax et BL, on aura

$$FM = x + \tfrac{1}{2}p = AP + AB = MQ;$$

et ainsi on retrouve que chaque point de la parabole est également éloigné du foyer et de la directrice.

428. Soit N un point extérieur à la parabole; menez NQ perpendiculaire à la directrice, prolongez NQ jusqu'à sa rencontre M avec la courbe, et joignez le foyer F aux points N et M : on a $NF + MN > MF$, et $MF = MQ = NQ + MN$; donc $NF + MN > NQ + MN$, ou bien $NF > NQ$.

Pour un point intérieur N', on a, en suivant les constructions de la figure, $N'F < N'M + MF$: or, $N'M + MF = N'M + MQ = N'Q$; donc $N'F < N'Q$.

Donc, selon qu'un point est sur la parabole, ou au dehors, ou au dedans, sa distance au foyer est égale à sa distance à la directrice, ou elle est plus grande, ou elle est moindre.

429. Il est facile de construire une parabole dont on connaît le paramètre $2p$. Ayant pris (fig. 180) $AB = AF = \frac{1}{2}p$, on élève une perpendiculaire GH par un point quelconque P de l'axe; puis, avec BP pour rayon et le point F pour centre, on décrit un arc de cercle qui coupe GH en M et N. Ces points sont à la parabole : car ils sont également distans du foyer F et de la directrice BL.

Si on veut décrire la parabole d'un mouvement continu, placez contre la directrice BL une équerre mobile EQR, prenez un fil d'une longueur égale à QR, attachez une de ses extrémités en R, et l'autre au foyer F; tendez alors ce fil par le moyen d'un style appliqué contre QR, et faites glisser l'équerre le long de la directrice : le style décrira la parabole. En effet, on aura toujours $FM + MR = QM + MR$; donc $FM = QM$; donc le point M est à la parabole.

430. Cherchons encore l'équation de la parabole d'après l'énoncé suivant, qui est celui du n° 316, dans lequel on fait $m = n$.

Trouver la courbe qui jouit de la propriété d'avoir chacun de ses points également distant d'un point donné F *et d'une droite donnée* LL' (fig. 180).

Je mène BFx perpendiculaire à LL', et par le point A, milieu de BF, j'élève Ay perpendiculaire à Ax. La courbe cherchée sera symétrique par rapport à Ax et passera au point A : c'est pourquoi l'on choisit les lignes Ax et Ay pour axes de coordonnées. Soit M un point quelconque de la courbe, AP son abscisse, et MP son ordonnée : je mène MQ perpendiculaire à LL', et je fais $AF = \frac{1}{2}p$, $AP = x$, $MP = y$. Cela posé,

$$\overline{MF}^2 = y^2 + (x - \tfrac{1}{2}p)^2, \quad \text{et} \quad MQ = x + \tfrac{1}{2}p :$$

mais pour la courbe on doit avoir $MF = MQ$; et de là résulte

$$y^2 + (x - \tfrac{1}{2}p)^2 = (x + \tfrac{1}{2}p)^2,$$

ou, toutes réductions faites,

$$y^2 = 2px.$$

431. Ici encore on peut appliquer au foyer et à la directrice de la parabole ce qui a été dit au sujet de l'ellipse n°s 317 et 318.

De la tangente et de la normale.

432. Les coordonnées de deux points de la parabole étant x', y', et x'', y'', si on mène une sécante par ces deux points, et qu'on désigne par S l'angle formé par cette sécante avec l'axe des x, on a

$$\text{tang}\, S = \frac{y'-y''}{x'-x''}.$$

Les deux points étant sur la parabole, on doit avoir $y'^2 = 2px'$, $y''^2 = 2px''$; et par suite, il vient

$$y'^2 - y''^2 = 2p(x'-x''),$$

$$\frac{y'-y''}{x'-x''} = \frac{2p}{y'+y''},$$

$$\text{tang}\, S = \frac{2p}{y'+y''}.$$

Quand le second point se réunit au premier, on a $x''=x'$, $y''=y'$; et alors la sécante devient tangente; donc, si on désigne par α la tangente trigonométrique de l'angle formé avec l'axe des x par la tangente à la parabole, on aura

$$\alpha = \frac{p}{y'}.$$

Par suite l'équation de la tangente sera

$$y - y' = \frac{p}{y'}(x - x')$$

ou bien, en observant que $y'^2 = 2px'$,

$$[t] \qquad y'y = p(x + x').$$

433. Le double de cette équation étant retranché de l'équation $y'^2 = 2px'$, on trouve

$$y'^2 - 2y'y = -2px.$$

En ajoutant y^2 de part et d'autre, il vient

$$(y - y')^2 = y^2 - 2px.$$

La quantité $y^2 - 2px$ est donc positive pour tous les points de la tangente, excepté pour celui dont l'ordonnée est y'; tous ces points sont donc extérieurs à la parabole (421).

434. Si on fait $y'=0$ dans la formule $\alpha=\frac{p}{y'}$, on trouve $\alpha=\infty$; donc la tangente au sommet est perpendiculaire à l'axe. Si on fait croître y' jusqu'à l'infini positif, α décroît jusqu'à zéro; donc la tangente à la parabole approche sans cesse de devenir parallèle à l'axe.

435. Pour avoir (fig. 181) le point T où la tangente rencontre l'axe des x, il faut faire $y=0$ dans l'équation de cette ligne, ce qui donne

$$x=-x'.$$

Ce résultat prouve que le point T est du côté des abscisses négatives, à une distance AT égale à l'abscisse AP.

En ajoutant x' à AT, on a la sous-tangente

$$\mathrm{PT}=2x';$$

donc, *dans la parabole, la sous-tangente est double de l'abscisse*, ce qui fournit une construction fort simple de la tangente.

436. Ayant trouvé l'équation

$$[t] \qquad y'y=p(x+x')$$

pour la tangente à parabole, au point dont les coordonnées sont x' et y', il est facile de trouver celle de la tangente qui passe par un point extérieur. Si on représente les coordonnées de ce point par x'' et y'', elles devront satisfaire à l'équation de la tangente: on a donc, entre les inconnues x' et y', les deux équations

$$y'^2=2px', \quad y''y'=p(x'+x'').$$

On en tire

$$y'=y''\pm\sqrt{y''^2-2px''},$$

$$x'=\frac{y''^2-px''\pm y''\sqrt{y''^2-2px''}}{p};$$

et il n'y aurait plus qu'à substituer ces valeurs dans [t].

Quand le point donné est hors de la parabole, la quantité y''^2-2px'' est positive, et les deux valeurs de y' sont réelles et inégales, ainsi que celles de x'; donc alors il y a deux tangentes. Quand le point donné est sur la courbe, les deux valeurs de x' se réduisent à une seule, aussi bien que celles de y', et il n'y a plus qu'une seule tangente. Enfin, quand le point donné est dans la courbe, les valeurs de x' et de y' étant imaginaires, il n'existe plus de tangente.

337. Cherchons maintenant l'équation de la normale à la parabole, au point qui a pour coordonnées x' et y'. D'abord, cette équation doit être de la forme

$$y-y'=\alpha'(x-x').$$

Ensuite, comme la normale doit être perpendiculaire à la tangente, on doit avoir

$$\alpha'=-\frac{1}{\alpha}=-\frac{y'}{p};$$

et par suite, l'équation de la normale devient

$$[n] \qquad y-y'=-\frac{y'}{p}(x-x').$$

En faisant $y=0$ dans cette équation, et prenant la valeur de $x-x'$, on trouve pour la sous-normale PS (fig. 181),

$$\text{PS}=x-x'=p;$$

donc, *dans la parabole, la sous-normale est constante et égale à la moitié du paramètre.*

438. Le foyer de la parabole étant en F (fig. 181), on a vu que $\text{AF}=\frac{1}{2}p$ et $\text{FM}=x+\frac{1}{2}p$. La tangente au point M étant MT, on a vu aussi que $\text{AT}=x$. Par conséquent $\text{TF}=x+\frac{1}{2}p$; donc $\text{FM}=\text{TF}$ et l'angle $\text{TMF}=\text{FTM}$. Ainsi, *dans la parabole, la tangente fait des angles égaux avec l'axe et avec le rayon vecteur mené au point de contact.*

Si on mène MG parallèle à l'axe, l'angle $\text{RMG}=\text{FTM}$; par conséquent, on peut encore dire que *la tangente fait des angles égaux avec le rayon vecteur et avec la parallèle à l'axe, menée par le point de contact.* Dans cet énoncé on reconnaît un théorème analogue à celui du n° 330, et qui devait naturellement résulter de ce que la parabole est une ellipse dont les foyers sont infiniment éloignés l'un de l'autre.

439. On tire de là un moyen très-simple de mener une tangente à la parabole par un point donné. Supposons d'abord que

ce point soit en M sur la courbe (fig. 182). On mène le rayon vecteur FM, on prend FT = FM, et on mène la ligne TM, qui est la tangente demandée.

Pour le démontrer *à posteriori*, on mène la directrice BL à la distance $AB = AF = \frac{1}{2}p$, on tire MK parallèle à l'axe, et on joint KF. Par la nature de la courbe MK = MF (425), et il résulte de la construction que l'angle KMT = TMF ; donc MT est perpendiculaire sur le milieu de KF. Maintenant, si d'un point quelconque R, pris sur MT, on mène la droite RF au foyer, la droite RL perpendiculaire à BL, et qu'on joigne KR, on aura RF = RK : or RK est > RL; donc RF > RL. Ainsi, chaque point de MT, excepté le point M, est hors de la parabole (428).

440. *Remarque.* Le point A est le milieu de BF ; donc la ligne Ay, perpendiculaire à l'axe, doit passer au point O, milieu de KF. Or, la tangente TR passe par ce point et est perpendiculaire à OF; donc, *si du foyer de la parabole on abaisse des perpendiculaires sur les tangentes à cette courbe, les pieds de ces perpendiculaires ont pour lieu géométrique la droite menée par le sommet, perpendiculairement à l'axe.*

441. Quand la tangente doit être menée par un point T situé au-dehors de la parabole (fig. 183), on observe que, si M est le point de contact cherché et MT la tangente, en menant MF au foyer et MK perpendiculaire à LL', la tangente MT doit être perpendiculaire au milieu de la droite FK ; donc les distances TF et TK sont égales ; donc le point K sera connu par l'intersection de la directrice avec le cercle décrit du centre T, avec FT pour rayon. Alors, en joignant KF et abaissant TR perpendiculaire sur KF, la ligne TR sera tangente à la courbe, et le point de contact sera l'intersection M de cette tangente et de la ligne KM parallèle à l'axe.

Lorsque le point T est hors de la parabole, sa distance TF au foyer est plus grande que sa distance à la directrice; donc la circonférence coupe la directrice en deux points K, K', et il y a deux tangentes. Lorsque le point T est sur la parabole, la distance TF est égale à la distance du point T à la directrice; donc le cercle touche cette ligne, et il n'y a plus qu'une seule tangente. Enfin, quand le point T est intérieur à la parabole, la première distance est moindre que la seconde, le cercle n'atteint pas la directrice, et il n'y a plus de tangente.

442. La construction précédente peut être considérée comme une modification de celle qui a été donnée pour l'ellipse (333) : modification qui résulte de ce que la parabole est une ellipse dont le grand axe est infini.

Dans la construction donnée pour l'ellipse, on décrit une première circonférence LBL′ (fig. 184) de l'un des foyers, F′, avec un rayon F′B égal au grand axe AA′; puis on en décrit une seconde du point donné T comme centre, avec un rayon égal à la distance TF de ce point à l'autre foyer. Le point K étant une des intersections de ces deux circonférences, on joint KF, on abaisse TR perpendiculaire à KF, et on mène KF′ qui coupe TR en M; TR est la tangente, et M le point de contact.

Maintenant imaginons que, l'ellipse continuant d'avoir le point A pour sommet et le point F pour foyer, le grand axe devienne infini : les points A′ et F′ s'éloigneront à l'infini; mais comme on a $AB = A'F' = AF$, la circonférence LBL′ continue toujours de rencontrer l'axe au même point B. Quand AA′ est infini, cette circonférence devient directrice de la parabole; la ligne KF′ devient parallèle à l'axe, et on retombe ainsi sur la construction qui convient à la parabole.

443. Le cas où les tangentes partent d'un point placé sur la directrice mérite d'être remarqué. Soit T (fig. 185) un point de la directrice, et TM, TM′, deux tangentes. Soit F le foyer de la parabole, joignez TF, MF, M′F, et menez MK, M′K′, perpendiculaires sur la directrice.

Le triangle TKM est égal à TFM, à cause de MT commun, de $KM = MF$, et de l'angle $KMT = FMT$; donc l'angle TFM est droit comme égal de l'angle K, et de plus l'angle $KTM = FTM$. Les triangles TM′K′, TM′F, sont aussi égaux, et ils prouvent que l'angle TFM′ est droit et que l'angle $K'TM' = FTM'$.

Puisque les angles TFM, TFM′, sont droits, il s'ensuit que la ligne MFM′ est droite; et puisque les angles FTM et FTM′ sont égaux aux angles KTM et K′TM′, il s'ensuit que leur somme est égale à un droit : donc l'angle MTM′ est droit. Ainsi on a ce théorème remarquable :

Les tangentes menées à la parabole, par un point de la directrice, font entre elles un angle droit; et la droite qui unit les points de contact passe au foyer, et est perpendiculaire sur celle qui joint le foyer avec le point d'où partent les tangentes.

Des Diamètres.

444. Soit l'équation d'une droite quelconque,

$$y = \delta x + \beta:$$

si on la combine avec celle de la parabole,

$$y^2 = 2px,$$

et qu'on élimine x, on aura, pour déterminer y,

$$y^2 - \frac{2p}{\delta}y + \frac{2p\beta}{\delta} = 0.$$

Les racines de cette équation sont les ordonnées des points où la droite rencontre la courbe, et l'ordonnée du milieu de la corde qui joint ces points est égale à la demi-somme de ces deux racines; donc, en désignant cette ordonnée par y, on a

$$y = \frac{p}{\delta}.$$

Cette valeur ne contient point β, et reste la même tant que δ demeure constant : ainsi, *tous les diamètres de la parabole sont parallèles à l'axe.*

Réciproquement, *toute droite parallèle à l'axe peut être considérée comme diamètre de la parabole* : car en donnant à δ une valeur convenable, y devient égal à telle quantité qu'on voudra.

445. Supposons qu'un diamètre $A'x'$ (fig. 186) soit mené à une distance y' de l'axe, on aura, pour ce diamètre,

$$\frac{p}{\delta} = y', \quad \text{d'où} \quad \delta = \frac{p}{y'}.$$

Cette valeur est celle de la tangente trigonométrique de l'angle que font avec l'axe les cordes coupées en parties égales par le diamètre. Mais, d'un autre côté, cette valeur est aussi celle de la tangente trigonométrique de l'angle que fait avec l'axe la tangente au point A' (432); donc *les cordes qu'un diamètre divise en parties égales sont parallèles à la tangente menée à l'extrémité de ce diamètre.*

Pour que la tangente δ soit infinie, il faut poser $y'=0$; donc la ligne des x est le seul axe de la parabole.

La parabole rapportée à ses diamètres.

446. Les formules, pour passer des axes rectangulaires aux axes obliques, sont

$$x=x'\cos\alpha+y'\cos\alpha'+a,\qquad y=x'\sin\alpha+y'\sin\alpha'+b.$$

L'équation de la parabole, en coordonnées rectangulaires, étant $y^2=2px$, si on place la nouvelle origine en un point A' de la courbe (fig. 186), on aura entre a et b la relation $b^2=2pa$. De plus, si on prend le diamètre A'x' pour axe des x', on aura $\sin\alpha=0$, $\cos\alpha=1$; et si on choisit la tangente A'y' pour axe des y', on aura $\tang\alpha'=\frac{p}{b}$.

Prenons les formules connues (25)

$$\sin\alpha'=\frac{\tang\alpha'}{\sqrt{1+\tang^2\alpha'}},\quad \cos\alpha'=\frac{1}{\sqrt{1+\tang^2\alpha'}};$$

en y remplaçant $\tang\alpha'$ par sa valeur, elles deviennent

$$\sin\alpha'=\frac{p}{\sqrt{b^2+p^2}},\quad \cos\alpha'=\frac{b}{\sqrt{b^2+p^2}};$$

et, en substituant les valeurs de $\sin\alpha$, $\cos\alpha$, $\sin\alpha'$, $\cos\alpha'$, les formules de la transformation deviennent

$$x=x'+\frac{by'}{\sqrt{b^2+p^2}}+a,$$

$$y=\frac{py'}{\sqrt{b^2+p^2}}+b.$$

Il ne reste plus maintenant, pour rapporter la parabole aux nouveaux axes, qu'à mettre ces valeurs dans l'équation

[p] $$y^2=2px;$$

et l'on obtient

$$y'^2=\frac{2(b^2+p^2)}{p}x'.$$

Mettons encore à la place de b^2 sa valeur $2pa$, et, pour abréger, posons $4(a+\frac{1}{2}p)=2p'$: on aura

$$\frac{2(b^2+p^2)}{p}=\frac{2(2pa+p^2)}{p}=4\left(a+\frac{p}{2}\right)=2p';$$

et l'équation de la parabole devient, en ôtant les accens à x' et y',

[p.] $$y^2=2p'x.$$

Le coefficient $2p'$ est ce qu'on nomme le *paramètre du diamètre* auquel la parabole est rapportée ; et comme $2p'$ représente $4(a+\frac{1}{2}p)$, et que $a+\frac{1}{2}p$ est la distance du foyer au point A' (427), on conclut que *le paramètre d'un diamètre est égal à quatre fois la distance du foyer à l'extrémité de ce diamètre.*

447. L'équation de la parabole étant la même par rapport à ses diamètres que par rapport à son axe, les propriétés indépendantes de l'inclinaison des coordonnées seront communes dans les différens systèmes.

1° Selon qu'un point est situé sur la parabole, ou au-dehors, ou au-dedans, la quantité $y^2-2p'x$ doit être nulle, positive ou négative (421).

2° Les carrés des ordonnées au diamètre sont entre eux comme les abscisses correspondantes (420).

3° En désignant par α le rapport de sinus, égal au coefficient de x dans l'équation générale de la ligne droite, la valeur de α, relative à la tangente, sera (432)

$$\alpha=\frac{p'}{y'};$$

on aura, pour l'équation de la tangente,

$$y'y=p'(x+x');$$

et, pour la sous-tangente (435),

$$\mathrm{P'T'}=2x' :$$

c'est-à-dire que *la sous-tangente est toujours double de l'abscisse du point de contact.*

448. Une droite étant donnée, si on mène à la parabole une tangente parallèle à cette droite, et le diamètre qui passe au point de contact, l'équation de la courbe rapportée à ce système d'axes

sera $y^2 = 2p'x$. Menons, d'un point quelconque de la droite donnée, deux tangentes à la parabole : en désignant par x'' et y'' les coordonnées de ce point, on a (436), pour déterminer celles des points de contact, les deux équations :

$$y'^2 = 2p'x', \quad y''y' = p'(x' + x'')$$

La seconde montre que la droite, qui a pour équation $y''y = p'(x + x'')$, passe par les points de contact. Si dans cette équation on fait $y = 0$, il vient $x = -x''$: résultat indépendant de y'', et qui donne pour la parabole le théorème déjà trouvé pour l'ellipse et l'hyperbole (353, 403). Donc, en général,

Si, de chaque point d'une droite donnée, on mène deux tangentes à une courbe du second ordre ; et qu'on tire une droite par les deux points de contact, on aura des sécantes qui viendront toutes se rencontrer en un même point, situé sur le diamètre qui divise en parties égales les cordes parallèles à la droite donnée.

Et réciproquement, *si, par un point donné dans le plan d'une courbe du second ordre, on tire différentes sécantes, et que par les points où chaque sécante rencontre la courbe, on mène deux tangentes, le lieu des points d'intersection de ces tangentes, ainsi prises deux à deux, sera une droite parallèle aux cordes que divise en parties égales le diamètre passant au point donné.*

449. L'équation $[p_1]$ comparée à $[p]$ montre encore que si on veut décrire une parabole, lorsqu'on connaît le paramètre d'un diamètre et l'inclinaison des ordonnées correspondantes, il suffit de décrire d'abord une parabole sur ce diamètre pris pour axe, avec le paramètre donné, et ensuite d'incliner convenablement les ordonnées de cette courbe, sans changer leurs longueurs.

On peut encore déterminer d'abord le foyer et la directrice de la parabole, et la décrire ensuite. Soit $A'x'$ (fig. 187) le diamètre donné, on mène la droite $y'A'T$ sous l'inclinaison donnée, et cette ligne sera tangente à la parabole au point A' (445) ; on fait l'angle $TA'F = y'A'x'$, et la ligne $A'F$ passera au foyer (438) ; on prend $A'F$ égale au quart du paramètre donné, et le point F sera le foyer (446). Sur le prolongement de $A'x'$ on porte $A'C = A'F$; on mène la droite CL perpendiculaire à $A'x'$, et cette droite sera la directrice (427).

Quadrature de la parabole.

450. Soit APM (fig. 188) un segment parabolique terminé par le diamètre Ax et par l'ordonnée PM parallèle à la tangente AV, il s'agit d'en évaluer la surface.

Ayant inscrit un polygone dans le segment, menons par les sommets de ce polygone les ordonnées P'M', P''M'',... et les tangentes MT, M'T', M''T'',... Ces tangentes déterminent, par leurs intersections successives, des triangles TRT', T'R'T'',... que nous allons comparer avec les trapèzes correspondans PMM'P', P'M'M''P''.....

Si du point R, et du point I milieu de la corde MM', on abaisse RQ et IK perpendiculaires sur Ax, on aura

$$\text{aire } TRT' = \tfrac{1}{2}TT' \times RQ, \quad \text{aire } PMM'P' = PP' \times IK.$$

Mais d'abord, de ce que MT est tangente il s'ensuit que AT=AP (447); et par une raison semblable AT'=AP': donc TT' = PP'. En second lieu, si par le point I on mène IG parallèle à Ax, cette ligne sera un diamètre (444), et les tangentes aux points M et M' devront couper ce diamètre au même point: donc le point R est sur le diamètre IG, et RQ est égal à IK. De là on conclut que le trapèze est double du triangle. On ferait voir semblablement que P'M'M''P'' est double de T'R'T''; et ainsi de suite. Donc la somme des trapèzes est double de la somme des triangles, et cela, quel que soit le nombre des côtés du polygone.

Il suit de là que le segment parabolique APM, qui est la limite de la première somme, sera double du segment extérieur AMT, qui est la limite de la seconde somme. Le segment APM étant double de AMT, il est les deux tiers du triangle rectiligne TMP; et comme ce triangle est équivalent au parallélogramme APMV, dont la hauteur est la même, et dont la base AP est moitié de TP, on conclut que *le segment parabolique* APM *est les deux tiers du parallélogramme fait sur l'abscisse* AP *et sur l'ordonnée* MP.

CHAPITRE XII.

DES COORDONNÉES POLAIRES.

Définitions. Formules générales.

451. Au lieu de déterminer la position des différens points d'un plan en les rapportant, comme nous l'avons fait jusqu'à présent, à deux axes tracés dans ce plan, on peut encore fixer la position de chacun de ces points au moyen de sa distance MF (fig. 189) à un point fixe F, et de l'angle MFR, que la ligne MF fait avec une droite FR connue de position. Le point fixe F se nomme le *pôle* ou l'*origine*, la distance MF est le *rayon vecteur* du point M, et MFR est l'*angle décrit* par le rayon vecteur. Le rayon vecteur et l'angle correspondant se désignent conjointement sous le nom de *coordonnées polaires*.

Pour bien comprendre comment l'angle et le rayon correspondent l'un à l'autre, il faut imaginer qu'une droite FS, terminée au point F, mais limitée de l'autre côté, soit d'abord couchée sur FR, qui elle-même est terminée en F, et que cette droite FS tourne autour du pôle F toujours dans le même sens. Alors un point λ, pris arbitrairement sur cette ligne, décrit un arc qui peut croître jusqu'à 360°, et même jusqu'à $+\infty$; et si FS tourne en sens contraire, l'arc décrit sera négatif et pourra croître encore jusqu'à $-\infty$. C'est cet arc qu'on prend pour l'angle décrit par le rayon vecteur, et que je désignerai dorénavant par ω.

Quant au rayon vecteur MF, je le représenterai par ρ, et il pourra prendre toutes les valeurs possibles, soit positives, soit négatives. Les premières servent à déterminer les points situés sur le rayon vecteur lui-même; et les dernières, à déterminer ceux qui se trouvent sur son prolongement, de l'autre côté du pôle.

D'après ces considérations, si on donne pour les variables ω et ρ des valeurs particulières, on sera en état d'assigner la position du point auquel se rapportent ces coordonnées.

Soit, par exemple, $\omega = 362^\circ$ et $\rho = 17^{\text{mèt.}}$: on prendra l'arc $\lambda\mu\nu = 352^\circ$, et on mènera la droite $F\nu N$, sur laquelle on prendra, dans le sens $F\nu$, la distance $FN = 17^{\text{mèt.}}$. Si on donnait $\omega = 352^\circ$ et $\rho = -17^{\text{mèt.}}$, il faudrait prendre $FN' = 17^{\text{mèt.}}$ sur le prolongement de $F\nu$, de l'autre côté du pôle.

452. Cherchons les formules générales qui expriment en coordonnées polaires les coordonnées parallèles à deux axes.

AP et MP (fig. 190) étant les coordonnées d'un point quelconque M rapporté aux axes Ax et Ay, on fera $AP = x$ et $MP = y$. L'angle MFR et la distance FM étant les coordonnées polaires du même point, on fera $MFR = \omega$ et $FM = \rho$. Menons, parallèlement à Ax et à Ay, les lignes Fx' et Fy', qui coupent MP en Q et Ax en B ; puis désignons par a et b les coordonnées AB et BF du pôle F, par α l'angle RFx', et par θ l'angle yAx ou $y'Fx'$. Cela posé, on a

$$x = a + FQ, \quad y = b + MQ.$$

Le triangle MFQ donne

$$\frac{FM}{\sin MQF} = \frac{FQ}{\sin FMQ} = \frac{MQ}{\sin MFQ};$$

or, on a $FM = \rho$, $\sin MQF = \sin\theta$, $\sin MFQ = \sin(\alpha + \omega)$, $\sin FMQ = \sin y'FM = \sin(\theta - \alpha - \omega)$; donc

$$\frac{\rho}{\sin\theta} = \frac{FQ}{\sin(\theta - \alpha - \omega)} = \frac{MQ}{\sin(\alpha + \omega)}.$$

De là on tire

$$FQ = \frac{\rho \sin(\theta - \alpha - \omega)}{\sin\theta}, \quad MQ = \frac{\rho \sin(\alpha + \omega)}{\sin\theta};$$

et en substituant ces valeurs dans celles de x et de y, on a

$$[1] \qquad x = a + \frac{\rho \sin(\theta - \alpha - \omega)}{\sin\theta}, \quad y = b + \frac{\rho \sin(\alpha + \omega)}{\sin\theta}.$$

453. Quand les coordonnées x et y sont rectangulaires, on a $\theta = 90^\circ$, et par conséquent

$$[2] \qquad x = a + \rho\cos(\alpha + \omega), \quad y = b + \rho\sin(\alpha + \omega),$$

formules qu'il serait facile de trouver directement.

454. La généralité des formules [1] ne souffre aucune restriction : je me bornerai à les vérifier pour le cas représenté fig. 191, dans lequel on a $x = \mathrm{AP}$, $y = -\mathrm{PM}$, $a = \mathrm{AB}$, $b = -\mathrm{BF}$, $\rho = -\mathrm{FM}$; $\theta = k\mu$, $\alpha = k\mu\lambda = 360^\circ - k\lambda$, $\omega = \lambda\nu$.

En mettant ces valeurs dans les formules générales, il vient

$$\mathrm{AP} = \mathrm{AB} + \frac{-\mathrm{FM}\sin(k\mu - 360^\circ + k\lambda - \lambda\nu)}{\sin k\mu} = \mathrm{AB} - \frac{\mathrm{FM}\sin\mu\nu}{\sin k\mu},$$

$$-\mathrm{PM} = -\mathrm{BF} + \frac{-\mathrm{FM}\sin(360^\circ - k\lambda + \lambda\nu)}{\sin k\mu} = -\mathrm{BF} - \frac{\mathrm{PM}\sin k\nu}{\sin k\mu}.$$

Mais le triangle MFQ donne

$$\mathrm{QF} = \frac{\mathrm{FM}\sin\mu\nu}{\sin k\mu} \quad \text{et} \quad \mathrm{MQ} = \frac{\mathrm{FM}\sin k\nu}{\sin k\mu};$$

et les deux égalités qui précèdent sont alors évidentes : car elles deviennent

$$\mathrm{AP} = \mathrm{AB} - \mathrm{QF} = \mathrm{AP}, \quad -\mathrm{PM} = -\mathrm{BF} - \mathrm{MQ} = -\mathrm{PM}.$$

Au lieu de $\rho = -\mathrm{FM}$ et de $\omega = \lambda\nu$, on pourrait prendre $\rho = +\mathrm{FM}$ et $\omega = \lambda\mu\nu'$ ou $\omega = -\lambda\nu'$. Les mêmes vérifications auraient encore lieu.

Équations polaires des trois courbes du second ordre.

455. Ellipse. Soit $a^2y^2 + b^2x^2 = a^2b^2$ l'équation d'une ellipse rapportée à son centre et à ses axes (fig. 192), et F le foyer situé du côté des abscisses négatives : la distance AF étant représentée par c, et le rayon vecteur FM par ρ, on a trouvé (308)

$$[1] \qquad \rho = a + \frac{cx}{a}.$$

Désignons l'angle variable MFx par ω; le triangle rectangle MFP donnera $\mathrm{FP} = \rho\cos\omega$, et par conséquent $x = \rho\cos\omega - c$. En substituant cette valeur de x dans l'équation [1], il vient

$$\rho = a + \frac{c\rho\cos\omega - c^2}{a},$$

d'où l'on tire, en remarquant que $c^2 = a^2 - b^2$,

$$\frac{b^2}{a - c\cos\omega}$$

Posons $\frac{c}{a}=e$ et $\frac{b^2}{a}=p$, on aura

$$[\alpha] \qquad \rho=\frac{p}{1-e\cos\omega}.$$

Telle est l'équation polaire de l'ellipse. En donnant à ω toutes les valeurs possibles de 0 à 360°, le rayon vecteur ρ ou FM prend des valeurs correspondantes qui déterminent tous les points de la courbe.

La quantité $\frac{2b^2}{a}$, qui est une troisième proportionnelle au grand axe et au petit axe, se nomme le *paramètre* de l'ellipse. Ainsi, dans l'équation [α], e représente le rapport de l'excentricité au grand axe, rapport qui est moindre que l'unité, et p est le demi-paramètre.

Il ne faut pas confondre le paramètre de l'ellipse avec le paramètre d'un diamètre. Ce dernier est une troisième proportionnelle au diamètre et à son conjugué.

456. Hyperbole. Soit $a^2y^2-b^2x^2=-a^2b^2$ l'équation d'une hyperbole, et F (fig. 103) le foyer situé du côté des x positifs : la distance AF étant désignée par c, et le rayon vecteur FM par ρ, on a trouvé (367).

$$[2] \qquad \rho=\frac{cx}{a}-a, \quad \text{et} \quad \rho=-\frac{cx}{a}+a,$$

selon que le point M est situé sur la branche qui renferme le foyer F, ou sur la branche opposée.

Quelle que soit la position du point M, si on désigne toujours l'angle MFx par ω, on a $x=c+\rho\cos\omega$. En substituant cette valeur dans les équations [2], et posant $\frac{c}{a}=e$, $\frac{b^2}{a}=p$, il vient

$$[\beta] \quad \rho=\frac{p}{1-e\cos\omega}, \quad \text{et} \quad [\beta'] \quad \rho=\frac{-p}{1+e\cos\omega}.$$

La quantité e, qui est ici plus grande que l'unité, est encore le rapport de l'excentricité au premier axe; et $2p$ est le *paramètre* de l'hyperbole, c'est-à-dire, une troisième proportionnelle au premier axe et au second.

Il faut bien remarquer que, dans les équations [2], ρ doit être positif (367), et que par suite cette supposition doit être maintenue à l'égard des équations [β] et [β'], qui sont tirées des équations [2] : ainsi il faudra rejeter les valeurs négatives de la variable ρ, comme si elles étaient imaginaires. Alors l'équation [β] donne une branche de l'hyperbole, et l'équation [β'] donne l'autre.

Pour ne laisser aucun doute à cet égard, discutons successivement chacune des deux équations. En supposant d'abord le rayon vecteur appliqué sur Fx, il faut faire $\omega = 0$, et l'équation [β] donne

$$\rho = \frac{p}{1 - e}.$$

Cette valeur est négative, car le nombre e surpasse l'unité : la courbe n'a donc aucun point correspondant à cette valeur. En général, le signe de ρ sera celui du dénominateur $1 - e \cos \omega$, puisque le numérateur p est positif : or $1 - e \cos \omega$ restera négatif jusqu'à ce qu'on ait

$$1 - e \cos \omega = 0, \quad \text{d'où} \quad \cos \omega = \frac{1}{e};$$

donc, depuis $\omega = 0$ jusqu'à cette limite, on ne trouvera sur le rayon vecteur aucun point de l'hyperbole. Voyons ce que représente cette limite.

Si on remet $\frac{c}{a}$ au lieu de e, la valeur $\frac{1}{e}$ devient $\frac{a}{c}$. Mais, si on mène au-dessus de l'axe CB la perpendiculaire BI égale à b, on sait que la droite AI est une asymptote de l'hyperbole (406), et le triangle AIB donne

$$\cos \text{IAB} = \frac{\text{AB}}{\text{AI}} = \frac{a}{c};$$

donc la droite FH, parallèle à l'asymptote AI, est la limite jusqu'à laqu[illegible]ve le rayon vecteur sans cesser d'être négatif. Nous dési[illegible]ns l'angle $\text{H}Fx$ par V.

Continuons la discussion. Du moment où ω surpasse V, le dénominateur $1 - e \cos \omega$ devient positif ; $\omega = \text{V}$ donne $\rho = \infty$; $\omega = 90^\circ$ donne $\rho = p$; et dans l'intervalle les valeurs de ρ sont décroissantes : on trouve ainsi l'arc SK.

Au-delà de FK, ω continuant d'augmenter, $\cos\omega$ devient négatif, et ρ continue encore de décroître jusqu'à ce qu'on fasse $\omega = 180°$. Alors on a $\cos\omega = -1$, et par suite

$$\rho = \frac{p}{1+e}.$$

Cette valeur est celle du rayon vecteur FB, ainsi qu'il serait facile de le vérifier; et l'hyperbole est actuellement prolongée jusqu'en B.

Depuis 180° jusqu'à 360°, $\cos\omega$ prend les mêmes valeurs, mais dans un ordre inverse, que de 0 à 180°; donc, si on fait l'angle H'Fx égal à HFx, ou, ce qui est la même chose, si on mène FH' parallèle à la seconde asymptote, on trouvera dans l'angle AFH' un arc tel que BK'S' symétrique à BKS. Dans l'angle H'Fx, le rayon vecteur est négatif comme il l'a été dans l'angle HFx, et ces valeurs doivent être rejetées.

En faisant augmenter l'angle ω au-delà de 360°, le rayon vecteur aura les mêmes positions et les mêmes valeurs qu'il a déjà eues; par conséquent on n'obtient plus de nouveaux points de la courbe.

L'équation [β] n'a fait trouver que la première branche de l'hyperbole : en raisonnant de la même manière sur l'équation [β'], on aura l'autre branche TCT'.

Maintenant, nous ferons remarquer que s'il y a dans l'équation [β] un défaut de généralité qui l'empêche de donner les deux branches de l'hyperbole, cela tient uniquement à ce que nous avons attaché à ρ la condition d'être positif. Si on ôte cette restriction, et que, suivant la règle générale (451), on porte les valeurs négatives de cette variable sur le prolongement du rayon vecteur, l'équation [β] déterminera aussi l'autre branche, telle qu'elle résulte de l'équation [β'].

En effet, soit FR une position du rayon vecteur, correspondante à $\omega = \omega'$, l'équation [β] donnera

$$\rho = \frac{p}{1 - e\cos\omega'};$$

supposons que cette valeur soit négative. Pour le prolongement

FR′ de FR, on a $\omega = \omega' + 180$; et en substituant cette valeur dans [β], il viendra

$$\rho = \frac{-p}{1 - e\cos\omega'},$$

quantité qui est positive, puisque l'autre est supposée négative : elle détermine donc, sur le rayon vecteur FR′, un point N de la branche TCT′. Or, ce point est le même qu'on eût trouvé, si, au lieu de rejeter la valeur négative de ρ déduite de [β], on l'eût portée sur le prolongement de FR ; par conséquent l'équation [β] donnera à elle seule toute l'hyperbole, pourvu qu'on regarde, ainsi qu'on doit le faire en général, les valeurs négatives du rayon vecteur comme devant être portées sur le prolongement de cette ligne, de l'autre côté de l'origine.

457. Parabole. Les coordonnées étant rectangulaires (fig. 194), et l'équation de la parabole étant $y^2 = 2px$, si le rayon vecteur FM, mené du foyer à un point quelconque de la courbe, est désigné par ρ, on a trouvé (427)

$$\rho = \tfrac{1}{2}p + x.$$

En faisant l'angle MF$x = \omega$, on a $x = \frac{1}{2}p + \rho\cos\omega$; et par suite on aura, pour l'équation polaire de la parabole,

$$[\gamma] \qquad \rho = \frac{p}{1 - \cos\omega}.$$

458. En rapprochant les équations [α], [β], [γ], on aperçoit sur-le-champ que les trois courbes peuvent être données par la seule équation

$$\rho = \frac{p}{1 - e\cos\omega},$$

dans laquelle p représente toujours le demi-paramètre de la courbe. On aura l'ellipse, l'hyperbole ou la parabole, selon que le rapport e sera < 1, > 1, ou $= 1$.

Quand $\omega = 90°$, le rayon vecteur est perpendiculaire à l'axe : alors on trouve $\rho = p$; donc, dans les trois courbes, *la corde perpendiculaire à l'axe, et passant par le foyer, est égale au paramètre.* Cette propriété appartient exclusivement aux foyers, et peut servir à les déterminer.

Sur les signes et l'extension qu'il convient de donner aux coordonnées polaires. Exemples.

459. C'est une erreur assez commune de croire qu'il est permis de ne faire varier l'angle ω que dans les limites de o à 360°, et de négliger tout-à-fait les valeurs négatives du rayon vecteur, comme si elles étaient imaginaires. La raison sur laquelle on s'appuie, c'est que le rayon vecteur, en tournant autour du pôle sans sortir du même plan, ne peut revenir à sa première situation qu'après avoir passé par tous les points de ce plan : d'où l'on conclut qu'il n'y a aucun point qui ne puisse se déterminer par une valeur positive de ω moindre que 360° et par une valeur positive de ρ.

Cette conclusion est exacte, mais elle ne s'applique qu'à des points pris isolément, et qui se succèdent sans aucun ordre. Il en est autrement lorsque l'on considère les variables ω et ρ dans une équation qui exprime la relation qu'elles doivent avoir pour tous les points d'une même ligne.

Supposons qu'une droite (fig. 195), d'abord confondue avec Fx, tourne autour du pôle F sans sortir d'un même plan, pendant qu'un point M, parti de l'origine, se meut le long de cette droite, de telle sorte que la distance FM, correspondante à une position quelconque de la droite, soit toujours égale au quart de la longueur de l'arc AB décrit par un point B donné sur la droite FR. Le point M décrira une courbe; et si on désigne toujours par ω l'arc AB, et par ρ la distance FM, l'équation de cette courbe sera

$$\rho = \tfrac{1}{4}\omega.$$

Si on ne fait croître ω que jusqu'à 360°, on trouve une courbe telle que FMH, qui se termine brusquement en H sur la ligne Fx. Cependant il est évident que la droite FR, après s'être replacée sur Fx, ne cesse pas pour cela sa rotation, et que la courbe décrite par le point M se prolonge au-dessus de Fx. Il en est encore ainsi après chaque révolution de FR; en sorte que la courbe fait elle-même une infinité de circonvolutions autour du point F. Or, l'équation ne peut donner toutes les parties de cette courbe qu'en faisant croître ω jusqu'à l'infini : *ce serait donc à tort qu'on voudrait arrêter cette variable à la limite 360°.*

Si on tire la droite Fx', qui rencontre en A' la circonférence décrite par le point B; si on représente l'arc AA' par α, et si on veut compter les arcs variables ω à partir de cette nouvelle ligne, il faudra, dans l'équation $\rho=\frac{1}{4}\omega$, remplacer ω par $\alpha+\omega$ quand la droite FR est au-delà de Fx', et par $\alpha-\omega$ quand FR est en deçà : il vient ainsi

$$\rho=\tfrac{1}{4}(\alpha+\omega) \quad \text{et} \quad \rho=\tfrac{1}{4}(\alpha-\omega);$$

et l'on voit que toute la courbe ne sera plus représentée par une seule équation, à moins qu'on ne donne à ω des valeurs négatives. *C'est donc encore sans raison qu'on rejetterait du calcul les valeurs négatives de cette variable.*

Revenons aux rayons vecteurs, et imaginons (fig. 196) qu'au moment où la droite FR a commencé sa rotation, le mobile M soit parti du point B, réuni alors au point A, pour se mouvoir du côté AF. Si on suppose toujours que la distance qu'il parcourt soit le quart de l'arc décrit par le point B, on aura encore

$$\rho=\tfrac{1}{4}\omega.$$

Mais la variable ρ désigne ici une distance BM comptée à partir du point B, lequel se déplace en même temps que la droite FR.

Lorsque la ligne FR prend la position FS, dans laquelle l'arc ω est égal à quatre fois le rayon FB, la distance ρ devient égale à FB, de sorte que le point mobile se trouve arrivé en F. La droite continuant de tourner et venant se placer en FT, ρ surpasse FB, et le point M passe en M' de l'autre côté du pôle F, sur le prolongement FT' de FT, et s'éloigne ensuite de plus en plus du pôle.

Si, au lieu de BM, on veut introduire dans l'équation une distance variable dont l'origine soit au pôle, et qu'on désigne le rayon FB par a, il faudra remplacer ρ par $a-\rho$, s'il s'agit d'un point tel que M, et par $a+\rho$, s'il s'agit d'un point tel que M'. Alors ρ désignera les distances FM ou FM', et on aura

$$\rho=a-\tfrac{1}{4}\omega \quad \text{et} \quad \rho=\tfrac{1}{4}\omega-a;$$

ce qui montre que la courbe ne pourra pas être donnée par une seule équation, *à moins qu'on ne regarde les valeurs négatives du rayon vecteur comme devant être portées sur le prolongement de ce rayon, de l'autre côté du pôle.* Cette conclusion s'accorde avec la discussion établie plus haut au sujet de l'hyperbole.

Maintenant il est hors de doute que les coordonnées polaires ne doivent être assujetties à aucune limitation. S'il se rencontre des courbes, et il en existe en effet un grand nombre, qui soient déterminées tout entières par des valeurs de ω moindres que 360°, et par les valeurs positives de ρ, ce sont des cas particuliers qui ne sauraient servir de règle générale.

460. A l'appui de ce qui précède, je présenterai encore quelques considérations qui, en rendant sensible la liaison des coordonnées polaires avec celles qui sont parallèles à deux axes, me paraissent bien propres à montrer comment les signes attribués aux dernières doivent s'appliquer aussi aux premières.

Soient (fig. 197) deux axes rectangulaires XX′, YY′, qui se coupent en F. De ce point comme centre décrivons une circonférence qui coupe FY en A, et menons DAD′ parallèle à XX′. Concevons que DD′ s'enroule sur la circonférence de manière que les points tels que Q et Q′ déterminent les arcs Aq et Aq', égaux aux longueurs AQ et AQ′, en même temps que les perpendiculaires QP et Q′P′ viennent coïncider avec les rayons Fq et Fq'. Alors un point M, dont les coordonnées parallèles aux axes rectangulaires étaient FP et PM, vient prendre une position m, dans laquelle il a pour coordonnées polaires l'arc $Aq = AQ = FP$ et le rayon vecteur $Fm = PM$. Les abscisses placées à droite et à gauche de l'origine F étant de signes contraires, et pouvant croître jusqu'à l'infini, il en doit être de même des arcs situés de chaque côté du point A : et pareillement, les coordonnées situées au-dessus et au-dessous de XX′, comme PM et PN, devant être prises avec des signes contraires, les rayons vecteurs correspondans Fm et Fn, dont le premier se trouve du côté Fq, et le second, sur le prolongement de Fq, de l'autre côté du pôle, devront aussi être affectés de signes différens. Ces conclusions nous ramènent précisément aux règles établies (451) sur les signes et l'extension qu'il faut donner aux coordonnées polaires.

461. Pour terminer, je proposerai comme exercices les questions suivantes :

I. Construire l'équation polaire $\rho = a\omega$ (spirale de Conon).

II. Construire l'équation $\omega\rho = a^2$ (spirale hyperbolique).

III. Construire l'équation $\rho = a \cos \omega + b$, dans laquelle a et b sont positifs. On distinguera trois cas : $b > a$, $b = a$, $b < a$. Si $b = 0$, l'équation représente un cercle.

IV. Construire l'équation $\rho = a \cos m\omega$ dans les cas suivans : $m = 3$, $m = 4$, $m = \frac{1}{3}$, $m = \frac{3}{5}$, $m = \frac{3}{2}$, $m = \frac{4}{3}$.

V. Construire l'équation $\rho = a \cos 3\omega + b$. On distinguera trois cas : $b > a$, $b = a$, $b < a$.

VI. Trouver l'équation polaire de la ligne droite. Cette équation est $\rho = \dfrac{p}{\sin(\omega - x)}$.

VII. Trouver l'équation polaire du cercle, pour une origine quelconque. Cette équation est $\rho^2 - 2\delta\rho \cos(\omega - \alpha) + \delta^2 - R^2 = 0$, et les propriétés des sécantes s'en déduisent immédiatement.

VIII. Problème. Etant donné un cône droit dans lequel le rayon de la base est le tiers de l'apothème, supposons qu'on prenne sur la surface de ce cône un point situé à une distance quelconque a du sommet, et que, de ce point comme centre, avec une ouverture de compas égale à r, on trace une courbe sur la surface de ce même cône ; supposons ensuite qu'on développe cette surface sur un plan, ce qui donnera un secteur circulaire dont l'angle est égal au $\frac{4}{3}$ d'un angle droit : on demande l'équation de la courbe tracée par le compas, et devenue plane par le développement.

L'équation de cette courbe étant trouvée en général pour toutes les valeurs de a et de r, on fera $a = 3$, $r = 2$, et on déterminera, pour ce cas particulier, la figure exacte de la courbe.

CHAPITRE XIII.

DES SECTIONS DU CÔNE ET DU CYLINDRE.

Sections coniques. Identité de ces courbes avec celles du second ordre.

462. Nous nommons ici *cône droit* la surface engendrée par une droite indéfinie, qui tourne autour d'une droite fixe, sans cesser de passer par un même point de cette ligne, et de faire avec elle le même angle. La droite mobile est la *génératrice* du cône, la droite fixe en est l'*axe*, et le point par lequel passe constamment la génératrice en est le *sommet*. Comme la génératrice est illimitée de chaque côté, il s'ensuit que la surface conique est composée de deux parties ou *nappes* parfaitement semblables, situées de part et d'autre du sommet.

De la génération du cône il résulte que tout plan perpendiculaire à l'axe coupe cette surface suivant un cercle, et que tout plan conduit par l'axe la coupe suivant deux génératrices, qui font entre elles un angle double de l'angle constant formé par la génératrice avec l'axe.

463. Laissant de côté tous les cas particuliers, proposons-nous de rechercher les différentes courbes qu'on obtient en coupant un cône droit par un plan, et qu'on le nomme *sections coniques*.

Soit MAN (fig. 198) la courbe dont il s'agit : par l'axe VV' menons un plan perpendiculaire à celui de cette courbe ; il coupera le cône suivant deux génératrices opposées RSR', TST', et le plan de MAN suivant une droite Ax que je prendrai pour la ligne des abscisses. Par un point quelconque de la courbe j'abaisse l'ordonnée rectangulaire MP : je désigne AP par x, MP par y, et il s'agit de trouver une relation entre x et y.

Il y a trois cas à distinguer, selon que Ax rencontre la génératrice TT' sur la même nappe que RR', ou qu'il la rencontre sur la nappe opposée, ou qu'il lui est parallèle.

1er *cas* (fig. 198). Par les points A et B, où Ax rencontre les deux génératrices SR, ST, je mène AC, BD, perpendiculaires à l'axe SV, et je fais $AB = 2a$, $BD = 2f$, $AC = 2g$. Par le point P je mène encore EF. Ce plan sera lui-même perpendiculaire à l'axe, et coupera par conséquent le cône suivant un cercle EMF, qui aura EF pour diamètre.

L'ordonnée MP étant perpendiculaire à Ax, et située dans le plan MAN perpendiculaire au plan ASB, doit être elle-même perpendiculaire à ce dernier plan; donc elle fait un angle droit avec le diamètre EF; donc on a

$$y^2 = EP \times PF.$$

Mais les triangles semblables AEP, ADB, donnent

$$EP : x :: 2f : 2a, \quad \text{d'où} \quad EP = \frac{fx}{a};$$

et les triangles semblables BFP, BCA, donnent

$$PF : 2a - x :: 2g : 2a, \quad \text{d'où} \quad PF = \frac{g(2a-x)}{a}.$$

Par conséquent l'équation de la section conique sera

$$y^2 = \frac{fg}{a^2}(2ax - x^2);$$

donc *cette section conique est une ellipse.*

Remarques. I. Le grand axe d'une ellipse étant désigné par 2A, et le petit axe par 2B, si on rapporte cette ellipse à son grand axe et à une perpendiculaire élevée par l'un des sommets, l'équation de cette courbe est (296)

$$y^2 = \frac{B^2}{A^2}(2Ax - x^2).$$

En la comparant à la précédente, on voit que le grand axe de la section conique est égal à $2a$, que le petit axe est égal à $2\sqrt{fg}$, et que par suite la distance des deux foyers est $2\sqrt{a^2 - fg}$.

Abaissez AG perpendiculaire sur BD : on aura $BG = f + g$, et le triangle ABD donnera

$$\overline{AD}^2 = 4a^2 + 4f^2 - 4f(f+g) = 4a^2 - 4fg;$$

donc $AD = 2\sqrt{a^2 - fg}$, distance égale à celle des foyers.

Ainsi, il est à remarquer *que, dans l'ellipse résultant de la section du cône, le grand axe est égal à* AB, *que le petit axe est moyen proportionnel entre* AC *et* BD, *et que l'excentricité est égale à* AD.

II. Inscrivez un cercle dans le triangle ASB, et soient H, I, K, les points de contact avec les trois côtés. Il est facile de voir qu'on a

$$AH = AI, \quad BH = BK, \quad SI = SK.$$

Par suite on a $CK = AI = AH$. Or, $BK - CK = BC$; donc $BH - AH = BC$; donc aussi, en prenant $BH' = AH$, on aura $BH - BH' = HH' = BC$. On vient de voir que la distance des deux foyers de l'ellipse est égale à BC ou AD; donc *les points* H *et* H' *sont les deux foyers*.

Au reste, le foyer H' est aussi déterminé par le cercle décrit au-dessous de AB tangentiellement aux trois mêmes lignes AB, AR, BT. En effet, si on suppose que H', I', K', soient les points de contact, on a $BH' = BK' = DI'$. Par conséquent $AH' - BH' = AI' - DI' = AD$; donc H' est l'autre foyer.

Si on mène IL parallèle à AC, le triangle AIL sera semblable à ABD, et on aura

$$AL : AB :: AI : AD.$$

Soit O le milieu de AB : on a $AB = 2OA$, $AD = 2OH$, $AI = AH$; donc, au lieu de la proportion précédente, on peut écrire

$$AL : OA :: AH : OH,$$

ou bien, *componendo*,

$$OL : OA :: OA : OH, \quad \text{d'où} \quad OL \times OH = \overline{OA}^2.$$

Pareillement, si on mène K'L' parallèle à BD, on trouve $OL' \times OH' = \overline{OA}^2$. Alors, en rapprochant ces résultats du n° 315, on conclut que *les points* L *et* L' *sont les pieds des deux directrices*.

III. Si le plan coupant se meut parallèlement à lui-même, les triangles ADP, ACB, conserveront les mêmes angles; donc le rapport $\frac{\sqrt{fg}}{a}$, qui est celui des axes de l'ellipse, restera constant. C'est en cela que consistent les ellipses *semblables*.

IV. Quand le cône et l'ellipse sont donnés séparément, on connaît les côtés AB et AD du triangle ABD, ainsi que l'angle D. En effet, AB est le grand axe de l'ellipse, AD est la distance des foyers, et l'angle D est le complément de l'angle formé par la génératrice du cône avec l'axe. On peut donc construire le triangle ABD, et avoir ensuite le point S en élevant au milieu de BD la perpendiculaire SV. Alors il est évident que le cône droit engendré par la révolution de SR autour de SV est égal au cône donné, et que le plan conduit par AB, perpendiculairement au plan RSV, coupe ce cône suivant l'ellipse donnée; donc *toute ellipse peut être placée sur un cône donné.*

Par la nature de l'ellipse, AD est < AB; d'ailleurs, l'angle ADB est aigu; donc le triangle ADB est toujours possible, et la conclusion précédente n'est sujette à aucune exception.

464. 2e *cas* (fig. 199). En faisant les mêmes constructions que dans le premier cas, et conservant les mêmes dénominations, on a toujours $y^2 = \overline{MP}^2 = EP \times PF$.

Par la comparaison des triangles semblables AEP, ADB, et par celle des triangles BFP, BCA, qui sont aussi semblables, on trouve

$$EP = \frac{fx}{a}, \quad PF = \frac{g(2a+x)}{a};$$

et par suite, il vient

$$y^2 = \frac{fg}{a^2}(2Ax + x^2):$$

donc *la section conique est une hyperbole.*

Remarques. I. En plaçant l'origine au sommet, l'équation de l'hyperbole est (360)

$$y^2 = \frac{B^2}{A^2}(2Ax + x^2).$$

On voit par-là que, dans l'hyperbole située sur le cône, le premier axe est égal à $2a$, que le second est égal à $2\sqrt{fg}$, et que l'excentricité est $2\sqrt{a^2+fg}$.

En menant AG perpendiculaire sur BD, on trouve facilement

$$\overline{AD}^2 = 4a^2 + 4f^2 - 4f(f-g) = 4a^2 + 4fg;$$

donc $AD = 2\sqrt{a^2+fg}$, ce qui prouve que la distance AD est égale à l'excentricité.

II. Soient H, I, K, et H', I', K', les points de contact des lignes $x'x$, RR', TT', avec les deux cercles tangens à ces lignes, et compris entre les génératrices RR' et TT', on aura $AH = AI = CK$, et par suite $BH + AH = BK + CK = BC$. Or, la ligne AD ou BC est égale à la distance des foyers de la courbe; donc *le point* H *est un foyer*. On a aussi $BH' = BK' = DI'$, et par suite $AH' + BH' = AI' + DI' = AD$; donc *le point* H' *est l'autre foyer.*

Tirons IL et K'L' parallèles à BD. Les triangles semblables AIL, ADB, donnent

$$AL : AB :: AI \text{ ou } AH : AD \text{ ou } HH'.$$

Soit O le milieu de la distance AB: cette proportion reviendra à celle-ci:

$$AL : OA :: AH : OH.$$

Par conséquent on a, *dividendo*,

$$OL : OA :: OA : OH, \quad \text{d'où} \quad OL \times OH = \overline{OA}^2.$$

Semblablement, on trouverait $OL' \times OH' = \overline{OA}^2$; donc (372) *les points* L *et* L' *sont les pieds des deux directrices.*

III. Pour des sections parallèles, le rapport des deux axes $\frac{\sqrt{fg}}{a}$ reste constant, et c'est pour cela que les hyperboles sont dites *semblables.*

De ce que ce rapport demeure constant, il s'ensuit que les hyperboles résultant de ces sections ont leurs asymptotes parallèles. Il est facile de reconnaître aussi que la section parallèle, faite par le sommet du cône, donne deux génératrices parallèles à ces asymptotes.

IV. Si on veut placer une hyperbole sur un cône donné, on construit le triangle ADB, dans lequel on connaît l'angle aigu D, le côté AD égal à la distance des foyers de l'hyperbole, et le côté AB égal à l'axe transverse; on élève ensuite la perpendiculaire SV au milieu de BD. Le cône droit qui a SV pour axe et SA pour génératrice est égal au cône donné, et le plan mené par AB, perpendiculairement au plan ASV, coupe ce cône suivant l'hyperbole donnée.

Mais le côté AB étant plus petit que AD, le triangle ADB n'est possible que dans le cas où AB n'est pas moindre que la perpendiculaire AG. Or, le triangle ADG donne AG = AD sin ADG = AD × cos ASV; donc il faut qu'on ait

$$\text{AD} \times \cos \text{ASV} < \text{AB}, \quad \text{d'où} \quad \cos \text{ASV} < \frac{\text{AB}}{\text{AD}},$$

le signe $<$ n'excluant pas l'égalité. Mais, dans l'hyperbole donnée, le rapport $\frac{\text{AB}}{\text{AD}}$ est égal au cosinus de l'angle formé par l'asymptote avec le premier axe (411); en désignant donc cet angle par θ, on a

$$\cos \text{ASV} < \cos\theta, \quad \text{d'où} \quad \text{ASV} > \theta \quad \text{et} \quad 2\text{ASV} > 2\theta.$$

Donc *une hyperbole peut se placer sur un cône donné, pourvu que l'angle de deux génératrices opposées ne soit pas moindre que celui des asymptotes de l'hyperbole.*

465. 3e *cas* (fig. 200). En se servant toujours des mêmes constructions, on a encore $y^2 = \text{EP} \times \text{PF}$.

Ax étant parallèle à ST, on a $\text{PF} = \text{AC} = 2g$; et les triangles AEP, SAC, étant semblables, on a, en faisant $\text{AS} = d$,

$$\text{EP} : x :: 2g : d, \quad \text{d'où} \quad \text{EP} = \frac{2gx}{d}:$$

par suite, l'équation de la courbe est

$$y^2 = \frac{4g^2}{d}x.$$

Donc *la section conique est une parabole.*

Remarques. I. Le paramètre de cette parabole est égal à $\frac{4g^2}{d}$. Or, si du milieu de AC, on mène GH perpendiculaire sur Ax, le triangle AGH sera semblable à AGS, et on aura

$$\text{AH} : g :: g : d, \quad \text{d'où} \quad \text{AH} = \frac{g^2}{d}:$$

AH est donc le quart du paramètre, et par conséquent *le point* H *est le foyer de la parabole.*

II. Dès-lors il est évident que *ce foyer est précisément le point de contact de la ligne* X'X *avec le cercle décrit entre les génératrices*

RR′ *et* TT′, *tangentiellement à ces deux génératrices et à la droite* x′x.

De plus, il est facile de voir que si, par le point de contact de RR′ avec le même cercle, on tire IL parallèle à AC, on aura AL = AH; donc *la directrice passe au point* L.

III. Il n'y a pas lieu à remarquer que les paraboles données par des plans parallèles sont semblables, par la raison que *toutes les paraboles doivent être considérées comme semblables.* Cela se fonde sur ce que, dans deux paraboles quelconques, les droites menées par les sommets, et également inclinées sur les axes, sont toujours proportionnelles. La démonstration de cette proposition est trop facile pour qu'il soit nécessaire de la donner ici.

IV. Une parabole étant donnée, pour la placer sur un cône donné, on construira le triangle rectangle GAH, dont on connaît le côté AH et l'angle GAH; puis on élevera GS perpendiculaire sur AG, et on fera l'angle GAS = GAH. La surface décrite par la révolution de SA autour de SG sera celle du cône donné, et le plan conduit par AH perpendiculairement au plan ASG coupera ce cône suivant la parabole donnée. Donc *toutes les paraboles peuvent être placées sur un cône donné.*

466. Ce qu'il faut principalement conclure de tout ce qui précède, c'est *que les sections coniques sont des courbes du second ordre*; et réciproquement, *que les courbes du second ordre sont des sections coniques.*

Autre méthode.

467. Nous allons encore chercher les sections coniques par une autre méthode, qui fera trouver les trois courbes dans une seule équation.

Ayant fait (fig. 201) les mêmes constructions que dans le n° 463, choisissons des données qui conviennent également à toutes les positions de la ligne Ax; et prenons SA $= d$, SA$x = \alpha$, RSV $= \beta$.

Cela posé, le cercle EMF donne $y^2 = \text{EP} \times \text{PF}$.

Dans le triangle APE, on a EP : x :: sin PAE : sin PEA.

Or, sin PAE $= \sin\alpha$, sin PEA $= \cos\beta$; donc EP $= \dfrac{x \sin\alpha}{\cos\beta}$.

Menons AC parallèle à EF, et PH parallèle à SF : le triangle APH donne AH : x :: sin APH : sin AHP. Or, sin APH $=$ $\sin(\alpha+2\beta)$ et sin AHP $=\cos\beta$; donc $AH=\dfrac{x\sin(\alpha+2\beta)}{\cos\beta}$.

Le triangle SAG donne $2AG=AC=2d\sin\beta$; et en retranchant AH de AC, il vient $PF=2d\sin\beta-\dfrac{x\sin(\alpha+2\beta)}{\cos\beta}$.

Enfin, en remplaçant EP, PF, par leurs valeurs, on a

$$[S] \qquad y^2=\frac{2d\sin\alpha\sin\beta}{\cos\beta}x-\frac{\sin\alpha\sin(\alpha+2\beta)}{\cos^2\beta}x^2.$$

Donc *les sections coniques sont des courbes du second ordre.*

Pour démontrer la proposition réciproque, il faut remarquer d'abord qu'en prenant des coordonnées rectangulaires et en plaçant l'origine à un sommet, les trois courbes du second ordre sont contenues dans l'équation

$$[s] \qquad y^2=2px+nx^2,$$

$2p$ désignant le paramètre de la courbe, et n le carré du rapport du second axe au premier (abstraction faite du signe). Alors, la question revient à démontrer que les quantités p, n, β, étant données, on peut déterminer pour les inconnues d et α des valeurs réelles qui rendent les équations [S] et [s] identiques.

En égalant respectivement les coefficiens de x et de x^2, dans les deux équations, il vient

$$[1] \quad \frac{d\sin\alpha\sin\beta}{\cos\beta}=p, \qquad [2] \quad \frac{\sin\alpha\sin(\alpha+2\beta)}{\cos^2\beta}=-n.$$

L'équation [1] donne pour d une valeur réelle quand α est lui-même réel. Mais la forme de l'équation [2] n'est pas commode pour faire connaître cet angle; c'est pourquoi nous allons la changer.

Si on prend les formules trigonométriques qui expriment $\cos(A+B)$ et $\cos(A-B)$, et qu'on retranche la première de la seconde, on trouve (38)

$$2\sin A\sin B=\cos(A-B)-\cos(A+B).$$

Soit fait $A=\alpha+2\beta$ et $B=\alpha$, cette formule donne

$$2\sin\alpha\sin(\alpha+2\beta)=\cos 2\beta-\cos(2\alpha+2\beta).$$

Par suite, l'équation [2] devient $\cos 2\beta - \cos(2\alpha + 2\beta) = -2n\cos^2\beta$, d'où

$$\cos(2\alpha + 2\beta) = \cos 2\beta + 2n\cos^2\beta.$$

Or, $\cos 2\beta = \cos^2\beta - \sin^2\beta = 2\cos^2\beta - 1$; donc enfin

$$\cos(2\alpha + 2\beta) = 2(1+n)\cos^2\beta - 1.$$

Dans l'ellipse, le rapport n est négatif et < 1. Il s'ensuit que la valeur précédente est comprise entre $+1$ et -1; donc l'arc $2\alpha + 2\beta$ est réel, et par suite α l'est aussi; donc *un cône droit étant donné, on peut toujours le couper suivant une ellipse donnée.*

Dans l'hyperbole, n est positif et peut avoir une grandeur quelconque. Si la valeur de $\cos(2\alpha + 2\beta)$ est négative, il est évident qu'elle sera plus petite que l'unité, et par conséquent α sera réel. Mais il n'en est plus ainsi quand cette valeur est positive : il faut alors qu'on ait

$$2(1+n)\cos^2\beta - 1 < 1, \quad \text{d'où} \quad \cos\beta < \sqrt{\frac{1}{1+n}}.$$

Pour interpréter cette condition, remettons au lieu de n le carré du rapport des axes : elle devient $\cos\beta < \frac{a}{\sqrt{a^2+b^2}}$. Or, si on désigne par θ l'angle des asymptotes avec l'axe transverse, on a aussi $\cos\theta = \frac{a}{\sqrt{a^2+b^2}}$; donc $\cos\beta < \cos\theta$; donc $\beta > \theta$ et $2\beta > 2\theta$. Ainsi, on retrouve cette condition que, *pour placer une hyperbole sur un cône droit, il faut que, dans ce cône, l'angle au sommet soit au moins égal à celui des asymptotes.*

Dans la parabole, $n = 0$, et alors l'équation [2] donne ou $\sin\alpha = 0$ ou $\sin(\alpha + 2\beta) = 0$. La première valeur n'est pas admissible : car en la mettant dans l'équation [1] on aurait $p = 0$, et l'équation [s] ne représenterait plus une parabole. On doit donc prendre $\sin(\alpha + 2\beta) = 0$. Or, $\alpha + 2\beta$ doit être $< 360^\circ$; donc il faut poser ou $\alpha + 2\beta = 0$ ou $\alpha + 2\beta = 180^\circ$.

On peut négliger l'égalité $\alpha + 2\beta = 0$, car elle donnerait α négatif; et quant à l'égalité $\alpha + 2\beta = 180^\circ$, elle montre que la ligne Ax (fig. 201) doit être parallèle à ST : c'est en effet ce qui doit arriver dans le cas de la parabole. Ainsi, *toutes les paraboles peuvent se trouver en coupant un même cône droit par des plans.*

Section cylindrique.

468. Soit AMB (fig. 202) la section d'un cylindre droit par un plan : si on fait les mêmes constructions que pour le cône (463), et qu'on désigne le rayon du cylindre par r, et AB par $2a$, on trouve facilement, pour la courbe AMB,

$$[T] \qquad y^2 = \frac{r^2}{a^2}(2ax - x^2).$$

Cette équation, qui représente une ellipse, peut aussi se déduire de l'équation [S], mais il faut auparavant introduire dans celle-ci la ligne AG (fig. 201). Posons $AG = r$: le triangle ASG donne $r = d \sin\beta$, et par suite [S] devient

$$y^2 = \frac{2r \sin\alpha}{\cos\beta} x - \frac{\sin\alpha \sin(\alpha + 2\beta)}{\cos^2\beta} x^2.$$

Alors, si on suppose $\beta = 0$, les lignes RR', TT', deviennent parallèles, et le cône se change en cylindre. Par cette hypothèse, l'équation se réduit à

$$y^2 = 2r \sin\alpha . x - \sin^2\alpha . x^2.$$

Ce résultat s'accorde avec l'équation [T] ; car α représente l'angle R'AB (fig. 202), et le triangle ABC donne $\sin ABC = \sin\alpha = \frac{r}{a}$: or, si on substitue cette valeur dans l'équation ci-dessus on retombe sur l'équation [T].

Section anti-parallèle du cône oblique.

469. Si on fait mouvoir une droite de manière qu'elle s'appuie toujours sur un cercle et qu'elle passe constamment par un point donné, elle engendre un *cône*, qui a pour *base* le cercle, pour *sommet* le point donné, et pour *axe* la droite menée par le sommet et par le centre de la base. Le cône est *droit ou oblique*, selon que l'axe est perpendiculaire ou oblique à la base.

Un plan mené par l'axe d'un cône oblique perpendiculairement à sa base, coupe le cône et sa base suivant un triangle qu'on nomme la *section principale*.

Le cône oblique, de même que le cône droit, est coupé suivant des cercles, par des plans parallèles à sa base; mais il jouit en outre de la propriété d'être encore rencontré suivant des cercles par d'autres plans. C'est ce que nous allons faire voir.

Soit SAB (fig. 203) la section principale d'un cône oblique, et DMC la courbe produite par l'intersection de ce cône avec un plan perpendiculaire au plan SAB. Ayant mené MP perpendiculaire sur CD, et EPF parallèle à AB, je conduis par EF et MP un plan qui sera parallèle à la base du cône, et qui coupera le cône suivant un cercle EMF. Il est facile de voir que MP est perpendiculaire au diamètre EF; donc $\overline{MP}^2 = EP \times PF$.

Supposons que la courbe DMC soit un cercle : la droite DC sera un diamètre de ce cercle, et on aura aussi $\overline{MP}^2 = DP \times PC$; donc $EP \times PF = DP \times PC$, ou bien

$$EP : DP :: PC : PF.$$

Les deux triangles EPD, CPF, ont donc un angle égal entre côtés proportionnels; par conséquent ils sont semblables, et l'angle $SCD = SEF = SAB$. Quand cette condition est remplie, il est clair que la section est un cercle.

On connaît ainsi la nouvelle direction qu'il faut donner aux plans coupans pour que les sections du cône oblique soient encore des cercles. Ces sections sont celles qu'on désigne sous le nom de *anti-parallèles* ou de *sous-contraires*. Il y a aussi une section anti-parallèle dans le cylindre oblique à base circulaire.

470. *Remarque.* Quelle que soit la position des lignes CD et EF, pourvu qu'elles soient parallèles à celles qui répondent aux deux séries de sections circulaires, il est clair que les deux triangles EPD et CPF seront encore semblables : de sorte qu'on aura toujours $EP \times PF = DP \times PC$. De là il est facile de conclure que CD et EF sont les cordes d'un même cercle, et que les deux sections circulaires, qui ont ces lignes pour diamètres, sont situées sur une même sphère dont le grand cercle est précisément celui qui contient les cordes CD et EF.

CHAPITRE XIV.

TANGENTES ET ASYMPTOTES

CONSIDÉRÉES GÉNÉRALEMENT.

Tangentes aux courbes algébriques.

471. Soit x' et y' les coordonnées d'un point quelconque d'une courbe. Pour un autre point dont l'abscisse serait $x'+h$, on aurait une autre ordonnée que je désigne par $y'+k$. La sécante passant par les deux points est déterminée quand on connaît le rapport de k à h : mais la valeur générale de ce rapport ne nous est pas nécessaire, et il suffit de trouver celle qu'il prend quand le second point coïncide avec le premier. Il est évident, en effet, qu'en nommant λ cette limite, l'équation de la tangente sera

$$y-y'=\lambda(x-x').$$

La limite λ doit être une conséquence de l'équation qui exprime la liaison établie entre l'abscisse et l'ordonnée de la courbe ; et voici comment on trouve cette limite.

Soit $Z=0$ l'équation de la courbe. Elle doit être satisfaite en y remplaçant x et y par x' et y' ou par $x'+h$ et $y'+k$; donc, en appelant Z' et Z'' ce que devient Z par ces substitutions, on devra avoir $Z'=0$ et $Z''=0$, d'où $Z''-Z'=0$.

Or, si on suppose que $Z=0$ soit une équation algébrique, il est clair que tous les termes de Z' doivent se trouver dans Z'' : car, lorsqu'on fait $h=0$ et $k=0$, on réduit $x'+h$ et $y'+k$ à x' et y', et par suite Z'' se réduit à Z'. Il suit de là que l'équation $Z''-Z'=0$ ne doit se composer que de termes multipliés par h ou k, ou bien par des puissances et des produits de ces quantités. On fera donc $k=lh$ dans cette équation, ensuite on en tirera une valeur générale du rapport l, puis on passera à la limite λ en faisant $h=0$.

En algèbre on démontre que, si on remplace x et y par $x+h$ et $y+k$, le polynôme Z deviendra

$$Z+Xh+Yk+\omega,$$

X et Y étant les polynômes dérivés de Z relatifs à x et à y, et ω étant une suite de termes tous multipliés par des puissances ou par des produits de h et de k.

Cela posé, il est évident qu'en désignant par Z', X', Y', ω', ce que deviennent Z, X, Y, ω, par le changement de x et y en x' et y', on aura

$$Z''=Z'+X'h+Y'k+\omega';$$

et par conséquent l'équation $Z''-Z'=0$ deviendra

$$X'h+Y'k+\omega'=0.$$

Maintenant il faut poser $k=lh$, et alors, en divisant par h et nommant ω'' le quotient de ω' par h, il vient

$$X'+Y'l+\omega''=0,\quad \text{d'où}\quad l=-\frac{X'}{Y'}-\frac{\omega''}{Y'}.$$

La quantité ω'' contient encore h dans tous ses termes ; donc elle devient zéro lorsque, pour avoir la limite λ de l, on suppose $h=0$. Ainsi on a simplement

$$\lambda=-\frac{X'}{Y'};$$

et par suite l'équation de la tangente sera

$$y-y'=-\frac{X'}{Y'}(x-x'),$$

ou bien, sous une autre forme, en posant $X'x'+Y'y'=V'$,

$$[t]\qquad Y'y+X'x=V'.$$

Il serait facile de démontrer qu'au moyen de l'équation $Z'=0$, la quantité V' se réduit toujours à un polynôme de degré inférieur à Z', mais je me bornerai à vérifier cette proposition dans les deux exemples suivans.

472. EXEMPLE I. Considérons les lignes du second ordre, dont l'équation générale est

$$[A]\qquad Ay^2+Bxy+Cx^2+Dy+Ex+F=0$$

Alors on a $Y' = 2Ay' + Bx' + D$, $X' = By' + 2Cx' + E$, $V' = 2Ay'^2 + 2Bx'y' + 2Cx'^2 + Dy' + Ex'$.

Or, l'équation [A] donne $2Ay'^2 + 2Bx'y' + 2Cx'^2 = -2Dy' - 2Ex' - 2F$; donc $V' = -Dy' - Ex' - 2F$, et en conséquence l'équation de la tangente devient

$$(2Ay' + Bx' + D)y + (By' + 2Cx' + E)x + Dy' + Ex' + 2F = 0.$$

Exemple II. Soit encore l'équation, déjà construite n° 183,

$$y^3 - 3axy + x^3 = 0.$$

On a $Y' = 3y'^2 - 3ax'$, $X' = 3x'^2 - 3ay'$, $V' = 3y'^3 - 6ax'y' + 3x'^3 = -3ax'y'$; et par suite l'équation de la tangente est

$$(y'^2 - ax')y + (x'^2 - ay')x + ax'y' = 0.$$

Tangentes aux courbes rapportées à des coordonnées polaires.

473. Quand une courbe CD (fig. 204) est donnée par une équation polaire, on détermine sa tangente, en un point quelconque M, au moyen de l'angle AMT qu'elle fait avec le rayon vecteur AM. Pour connaître cet angle, on considère toujours la tangente comme une sécante passant par deux points M et M' qui viennent se réunir en un seul. Soit M'MS cette sécante : avec AM décrivez un cercle qui rencontre le rayon vecteur AM' en N, menez la droite NMH, et tirez AS parallèle à NH. Les triangles ASM', NMM', sont semblables, et donnent

$$[1] \qquad \frac{AS}{AM'} = \frac{MN}{M'N}.$$

Rapprochons graduellement AM' de AM, et établissons enfin la coïncidence. MS devient la tangente MT, et MH devient perpendiculaire sur AM ; donc aussi la parallèle AS prend une position AT perpendiculaire sur AM. Alors $\frac{AS}{AM'}$ se change en $\frac{AT}{AM}$; et comme le triangle AMT est rectangle en A, on a

$$\text{Limite de } \frac{AS}{AM'} = \frac{AT}{AM} = \text{tang AMT}.$$

Cherchons aussi ce que devient alors le rapport $\frac{MN}{M'N}$. Soient ω, ρ, les coordonnées polaires du point M, et $\varphi+h$, $\rho+k$, celles du point M'; de sorte qu'on ait l'angle MAX $=\omega$, AM $=\rho$, angle MAN $=h$, M'N $=k$. Abaissez AI perpendiculaire à MN, on aura MN $=2$NI $=2\rho\sin\frac{1}{2}h$, donc $\frac{MN}{M'N}=\frac{2\rho\sin\frac{1}{2}h}{k}$. Pour trouver la limite de ce rapport, écrivons-le ainsi :

$$\frac{MN}{M'N}=\frac{\sin\frac{1}{2}h}{\frac{1}{2}h}\times\frac{h}{k}\times\rho.$$

Au moment où M' et M se confondent, h devient zéro, et on sait qu'alors le rapport de $\sin\frac{1}{2}h$ à $\frac{1}{2}h$ doit être égal à 1 (51). De plus, nommons θ ce que devient le rapport de h à k; et nous aurons $\theta\rho$ pour la limite cherchée. Ainsi, au moment où la sécante devient tangente, l'équation [1] donne

$$[2] \qquad \text{tang AMT}=\theta\rho.$$

La position de la tangente MT ne dépend donc que de la seule quantité θ, qui est la limite du rapport de l'accroissement de l'angle ω à celui du rayon vecteur ρ; et il est clair que, dans chaque cas particulier, cette limite se déduira de l'équation polaire de la courbe, tout-à-fait de la même manière que si ω et ρ étaient des coordonnées parallèles à des axes.

Quand on emploie les coordonnées polaires, on appelle *sous-tangente* la distance AT comprise entre l'origine et la tangente, sur la perpendiculaire élevée au rayon vecteur par l'origine. Cette distance se déduit du triangle rectangle AMT, et l'on a

$$\text{AT}=\rho\,\text{tang AMT}=\theta\rho^2.$$

474. Exemple. Prenons l'équation polaire des courbes du second ordre (458),

$$\rho=\frac{p}{1-e\cos\omega}.$$

Si on y change ω en $\omega+h$, et ρ en $\rho+k$, il vient

$$\rho+k=\frac{p}{1-e\cos(\omega+h)}.$$

Par suite, en retranchant ρ de $\rho+k$, on a

$$k=\frac{p}{1-e\cos(\omega+h)}-\frac{p}{1-e\cos\omega}=\frac{pe\left[\cos(\omega+h)-\cos\omega\right]}{(1-e\cos\omega)\left[1-e\cos(\omega+h)\right]},$$

et
$$\frac{h}{k}=\frac{h(1-e\cos\omega)\left[1-e\cos(\omega+h)\right]}{pe\left[\cos(\omega+h)-\cos\omega\right]}.$$

Mais la formule connue (39) $\cos p-\cos q=-2\sin\frac{1}{2}(p+q)\times\sin\frac{1}{2}(p-q)$ donne

$$\cos(\omega+h)-\cos\omega=-2\sin(\omega+\tfrac{1}{2}h)\sin\tfrac{1}{2}h;$$

donc
$$\frac{h}{k}=-\frac{(1-e\cos\omega)\left[1-e\cos(\omega+h)\right]}{pe\sin(\omega+\frac{1}{2}h)}\times\frac{\frac{1}{2}h}{\sin\frac{1}{2}h}.$$

Pour avoir la limite θ de ce rapport, il faut supposer $h=0$. alors il vient

$$\theta=-\frac{(1-e\cos\omega)^2}{pe\sin\omega};$$

et par conséquent la formule [2], en y mettant la valeur de ρ et celle de θ, devient

$$\text{tang AMT}=-\frac{1-e\cos\omega}{e\sin\omega}.$$

Asymptotes des courbes algébriques.

475. Soit, comme dans le nº. 246,

$$y=cx+d$$

l'équation d'une asymptote non parallèle aux ordonnées. D'après la définition des asymptotes, l'équation de la courbe doit donner une valeur de y telle que

$$y=cx+d+\text{V},$$

dans laquelle V est une quantité qui devient nulle quand on fait $x=\pm\infty$. Or, de cette égalité on tire d'abord $c=\frac{y}{x}-\frac{d+\text{V}}{x}$, $d=y-cx-\text{V}$; et ensuite l'hypothèse $x=\pm\infty$ donne

$$c=\lim.\frac{y}{x},\qquad d=\lim.(y-cx):$$

donc ce sont ces limites qu'il faut déterminer, et c'est ce que je me propose de faire ici pour les courbes algébriques en général.

Considérons des polynômes quelconques en x et y, et soient

$$\begin{aligned} U &= Ax^py^q + Bx^ry^s + \text{etc.}, \\ U_1 &= A'x^{p'}y^{q'} + B'x^{r'}y^{s'} + \text{etc.}, \\ U_2 &= A''x^{p''}y^{q''} + B''x^{r''}y^{s''} + \text{etc.} \\ &\text{etc.} \end{aligned}$$

Supposons que tous les termes de U soient du degré m, que ceux de U_1 soient du degré $m-1$, et ainsi de suite : les courbes algébriques de l'ordre m pourront être représentées par l'équation

[1] $$U + U_1 + U_2 + \text{etc.} = 0.$$

Cela posé, pour avoir c, il faut faire $y = cx$ dans [1], et chercher la valeur de c correspondante à $x = \pm\infty$. Or, puisque les termes de U sont du degré m, il est clair qu'après la substitution de cx, ils contiendront tous x^m ; de même ceux de U_1 contiendront x^{m-1} ; et ainsi de suite. Pour abréger, faisons

$$T = Ac^q + Bc^s + \text{etc.}, \quad T_1 = A'c^{q'} + B'c^{s'} + \text{etc.},$$
$$T_2 = A''c^{q''} + B''c^{s''} + \text{etc.}, \quad \text{etc.};$$

l'éq. [1] deviendra $Tx^m + T_1x^{m-1} + T_2x^{m-2} + \text{etc.} = 0$; ou bien, en divisant par x^m,

$$T + \frac{T_1}{x} + \frac{T_2}{x^2} + \text{etc.} = 0.$$

Maintenant supposons $x = \pm\infty$, il reste

[2] $$T = 0, \quad \text{ou} \quad Ac^q + Bc^s + \text{etc.} = 0;$$

et telle est l'équation dont les racines réelles seront les valeurs du coefficient c.

Connaissant c, passons à la détermination de d. Dans [1] je fais $y - cx = d$, ou plutôt $y = cx + d$; je représente par T', T'',.., T_1', T_1'',..., T_2', T_2'',..., etc., les polynômes dérivés relatifs à c de T, T_1, T_2, etc. ; et l'équation résultante, ordonnée par rapport à x, sera

$$Tx^m + (T'd + T_1)x^{m-1} + \left(\frac{T''}{1.2}d^2 + \frac{T_1'}{1}d + T_2\right)x^{m-2} + \text{etc.} = 0.$$

La partie Tx^m est nulle en vertu de l'équation [2]. En la supprimant, divisant par x^{m-1}, puis supposant $x = \pm\infty$, il reste

[3] $$T'd + T_1 = 0,$$

équation qui fera connaître la valeur de d correspondante à chaque valeur de c.

Ainsi les asymptotes non parallèles aux y sont déterminées par les équations [2] et [3]. La première, qui détermine c, dépend uniquement des coefficiens du polynôme U; et que la seconde, celle qui détermine d, se forme au moyen des seuls polynômes U et U_1, sans rien emprunter à ceux d'un ordre inférieur.

Il y a cependant une observation importante à faire. Il peut arriver qu'une valeur de c fasse disparaître de l'équation $Tx^m +$ etc. $= 0$ non-seulement les termes en x^m, mais aussi ceux en x^{m-1}. Dans ce cas on divise par x^{m-2}, et on a, pour déterminer d, l'équation

$$\frac{T''}{1.2}d^2 + \frac{T_1'}{1}d + T_2 = 0,$$

laquelle, en général, est du second degré.

S'il arrive que les termes en x^{m-2} disparaissent aussi, on recourra à ceux qui renferment x^{m-3}; et ainsi de suite.

Pour ne manquer aucune asymptote, il ne faut pas oublier de chercher celles qui sont parallèles aux y. Elles sont déterminées par les valeurs de x qui rendent y infini : or, en supposant que l'équation proposée soit ordonnée par rapport à y, et qu'alors elle soit $Vy^n + V_1y^{n-1} +$ etc. $= 0$, on la divisera par y^n, et on reconnaîtra sur-le-champ que les valeurs de x, pour lesquelles on a $y = \pm\infty$, sont données par l'équation $V = 0$.

476. Exemple I. Soit l'équation générale du 2ᵉ degré

[A] $$Ay^2 + Bxy + Cx^2 + Dy + Ex + F = 0,$$

il faut chercher ce que deviennent dans ce cas les équations [2] et [3]. Pour plus de commodité, on remarquera que T et T_1 ne sont autre chose que les polynômes U et U_1, dans lesquels on a supprimé x et changé y en c.

Cela posé, on aura $U = Ay^2 + Bxy + Cx^2$, $U_1 = Dy + Ex$; $T = Ac^2 + Bc + C$, $T_1 = Dc + E$, $T' = 2Ac + B$. Par suite les équations [2] et [3] deviennent

$$Ac^2+Bc+C=0,\quad (2Ac+B)d+Dc+E=0;$$

et on en tire

$$c=-\frac{B}{2A}\pm\frac{\sqrt{B^2-4AC}}{2A},\quad d=-\frac{D}{2A}\pm\frac{BD-2AE}{2A\sqrt{B^2-4AC}},$$

valeurs qui reviennent à celles du n° 248. En les mettant dans l'équation $y=cx+d$, on aura les asymptotes.

Exemple II. Soit l'équation

$$y^3-3axy+x^3=0.$$

Dans ce cas, on a $U=y^3+x^3$, $U_1=-3axy$, $T=c^3+1$, $T_1=-3ac$, $T'=3c^2$; et les équations [2] et [3] sont

$$c^3+1=0,\quad 3c^2d-3ac=0:\quad \text{d'où}\quad c=-1,\ d=-a.$$

Donc la courbe a une asymptote dont l'équation est $y=-x-a$. C'est la droite GH (fig. 205).

477. Plusieurs auteurs déterminent les asymptotes en les considérant comme limites des tangentes. Cette proposition, qui a été vérifiée à l'égard de l'hyperbole (406), peut se démontrer d'une manière générale. Supposez que le contact s'éloigne à l'infini, et que la tangente MR (fig. 206) devienne GH, dont l'équation est $y=cx+d$. Soient x', y', les coordonnées du point M; menez AM dont l'équation est $y=\frac{y'}{x'}x$. Quand le contact est à l'infini, RM et AM devront être considérées comme parallèles: or, alors la tangente RM coïncide avec GH; donc aussi alors AM doit devenir parallèle à GH; donc limite de $\frac{y'}{x'}=c$.

Maintenant menez l'ordonnée MP qui rencontre GH en N, et menez aussi AE parallèle à GH. La fig. donne $ME=MP-PE$ $=NE-MN$. Mais $MP=y'$, $PE=cx'$, $NE=AG=d$; par conséquent $y'-cx'=d-MN$. Or, quand le point M s'éloigne à l'infini, puisque la tangente devient GH, il faut que la distance MN devienne nulle; donc limite de $(y'-cx')=d$.

Ainsi, on voit que les valeurs de c et d sont les mêmes pour les limites des tangentes que pour les asymptotes.

478. Les lignes droites ne sont pas les seules qu'on puisse prendre pour *asymptotes*. Par exemple, on peut considérer les courbes qu'on nomme paraboliques, dont l'équation est de la forme $y = cx^\alpha + dx^\beta +$ etc., et se proposer de déterminer $c, d, \ldots$ de manière que la courbe parabolique approche indéfiniment d'une autre courbe qui est donnée. Afin de mieux fixer les idées, je raisonnerai sur la courbe parabolique dont l'équation est

$$y = cx^2 + dx + e.$$

Pour que cette équation représente une asymptote, il faut qu'on puisse tirer de l'équation de la courbe donnée une valeur de y, dont la différence avec la précédente soit nulle quand x est infini; donc cette valeur doit être de la forme

$$y = cx^2 + dx + e + \mathrm{V},$$

V étant une quantité qui devient zéro quand $x = \pm \infty$. Or, de là on tire

$$c = \frac{y}{x^2} - \left(\frac{d}{x} + \frac{e}{x^2} + \frac{\mathrm{V}}{x^2}\right),$$

$$d = \frac{y - cx^2}{x} - \left(\frac{e}{x} + \frac{\mathrm{V}}{x}\right),$$

$$e = y - cx^2 - dx - (\mathrm{V});$$

et, quand on fait $x = \pm \infty$, les quantités comprises dans les parenthèses deviennent zéro : donc on a

$$c = \lim. \frac{y}{x^2}, \quad d = \lim. \frac{y - cx^2}{x}, \quad e = \lim. (y - cx^2 - dx).$$

En conséquence, dans l'équation de la courbe donnée on fera $y = cx^2$, et on cherchera la valeur de c correspondante à $x = \pm \infty$; ensuite on fera $y - cx^2 = dx$ ou $y = cx^2 + dx$, et on cherchera la valeur de d correspondante à $x = \pm \infty$; puis enfin on fera $y - cx^2 - dx = e$ ou $y = cx^2 + dx + e$, et on cherchera la valeur de e qui répond à $x = \pm \infty$.

CHAPITRE XV.

SUR LES COURBES SEMBLABLES.

Théorie générale.

479. On dit que *deux courbes sont semblables lorsqu'on peut les placer de telle sorte qu'en menant par un même point, des rayons vecteurs aux différens points des deux courbes, les rayons vecteurs dirigés suivant les mêmes droites soient proportionnels.*

Ainsi, supposons qu'on ait transporté la courbe *ab* (fig. 207) dans la situation *cd*, et qu'on ait tiré par le point O, dans telles directions qu'on voudra, les droites qui rencontrent la courbe AB en M, M',..., et la courbe *cd* en N, N',...; si alors on a $\frac{OM}{ON}=\frac{OM'}{ON'}=\frac{OM''}{ON''}\ldots$, la courbe *ab* sera semblable à AB.

Imaginons que la courbe *cd* soit reportée en *ab*, et que les lignes ON, ON',... se placent en *om*, *om'*,...; les points O et o, d'où partent alors les rayons proportionnels, sont nommés *centres de similitude*. Il est d'ailleurs évident que les rayons de l'une des deux courbes font entre eux les mêmes angles que ceux de l'autre courbe auxquels ils sont proportionnels, et qu'on peut désigner par le nom d'*homologues*.

La courbe *ab* peut avoir telle position qu'on voudra à l'égard de AB, sans pour cela cesser de lui être semblable. Quand cette position est telle que les rayons de l'une soient parallèles à leurs homologues dans l'autre, on dit que les courbes sont *semblablement situées*. Quand elles sont disposées comme *cd* et AB, de manière que les rayons homologues partent du même point et soient dirigés suivant la même droite, elles ont *même centre de similitude et situation semblable.*

480. Quand deux courbes sont semblables, je vais montrer qu'on peut prendre tel point qu'on voudra pour centre de similitude de l'une d'elles, et qu'il y aura toujours pour l'autre un centre correspondant. De ce que les courbes *ab* et AB sont semblables, il

s'ensuit qu'il existe un point O tel qu'en donnant à *ab* une position convenable *cd*, et tirant à volonté les lignes OM, OM', qui coupent les courbes en M et N, M' et N', on aura OM : ON :: OM' : ON'. Le point O est un centre de similitude : or je dis que les mêmes conditions peuvent être remplies à l'égard d'un point quelconque G. Tirez OG, GM, GM'; menez NH parallèle à GM; joignez HN'. On aura OG : OH :: OM : ON :: OM' : ON'; donc HN' est parallèle à GM'; donc l'angle NHN' = MGM'. Par conséquent, si on prend sur GM et GM' les distances GP = HN et GP' = HN', puis si on donne à la courbe *cd* une nouvelle position *ef* telle que HN vienne coïncider avec GP, la ligne HN' coïncidera aussi avec GP'. D'ailleurs GM : HN :: OG : OH :: GM' : HN'; donc GM : GP :: GM' : GP'. Ainsi, les conditions de similitude sont encore remplies en prenant le point G au lieu du point O, pourvu qu'on transporte la courbe *ab* en *ef*.

Quel que soit le point qu'on prenne pour centre de similitude, le rapport des rayons vecteurs homologues reste invariable, puisqu'on a GM : GP :: OM : ON. Ce rapport pourrait être désigné sous le nom de *rapport de similitude*.

481. Maintenant proposons-nous cette question : l'équation d'une courbe étant donnée, trouver l'équation générale des courbes semblables.

Soit AB (fig. 208) la courbe dont on donne l'équation

$$[a] \qquad F(x,y) = 0.$$

Menons de l'origine les rayons OM, OM',... et divisons-les proportionnellement en m, m',.... : le lieu des points m, m',... sera une courbe *ab* semblable à AB. Désignons par k le rapport de OM à Om, par x et y les coordonnées d'un point quelconque M de la courbe AB, par x' et y' celles du point homologue m : il est clair qu'on aura

$$\frac{x}{x'} = \frac{y}{y'} = \frac{OM}{Om} = k, \quad \text{d'où} \quad x = kx', \quad y = ky'.$$

En mettant ces valeurs dans [a], l'équation résultante

$$[b] \qquad F(kx', ky') = 0$$

comprendra toutes les courbes semblables à la proposée; et on les obtiendra en donnant au rapport k toutes les valeurs possibles.

Mais ces courbes auront une situation particulière : car l'origine est le centre de similitude commun à elles et à la courbe proposée, et de plus les rayons vecteurs homologues sont dirigés suivant la même droite. Donnons à ces courbes une autre situation ; et d'abord supposons que les axes Ox et Oy se transportant parallèlement à eux-mêmes en $O'x'$ et $O'y'$, la courbe ab devienne cd. Elle aura, relativement à ces nouveaux axes, la même équation [b] que relativement aux anciens ; et, si on veut continuer de la rapporter à ceux-ci, il suffit de changer, dans cette équation, x' en $x-a$, et y' en $y-b$, a et b étant les coordonnées du point O' par rapport aux axes Ox, Oy. De cette manière on trouve l'équation

$$[c] \qquad F[k(x-a), k(y-b)]=0,$$

qui représente toutes les courbes semblables à la proposée, et semblablement situées.

Cette équation n'a point encore toute la généralité désirable. Pour l'atteindre, il faut que les axes Ox et Oy, au lieu de se transporter parallèlement à eux-mêmes, soient déplacés d'une manière quelconque dans leur plan. Supposons donc qu'ils soient devenus $O'x'$, $O'y'$ (fig. 209), et que cd soit la nouvelle position de la courbe ab : il est clair que l'équation de cd, relativement aux nouveaux axes, sera encore $F(kx', ky')=0$; et la question est de trouver quelle équation on doit avoir en rapportant la nouvelle courbe aux mêmes axes Ox, Oy, que AB.

Pour passer des premiers axes aux derniers, on a (189) les formules

$$x=a+\frac{x'\sin(\theta-\alpha)+y'\sin(\theta-\alpha')}{\sin\theta}, \quad y=b+\frac{x'\sin\alpha+y'\sin\alpha'}{\sin\theta},$$

dans lesquelles a et b sont les coordonnées OG et GO' du point O', θ l'angle yOx, α et α' les angles $x'O'E$, $y'OE$, formés par $O'x'$ et $O'y'$ avec une parallèle à l'axe Ox. Ici on a $\alpha'=\theta+\alpha$, et par suite ces formules deviennent

$$x=a+\frac{x'\sin(\theta-\alpha)-y'\sin\alpha}{\sin\theta}, \quad y=b+\frac{x'\sin\alpha+y'\sin(\theta+\alpha)}{\sin\theta}.$$

Réciproquement, on tire de ces relations les valeurs de x', y', en fonctions de x et de y, savoir :

$$x' = \frac{(x-a)\sin(\theta+\alpha) + (y-b)\sin\alpha}{\sin\theta},$$

$$y' = \frac{-(x-a)\sin\alpha + (y-b)\sin(\theta-\alpha)}{\sin\theta}.$$

En substituant ces valeurs dans l'équation $F(kx', ky') = 0$, la courbe *cd* sera rapportée aux axes primitifs, et on aura ainsi l'équation la plus générale des courbes semblables à la courbe donnée.

Applications.

482. Pour première application considérons la parabole dont l'équation est

$$y^2 = 2px.$$

Si on change y en ky et x en kx, il vient, en posant $\frac{2p}{k} = 2p'$,

$$y^2 = 2p'x:$$

équation qui donne toutes les courbes semblables à la parabole, et qui montre que ces courbes sont elles-mêmes des paraboles. En faisant varier k, le paramètre $2p'$ peut prendre telle grandeur qu'on veut; donc toutes les paraboles sont semblables.

483. Plus généralement, considérons une équation algébrique

$$F(x, y, p) = 0,$$

dans laquelle il n'y a qu'une seule constante p, et qui est homogène par rapport aux trois quantités x, y, p : c'est-à-dire que la somme des exposans de ces trois lettres est la même dans tous les termes, comme cela arrive dans l'équation $y^3 - 3pxy + x^3 = 0$.

Le changement de x et y en kx et ky donne, pour les courbes semblables, l'équation

$$F(kx, ky, p) = 0,$$

Posons $p = kp'$: elle devient

$$F(kx, ky, kp') = 0.$$

Supposons que la somme des exposans de x, y, p, dans chaque terme de l'équation proposée, soit égale à m, il est clair que k^m sera facteur commun de l'équation précédente; par conséquent, après avoir divisé par k^m, on aura une équation

$$F(x, y, p') = 0,$$

qui ne différera de la proposée qu'en ce que p' aura pris la place de p. D'ailleurs p' pouvant avoir telle grandeur qu'on veut à cause de k, on en conclut que toutes les courbes données par l'équation $F(x, y, p)$, en y faisant varier p, sont semblables entre elles. On peut même ajouter qu'elles sont semblablement situées, et que l'origine est un centre de similitude qui leur est commun.

484. Soit encore l'équation transcendante

$$y = M \log x,$$

qui représente une famille de courbes appelées *logarithmiques*. Elles diffèrent les unes des autres à raison du coefficient M : mais elles rencontrent toutes l'axe des x à la même distance $OA = 1$ (fig. 210), car $x = 1$ donne $y = 0$; et elles ont toutes pour asymptote la partie inférieure de l'axe des y, car $x = 0$ donne $y = -\infty$. D'ailleurs, elles ont la forme indiquée dans la figure.

Remplaçons x et y par kx et ky, il vient $ky = M \log kx$: d'où, en faisant $M = M'k$,

$$y = M' \log kx = M' \log x + M' \log k.$$

Changeons l'origine, et plaçons-la en O' à la distance $OO' = M' \log k$. En nommant x', y', les nouvelles coordonnées, on aura $x = x'$, $y = y' + M' \log k$, et l'équation précédente se réduit à

$$y' = M' \log x'.$$

Cette équation représente encore une logarithmique; et comme M' peut prendre toutes les grandeurs possibles, il s'ensuit que toutes les logarithmiques sont semblables.

485. Pour dernière application, proposons-nous encore de chercher les conditions qui doivent être remplies lorsque deux courbes du second ordre sont semblables et semblablement placées. Soient

$$[1] \qquad Ay^2 + Bxy + Cx^2 + Dy + Ex + F = 0,$$

$$[2] \qquad A'y^2 + B'xy + C'x^2 + D'y + E'x + F' = 0,$$

les équations des deux courbes. D'après ce qui a été dit pour obtenir l'équation [c] du n° 481, il faudra, pour avoir toutes les courbes semblables à la première, et semblablement situées, remplacer dans [1] x et y par $k(x-a)$ et $k(y-b)$.

En posant, pour abréger, $A''=Ak^2$, $B''=Bk^2$, $C''=Ck^2$, $D''=-2Abk^2-Bak^2+Dk$, $E''=-2Cak^2-Bbk^2+Ek$, $F''=Ab^2k^2+Babk^2+Ca^2k^2-Dbk-Eak+F$, l'équation résultante pourra s'écrire ainsi

[3] $$A''y^2+B''xy+C''x^2+D''y+E''x+F''=0.$$

Pour que la seconde courbe donnée soit semblable à la première et semblablement placée, il faut qu'en déterminant convenablement a, b, k, on puisse rendre identiques les courbes des équations [2] et [3]; et, pour que cette identité ait lieu, il faut qu'après avoir divisé les deux équations, l'une par A', et l'autre par A'', les termes semblables aient les mêmes coefficiens. N'égalons d'abord que les coefficiens de xy et de x^2: on aura

$$\frac{B'}{A'}=\frac{B}{A},\quad \frac{C'}{A'}=\frac{C}{A},\quad \text{ou}\quad \frac{A'}{A}=\frac{B'}{B}=\frac{C'}{C}.$$

Ainsi on a déjà ces conditions, que *les coefficiens des termes du second degré, dans les deux équations données, doivent être proportionnels.*

Supposons donc que ces conditions soient remplies, et qu'on ait $A'=A\rho$, $B'=B\rho$, $C'=C\rho$. De plus, faisons $D'=d\rho$, $E'=e\rho$, $F'=f\rho$: l'équation [2], étant divisée par ρ, deviendra

[4] $$Ay^2+Bxy+Cx^2+dy+ex+f=0.$$

Pour achever de rendre les courbes identiques, il faut encore poser

$$\frac{D''}{A''}=\frac{d}{A},\quad \frac{E''}{A''}=\frac{e}{A},\quad \frac{F''}{A''}=\frac{f}{A}.$$

Remettons pour A'', D'', E'', F'', leurs valeurs, et ces équations deviennent

[5] $-2Abk-Bak+D=dk$, [6] $-2Cak-Bbk+E=ek$,

[7] $Ab^2k^2+Babk^2+Ca^2k^2-Dbk-Eak+F=fk^2$.

En ajoutant ces trois équations, après les avoir multipliées respectivement par bk, par ak et par 2, on trouve facilement

[8] $$2fk^2+dbk^2+eak^2+Dbk+Eak-2F=0.$$

Cette équation ne contient a et b qu'à la première puissance, et on l'emploie de préférence à l'équation [7], conjointement avec les équations [5] et [6], dans la détermination de a, b, k. Il faudra que les valeurs des coordonnées a, b, soient réelles, et en outre que celle du rapport k soit positive : cherchons quelles conditions résultent de là.

En posant, pour abréger, $B^2 - 4AC = N$, $BD - 2AE = G$, $Bd - 2Ae = g$, $BE - 2CD = H$; $Be - 2Cd = h$, les équations [5] et [6] donnent

$$a = \frac{G - gk}{Nk}, \quad b = \frac{H - hk}{Nk};$$

et en portant ces valeurs dans [8], il vient, tous calculs faits,

$$k^2 = \frac{2FN - EG - DH}{2fN - eg - dh}.$$

Pour que le rapport k ait une valeur réelle et positive, il faut et il suffit que k^2 soit positif. Ainsi, on a encore cette autre condition, que *le numérateur et le dénominateur de l'expression précédente doivent être des quantités de même signe.*

Les valeurs de a et de b étant réelles quand celle de k est réelle, elles ne donnent lieu à aucune condition nouvelle.

486. Lorsque les courbes que l'on compare sont des paraboles, N ou $B^2 - 4AC$ est zéro, et les valeurs de a et de b semblent devenir infinies. Mais si, avant d'y introduire l'hypothèse $N = 0$, on y substitue les deux valeurs de k, on trouvera que dans les deux systèmes de valeurs qu'on obtient pour a et b, il y en a un qui se compose encore de quantités finies après l'hypothèse $N = 0$.

Néanmoins, pour éviter ces difficultés de calcul, il est mieux de remonter aux équations [5], [6], [8]. En éliminant a entre les deux premières, b disparaît aussi, et l'on trouve immédiatement k : on détermine ensuite a et b au moyen des équations [5] et [8]. La valeur qu'on obtient pour k est

$$k = \frac{G}{g} = \frac{BD - 2AE}{Bd - 2Ae};$$

et l'on en conclut que, dans le cas où $B^2 - 4AC = 0$, il faut, au lieu de la dernière condition énoncée ci-dessus, que *les quantités* $BD - 2AE$ *et* $Bd - 2Ae$ *soient de même signe.*

CHAPITRE XVI.

QUELQUES USAGES DES COURBES.

Construction des équations déterminées.

487. Proposons-nous de construire une équation quelconque à une seule inconnue.

Par cet énoncé, on doit entendre que l'inconnue est une longueur qu'il faut déterminer par des intersections de lignes, sans effectuer la résolution de l'équation donnée. L'inconnue pourrait représenter toute autre espèce de grandeur, et même un nombre abstrait, sans que la question fût changée pour cela : car il est évident qu'on peut toujours considérer cette inconnue comme une ligne dont le rapport à une certaine unité linéaire est égal au rapport de la quantité cherchée à l'unité de même espèce qu'elle.

Soit l'équation proposée

$$f(x) = 0,$$

dans laquelle x est une ligne inconnue : si on construit par points, ou de toute autre manière, la courbe représentée par l'équation $y = f(x)$, il est clair que les abscisses des points où cette courbe rencontre l'axe des x, sont les racines réelles de l'équation $f(x) = 0$. Ainsi, supposons que la courbe soit celle de la fig. 211, les racines cherchées seront $x = \text{AR}$, $x = \text{AR}'$, $x = -\text{AR}''$.

On peut encore transposer dans le second membre une partie des termes de l'équation $f(x) = 0$. Alors on en a une de la forme

$$\varphi(x) = \psi(x);$$

on construit les lignes dont les équations sont $y = \varphi(x)$, $y = \psi(x)$; et les intersections de ces lignes ont pour abscisses les valeurs cherchées. En effet, pour ces points, on a $\varphi(x) = \psi(x)$.

En général, on peut choisir d'une infinité de manières différentes deux lignes dont les intersections fassent connaître les racines d'une équation. Mais une condition essentielle à remplir, et qui est la seule, c'est que l'élimination de y, entre les équations de ces lignes, donne pour résultante l'équation proposée, ou au moins une équation qui en contienne toutes les racines réelles. Il est bien entendu que, dans le cas où cette résultante renferme d'autres racines que celles de la proposée, il faut, après les constructions, ne tenir aucun compte de ces valeurs étrangères.

488. Si on considère des lignes d'une espèce déterminée, il est facile de reconnaître quelles équations elles peuvent servir à résoudre. Il suffit d'examiner le degré de l'équation finale qu'on obtient en éliminant y entre les équations de ces lignes. Ainsi, l'élimination de y entre les équations de la ligne droite et du cercle donnant une résultante du second degré, on en conclut, comme au n° 171, que la ligne droite et le cercle ne peuvent résoudre que les problèmes dont l'équation est réductible au second degré. Deux courbes quelconques du second ordre donnent une équation finale du quatrième degré; et on en conclut qu'on ne doit pas chercher dans les intersections de ces lignes la construction d'une équation de degré supérieur au quatrième. Il est inutile de pousser plus loin ces conséquences : présentons quelques applications.

489. Construisons d'abord l'équation du second degré

$$[1] \qquad x^2 + ax + b = 0.$$

Si on la considère comme résultant de l'élimination de y entre les équations $y=0$, $y=x^2+ax+b$, il faudra construire sur des axes quelconques la parabole représentée par la deuxième; et les distances comprises sur l'axe des x, entre l'origine et la courbe, seront les racines cherchées.

On peut se servir d'une parabole donnée. En effet, l'équation [1] résulte aussi de celle-ci, $x^2 = ky$, $ky+ax+b=0$; et le paramètre k peut avoir telle grandeur qu'on voudra.

Mais c'est la combinaison du cercle et de la droite qu'on doit préférer. Or, si on pose les équations

$$y=0,\ (x-\alpha)^2+(y-\beta)^2=R^2,$$

et si on élimine y, il vient

$$x^2-2\alpha x+\alpha^2+\beta^2-R^2=0;$$

et pour que cette équation soit identique avec [1], il faut qu'on ait $-2\alpha = a$, $\alpha^2 + \beta^2 - R^2 = b$, d'où

$$\alpha = -\frac{a}{2}, \quad R^2 = \frac{a^2}{4} - b + \beta^2.$$

Ainsi, on peut prendre β arbitrairement, pourvu que R^2 soit positif; et alors on aura un cercle dont l'intersection avec la ligne des x déterminera les racines de l'équation [1].

490. Soit à construire l'équation du 3e degré,

[2] $$x^3 + ax + b = 0,$$

D'abord on peut la remplacer par celles-ci,

$$y = x^3, \quad y + ax + b = 0:$$

de sorte qu'après avoir construit la courbe $y = x^3$, il n'y aura plus qu'à construire une ligne droite. Et remarquez que la même courbe peut servir, quels que soient les coefficiens de l'équation [2].

Mais il est facile d'éviter les lignes supérieures au deuxième ordre. Par exemple, on peut substituer à l'équation [2], les suivantes:

$$ky = x^2, \quad kxy + ax + b = 0.$$

Or celles-ci représentent une parabole et une hyperbole. Comme le paramètre de la parabole est arbitraire, on peut employer toujours la même parabole; mais l'hyperbole doit être différente dans chaque cas particulier de l'équation [2].

Enfin regarde-t-on comme plus simple de faire usage de la parabole et du cercle? on le peut encore, et c'est ce qu'on verra à la fin du numéro suivant.

491. Considérons encore l'équation du 4e degré,

[3] $$x^4 + ax^2 + bx + c = 0;$$

et, laissant de côté les différens systèmes de lignes auxquelles on peut recourir, déterminons-en les racines par les intersections d'une parabole et d'un cercle. A cet effet, prenons les équations

$$ky = x^2, \quad (x - \alpha)^2 + (y - \beta)^2 = R^2.$$

En éliminant y, il vient

$$x^4 + k(k - 2\beta)x^2 - 2k^2\alpha x + (\alpha^2 + \beta^2 - R^2)k^2 = 0.$$

Or, cette équation devient identique avec [3] en posant

$$k(k - 2\beta) = a, \quad 2k^2\alpha = -b, \quad (\alpha^2 + \beta^2 - R^2)k^2 = c;$$

on a donc ainsi trois équations entre les quatre quantités arbitraires k, α, β, R; par conséquent on peut disposer de l'une de ces quantités, et déterminer ensuite les trois autres. Alors on connaîtra une parabole et un cercle dont les intersections auront pour abscisses les racines réelles de l'équation [3].

Cette solution comprend comme cas particulier celle de l'équation du troisième degré. En effet, par l'hypothèse $c=0$, l'équation [3] devient $x^4+ax^2+bx=0$, ou bien $x^3+ax+b=0$, en faisant abstraction de la racine zéro. Alors la dernière des trois relations ci-dessus donne $R^2=\alpha^2+\beta^2$; donc le cercle passe par l'origine: et comme la parabole y passe aussi, il est évident que c'est à cette intersection que correspond la racine inutile $x=0$, qui doit être supprimée.

C'est ici qu'il convient de placer quelques problèmes célèbres, qui ont beaucoup exercé les géomètres de l'antiquité, mais qui ne sont pour les modernes qu'un simple jeu d'analyse.

De quelques problèmes fameux chez les anciens.

492. **Problème I.** *Trouver deux moyennes proportionnelles entre deux droites données.*

Soient a et b les droites données, x et y les deux moyennes inconnues, on doit avoir

$$a:x::x:y,\quad x:y::y:b;$$

et ces proportions donnent les équations

$$[1]\qquad x^2=ay,\quad y^2=bx,$$

qui déterminent deux parabobles. Elles sont représentées fig. 212, et les valeurs de x et y sont $x=$ AP, $y=$ PM. Cette construction a été donnée par Ménechme, géomètre de l'école de Platon.

En multipliant les équations [1] membre à membre, et ôtant le facteur commun xy, il vient $xy=ab$, équation d'une hyperbole entre ses asymptotes. On peut substituer cette courbe à l'une des deux paraboles, et on obtient ainsi la construction représentée fig. 213, laquelle a aussi été donnée par Ménechme.

On regarde ces deux solutions comme défectueuses en ce qu'elles emploient deux sections coniques, tandis qu'une seule, combinée avec le cercle, peut suffire. En effet, si on ajoute les équations [1], il vient $y^2 + x^2 = ay + bx$; et si on construit cette équation sur des axes rectangulaires, on a un cercle dont l'intersection avec l'une des deux paraboles détermine les deux moyennes x et y. Voyez la figure 214.

On peut également employer le cercle avec l'hyperbole : cette solution était connue d'APOLLONIUS.

Solution de DIOCLÈS. C'est pour résoudre le problème des deux moyennes proportionnelles que DIOCLÈS avait imaginé la cissoïde. Soit (fig. 215) une cissoïde décrite au moyen d'un cercle quelconque ALB. D'après la construction de cette courbe, n° 184, PROB. I, on a AM = LD ; donc les triangles AMP, LDR, sont égaux ; donc on a AP = QB = LR, MP = DR, AQ = BP, PN = QL.

Cela posé, les propriétés des triangles rectangles donnent

$$AQ : QL :: QL : QB, \quad BR : LR :: LR : DR ;$$

ou, à cause des lignes égales,

$$BP : PN :: PN : AP, \quad PN : AP :: AP : MP ;$$

ou, ce qui est la même chose,

$$\div\!\div BP : PN : AP : MP.$$

Ainsi PN et AP seraient les deux moyennes demandées, si BP et MP étaient les lignes données a et b.

Déterminons d'abord le point M sur la cissoïde de sorte qu'on ait BP : MP :: a : b. Pour cela, il suffit de prendre à angle droit BE $= a$, EF $= b$, et de tirer BF, qui rencontre la courbe au point cherché M. Alors $a = \frac{BP \times b}{MP}$; et en multipliant les termes de la progession ci-dessus par b, puis divisant par MP, il vient

$$\div\!\div a : \frac{PN \times b}{MP} : \frac{AP \times b}{MP} : b.$$

Donc, pour les moyennes demandées, on a

$$x = \frac{PN \times b}{MP}, \quad y = \frac{AP \times b}{MP} :$$

c'est-à-dire qu'il ne s'agit plus que de construire deux quatrièmes proportionnelles, ce qui n'offre aucune difficulté.

Nous avons indiqué, n° 184, Prob. II, le moyen de décrire la cissoïde par un mouvement continu : ce perfectionnement de la solution de Dioclès est dû à Newton. Descartes a aussi imaginé un instrument composé de plusieurs règles, à l'aide duquel on peut construire des moyennes proportionnelles en tel nombre qu'on veut, entre deux lignes données : mais ce n'est plus aujourd'hui qu'un objet de pure curiosité.

493. Problème II. *Trouver un cube double d'un cube donné.*

Soit a le côté du cube donné, et x celui du cube cherché, il s'agit de construire l'équation

[2] $$x^3 = 2a^3.$$

Or elle résulte de l'élimination de y entre les deux équations $a^2y = x^3$ et $y = 2a$, dont la première est facile à construire par points, et dont la seconde représente une droite parallèle à l'axe des abscisses ; par conséquent l'abscisse du point d'intersection, $x = \text{AP}$ (fig. 216), donne le côté du cube inconnu.

On peut écrire l'équation [2] de cette manière, $x^2 \times x = 2a^3$. Alors on voit qu'elle peut aussi résulter des deux équations $x^2 = 2ay$ et $xy = a^2$; donc la question peut se résoudre par l'intersection d'une parabole et d'une hyperbole.

En introduisant la racine $x = 0$, dont on ne tiendra aucun compte dans la suite, l'équation [2] devient

$$x^4 = 2a^3x.$$

Or, en posant $x^2 = ay$, cette dernière se change en $y^2 = 2ax$; donc le problème est encore résolu avec deux paraboles.

On peut ajouter les équations de ces deux paraboles, et il vient $y^2 + x^2 = ay + 2ax$. On peut donc aussi se servir d'une parabole et d'un cercle, et cette solution est la plus simple.

L'analogie de ce problème avec le précédent est frappante. C'est que le côté du cube double est égal à la première des deux moyennes proportionnelles entre a et $2a$. En effet, si on pose les proportions

$$a : x :: x : \frac{x^2}{a} \quad \text{et} \quad x : \frac{x^2}{a} :: \frac{x^2}{a} : 2a,$$

on en déduit l'équation [2] $x^3 = 2a^3$,

494. Problème III. *Diviser un angle en trois parties égales.*

Soit BAC (fig. 217) l'angle donné. Je décris l'arc BC du centre A avec un rayon quelconque, puis j'abaisse CD perpendiculaire à AB : on peut prendre AB pour unité et AD pour le cosinus de l'arc BC, et le problème sera résolu si je trouve cos $\frac{1}{3}$ BC. En posant cos BC $= a$, et cos $\frac{1}{3}$ BC $= x$, on a vu (33) que l'inconnue x dépend de l'équation

$$[3] \qquad x^3 - \tfrac{3}{4}x - \tfrac{1}{4}a = 0.$$

Quoique plus compliquée que celle de la duplication du cube, elle se construit cependant par les mêmes courbes.

1° On peut la remplacer par les deux équations $y = x^3$, $y = \frac{3}{4}x + \frac{1}{4}a$, lesquelles représentent une droite et une courbe construites fig. 218.

2° On peut prendre les équations $kxy - \frac{3}{4}x - \frac{1}{4}a = 0$, $x^2 = ky$, k étant un paramètre arbitraire, et l'on a ainsi une hyperbole et une parabole.

3° En multipliant l'équation [3] par x, elle devient

$$x^4 - \tfrac{3}{4}x^2 - \tfrac{1}{4}ax = 0;$$

et celle-ci peut résulter des deux équations $y^2 - \frac{3}{4}y - \frac{1}{4}ax = 0$ et $x^2 = y$; donc la question peut se résoudre par deux paraboles. Mais il faudrait avoir soin de rejeter la valeur $x = 0$.

4° On peut ajouter ces deux dernières équations, et prendre le système $x^2 = y$, $x^2 + y^2 - \frac{7}{4}y - \frac{1}{4}ax = 0$, lequel indique une parabole et un cercle.

Remarque. Outre l'arc BC, il en existe une infinité d'autres qui ont aussi a pour cosinus, et l'équation [3] doit donner le cosinus du tiers de chacun d'eux. Or on sait (33) qu'il y en a trois dont les tiers ont des cosinus différens ; donc les trois racines de l'équation [3] doivent être réelles et < 1.

La fig. 218 a été tracée dans l'hypothèse de $a = \frac{4}{9}$. Les valeurs de x, en négligeant la valeur zéro, sont $x = \text{OP}$, $x = -\text{OP}'$, $x = -\text{OP}''$; et il est facile de voir que la première est la seule qui convienne à la question. Maintenant, si on revient à la fig. 217, si on y suppose AD $= \frac{4}{9}$ AB, si on y prend AE $=$ OP, et qu'on mène EF perpendiculaire à AB ; l'arc BF sera le tiers de l'arc BC, et l'angle BAF sera le tiers de l'angle BAC.

Usage des courbes dans l'algèbre.

495. Les lignes offrant un moyen facile de représenter et de peindre, pour ainsi dire, la continuité des grandeurs, peuvent souvent être employées avec le plus grand avantage dans les recherches de pure analyse : c'est ce que je me propose de montrer ici.

Soit $f(x) = 0$ une équation de la forme

$$Ax^m + Bx^{m-1} + Cx^{m-2} + \text{etc.} = 0,$$

dans laquelle m est un nombre entier positif, et A, B, C,... des nombres quelconques donnés. Adoptons une certaine longueur pour unité, et considérons

$$y = f(x)$$

comme l'équation d'une courbe. En faisant passer x par tous les états de grandeur, l'ordonnée y n'a pour chaque abscisse, qu'une seule valeur, laquelle ne peut jamais être imaginaire. De là il suit : 1° que la courbe s'étend indéfiniment vers les x positifs et vers les x négatifs ; 2° qu'elle a, entre deux quelconques de ses points, un cours non interrompu ; 3° qu'elle ne peut point revenir sur elle-même, comme cela arrive fig. 219.

Supposons, ce qui est permis, les coordonnées perpendiculaires entre elles, désignons par $f'(x)$ le polynôme dérivé de $f(x)$, et par α l'angle que la tangente à la courbe fait avec l'axe des x : d'après la formule qui donne λ n° 471, on aura

$$\operatorname{tang} \alpha = f'(x).$$

Par la nature du polynôme $f'(x)$, on ne peut avoir, pour une même valeur de x, qu'une seule valeur de tang α, et cette valeur ne peut pas devenir infinie à moins que x ne soit infini ; donc la courbe, en aucun de ses points ne peut présenter les formes indiquées sur la fig. 220 en M et M'.

Mais rien n'empêche que certaines valeurs de x ne rendent $f'(x) = 0$: alors il y aurait des tangentes parallèles aux abscisses, comme cela arrive aux points N et N'.

496. Cela posé, admettons que deux abscisses, telles que AP et AP' (fig. 221) donnent des ordonnées de signes contraires, MP et M'P' : la courbe ne pourra point aller de M en M' sans ren-

contrer l'axe Ax en quelque point R, situé entre P et P'. Or il est évident que l'abscisse $x = \text{AR}$ est une racine de l'équation $f(x) = 0$; de là ce principe si connu en algèbre : *Lorsque deux quantités substituées dans l'équation proposée donnent des résultats de signes contraires, il y a au moins une racine réelle comprise entre ces quantités.*

On voit aussi, à l'inspection de la fig. 222, qu'entre deux ordonnées de signes contraires, la courbe peut avoir plusieurs intersections avec la ligne Ax, mais toujours en nombre impair. Si les deux ordonnées étaient de même signe (fig. 223) la courbe pourrait n'avoir aucune intersection entre P et P', ou bien il y en aurait un nombre pair. Donc, *si deux quantités comprennent entre elles un nombre impair de racines, et qu'on les substitue dans l'équation, on trouvera des résultats de signes contraires; et si ces quantités ne comprennent aucune racine, ou si elles en comprennent un nombre pair, les résultats seront de même signe.*

497. Cependant il y a des cas où la dernière proposition paraît en défaut. Il peut se faire que la courbe, après avoir atteint l'axe Ax en un point R (fig. 224), ne passe pas immédiatement de l'autre côté de cet axe. Alors les ordonnées MP et M'P' peuvent être de signes contraires quoique les *points communs* à la courbe et à l'axe Ax soient en nombre pair. Mais alors aussi on doit observer que l'équation $f(x) = 0$ a un nombre pair de racines égales à AR, et que, par cette raison, il convient de considérer le point R comme étant la réunion d'un nombre d'intersections pareil à celui de ces racines égales : c'est ce qu'il faut éclaircir.

Désignons AR par a : pour avoir l'ordonnée y', correspondante à une abscisse $a+h$, il faut substituer $a+h$ au lieu de x dans $f(x)$. Représentons comme à l'ordinaire par $f(a)$, $f'(a)$, $f''(a)$,... les quantités qu'on obtient en faisant $x = a$ dans le polynôme $f(x)$ et dans ses dérivés, on aura

$$y' = f(a) + \frac{hf'(a)}{1} + \frac{h^2f''(a)}{1.2} + \frac{h^3f'''(a)}{1.2.3} + \text{etc.}$$

Puisque a ou AR est racine de l'équation, on a $f(a) = 0$; donc

$$y' = \frac{hf'(a)}{1} + \frac{h^2f''(a)}{1.2} + \frac{h^3f'''(a)}{1.2.3} + \text{etc.}$$

De plus, comme la courbe, après avoir atteint le point R, ne passe pas de l'autre côté de l'axe Ax, les ordonnées très-voisines de ce point, soit à droite, soit à gauche, doivent être de même signe; par conséquent, en prenant pour h des valeurs aussi petites qu'on voudra, positives et négatives, l'expression précédente doit conserver le même signe. Or, pour que cela soit, je vais prouver qu'on doit avoir $f'(a) = 0$. Ecrivons la valeur de y' comme il suit :

$$y' = h\left\{\frac{f'(a)}{1} + \frac{hf''(a)}{1.2} + \frac{h^2f'''(a)}{1.2.3} + \text{etc.}\right\}.$$

Alors il est évident que si $f'(a)$ n'était pas zéro, on pourrait prendre h assez petit pour que la quantité comprise entre les accolades eût le signe de $f'(a)$, et que par suite y' changeât de signe en même temps que h; donc on a $f'(a) = 0$. Rien n'empêche même que plusieurs autres des quantités $f''(a)$, $f'''(a)$,... ne soient nulles aussi; mais le raisonnement précédent montre qu'il faudra toujours que le plus petit exposant de h, dans les termes restans, soit pair.

Pour fixer les idées, je supposerai qu'avec $f(a) = 0$ et $f'(a) = 0$, on ait encore $f''(a) = 0$ et $f'''(a) = 0$; et comme on démontre en algèbre que ces quatre conditions établissent l'existence de quatre racines égales à a dans l'équation $f(a) = 0$, on voit clairement pourquoi l'on convient de regarder alors le point R comme représentant quatre intersections que des hypothèses particulières ont fait coïncider en une seule. Et remarquez bien qu'en ce point l'axe Ax est tangent à la courbe, puisqu'on a $\tang \alpha = f'(a) = 0$ (495).

498. La courbe peut quelquefois atteindre l'axe Ax, passer ensuite de l'autre côté de cet axe, et avoir cependant ce même axe pour tangente (fig. 225). C'est ce qui arrive quand le nombre des quantités $f'(a)$, $f''(a)$,... qui deviennent nulles en même temps que $f(a)$ est pair. Alors le développement de y' commence à une puissance impaire de h : par suite, des valeurs de h de signes contraires, mais très-petites, donnent pour y' des valeurs de signes contraires; et cela prouve que, dans le voisinage du point R, la courbe est située partie au-dessus, partie au-dessous de l'axe Ax.

D'ailleurs cet axe est encore tangent, puisque $f'(a) = 0$. Dans les cas dont il s'agit l'équation proposée $f(x) = 0$ a un nombre impair de racines égales à a, et pour cette raison on convient de regarder le point de contact R comme résultant d'un nombre impair d'intersections qui se sont réduites à une seule.

Il serait facile de faire remarquer dès à présent *différens ordres de contact* entre la droite Ax et la courbe, selon l'ordre de la puissance par laquelle commence le développement de y'. Mais ces considérations appartiennent en propre au *calcul différentiel*, et ne doivent pas en être séparées.

499. Je placerai encore ici d'autres propositions assez importantes, qui sont attribuées à ROLLE, auteur d'un procédé, connu sous le nom de *Méthode des cascades*, pour résoudre les équations numériques.

Si on construit (fig. 226) le lieu de l'équation $y = f(x)$, il est évident qu'entre deux intersections consécutives de la courbe avec l'axe des x, il y a au moins un point, tel que M, dont l'ordonnée MP est plus grande que celles qui la suivent ou qui la précèdent immédiatement; et je vais montrer qu'en ce point la tangente est parallèle aux abscisses. En effet, soit $AP = a$, faisons $x = a + h$ dans $f(x)$, et nommons y' l'ordonnée correspondante à $a + h$: on aura, comme dans le n° 497,

$$y' = f(a) + \frac{hf'(a)}{1} + \frac{h^2 f''(a)}{1 \cdot 2} + \text{etc.}$$

En donnant à h des valeurs positives ou négatives, mais toujours très-petites, on trouvera les ordonnées qui suivent ou qui précèdent immédiatement MP : or, toutes ces ordonnées doivent être moindres que MP ou $f(a)$; donc la quantité

$$\frac{hf'(a)}{1} + \frac{h^2 f''(a)}{1 \cdot 2} + \text{etc.},$$

qui est ajoutée à $f(a)$ dans y', doit rester constamment négative pour toutes les valeurs très-petites de h, soit positives, soit négatives. D'après les raisonnemens du numéro cité, cette condition ne peut pas être remplie à moins qu'on n'ait $f'(a) = 0$; donc la tangente au point M est parallèle aux abscisses. Il est d'ailleurs possible qu'il y ait, entre deux intersections consécutives de la courbe avec l'axe Ax, plusieurs points pour lesquels la tangente soit parallèle à cet axe, comme cela arrive entre R″ et R‴; et il est évident que les abscisses de ces points doivent toujours être racines de l'équation $f'(x)=0$.

Donc, *lorsque l'équation* $f(x)=0$ *ne renferme point de racines égales, si on forme une suite décroissante composée* 1° *de la limite supérieure des racines positives de cette équation,* 2° *des racines réelles de la dérivée* $f'(x)=0$, 3° *de la limite supérieure des racines négatives de la proposée; chaque racine réelle de la proposée sera comprise entre deux termes consécutifs de cette suite.*

De là on tire immédiatement cette conséquence, qui se déduit aussi de la figure, savoir : *que le nombre des racines réelles de l'équation proposée ne peut pas surpasser de plus d'une unité le nombre des racines réelles de la dérivée.* Et même on peut dire *que le nombre des racines réelles qui, dans la proposée, sont affectées d'un certain signe,* $+$ *ou* $-$, *ne peut jamais surpasser de plus d'une unité le nombre des racines de même signe qui se trouvent dans la dérivée.*

Il est bien entendu que les racines réelles de chaque signe peuvent être moins nombreuses dans la proposée que dans la dérivée.

500. Je vais faire voir maintenant comment la Géométrie indique des méthodes pour approcher des racines des équations.

Reprenons l'équation

$$Ax^m + Bx^{m-1} + Cx^{m-2} + \text{etc.} = 0,$$

dont j'ai désigné le premier membre par $f(x)$: je suppose qu'on connaisse une racine avec un certain degré d'approximation ; et il s'agit d'en obtenir une valeur plus approchée.

Soit MM′ (fig. 227) la courbe dont l'équation est $y=f(x)$, et soit AR la racine dont on a déjà une première approximation $\rho=AP$. Menons l'ordonnée MP, la tangente MP′, et calculons la sous-tangente PP′. On a $\tang MP'x=f'(\rho)$, et par suite

$$PP' = \frac{MP}{\tang MP'P} = -\frac{f(\rho)}{f'(\rho)}:$$

en ajoutant cette valeur à ρ, on obtient une nouvelle valeur approchée $\rho'=AP'$.

Menons encore l'ordonnée M'P' et la tangente M'P''. En calculant semblablement, au moyen de ρ', la sous-tangente P'P'', et en l'ajoutant à ρ', on aura une troisième valeur approchée. Cette valeur servira à en déterminer une quatrième ; et ainsi de suite.

Le lecteur a sans doute déjà reconnu, dans ce procédé d'approximation, la *méthode de* NEWTON. Dans le cas de la fig. 228, on voit que les pieds P', P'',... des tangentes s'éloignent de plus en plus du point R ; et par conséquent alors le procédé est défectueux. Mais si, comme dans la fig. 227, les ordonnées sont décroissantes depuis le point M jusqu'en R ; et si dans cet intervalle la courbe demeure toujours convexe vers PR, il est évident que les pieds P', P'',... s'approchent de plus en plus du point R, et que les calculs précédens donnent en effet des valeurs de plus en plus exactes. Cependant, même alors, on pourrait craindre encore que les pieds des tangentes, quoique se rapprochant continuellement de R, ne pussent pas dépasser une certaine limite distincte du point R.

501. Au lieu des tangentes on pourrait employer les cordes, et voici comment. Après avoir trouvé par un moyen quelconque que ρ et ρ' sont deux quantités qui, substituées dans $f(x)$, donnent des résultats de signes contraires, et qui ne comprennent entre elles qu'une seule racine, prenez (fig. 229) $AP=\rho$ et $AP'=\rho'$; et soient les ordonnées correspondantes $MP=f(\rho)$ et $M'P'=f(\rho')$. Menez la corde MM' qui coupe PP' en P'', calculez PP'' au moyen des triangles semblables, puis ajoutez le résultat avec AP ou ρ : vous connaîtrez ainsi AP'', que je désignerai par ρ''.

Alors vous chercherez si le point P'' est situé du côté RP ou du côté RP' : il suffit pour cela de substituer ρ'' dans $f(x)$ et d'examiner le signe du résultat. Supposons-le négatif, on sera sûr que la racine AR est comprise entre AP et AP''. Ces limites sont plus rapprochées que AP et AP' ; et en continuant l'emploi du même procédé on obtiendra des limites de plus en plus resserrées.

Ce procédé n'est point non plus exempt d'imperfections, mais ce n'est pas ici le lieu de le discuter : notre objet était seulement de faire remarquer les secours que la Géométrie peut prêter à l'analyse.

CHAPITRE XVII.

QUELQUES QUESTIONS CHOISIES.

502. Problème I. *Trouver l'équation d'une section conique qui passe cinq points donnés.*

Choisissons les axes de coordonnées de manière que chacun d'eux contienne deux des points donnés, et désignons par y' et y'' les ordonnées des points A et B (fig. 230) situés sur la ligne des y, par x' et x'' les abscisses des points C et D situés sur la ligne des x, par x''' et y''' les coordonnées du cinquième point E.

On exprimera les conditions de la question en substituant successivement les coordonnées de chacun de ces points, à la place de x et y, dans l'équation générale

$$[A] \qquad Ay^2+Bxy+Cx^2+Dy+Ex+F=0.$$

De cette manière, on a les cinq équations

$$\begin{aligned} &Ay'^2+Dy'+F=0, \qquad Ay''^2+Dy''+F=0,\\ &Cx'^2+Ex'+F=0, \qquad Cx''^2+Ex''+F=0,\\ &Ay'''^2+Bx'''y'''+Cx'''^2+Dy'''+Ex'''+F=0.\end{aligned}$$

Les inconnues du problème sont des coefficiens de l'équation [A]. Parmi eux il y en a toujours un qui reste arbitraire : supposons que ce soit F, divisons toutes ces équations par F, et on trouve

$$\frac{A}{F}=\frac{1}{y'y''},\quad \frac{D}{F}=\frac{-y'-y''}{y'y''},\quad \frac{C}{F}=\frac{1}{x'x''},\quad \frac{E}{F}=\frac{-x'-x''}{x'x''},$$

$$\frac{B}{F}=-\frac{1}{x'''y'''}\left(\frac{y'''(y'''-y''-y')}{y'y''}+\frac{x'''(x'''-x''-x')}{x'x''}+1\right).$$

En divisant aussi l'équation [A] par F, et remplaçant alors les coefficiens par ces valeurs, on obtient l'équation demandée.

Si, parmi les points donnés, il n'y en a pas trois en ligne droite, aucune des quantités x', x'', y', y'', x''', y''', n'est zéro ; donc les rapports précédens ne sont ni infinis ni indéterminés. D'ailleurs chacun d'eux n'a qu'une seule valeur ; donc, *par cinq points, quand il n'y en a pas trois en ligne droite, on peut toujours faire passer une section conique, mais on n'en peut faire passer qu'une.*

503. La condition de passer par deux points peut être remplacée par celle de toucher une droite en un point donné. Par exemple, si on demande que la section conique touche la droite Oy au point A, il faut supposer dans les formules précédentes $y''=y'$.

Si on veut traiter immédiatement la question avec cette nouvelle condition, il faut faire d'abord $x=0$ dans [A], ce qui donne

$$Ay^2+Dy+F=0,\quad \text{d'où}\quad y=-\frac{D}{2A}\pm\frac{1}{2A}\sqrt{D^2-4AF};$$

et exprimer ensuite que ces deux valeurs sont égales à y'. On trouve ainsi les deux équations

$$D^2-4AF=0,\quad -\frac{D}{2A}=y'.$$

504. Si on veut que la section conique soit une parabole, on doit avoir $B^2-4AC=0$, et il ne faut plus que quatre conditions pour déterminer la courbe. On peut encore exprimer immédiatement cette supposition dans l'équation [A] en prenant un carré pour les trois termes du second degré (233). Alors cette équation prend la forme suivante, qui ne peut convenir qu'aux paraboles,

$$A^2y^2+2ACxy+C^2x^2+Dy+Ex+F=0.$$

505. Problème II. *Soient* (fig. 231) RAR' *et* SBS' *deux angles donnés, qu'on fait tourner autour de leurs sommets de manière que les côtés* AR' *et* BS' *se coupent toujours sur une droite ou* directrice *donnée* LL' : *les intersections successives des deux autres côtés déterminent une courbe dont on demande l'équation.*

Prenons les abscisses sur la droite $x'x$ qui passe par les sommets A et B ; et les ordonnées sur la perpendiculaire Ay. La directrice LL' étant donnée, je représenterai son équation par

$$y=\alpha(x-\beta),$$

et α, β, seront des quantités connues. De plus, je ferai $AB=d$; tang RAR' $=a$, tang SBS' $=b$.

Supposons maintenant que les angles soient dans une position quelconque, que les côtés AR et BS se coupent en M, et que, suivant les conditions de l'énoncé, les côtés AR' et BS' aillent rencontrer LL' au même point N. Désignons les coordonnées du point M par x et y, et celles du point N par x', y'. Il y aura trois conditions à exprimer : 1° que le point N est sur la ligne LL'; 2° que la tangente de l'angle MAN est égale à a; 3° que celle de l'angle MBN est égale à b. C'est ainsi qu'on parvient aux équations

$$y' = \alpha(x' - \beta),$$
$$\frac{y'x - x'y}{xx' + yy'} = a,$$
$$\frac{y'(x-d) - y(x'-d)}{(x-d)(x'-d) + yy'} = b;$$

et il n'y a plus qu'à éliminer les variables x' et y', pour avoir l'équation de la courbe cherchée. Il vient pour résultat

$$\left((a-b)\alpha - (a\alpha+1)\frac{d}{\beta}\right)y^2 + \left((a-b)\alpha + b(\alpha - a)\frac{d}{\beta}\right)x^2$$
$$-\left((ab-1)\alpha + a + b\right)\frac{d}{\beta}xy - \left((ab+1)\alpha d - b(a\alpha+1)\frac{d^2}{\beta}\right)y$$
$$-\left((a-b)\alpha d + b(\alpha - a)\frac{d^2}{\beta}\right)x = 0;$$

donc le lieu cherché est une courbe du second ordre.

506. Cette équation est trop compliquée pour qu'on reconnaisse facilement si elle est susceptible de donner chacune des trois courbes. Mais voici un cas particulier qui est assez remarquable, et qui lève tous les doutes.

Prenons la directrice LL' perpendiculaire à AB, l'angle RAR' $= 90°$, et l'angle SBS' $= 0$: il faudra faire $\alpha = \infty$, $a = \infty$, $b = 0$. Mais avant d'introduire ces hypothèses dans l'équation, il faut préalablement la diviser par αa. De cette manière il vient

$$(\beta - d)y^2 + \beta x^2 - d\beta x = 0:$$

équation qui, toute particulière qu'elle est, peut encore représenter les trois courbes. Pour en déduire une parabole, il faut la diviser par d et faire ensuite $d = \infty$.

507. Revenons à l'équation générale. Elle est satisfaite par $x=0$, $y=0$, et cela prouve que le point A appartient à la courbe. On aurait pu mettre l'origine des coordonnées au point B, et l'on eût trouvé alors que la courbe passe aussi par ce point.

On peut reconnaître, d'après l'énoncé, que la courbe passe en A et B, et même déterminer la tangente à chacun de ces points. En effet, parmi les positions que peut prendre l'angle SBS', il y en a une où BS est couché sur Bx'; comme le représente la fig. 232. Soit RAR' la position correspondante de l'autre angle : il est clair que RA et SB se coupent alors au point A; par conséquent ce point est sur la courbe. On voit en outre que la ligne AR doit être une tangente, car elle peut être considérée comme une sécante dont deux points d'intersection sont réunis en un seul.

Tout ce qu'on dit du point A s'applique au point B. Ainsi, en supposant (fig. 233) que l'angle RAR' ait le côté AR appliqué sur Ax', et que SBS' soit la position correspondante de l'autre angle, la ligne BS sera tangente à la courbe, au point B.

508. Problème III. *Décrire par points, ou d'un mouvement continu, une section conique dont on donne cinq points; puis déterminer géométriquement le genre et les élémens de cette courbe.*

Par le problème précédent on a appris qu'en faisant tourner deux angles autour de leurs sommets, de manière que deux côtés se coupent toujours sur une droite donnée, l'intersection des deux autres côtés décrit une section conique qui passe par les sommets des deux angles. Il est clair que cette manière d'engendrer la courbe permet d'en construire autant de points qu'on veut, ou même de la tracer par un mouvement continu. Il s'agit donc de déterminer les deux angles et la directrice, de telle sorte que la section conique passe par les cinq points donnés A, B, C, D, E (fig. 234).

Menons la droite $x'x$ par deux de ces points, A et B; joignons AC, BC, et prenons CAx' et CBx' pour les angles mobiles. Maintenant faisons tourner ces angles pour amener les côtés AC, BC, d'abord en AD, BD, ensuite en AE, BE; et supposons que les côtés Ax', Bx', viennent se couper en L après le premier déplacement, et en L' après le second. Tirons la droite LL', et prenons-la pour directrice.

D'après la construction, il est évident que si les angles tournent autour de leurs sommets, sans que les côtés Ax' et Bx' cessent de se rencontrer sur la droite LL', l'intersection des côtés AC et BC décrit une courbe qui passe aux points C, D, E. Nous savons d'ailleurs qu'elle est une section conique, et qu'elle doit passer aussi en A et en B. Cette courbe satisfait donc à la question ; et elle est la seule qui y satisfasse, car on ne peut faire passer qu'une seule section conique par cinq points donnés (502).

509. Pour connaître le genre de la courbe, rappelons qu'on sait trouver ses tangentes en A et B (507) ; remarquons aussi qu'il est permis de prendre le point C, au lieu de B, pour sommet de l'un des deux angles, et qu'alors on peut trouver la tangente en C. Soient donc (fig. 235) AG, BG, CH, ces trois tangentes, dont la première coupe les deux autres en G et en H. En général, les tangentes menées à une courbe du second ordre, par les extrémités d'une corde, vont rencontrer au même point le diamètre qui passe au milieu de cette corde : donc, si par les milieux P et Q des cordes AB et AC, et par les points G et H, on mène les droites GG' et HH', on aura deux diamètres de la section conique. Si ces diamètres sont parallèles, la courbe est une parabole ; elle est une ellipse, s'ils se coupent en un point O situé au-delà de la corde AC par rapport au point H ; elle est une hyperbole, si la corde AC laisse les points O et H d'un même côté. Voy. fig. 236 et 237.

510. Déterminons, dans chaque cas, les élémens de la courbe. Si elle doit être une parabole (fig. 238), on mène les diamètres AA' et CC', parallèles à GG', on fait les angles HAF, HCF, respectivement égaux à GAA', ICC'; et le point F où se coupent AF, CF, est le foyer de la parabole (438). En prolongeant AA' d'une longueur AK égale au rayon vecteur AF, et en élevant KK' perpendiculaire sur AA', on aura la directrice de la parabole (425). Le foyer et la directrice sont les élémens de cette courbe.

Quand la section conique est une ellipse (fig. 239), on mène, par le centre, la droite OK parallèle à CA, et les lignes OH, OK, font connaître les directions de deux diamètres conjugués. Pour en avoir les longueurs, rappelons la formule $OH=\frac{a'^2}{OQ}$ (322), dans laquelle il est permis de regarder a' comme le demi-diamètre dirigé suivant OH. De cette expression on tire $a'=\sqrt{OH\times OQ}$.

Si on désigne le demi-diamètre conjugué par b', si on mène CK parallèle à OQ, et si on prolonge OK jusqu'en I, on a aussi $b'=\sqrt{\mathrm{OK}\times\mathrm{OI}}$. Ainsi on obtiendra a' et b' en construisant des moyennes proportionnelles.

Connaissant deux demi-diamètres conjugués a' et b', et l'angle HOI qu'ils forment entre eux, il est facile d'avoir les demi-axes. En effet, si on représente les demi-axes par a et b, et qu'on fasse $\mathrm{HOI}=\gamma$, on a (351)

$$ab=a'b'\sin\gamma,\quad a^2+b^2=a'^2+b'^2.$$

Si on ajoute d'abord à la seconde équation le double de la première, et si ensuite on le retranche, il vient

$$(a+b)^2=a'^2+b'^2+2a'b'\sin\gamma,$$
$$(a-b)^2=a'^2+b'^2-2a'b'\sin\gamma;$$

et par conséquent

$$a+b=\sqrt{a'^2+b'^2+2a'b'\sin\gamma},$$
$$a-b=\sqrt{a'^2+b'^2-2a'b'\sin\gamma}.$$

Ces radicaux se construisent élégamment par les propriétés des triangles obliquangles : en désignant par A et B les lignes qu'ils représentent, on aura $a=\frac{1}{2}\mathrm{A}+\frac{1}{2}\mathrm{B}$, $b=\frac{1}{2}\mathrm{A}-\frac{1}{2}\mathrm{B}$.

La direction des axes est encore inconnue. Pour la déterminer, il suffit de trouver les foyers de l'ellipse. Or, on sait (332) que les pieds des perpendiculaires, menées des foyers sur les tangentes, ont pour lieu géométrique la circonférence décrite du centre de l'ellipse, avec un rayon égal au demi-grand axe : on peut donc décrire cette circonférence, puis élever des perpendiculaires sur les tangentes AH et HC, aux points où elles sont rencontrées par la circonférence ; et on connaîtra les foyers F et F'.

Enfin, si la section conique doit être une hyperbole, on détermine d'abord, comme pour l'ellipse, deux diamètres conjugués ; puis on construit les asymptotes (406), et ensuite les axes (409).

511. **Problème IV.** *Trouver la courbe décrite par le sommet d'un angle droit dont les côtés sont toujours tangens à une section conique.*

Considérons d'abord l'ellipse, dont l'équation est

$$[e]\qquad a^2y^2+b^2x^2=a^2b^2.$$

Désignons par x', y', et x'', y'', les coordonnées des points où l'ellipse est touchée par les côtés de l'angle droit : elles doivent satisfaire à l'équation [e] ; on a donc

[1] $a^2y'^2 + b^2x'^2 = a^2b^2$, [2] $a^2y''^2 + b^2x''^2 = a^2b^2$.

Soient x et y les coordonnées du sommet de l'angle, elles doivent satisfaire aux équations des tangentes : on a donc aussi (319)

[3] $a^2yy' + b^2xx' = a^2b^2$, [4] $a^2yy'' + b^2xx'' = a^2b^2$.

Enfin, les deux tangentes devant faire entre elles un angle droit, et les tangentes trigonométriques des angles qu'elles font avec l'axe des x étant $-\frac{b^2x'}{a^2y'}$ et $-\frac{b^2x''}{a^2y''}$ (319), on a encore

[5] $$\frac{b^4x'x''}{a^4y'y''} + 1 = 0.$$

On a ainsi cinq équations pour exprimer toutes les conditions du problème. Elles renferment six variables, x, y, x', y', x'', y'' ; et, pour avoir la courbe cherchée, il faut éliminer, entre ces cinq équations, les quatre quantités x', y', x'', y''.

On élimine d'abord y' entre [1] et [3], et il vient

$$x'^2 - \frac{2a^2b^2x}{a^2y^2 + b^2x^2}x' + \frac{a^4(b^2 - y^2)}{a^2y^2 + b^2x^2} = 0.$$

Si on élimine y'' entre [2] et [4], il est évident qu'on trouvera en x'' une équation toute semblable à la précédente. Cela prouve que x' et x'' sont les deux racines de cette équation. Or, le dernier terme doit être égal au produit des deux racines ; donc on a

$$x'x'' = \frac{a^4(b^2 - y^2)}{a^2y^2 + b^2x^2}.$$

En commençant le calcul par l'élimination de x', on trouverait de la même manière

$$y'y'' = \frac{b^4(a^2 - x^2)}{a^2y^2 + b^2x^2}.$$

Mettons ces valeurs dans l'équation [5], et il vient, pour la courbe demandée,

$$y^2 + x^2 = a^2 + b^2 :$$

équation qui représente le cercle circonscrit au rectangle construit sur les axes de l'ellipse (fig. 240).

Pour résoudre la question à l'égard de l'hyperbole, dont l'équation est $a^2y^2 - b^2x^2 = -a^2b^2$, il suffit de changer partout b^2 en $-b^2$. Il vient $y^2 + x^2 = a^2 - b^2$, équation qui représente encore un cercle. Si $b = a$, ce cercle se réduit à un point unique; et il devient imaginaire si b est $> a$.

En appliquant à la parabole, dont l'équation est $y^2 = 2px$, les calculs qui ont été faits dans le cas de l'ellipse, on trouve, pour la ligne décrite par le sommet de l'angle droit, $x = -\frac{1}{2}p$: ce qui donne la directrice, ainsi qu'on devait le prévoir (443).

512. PROBLÈME V. *Une ellipse étant donnée* (fig. 241), *portez sur le grand axe, à partir du centre, une distance* AB+BD *égale à la demi-somme des axes, et décrivez un cercle sur* AD *comme diamètre; par l'extrémité du grand axe la plus voisine du centre du cercle, menez une corde* HBH' *dans ce cercle, et tirez les diamètres de l'ellipse,* AR *et* AR', *qui passent par les extrémités de cette corde. Imaginez alors que les points* H *et* H' *se meuvent sur* AR *et* AR', *sans que* HH' *change de grandeur : le point de cette ligne, qui coïncidait d'abord avec l'extrémité* B *du grand axe de l'ellipse, décrit une courbe dont on demande l'équation.*

Soit HH' (fig. 242) une position quelconque de la droite qui se meut dans l'angle RAR', et M celle du point qui décrit la courbe. Je prends AR et AR' pour axes des coordonnées, je mène MP, MQ, parallèles à ces axes, et je fais $AP = x'$, $MP = y'$, $MH = c$, $MH' = d$. A cause des parallèles, on a $AH : c + d :: x' : d$, $AH' : c + d :: y' : c$; donc

$$AH = \frac{(c+d)x'}{d}, \quad AH' = \frac{(c+d)y'}{c}.$$

Le triangle AHH' donne $\overline{AH}^2 + \overline{AH'}^2 - 2AH \times AH' \times \cos RAR' = \overline{HH'}^2$. Mettons dans cette égalité les valeurs des lignes, remarquons que $HH' = c + d$, et faisons $RAR' = \theta$; il vient

$$[1] \qquad \frac{y'^2}{c^2} + \frac{x'^2}{d^2} - \frac{2x'y'\cos\theta}{cd} = 1.$$

On voit déjà que la courbe cherchée est une ellipse qui a même centre que l'ellipse donnée.

Faisons (fig. 241) $AB=a$, $BD=b$, angle $BAR=\alpha$, et cherchons les valeurs de c, d, $\cos\theta$. Pour cela, joignons DH, menons BI parallèle à DH, et BK parallèle à AH. Les triangles BAI, BDK, sont rectangles et donnent

$$HK=BI=a\sin\alpha,\quad BK=b\cos\alpha.$$

Ensuite, le triangle rectangle BHK donne

$$c=BH=\sqrt{\overline{HK}^2+\overline{BK}^2}=\sqrt{a^2\sin^2\alpha+b^2\cos^2\alpha};$$

et, par les propriétés du cercle, on a

$$d=BH'=\frac{AB\times BD}{BH}=\frac{ab}{\sqrt{a^2\sin^2\alpha+b^2\cos^2\alpha}}.$$

Maintenant, pour avoir $\cos\theta$, je vais calculer d'abord sin BAR′ et cos BAR′. Désignant BAR′ par α', et remarquant que BAR′ $=$ BHK, je trouve, par le triangle HKB,

$$\sin\alpha'=\frac{BK}{BH}=\frac{b\cos\alpha}{\sqrt{a^2\sin^2\alpha+b^2\cos^2\alpha}},$$

$$\cos\alpha'=\frac{HK}{BH}=\frac{a\sin\alpha}{\sqrt{a^2\sin^2\alpha+b^2\cos^2\alpha}};$$

mais $\cos\theta=\cos(\alpha+\alpha')=\cos\alpha\cos\alpha'-\sin\alpha\sin\alpha'$; donc

$$\cos\theta=\frac{(a-b)\sin\alpha\cos\alpha}{\sqrt{a^2\sin^2\alpha+b^2\cos^2\alpha}}.$$

En substituant dans l'équation [1] les valeurs de c, d, $\cos\theta$, il vient, pour la courbe cherchée,

$$[2]\qquad \left.\begin{aligned}\frac{y'^2}{a^2\sin^2\alpha+b^2\cos^2\alpha}+\frac{x'^2(a^2\sin^2\alpha+b^2\cos^2\alpha)}{a^2b^2}\\ -\frac{2x'y'(a-b)\sin\alpha\cos\alpha}{ab\sqrt{a^2\sin^2\alpha+b^2\cos^2\alpha}}\end{aligned}\right\}=1.$$

Pour comparer plus facilement cette courbe avec l'ellipse donnée, rapportons aussi cette dernière aux lignes AR et AR′. Quand elle est rapportée à ses axes BB′, CC′, son équation est

$$[e]\qquad a^2y^2+b^2x^2=a^2b^2.$$

Les formules par lesquelles on passe des coordonnées rectangulaires aux coordonnées obliques de même origine, sont

$$x = x' \cos\alpha + y' \cos\alpha', \quad y = x' \sin\alpha + y' \sin\alpha';$$

α' représente ici le même angle BAR' que plus haut, mais $\alpha = 360° - \text{BAR}$; de sorte que si on veut continuer à désigner BAR par α, il faut changer α en $360° - \alpha$ dans les formules précédentes. Alors $\cos\alpha$ ne changera pas, $\sin\alpha$ deviendra $-\sin\alpha$, et, en remplaçant ensuite $\sin\alpha'$ et $\cos\alpha'$ par leurs valeurs, on aura

$$x = x' \cos\alpha + \frac{ay' \sin\alpha}{\sqrt{a^2 \sin^2\alpha + b^2 \cos^2\alpha}},$$

$$y = -x' \sin\alpha + \frac{by' \cos\alpha}{\sqrt{a^2 \sin^2\alpha + b^2 \cos^2\alpha}}.$$

En effectuant la substitution de ces valeurs dans l'équation [e], on trouve un résultat identique avec l'équation [2]; donc *la courbe cherchée n'est autre que l'ellipse donnée.*

513. PROBLÈME VI. *Étant donné un angle* yOx (fig. 243), *et deux points* A *et* B *sur les côtés de cet angle, on fait mouvoir une droite* ST, *de manière que les lignes* OA *et* OB *soient toujours coupées suivant la proportion* AP : PO :: OQ : QB. *Les intersections continuelles de la droite* ST *avec elle-même, considérée dans ses positions successives, déterminent une courbe à laquelle* ST *est toujours tangente, et dont on demande l'équation.*

Divisons AO et OB en m parties égales, m étant un nombre qu'on pourra supposer aussi grand qu'on voudra; prenons les distances AP et OQ composées, chacune, d'un nombre n de ces divisions, et menons la droite PQ. Menons aussi la droite P'Q' qui intercepte sur AO et OB une division de plus que PQ. Les deux droites PQ et P'Q' se couperont en un point M, dont la position dépend des nombres m et n. Si on élimine d'abord l'indéterminée n entre les équations de ces deux droites, l'équation résultante sera celle du lieu qui contient les sommets du polygone MM'M''..., formé par les positions successives de la ligne PQ, lorsqu'on fait parcourir aux points P et Q toutes les divisions des lignes AO et OB. Pour établir la continuité du mouvement, on fera $m = \infty$, et on obtiendra la courbe cherchée.

Prenons les deux lignes Ox et Oy pour axes des coordonnées, et faisons OA$=a$, OB$=b$. D'après ce qui précède, on aura AP$=\frac{na}{m}$, OP$=\frac{(m-n)a}{m}$, OQ$=\frac{nb}{m}$; et par suite on trouve facilement, pour l'équation de PQ,

[1] $$m(m-n)ay+mnbx=n(m-n)ab.$$

En changeant n en $n+1$, cette équation devient celle de la ligne P'Q' : savoir,

[2] $$m(m-n-1)ay+m(n+1)bx=(n+1)(m-n-1)ab.$$

C'est entre [1] et [2] qu'il faut éliminer n. Pour faire ce calcul avec facilité, on retranche d'abord [2] de [1], ce qui donne

$$may-mbx=(2n-m+1)ab;$$

de là on tire $$n=\frac{m(ay-bx)+(m-1)ab}{2ab},$$

et par suite $$m-n=\frac{-m(ay-bx)+(m+1)ab}{2ab}.$$

En substituant ces valeurs dans [1], on trouve pour résultat

$$(ay-bx-ab)^2-4ab^2x-\frac{a^2b^2}{m^2}=0.$$

Cette équation donne la courbe qui contient les sommets du polygone MM'M"... Pour passer à la courbe cherchée, il faut faire $m=\infty$, et il vient

$$(ay-bx-ab)^2-4ab^2x=0.$$

Cette équation représente une parabole. La courbe doit passer en A et B, et avoir pour tangentes OA et OB : en effet, l'équation donne pour x deux valeurs égales à a, quand on fait $y=0$: et pour y deux valeurs égales à b, quand on fait $x=0$.

Connaissant deux points de la parabole, et les tangentes en ces points, on construit facilement les élémens de cette courbe (510). Si on veut les trouver par le calcul, on cherchera deux axes rectangulaires qui réduisent l'équation de la parabole à la forme $y^2=2px$: c'est une simple transformation de coordonnées.

514. Je proposerai encore les énoncés suivans. Le lecteur est prié de tracer lui-même les figures.

I. Théorème. Si on prend les cercles d'une sphère pour bases de différens cônes, et l'extrémité d'un rayon pour sommet commun de ces cônes, tout plan perpendiculaire à ce rayon coupera les cônes suivant des cercles.

II. Théorème. Le rectangle fait sur les parties d'une tangente à l'ellipse ou à l'hyperbole, comprises entre le point de contact et deux diamètres conjugués, est égal au carré du demi-diamètre parallèle à cette tangente.

III. Théorème. Ayant tiré une sécante quelconque par deux points A et B d'une ligne du second ordre, menez dans cette ligne une suite de cordes parallèles qui coupent la sécante : le rectangle des deux segmens de chacune des cordes sera au rectangle des segmens correspondans de la sécante, dans un rapport constant.

IV. Théorème. Lorsqu'une droite de longueur constante se meut de manière que ses extrémités soient toujours sur les deux côtés d'un angle donné, on sait (512) qu'un point marqué à volonté sur cette droite décrit une ellipse. Considérez cette droite dans une quelconque de ses positions ; élevez alors, par ses deux extrémités, des perpendiculaires aux deux côtés de l'angle donné; puis, menez par le point décrivant une normale à la courbe qu'il trace : il arrivera toujours que cette normale et les deux perpendiculaires iront se rencontrer au même point.

Aux droites qui dirigent le mouvement de la droite mobile, substituez deux polygones; puis, à ces polygones, substituez deux courbes : il est clair que la proposition subsiste encore, pourvu qu'on prenne, au lieu des perpendiculaires élevées sur les droites directrices, les normales aux courbes qui les remplacent.

Ce théorème et le suivant sont dus à M. Chasles.

V. Théorème. Si on a deux lignes concentriques du second ordre, la somme des carrés de trois diamètres conjugués quelconques de la première, divisés respectivement par les carrés des trois diamètres de la seconde compris sur les directions de ces trois diamètres conjugués, est constante.

En prenant une circonférence pour la seconde courbe, on retrouve une proposition connue (350, 400).

VI. Problème. Un point O étant donné dans le plan d'une section conique AMM'A', menez, par ce point, des sécantes, telles que OMM′ qui rencontre la courbe en M et M′; puis, considérant une sécante particulière OAA′ qui rencontre la courbe en A et A′, tirez les droites AM, A′M′, dont les prolongemens se coupent en N, et les droites AM′, A′M, qui se coupent en N′. On demande le lieu géométrique des points N, et celui des points N′.

VII. Problème. Un point O étant donné dans le plan d'une section conique, menez une sécante quelconque OMN qui rencontre cette courbe en M et N, puis divisez-la de telle sorte qu'on ait OM : ON :: PM : PN; on demande le lieu des points P.

VIII. Problème. Trouver le lieu des points qui divisent en moyenne et extrême raison les droites menées par un point donné, et comprises entre deux droites données.

IX. Problème. Trouver, dans le plan d'un polygone, le lieu des points tels que la somme des carrés des distances de chacun d'eux aux sommets du polygone soit égale à un carré donné.

X. Problème. Trouver, dans le plan d'un polygone régulier, la ligne dont chaque point est tel, que les carrés de ses distances aux côtés du polygone fassent une somme égale à un carré donné.

XI. Problème. Étant donné un parallélogramme et une droite, construire, avec la règle et le compas, les points où la droite serait coupée par une ellipse qui toucherait en leurs milieux les côtés du parallélogramme.

XII. Problème. Étant donné un triangle DEF et un point O, on demande de mener par ce point une droite OABC, qui rencontre les trois côtés DE, EF, DF, ou leurs prolongemens, en trois points A, B, C, tels qu'on ait $\frac{1}{\overline{OA}^2}=\frac{1}{\overline{OB}^2}+\frac{1}{\overline{OC}^2}$.

XIII. Problème. Quand on veut mener, par un point donné, une normale à la parabole, on reconnaît que la question dépend du 3e degré, et qu'elle admet trois solutions, ou deux, ou une seule, selon la position du point donné. Les points d'où l'on peut mener deux normales forment un lieu géométrique dont on demande l'équation.

TROISIÈME PARTIE.

GÉOMÉTRIE ANALYTIQUE

A TROIS DIMENSIONS.

CHAPITRE PREMIER.

DES PROJECTIONS LINÉAIRES ET DES PROJECTIONS SUPERFICIELLES.

Projection linéaire d'un système de droites.

515. SOIT OX (pl. X, fig. 1) un axe ou droite indéfinie, et AB une droite de longueur déterminée, laquelle peut n'être pas dans un même plan avec OX : si on mène AR parallèle à OX, l'angle BAR est celui qu'on prend pour l'angle de la droite AB avec l'axe OX; et si on abaisse sur cet axe les perpendiculaires AA′ et BB′, la distance A′B′ est ce qu'on nomme la *projection* de AB sur OX. Faisons l'angle BAR $= \alpha$, AB $= l$, A′B′ $= p$; parallèlement à AA′ menons B′D, qui rencontre AR au point D, et joignons BD : le triangle ABD est rectangle, et il donne

[1] $$p = l \cos \alpha;$$

donc *la projection d'une droite sur un axe est égale au produit de cette droite par le cosinus de l'angle qu'elle fait avec l'axe.*

516. Considérons un système de plusieurs droites consécutives, tel que ABCD (fig. 2), et, par les sommets A, B, C, D, menons des plans perpendiculaires à l'axe OX : les points A′, B′, C′, D′, où ils coupent cet axe, sont les projections de ces sommets, et les distances A′B′, B′C′, C′D′, sont les projections des côtés successifs AB, BC, CD. Menons la droite AD qui ferme le polygone, et que nous nommerons *ligne résultante* ou simplement *résultante* : cette droite a elle-même A′D′ pour projection. Désignons par l, l', l'', les côtés successifs; par α, α', α'', les angles qu'ils forment avec les droites AR, BR′, CR″, menées parallèlement à OX, et toutes dans le même sens, comme le montre la figure; par L la résultante AD; et par φ l'angle DAR : les projections de ces différentes lignes seront exprimées par $l \cos \alpha$, $l' \cos \alpha'$, $l'' \cos \alpha''$, L $\cos \varphi$. Or, quand les angles α, α', α'', sont aigus, tous les cosinus sont positifs, et par suite

ces produits le sont aussi : d'ailleurs il est clair qu'alors les projections A'B', B'C', C'D', s'ajoutent pour composer A'D' ; donc on a

$$[2] \qquad l \cos \alpha + l' \cos \alpha' + l'' \cos \alpha'' = \mathrm{L} \cos \varphi.$$

Mais s'il y a des angles obtus; par exemple, si DCR'' ou α'' est obtus (fig. 3), il faut retrancher la projection C'D' des précédentes, pour avoir A'D'. Alors aussi $l'' \cos \alpha''$ est un produit négatif; d'où il suit que la formule ci-dessus donne encore la valeur de A'D' ou $\mathrm{L} \cos \varphi$.

En général, quel que soit le nombre des côtés placés entre les sommets extrêmes, il est facile de voir que les angles obtus donnent des projections qu'il faut retrancher de celles qui répondent aux angles aigus, pour composer la projection de la résultante : et comme l'expression de chaque projection est par elle-même additive ou soustractive, suivant que l'angle est aigu ou obtus, il s'ensuit que la formule [2] a toujours lieu sans aucune restriction.

Cette formule n'est au fond que la traduction analytique de ce principe évident par lui-même, que *la somme des projections de plusieurs droites consécutives, sur un axe quelconque, est égale à la projection de la ligne résultante.*

Je ferai usage de ce principe pour la transformation des coordonnées dans l'espace; et le lecteur qui serait pressé de connaître les méthodes employées dans l'application de l'analyse aux surfaces, peut dès à présent passer au chapitre suivant.

517. Quand les droites successives, qu'elles soient dans un même plan ou non, forment un polygone fermé, on a $\mathrm{L} = 0$, et par conséquent $\mathrm{L} \cos \varphi = 0$; donc, *dans tout polygone fermé, la somme des projections des côtés sur un axe quelconque est égale à zéro.*

Dans un polygone fermé un côté est la résultante des autres côtés, et le dernier énoncé ne semble pas s'accorder avec le précédent. La difficulté disparaît en faisant attention que, dans les deux cas, les angles formés par ce côté, avec l'axe de projection, sont supplémens l'un de l'autre. Ainsi, dans la fig. 2, si on considère AD comme la résultante, c'est DAR qu'on prend pour l'angle de cette ligne, avec l'axe de projection; et si AD est considéré comme côté du polygone, ce sera l'angle ADR''' de même que BAR, CBR', DCR'', sont les angles des côtés précédens avec l'axe.

518. Plaçons l'axe de projection dans différentes situations. Prenons-le d'abord parallèle à la résultante; alors $\varphi = 0$ et $\mathrm{L} \cos \varphi = \mathrm{L}$: c'est la plus grande valeur que ce produit puisse avoir. Si l'axe est dans un plan perpendiculaire à la résultante, on a $\varphi = 90°$ et $\mathrm{L} \cos \varphi = 0$. Enfin, si l'axe, tout en changeant de position, continue de faire le même angle avec la résultante, le produit $\mathrm{L} \cos \varphi$ restera toujours le même. De là les conséquences suivantes :

1° *La somme des projections de plusieurs droites consécutives est la plus grande possible, quand l'axe de projection est parallèle à la résultante; et cette somme* maximum *est égale à la résultante elle-même.*

2° *La somme des projections est nulle sur tous les axes perpendiculaires à la résultante.*

3° *Cette somme reste la même pour tous les axes qui font avec la résultante des angles égaux.*

Remarque. On peut étendre ce qui précède à un système des droites disjointes. Mais alors il faut concevoir ces droites transportées parallèlement à elles-mêmes bout à bout, de manière qu'elles forment une portion de polygone; et on prend pour résultante la droite qui achève le polygone.

Relations qui résultent des projections faites sur différens axes.

519. Soit OG (fig. 4) une droite donnée, et soient OX, OY, OZ, trois axes perpendiculaires entre eux : si, par le point G, on mène des plans parallèles aux plans YOZ, XOZ, XOY, on forme un parallélipipède rectangle, dont OG est la diagonale, et dont les arètes contiguës OA, OB, OC, sont les projections de OG sur les trois axes. Or, le carré de la diagonale du parallélipipède est égal à la somme des carrés des trois côtés contigus; donc *la somme des carrés des projections d'une droite, sur trois axes rectangulaires, est égale au carré de cette droite.*

Pour convertir cet énoncé en formule, on fera $OG=l$, $OA=p$, $OB=q$, $OC=r$; et on aura

[3] $$p^2+q^2+r^2=l^2.$$

520. Si on suppose $OG=1$, il est évident que $OA=\cos GOX$, $OB=\cos GOY$, $OC=\cos GOZ$; par conséquent, en nommant α, β, γ, ces trois angles, il vient

[4] $$\cos^2\alpha+\cos^2\beta+\cos^2\gamma=1;$$

c'est-à-dire que *les angles d'une droite avec trois axes rectangulaires doivent toujours être tels que la somme des carrés de leurs cosinus soit égale à l'unité.*

521. Maintenant prenons un système de droites l, l', l'',..., qui peuvent être consécutives ou disjointes; nommons L la résultante, et supposons qu'on projette l, l', l'',... sur trois axes rectangulaires. Si on ajoute les projections faites sur un même axe, on aura trois sommes qui devront être respectivement égales aux projections de L sur les mêmes axes (516). Par conséquent, si on nomme P, p, p',... les projections de L, l, l',... sur le premier axe; Q, q, q',... les projections sur le second; et R, r, r',... les projections sur le troisième, on aura

$$p+p'+\ldots=P,\quad q+q'+\ldots=Q,\quad r+r'+\ldots=R.$$

Or $P^2+Q^2+R^2=L^2$ (519); donc

[5] $$(p+p'+\ldots)^2+(q+q'+\ldots)^2+(r+r'+\ldots)^2=L^2.$$

Les trois quantités $p+p'+\ldots$, $q+q'+\ldots$, $r+r'+\ldots$, changent en même temps que les axes rectangulaires; mais l'égalité précédente prouve que *la somme de leurs carrés est une grandeur constante, égale au carré de la résultante, quelle que soit la position des trois axes rectangulaires.*

On a remarqué (518) la direction de la résultante L comme étant parallèle aux axes sur lesquels la somme des projections du système $l, l', \ldots$ est un *maximum*; et on a vu aussi que la longueur L est précisément ce *maximum*. Or, il est facile de déterminer par des formules la grandeur et la direction de L, quand on connaît $l, l', \ldots$ et les angles de ces droites avec les trois axes rectangulaires. En effet, désignons ces angles par α, β, γ; α', β', γ'; etc., on aura

$$p = l\cos\alpha,\quad p' = l'\cos\alpha',\quad \text{etc.},$$
$$q = l\cos\beta,\quad q' = l'\cos\beta',\quad \text{etc.},$$
$$r = l\cos\gamma,\quad r' = l'\cos\gamma',\quad \text{etc.};$$

donc

$$P = l\cos\alpha + l'\cos\alpha' + \text{etc.},$$
$$Q = l\cos\beta + l'\cos\beta' + \text{etc.},$$
$$R = l\cos\gamma + l'\cos\gamma' + \text{etc.}.$$

Ainsi, les trois projections P, Q, R, de L, sont connues.

En nommant φ, φ', φ'', les angles inconnus de L avec les axes, on sait que

$$L\cos\varphi = P,\quad L\cos\varphi' = Q,\quad L\cos\varphi'' = R;$$

et d'ailleurs, par le n° 519, on a aussi

$$L^2 = P^2 + Q^2 + R^2.$$

De ces quatre égalités on tire

$$L = \sqrt{P^2 + Q^2 + R^2},\quad \cos\varphi = \frac{P}{L},\quad \cos\varphi' = \frac{Q}{L},\quad \cos\varphi'' = \frac{R}{L}.$$

La première formule donne la grandeur de la ligne résultante, et les trois autres en déterminent la direction. Toutefois, il faut se rappeler que, les projections sur des axes parallèles étant égales, ces déterminations ne font pas connaître un axe unique, mais bien une infinité d'axes parallèles entre eux.

522. Revenons au parallélipipède (fig. 4) dans lequel OG est une droite donnée, et OA, OB, OC, les projections de cette droite sur trois axes rectangulaires. Si on projette ces trois arètes, ou leurs égales OA, AD, DG, sur une droite quelconque OV, il est évident (516) que la somme de ces trois projections sera égale à la projection de OG sur la même droite. Donc, *quand on connaît les projections d'une droite sur trois axes rectangulaires, on aura sa projection sur un axe quelconque, en projetant ces trois projections sur cet axe, et en faisant la somme de ces nouvelles projections.*

Pour mettre cet énoncé en formule, supposons, comme plus haut, que les projections d'une droite l, sur les trois axes, soient p, q, r, nommons s sa projection sur le nouvel axe, et λ, μ, ν, les angles de cet axe avec les axes rectangulaires: on aura, par ce qui vient d'être dit,

$$s = p\cos\lambda + q\cos\mu + r\cos\nu. \qquad [6]$$

En général, la somme des projections de tant de droites qu'on voudra est toujours égale à la projection de leur résultante, quels que soient les axes de projection (516); et de là il suit qu'on peut étendre la formule [6] à un nombre quelconque de droites. Ainsi, P, Q, R, étant les projections d'un système de droites sur trois axes rectangulaires, et S sa projection sur le nouvel axe, on doit avoir

[7] $$S = P\cos\lambda + Q\cos\mu + R\cos\nu.$$

523. La formule [6] conduit aussi à une relation remarquable entre les angles. Désignons par θ l'angle GOV de la droite l avec le nouvel axe, sur lequel la projection de l est égale à s, on aura $s = l\cos\theta$: d'ailleurs, on a $p = l\cos\alpha$, $q = l\cos\beta$, $r = l\cos\gamma$. En mettant ces valeurs dans [6], et ôtant le facteur l, on trouve

[8] $$\cos\theta = \cos\alpha\cos\lambda + \cos\beta\cos\mu + \cos\gamma\cos\nu :$$

formule d'un usage fréquent, au moyen de laquelle on obtient l'angle de deux droites *quand on connaît les angles que chacune d'elles fait avec trois axes rectangulaires.*

En posant $\cos\theta = 0$, cette formule donne

[9] $$\cos\alpha\cos\lambda + \cos\beta\cos\mu + \cos\gamma\cos\nu = 0 :$$

c'est la condition qui doit avoir lieu pour que les deux droites soient à angle droit.

La formule qui exprime $\sin\theta$ est beaucoup plus compliquée. En effet, on a $\sin^2\theta = 1 - \cos^2\theta$: or, à cause de la relation [4] trouvée plus haut, on a $(\cos^2\alpha + \cos^2\beta + \cos^2\gamma)(\cos^2\lambda + \cos^2\mu + \cos^2\nu) = 1$; donc

$$\sin^2\theta = (\cos^2\alpha + \cos^2\beta + \cos^2\gamma)(\cos^2\lambda + \cos^2\mu + \cos^2\nu) - (\cos\alpha\cos\lambda + \cos\beta\cos\mu + \cos\gamma\cos\nu)^2,$$

et, en effectuant les calculs, on trouve facilement

$$\sin\theta = \sqrt{(\cos\alpha\cos\mu - \cos\lambda\cos\beta)^2 + (\cos\alpha\cos\nu - \cos\lambda\cos\gamma)^2 + (\cos\beta\cos\nu - \cos\mu\cos\gamma)^2}.$$

524. Le principe des projections, n° 516 formule [2], conduit encore à des relations fort remarquables entre les parties d'un parallélipipède oblique, et qui sont d'une grande utilité dans les applications.

Soit (fig. 5) le parallélipipède dont il s'agit : je ferai $OG = l$, $OA = x$, $OB = y$, $OC = z$, $GOX = \alpha$, $GOY = \beta$, $GOZ = \gamma$, $XOY = \lambda$, $XOZ = \mu$, $YOZ = \nu$. Cela posé, je projette la ligne brisée OADG, ou $x + y + z$, d'abord sur la diagonale OG, et ensuite sur chacune des trois arêtes contiguës OX, OY, OZ. On aura quatre sommes qui devront être respectivement égales aux projections de OG ou l sur les mêmes lignes. On obtient ainsi les quatre équations :

[10] $$\left\{\begin{array}{l} x\cos\alpha + y\cos\beta + z\cos\gamma = l, \\ x + y\cos\lambda + z\cos\mu = l\cos\alpha, \\ x\cos\lambda + y + z\cos\nu = l\cos\beta, \\ x\cos\mu + y\cos\nu + z = l\cos\gamma. \end{array}\right.$$

Telles sont les relations qu'on voulait établir. Toutes les autres qu'on pourrait trouver entre les dix quantités l, x, y, z, α, ..., ou entre quelques unes d'entre elles, seraient des conséquences de celles-là. On s'en convaincra en remarquant que le parallélipipède est déterminé quand on connaît les trois côtés x, y, z, et les trois angles λ, μ, ν; donc alors la diagonale l et les angles α, β, γ, sont aussi déterminés : or, pour cela, il ne faut que quatre équations.

525. Éliminons α, β, γ, entre ces équations ; et, à cet effet, multiplions la première par l, et remplaçons ensuite $l\cos\alpha$, $l\cos\beta$, $l\cos\gamma$, par leurs valeurs : il vient

$$[11] \qquad l^2 = x^2 + y^2 + z^2 + 2xy\cos\lambda + 2xz\cos\mu + 2yz\cos\nu.$$

Cette formule fait connaître la diagonale du parallélipipède.

On y parvient encore d'une autre manière. Menons OD; et le triangle ODG donne $\overline{OG}^2$ ou

$$l^2 = \overline{OD}^2 + z^2 + 2z.OD.\cos COD.$$

Mais, d'une part, le triangle OAD donne

$$\overline{OD}^2 = x^2 + y^2 + 2xy\cos\lambda;$$

et, d'autre part, le produit OD. cos COD, exprimant la projection de OD sur OC, doit être égal à la somme des projections de OA et AD sur la même droite OC : donc

$$OD.\cos COD = x\cos\mu + y\cos\nu.$$

En substituant ces valeurs de $\overline{OD}^2$ et de OD. cos COD dans celle de l^2, on retrouve la formule [11].

526. Si on veut avoir, entre les angles formés par une droite avec trois axes obliques, la relation analogue à celle du n° 520, il faudra éliminer l, x, y, z, ou plutôt les rapports $\frac{x}{l}$, $\frac{y}{l}$, $\frac{z}{l}$, entre les équations [10].

Que si on veut connaître l'angle de deux droites en fonction de ceux qu'elles font avec les axes obliques, on fera la projection du contour $x+y+z$, et celle de OG ou l, sur une autre droite OV; puis on égalera les deux expressions. En posant $VOX = \alpha'$, $VOY = \beta'$, $VOZ = \gamma'$, $GOV = \theta$, on aura cette nouvelle équation

$$l\cos\theta = x\cos\alpha' + y\cos\beta' + z\cos\gamma',$$

dans laquelle il n'y a qu'à substituer les valeurs de x, y, z, tirées des équations [10] : le facteur l disparaîtra de lui-même, et on aura l'expression de $\cos\theta$. Je laisse le lecteur faire lui-même le calcul.

Projections superficielles des aires planes.

527. Si, des différens points du contour d'une figure plane, on abaisse des perpendiculaires sur un plan, on formera sur ce plan une autre figure qui est la *projection* de la première.

Prenons d'abord un triangle dont un côté soit parallèle au plan sur lequel on projette : on pourra, sans que l'étendue de la projection soit altérée, supposer que ce plan a été transporté parallèlement à lui-même de manière qu'il contienne le côté qui lui était parallèle. Soit donc ABC (fig. 6) un triangle dont un côté BC est situé dans le plan de projection UV : abaissez AA′ perpendiculaire sur ce plan, et A′BC sera la projection du triangle. Menez A′H perpendiculaire sur BC, et tirez AH. La ligne AH est aussi perpendiculaire sur BC, et par conséquent l'angle AHA′ mesure l'inclinaison du plan ABC sur le plan UV : nous désignerons cet angle par φ.

Cela posé, les deux triangles A′BC et ABC ayant même base, sont entre eux : : A′H : AH. Mais le triangle AA′H étant rectangle, ce rapport $= \cos\varphi$; donc $\frac{A'BC}{ABC} = \cos\varphi$, d'où

$$A'BC = ABC \times \cos\varphi.$$

Quelle que soit la position du triangle ABC (fig. 7), on peut toujours supposer que le plan de projection UV passe par l'un des sommets B. Soit A′BC′ la projection du triangle ABC, prolongez AC jusqu'à son intersection D avec le plan UV : le point D sera sur la ligne A′C′, et les triangles A′BD, C′BD, seront les projections de ABD et CBD. D'après ce qui précède, on a donc $A'BD = ABD \times \cos\varphi$, $C'BD = CBD \times \cos\varphi$; et par conséquent, en prenant la différence,

$$A'BC' = ABC \times \cos\varphi.$$

On passe de là au cas d'un polygone en décomposant ce polygone en triangles. Si on nomme T, T′, T″,... ces triangles, et t, t', t'',... leurs projections, on a $t = T\cos\varphi$, $t' = T'\cos\varphi$,...; donc, en ajoutant,

$$t + t' + t'' + \ldots = (T + T' + T'' + \ldots)\cos\varphi.$$

Or, la somme $T + T' + T'' + \ldots$ est égale au polygone, et la somme $t + t' + t'' + \ldots$ est égale à sa projection; donc, si on désigne ces deux surfaces par A et a, on aura

$$a = A\cos\varphi. \qquad [12]$$

Ce résultat s'applique aussi à une aire plane terminée par des lignes courbes; car ces lignes peuvent être considérées comme des polygones d'une infinité de côtés. Donc, en général, *la projection d'une aire plane sur un plan, est égale au produit de cette aire par le cosinus de l'angle des deux plans.*

528. La relation précédente est la même qu'entre une droite et sa projection sur un axe (515); et, d'un autre côté, on démontre facilement par la géométrie que deux droites perpendiculaires à deux plans font entre elles un angle égal à celui des plans : de là résulte la conséquence qui suit. Différentes aires A, A′, A″,... étant situées dans des plans quelconques, si on élève des perpendiculaires à ces plans, si on prend sur elles des parties l, l', l'',... proportionnelles aux aires A, A′, A″,..., et si on projette en même temps toutes ces aires sur un plan, et toutes ces droites sur un axe perpendiculaire à ce plan, les projections linéaires auront entre elles les mêmes rapports que les projections superficielles.

529. Dès-lors une autre conséquence bien remarquable se présente encore. C'est que les recherches relatives aux projections des aires planes

peuvent se ramener à des recherches tout-à-fait semblables dans lesquelles on substituera, aux aires et à leurs projections, des droites qui leur soient perpendiculaires et proportionnelles.

Ainsi, qu'on veuille connaître le plan sur lequel la somme des projections de plusieurs aires est un *maximum*; je formerai une portion de polygone dont les côtés soient respectivement proportionnels et perpendiculaires à ces aires. La droite qui ferme le polygone, et que nous avons nommée la résultante, étant l'axe sur lequel la somme des projections des côtés du polygone est un *maximum* (518), on conclut que le plan perpendiculaire à cette ligne est celui sur lequel les projections superficielles ont une somme *maximum*. A quoi il faut ajouter que ce *maximum* a le même rapport avec chaque aire, que la ligne résultante avec le côté perpendiculaire à cette aire. Cette remarque suffit pour déterminer la somme *maximum* des projections des aires, somme qu'on pourrait aussi appeler *aire résultante*.

Tout ce qui a été dit des projections linéaires se transporte sans aucune difficulté aux projections superficielles. Je me bornerai ici à énoncer la propriété qui est analogue à celle du n° 522, savoir : que, *pour projeter une aire plane sur un plan donné, on peut la projeter d'abord sur trois plans rectangulaires, projeter ensuite les trois projections sur le plan donné, puis faire la somme des trois nouvelles projections.*

530. Le principe du n° 517 a aussi son analogue dans les polyèdres. On entend ici par polyèdre un assemblage de faces planes qui renferment entre elles un espace limité en tous sens ; et le principe dont il s'agit s'énonce ainsi : *Dans tout polyèdre, la somme des projections des différentes faces, sur un plan quelconque, est égale à zéro.*

Cet énoncé exige évidemment que certaines projections soient prises négativement ; et il faut d'abord expliquer comment les signes doivent être distribués.

Supposons que les projections de plusieurs faces consécutives soient (fig. 8) ABCD, ABEFG, AGHI,..., on peut prendre l'une d'elles avec le signe qu'on veut : convenons de donner à ABCD le signe +. Pour avoir celui de la projection ABEFG qui suit immédiatement, il faut observer si à partir du côté AB, par lequel elle touche la première, elle est en dehors d'elle ou en dedans : c'est le premier cas qui a lieu, et alors on lui donne aussi le signe +. La projection de la troisième face est AGHI : à partir du côté AG, elle est en recouvrement sur la précédente, et par cette raison elle aura un signe contraire. On continue ainsi de comparer la projection de chaque face à la projection qui la précède immédiatement, et avec laquelle elle a un côté commun ; et on l'affecte du même signe ou du signe contraire, suivant qu'elle s'applique au-delà ou en deçà du côté commun.

Cette règle étant bien comprise, imaginons que les faces d'un polyèdre convexe, semblable à ceux de la géométrie élémentaire, soient projetées sur un plan quelconque. Il est facile de voir que chaque partie de l'espace qui renferme ces projections doit être considérée comme contenant deux projections égales et de signes opposés, de telle sorte que si on ajoute, avec les signes qui leur conviennent, les projections de toutes les faces, le résultat sera zéro. Quand le polyèdre a des angles rentrans, comme il doit être fermé de tous côtés, il faudra que chaque portion de l'aire couverte par les projections contienne un nombre pair de projections, égales deux à deux et de signes contraires; par conséquent la somme des projections de toutes les faces est encore zéro.

La figure 9 représente, pour les polygones, un cas analogue à celui dont je viens de parler. On y voit que la portion *pq*, de l'axe de projection OX, est couverte par quatre projections, égales deux à deux, et de signes opposés, savoir : celles de *ab*, *cd*, et celles de *ef*, *gh*. Enfin, l'esprit doit aller ici plus loin que le texte de l'explication, et apercevoir clairement que, d'après la nature des polyèdres fermés, il arrivera toujours que *la somme des projections des faces soit égale à zéro.*

531. Désignons par A, A′, A″,... les faces successives d'un polyèdre fermé; menons une suite de droites consécutives L, L′, L″,... perpendiculaires et proportionnelles à ces faces, et ayons soin de les diriger de manière qu'elles comprennent entre elles des angles égaux aux inclinaisons des faces les unes sur les autres. Alors *je dis que ces droites formeront un polygone fermé.*

Supposons qu'il en soit autrement, et nommons X le côté qui ferme le polygone. Projetons tout le polygone sur un axe quelconque, et le polyèdre sur un plan perpendiculaire à cet axe : les faces A, A′, A″,... feront avec ce plan les mêmes angles que les droites proportionnelles L, L′, L″,... avec l'axe; et comme la somme des projections superficielles des faces doit être nulle, celle des projections linéaires de ces droites sera aussi nulle. Mais, dans le polygone fermé par le côté X, la somme des projections linéaires de X, L, L′, L″,... est nulle (517); donc la projection de X est nulle. Cette conséquence a lieu, quel que soit l'axe de projection, ce qui est impossible à moins qu'on n'ait $X=0$; donc les lignes L, L′, L″,... déterminent un polygone fermé.

Cette proposition est importante; car elle montre que toutes les relations entre les côtés et les angles d'un polygone peuvent aussi s'appliquer aux polyèdres.

532. Considérons en particulier une pyramide triangulaire, dont je désignerai les faces par A, A′, A″, A‴; et soit ABCD (fig. 10) le quadrilatère correspondant, dont les côtés AB, BC, CD, DA, sont perpendiculaires et proportionnels à ces faces. Ces côtés ne peuvent pas être dans un même plan; car, si cela était, ce plan serait perpendiculaire à toutes les faces, et par conséquent à toutes les arêtes de la pyramide.

De là il suit qu'en achevant le parallélogramme ABCE, et en tirant les lignes BF, AG, EH, égales et parallèles à CD, on formera un parallélipipède; et par conséquent la formule [11] du n° 525 doit avoir lieu entre AB, AE, AG, AD, et les angles BAE, BAG, GAE. Ces angles sont supplémens de ABC, ECD, BCD; et ceux-ci sont égaux aux inclinaisons de A sur A′, de A sur A″, de A′ sur A″. Désignons donc ces inclinaisons par α, α', α''; on pourra remplacer, dans la formule citée, les angles par $180^\circ - \alpha$, $180^\circ - \alpha'$, $180^\circ - \alpha''$, et les lignes par les aires A, A′, A″, A‴ auxquelles les longueurs AB, AE, AG, AD, sont proportionnelles. De cette manière on obtient la formule

[13] $A'''^2 = A^2 + A'^2 + A''^2 - 2AA' \cos\alpha - 2AA'' \cos\alpha' - 2A'A'' \cos\alpha''$,

qui exprime la relation entre une face quelconque de la pyramide, les trois autres faces, et les inclinaisons mutuelles de ces trois faces.

CHAPITRE II.

DU PLAN ET DE LA LIGNE DROITE DANS L'ESPACE.

Généralités préliminaires : comment on détermine dans l'espace les points, les surfaces et les lignes.

533. Pour déterminer la position des différens points de l'espace, on les rapporte à trois plans fixes qui forment un angle solide. Le plus souvent ces plans sont perpendiculaires entre eux, mais nous ne ferons d'abord aucune hypothèse particulière. Soient (fig. 11) xOx', yOy', zOz', les intersections de ces plans deux à deux, et M un point situé comme on voudra dans l'espace. Par ce point, et parallèlement aux trois plans fixes, on mène trois plans, savoir : MM'PM'' parallèle au plan yOz, et qui coupe la ligne $x'x$ en P; MM'QM''' parallèle au plan xOz, et qui coupe $y'y$ en Q; et enfin MM''RM''' parallèle au plan xOy, et qui coupe $z'z$ en R. Le point M sera parfaitement déterminé quand on connaîtra les points P, Q, R; car en menant, par ces points, des plans parallèles aux plans fixes, ils iront se rencontrer au point M. Et, d'un autre côté, ces trois points P, Q, R, se déterminent eux-mêmes au moyen des distances OP, OQ, OR, qu'on affecte du signe + ou du signe —, selon leur situation à l'égard du point O.

Les distances OP, OQ, OR, prises avec les signes qui leur conviennent, se nomment les *coordonnées* du point M. Les droites $x'x$, $y'y$, $z'z$, sont les *lignes* ou les *axes* de ces coordonnées; le point O où elles se rencontrent en est l'*origine*; et les plans xOy, xOz, yOz, sont eux-mêmes appelés *plans des coordonnées*, ou simplement *plans coordonnés*. Souvent on désigne les coordonnées d'une manière générale par x, y, z; et on dit alors que $x'x$ est l'axe des x, que xOy est le plan de xy, etc. Les plans et les axes des coordonnées doivent être considérés comme indéfinis; mais, afin d'éviter la confusion, on ne représente ordinairement dans les figures que les portions des axes sur lesquelles sont comptées les coordonnées positives.

534. Les trois plans menés par le point M forment avec ceux des coordonnées un parallélipipède; et de là il suit qu'on peut prendre indifféremment pour les coordonnées du point M, soit les distances OP, OQ, OR, qui sont situées sur les axes, soit les distances MM''', MM'', MM', qui

partent du point M et qui sont parallèles aux axes; soit encore les distances OP, PM', M'M, qui composent la ligne brisée OPM'M menée entre le point M et l'origine.

535. D'après ce qui précède, si on désigne par a, b, c, trois longueurs, positives ou négatives, et qu'on donne $x=a$, $y=b$, $z=c$, ces valeurs détermineront complétement la position d'un point.

Si l'une des coordonnées est nulle, le point est sur le plan des deux autres. Par exemple, si on a $x=a$, $y=b$, $z=0$, il est dans le plan de xy. Lorsque deux coordonnées sont nulles, le point est sur l'axe de la troisième. Ainsi, en prenant $x=a$, $y=0$, $z=0$, il sera sur la ligne des x. Enfin, le point est situé à l'origine, si on a en même temps $x=0$, $y=0$, $z=0$.

536. Les points M', M'', M''', où les lignes menées du point M, parallèlement aux axes, rencontrent les plans coordonnés, se nomment les *projections* de ce point; et ces projections sont dites *orthogonales* ou *obliques*, selon qu'elles sont faites par des perpendiculaires ou par des obliques.

Les coordonnées du point M étant a, b, c, il est évident qu'on a

$x=a$, $y=b$, $z=0$, pour la projection M' sur le plan de xy;
$x=a$, $y=0$, $z=c$, pour la projection M'' sur le plan de xz;
$x=0$, $y=b$, $z=c$, pour la projection M''' sur le plan de yz.

Quand on veut désigner l'une des projections, M', par exemple, on se borne quelquefois à énoncer les deux égalités $x=a$, $y=b$; mais alors la troisième, $z=0$, est sous-entendue, et on doit y avoir égard dans le raisonnement.

537. Maintenant il faut expliquer comment on détermine les surfaces. Considérons une surface quelconque, et supposons qu'on ait pris arbitrairement deux coordonnées, par exemple, $x=\text{OP}$ et $y=\text{PM}'$ (fig. 11): en menant la droite M'M parallèle à l'axe Oz, elle ira rencontrer la surface en un point M, ou en plusieurs qui seront entièrement déterminés. Il suit de là qu'il doit exister entre x, y, z, une relation telle que, deux de ces lignes étant données, les valeurs de la troisième puissent s'en déduire. L'équation qui exprime cette relation se nomme *l'équation de la surface*; et réciproquement *la surface est le lieu de l'équation.*

C'est ainsi qu'on est conduit à regarder une équation entre x, y, z, comme représentant une surface. Cette proposition peut d'ailleurs se démontrer comme il suit.

Soit $F(x, y, z)=0$ l'équation dont il s'agit. Prenons (fig. 12) sur l'axe des z une distance quelconque $\text{OO}'=c$, et menons le plan $x'\text{O}'y'$ parallèle à $x\text{O}y$: il coupera les plans $x\text{O}z$ et $y\text{O}z$ suivant les droites $\text{O}'x'$ et $\text{O}'y'$, parallèles aux axes Ox et Oy. Parmi les points qui satisfont à l'équation donnée $F(x, y, z)=0$, ne considérons que ceux qui sont contenus dans le plan $x'\text{O}'y'$, et soit M l'un quelconque de ces points. Si on mène MN parallèle à $\text{O}'y'$, et qu'on fasse $\text{O}'\text{N}=x'$ et $\text{NM}=y'$, les coordonnées du point M rapporté aux lignes $\text{O}'x'$ et $\text{O}'y'$ seraient x' et y'. Les trois coordonnées du même point M, rapporté aux trois axes Ox, Oy, Oz, sont

$$x=\text{O}'\text{N}=x',\quad y=\text{MN}=y',\quad z=\text{OO}'=c.$$

Or, ces quantités doivent vérifier l'équation $F(x, y, z)=0$; donc, si on effectue les substitutions, l'équation résultante $F(x', y', c)=0$ ne contiendra que les deux variables x' et y', et représentera une ligne rapportée aux axes $O'x'$ et $O'y'$. Ainsi, quel que soit le lieu de l'équation $F(x, y, z)=0$, ce lieu est coupé suivant des lignes par des plans parallèles au plan de xy. Cette propriété ne peut appartenir qu'à une surface; donc *une équation entre* x, y, z, *représente une surface.*

Toutefois, comme il peut se faire que l'équation en x' et y' ne représente qu'un ou plusieurs points, et même qu'elle soit impossible, il arrivera aussi, dans certains cas, que l'équation en x, y, z, donnera une ligne seulement, un ou plusieurs points séparés, ou même encore qu'elle sera impossible.

538. Lorsque l'équation donnée ne renferme que deux des coordonnées, x et y, par exemple, elle représente un cylindre parallèle à l'axe des z. En effet, si on ne considère d'abord que les points du plan de xy, cette équation détermine en général, sur ce plan, une ligne AB (fig. 13). Si ensuite, par chaque point M de cette ligne, on mène une droite MM' parallèle aux z, il est clair que les valeurs de x et de y seront, pour tous les points de cette droite, les mêmes que pour le point M. Il n'y aura de différence que dans la troisième coordonnée z; et comme z n'entre pas dans l'équation donnée, il s'ensuit que tous les points de MM' satisfont également à cette équation; c'est-à-dire, en d'autres termes, que cette équation détermine un cylindre parallèle à l'axe des z. La dénomination de cylindre est prise ici dans le sens le plus étendu, et désigne toute surface engendrée par une droite qui se meut parallèlement à elle-même.

539. Quand une équation ne contient qu'une seule coordonnée, on en tire pour cette coordonnée des valeurs constantes, et chacune de ces valeurs, si elle est réelle, détermine un plan parallèle à celui des deux autres coordonnées. En effet, si $z=c$ est une de ces valeurs, et si on mène, parallèlement au plan de xy, un plan qui rencontre l'axe des z à une distance c de l'origine, au-dessus ou au-dessous suivant le signe de c, il est clair que pour tous les points de ce plan z est égal à c, et que pour les points situés hors de ce plan z est différent de c.

Il suit de là que les égalités $x=a, y=b, z=c$, prises séparément, représentent trois plans parallèles à ceux des coordonnées; donc, étant prises ensemble, elles déterminent le point d'intersection des trois plans. Ce point est précisément celui qui a pour coordonnées a, b, c; et, pour cette raison, on dit que $x=a, y=b, z=c$, sont les *équations de ce point.*

540. Enfin, parlons des lignes. La manière la plus simple de déterminer une ligne dans l'espace, consiste à la considérer comme l'intersection de deux surfaces. Ainsi, une droite sera donnée par l'intersection de deux plans; et un cercle le sera par celle d'une sphère et d'un plan, ou encore par celle de deux sphères. Les équations de deux surfaces, qui contiennent une ligne, se nomment, prises conjointement, *les équations de cette ligne.*

Comme il existe une infinité de surfaces différentes qui passent par une même ligne, il y a aussi une infinité d'équations qui peuvent, prises deux à deux, représenter cette ligne. On fait disparaître cette indétermination en choisissant, pour les deux surfaces, des cylindres parallèles à deux des axes de coordonnées. Si le premier cylindre est parallèle à la ligne des y, son équation ne contiendra point y (538), et si le second est parallèle à la ligne des x, son équation ne contiendra point x ; par conséquent, en désignant par $F(x,z)$ une fonction de x et de z sans y, et par $F_1(y,z)$ une fonction de y et de z sans x, on peut prendre, pour les équations d'une ligne quelconque,

$$[1] \quad F(x,z)=0, \qquad [2] \quad F_1(y,z)=0.$$

541. Soit AB (fig. 14) la ligne dont il s'agit. Si, par tous les points M, M',... de AB, on mène des parallèles à Oy, les points m, m',..., où elles rencontrent le plan xOz, sont les projections des points M, M',... ; la ligne A'B', qui est le lieu de toutes ces projections, est la *projection* de la ligne AB; et le cylindre ABB'A' se nomme *cylindre projetant*. Il est évident que l'équation [1] doit être celle de ce cylindre; et, en la restreignant aux seuls points du plan xOz, elle donne la projection A'B'. Pareillement, l'équation [2], restreinte aux seuls points situés dans le plan yOz, donne la projection de AB sur ce plan. On voit donc que les équations [1] et [2] peuvent aussi être considérées comme celles des projections d'une ligne sur les plans de xz et de yz.

Si on élimine z entre [1] et [2], on trouve une équation en x et y qui doit appartenir à la même ligne AB. Cette équation est celle d'un cylindre parallèle aux z; et en la restreignant aux seuls points du plan xOy, elle représente la projection de AB sur ce plan.

542. En général, si les équations d'une ligne donnée sont

$$F(x,y,z)=0, \quad F_1(x,y,z)=0,$$

l'élimination d'une coordonnée, de y, par exemple, conduit à une équation qui représente une surface cylindrique, parallèle à cette coordonnée; et, comme cette surface doit contenir la ligne donnée, il s'ensuit que son équation, appliquée aux seuls points du plan de xz, détermine sur ce plan une ligne qui est précisément la projection de la ligne donnée.

Donc, si on élimine alternativement chaque coordonnée à son tour, on obtiendra les projections de la courbe sur les trois plans coordonnés.

Équation du plan.

543. Je vais démontrer, d'abord, que l'équation du premier degré, entre les coordonnées x, y, z, représente toujours un plan; et, à cet effet, je suivrai la marche déjà employée, n° 537, pour prouver qu'une équation détermine une surface.

Soit l'équation générale

$$[A] \qquad Ax+By+Cz+D=0.$$

Je fais d'abord $y=0$; et il vient

$$Ax+Cz+D=0, \quad \text{ou} \quad z=-\frac{A}{C}x-\frac{D}{C}.$$

Cette équation donne la *trace* AB (fig. 15) de la surface, sur le plan de xz; donc cette trace est une ligne droite.

Je fais ensuite $x=0$: l'équation [A] donne

$$By+Cz+D=0, \quad \text{ou} \quad z=-\frac{B}{C}y-\frac{D}{C};$$

donc, sur le plan de yz, la surface a encore, pour trace, une droite AC, qui rencontre l'axe des z au même point A que l'autre trace.

Maintenant, menons à volonté un plan parallèle à celui de xz : supposons qu'il rencontre l'axe Oy à la distance $OO'=\beta$, et les deux plans yOx, yOz, suivant les lignes $O'x'$, $O'z'$, parallèles à Ox et à Oz. Soit M un point quelconque de l'intersection de ce plan avec la surface de l'équation [A]; rapportons ce point aux deux axes $O'x'$ et $O'z'$, et désignons par x' et z' ses coordonnées O'P et PM, comptés sur ces axes, tandis que nous continuerons de nommer x, y, z, ses trois coordonnées O'P, OO', PM, relatives aux axes Ox, Oy, Oz. Il est évident qu'on doit avoir $x=x'$, $y=\beta$, $z=z'$: d'ailleurs ces valeurs doivent satisfaire à l'équation [A]; donc on a

$$Ax'+B\beta+Cz'+D=0, \quad \text{ou} \quad z'=-\frac{A}{C}x'-\frac{D+B\beta}{C}.$$

Cette équation, entre x' et z', est celle de l'intersection A'B' de la surface par le plan $z'O'x'$; et comme elle est du premier degré, il s'ensuit que cette intersection est une ligne droite. De plus, le coefficient de x' étant le même que celui de x dans l'équation de la trace AB, on conclut que A'B' fait avec $O'z'$ le même angle que AB avec Oz. Or, le plan, conduit par les deux traces AB et AC serait coupé par $z'O'x'$ suivant une droite qui passerait au point A', et qui ferait aussi ce même angle avec $O'z'$; donc elle ne serait pas différente de A'B'. Ainsi, la surface de l'équation [A] est rencontrée par tous les plans parallèles à zOx suivant des droites entièrement comprises dans le plan BAC; par conséquent, cette surface n'est autre que ce plan lui-même.

544. *Cas particuliers.* L'équation [A] peut n'avoir point tous ses termes, et alors le plan qu'elle détermine prend une position particulière par rapport aux axes.

1° Soit $D=0$: l'équation [A] devient

$$Ax+By+Cz=0.$$

Le plan passe par l'origine; car cette équation est satisfaite par les valeurs $x=0$, $y=0$, $z=0$.

2° Soit $A=0$: l'équation du plan se réduit à

$$By+Cz+D=0.$$

Alors la trace du plan, sur le plan de xz, est parallèle à l'axe des x; car, en faisant $y=0$, on trouve, pour cette trace, $z=-\frac{D}{C}$. Donc le plan est lui-même parallèle à l'axe des x : c'est-à-dire, en général, que l'équation du premier degré, qui ne contient que deux coordonnées, représente un plan parallèle à l'axe de la troisième coordonnée.

3° Dans le cas plus particulier encore, où l'on suppose en même temps $A=0$ et $B=0$, l'équation [A] devient

$$Cz+D=0.$$

Alors les traces AB et AC sont respectivement parallèles à Ox et à Oy, et le plan BAC est parallèle à xOy : conclusion d'ailleurs évidente, puisque l'équation donne, par tous les points du plan, une valeur constante de z, savoir $z=-\frac{D}{C}$. Il résulte de là que l'équation du premier degré qui ne contient qu'une coordonnée représente un plan parallèle à celui des deux autres coordonnées.

545. Il ne suffit pas d'avoir reconnu que l'équation du premier degré représente toujours un plan, il faut encore démontrer qu'elle peut donner tous les plans possibles.

D'abord, quand l'équation contient la variable z, on a trouvé pour les traces du plan, sur les plans de xz et de yz,

$$z=-\frac{A}{C}x-\frac{D}{C}, \quad \text{et} \quad z=-\frac{B}{C}y-\frac{D}{C}.$$

Ces deux traces coupent l'axe des z à la distance $-\frac{D}{C}$, et en faisant varier D on peut faire passer ces traces par tel point de l'axe des z qu'on voudra. Si ensuite on fait varier A et B, on pourra aussi faire prendre à ces traces telles directions qu'on voudra; donc l'équation [A] peut donner tous les plans qui rencontrent la ligne des z.

En second lieu, si C est zéro, l'équation [A] devient $Ax+By+D=0$. Alors elle représente un plan qui est parallèle aux z, et dont la trace, sur le plan de xy, a aussi pour équation $Ax+By+D=0$. Or, cette équation peut donner toutes les droites qu'il est possible de tracer dans le plan de xy; donc aussi l'équation [A] peut représenter tous les plans parallèles aux z.

Donc, enfin, il n'est aucun plan qui ne soit donné par une équation du premier degré.

546. L'équation du plan est employée sous diverses formes. Remarquons d'abord que l'équation [A] pouvant toujours être divisée par le coefficient de l'un de ses termes, il n'y a réellement que trois indéterminées dont on puisse disposer pour assujettir le plan à des conditions données. Par exemple, si l'équation contient z, on peut la diviser par C, et l'écrire ainsi :

$$z=fx+gy+h.$$

Mais cette forme ne convient plus aux plans qui sont parallèles à l'axe des z; et, pour cette raison, on préfère souvent se servir de l'équation [A], qui a d'ailleurs l'avantage de conduire à des formules plus symétriques.

547. Lorsqu'un plan rencontre les trois axes, son équation prend une forme très-élégante si on y introduit les distances OA, OB, OC (fig. 16), de l'origine aux trois points d'intersection de ces axes avec le plan. Ces distances se déduisent facilement de l'équation [A]. Par exemple, pour

l'intersection avec l'axe des x, on a $y=0$, $z=0$, et par suite l'équation [A] donne $OA=-\frac{D}{A}$. On trouve de même $OB=-\frac{D}{B}$, $OC=-\frac{D}{C}$; donc, si on désigne ces trois distances par a, b, c, on aura

$$a=-\frac{D}{A},\ b=-\frac{D}{B},\ c=-\frac{D}{C},\quad \text{d'où}\quad A=-\frac{D}{a},\ B=-\frac{D}{b},\ C=-\frac{D}{c}.$$

En mettant ces valeurs dans [A], et divisant par D, il vient

$$\frac{x}{a}+\frac{y}{b}+\frac{z}{c}=1,\quad \text{ou}\quad bcx+acy+abz=abc.$$

548. Un plan est déterminé quand on connaît la grandeur et la position de la perpendiculaire OH (fig. 16) abaissée de l'origine sur ce plan. Soit $OH=\delta$, $HOx=\alpha$, $HOy=\beta$, $HOz=\gamma$: les triangles rectangles HOA, HOB, HOC, donneront

$$OA=a=\frac{\delta}{\cos\alpha},\quad OB=b=\frac{\delta}{\cos\beta},\quad OC=c=\frac{\delta}{\cos\gamma};$$

et, en substituant ces valeurs de a, b, c, l'équation du plan prend encore cette forme, qui mérite d'être remarquée,

$$x\cos\alpha+y\cos\beta+z\cos\gamma=\delta.$$

On peut aussi y parvenir immédiatement en se servant de cette propriété, que la somme des projections orthogonales de plusieurs droites consécutives, sur un axe quelconque, est égale à la projection de la résultante (516). Supposons que le point M, pris à volonté dans le plan ABC, ait pour coordonnées $OQ=x$, $QP=y$, $PM=z$, et tirons OM, qui est la résultante du contour OQPM. La droite OH étant perpendiculaire au plan ABC, si on projette OM sur OH on trouve, pour projection, la ligne OH elle-même, laquelle est désignée par δ. D'un autre côté, en projetant x, y, z, sur OH, on a $x\cos\alpha+y\cos\beta+z\cos\gamma$ pour la somme des trois projections; donc, en vertu du principe cité, on aura

$$x\cos\alpha+y\cos\beta+z\cos\gamma=\delta;$$

et comme cette relation a lieu pour tous les points du plan, elle est l'équation de ce plan.

Équations de la ligne droite.

549. D'après ce qui a été dit n° 540, on pourrait prendre, pour les équations d'une droite donnée, celles de deux plans qui la contiennent; mais il est plus simple de la déterminer par ses projections sur deux des trois plans coordonnés. Si, par tous les points de cette droite, on mène des parallèles à l'axe des y (fig. 17), elles seront dans un même plan, et leurs pieds, sur le plan de zx, seront en ligne droite. C'est cette ligne droite qui est la projection, sur le plan zx, de la droite dont il s'agit. Sa projection sur le plan yz est aussi une ligne droite : donc, si on veut dé-

terminer une droite par ces deux projections, on pourra présenter ses équations sous la forme

$$[1] \qquad x = az + \alpha, \quad y = bz + \beta.$$

Quand les coordonnées sont rectangulaires, a et b seront les tangentes des angles formés avec l'axe des z par les deux projections; mais, en général, ces coefficiens sont des rapports de sinus.

550. Il n'est pas inutile de rappeler ici que ces équations, considérées chacune séparément avec toute sa généralité, ne représentent pas seulement les projections de la droite, mais deux plans respectivement parallèles aux y et aux x. Ils sont les *plans projetans* de la droite; et c'est parce qu'ils contiennent cette droite, que le système des équations [1] la détermine. Il est évident d'ailleurs qu'il ne détermine qu'elle; car tous les points communs aux deux plans appartiennent à la droite.

551. En éliminant z entre les équations [1], il vient

$$y - \beta = \frac{b}{a}(x - \alpha).$$

Cette équation est celle d'un plan parallèle aux z, et qui contient la droite. Elle représente donc le troisième plan projetant, ou, si on veut, la projection de la droite sur le plan de xy (542).

552. *Cas particuliers*. Considérons maintenant la ligne droite dans quelques positions particulières.

1° Si elle passe par l'origine, ses projections y passent aussi, et ses équations sont simplement

$$x = az, \quad y = bz.$$

2° Si elle passe par un point situé sur l'un des axes, sur celui des y, par exemple, il n'y a que sa projection sur le plan de xz qui passera par l'origine : les équations de la droite sont alors

$$x = az, \quad y = bz + \beta.$$

3° Quand une droite est parallèle à l'un des plans coordonnés, par exemple à celui de xy, les plans, qui la projettent sur les deux autres, se confondent, et ils ont pour équation unique $z = \delta$, δ étant une constante. Il faut alors recourir à la troisième projection, et prendre, pour la droite, les équations

$$z = \delta, \quad y = cx + \gamma.$$

4° Quand la droite est parallèle à l'un des axes, à celui des z par exemple, ses équations sont

$$x = \alpha, \quad y = \beta.$$

Elles sont $x = \alpha$, $z = \gamma$, ou bien $y = \beta$, $z = \gamma$, selon que la droite est parallèle aux y ou aux x.

553. Si, des équations [1], on veut déduire l'intersection de la droite avec le plan de deux coordonnées, on remarquera que dans ce plan la

troisième coordonnée est zéro. De cette manière on aura

$z=0,\quad x=\alpha,\quad y=\beta,$ pour l'intersection avec le plan de xy;

$y=0,\quad z=-\frac{\beta}{b},\quad x=\alpha-\frac{a\beta}{b},$ pour l'intersection avec celui de xz;

$x=0,\quad z=-\frac{\alpha}{a},\quad y=\beta-\frac{b\alpha}{a};$ pour l'intersection avec celui de yz.

CHAPITRE III.

PROBLÈMES SUR LE PLAN ET LA LIGNE DROITE.

Première partie : problèmes dont la solution est indépendante du choix des axes.

554. Problème I. *Trouver les équations d'une droite qui passe par deux points donnés.*

Soient x', y', z', et x'', y'', z'', les coordonnées de deux points. Les équations demandées doivent être de la forme

$$x=az+\alpha,\quad y=bz+\beta.$$

Pour que la droite passe par le premier point, il faut que ces équations soient satisfaites en y mettant x', y', z', au lieu de x, y, z; donc on doit avoir

$$x'=az'+\alpha,\quad y'=bz'+\beta.$$

En retranchant ces équations des deux précédentes, α et β seront éliminés, et on aura

$$x-x'=a(z-z'),\quad y-y'=b(z-z').$$

La droite, représentée par ces équations, remplit déjà la condition de passer par le premier point. Pour qu'elle passe aussi par le second, il faut que ces équations soient vérifiées en y remplaçant x, y, z, par x'', y'', z'', ce qui donne

$$x''-x'=a(z''-z'),\quad y''-y'=b(z''-z'),$$

d'où
$$a=\frac{x''-x'}{z''-z'},\quad b=\frac{y''-y'}{z''-z'}.$$

En substituant, au lieu de a et de b, ces valeurs, on obtient les équations cherchées, savoir :

$$x-x'=\frac{x''-x'}{z''-z'}(z-z');\quad y-y'=\frac{y''-y'}{z''-z'}(z-z').$$

555. Problème II. *Trouver les équations d'une droite qui passe par un point donné, et qui est parallèle à une droite donnée.*

Soient les équations de la droite donnée,

$$x = az + \alpha,\quad y = bz + \beta;$$

et soient x', y', z', les coordonnées du point donné. Puisque la droite cherchée doit passer par ce point, ses équations peuvent se mettre sous la forme

$$x - x' = a'(z - z'),\quad y - y' = b'(z - z'),$$

a' et b' étant encore inconnus.

Quand deux droites sont parallèles, les plans menés par ces droites, parallèlement à l'axe des y, sont parallèles entre eux, et par suite leurs intersections avec le plan de xz sont aussi parallèles. Or, ces intersections sont les projections des deux droites sur le plan de xz; donc les coefficiens de z doivent être égaux dans les équations de ces deux projections. Il en est de même des projections sur le plan de yz; donc, pour que les droites soient parallèles, on doit avoir les conditions

$$a' = a,\quad b' = b.$$

Par conséquent, les équations de la parallèle demandée seront

$$x - x' = a(z - z'),\quad y - y' = b(z - z').$$

Si le point donné est à l'origine, elles se réduisent à celles-ci :

$$x = az,\quad y = bz.$$

556. Problème III. *Déterminer le point d'intersection de deux droites dont on connaît les équations.*

En général, deux lignes dans l'espace ne se rencontrent pas : il faut, pour que cela arrive, qu'il y ait des valeurs de x, y, z, qui satisfassent à leurs quatre équations. Or, il est évident qu'en éliminant les trois coordonnées x, y, z, entre les quatre équations, il restera une équation qui exprimera la condition sans laquelle les deux lignes ne peuvent avoir aucun point commun.

Soient

$$\begin{array}{ll}[1] & x = az + \alpha, \\ [2] & y = bz + \beta,\end{array}\Bigg\}\qquad \begin{array}{ll}[3] & x = a'z + \alpha', \\ [4] & y = b'z + \beta',\end{array}\Bigg\}$$

les équations de deux droites. De [1] et [3] on tire

$$[5]\qquad z = \frac{\alpha' - \alpha}{a - a'},\quad x = \frac{a\alpha' - a'\alpha}{a - a'};$$

et de [2] et [4] on tire

$$[6]\qquad z = \frac{\beta' - \beta}{b - b'},\quad y = \frac{b\beta' - b'\beta}{b - b'}.$$

Pour que les quatre équations soient vérifiées par les mêmes coordonnées, il faut que les deux valeurs trouvées pour z soient égales; et il est clair que cette condition suffit. Ainsi, on doit avoir

$$\frac{\alpha' - \alpha}{a - a'} = \frac{\beta' - \beta}{b - b'},$$

ou bien

$$(\alpha' - \alpha)(b - b') - (\beta' - \beta)(a - a') = 0.$$

Telle est la relation qui doit exister pour que les deux droites se coupent. Quand elle a lieu, le point d'intersection est déterminé par les formules [5] et [6].

Lorsque les droites sont parallèles, on a $a'=a$ et $b'=b$ (555). Alors l'équation de condition est vérifiée, et les valeurs de x, y, z, sont infinies.

557. Problème IV. *Faire passer un plan par trois points donnés.*

Représentons par x', y', z'; x'', y'', z''; x''', y''', z'''; les coordonnées des trois points : et soit

[1] $$Ax+By+Cz=D$$

l'équation du plan cherché. Pour que ce plan passe par les trois points, il faut que son équation soit satisfaite par les coordonnées de chacun d'eux; donc on doit avoir

$$Ax'+By'+Cz'=D,\ Ax''+By''+Cz''=D,\ Ax'''+By'''+Cz'''=D.$$

En divisant ces équations par D, les inconnues qu'elles contiendront seront les rapports de A, B, C, à D; et elles feront connaître les valeurs de ces rapports. Désignons ces valeurs par A', B', C', on aura

$$A=A'D,\quad B=B'D,\quad C=C'D;$$

et par suite l'équation [1] devient, après substitution et simplification,

$$A'x+B'y+C'z=1.$$

558. Problème V. *Par un point donné, mener un plan parallèle à un plan donné.*

Soit [1] $$Ax+By+Cz+D=0$$

l'équation d'un plan donné; et

[2] $$A'x+B'y+C'z+D'=0,$$

celle d'un plan parallèle.

En général, les intersections de deux plans parallèles par un troisième sont parallèles entre elles; par conséquent les traces des deux plans sur le plan de xz doivent être parallèles, et leurs traces sur le plan de yz doivent aussi être parallèles. Les équations de ces traces sont

$$Ax+Cz+D=0,\ A'x+C'z+D'=0,\ \text{sur le plan de } xz;$$
$$By+Cz+D=0,\ B'y+C'z+D'=0,\ \text{sur le plan de } yz;$$

et, pour que les deux premières soient parallèles entre elles, et les deux dernières parallèles entre elles, on doit avoir

$$\frac{A'}{C'}=\frac{A}{C},\ \frac{B'}{C'}=\frac{B}{C},\ \text{ou bien}\ \frac{A'}{A}=\frac{B'}{B}=\frac{C'}{C}.$$

Quand les plans rencontrent l'axe des z, ces conditions suffisent pour qu'ils soient parallèles; car alors les traces du premier plan se coupent sur l'axe des z, et sont parallèles à celles du second plan, lesquelles se coupent aussi sur cet axe. Or, quand deux angles ont leurs côtés parallèles, on sait que leurs plans sont parallèles.

Mais si les deux plans sont parallèles à l'axe des z, ce qui revient à supposer $C=0$ et $C'=0$, la seule condition à remplir, c'est que les traces sur le plan de xy soient parallèles, ce qui exige

$$\frac{A'}{B'}=\frac{A}{B}, \text{ ou } \frac{A'}{A}=\frac{B'}{B}.$$

Ainsi, dans tous les cas, *pour que deux plans soient parallèles, il faut et il suffit que les coefficiens des variables* x, y, z, *dans les équations de ces plans, soient proportionnels.*

Supposons ces conditions remplies, et faisons $\frac{A'}{A}=k$: on aura $A'=Ak$, $B'=Bk$, $C'=Ck$; puis, en mettant ces valeurs dans l'équation [2], divisant par k, et posant $D''k=D'$, il vient

$$Ax+By+Cz+D''=0.$$

Cette équation représente tous les plans parallèles à celui de l'équation [1], et elle ne diffère de celle-ci que par le seul terme constant D''.

Jusqu'ici D'' est resté indéterminé : mais si on veut que le plan parallèle passe par un point donné dont les coordonnées soient x', y', z', on doit avoir

$$Ax'+By'+Cz'+D''=0;$$

et, en retranchant cette équation de la précédente, on a, pour le plan cherché,

$$A(x-x')+B(y-y')+C(z-z')=0.$$

Si le point donné est l'origine, il faut faire $x'=0$, $y'=0$, $z'=0$, et l'on a, pour le plan parallèle,

$$Ax+By+Cz=0.$$

559. PROBLÈME VI. *Faire passer un plan par un point et par une droite donnés.*

Soient x', y', z', les coordonnées du point; soient

[1] $$x=az+\alpha,\quad y=bz+\beta,$$

les équations de la droite donnée; et soit

[2] $$Ax+By+Cz+D=0$$

l'équation du plan cherché.

La condition de passer par le point donné est exprimée par

[3] $$Ax'+By'+Cz'+D=0.$$

Celle de contenir la droite exige qu'en mettant dans l'équation du plan les valeurs de x et de y, tirées des équations de cette droite, l'équation résultante soit vérifiée, quelle que soit la coordonnée z. Or, par la substitution de ces valeurs, il vient

$$(Aa+Bb+C)z+A\alpha+B\beta+D=0;$$

et, pour que cette égalité ait lieu sans aucune détermination particulière de z, il faut poser

[4] $$Aa+Bb+C=0,$$
[5] $$A\alpha+B\beta+D=0.$$

Toutes les conditions du problème sont donc renfermées dans les équations [3], [4], [5].

En éliminant D entre [3] et [5], il vient

$$A(x'-\alpha)+B(y'-\beta)+Cz'=0;$$

et en combinant cette équation avec [4], on trouve facilement

$$A=\frac{(y'-bz'-\beta)C}{b(x'-\alpha)-a(y'-\beta)},\quad B=-\frac{(x'-az'-\alpha)C}{b(x'-\alpha)-a(y'-\beta)}.$$

Mais l'équation [2], si on en retranche l'équation [3], devient

$$A(x-x')+B(y-y')+C(z-z')=0;$$

et, en substituant les valeurs de A et B, on obtient, toutes réductions faites,

$$[6]\qquad \left.\begin{array}{l}[y'-bz'-\beta](x-x')-[x'-az'-\alpha](y-y')\\ +[b(x'-\alpha)-a(y'-\beta)](z-z')\end{array}\right\}=0.$$

Telle est l'équation du plan cherché.

560. On peut encore faire les calculs d'une autre manière. Au moyen des équations [4] et [5], on peut éliminer de l'équation du plan deux des quantités A, B, C, D. Si, après avoir multiplié l'équation [4] par z, on la retranche de celle du plan ainsi que l'équation [5], on éliminera C et D; et on trouve ainsi

$$A(x-az-\alpha)+B(y-bz-\beta)=0.$$

Comme on n'a eu égard qu'aux relations [4] et [5], cette équation appartient à un plan quelconque passant par la droite donnée.

Pour qu'il passe aussi par le point donné, il faut que cette équation se vérifie en y mettant x', y', z', à la place de x, y, z; donc on doit avoir

$$A(x'-az'-\alpha)+B(y'-bz'-\beta)=0,$$

d'où

$$\frac{B}{A}=-\frac{x'-az'-\alpha}{y'-bz'-\beta};$$

et par suite il vient, pour le plan demandé,

$$[7]\qquad x-az-\alpha=\frac{x'-az'-\alpha}{y'-bz'-\beta}(y-bz-\beta).$$

Cette équation ne diffère de l'équation [6] que par la forme. On y voit sur-le-champ qu'elle représente un plan qui passe par la droite donnée : car elle est évidemment vérifiée en même temps que les équations [1].

561. PROBLÈME VII. *Deux droites étant données, mener un plan qui passe par la première et qui soit parallèle à la seconde.*

Soient

$$\left\{\begin{array}{l}x=az+\alpha,\\ y=bz+\beta,\end{array}\right.\qquad \left\{\begin{array}{l}x=a'z+\alpha',\\ y=b'z+\beta',\end{array}\right.$$

les équations des deux droites; et soit

$$Ax+By+Cz+D=0$$

l'équation du plan cherché.

Pour que le plan et la seconde soient parallèles, il faut qu'en les transportant à l'origine, parallèlement à eux-mêmes, la droite vienne se placer tout entière dans le plan. Alors les équations sont

[1] $x = a'z,\quad y = b'z,$ pour la droite (555),

[2] $Ax + By + Cz = 0,$ pour le plan (558);

et en mettant les valeurs [1] dans l'équation [2], et supprimant le facteur commun z qui doit rester indéterminé, il vient

[3] $$Aa' + Bb' + C = 0:$$

telle est la condition du parallélisme.

Pour que le plan contienne la première droite, on sait déjà (559) qu'on doit avoir

[4] $$Aa + Bb + C = 0,$$

[5] $$A\alpha + B\beta + D = 0.$$

L'équation [4], qui est semblable à l'équation [3], exprime que le plan est parallèle à la première droite. L'équation [5] exprime que le plan passe par le point où cette droite perce le plan de xy : car, pour ce point, on a $z = 0$, $x = \alpha$, $y = \beta$.

Les équations [3] et [4] donnent

$$B = -\frac{A(a' - a)}{b' - b},\quad C = -\frac{A(ab' - ba')}{b' - b}.$$

En substituant ces valeurs dans l'équation du plan, et faisant $\frac{D(b' - b)}{A} = D'$, on trouve

$$(b' - b)x - (a' - a)y - (ab' - ba')z + D' = 0,$$

D' étant une indéterminée. Comme on n'a eu égard qu'aux conditions [3] et [4], cette équation représente tous les plans parallèles aux deux droites données. De plus, comme les coefficiens de x, y, z ne contiennent pas D', ils doivent rester constans; donc tous ces plans sont parallèles entre eux (558), ainsi qu'on devait le prévoir.

Mais, si on commence par éliminer D en retranchant l'équation [5] de celle du plan, il vient

$$A(x - \alpha) + B(y - \beta) + Cz = 0;$$

et si on remplace ensuite B et C par leurs valeurs, on obtient

$$(b' - b)(x - \alpha) - (a' - a)(y - \beta) - (ab' - ba')z = 0,$$

pour le plan qui remplit toutes les conditions de la question.

562. Problème VIII. *Connaissant les équations de deux plans, trouver les projections de leur intersection.*

Des considérations générales exposées n° 542, il résulte que, pour obtenir les équations de ces projections, il faut éliminer alternativement x, y, z, entre les équations des deux plans. Supposons que les équations des plans soient

$$Ax + By + Cz + D = 0,$$
$$A'x + B'y + C'z + D' = 0.$$

Pour les trois projections de leur intersection, on trouvera

$$(AC'-CA')x+(BC'-CB')y+DC'-CD'=0,$$
$$(BA'-AB')y+(CA'-AC')z+DA'-AD'=0,$$
$$(CB'-BC')z+(AB'-BA')x+DB'-BD'=0.$$

563. PROBLÈME IX. *Trouver l'intersection d'une droite et d'un plan, dont on connaît les équations.*

Il est évident que la question se réduit à trouver les valeurs de x, y, z, qui satisfont aux équations de la droite et du plan, ce qui revient à résoudre trois équations du premier degré. Supposons qu'on ait les équations

$$\left.\begin{array}{l} x=az+\alpha \\ y=bz+\beta \end{array}\right\} \quad \text{pour la droite},$$
$$Ax+By+Cz+D=0 \quad \text{pour le plan.}$$

On en déduit sur-le-champ, en éliminant x et y,

$$(Aa+Bb+C)z+A\alpha+B\beta+D=0;$$

et par suite, on a les coordonnées du point d'intersection, savoir:

$$z=-\frac{A\alpha+B\beta+D}{Aa+Bb+C},$$
$$x=\alpha-\frac{a(A\alpha+B\beta+D)}{Aa+Bb+C},$$
$$y=\beta-\frac{b(A\alpha+B\beta+D)}{Aa+Bb+C}.$$

Si on a $Aa+Bb+C=0$, ces valeurs sont infinies : alors la droite est parallèle au plan (561). Si on a en même temps $A\alpha+B\beta+D=0$, ces valeurs deviennent indéterminées : c'est ce qui doit en effet arriver, car alors la droite est tout entière dans le plan (559).

Deuxième partie : problèmes dont la solution est plus simple avec des axes rectangulaires.

564. PROBLÈME X. *Connaissant les coordonnées de deux points, trouver la longueur de la droite qui joint ces deux points.*

Soient x, y, z, et x', y', z', les coordonnées des deux points M et M' (fig. 18) : il s'agit de trouver la distance MM'. Par chacun de ces points, menons trois plans parallèles à ceux des coordonnées : on forme ainsi un parallélipipède. Je désignerai la diagonale MM' par δ, et les côtés contigus M'F, M'G, M'H, par f, g, h : ces côtés sont les différences des coordonnées des points M et M', c'est-à-dire que $f=x-x'$, $g=y-y'$, $h=z-z'$.

Cela posé, si les coordonnées sont rectangles, le parallélipipède l'est aussi, et alors le carré de la diagonale δ est égal à la somme des carrés des trois côtés f, g, h; donc

$$\delta^2=f^2+g^2+h^2=(x-x')^2+(y-y')^2+(z-z')^2.$$

Quand le point M' est à l'origine, il faut faire $x'=0, y'=0, z'=0$; et on a simplement

$$\delta^2=x^2+y^2+z^2.$$

565. Si les coordonnées sont obliques, l'expression de δ^2 est plus com-

pliquée. Dans ce cas, en appelant α, β, γ, les angles des axes, le n° 525 donne la formule (*)

$$\delta^2 = f^2 + g^2 + h^2 + 2fg\cos\alpha + 2fh\cos\beta + 2gh\cos\gamma\,;$$

il n'y a donc plus qu'à y remplacer f, g, h, par leurs valeurs; et il viendra

$$\begin{aligned}\delta^2 = (x-x')^2 + (y-y')^2 + (z-z')^2 + 2(x-x')(y-y')\cos\alpha \\ + 2(x-x')(z-z')\cos\beta + 2(y-y')(z-z')\cos\gamma.\end{aligned}$$

566. **Problème XI.** *D'un point donné abaisser une perpendiculaire sur un plan, et trouver ensuite le pied et la grandeur de la perpendiculaire.*

Pour avoir des résultats plus simples, je supposerai, dans ce problème et dans tous les suivans, que les axes sont rectangulaires.

Il faut d'abord chercher quelles relations ont entre eux les coefficiens qui entrent dans les équations d'une droite et d'un plan, quand la droite est perpendiculaire au plan. Supposons que, dans le plan de xz (fig. 19), AC soit la trace d'un plan ACB, et QN la projection d'une droite MQ perpendiculaire à ce plan. Puisque MQ est perpendiculaire au plan ACB, le plan MQN est aussi perpendiculaire à ACB; et d'ailleurs, par la nature des projections, le plan MQN est perpendiculaire au plan xOz. Réciproquement, les plans ACB, xOz, et par suite leur intersection AC, doivent être perpendiculaires au plan MQN; donc AC est perpendiculaire sur la ligne NQ, qui est située dans le plan MQN. Donc, en général, *les projections de la perpendiculaire sont perpendiculaires aux traces du plan.*

Cela posé, représentons par x', y', z', les coordonnées du point donné, et le plan par l'équation

$$[1] \qquad Ax + By + Cz + D = 0.$$

(*) Voici encore une démonstration très simple de cette formule. Nommons δ, δ', δ'', les trois diagonales M'M, FK, IH. La figure M'FMK est un parallélogramme; par conséquent, la somme des carrés de ses deux diagonales δ et δ' est égale à la somme des carrés des quatre côtés; c'est-à-dire que $\delta^2 + \delta'^2 = 2\overline{M'F}^2 + 2\overline{M'K}^2$. Or, $M'F = f$, et le triangle GM'K donne $\overline{M'K}^2 = g^2 + h^2 + 2gh\cos\gamma$; donc

$$[\alpha] \qquad \delta^2 + \delta'^2 = 2f^2 + 2g^2 + 2h^2 + 4gh\cos\gamma.$$

Le parallélogramme M'IMH donne aussi $\delta^2 + \delta''^2 = 2\overline{M'H}^2 + 2\overline{M'I}^2$. En remplaçant M'H par h, et $\overline{M'I}^2$ par sa valeur $f^2 + g^2 + 2fg\cos\alpha$, tirée du triangle M'FI, on a

$$[\beta] \qquad \delta^2 + \delta''^2 = 2f^2 + 2g^2 + 2h^2 + 4fg\cos\alpha.$$

Pareillement, le parallélogramme FIKH, dans lequel $FI = g$, et $\overline{FH}^2 = f^2 + h^2 - 2fh\cos\beta$, donne

$$[\gamma] \qquad \delta'^2 + \delta''^2 = 2f^2 + 2g^2 + 2h^2 - 4fh\cos\beta.$$

Maintenant, en ajoutant les égalités [α] et [β], puis retranchant de leur somme l'égalité [γ], on arrive facilement à la formule dont il s'agit.

Les équations de la perpendiculaire demandée seront de la forme

[2] $$x-x'=a(z-z');\quad (y-y')=b(z-z'),$$

a et b étant deux inconnues. Les traces du plan donné, sur les plans de xz et de yz, ont pour équations

$$x=-\frac{C}{A}z-\frac{D}{A},\quad y=-\frac{C}{B}z-\frac{D}{B}.$$

Mais on vient de démontrer que ces traces doivent être perpendiculaires aux projections de la droite cherchée; donc on a

$$-\frac{C}{A}\times a+1=0,\quad -\frac{C}{B}\times b+1=0.$$

De là on tire

[3] $$a=\frac{A}{C},\quad b=\frac{B}{C},\quad \text{ou}\quad A=aC,\quad B=bC.$$

En mettant les valeurs de a et b dans les équations [2], il vient, pour la perpendiculaire, les équations

[4] $$x-x'=\frac{A}{C}(z-z'),\quad y-y'=\frac{B}{C}(z-z').$$

Pour avoir les coordonnées du pied de cette perpendiculaire, il suffit de résoudre les équations [1] et [4] par rapport à x, y, z; et ensuite, pour connaître la grandeur de la perpendiculaire, il faudrait substituer les valeurs de ces coordonnées dans la formule

[5] $$\sqrt{(x-x')^2+(y-y')^2+(z-z')^2}.$$

Mais il sera plus simple de chercher immédiatement les différences $x-x'$, $y-y'$, $z-z'$. A cet effet, on écrit d'abord l'équation [1] sous la forme

$$A(x-x')+B(y-y')+C(z-z')+Ax'+By'+Cz'+D=0,$$

ou mieux, en faisant $Ax'+By'+Cz'+D=D'$, sous celle-ci :

$$A(x-x')+B(y-y')+C(z-z')+D'=0.$$

On substitue dans cette équation, au lieu de $x-x'$ et de $y-y'$, les valeurs [4], et l'on a une équation qui fait connaître $z-z'$. On calcule ensuite $x-x'$ et $y-y'$. De cette manière, on trouve

$$x-x'=\frac{-AD'}{A^2+B^2+C^2},\quad y-y'=\frac{-BD'}{A^2+B^2+C^2},\quad z-z'=\frac{-CD'}{A^2+B^2+C^2}.$$

Par suite, en désignant la perpendiculaire par P, la formule [5] donne

$$P=\frac{D'}{\sqrt{A^2+B^2+C^2}}=\frac{Ax'+By'+Cz'+D}{\sqrt{A^2+B^2+C^2}}.$$

Comme la valeur de P doit être essentiellement positive, il faut toujours prendre le numérateur, abstraction faite de son signe.

Si le point donné est placé à l'origine, il faut faire $x'=0$, $y'=0$, $z'=0$. Alors on a

$$P=\frac{D}{\sqrt{A^2+B^2+C^2}}.$$

Si le point est dans le plan donné, ses coordonnées x', y', z', doivent satisfaire à l'équation de ce plan; donc $Ax'+By'+Cz'+D=0$, et par conséquent $P=0$, ainsi que cela doit être.

567. PROBLÈME XII. *Mener par un point donné un plan perpendiculaire à une droite donnée.*

Supposons que les coordonnées du point donné soient x', y', z', et que les équations de la droite donnée soient

[1] $$x=az+\alpha, \quad y=bz+\beta.$$

Puisque le plan cherché doit passer par le point donné, son équation sera de la forme $A(x-x')+B(y-y')+C(z-z')=0$; et puisqu'il doit être perpendiculaire à la droite, on doit avoir $A=aC$, $B=bC$ (566). Par suite, l'équation de ce plan est

[2] $$a(x-x')+b(y-y')+z-z'=0.$$

Si on tire des équations [1] et [2] les valeurs de x, y, z, on aura les coordonnées du point d'intersection de la droite avec le plan. En posant, pour abréger,

$$n=\frac{a(x'-\alpha)+b(y'-\beta)+z'}{a^2+b^2+1},$$

on trouve

$$z=n, \quad x=an+\alpha, \quad y=bn+\beta.$$

568. PROBLÈME XIII. *Mener, par un point donné, une perpendiculaire à une droite donnée; et déterminer ensuite le pied et la grandeur de cette perpendiculaire.*

Si on conduit par le point donné deux plans, l'un perpendiculaire à la droite donnée, et l'autre passant par cette droite, ils contiendront tous deux la perpendiculaire demandée; donc les équations de ces plans, prises ensemble, peuvent être considérées comme celles de la perpendiculaire elle-même. D'après les nos 567 et 559, ces équations sont

[1] $$a(x-x')+b(y-y')+z-z'=0,$$

[2] $$\left.\begin{array}{l}[y'-bz'-\beta](x-x')-[x'-az'-\alpha](y-y')\\ \quad+[b(x'-\alpha)-a(y'-\beta)](z-z')\end{array}\right\}=0.$$

Les coordonnées du pied de la perpendiculaire ne sont autre chose que les valeurs trouvées dans le problème précédent,

$$z=n, \quad x=an+\alpha, \quad y=bn+\beta.$$

Par suite, la grandeur de la perpendiculaire sera

$$p=\sqrt{(x'-\alpha-an)^2+(y'-\beta-bn)^2+(z'-n)^2}.$$

La quantité qui est sous le radical peut s'écrire ainsi :

$$(x'-\alpha)^2+(y'-\beta)^2+z'^2-2[a(x'-\alpha)+b(y'-\beta)+z']n+(a^2+b^2+1)n^2.$$

Mais, d'après la valeur de n, la partie de cette expression, qui contient les doubles produits, est égale à $-2(a^2+b^2+1)n^2$; par conséquent on a

$$p=\sqrt{(x'-\alpha)^2+(y'-\beta)^2+z'^2-(a^2+b^2+1)n^2}.$$

Si on voulait connaître les projections de la perpendiculaire, on les déduirait facilement des équations [1] et [2]. Mais on les trouve aussi en observant qu'on connaît deux points de cette ligne, savoir : le point donné et le pied de la perpendiculaire, lesquels ont respectivement pour coordonnées

$$x', y', z', \quad \text{et} \quad n, an+\alpha, bn+\beta.$$

Par suite les équations des projections cherchées seront

$$x-x'=\frac{x'-\alpha-an}{z'-n}(z-z'),$$
$$y-y'=\frac{y'-\beta-bn}{z'-n}(z-z').$$

569. Problème XIV. *Connaissant les équations de deux droites, on veut trouver : 1° les équations de la droite sur laquelle se mesure leur plus courte distance ; 2° l'expression de cette plus courte distance.*

Soient (fig. 20) AB, CD, les deux droites données, et PQ leur plus courte distance. D'abord la ligne PQ est droite : autrement, la droite qui joindrait les points P et Q serait plus courte. Ensuite, la ligne PQ est perpendiculaire à AB et à CD : car si, par exemple, elle ne l'était point à CD, la perpendiculaire, abaissée du point P sur CD, serait plus courte que PQ.

Puisque PQ est perpendiculaire à AB et à CD, il s'ensuit que si, par la droite AB, on mène un plan UV, parallèle à CD, la ligne PQ sera perpendiculaire à ce plan ; donc elle est située dans les deux plans ABR et CDS perpendiculaires à UV, conduits, l'un suivant AB, et l'autre suivant CD. La ligne PQ est donc l'intersection de ces plans, et ses équations sont celles de ces plans eux-mêmes.

Quant à la grandeur de PQ, elle est égale à la perpendiculaire abaissée d'un point quelconque de la droite CD sur le plan UV. Ainsi, la marche à suivre dans les calculs est entièrement tracée.

Soient

$$[1] \quad \begin{cases} x=az+\alpha, \\ y=bz+\beta, \end{cases} \qquad [2] \quad \begin{cases} x=a'z+\alpha', \\ y=b'z+\beta', \end{cases}$$

les équations des deux droites données. Elles percent le plan de xy en des points que je désignerai par T et T', et dont les coordonnées sont

$$z=0,\ x=\alpha,\ y=\beta, \quad \text{pour le point T};$$
$$z=0,\ x=\alpha',\ y=\beta', \quad \text{pour le point T'}.$$

Cherchons d'abord l'équation du plan qui contient la première droite, et qui est parallèle à la seconde. Ce plan devant passer par le point T, son équation peut s'écrire ainsi :

$$[3] \quad A(x-\alpha)+B(y-\beta)+z=0,$$

A et B étant seuls inconnus. Pour que ce plan contienne la première droite, il faut que les valeurs [1] de x et de y satisfassent à l'équation [3], quelle que soit la coordonnée z, ce qui donne la condition

$$Aa+Bb+1=0.$$

Et pour qu'il soit parallèle à la seconde, il faut poser (561)

$$Aa'+Bb'+1=0.$$

Ces deux relations déterminent A et B : on trouve

$$A=\frac{b-b'}{ab'-ba'},\quad B=\frac{a'-a}{ab'-ba'}.$$

Maintenant il faut mener, par les droites données, des plans qui soient perpendiculaires à celui de l'équation [3]; et, pour cela, il faut que chacun d'eux contienne une perpendiculaire à ce dernier plan. Les équations des deux perpendiculaires à ce plan, menées par les points T et T', sont (566)

$$x=Az+\alpha,\quad y=Bz+\beta,\qquad \text{pour la première ;}$$
$$x=Az+\alpha',\quad y=Bz+\beta',\qquad \text{pour la seconde.}$$

L'équation d'un plan qui passe par la première droite donnée et par la première perpendiculaire est de la forme

[A] $$A'(x-\alpha)+B'(y-\beta)+z=0;$$

et on a, pour déterminer A' et B', les deux équations

[4] $$AA'+BB'+1=0,\quad aA'+bB'+1=0.$$

Semblablement, l'équation du plan qui passe par la seconde droite donnée et par la seconde perpendiculaire est

[A'] $$A''(x-\alpha')+B''(y-\beta')+z=0,$$

A'' et B'' étant donnés par les deux équations

[5] $$AA''+BB''+1=0,\quad a'A''+b'B''+1=0.$$

Des équations [4] et [5], tirons A' et B', A'' et B''; et remplaçons ensuite A et B par leurs valeurs. Il vient

$$A'=\frac{a-a'+b(ab'-ba')}{a(a'-a)+b(b'-b)},\quad B'=\frac{b-b'-a(ab'-ba')}{a(a'-a)+b(b'-b)};$$

$$A''=\frac{a-a'+b'(ab'-ba')}{a'(a'-a)+b'(b'-b)},\quad B''=\frac{b-b'-a'(ab'-ba')}{a'(a'-a)+b'(b'-b)}.$$

Mettons ces valeurs dans [A] et [A'], et on aura les équations de la droite cherchée, sur laquelle se mesure la plus courte distance. On trouve ainsi

$$[a-a'+b(ab'-ba')](x-\alpha)+[b-b'-a(ab'-ba')](y-\beta)$$
$$+[a(a'-a)+b(b'-b)]z=0,$$

$$[a-a'+b'(ab'-ba')](x-\alpha')+[b-b'-a'(ab'-ba')](y-\beta')$$
$$+[a'(a'-a)+b'(b'-b)]z=0.$$

Remarquons, en passant, que la seconde équation aurait pu se déduire de la première en changeant a, b, α, β en a', b', α', β', et a', b' en a et b.

Il ne reste donc plus qu'à trouver la grandeur de la plus courte distance. D'après ce qui a été expliqué plus haut, il faut abaisser, d'un point de la seconde droite, une perpendiculaire sur le plan de l'équation [3]. Pour plus de simplicité, on l'abaisse du point T' pour lequel on a

$z=0$, $x=\alpha'$, $y=\beta'$: alors la formule générale qui exprime la distance d'un point à un plan (566) donne

$$P=\frac{A(\alpha'-\alpha)+B(\beta'-\beta)}{\sqrt{A^2+B^2+1}};$$

et en y mettant les valeurs de A et B, il vient

$$P=\frac{(\alpha'-\alpha)(b-b')-(\beta'-\beta)(a-a')}{\sqrt{(a'-a)^2+(b'-b)^2+(ab'-ba')^2}}.$$

Telle est l'expression de la plus courte distance des deux droites.

Lorsque deux droites se rencontrent, la portion comprise entre ces deux lignes, sur la perpendiculaire commune, est égale à zéro, donc on a

$$(\alpha'-\alpha)(b-b')-(\beta'-\beta)(a-a')=0:$$

équation déjà trouvée (556), pour exprimer que deux droites se coupent.

570. Problème XV. *Connaissant les équations d'une droite, déterminer les angles de cette droite avec les axes des coordonnées.*

Par l'origine (fig. 21), menez la ligne OM parallèle à la droite donnée : il s'agit de déterminer les angles MOx, MOy, MOz, que je désignerai par α, β, γ.

Prenez $OM=1$, et abaissez sur les axes les perpendiculaires MP, MQ, MR : les distances OP, OQ, OR, prises avec les signes qui leur conviennent, seront en même temps les coordonnées du point M et les cosinus des angles α, β, γ. Soient

$$x=az,\quad y=bz,$$

les équations de la parallèle OM ; et soient x', y', z', les coordonnées du point M. Puisque le point M est sur cette ligne, et que OM est égale à 1, on a

$$x'=az',\quad y'=bz',\quad x'^2+y'^2+z'^2=1;$$

et ces équations feront connaître les valeurs de x', y', z', ou de $\cos\alpha$, $\cos\beta$, $\cos\gamma$. Ainsi s'obtiennent les formules

$$\cos\alpha=\frac{a}{\sqrt{a^2+b^2+1}},\quad \cos\beta=\frac{b}{\sqrt{a^2+b^2+1}},\quad \cos\gamma=\frac{1}{\sqrt{a^2+b^2+1}}$$

La parallèle OM et son prolongement OM′ font avec les axes différens angles; mais, comme nous avons pris la valeur de z' positivement, il en résulte que ces formules donnent les angles qui sont formés, du côté des coordonnées positives, par la portion de la parallèle qui est située, relativement au plan de xy, du même côté que les z positifs.

571. Problème XVI. *Trouver l'angle de deux droites dont on connaît les équations.*

Si, par l'origine, on mène des parallèles aux deux droites, l'angle compris entre ces parallèles est égal à l'angle cherché. Soient (fig. 22) OM et OM′ ces deux parallèles, et soient

$x=az$, $y=bz$, les équations de la 1re ;
$x=a'z$, $y=b'z$, les équations de la 2e.

Prenons, du côté des z positifs, $OM=OM'=1$; et faisons l'angle inconnu MOM' = V. Le triangle MOM' donne

$$\cos V = \frac{\overline{OM}^2 + \overline{OM'}^2 - \overline{MM'}^2}{2\,OM \times OM'} = \frac{2 - \overline{MM'}^2}{2}.$$

En désignant par x', y', z', les coordonnées du point M, et par x'', y'', z'', celles du point M', on a

$$\overline{MM'}^2 = (x' - x'')^2 + (y' - y'')^2 + (z' - z'')^2.$$

En développant les carrés, et observant que $x'^2 + y'^2 + z'^2 = 1$ et que $x''^2 + y''^2 + z''^2 = 1$, on trouve

$$\overline{MM'}^2 = 2 - 2(x'x'' + y'y'' + z'z'');$$

et par suite

$$\cos V = x'x'' + y'y'' + z'z''.$$

Maintenant il est facile d'obtenir x', y', z', x'', y'', z''. En effet, à cause que le point M est sur la première parallèle, et que OM est égale à 1, on a

$$x' = az', \quad y' = bz', \quad x'^2 + y'^2 + z'^2 = 1,$$

d'où l'on tire

$$x' = \frac{a}{\sqrt{a^2 + b^2 + 1}}, \quad y' = \frac{b}{\sqrt{a^2 + b^2 + 1}}, \quad z' = \frac{1}{\sqrt{a^2 + b^2 + 1}}.$$

On trouve de même

$$x'' = \frac{a'}{\sqrt{a'^2 + b'^2 + 1}}, \quad y'' = \frac{b'}{\sqrt{a'^2 + b'^2 + 1}}, \quad z'' = \frac{1}{\sqrt{a'^2 + b'^2 + 1}}.$$

Par conséquent on aura cos V en remplaçant x', y', etc., par ces valeurs, ce qui donne

$$\cos V = \frac{aa' + bb' + 1}{\sqrt{a^2 + b^2 + 1}\ \sqrt{a'^2 + b'^2 + 1}}.$$

Comme les valeurs de z' et de z'' ont été prises positivement, il en résulte que cette formule donne l'angle formé par les parties supérieures des parallèles aux droites données, lequel angle sera aigu ou obtus, selon le signe du numérateur $aa' + bb' + 1$.

572. Si les deux droites données font un angle droit, cos V doit être zéro; donc

$$aa' + bb' + 1 = 0.$$

Il faut bien remarquer que cette condition n'emporte pas avec elle la conséquence que les droites données se rencontrent; car elle exprime simplement que les parallèles à ces droites font un angle droit. C'est là, en effet, ce qu'on doit entendre, lorsqu'on dit que deux droites, situées dans l'espace, sont perpendiculaires entre elles.

Quand une perpendiculaire doit être abaissée sur une droite donnée, il faut joindre à l'équation précédente celle qui exprime que deux droites se coupent (556). On peut obtenir ainsi de nouvelles solutions pour les problèmes XIII et XIV.

573. Si les droites sont parallèles, on doit avoir V = 0 ou = 180°; donc cos V = ± 1; donc

$$\pm\sqrt{a^2 + b^2 + 1}\ \sqrt{a'^2 + b'^2 + 1} = aa' + bb' + 1.$$

En élevant au carré et transposant, il vient

$$(a'-a)+(b'-b)^2+(ab'-ba')^2=0.$$

A cette condition il en faut joindre une autre, qui est sous-entendue, c'est que les quantités a, b, a', b', sont réelles. Alors les carrés qui composent l'équation ci-dessus ne peuvent pas être négatifs, et leur somme ne devient nulle qu'en égalant chacun d'eux à zéro. De là résulte

$$a'=a,\quad b'=b,\quad ab'=ba'.$$

Ces conditions, dont la troisième est une conséquence des deux premières, sont en effet celles qui expriment que des droites sont parallèles.

574. En faisant coïncider la ligne OM' successivement avec chacun des axes, la formule générale donnera les cosinus des angles α, β, γ, formés par la droite OM avec les axes. Les équations de l'axe des x sont

$$z=0,\quad y=0;$$

et celles de la ligne OM' peuvent s'écrire ainsi

$$z=\frac{1}{a'}x,\quad y=\frac{b'}{a'}x;$$

donc, pour la confondre avec l'axe des x, il faut poser

$$\frac{1}{a'}=0,\quad \frac{b'}{a'}=0.$$

Mais avant d'introduire ces hypothèses dans l'expression générale de cos V, je la mettrai sous cette forme

$$\cos V=\frac{a+b\frac{b'}{a'}+\frac{1}{a'}}{\sqrt{a^2+b^2+1}\sqrt{1+\frac{b'^2}{a'^2}+\frac{1}{a'^2}}};$$

et alors, par les hypothèses ci-dessus, elle donne

$$\cos\alpha=\frac{a}{\sqrt{a^2+b^2+1}}.$$

On retrouve avec la même facilité les valeurs de cos β et de cos γ, semblables à celles du problème XV.

575. Reprenons l'expression trouvée plus haut (571),

$$\cos V=x'x''+y'y''+z'z'',$$

et désignons par α, β, γ, et α', β', γ', les angles des droites OM et OM' avec les axes. Puisqu'on a pris QM = OM' = 1, il s'ensuit que $x'=\cos\alpha$, $y'=\cos\beta$, $z'=\cos\gamma$, etc.; donc

$$\cos V=\cos\alpha\cos\alpha'+\cos\beta\cos\beta'+\cos\gamma\cos\gamma':$$

formule trouvée par une autre voie (523).

Comme on a d'ailleurs $x'^2+y'^2+z'^2=1$ et $x''^2+y''^2+z''^2=1$, on retrouve encore ici les relations déjà connues (520)

$$\cos^2\alpha+\cos^2\beta+\cos^2\gamma=1,\quad \cos^2\alpha'+\cos^2\beta'+\cos^2\gamma'=1.$$

576. PROBLÈME XVII. *Connaissant l'équation d'un plan, trouver les angles qu'il fait avec les plans coordonnés.*

Ces angles sont égaux à ceux qu'une perpendiculaire au plan fait avec les trois axes. Soient donc,

$Ax+By+Cz+D=0$ l'équation du plan donné,
$x=az$, $y=bz$, celles de la perpendiculaire :

les cosinus des angles de cette droite avec les axes sont donnés par les formules du nº 570. Mais on a $a=\frac{A}{C}$, $b=\frac{B}{C}$ (566). En mettant ces valeurs dans les formules citées, on obtient, pour les angles cherchés,

$$\cos\alpha=\frac{A}{\sqrt{A^2+B^2+C^2}},\ \cos\beta=\frac{B}{\sqrt{A^2+B^2+C^2}},\ \cos\gamma=\frac{C}{\sqrt{A^2+B^2+C^2}}.$$

On doit avoir aussi, comme pour la droite,

$$\cos^2\alpha+\cos^2\beta+\cos^2\gamma=1:$$

relation qui est d'ailleurs vérifiée par les valeurs précédentes.

577. PROBLÈME XVIII. *Déterminer l'angle de deux plans.*

L'angle de deux plans est égal à celui de deux droites perpendiculaires à ces plans. Soient

$$Ax+By+Cz+D=0,\quad A'x+B'y+C'z+D'=0,$$

les équations des deux plans; et soient

$$x=az,\ y=bz,\quad \text{et}\quad x=a'z,\ y=b'z,$$

les équations des perpendiculaires. On aura (566)

$$a=\frac{A}{C},\quad b=\frac{B}{C},\quad a'=\frac{A'}{C'},\quad b'=\frac{B'}{C'};$$

et, en substituant ces valeurs dans la formule qui donne l'angle de deux droites (571), il vient, pour l'angle des plans,

$$\cos V=\frac{AA'+BB'+CC'}{\sqrt{A^2+B^2+C^2}\sqrt{A'^2+B'^2+C'^2}}.$$

578. Pour que les plans soient perpendiculaires entre eux, on doit avoir $\cos V=0$, c'est-à-dire,

$$AA'+BB'+CC'=0.$$

579. Pour que les plans soient parallèles, il faut poser $\cos V=1$, ce qui donne

$$\sqrt{A^2+B^2+C^2}\sqrt{A'^2+B'^2+C'^2}=AA'+BB'+CC';$$

d'où l'on déduirait, en raisonnant comme dans le nº 573,

$$\frac{A}{A'}=\frac{B}{B'}=\frac{C}{C'}.$$

580. Les angles d'un plan avec les plans des coordonnées étant les mêmes que ceux d'une perpendiculaire à ce plan avec les trois axes, on

aura, pour l'angle de deux plans, comme pour celui de deux droites,

$$\cos V = \cos \alpha \cos \alpha' + \cos \beta \cos \beta' + \cos \gamma \cos \gamma',$$

α, β, γ, et α', β', γ', étant les angles de ces plans avec les plans coordonnés. On doit avoir aussi, entre ces angles, les relations

$$\cos^2 \alpha + \cos^2 \beta + \cos^2 \gamma = 1, \quad \cos^2 \alpha' + \cos^2 \beta' + \cos^2 \gamma' = 1.$$

581. Problème XIX. *Trouver l'angle d'une droite et d'un plan.*

Si on mène une perpendiculaire au plan, elle fera avec la droite donnée un angle égal au complément de l'angle cherché. Soient

$$Ax + By + Cz + D = 0 \quad \text{l'équation du plan},$$
$$x = az + \alpha, \quad y = bz + \beta, \quad \text{celles de la droite.}$$

Une perpendiculaire au plan a pour équations

$$x = a'z + \alpha', \quad y = b'z + \beta',$$

en posant $a' = \frac{A}{C}$, $b' = \frac{B}{C}$. Mettons ces valeurs dans la formule qui exprime le cosinus de l'angle des deux droites (571), on aura le sinus de l'angle cherché. En nommant U cet angle, il vient,

$$\sin U = \frac{Aa + Bb + C}{\sqrt{a^2 + b^2 + 1}\sqrt{A^2 + B^2 + C^2}}.$$

Quand la droite donnée est parallèle au plan, $\sin U = 0$; donc $Aa + Bb + C = 0$: c'est la condition connue (561).

Quand la droite est perpendiculaire au plan, $\sin U = 1$: alors encore, en raisonnant comme dans le n° 573, on retrouve $A = aC$, $B = bC$ (566).

CHAPITRE IV.

TRANSFORMATION DES COORDONNÉES DANS L'ESPACE.

Formules propres aux différens cas.

582. Formules pour passer a des axes parallèles. Soient (fig. 23) Ox, Oy, Oz, les anciens axes; et $O'x'$, $O'y'$, $O'z'$, des axes parallèles. Je nommerai f, g, h, les coordonnées de la nouvelle origine O', rapportée aux axes primitifs; x, y, z, celles d'un point quelconque M, relativement à ces axes; et x', y', z', celles du même point, relativement aux nouveaux axes. Supposons que le plan $z'O'y'$ rencontre l'axe Ox au point A, et qu'un plan parallèle, mené par le point M, aille couper ce même axe en P, et l'axe parallèle en P'. On aura $OA = f$, $OP = x$, $O'P' = AP = x'$, et il est évident que $x = x' + f$. On trouve de même

$y = y' + g$, et $z = z' + h$. Ainsi, pour passer à des axes parallèles, on a les formules

[1] $$x = x' + f, \quad y = y' + g, \quad z = z' + h.$$

Chaque coordonnée doit être prise avec le signe qui convient à sa position.

583. *Remarque.* Si on mène par le point O' trois axes qui aient de nouvelles directions, et si on veut exprimer x, y, z, en coordonnées x'', y'', z'', comptées sur ces derniers axes, il est clair qu'il suffira d'obtenir les valeurs de x', y', z', en fonctions de x'', y'', z'', et d'ajouter ensuite à ces valeurs les quantités f, g, h. C'est pourquoi nous supposerons dans la suite de ce chapitre que l'origine reste toujours la même.

584. Formules générales pour changer la direction des axes. Soient (fig. 24) Ox, Oy, Oz, trois axes quelconques; Ox', Oy', Oz', trois autres axes; x, y, z, les coordonnées d'un point quelconque M rapporté aux premiers; et x', y', z', celles du même point par rapport aux derniers. Menons, parallèlement à l'axe des z, la droite MQ qui perce le plan de xy en Q; et ensuite, parallèlement à l'axe des y, la droite QP qui rencontre la ligne des x en P : on aura $\mathrm{OP} = x$, $\mathrm{PQ} = y$, $\mathrm{QM} = z$. On construira d'une manière analogue $\mathrm{OP}' = x'$, $\mathrm{P'Q'} = y'$, $\mathrm{Q'M} = z'$.

Par l'origine, imaginons (sans les tracer, afin de ne pas compliquer la figure) trois droites ou axes auxiliaires OA, OB, OC, savoir; OA perpendiculaire au plan de yz, OB perpendiculaire à celui de xz, et OC perpendiculaire à celui de xy : puis, projetons sur chacun de ces axes les deux contours $x + y + z$ et $x' + y' + z'$. L'axe OA étant perpendiculaire aux y et aux z, les projections de ces coordonnées sur cet axe seront nulles, de sorte que la projection du premier contour se réduit à $x \cos x\mathrm{OA}$. Celle du second contour est $x' \cos x'\mathrm{OA} + y' \cos y'\mathrm{OA} + z' \cos z'\mathrm{OA}$ (516). Or, il est évident que les deux projections doivent être égales; donc

$$x \cos x\mathrm{OA} = x' \cos x'\mathrm{OA} + y' \cos y'\mathrm{OA} + z' \cos z'\mathrm{OA}.$$

Cette formule donne x en fonction de x', y', z'. On en obtient de semblables pour y et z, en faisant les projections sur OB et OC.

Convenons de représenter en général l'angle de deux droites en mettant entre deux parenthèses les lettres affectées à ces droites; de telle sorte, par exemple, que les angles $x\mathrm{OA}$, $x'\mathrm{OA}$, etc. soient désignés par $(x\mathrm{A})$, $(x'\mathrm{A})$, etc. Alors, les trois formules s'écriront ainsi :

[2] $$\left\{\begin{aligned} x \cos(x\mathrm{A}) &= x' \cos(x'\mathrm{A}) + y' \cos(y'\mathrm{A}) + z' \cos(z'\mathrm{A}), \\ y \cos(y\mathrm{B}) &= x' \cos(x'\mathrm{B}) + y' \cos(y'\mathrm{B}) + z' \cos(z'\mathrm{B}), \\ z \cos(z\mathrm{C}) &= x' \cos(x'\mathrm{C}) + y' \cos(y'\mathrm{C}) + z' \cos(z'\mathrm{C}). \end{aligned}\right.$$

Comme il arrive rarement qu'on ait besoin de changer des axes obliques en d'autres axes obliques, ces formules sont peu employées dans les calculs.

585. Changement des coordonnées rectangulaires en obliques. Dans ce qui précède, on peut supposer les axes des x, des y et des z perpendiculaires entre eux. Alors les droites auxiliaires OA, OB, OC, coïncident avec ces axes, et on a $\cos(x\mathrm{A}) = 1$, $\cos(y\mathrm{B}) = 1$, $\cos(z\mathrm{C}) = 1$; de plus, on

doit remplacer partout les lettres A, B, C, par x, y, z. Pour abréger, nous poserons

$$\cos(x'x) = a,\quad \cos(x'y) = a',\quad \cos(x'z) = a'',$$
$$\cos(y'x) = b,\quad \cos(y'y) = b',\quad \cos(y'z) = b'',$$
$$\cos(z'x) = c,\quad \cos(z'y) = c',\quad \cos(z'z) = c'';$$

et les formules cherchées seront

$$[3]\qquad \begin{cases} x = ax' + by' + cz', \\ y = a'x' + b'y' + c'z', \\ z = a''x' + b''y' + c''z'. \end{cases}$$

Les trois angles qui servent à fixer la direction de chacun des nouveaux axes ne sont pas entièrement arbitraires : d'après des relations connues (520, 575), on doit avoir

$$[a]\qquad \begin{cases} a^2 + a'^2 + a''^2 = 1, \\ b^2 + b'^2 + b''^2 = 1, \\ c^2 + c'^2 + c''^2 = 1. \end{cases}$$

586. *Remarque.* Si on résout les équations [3] par rapport à x', y', z', on aura des formules propres au cas où l'on voudrait transformer des coordonnées obliques en rectangulaires.

Ensuite, ces nouvelles formules, combinées avec les précédentes [3], pourront servir à passer des axes obliques à d'autres axes obliques. Il suffira, en effet, d'effectuer deux transformations successives : la première, pour remplacer le système oblique par un système rectangulaire ; et la seconde, pour substituer à ce dernier un autre système oblique.

587. Changement des axes rectangulaires en d'autres axes rectangulaires. On se servira des mêmes formules que dans le n° précédent,

$$[4]\qquad \begin{cases} x = ax' + by' + cz', \\ y = a'x' + b'y' + c'z', \\ z = a''x' + b''y' + c''z'. \end{cases}$$

Mais il faut exprimer que les nouveaux axes sont aussi perpendiculaires entre eux : pour cela, on égale à zéro les expressions de $\cos(x'y')$, $\cos(x'z')$, $\cos(y'z')$, en fonctions des cosinus a, b, c, etc. (523, 575). En réunissant ces nouvelles équations de condition aux trois qu'on a déjà, il y en aura six en tout, savoir :

$$[a]\ \begin{cases} a^2 + a'^2 + a''^2 = 1, \\ b^2 + b'^2 + b''^2 = 1, \\ c^2 + c'^2 + c''^2 = 1; \end{cases}\qquad [b]\ \begin{cases} ab + a'b' + a''b'' = 0, \\ ac + a'c' + a''c'' = 0, \\ bc + b'c' + b''c'' = 0. \end{cases}$$

Ces équations peuvent servir à trouver six des neuf cosinus $a, a', a'', b, \ldots$ Je ferai connaître tout-à-l'heure de nouvelles relations qui se déduisent de celles-là, et qui sont d'un fréquent usage.

588. Remarquons d'abord que les deux systèmes d'axes étant rectangulaires, il s'ensuit que x', y', z', doivent s'exprimer en x, y, z, par des formules analogues aux précédentes [4]. Et en effet, si on se rappelle quels cosinus sont désignés par $a, a', a'', b, b', b'', c, c', c''$, et si on projette

les trois coordonnées x, y, z, sur l'axe Ox', puis sur l'axe Oy', puis sur l'axe Oz', on obtient

$$[5] \qquad \begin{cases} x' = ax + a'y + a''z, \\ y' = bx + b'y + b''z, \\ z' = cx + c'y + c''z. \end{cases}$$

On peut encore trouver ces valeurs au moyen des équations [4]. Par exemple, pour avoir x', on les multiplie respectivement par a, a', a'', puis on les ajoute; et, en ayant égard aux relations [a] et [b], il vient $x' = ax + a'y + a''z$. On obtient de la même manière y' et z'.

589. Il doit exister aussi, entre les coefficiens de ces valeurs, six relations analogues à celles qui ont lieu entre les coefficiens des valeurs [4] de x, y, z; et d'ailleurs ces relations peuvent se trouver directement. D'abord il est clair que a, b, c, sont les cosinus des angles formés par l'axe des x avec ceux des x', y', z'; et puisque ceux-ci sont rectangulaires, on doit avoir $a^2 + b^2 + c^2 = 1$. Même raisonnement à l'égard de a'; b', c', et de a'', b'', c''. En second lieu, l'angle (xy) a pour cosinus $aa' + bb' + cc'$: or, cet angle étant droit, on a $aa' + bb' + cc' = 0$. Même raisonnement pour les angles (xz) et (yz). Ainsi, en même temps que les équations [a] et [b], on a toujours les suivantes :

$$[c] \begin{cases} a^2 + b^2 + c^2 = 1, \\ a'^2 + b'^2 + c'^2 = 1, \\ a''^2 + b''^2 + c''^2 = 1; \end{cases} \qquad [d] \begin{cases} aa' + bb' + cc' = 0, \\ aa'' + bb'' + cc'' = 0, \\ a'a'' + b'b'' + c'c'' = 0. \end{cases}$$

On peut encore, par des considérations géométriques, arriver à d'autres équations; mais il resterait alors des difficultés sur quelques signes ambigus. Il sera mieux de les établir comme conséquences des équations [a] et [b]; et tel est l'objet du théorème suivant, dans lequel on retrouve aussi les dernières équations [c] et [d].

Sur les équations de condition entre les neuf coefficiens a, a',....

590. Théorème. Quelles que soient les neuf quantités a, a', a'', b, b'; b'', c, c', c'', si elles satisfont aux six équations

$$[a] \begin{cases} a^2 + a'^2 + a''^2 = 1, \\ b^2 + b'^2 + b''^2 = 1, \\ c^2 + c'^2 + c''^2 = 1, \end{cases} \qquad [b] \begin{cases} ab + a'b' + a''b'' = 0, \\ ac + a'c' + a''c'' = 0, \\ bc + b'c' + b''c'' = 0, \end{cases}$$

je dis qu'elles satisferont également à celles-ci,

$$[c] \begin{cases} a^2 + b^2 + c^2 = 1, \\ a'^2 + b'^2 + c'^2 = 1, \\ a''^2 + b''^2 + c''^2 = 1, \end{cases} \qquad [d] \begin{cases} aa' + bb' + cc' = 0, \\ aa'' + bb'' + cc'' = 0, \\ a'a'' + b'b'' + c'c'' = 0; \end{cases}$$

et encore aux dix suivantes, dans lesquelles on devra prendre les signes supérieurs ensemble, ou bien les signes inférieurs ensemble :

$$[e] \begin{cases} b'c'' - c'b'' = \pm a, \quad cb'' - bc'' = \pm a', \quad bc' - cb' = \pm a'', \\ c'a'' - a'c'' = \pm b, \quad ac'' - ca'' = \pm b', \quad ca' - ac' = \pm b'', \\ a'b'' - b'a'' = \pm c, \quad ba'' - ab'' = \pm c', \quad ab' - ba' = \pm c'', \\ ab'c'' - ac'b'' + ca'b'' - ba'c'' + bc'a'' - cb'a'' = \pm 1. \end{cases}$$

Pour démontrer cette proposition, je pendrai, avec M. Poisson, trois indéterminées x', y', z'; et je ferai

$$[\alpha] \quad \begin{cases} a\,x' + b\,y' + c\,z' = x, \\ a'\,x' + b'y' + c'\,z' = y, \\ a''x' + b''y' + c''z' = z, \end{cases}$$

x, y, z, étant aussi des indéterminées. Si on élève ces égalités au carré et qu'on les ajoute, il vient, en ayant égard aux relations [a] et [b],

$$x'^2 + y'^2 + z'^2 = x^2 + y + z^2.$$

On peut obtenir $x'^2 + y'^2 + z'^2$ en tirant des équations (α) les valeurs de x', y', z', et en ajoutant leurs carrés. Or, ces valeurs elles-mêmes peuvent se calculer de deux manières différentes.

Premièrement, on peut multiplier les équations [α] respectivement par a, a', a'', et les ajouter ensuite. En ayant toujours égard aux relations [a] et [b], on trouve $x' = ax + a'y + a''z$. On aurait y' et z' en ajoutant ces mêmes équations, après les avoir multipliées respectivement par b, b', b'', ou par c, c', c''. De cette manière on obtient

$$\begin{aligned} x' &= ax + a'y + a''z, \\ y' &= bx + b'y + b''z, \\ z' &= cx + c'y + c''z; \end{aligned}$$

et par suite,

$$\begin{aligned} x'^2 + y'^2 + z'^2 = {} & (a^2 + b^2 + c^2)\,x^2 + (a'^2 + b'^2 + c'^2)\,y^2 \\ & + (a''^2 + b''^2 + c''^2)\,z^2 + 2\,(aa' + bb' + cc')\,xy \\ & + 2\,(aa'' + bb'' + cc'')\,xz + 2\,(a'a'' + b'b'' + c'c'')\,yz. \end{aligned}$$

Cette expression doit être identiquement la même qui a été trouvée plus haut; donc les coefficiens des carrés x^2, y^2, z^2, doivent être égaux à l'unité, et ceux des produits xy, xz, yz, doivent être nuls. Ainsi se trouvent démontrées les relations [c] et [d].

Secondement, on peut, ainsi que l'a fait M. Lacroix, tirer des équations [α] les valeurs de x', y', z', comme on s'y prend ordinairement pour résoudre trois équations du premier degré; et, de cette manière, en posant

$$ab'c'' - ac'b'' + ca'b'' - ba'c'' + bc'a'' - cb'a'' = \lambda,$$

on trouve

$$\begin{aligned} x' &= \frac{b'c'' - c'b''}{\lambda}x + \frac{cb'' - bc''}{\lambda}y + \frac{bc' - cb'}{\lambda}z, \\ y' &= \frac{c'a'' - a'c''}{\lambda}x + \frac{ac'' - ca''}{\lambda}y + \frac{ca' - ac'}{\lambda}z, \\ z' &= \frac{a'b'' - b'a''}{\lambda}x + \frac{ba'' - ab''}{\lambda}y + \frac{ab' - ba'}{\lambda}z. \end{aligned}$$

Ces valeurs doivent être identiques avec celles qui ont déjà été obtenues plus haut; donc on a

$$\begin{aligned} & b'c'' - c'b'' = a\lambda, \quad cb'' - bc'' = a'\lambda, \quad bc' - cb' = a''\lambda, \\ & c'a'' - a'c'' = b\lambda, \quad ac'' - ca'' = b'\lambda, \quad ca' - ac' = b''\lambda, \\ & a'b'' - b'a'' = c\lambda, \quad ba'' - ab'' = c'\lambda, \quad ab' - ba' = c''\lambda, \end{aligned}$$

Pour avoir les relations [e], il suffit donc de faire voir que $\lambda = \pm 1$. A cet effet, ajoutons les carrés des équations qui composent la première ligne des neuf équations ci-dessus; et en remarquant que $a^2 + a'^2 + a''^2 = 1$, il vient

$$\lambda^2 = (b'c'' - c'b'')^2 + (cb'' - bc'')^2 + (bc' - cb')^2$$
$$= (b^2 + b'^2 + b''^2)(c^2 + c'^2 + c''^2) - (bc + b'c' + b''c'')^2.$$

Mais, en vertu des relations données [a] et [b], le dernier membre se réduit à l'unité; donc $\lambda = \pm 1$, et par conséquent les équations [e] sont aussi démontrées.

Remarquez bien que dans toute notre démonstration les quantités a, a', a'',... ne sont assujetties qu'aux conditions exprimées par les équations [a] et [b]; de sorte qu'elles peuvent être, d'ailleurs, indifféremment négatives ou positives, plus grandes ou plus petites que l'unité, imaginaires ou réelles. Ce serait donc établir une restriction inutile que de les considérer comme des cosinus, ainsi que l'ont fait quelques auteurs.

Formules d'EULER, pour passer des axes rectangulaires à d'autres axes rectangulaires, au moyen de trois angles, φ, θ, ψ.

591. Le changement des axes rectangulaires en d'autres axes rectangulaires étant celui qu'on rencontre le plus fréquemment dans les applications de l'analyse, les géomètres ont présenté sous des formes très-variées les formules propres à ce cas. Celles que nous avons données plus haut (587) sont fort simples sans doute, et elles ont l'avantage de conduire à des calculs symétriques; mais aussi elles ont l'inconvénient d'entraîner toujours à leur suite des équations de condition, auxquelles il faut avoir égard dans le calcul. Il n'en est ainsi que parce que ces valeurs contiennent neuf constantes, a, b, c, etc., tandis qu'il n'en faut réellement que trois pour fixer les directions des nouveaux axes. C'est pourquoi nous allons nous réduire strictement à ce nombre de données, et prendre avec EULER trois angles φ, θ, ψ, savoir (fig. 25) :

φ = l'angle ROx, compris entre l'axe des x et la trace OR du plan de $x'y'$ sur celui de xy;
θ = l'inclinaison du plan de $x'y'$ sur le plan de xy;
ψ = l'angle ROx', compris entre l'axe des x' et la trace OR.

Il y a plusieurs moyens d'arriver aux formules qui ne contiennent que ces données : celui qu'on va exposer consiste à chercher les valeurs des neuf cosinus a, b, c, etc., en fonctions des trois angles φ, θ, ψ.

Concevons que le point O soit le centre d'une sphère dont la surface est rencontrée aux points A, B, C, D, E, par les lignes Ox, OR, Ox', Oy, Oz; et formons les triangles sphériques ABC, BDC, BCE. En supposant les arcs et les angles évalués en degrés, on a AB $= \varphi$, BD $= 90^\circ - \varphi$, BC $= \psi$, BE $= 90^\circ$, CBD $= \theta$, CBA $= 180^\circ - \theta$, CBE $= 90^\circ - \theta$.

Rappelons la formule connue (93)

$$\cos\alpha = \cos\beta\cos\gamma + \sin\beta\sin\gamma\cos A,$$

dans laquelle α, β, γ, sont les trois côtés d'un triangle sphérique, et A l'angle opposé au côté a. En appliquant cette formule aux triangles ABC, BDC, BCE, on obtient facilement cos CA, cos CD, cos CE, c'est-à-dire a, a', a''. On trouve ainsi

$$\begin{aligned} a &= \cos CA = \cos\varphi\cos\psi - \sin\varphi\sin\psi\cos\theta,\\ a' &= \cos CD = \sin\varphi\cos\psi + \cos\varphi\sin\psi\cos\theta,\\ a'' &= \cos CE = \sin\psi\sin\theta. \end{aligned}$$

Il est facile de déduire de ces valeurs celles de b, b', b'', c, c', c''. En effet, si on change d'abord ψ en $90° + \psi$, la ligne Ox' va se placer sur Oy', et par suite les valeurs de a, a', a'' deviennent celles de b, b', b'' : savoir,

$$\begin{aligned} b &= -\cos\varphi\sin\psi - \sin\varphi\cos\psi\cos\theta,\\ b' &= -\sin\varphi\sin\psi + \cos\varphi\cos\psi\cos\theta,\\ b'' &= \cos\psi\sin\theta. \end{aligned}$$

Ensuite, si on remplace θ par $90° + \theta$ dans les valeurs de a, a', a'', le plan x'OR devient z'OR; et si on fait en outre $\psi = 90°$, la ligne Ox' devient Oz' : on obtient ainsi

$$\begin{aligned} c &= \sin\varphi\sin\theta,\\ c' &= -\cos\varphi\sin\theta,\\ c'' &= \cos\theta. \end{aligned}$$

En substituant toutes ces valeurs dans les formules [4] du n° 587, il vient

$$[6]\quad \left\{\begin{aligned} x &= x'(\cos\varphi\cos\psi - \sin\varphi\sin\psi\cos\theta)\\ &\quad - y'(\cos\varphi\sin\psi + \sin\varphi\cos\psi\cos\theta) + z'\sin\varphi\sin\theta,\\ y &= x'(\sin\varphi\cos\psi + \cos\varphi\sin\psi\cos\theta)\\ &\quad - y'(\sin\varphi\sin\psi - \cos\varphi\cos\psi\cos\theta) - z'\cos\varphi\sin\theta,\\ z &= x'\sin\psi\sin\theta + y'\cos\psi\sin\theta + z'\cos\theta. \end{aligned}\right.$$

Telles sont les formules d'EULER. Leur généralité est sujette à une légère restriction, laquelle résulte de ce qu'on a supposé, en calculant b, b', b'', que la portion d'axe sur laquelle se comptent les valeurs positives de y' était placée, par rapport à la trace OR, à 90° au-delà de l'axe des x'. Si on voulait qu'elles fussent comptées du côté opposé Oy_1, il faudrait, en passant des expressions de a, a', a'', à celles de b, b', b'', remplacer ψ, non par $90° + \psi$, mais bien par $270° + \psi$: ou, ce qui est plus simple, on changerait dans les formules [6] les signes des termes en y'.

592. Quand on prend la trace OR pour ligne des x', les formules se simplifient considérablement. Il faut alors faire $\psi = 0$, ce qui les réduit aux suivantes :

$$[7]\quad \left\{\begin{aligned} x &= x'\cos\varphi - y'\sin\varphi\cos\theta + z'\sin\varphi\sin\theta,\\ y &= x'\sin\varphi + y'\cos\varphi\cos\theta - z'\cos\varphi\sin\theta,\\ z &= y'\sin\theta + z'\cos\theta. \end{aligned}\right.$$

Formules pour trouver l'intersection d'une surface par un plan.

593. Lorsqu'on a l'équation d'une surface $F(x, y, z) = 0$, et qu'on veut connaître l'intersection de cette surface par un plan, la première idée

qui se présente, c'est de rapporter cette intersection à deux axes tracés dans son plan même : or voici une méthode pour y parvenir.

Supposons que les axes des x, y, z, soient rectangulaires. Afin de déplacer aussi l'origine des coordonnées, ajoutons aux valeurs [6] les coordonnées f, g, h, de la nouvelle origine (583), et substituons ensuite ces valeurs dans l'équation $F(x, y, z)=0$. Alors la surface sera rapportée aux nouveaux axes; et si on fait $z'=0$ dans l'équation résultante, on aura l'intersection de cette surface par le plan de $x'y'$, qu'on peut toujours supposer être le plan donné.

Mais on peut faire $z'=0$ dans les formules avant la substitution; et même, si on n'a point d'autre but que de connaître l'intersection de la surface, on peut simplifier encore les calculs en prenant la ligne des x' parallèle à la trace OR (fig. 25), ce qui revient à supposer $\psi=0$. De cette manière on a

$$[8] \qquad \left\{\begin{aligned} x&=f+x'\cos\varphi-y'\sin\varphi\cos\theta,\\ y&=g+x'\sin\varphi+y'\cos\varphi\cos\theta,\\ z&=h+y'\sin\theta.\end{aligned}\right.$$

Ces valeurs ne conviennent plus qu'au plan donné, de sorte qu'en les mettant dans $F(x, y, z)=0$, on aura l'équation de la section cherchée.

594. Si on veut trouver directement les formules [8], on le fera par la construction suivante. Soit M (fig. 26) un point quelconque pris dans le plan $y'Ox'$, dont la trace sur le plan xOy est Ox'; et soient les coordonnées

$$OP=x,\ PQ=y,\ QM=z,\ OP'=x',\ P'M=y'.$$

Joignez $P'Q$, et menez $P'G$ parallèle à Oy et $P'H$ parallèle à Ox. La ligne $P'Q$ est perpendiculaire à Ox', l'angle HQP' est égal à xOx', et l'angle $MP'Q$ est égal à l'inclinaison du plan $y'Ox'$ sur le plan yOx : on fait $MP'Q=\theta$ et $x'Ox=\varphi$. Cela posé, les triangles rectangles MQP', $QP'H$, OGP', donnent

$$\begin{aligned} MQ&=y'\sin\theta, & QP'&=y'\cos\theta;\\ HP'&=QP'\sin\varphi, & HQ&=QP'\cos\varphi;\\ OG&=x'\cos\varphi, & GP'&=x'\sin\varphi.\end{aligned}$$

Mais on a

$$x=OG-HP',\quad y=GP'+HQ,\quad z=MQ;$$

et, en mettant au lieu des lignes leurs valeurs, puis ajoutant les constantes f, g, h, on retrouve les formules [8].

Coordonnées polaires.

595. Une autre sorte de transformation est encore usitée : c'est celle des coordonnées rectangulaires en *coordonnées polaires*. Supposons (fig. 27) que la ligne OM soit projetée en OM' sur le plan de xy, et qu'on donne la distance OM, l'angle MOM' formé par cette ligne avec sa projection sur le plan xOy, et l'angle $M'Ox$ que cette projection fait avec l'axe des x. Posons $OM=\rho$, $MOM'=\theta$, $M'Ox=\varphi$: et soient toujours $OP=x$,

$PM'=y$, $MM'=z$, les coordonnées rectangulaires du point M. Les triangles OPM', OMM', donnent

$$x=OM'\cos\varphi,\ y=OM'\sin\varphi,\ OM'=\rho\cos\theta,\ z=\rho\sin\theta;$$

par conséquent

$$x=\rho\cos\theta\cos\varphi,\quad y=\rho\cos\theta\sin\varphi,\quad z=\rho\sin\theta.$$

Si on transporte dans la Géométrie les dénominations employées par les astronomes, ρ sera le *rayon vecteur* du point M, θ en sera la *latitude*, et φ la *longitude*.

Au lieu des angles θ et φ, on peut se servir des angles α, β, γ, formés par le rayon ρ avec les trois axes rectangulaires : alors on a

$$x=\rho\cos\alpha,\quad y=\rho\cos\beta,\quad z=\rho\cos\gamma.$$

Mais il faut établir entre α, β, γ, la relation

$$\cos^2\alpha+\cos^2\beta+\cos^2\gamma=1.$$

CHAPITRE V.

ÉNUMÉRATION DES SURFACES RENFERMÉES DANS LE SECOND ORDRE.

Sur la classification des surfaces en général.

596. Quand une surface est représentée par une équation entre des coordonnées x, y, z, parallèles à trois axes, si on veut la rapporter à d'autres axes, il faut mettre dans l'équation, à la place de x, y, z, leurs valeurs en fonction des nouvelles coordonnées. Or, ces valeurs étant de la forme $ax'+by'+cz'+f$, il s'ensuit que l'équation transformée restera algébrique ou transcendante selon que la proposée est elle-même algébrique ou transcendante. Mais ce qu'il importe le plus de remarquer ici, c'est que le degré d'une équation algébrique ne peut pas changer.

D'abord il est évident qu'il ne peut pas augmenter, puisqu'on remplace x, y, z, par des valeurs du premier degré en x', y', z'; et, d'un autre côté, il ne peut pas non plus diminuer, autrement le degré de la nouvelle équation devrait croître si on repassait aux premiers axes. C'est sur cette remarque qu'est fondée la distribution des *surfaces algébriques* en *différens ordres*, d'après le degré de leurs équations. Le plan est la seule espèce de surface qu'il y ait dans le premier ordre. Nous verrons bientôt qu'il y en a cinq dans le second ordre.

597. Une propriété géométrique est attachée à chaque ordre : elle consiste en ce *qu'une surface de l'ordre m ne peut pas être coupée par un plan*

suivant une ligne d'un ordre supérieur à m, *ni être rencontrée par une droite en plus de* m *points.*

En effet, si on prend le plan sécant pour celui de xy, et qu'on fasse $z=0$ dans l'équation de la surface, on aura l'équation de l'intersection de la surface avec le plan sécant : or, cette équation est au plus du degré m.

En second lieu, une droite étant donnée, on peut la prendre pour l'axe des x; et si alors on fait $z=0$, $y=0$, dans l'équation de la surface, on aura une équation qui sera au plus du degré m, et qui donnera, pour valeurs de x, les distances de l'origine aux différens points d'intersection de la surface avec la droite : donc le nombre des intersections ne surpasse point m.

598. Dans certains cas l'équation dans laquelle on fait $z=0$ peut se trouver vérifiée par cette seule substitution. Alors elle contient le facteur z dans tous ses termes, et on peut l'écrire sous la forme $Vz=0$. On y satisfait donc en posant soit $V=0$, soit $z=0$. Or, l'équation $z=0$ détermine le plan de xy; et l'autre équation, $V=0$, n'est plus que du degré $m-1$: ainsi l'équation donnée ne représente plus, à proprement parler, une surface de l'ordre m.

Il peut aussi arriver que les hypothèses $y=0$, $z=0$, vérifient l'équation sans aucune détermination de x : alors la ligne des x est tout entière sur la surface.

599. Quant aux lignes considérées dans l'espace, la principale distinction à faire est celle des *lignes planes* et des *lignes à double courbure*. Les unes peuvent être comprises tout entières dans un plan, les autres ne le peuvent pas. Le plus généralement les lignes à double courbure sont données par des intersections de surfaces, mais elles ne peuvent être assujetties à aucune classification fondée sur l'ordre des surfaces : car on peut varier d'une infinité de manières deux surfaces, sans changer leur intersection. A la vérité, on pourrait considérer les courbes dans leurs projections (540) : mais il arriverait encore alors qu'en changeant les plans de coordonnées, les projections pourraient n'être plus représentées par des équations du même degré; par conséquent une classification établie sur l'ordre des projections serait défectueuse.

Simplification de l'équation générale du second degré : évanouissement des trois rectangles.

600. On pourrait reconnaître les différentes surfaces renfermées dans l'équation du second degré, en suivant la même marche que pour les lignes du second ordre. Mais comme alors on serait obligé de distinguer un grand nombre de cas, il vaut mieux commencer par simplifier l'équation.

Menons dans la surface une suite de cordes parallèles, prenons les z parallèles à ces cordes, et laissons arbitraires l'origine et la direction des x et des y. L'équation de la surface peut être mise sous la forme

$$[A] \qquad Ax^2+A'y^2+A''z^2+2Bxy+2B'xz+2B''yz \\ +2Cx+2C'y+2C''z+F=0.$$

On en tire

$$z = \frac{-B'x - B''y - C''}{A''} \pm \sqrt{R},$$

R étant une fonction de x et de y. Il est visible que le plan dont l'équation est

$$z = \frac{-B'x - B''y - C''}{A''},$$

coupe toutes les cordes parallèles aux z en leurs milieux; donc, si on avait pris tout d'abord le plan de xy parallèle à ce plan, on aurait dû trouver, pour ce plan diamétral,

$$z = \text{constante}.$$

C'est-à-dire qu'alors on a $B' = 0$, $B'' = 0$, et que par conséquent l'équation de la surface se réduit à

$$[B] \quad Ax^2 + A'y^2 + A''z^2 + 2Bxy + 2Cx + 2C'y + 2C''z + F = 0.$$

Afin d'opérer une plus grande simplification, changeons la direction des x et des y, sans changer ni leur plan, ni l'origine, ni l'axe des z. Il n'y a dans [B] que les termes fonctions de x et de y qui varieront; et il est évident qu'ils seront, après la transformation, les mêmes que si on n'eût considéré que la trace de la surface sur le plan de xy, laquelle trace s'obtient en faisant $z = 0$ dans [B], et a pour équation

$$Ax^2 + A'y^2 + 2Bxy + 2Cx + 2C'y + F = 0.$$

Or, en changeant la direction des x et des y, on peut toujours faire disparaître de cette dernière équation le rectangle xy : on peut donc opérer aussi la même simplification dans l'équation [B], et par conséquent lui donner cette forme

$$[C] \quad Px^2 + P'y^2 + P''z^2 - 2Qx - 2Q'y - 2Q''z + F = 0,$$

qui est plus simple, et qui comprend encore toutes les surfaces du second ordre.

Il faut bien remarquer qu'on peut avoir cette forme d'équation avec une infinité de systèmes d'axes obliques : car d'abord on peut donner une infinité de directions différentes aux cordes parallèles de la surface, ce qui change l'axe des z ; et ensuite, quand le plan de xy est déterminé, on peut encore faire évanouir le rectangle xy en variant d'une infinité de manières les axes des x et des y. Et remarquez encore que tous ces changemens se font sans déplacer l'origine primitive, qui reste tout-à-fait arbitraire.

Réductions ultérieures.

601. Maintenant, pour obtenir de nouvelles simplifications, disposons de l'origine. A cet effet on remplacera x, y, z, par $x+f, y+g, z+h$; et l'équation [C] devient

$$[D] \quad \left.\begin{array}{l} Px^2 + P'y^2 + P''z^2 \\ + 2(Pf - Q)x + 2(P'g - Q')y + 2(P''h - Q'')z \\ + Pf^2 + P'g^2 + P''h^2 - 2Qf - 2Q'g - 2Q''h + F \end{array}\right\} = 0.$$

1° Si la disparition des rectangles n'a fait évanouir aucun des trois carrés dans [C], les coefficiens P, P', P'', sont différens de zéro, et on fera disparaître de l'équation [D] les trois termes du premier degré en posant

$$Pf-Q=o, \quad P'g-Q'=o, \quad P''h-Q''=o,$$

d'où $$f=\frac{Q}{P}, \qquad g=\frac{Q'}{P'}, \qquad h=\frac{Q''}{P''}.$$

Alors l'équation transformée [D] prend la forme

[E] $$Px^2+P'y^2+P''z^2=H.$$

2° Supposons qu'un des carrés manque dans [C] : par exemple, soit $P=o$. La valeur précédente de f devient infinie, alors le terme en x de la transformée [D] ne renferme plus l'indéterminée f, et il n'est plus possible de le faire évanouir. Mais on fera disparaître les premières puissances de y et de z, ainsi que la partie constante, en prenant

$$g=\frac{Q'}{P'}, \quad h=\frac{Q''}{P''}, \quad f=\frac{P'g^2+P''h^2-2Q'g-2Q''h+F}{2Q};$$

et l'équation de la surface sera

[F] $$P'y^2+P''z^2=2Qx.$$

On pourrait craindre que la dernière valeur de f ne fût infinie; mais il est permis de supposer Q différent de zéro. En effet, si, outre $P=o$, on avait $Q=o$, l'équation [C] ne contiendrait point x; donc en prenant pour g et h les valeurs ci-dessus, la transformée aurait la forme $P'y^2+P''z^2=H$, laquelle est déjà comprise dans l'équation [E].

3° Enfin, considérons le cas où l'équation [C] aurait perdu deux carrés à la fois, et supposons qu'elle soit $P''z^2-2Qx-2Q'y-2Q''z+F=o$. Alors, on ne peut pas faire évanouir les termes en x et y; mais, en prenant $h=\frac{Q''}{P''}$, le terme en z disparaît encore, et l'équation [D], en nommant F' la partie constante, devient

$$P''z^2-2Qx-2Q'y+F'=o.$$

Faisons $z=o$: cette équation donne $2Qx+2Q'y=F'$, ce qui prouve que le plan de xy coupe la surface suivant une droite. On peut prendre cette droite pour ligne des y, et ce changement n'altérera point le terme $P''z^2$. Mais les termes $-2Qx-2Q'y+F'$ seront remplacés par un seul de la forme Sx; car il faudra que l'hypothèse $z=o$ donne $x=o$. L'équation de la surface deviendra donc $P''z^2+Sx=o$: c'est un cas particulier de l'équation [F].

Il résulte de ce qui précède que toutes les surfaces du second ordre, sans exception, sont données par les deux équations

[E] $$Px^2+P'y^2+P''z^2=H,$$
[F] $$P'y^2+P''z^2=2Qx.$$

A la vérité, les coordonnées ne sont pas rectangulaires; mais pour le moment cette condition est inutile.

Remarques sur les équations réduites. Distinction entre les surfaces qui ont un centre et celles qui n'en ont pas.

602. Le caractère distinctif des surfaces renfermées dans les équations réduites [E] et [F], et qui résulte de la forme même de ces équations, c'est que les unes ont un *centre* et que les autres n'en ont pas.

En effet, les équations d'une droite passant par l'origine sont $x = az$, $y = bz$; et en les combinant avec [E], on aura, pour les deux points M et M′ (fig. 28), où la droite rencontre la surface, des coordonnées égales et de signes contraires. De là, il est facile de conclure que l'origine coupe en leurs milieux toutes les cordes menées dans la surface par cette origine. Or, cette propriété est la définition même du *centre*.

Quant aux surfaces de l'équation [F], si elles avaient un centre, on pourrait y placer l'origine; et en menant, par cette origine, une corde quelconque entre deux points de la surface, les coordonnées de ces deux points ne devraient différer que par les signes. Pour que cela soit, il est facile de reconnaître que l'équation de la surface ne doit renfermer aucun terme du premier degré : or, quand nous avons déplacé l'origine (601) pour passer de l'équation [C] à la transformée [F], nous n'avons conservé le terme en x que parce qu'il a été impossible de le faire évanouir; donc l'équation [F] ne représente que des surfaces dénuées de centre. Il est bien entendu que Q est différent de zéro; autrement, l'équation [F] serait un cas particulier de [E].

603. Cependant, il faut observer que si ces dernières surfaces n'ont pas de centre, c'est parce que les coordonnées qui déterminent en général la position de ce point deviennent infinies, ou au moins l'une d'elles. Ainsi, à parler exactement, ces surfaces doivent être regardées comme ayant un centre situé à l'infini; et par conséquent, on pourra leur appliquer les propriétés des premières en y faisant les modifications convenables. C'est ainsi que les paraboles sont des ellipses dont les axes sont infinis.

604. La forme de l'équation [E] met encore en évidence d'autres propriétés. Comme elle ne contient x, y, z, qu'au carré, si on coupe la surface par des plans parallèles au plan de deux axes coordonnés, on voit facilement que les sections sont des courbes qui ont leurs centres sur le troisième. Or, cette propriété est celle que nous prendrons pour la définition des *diamètres*; donc les axes actuels des coordonnées sont des diamètres de la surface.

Quand le diamètre est perpendiculaire aux plans des sections parallèles, c'est un *diamètre principal* ou un *axe* de la surface.

605. Il est évident aussi que l'équation [E] donne pour chacune des variables deux valeurs égales de signes contraires. Chaque plan coordonné coupe donc en leurs milieux une suite de cordes parallèles; et, pour cette raison, on dit qu'il est un *plan diamétral*.

Quand un plan diamétral est perpendiculaire aux cordes qu'il divise en leurs milieux, on le nomme *plan diamétral principal*, ou simplement *plan principal.* Les cordes elles-mêmes sont aussi alors quelquefois nommées *cordes principales.* (*)

606. Dans une surface du second ordre, quand trois diamètres sont tellement disposés que chacun contient les centres des sections parallèles au plan des deux autres, on les appelle *diamètres conjugués.* Et pareillement, trois plans diamétraux sont *conjugués* lorsque les cordes, que chacun coupe par moitié, sont parallèles à l'intersection des deux autres.

De ces définitions il résulte que dans l'équation [E] les axes des coordonnées sont des diamètres conjugués, et que les plans coordonnés sont des plans diamétraux conjugués. Et, en général, quels que soient les diamètres conjugués, ou les plans diamétraux conjugués, auxquels on rapporte la surface, son équation doit conserver la forme [E]; car, si elle en avait une autre, les conditions qui caractérisent ces plans et ces diamètres ne seraient pas remplies.

607. Dans l'équation [F], il n'y a que l'axe des z qui soit un diamètre, et il n'y a que les plans de xy et de xz qui soient plans diamétraux. Ces deux plans sont aussi appelés *conjugués*, attendu que les cordes que chacun d'eux coupe par moitié sont parallèles à l'autre.

Surfaces douées de centre.

608. Ces surfaces sont comprises dans l'équation

$$[E] \qquad Px^2+P'y^2+P''z^2=H.$$

Je laisserai d'abord de côté, pour y revenir plus tard (615), les cas où cette équation a quelque coefficient égal à zéro. En changeant tous les signes, si cela est nécessaire, on peut faire qu'il y ait dans le premier membre deux coefficiens positifs : je suppose que ce soient P et P'. Alors l'équation [E] présente trois cas, savoir :

$$[P] \qquad Px^2+P'y^2+P''z^2=+H,$$
$$[P'] \qquad Px^2+P'y^2-P''z^2=+H,$$
$$[P''] \qquad Px^2+P'y^2-P''z^2=-H.$$

On ne parle pas du cas $Px^2+Py'^2+P''z^2=-H$, parce qu'il n'existe aucun point dont les coordonnées puissent rendre le premier membre égal à la quantité négative $-H$.

609. Discutons d'abord l'équation

$$[P] \qquad Px^2+P'y^2+P''z^2=H.$$

Le procédé le plus simple, pour connaître la forme d'une surface, consiste

---

(*) En général, si une équation algébrique ne contient que des termes de même parité, c'est-à-dire tous de degré pair, ou tous de degré impair, la surface aura l'origine pour centre. L'équation $xyz^2-2xz+yz+1=0$ est dans ce cas.

Si les termes sont de même parité, seulement par rapport à deux coordonnées x et y, l'axe de la troisième sera un diamètre. Exemple : $x^2y^3z-x^3z^2-y-z=0$.

Enfin, si tous les termes sont de degré pair par rapport à une seule coordonnée, z, le plan de xy est un plan diamétral. Exemple : $xyz^4-x^3z^2-z^2-1=0$.

à chercher ses intersections avec les plans coordonnés et avec leurs parallèles. En conséquence, je fais alternativement $z=0$, $y=0$, $x=0$, dans [P]. Il vient

$$Px^2+P'y^2=H,\quad Px^2+P''z^2=H,\quad P'y^2+P''z^2=H;$$

donc les plans coordonnés coupent la surface suivant des ellipses, AB, AC, BC (fig. 29). Afin d'éviter la confusion, on n'a tracé qu'un quart de chacune d'elles.

Pour avoir des sections parallèles au plan de xy, je fais $z=\gamma$: et j'obtiens

$$Px^2+P'y^2=H-P''\gamma^2,$$

équation qui est encore celle d'une ellipse. A la vérité, cette ellipse est la projection de la section sur le plan de xy; mais ici cette projection est égale à la section elle-même. Donc, si on prend $Oo=\gamma$, et si on mène le plan aob parallèle à xOy, la section ab qu'il fera dans la surface sera une ellipse égale à celle qui est donnée par l'équation ci-dessus. Les longueurs de ses demi-diamètres, parallèles aux x et aux y, sont

$$oa=\sqrt{\frac{H-P''\gamma^2}{P}},\quad ob=\sqrt{\frac{H-P''\gamma^2}{P'}}.$$

Ces expressions changent avec la valeur de γ. Elles vont en diminuant depuis $\gamma=0$ jusqu'à $\gamma=\sqrt{\frac{H}{P''}}$: à cette limite elles sont nulles; et au-delà elles sont imaginaires. Il s'ensuit que, si on prend $OC=\sqrt{\frac{H}{P''}}$, la surface n'aura que le point C de commun avec le plan RCS parallèle à xOy, et ne s'étendra pas au-dessus.

En changeant γ en $-\gamma$, on a des sections situées du côté des z négatifs. Il est évident qu'elles sont égales à celles qui sont placées aux mêmes distances, de l'autre côté de l'origine. En prenant $OC'=OC$, et menant le plan R'C'S' parallèle à xOy, la surface ne dépassera pas ce plan, et n'aura avec lui que le point C' de commun.

On trouverait des résultats analogues en faisant des sections parallèles aux plans de xz et de yz. Mais ce qui précède donne une idée assez précise de la surface, et suffit pour prouver qu'elle est limitée et fermée dans tous les sens. Elle a reçu le nom d'Ellipsoïde.

On donne à l'équation [P] une forme remarquable en y introduisant les *longueurs* des diamètres conjugués, sur lesquels sont comptées les coordonnées x, y, z. Divisons d'abord cette équation par H, puis faisons

$$a=\sqrt{\frac{H}{P}},\quad b=\sqrt{\frac{H}{P'}},\quad c=\sqrt{\frac{H}{P''}}.$$

Il viendra

$$[p]\qquad \frac{x^2}{a^2}+\frac{y^2}{b^2}+\frac{z^2}{c^2}=1,$$

ou bien $$b^2c^2x^2+a^2c^2y^2+a^2b^2z^2=a^2b^2c^2;$$

et il est évident que a, b, c, sont les demi-diamètres dont il s'agit : car si, par exemple, on fait $y=0$ et $z=0$, on trouve $x=\pm a$.

Quand les coordonnées sont rectangulaires et qu'on suppose $b=a$, l'équation [p] devient $x^2+y^2+\frac{a^2}{c^2}z^2=a^2$; et alors toutes les sections perpendiculaires à la ligne des z sont des cercles qui ont leurs centres sur cette ligne. Comme d'ailleurs le plan de xz coupe la surface suivant une ellipse qui a cette ligne pour un de ses axes, on conclut que la surface est engendrée par la rotation d'une ellipse autour d'un de ses axes. C'est l'*ellipsoïde de révolution*.

Si de plus on suppose $c=a$, l'équation devient $x^2+y^2+z^2=a^2$: c'est celle d'une sphère dont le centre est à l'origine. Pour placer le centre dans une position quelconque, il faut prendre l'équation

$$(x-\alpha)^2+(y-\beta)^2+(z-\gamma)^2=a^2.$$

Il est clair, en effet, que tous les points de la surface sont à la distance a d'un même point fixe, dont les coordonnées sont α, β, γ; donc la surface est celle d'une sphère qui a ce point pour centre, et a pour rayon.

610. Passons à l'équation [P′]

$$[\mathrm{P}'] \qquad \mathrm{P}x^2+\mathrm{P}'y^2-\mathrm{P}''z^2=\mathrm{H}.$$

Les sections de la surface par les plans coordonnés ont pour équations

$$\mathrm{P}x^2+\mathrm{P}'y^2=\mathrm{H},\quad \mathrm{P}x^2-\mathrm{P}''z^2=\mathrm{H},\quad \mathrm{P}'y^2-\mathrm{P}''z^2=\mathrm{H}.$$

La première détermine une ellipse ABA′B′ (fig. 30); et les deux autres, des hyperboles. En faisant $z=\pm\gamma$, il vient

$$\mathrm{P}x^2+\mathrm{P}'y^2=\mathrm{H}+\mathrm{P}''\gamma^2;$$

donc les sections parallèles au plan de xy sont des ellipses, à quelque distance de l'origine qu'elles soient faites. Elles ont deux demi-diamètres conjugués parallèles aux x et aux y; savoir,

$$oa=\sqrt{\frac{\mathrm{H}+\mathrm{P}''\gamma^2}{\mathrm{P}}},\quad ob=\sqrt{\frac{\mathrm{H}+\mathrm{P}''\gamma^2}{\mathrm{P}'}}:$$

et on voit qu'ils peuvent croître jusqu'à l'infini. C'est-à-dire que la surface s'ouvre de plus en plus à mesure qu'elle s'éloigne du plan de xy.

L'équation [P′] n'étant pas semblable par rapport à x, y et z, les plans parallèles à xz et à yz donnent d'autres résultats. Soit fait $y=\pm\beta$, on a

$$\mathrm{P}x^2-\mathrm{P}''z^2=\mathrm{H}-\mathrm{P}'\beta^2;$$

donc la surface est coupée suivant des hyperboles par tous les plans parallèles à celui de xz. Mais ces courbes n'ont pas toujours leurs branches tournées du même côté. Tant que β est moindre que OB ou $\sqrt{\frac{\mathrm{H}}{\mathrm{P}'}}$ (fig. 31), le diamètre transverse des sections est parallèle aux x: quand β est plus grand, ce diamètre est parallèle aux z. Entre ces deux sortes d'hyperboles, on trouve deux droites qui se coupent: car $\beta=\mathrm{OB}$ donne

$$\mathrm{P}x^2-\mathrm{P}''z^2=0,\quad \text{d'où}\quad x\sqrt{\mathrm{P}}=\pm z\sqrt{\mathrm{P}''}.$$

Les projections de ces droites sur le plan de xz sont évidemment les asymptotes communes aux projections des deux sortes d'hyperboles (fig. 32). Les coupes parallèles au plan de yz donnent des remarques analogues.

On doit maintenant se faire une idée assez nette de la surface que nous étudions, laquelle est, comme on voit, tout-à-fait différente de l'ellipsoïde. On la nomme HYPERBOLOÏDE A UNE NAPPE.

Pour mettre en évidence les diamètres de cette surface, on divise l'équation [P'] par H, on fait, comme dans le nº 589,

$$a=\sqrt{\frac{\mathrm{H}}{\mathrm{P}}},\quad b=\sqrt{\frac{\mathrm{H}}{\mathrm{P}'}},\quad c=\sqrt{\frac{\mathrm{H}}{\mathrm{P}''}};$$

et il vient

[p'] $$\frac{x^2}{a^2}+\frac{y^2}{b^2}-\frac{z^2}{c^2}=1.$$

La surface rencontre le diamètre des x et des y aux distances a et b. Mais elle ne rencontre pas le diamètre des z : car, en faisant $x=0$ et $y=0$, on trouve $z=\pm c\sqrt{-1}$. C'est pourquoi l'on dit qu'il y a deux diamètres *réels* et un diamètre *imaginaire*.

Quand les coordonnées sont rectangulaires, et qu'on suppose $b=a$, l'équation [p'] devient $x^2+y^2-\frac{a^2}{c^2}z^2=a^2$: alors la surface peut être engendrée par une hyperbole tournant autour du second axe. C'est un *hyperboloïde de révolution à une nappe.*

611. Le dernier cas des équations qui représentent des surfaces douées de centre est

[P''] $$\mathrm{P}x^2+\mathrm{P}'y^2-\mathrm{P}''z^2=-\mathrm{H}.$$

On trouve, pour les sections des plans coordonnés,

$$\mathrm{P}x^2+\mathrm{P}'y^2=-\mathrm{H},\quad \mathrm{P}x^2-\mathrm{P}''z^2=-\mathrm{H},\quad \mathrm{P}'y^2-\mathrm{P}''z^2=-\mathrm{H}.$$

La première équation est impossible, ce qui prouve que le plan de xy ne rencontre pas la surface; les deux autres équations représentent des hyperboles (fig. 33).

L'équation [P''] donne

$$\mathrm{P}x^2+\mathrm{P}'y^2=\mathrm{P}''z^2-\mathrm{H},$$

et de là on conclut que, depuis $z=0$ jusqu'à $z=\pm\sqrt{\frac{\mathrm{H}}{\mathrm{P}''}}$, la surface n'est point rencontrée par un plan parallèle à celui de xy : de sorte que, si on prend $\mathrm{OC}=\mathrm{OC}'=\sqrt{\frac{\mathrm{H}}{\mathrm{P}''}}$, et qu'on mène les plans RCS, R'C'S', parallèles à celui de xy, la surface n'aura aucun point entre ces plans. Lorsque $z=\pm\mathrm{OC}$, la section n'est encore qu'un seul point, C ou C'; mais, en faisant croître ensuite z jusqu'à $\pm\infty$, on obtient des ellipses réelles, telles que $aba'b'$, dont les diamètres augmentent jusqu'à l'infini.

Quant aux sections parallèles au plan de xz, ou à celui de yz, elles sont toujours des hyperboles semblables et semblablement placées.

La forme de la surface est facile à saisir. Elle diffère essentiellement de l'ellipsoïde, en ce qu'elle s'étend à l'infini; et, de l'hyperboloïde à une nappe, en ce qu'elle est composée de deux nappes disjointes. On la nomme HYPERBOLOÏDE A DEUX NAPPES.

En mettant les diamètres en évidence, l'équation [P″] se change en

[p″] $$\frac{x^2}{a^2}+\frac{y^2}{b^2}-\frac{z^2}{c^2}=-1.$$

Les diamètres $2a$ et $2b$ sont *imaginaires*, et le troisième $2c$ est seul *réel.*

L'hypothèse $b=a$ réduit l'équation à celle-ci : $x^2+y^2-\frac{a^2}{c^2}z^2=-a^2$, laquelle représente un *hyperboloïde de révolution à deux nappes.*

Surfaces dénuées de centre.

612. Ces surfaces sont renfermées dans l'équation [F] (601),

[F] $$P'y^2+P''z^2=2Qx.$$

On peut, si on le veut, changer tous les signes, et aussi le sens des x positifs ; et de cette manière on pourra rendre positifs, s'ils ne le sont déjà, les coefficiens de y^2 et de x. De là il suit que l'équation [F] n'offre que deux cas généraux, savoir :

[Q] $$P'y^2+P''z^2=2Qx,$$ [Q′] $$P'y^2-P''z^2=2Qx.$$

613. Considérons d'abord la surface qui résulte de l'équation [Q]. Pour les sections des plans coordonnés, on a les équations

$$P'y^2+P''z^2=0,\quad P'y^2=2Qx,\quad P''z^2=2Qx:$$

la première détermine l'origine; et les deux autres, des paraboles telles que ROR′, SOS′ (fig. 34).

En prenant x négatif, l'équation [Q] est impossible; mais les valeurs positives de x donnent des ellipses, telles que $bcb'c'$, d'autant plus grandes que x est plus grand.

Les sections parallèles à chacun des deux autres plans coordonnés sont des paraboles respectivement égales à ROR′ et à SOS′. Par exemple, si on fait $z=\gamma$, il vient $P'y^2=2Qx-P''\gamma^2$; et cette équation donne une parabole rdr', qui ne diffère de ROR′ que par la situation.

La surface que nous venons d'examiner a reçu le nom de PARABOLOÏDE ELLIPTIQUE.

Les paraboles situées dans les plans de xy et de xz ont pour diamètre commun la ligne des x; et leurs paramètres, relatifs à ce diamètre, sont $\frac{2Q}{P'}$, $\frac{2Q}{P''}$. Pour les introduire dans l'équation [Q], on posera $\frac{Q}{P'}=q$, $\frac{Q}{P''}=q'$; et il viendra

[q] $$q'y^2+qz^2=2qq'x.$$

Quand les coordonnées sont rectangulaires, et que $P''=P'$ ou $q'=q$, la surface est produite par la rotation d'une parabole autour de son axe : c'est alors le *paraboloïde de révolution.*

614. Il ne reste plus à discuter que l'équation [Q′]. Elle donne, pour les sections des plans coordonnés,

$$P'y^2-P''z^2=0,\quad P'y^2=2Qx,\quad P''z^2=-2Qx.$$

La première de ces équations détermine, dans le plan de yz, deux droites OD et OD′ (fig. 35); la seconde indique, dans le plan de xy, une parabole ROR′ tournée du côté des x positifs; et la troisième donne, dans le plan de xz, une parabole SOS′ tournée du côté des x négatifs.

Pour avoir des sections parallèles au plan de yz, soit fait $x = \pm \alpha$; il vient

$$P'y^2 - P''z^2 = \pm 2Q\alpha:$$

c'est-à-dire qu'on a des hyperboles dont les branches sont différemment tournées selon le signe de α. Il est à remarquer que toutes ces hyperboles ont leurs centres sur l'axe des x, et que leurs asymptotes sont parallèles aux droites OD, OD′: par conséquent ces asymptotes sont situées dans les deux plans conduits par ces droites et par l'axe des x.

Soit fait encore $z = \gamma$: on trouve, pour les sections parallèles au plan de xy,

$$P'y^2 = 2Qx + P''\gamma^2.$$

Cette équation donne une suite de paraboles; et ces paraboles ne sont autres que la parabole ROR′, placée successivement dans les différentes positions qu'elle occuperait, si on la faisait mouvoir de manière que son plan fût toujours parallèle au plan de xy, son diamètre Ox parallèle à la ligne des x, et le point O toujours sur la parabole SOS′.

Il est évident que, pendant ce mouvement, la parabole ROR′ doit engendrer la surface. Les coupes parallèles au plan de xz montreraient que la surface peut être aussi décrite en faisant glisser la seconde parabole le long de la première. Ce mode de génération indique assez clairement la forme de la surface, laquelle est, comme on voit, semblable à celle que prendrait un cylindre à base parabolique, dont les arêtes seraient recourbées en paraboles (fig. 36).

Cette surface, qui diffère essentiellement de la précédente, à raison des sections hyperboliques qu'on y peut faire, s'appelle PARABOLOÏDE HYPERBOLIQUE.

En mettant en évidence les paramètres du diamètre Ox, relatifs aux deux paraboles ROR′, SOS′, l'équation [Q′] devient

$$[q'] \qquad q'y^2 - qz^2 = 2qq'x.$$

Cas particuliers.

615. Il faut maintenant considérer les cas particuliers où il y a des termes nuls dans les équations [E] et [F],

$$[E] \quad Px^2 + P'y^2 + P''z^2 = H, \qquad [F] \quad P'y^2 + P''z^2 = 2Qx.$$

1° Lorsque $H = 0$, l'équation [E] se réduit à $Px^2 + P'y^2 + P''z^2 = 0$; et comme on peut toujours regarder P et P′ comme positifs, il n'y a que deux cas distincts à examiner, savoir:

$$[1] \quad Px^2 + P'y^2 + P''z^2 = 0, \qquad [2] \quad Px^2 + P'y^2 - P''z^2 = 0.$$

L'équation [1] ne peut être vérifiée qu'en prenant à la fois $x = 0$, $y = 0$, $z = 0$; donc elle représente un *point unique*. C'est un ellipsoïde dont les dimensions sont nulles.

L'équation [2] représente un *cône*. En effet, l'équation d'un plan quelconque passant par l'axe des z est $y = ax$; et si on met cette valeur de y dans [2], on trouve

$$(P + P'a^2)x^2 - P''z^2 = 0, \quad \text{d'où} \quad x = \pm z\sqrt{\frac{P''}{P + P'a^2}}:$$

résultat qui prouve que l'intersection du plan avec la surface de l'équation [2] se projette sur le plan de xz suivant deux droites passant par l'origine. Ainsi, tous les plans conduits par l'axe des z coupent la surface suivant des droites passant par l'origine; donc la surface est un cône qui a l'origine pour sommet.

2° Dans l'hypothèse $P'' = 0$, l'équation [E] devient $Px^2 + P'y^2 = H$. Regardons P comme positif, et prenons alternativement P' positif et P' négatif, on a

[3] $\quad Px^2 + P'y^2 = H, \qquad$ [4] $\quad Px^2 - P'y^2 = H.$

L'équation [3] donne un *cylindre à base elliptique* quand H est positif (538). Il se réduit à *une droite* si $H = 0$, car alors l'équation ne peut se vérifier qu'en faisant $x = 0$, $y = 0$; et il devient *imaginaire*, si H est négatif.

L'équation [4] donne un *cylindre à base hyperbolique*, quel que soit le signe de H. Quand $H = 0$, on a *deux plans qui se coupent*.

3° Supposons $P'' = 0$, $P' = 0$: l'équation [E] se réduit à

[5] $\quad Px^2 = H,$

et représente alors *deux plans parallèles*, ou *un plan unique*, ou *deux plans imaginaires*, selon que H est *positif*, *nul* ou *négatif*.

4° En laissant de côté les cas qui rentrent dans les précédens, l'équation [F] ne donne que celui-ci :

$$P'y^2 = 2Qx;$$

et la surface est alors un *cylindre à base parabolique*.

Conclusion du chapitre.

616. Cette conclusion est que les surfaces du second ordre peuvent se distribuer en cinq genres ; savoir : l'ELLIPSOÏDE, l'HYPERBOLOÏDE A UNE NAPPE, l'HYPERBOLOÏDE A DEUX NAPPES, le PARABOLOÏDE ELLIPTIQUE, et le PARABOLOÏDE HYPERBOLIQUE.

Toutefois, pour que cette classification soit complète, il faut rattacher à ces surfaces, comme cas particuliers, les *cônes* et les *cylindres*. En outre, il faut remarquer qu'une équation du second degré peut aussi donner *deux plans qui se coupent*, *deux plans parallèles*, *un plan unique*, *une droite*, *un point* ; et même elle peut offrir *des cas d'impossibilité*.

CHAPITRE VI.

DU CENTRE. PLANS DIAMÉTRAUX ET DIAMÈTRES. PLANS ET AXES PRINCIPAUX.

Recherche du centre dans le cas le plus général.

617. QUAND une surface du second ordre a un centre et qu'on y place l'origine, les termes du premier degré doivent s'anéantir (602); donc, pour connaître si la surface a un centre, il suffit de transporter les axes, parallèlement à eux-mêmes, à une origine quelconque, et de déterminer ensuite, s'il est possible, les coordonnées de cette origine par la condition que les termes du premier degré disparaissent. Prenons l'équation générale

[A] $$Ax^2+A'y^2+A''z^2+2Bxy+2B'xz+2B''yz \\ +2Cx+2C'y+2C''z+F=0,$$

et changeons-y x, y, z, en $x+f$, $y+g$, $z+h$. En faisant, pour abréger,

$$\begin{aligned} D &= Af+Bg+B'h+C,\\ D' &= A'g+Bf+B''h+C',\\ D'' &= A''h+B'f+B''g+C'',\\ G &= Af^2+A'g^2+A''h^2+2Bfg+2B'fh+2B''gh\\ &\quad +2Cf+2C'g+2C''h+F, \end{aligned}$$

il viendra une nouvelle équation, de la forme

$$Ax^2+A'y^2+A''z^2+2Bxy+2B'xz+2B''yz \\ +2Dx+2D'y+2D''z+G=0.$$

Remarquez: 1° que les termes du second degré ont les mêmes coefficiens que dans la proposée; 2° que ceux du premier degré peuvent s'obtenir en mettant f, g, h, à la place de x, y, z, dans les polynômes dérivés, relatifs à x, y, z, du premier membre de la proposée; 3° que la partie constante G n'est autre que ce premier membre dans lequel on a opéré les mêmes substitutions.

Puisqu'on veut faire disparaître les termes du premier degré, on posera

[1] $$D=0,\quad D'=0,\quad D''=0:$$

alors l'origine sera placée au centre, et l'équation de la surface devient

[G] $$Ax^2+A'y^2+A''z^2+2Bxy+2B'xz+2B''yz+G=0.$$

En même temps l'expression de G se simplifie considérablement: car, si après avoir multiplié les équations [1] respectivement par f, g, h, on les retranche de G, il vient

$$G=Cf+C'g+C''h+F.$$

Il est bon aussi de remarquer que dans les valeurs générales de f, g, h, déduites des équations [1], le dénominateur commun, que j'appellerai K, est $K = AB''^2 + A'B'^2 + A''B^2 - AA'A'' - 2BB'B''$.

618. Les équations [1] font connaître f, g, h. En considérant ces coordonnées comme des variables, les équations [1] représentent trois plans; et c'est l'intersection de ces plans qui détermine le centre. Alors se présentent les distinctions suivantes :

1° Quand les plans ont un point commun et qu'ils n'en ont qu'un, la surface a un centre unique : c'est le cas le plus général.

2° Quand les trois plans se coupent suivant la même droite, tous les points de cette droite sont des centres.

3° Quand les trois plans se confondent en un seul, tous les points de ce plan peuvent être pris pour centres.

4° Enfin, quand aucun point n'est commun aux trois plans à la fois, et c'est ce qui arrive quand ils sont parallèles, ou quand l'un d'eux est parallèle à l'intersection des deux autres. Alors la surface n'a point de centre, ou plutôt le centre est à l'infini : car, dans ce cas, les valeurs générales de f, g, h, déduites des équations [1], deviennent infinies, ou au moins l'une d'elles.

619. Il est évident qu'on doit avoir, dans le premier cas, l'une des trois surfaces douées de centre, ou un cône, ou un point unique, ou un cas d'impossibilité. Dans le second, on a un cylindre elliptique ou hyperbolique, ou deux plans qui se coupent, ou une droite, ou un cas d'impossibilité. Dans le troisième, on a deux plans parallèles, ou un seul plan, ou deux plans imaginaires. Dans le quatrième, on a l'un des deux paraboloïdes, ou bien un cylindre parabolique.

Des plans diamétraux en général.

620. Un plan diamétral doit couper en leurs milieux une suite de cordes parallèles (605). Rien de plus facile que d'appliquer le calcul à cette définition. Soient

[1] $$x = \delta z + \rho, \quad y = \delta' z + \rho',$$

les équations d'une corde quelconque, δ et δ' étant constans, mais ρ et ρ' étant variables d'une corde à une autre. Substituons ces valeurs dans l'équation générale [A], et posons, pour abréger,

$$\begin{aligned} R &= A\delta^2 + A'\delta'^2 + A'' + 2B\delta\delta' + 2B'\delta + 2B''\delta', \\ S &= A\delta\rho + A'\delta'\rho' + B\delta\rho' + B\delta'\rho + B'\rho + B''\rho' + C\delta + C'\delta' + C'', \\ T &= A\rho^2 + A'\rho'^2 + 2B\rho\rho' + 2C\rho + 2C'\rho' + F : \end{aligned}$$

il viendra

[2] $$Rz^2 + 2Sz + T = 0.$$

Les racines de cette équation sont les valeurs de z, aux points où la corde rencontre la surface. La demi-somme de ces deux valeurs est $-\frac{S}{R}$, et c'est une des coordonnées du milieu de la corde; donc, en désignant cette coordonnée par z, on aura $z = -\frac{S}{R}$, ou

[3] $$Rz + S = 0.$$

En nommant x et y les deux autres coordonnées du milieu de la corde, on doit avoir aussi, entre x, y, z, les équations [1]; par conséquent l'élimination de ρ et ρ' entre [1] et [3] donnera le lieu des milieux de toutes les cordes parallèles. Remettant pour R et S leurs valeurs, et effectuant les calculs, on trouve

[4] $$(A\delta+B\delta'+B')x+(A'\delta'+B\delta+B'')y \\ +(A''+B'\delta+B''\delta')z+C\delta+C'\delta'+C''=0.$$

Telle est l'équation générale des plans diamétraux. On peut l'écrire ainsi,

$$(Ax+By+B'z+C)\delta+(A'y+Bx+B''z+C')\delta' \\ +A''z+B'x+B''y+C''=0;$$

et, sous cette forme, on voit comment elle se compose avec les polynômes dérivés, relatifs à x, y, z, du premier membre de la proposée [A]

621. Toutefois il faut remarquer que, dans certains cas, la quantité désignée par R (620) peut être zéro, ce qui réduit l'équation [2] au premier degré. Les cordes ne rencontrent donc plus la surface qu'en un seul point : ou, plutôt, l'un des deux points d'intersection est à une distance infinie. Aussi arrive-t-il alors que le plan diamétral est parallèle aux cordes : car, pour que cela soit, la condition est (561)

$$(A\delta+B\delta'+B')\delta+(A'\delta'+B\delta+B'')\delta'+A''+B'\delta+B''\delta'=0,$$

ou, en réduisant,

[5] $$A\delta^2+A'\delta'^2+A''+2B\delta\delta'+2B'\delta+2B''\delta'=0,$$

et on voit que cette condition est remplie, puisqu'elle n'est autre chose que l'hypothèse $R=0$.

622. Quand la surface a un centre, on peut réduire son équation à $Px^2+P'y^2+P''z^2=H$ (601); et alors celle du plan diamétral devient

[6] $$P\delta x+P'\delta' y+P''z=0.$$

Cette équation représente un plan passant par l'origine, qui est ici placée au centre; et, d'ailleurs, on peut toujours déterminer δ et δ', de manière qu'elle soit identique à celle d'un plan donné, mené par l'origine : donc, *dans les surfaces douées de centre, tous les plans diamétraux passent au centre; et, réciproquement, tous les plans menés par le centre sont des plans diamétraux.*

623. Quand la surface est dénuée de centre, on peut la représenter par $P'y^2+P''z^2=2Qx$ (601). Par suite on a, pour le plan diamétral,

[7] $$P'\delta' y+P''z=Q\delta.$$

Un plan parallèle à la ligne des x a pour équation $\alpha y+z=\beta$; et il est évident que l'équation [7] devient identique à celle-ci en posant $\delta=\frac{P''\beta}{Q}$, $\delta'=\frac{P''\alpha}{P'}$: donc, *dans les surfaces dénuées de centre, les plans diamétraux sont parallèles à la ligne des* **x**; *et, réciproquement, tout plan parallèle à cette ligne est un plan diamétral.*

Au reste, on peut regarder cette conclusion comme comprise dans celle du numéro précédent. Mais alors il faut, conformément à une remarque déjà faite (603), considérer les paraboloïdes comme ayant un centre situé à une distance infinie; et c'est ce qu'il convient de faire dans tous les cas analogues, afin d'éviter les détails trop minutieux.

Des diamètres.

624. La recherche des diamètres est facile; mais, pour diminuer la prolixité des calculs, nous prendrons, au lieu de l'équation générale [A], celle-ci

[H] $$Px^2 + P'y^2 + P''z^2 = H + 2Qx;$$

qui est plus simple, et qui cependant comprend toutes les surfaces du second ordre : car les équations [E] et [F] du n° 601 en sont des cas particuliers.

Le diamètre, d'après sa définition (604), doit passer par les centres des sections faites dans la surface par une suite de plans parallèles. Soit

[1] $$z = \alpha x + \alpha' y + \gamma,$$

l'équation d'un de ces plans, α et α' étant constans et γ variable : l'élimination de z entre [1] et [H] fera connaître la projection de la section sur le plan de xy. Il vient

[2] $$\begin{aligned}(P + P''\alpha^2)x^2 + (P' + P''\alpha'^2)y^2 + 2P''\alpha\alpha' xy \\ + 2(P''\alpha\gamma - Q)x + 2P''\alpha'\gamma y + P''\gamma^2 - H = 0.\end{aligned}$$

Les seules courbes que puisse donner un plan, en coupant une surface du second ordre, sont l'ellipse, l'hyperbole et la parabole (597); et il est évident que si la projection est une ellipse ou une hyperbole, la section elle-même ne pourra être qu'une ellipse ou une hyperbole. De plus, il est facile de voir que le centre de la projection est la projection du centre de la section. En conséquence, je supposerai que l'équation [2] représente une ellipse ou une hyperbole, et je vais déterminer les coordonnées du centre de cette projection. Pour les obtenir, il faut (260) égaler à zéro les polynômes dérivés, relatifs à x et à y, du premier membre de l'équation [2]; et on trouve, ainsi,

[3] $$(P + P''\alpha^2)x + P''\alpha\alpha' y + P''\alpha\gamma = Q,$$
[4] $$(P' + P''\alpha'^2)y + P''\alpha\alpha' x + P''\alpha'\gamma = 0.$$

Dans ces équations x et y sont deux des trois coordonnées du centre de la section; l'équation [1] ferait connaître la troisième z. Mais, pour avoir le lieu des centres de toutes les sections parallèles qui proviennent de la variation de γ, il sera inutile de chercher les valeurs de x, y, z : il suffira d'éliminer γ entre [1], [3], [4]. On obtient, pour résultat, les équations

[5] $$Px + P''\alpha z = Q, \quad P'y + P''\alpha' z = 0,$$

qui sont du premier degré, et qui sont celles d'un diamètre quelconque de la surface.

625. Quand la surface a un centre, on peut faire $Q = 0$, et ces équations deviennent

$$Px + P''\alpha z = 0, \quad P'y + P''\alpha' z = 0.$$

En choisissant convenablement α et α', la droite qu'elles représentent prend toutes les positions possibles autour de l'origine. De là on conclut que *tous les diamètres passent au centre; et, réciproquement, que toute droite menée par le centre est un diamètre.*

626. Quand la surface n'a point de centre, on peut supposer $H=0$, $P=0$; et les équations [5] donnent

$$z=\frac{Q}{P''\alpha},\quad y=-\frac{Q\alpha'}{P'\alpha}.$$

Or, on peut déterminer α et α' de manière que y et z aient telles grandeurs qu'on voudra; donc, *dans les paraboloïdes, les diamètres sont parallèles à la ligne des* x; *et, réciproquement, toute droite qui a cette direction est un diamètre.*

Plans et diamètres principaux.

627. On a nommé (605) *plan principal* un plan diamétral perpendiculaire à ses cordes conjuguées, c'est-à-dire aux cordes parallèles qu'il coupe par moitié. Par conséquent, pour avoir tous les plans principaux d'une surface du second ordre, il suffit d'établir les équations qui expriment cette condition. Jusqu'à présent on n'a fait aucune hypothèse sur la direction des coordonnées dans l'équation [A]; et il est permis de les supposer rectangulaires. Alors, pour que le plan diamétral soit perpendiculaire aux cordes conjuguées, il faut (566), entre les coefficiens des équations [1] et [4] du n° 620, poser les relations

$$[1]\quad \begin{cases} A\delta+B\delta'+B'=(A''+B'\delta+B''\delta')\delta,\\ A'\delta'+B\delta+B''=(A''+B'\delta+B''\delta')\delta'.\end{cases}$$

Elles feront connaître δ et δ', et par suite les plans principaux.

Afin d'avoir des calculs symétriques, faisons $A''+B'\delta+B''\delta'=\lambda$: au lieu de deux inconnues on en aura trois, δ, δ', λ, qui seront déterminées par les équations

$$[2]\quad \begin{cases} A\delta+B\delta'+B'=\lambda\delta,\\ A'\delta'+B\delta+B''=\lambda\delta',\\ A''+B'\delta+B''\delta'=\lambda.\end{cases}$$

Les deux premières donnent

$$\delta=\frac{(\lambda-A')B'+BB''}{(\lambda-A)(\lambda-A')-B^2},\quad \delta'=\frac{(\lambda-A)B''+BB'}{(\lambda-A)(\lambda-A')-B^2},$$

valeurs qui seront réelles si λ n'est point imaginaire. En les substituant dans la troisième équation, il vient, toute réduction faite, et en désignant par K la même expression que dans le n° 617,

$$[3]\quad \lambda^3-(A+A'+A'')\lambda^2+(AA'+AA''+A'A''-B^2-B'^2-B''^2)\lambda+K=0.$$

Telle est l'équation qu'il faut résoudre pour connaître les valeurs de λ, et ensuite celles de δ et δ'.

628. Cette équation étant de degré impair a au moins une racine réelle. Mais pour que cette racine détermine véritablement un plan principal, il ne faut pas que ce plan aille couper les axes coordonnés à des distances infinies. Ne considérons d'abord que les surfaces qui ont un centre. Alors.

cette difficulté ne peut point exister ; car, dans ces surfaces, tous les plans diamétraux passent au centre : ainsi, elles ont au moins un plan principal. Il serait difficile de juger au moyen de l'équation [3] si elles en ont plusieurs; mais on y parvient par les considérations suivantes.

Prenons les x et les y dans le plan principal dont l'existence est démontrée, et les z sur le diamètre perpendiculaire. L'équation de la surface ne contiendra ni les termes du premier degré, puisque l'origine est au centre, ni les rectangles xz et yz, puisqu'elle doit donner pour z des valeurs égales et de signes contraires. De plus, on peut diriger les x et les y de telle sorte que ces coordonnées soient perpendiculaires entre elles, et fassent disparaître aussi le rectangle xy; donc l'équation de la surface sera de la forme.

$$\text{[I]} \qquad Px^2 + P'y^2 + P''z^2 = H.$$

Elle est semblable à l'équation [E] du n° 601; mais les coordonnées actuelles sont rectangulaires.

Par cette équation, on aperçoit sur-le-champ que les plans de xz et de yz sont aussi des plans principaux. Ainsi, la surface en a au moins trois; et par conséquent l'équation [3], qui doit les donner tous, a ses trois racines réelles. D'un autre côté, comme cette équation ne peut pas avoir plus de trois racines, on conclut qu'en général *les surfaces douées de centre ont trois plans principaux, et n'en ont pas davantage.*

629. La recherche des *diamètres principaux* a une connexion intime avec celle des plans principaux. D'abord il est clair que dans l'équation ci-dessus les lignes des x, des y, et des z, sont des diamètres principaux : car chacune passe par les centres d'une suite de sections auxquelles elle est perpendiculaire. Je dis de plus que ces diamètres principaux sont, en général, les seuls qu'il y ait dans la surface. Supposons qu'on ait pris un tel diamètre pour ligne des z, et qu'on dirige, dans le plan diamétral perpendiculaire, les x et les y suivant des axes rectangulaires qui fassent évanouir xy. Il faudra qu'en faisant $z=\gamma$ dans l'équation de la surface, il en résulte une courbe qui ait l'origine pour centre : or cela exige qu'il n'y ait, après cette substitution, aucun terme du premier degré; par conséquent l'équation de la surface ne doit renfermer aucun des termes en x, y, xz, yz. Elle ne doit pas non plus contenir le terme en z, puisque l'origine est au centre, ni le produit xy, puisqu'on l'a fait disparaître; donc elle a encore la forme précédente [I]. Il résulte de là que le plan de xy est un plan principal : c'est-à-dire qu'à chaque diamètre principal il correspond un plan principal; et, en général, comme il n'y a que trois plans principaux, il n'y a aussi *que trois axes* ou *diamètres principaux*.

Cependant cette conclusion souffre exception, ainsi que celle du numéro précédent, à cause des cas d'indétermination que peuvent offrir les équations [1] ou [2]. Ces cas n'ont lieu que pour les surfaces de révolution, comme on le verra plus loin (635-637).

Remarquez en passant que les trois plans principaux sont conjugués et rectangulaires entre eux, et que leurs intersections déterminent les diamètres principaux, qui eux-mêmes sont conjugués et rectangulaires. C'est ce que prouve l'équation [I].

630. Considérant toujours les surfaces qui ont un centre, montrons comment on obtient les longueurs des axes, c'est-à-dire les portions des axes qui sont comprises dans la surface. Supposons que les coordonnées soient rectangulaires et que l'origine soit placée au centre, nous prendrons

[G] $$Ax^2+A'y^2+A''z^2+2Bxy+2B'xz+2B''yz+G=0$$

pour l'équation de la surface, et

[4] $$x=\delta z,\quad y=\delta' z,$$

pour celles d'un axe. Il est clair que δ et δ' doivent être déterminés par l'analyse du n° 627. En désignant par Δ le demi-axe, et par x, y, z, les coordonnées du point où il rencontre la surface, on a

$$\Delta^2=x^2+y^2+z^2=(\delta^2+\delta'^2+1)z^2.$$

Mais, d'un autre côté, en éliminant x et y de l'équation [G], au moyen des équations [4], il vient

$$(A\delta^2+A'\delta'^2+A''+2B\delta\delta'+2B'\delta+2B''\delta')z^2+G=0;$$

et par conséquent

$$\Delta^2=\frac{-(\delta^2+\delta'^2+1)G}{A\delta^2+A'\delta'^2+A''+2B\delta\delta'+2B'\delta+2B''\delta'}.$$

Or, si on ajoute les équations [2] du n° 627, après avoir multiplié la première par δ et la seconde par δ', il vient

$$A\delta^2+A'\delta'^2+A''+2B\delta\delta'+2B'\delta+2B''\delta'=(\delta^2+\delta'^2+1)\lambda;$$

donc

[5] $$\Delta^2=\frac{-G}{\lambda}.$$

631. Si G est nul, λ ne l'étant pas, on a $\Delta=0$: c'est ce qui doit avoir lieu quand l'équation [G] représente un point, un cône, une droite, deux plans qui se coupent, ou un plan unique.

Si, en calculant λ, on trouve $\lambda=0$, et que G ne soit pas nul, il en résulte $\Delta=\infty$: ce cas a lieu pour les cylindres elliptiques ou hyperboliques, et aussi pour deux plans parallèles.

Si à la fois on a $G=0$ et $\lambda=0$, Δ est indéterminé. Cela doit arriver quand on a deux plans qui se coupent, un plan unique, ou une droite.

632. Laissons de côté ces cas particuliers, et supposons qu'on ait divisé l'équation [G] par le terme constant, après l'avoir passé dans le second membre; de sorte qu'on ait, pour la surface,

[K] $$Ax^2+A'y^2+A''z^2+2Bxy+2B'xz+2B''yz=1.$$

L'équation [3], qui donne λ, ne changera pas, puisqu'elle ne contient pas G, et on aura simplement

[6] $$\Delta^2=\frac{1}{\lambda};$$

relation bien remarquable, qui montre qu'en divisant l'unité par les racines de l'équation [3], on a les carrés des demi-axes de la surface.

633. Supposons que la surface soit rapportée à ses axes. Puisqu'ils forment un système de diamètres conjugués (629), on peut donner encore à l'équation la forme

$$\frac{x^2}{a^2}+\frac{y^2}{b^2}+\frac{z^2}{c^2}=1,\quad \text{pour l'ellipsoïde (609);}$$

$$\frac{x^2}{a^2}+\frac{y^2}{b^2}-\frac{z^2}{c^2}=1,\quad \text{pour l'hyperboloïde à une nappe (610);}$$

$$\frac{x^2}{a^2}+\frac{y^2}{b^2}-\frac{z^2}{c^2}=-1,\quad \text{pour l'hyperboloïde à deux nappes (611).}$$

En cherchant les distances du centre aux points où ces trois surfaces rencontrent leurs axes, on trouve a, b, c, pour la première; a, b, $c\sqrt{-1}$, pour la seconde; $a\sqrt{-1}$, $b\sqrt{-1}$, c, pour la troisième: donc, selon le genre de la surface, l'équation [3] doit avoir pour racines

$$\frac{1}{a^2},\ \frac{1}{b^2},\ \frac{1}{c^2};\quad \text{ou}\quad \frac{1}{a^2},\ \frac{1}{b^2},\ -\frac{1}{c^2};\quad \text{ou}\ -\frac{1}{a^2},\ -\frac{1}{b^2},\ \frac{1}{c^2}.$$

Par conséquent, en déterminant, par la règle de DESCARTES, le nombre des racines positives ou négatives de l'équation [3], on saura quelle surface représente l'équation [G]. Remarquez qu'en vertu de la relation [6], les racines de l'équation [3] peuvent bien être négatives, mais non pas imaginaires.

634. Parlons maintenant des surfaces qui n'ont pas de centre. D'après ce qui précède (628), on peut toujours trouver trois plans perpendiculaires entre eux qui changent l'équation [G] en une autre sans rectangles. Cette transformation s'effectuerait en remplaçant x, y, z, par des valeurs telles que $\alpha x+\alpha' y+\alpha'' z$. Or, en opérant les mêmes substitutions dans l'équation générale [A], il est évident que les rectangles disparaissent encore, car ils auront les mêmes multiplicateurs; donc on arrivera à une équation de la forme

$$Px^2+P'y^2+P''z^2-2Qx-2Q'y-2Q''z+F=0.$$

Dans le cas où la surface n'a point de centre, il faut qu'un des carrés disparaisse (601); et alors, en déplaçant l'origine, comme dans le n° 601, l'équation ci-dessus se change en celle-ci

$$P'y^2+P''z^2=2Qx,$$

qui est, en coordonnées orthogonales, semblable à l'équation [F] du n° cité, et qui représente comme elle toutes les surfaces dénuées de centre.

On voit, par cette équation même, que les plans actuels de xy et de xz sont des plans principaux, et que la ligne des x est un axe de la surface. Cet axe est le seul qui existe dans la surface. En effet, les diamètres des paraboloïdes étant parallèles entre eux (626), s'il y avait un autre axe, il devrait être parallèle à la ligne des x, et contenir les centres des sections perpendiculaires: or il est évident que ces sections ont leurs centres sur l'axe actuel des x.

De même, les plans de xy et de xz sont, en général, les seuls plans principaux de la surface. Remarquons d'abord que les plans diamétraux étant parallèles à la ligne des x (623), les cordes perpendiculaires à un plan principal doivent être parallèles au plan actuel de yz. Supposons ensuite qu'on fasse, dans la surface, des sections parallèles à ce plan, et qu'on mène, dans ces sections, des cordes parallèles : comme ces sections (du moins lorsque P′ est différent de P″) sont des ellipses ou des hyperboles qui ont leurs centres sur la ligne des x, et leurs axes parallèles aux y et aux z, il est clair qu'un plan ne peut pas couper les cordes parallèles perpendiculairement en leurs milieux, à moins qu'elles ne soient parallèles aux y ou aux z. Or, dans le premier cas, le plan principal coïnciderait avec celui de xz; et, dans le second, avec celui de xy.

Si on avait $P'' = P'$, les sections parallèles au plan de yz seraient des cercles, et alors tout plan mené par l'axe des x pourrait être pris pour plan principal.

Cas dans lesquels il y a une infinité de plans principaux. Conditions pour que la surface soit de révolution.

635. Nous avons dit (629) qu'une surface du second ordre a quelquefois plus de trois plans principaux, à cause de l'indétermination qui peut avoir lieu dans les équations [2] du n° 627. Ce cas ne peut pas arriver, à moins qu'une valeur de λ, tirée de l'équation [3], ne rende indéterminée au moins une des quantités δ et δ'. Supposons que ce soit δ : on aura à la fois les deux équations

$$(\lambda - A')B' + BB'' = 0, \quad (\lambda - A)(\lambda - A') - B^2 = 0.$$

De l'une on tire $\lambda = A' - \frac{BB''}{B'}$; et cette valeur étant substituée dans l'autre, il vient

$$\left(A' - A - \frac{BB''}{B'}\right)\frac{BB''}{B'} + B^2 = 0,$$

ou, sous une autre forme,

[a] $$A - \frac{BB'}{B''} = A' - \frac{BB''}{B'}:$$

première équation de condition.

Si on met la valeur de λ dans les trois équations [2], et qu'on opère les réductions qui résultent de la relation [a], on verra que la seconde équation devient identique avec la première, ce qui est conforme aux théories de l'algèbre. Il n'y aura donc plus que deux équations, lesquelles sont

[1] $$B'\delta + B''\delta' + \frac{B'B''}{B} = 0,$$

[2] $$B'\delta + B''\delta' + \frac{BB''}{B'} + A'' - A' = 0.$$

Pour qu'elles ne soient pas contradictoires, il faut qu'on ait

$$A'' - A' + \frac{BB''}{B'} = \frac{B'B''}{B},$$

ou bien

[b] $$A' - \frac{BB''}{B'} = A'' - \frac{B'B''}{B}:$$

seconde équation de condition.

Quand les relations [a] et [b] auront lieu, il est clair qu'il y aura indétermination; car δ et δ' ne seront assujettis qu'à la seule équation [1], trouvée ci-dessus.

On peut reprendre les raisonnemens précédens, en supposant que ce soit δ' qui soit indéterminé. Alors on posera

$$(\lambda-A)B''+BB'=0,\quad (\lambda-A)(\lambda-A')-B^2=0.$$

La première de ces deux égalités donne la valeur $\lambda=A-\frac{BB'}{B''}$, qui, en vertu de la relation [a], est égale à la valeur de λ, trouvée plus haut.

Au lieu de continuer les calculs, il suffira de changer partout, dans ceux qui précèdent, δ en δ', A en A', B' en B'', et *vice versâ*. Comme on reproduit ainsi l'équation [1], on conclut qu'elle renferme tous les cas d'indétermination qui peuvent se rencontrer dans la recherche des plans principaux. Quant aux équations [a] et [b], la première reste la même, et la seconde devient

$$[c]\qquad A-\frac{BB'}{B''}=A''-\frac{B'B''}{B}.$$

Mais celle-ci pouvant être déduite de [a] et [b] n'exprime aucune condition nouvelle.

En chassant les dénominateurs, les conditions [a], [b], [c] peuvent s'écrire ainsi :

$$[a']\qquad (A-A')B'B''+B(B''^2-B'^2)=0;$$
$$[b']\qquad (A'-A'')BB'+B''(B'^2-B^2)=0;$$
$$[c']\qquad (A''-A)BB''+B'(B^2-B''^2)=0.$$

636. D'après l'analyse précédente, dès que ces conditions sont remplies, les valeurs de δ et δ', pour les cordes parallèles qui sont perpendiculaires à leurs plans diamétraux conjugués, ne sont plus assujetties qu'à la seule équation [1]. Or on peut donner à cette équation la forme

$$[3]\qquad \frac{B}{B''}\delta+\frac{B}{B'}\delta'+1=0;$$

et alors on conclut (572) que les cordes sont perpendiculaires à la droite qui a pour équations

$$[4]\qquad x=\frac{B}{B''}z,\quad y=\frac{B}{B'}z.$$

637. Les conditions qui rendent δ et δ' indéterminées sont aussi celles qui doivent avoir lieu quand la surface est de révolution; et les équations [4], qu'on vient de trouver, sont celles de l'axe de révolution, ou au moins d'une parallèle à cet axe. C'est ce qu'on peut démontrer de plusieurs manières : mais la suivante me paraît la plus simple.

Prenons des coordonnées rectangulaires, et choisissons la ligne des x parallèle à la droite des équations [4]. Une corde quelconque perpendiculaire à cette droite aura pour équations $x=\rho$ et $y=\delta'z+\rho'$: cherchons le plan diamétral conjugué. Il suffit de faire $\delta=0$ dans l'équation générale [4] du nº 620; et par là elle devient

$$(B\delta'+B')x+(A'\delta'+B'')y+(A''+B''\delta')z+C'\delta'+C''=0.$$

Quel que soit δ', elle doit représenter un plan principal, c'est-à-dire un plan perpendiculaire à ses cordes conjuguées : donc on doit avoir (566)

$$B\delta' + B' = 0, \quad A'\delta' + B'' = (A'' + B''\delta')\delta'.$$

Comme δ' doit demeurer indéterminé, on conclut de là $B = 0$, $B' = 0$, $B'' = 0$, $A' = A''$; et par suite l'équation de la surface doit être

$$Ax^2 + A'(y^2 + z^2) + 2Cx + 2C'y + 2C''z + F = 0.$$

Maintenant il est clair qu'en faisant des sections parallèles au plan de yz, on obtient des cercles qui ont leurs centres sur une même perpendiculaire à ce plan, par conséquent la surface est de révolution autour d'une parallèle à l'axe des x, et c'est ce qu'il fallait démontrer.

Le cas où A' est zéro semble faire exception. Mais on le comprendra dans la conclusion générale, en remarquant qu'alors la surface est un cylindre parabolique, qui peut être considéré comme produit par la rotation d'une parabole autour d'un axe parallèle à son plan, et situé à une distance infinie de son sommet.

638. Examinons quelques cas particuliers.

1° Soit $B = 0$. La condition [b'] se réduit à $B'^2B'' = 0$, égalité impossible quand B' et B'' sont différens de zéro; donc lorsqu'une équation du deuxième degré entre trois coordonnées rectangulaires n'a perdu qu'un seul rectangle, elle ne peut pas représenter une surface de révolution.

2° Soient $B = 0$, $B' = 0$. Les équations [a'] et [b'] paraissent vérifiées : mais si on élimine entre elles le rapport $\frac{B}{B'}$, on trouve une condition qui restera encore à remplir. Les égalités [a'] et [b'] donnent

$$\frac{B}{B'} = \frac{(A' - A)B''}{B''^2 - B'^2}, \quad \frac{B}{B'}(A'' - A') + B''\left(\frac{B^2}{B'^2} - 1\right) = 0.$$

Faisons $B' = 0$: alors $\frac{B}{B'} = \frac{A' - A}{B''}$; et par suite, en mettant cette valeur dans la dernière égalité, on trouve aisément la condition

$$[d] \qquad B''^2 = (A'' - A)(A' - A).$$

Quand elle est remplie, les équations [4] de la parallèle à l'axe de révolution deviennent

$$x = 0, \quad y = \frac{A' - A}{B''}z.$$

3° Supposons en outre $B'' = 0$. La relation [d] exige qu'on ait $A'' = A$ ou $A' = A$. C'est-à-dire que les coefficiens de deux carrés doivent être égaux. Il est évident, en effet, que la surface est alors de révolution autour d'une parallèle à l'un des axes de coordonnées.

CHAPITRE VII.

PROPRIÉTÉS DES DIAMÈTRES CONJUGUÉS.

639. DANS les surfaces du second ordre qui ont un centre, les diamètres conjugués jouissent d'un grand nombre de propriétés remarquables. La parfaite analogie de quelques unes d'entre elles avec celles qu'on connaissait déjà pour l'ellipse et l'hyperbole, suffisait pour les faire découvrir : mais il en est d'autres dont les énoncés étaient entièrement nouveaux quand ils ont paru, et dont on est redevable à MM. J. BINET, PETIT et CHASLES. Les limites de cet ouvrage ne me permettant pas de les exposer toutes, je me bornerai aux plus saillantes.

La définition même des diamètres conjugués (606) exige que l'équation de la surface ne contienne chaque variable qu'au carré, quand on choisit ces diamètres pour axes de coordonnées. Ainsi, en prenant l'équation de la surface rapportée à ses axes, en effectuant la transformation nécessaire pour changer la direction des coordonnées sans déplacer l'origine, et en établissant les conditions qui font évanouir les rectangles, on aura toutes les relations qui existent entre les diamètres conjugués et les axes.

Je ne parlerai que de l'ellipsoïde ; mais il sera facile de transporter aux hyperboloïdes les différentes propositions qui vont être établies. Pour cela il suffira de prendre négativement les carrés des axes imaginaires et des diamètres imaginaires : car toutes les démonstrations subsisteront encore en y faisant partout ces changemens.

640. Soit l'équation de l'ellipsoïde, rapporté à ses axes (633),

$$[p] \qquad \frac{x^2}{a^2}+\frac{y^2}{b^2}+\frac{z^2}{c^2}=1.$$

L'origine devant rester au centre, on prendra (585) les formules

$$x=\alpha x_{,}+\beta y_{,}+\gamma z_{,},\quad y=\alpha' x_{,}+\beta' y_{,}+\gamma' z_{,},\quad z=\alpha'' x_{,}+\beta'' y_{,}+\gamma'' z_{,},$$

dans lesquelles on représente par $x_{,}$, $y_{,}$, $z_{,}$ les nouvelles coordonnées ; et par α, α', α'', par β, β', β'', par γ, γ', γ'', les cosinus des angles formés avec les axes primitifs par les lignes des $x_{,}$, des $y_{,}$, et des $z_{,}$.

En substituant ces valeurs dans [p], il vient une équation de la forme

$$Ax_{,}^2+A'y_{,}^2+A''z_{,}^2+2Bx_{,}y_{,}+2B'x_{,}z_{,}+2B''y_{,}z_{,}=1\,;$$

et, pour que la surface soit rapportée à des diamètres conjugués, il faudra poser

$$B=0,\quad B'=0,\quad B''=0.$$

En même temps, il est facile de voir que, si on nomme a', b', c', les demi-longueurs de ces diamètres, on aura

$$A=\frac{1}{a'^2},\quad A'=\frac{1}{b'^2},\quad A''=\frac{1}{c'^2}:$$

de sorte que l'équation de l'ellipsoïde deviendra

$$[p_{,}]\qquad \frac{x_{,}^2}{a'^2}+\frac{y_{,}^2}{b'^2}+\frac{z_{,}^2}{c'^2}=1.$$

641. Les propriétés des diamètres conjugués sont renfermées dans les relations qui existent entre les quinze quantités a, b, c, a', b', c', α, α', α'', β, β', β'', γ, γ', γ''. Réunissons ici toutes ces relations, qui sont au nombre de neuf.

D'abord, les cosinus α, α', α'', β,... sont toujours assujettis aux trois conditions,

$$[1]\quad \alpha^2+\alpha'^2+\alpha''^2=1,\quad \beta^2+\beta'^2+\beta''^2=1,\quad \gamma^2+\gamma'^2+\gamma''^2=1.$$

Ensuite, si on développe les calculs afin d'avoir les quantités représentées par A, A', A'', B, B', B'', on aura, d'après ce qui précède,

$$[2]\begin{cases}\dfrac{\alpha^2}{a^2}+\dfrac{\alpha'^2}{b^2}+\dfrac{\alpha''^2}{c^2}=\dfrac{1}{a'^2},\\[2mm] \dfrac{\beta^2}{a^2}+\dfrac{\beta'^2}{b^2}+\dfrac{\beta''^2}{c^2}=\dfrac{1}{b'^2},\\[2mm] \dfrac{\gamma^2}{a^2}+\dfrac{\gamma'^2}{b^2}+\dfrac{\gamma''^2}{c^2}=\dfrac{1}{c'^2}\end{cases}\qquad [3]\begin{cases}\dfrac{\alpha\beta}{a^2}+\dfrac{\alpha'\beta'}{b^2}+\dfrac{\alpha''\beta''}{c^2}=0,\\[2mm] \dfrac{\alpha\gamma}{a^2}+\dfrac{\alpha'\gamma'}{b^2}+\dfrac{\alpha''\gamma''}{c^2}=0,\\[2mm] \dfrac{\beta\gamma}{a^2}+\dfrac{\beta'\gamma'}{b^2}+\dfrac{\beta''\gamma''}{c^2}=0.\end{cases}$$

Voilà toutes les relations dont il s'agit. Mais il se présente une remarque importante : c'est que les équations [2] et [3] ne sont autres que les équations [a] et [b] du n° 590, dans lesquelles on aurait remplacé

$$a,\ a',\ a'',\ b,\ b',\ b'',\ c,\ c',\ c'',$$

par $$\frac{a'\alpha}{a},\ \frac{a'\alpha'}{b},\ \frac{a'\alpha''}{c},\ \frac{b'\beta}{a},\ \frac{b'\beta'}{b},\ \frac{b'\beta''}{c},\ \frac{c'\gamma}{a},\ \frac{c'\gamma'}{b},\ \frac{c'\gamma''}{c}.$$

De là il suit que les équations [c], [d], [e], du même n°, doivent aussi avoir lieu, après qu'on y aura fait ces changemens : c'est-à-dire qu'on a

$$[4]\begin{cases}a'^2\alpha^2+b'^2\beta^2+c'^2\gamma^2=a^2,\\ a'^2\alpha'^2+b'^2\beta'^2+c'^2\gamma'^2=b^2,\\ a'^2\alpha''^2+b'^2\beta''^2+c'^2\gamma''^2=c^2,\end{cases}\qquad [5]\begin{cases}a'^2\alpha\alpha'+b'^2\beta\beta'+c'^2\gamma\gamma'=0,\\ a'^2\alpha\alpha''+b'^2\beta\beta''+c'^2\gamma\gamma''=0,\\ a'^2\alpha'\alpha''+b'^2\beta'\beta''+c'^2\gamma'\gamma''=0.\end{cases}$$

$$[6]\begin{cases}\dfrac{b'c'}{bc}(\beta'\gamma''-\gamma'\beta'')=\dfrac{a'\alpha}{a},\quad \dfrac{b'c'}{ac}(\gamma\beta''-\beta\gamma'')=\dfrac{a'\alpha'}{b},\quad \dfrac{b'c'}{ab}(\beta\gamma'-\gamma\beta')=\dfrac{a'\alpha''}{c},\\[2mm] \dfrac{a'c'}{bc}(\gamma'\alpha''-\alpha'\gamma'')=\dfrac{b'\beta}{a},\quad \dfrac{a'c'}{ac}(\alpha\gamma''-\gamma\alpha'')=\dfrac{b'\beta'}{b},\quad \dfrac{a'c'}{ab}(\gamma\alpha'-\alpha\gamma')=\dfrac{b'\beta''}{c},\\[2mm] \dfrac{a'b'}{bc}(\alpha'\beta''-\beta'\alpha'')=\dfrac{c'\gamma}{a},\quad \dfrac{a'b'}{ac}(\beta\alpha''-\alpha\beta'')=\dfrac{c'\gamma'}{b},\quad \dfrac{a'b'}{ab}(\alpha\beta'-\beta\alpha')=\dfrac{c'\gamma''}{c},\\[2mm] \dfrac{a'b'c'}{abc}(\alpha\beta'\gamma''-\alpha\gamma'\beta''+\gamma\alpha'\beta''-\beta\alpha'\gamma''+\beta\gamma'\alpha''-\gamma\beta'\alpha'')=1.\end{cases}$$

Il a été permis de ne prendre, dans les équations [6], que les signes supérieurs. Cela revient à donner à quelques cosinus, par exemple à α, α', α'', certains signes plutôt que les signes opposés; ou bien encore, ce qui est la même chose, à prendre les x positifs dans un sens plutôt que dans le sens contraire. Or, il est évident que cette restriction ne peut exclure aucun système de diamètres conjugués.

642. Théorème I. *La somme des carrés des diamètres conjugués d'un ellipsoïde est constante et égale à la somme des carrés des axes.*

En effet, si on ajoute les équations [4], il vient, en ayant égard aux relations [1],

$$a'^2+b'^2+c'^2=a^2+b^2+c^2.$$

Corollaire. S'il existe, dans l'ellipsoïde, des diamètres conjugués égaux, en désignant l'un d'eux par $2a'$, on aura

$$a'=\sqrt{\frac{a^2+b^2+c^2}{3}}.$$

Le lieu des extrémités de tous les diamètres qui ont cette longueur est l'intersection de l'ellipsoïde et de la sphère concentrique décrite du rayon a' : or, je vais prouver que chacun de ces diamètres appartient à un système de trois diamètres conjugués égaux. En effet, si on prend un de ces diamètres avec deux diamètres conjugués quelconques $2b'$ et $2c'$ de l'ellipse située dans le plan diamétral conjugué du premier, on aura trois diamètres conjugués de l'ellipsoïde; donc $a'^2+b'^2+c'^2=a^2+b^2+c^2$, et par conséquent $b'^2+c'^2=\frac{2}{3}(a^2+b^2+c^2)$. De là il suit qu'en choisissant pour b' et c' les demi-diamètres conjugués égaux de la section diamétrale, on aura

$$b'=c'=\sqrt{\frac{a^2+b^2+c^2}{3}};$$

c'est-à-dire qu'alors a', b', c', sont trois diamètres conjugués égaux. En y rapportant la surface, son équation serait celle-ci

$$x^2+y^2+z^2=a'^2,$$

qui est semblable à celle de la sphère : mais ici les coordonnées ne sont pas rectangulaires.

643. Théorème II. *La somme des carrés des projections de trois diamètres conjugués d'un ellipsoïde, sur une droite fixe, est constante.*

Je nommerai D la droite fixe, et δ, δ', δ'', les angles qu'elle fait avec les axes rectangulaires des x, y, z. Multipliez les équations [4] respectivement par δ^2, δ'^2, δ''^2, et les équations [5] respectivement par $2\delta\delta'$, $2\delta\delta''$, $2\delta'\delta''$; puis ajoutez-les toutes ensemble : il vient

$$\begin{aligned}a'^2(\alpha\delta+\alpha'\delta'+\alpha''\delta'')^2+b'^2(\beta\delta+\beta'\delta'+\beta''\delta'')^2\\+c'^2(\gamma\delta+\gamma'\delta'+\gamma''\delta'')^2=a^2\delta^2+b^2\delta'^2+c^2\delta''^2.\end{aligned}$$

Mais, par une formule connue (575), les quantités qui multiplient a'^2, b'^2, c'^2, dans le premier membre, sont les carrés des cosinus des angles formés par les demi-diamètres a', b', c', avec la ligne D; donc

$$a'^2\cos^2(a'D)+b'^2\cos^2(b'D)+c'^2\cos^2(c'D)=a^2\delta^2+b^2\delta'^2+c^2\delta''^2.$$

Dans cette égalité, le premier membre est la somme des carrés des projections de a', b', c', sur la ligne D; et le second est la somme des carrés des projections de a, b, c, sur la même ligne : ainsi, le théorème est démontré.

Corollaires. Supposons que la droite D ait été menée par le centre, que p, p', p'', soient les projections de a', b', c', sur cette droite, et que q, q', q'', soient les perpendiculaires abaissées des extrémités de a', b', c', sur cette même droite : il est clair qu'on aura

$$a'^2+b'^2+c'^2=p^2+p'^2+p''^2+q^2+q'^2+q''^2.$$

En vertu des théorèmes I et II, les deux sommes $a'^2+b'^2+c'^2$ et $p^2+p'^2+p''^2$ sont constantes, quelle que soit la position des diamètres conjugués; donc la somme $q^2+q'^2+q''^2$ l'est aussi. Les perpendiculaires q, q', q'', peuvent être considérées comme les projections de a', b', c', sur un plan quelconque; et p, p', p'', comme les perpendiculaires abaissées, des extrémités de ces diamètres, sur un plan diamétral : donc, dans l'ellipsoïde,

1° La somme des carrés des perpendiculaires abaissées sur un diamètre fixe, par les extrémités de trois diamètres conjugués, est constante.

2° La somme des carrés des projections de trois diamètres conjugués, sur un plan fixe, est constante.

3° La somme des carrés des perpendiculaires abaissées sur un plan diamétral, par les extrémités de trois diamètres conjugués, est constante.

644. Théorème III. *La somme des carrés des faces du parallélipipède construit sur les diamètres conjugués d'un ellipsoïde est constante.*

Dans la démonstration de ce théorème et des suivans, je désignerai par x', y', z', x'', y'', z'', x''', y''', z''', les coordonnées rectangulaires des extrémités des trois demi-diamètres a', b', c'; par F, G, H, les parallélogrammes formés par b' et c', par a' et c', par a' et b'. Je représenterai aussi par f, f', f'', les projections de F sur les plans de yz, de xz et de xy; par g, g', g'', celles de G; et par h, h', h'', celles de H.

Cela posé, soit (fig. 37) OBEC le parallélogramme formé avec b' et c', et OB'C' la projection du triangle OBC sur le plan de yz : il est facile de trouver, par la figure,

$$f=2\text{OB}'\text{C}'=y'''z'''-y''z''-(y'''-y'')(z'''+z'')=y''z'''-z''y'''.$$

Mais on a
$$x'=a'\alpha,\quad y'=a'\alpha',\quad z'=a'\alpha'',$$
$$x''=b'\beta,\quad y''=b'\beta',\quad z''=b'\beta'',$$
$$x'''=c'\gamma,\quad y'''=c'\gamma',\quad z'''=c'\gamma'';$$

donc $f=b'c'(\beta'\gamma''-\gamma'\beta'')$, ou bien, en vertu de la première équation [6],

$$f=\frac{bc}{a}a'\alpha.$$

On trouverait pareillement, pour les projections f' et f'',

$$f'=\frac{ac}{b}a'\alpha',\quad f''=\frac{ab}{c}a'\alpha''.$$

Or, on sait (519, 529), que le carré d'une aire plane est égal à la somme des carrés de ses projections sur trois plans rectangulaires; donc $\text{F}^2=f^2+f'^2+f''^2$, ou bien,

$$\text{F}^2=\frac{b^2c^2}{a^2}a'^2\alpha^2+\frac{a^2c^2}{b^2}a'^2\alpha'^2+\frac{a^2b^2}{c^2}a'^2\alpha''^2.$$

De même, en considérant les parallélogrammes G et H, on doit avoir

$$G^2 = \frac{b^2c^2}{a^2} b'^2\beta^2 + \frac{a^2c^2}{b^2} b'^2\beta'^2 + \frac{a^2b^2}{c^2} b'^2\beta''^2,$$

$$H^2 = \frac{b^2c^2}{a^2} c'^2\gamma^2 + \frac{a^2c^2}{b^2} c'^2\gamma'^2 + \frac{a^2b^2}{c^2} c'^2\gamma''^2.$$

Donc, en ajoutant les trois dernières égalités, et réduisant au moyen des équations [4], il vient

$$F^2 + G^2 + H^2 = b^2c^2 + a^2c^2 + a^2b^2;$$

et de là résulte le théorème énoncé.

645. Théorème IV. *Si on projette sur un plan fixe les faces du parallélipipède construit sur trois diamètres conjugués de l'ellipsoïde, la somme des carrés des projections sera constante.*

Soient F′, G′, H′, les projections des parallélogrammes F, G, H, sur un plan fixe, et δ, δ', δ'', les cosinus des angles de ce plan avec les plans de yz, de xz et de xy. Rappelons que, pour projeter une aire plane sur un plan donné, on peut la projeter d'abord sur trois plans rectangulaires; et projeter ensuite les trois projections sur le plan donné (529). Il suit de là qu'on aura

$$F' = f\delta + f'\delta' + f''\delta'' = \frac{bc\delta}{a} a'\alpha + \frac{ac\delta'}{b} a'\alpha' + \frac{ab\delta''}{c} a'\alpha'',$$

$$G' = g\delta + g'\delta' + g''\delta'' = \frac{bc\delta}{a} b'\beta + \frac{ac\delta'}{b} b'\beta' + \frac{ab\delta''}{c} b'\beta'',$$

$$H' = h\delta + h'\delta' + h''\delta'' = \frac{bc\delta}{a} c'\gamma + \frac{ac\delta'}{b} c'\gamma' + \frac{ab\delta''}{c} c'\gamma''.$$

En élevant au carré, ajoutant, et réduisant à l'aide des équations [4] et [5], il vient

$$F'^2 + G'^2 + H'^2 = b^2c^2\delta^2 + a^2c^2\delta'^2 + a^2b^2\delta''^2,$$

résultat qui renferme le théorème à démontrer.

646. Théorème V. *Le volume du parallélipipède construit sur trois diamètres conjugués d'un ellipsoïde est constant et égal au parallélipipède construit avec les axes.*

Ce parallélipipède, que je nommerai V, est égal à six fois la pyramide triangulaire, formée avec les demi-diamètres a', b', c'. Soient (fig. 38) OF, OG, OH, ces demi-diamètres, dont les extrémités F, G, H, ont pour coordonnées x', y', z', etc. Cherchons d'abord le volume de la pyramide OFGH en fonction de ces coordonnées. A cet effet, abaissez les perpendiculaires FP, GQ, HR, sur le plan de xy, et achevez les constructions indiquées sur la figure. Alors, faites attention aux quatre solides PQRHFG, OPQGFO, OPRHFO, OQRHGO; et vous verrez que la pyramide OFGH est égale à la somme des deux premiers, moins celle des deux derniers. Ces quatre solides peuvent être considérés comme des prismes triangulaires tronqués; et par conséquent, on a

$$PQRHFG = \tfrac{1}{3}PQR.(z' + z'' + z'''),\quad OPQGFO = \tfrac{1}{3}OPQ.(z' + z''),$$
$$OPRHFO = \tfrac{1}{3}OPR.(z' + z'''),\quad OQRHGO = \tfrac{1}{3}OQR.(z'' + z''');$$

donc, pour la pyramide OFGH, on a

$$\begin{aligned}\mathrm{OFGH} &= \tfrac{1}{3}\mathrm{PQR}.(z'+z''+z''')+\tfrac{1}{3}\mathrm{OPQ}.(z'+z'')-\tfrac{1}{3}\mathrm{OPR}.(z'+z'')\\ &\quad -\tfrac{1}{3}\mathrm{OQR}.(z''+z''')\\ &= \tfrac{1}{3}z'(\mathrm{PQR}+\mathrm{OPQ}-\mathrm{OPR})+\tfrac{1}{3}z''(\mathrm{PQR}+\mathrm{OPQ}-\mathrm{OQR})\\ &\quad +\tfrac{1}{3}z'''(\mathrm{PQR}-\mathrm{OPR}-\mathrm{OQR}).\end{aligned}$$

L'inspection de la figure suffit pour indiquer les réductions, et il vient

$$\mathrm{OFGH}=\tfrac{1}{3}z'.\mathrm{OQR}+\tfrac{1}{3}z''.\mathrm{OPR}-\tfrac{1}{3}z'''.\mathrm{OPQ}.$$

Mais on aperçoit facilement, sur la figure, que

$$\begin{aligned}\mathrm{OQR} &= \tfrac{1}{2}[x'''y'''-x''y''-(y''+y''')(x'''-x'')]=\tfrac{1}{2}(x''y'''-y''x'''),\\ \mathrm{OPR} &= \tfrac{1}{2}[x'y'+(y'+y''')(x'''-x')-x'''y''']=\tfrac{1}{2}(y'x'''-x'y'''),\\ \mathrm{OPQ} &= \tfrac{1}{2}[x'y'+(y'+y'')(x''-x')-x''y'']=\tfrac{1}{2}(y'x''-x'y'').\end{aligned}$$

En substituant ces valeurs dans OFFH, et multipliant par 6 pour avoir V, on trouve, tout calcul fait,

$$\mathrm{V}=x'y''z'''-x'z''y'''+z'x''y'''-y'x''z'''+y'z''x'''-z'y''x'''.$$

Enfin, remplaçons x', y', z',... par leurs valeurs (644), il vient

$$\mathrm{V}=a'b'c'(\alpha\beta'\gamma''-\alpha\gamma'\beta''+\beta\gamma'\alpha''-\beta\alpha'\gamma''+\gamma\alpha'\beta''-\gamma\beta'\alpha'');$$

et, à cause de la dernière équation [6],

$$\mathrm{V}=abc,$$

résultat conforme à l'énoncé. (*)

647. Dans les paraboloïdes, tous les diamètres sont parallèles entre eux ; par conséquent, il ne faut pas chercher dans ces surfaces un système de trois diamètres conjugués. D'ailleurs, s'il en existait, on pourrait mettre l'équation de ces surfaces sous la forme

$$\mathrm{P}x^2+\mathrm{P}'y^2+\mathrm{P}''z^2=\mathrm{H};$$

et, par cela même, elles auraient un centre, ce qui est impossible. Mais on peut trouver une infinité de plans diamétraux conjugués deux à deux, c'est-à-dire tels que les cordes divisées en parties égales par l'un d'eux soient parallèles à l'autre. En effet, d'après ce qui a été dit nos 601 et

---

(*) Les travaux de M. CHASLES ont ajouté aux surfaces du second ordre plusieurs propositions nouvelles, qui méritent d'être remarquées à cause de leur grande généralité. J'indiquerai ici seulement la suivante, dont je supprime la démonstration.

Si l'on a deux surfaces du second ordre concentriques, la somme des carrés de trois diamètres conjugués quelconques de la première surface, divisés respectivement par les carrés des trois diamètres de la seconde surface compris sur les directions de ces trois diamètres conjugués, est constante.

En prenant une sphère pour la deuxième surface, on retrouve le théorème du no 642.

Le lecteur qui voudrait connaître les ingénieuses recherches de M. CHASLES doit consulter la *Correspondance sur l'École Polytechnique* de M. HACHETTE, les *Annales* de M. GERGONNE, la *Correspondance mathématique et physique* de M. QUETELET.

602, il existe une infinité de systèmes de coordonnées qui peuvent donner une équation de la forme

$$P'y^2 + P''z^2 = 2Qx;$$

et alors il est évident que les plans de xy et de xz sont des plans diamétraux conjugués, et que la ligne des x est un diamètre.

CHAPITRE VIII.

DU PLAN TANGENT ET DE LA NORMALE.

Du plan tangent et de la normale à une surface algébrique quelconque.

648. Soit MS (fig. 39) une droite qui rencontre une surface en deux points M et M' : si on la fait tourner autour du premier jusqu'à ce que M et M' coïncident, la droite deviendra *tangente* à la surface. Comme il y a, entre M et M', une infinité de courbes différentes sur la surface, on peut réunir le point M' au point M en lui faisant parcourir chacune de ces courbes; et il est clair que les tangentes à la surface ne sont autres que les tangentes à ces différentes courbes. Proposons-nous de chercher le lieu de ces tangentes pour une surface algébrique quelconque.

Supposons qu'on ait

$$F(x, y, z) = Ax^p y^q z^r + A'x^{p'} y^{q'} z^{r'} + \text{etc.},$$

et que l'équation de la surface soit

[1] $$F(x, y, z) = 0;$$

p, q,... étant des exposans entiers positifs, qui cependant peuvent être nuls. Représentons par x', y', z', les coordonnées du point M, par $x'+f$, $y'+g$, $z'+h$, celles du point M', et faisons $\frac{f}{h} = \alpha$, $\frac{g}{h} = \beta$: les équations de la sécante qui passe par ces points seront

[2] $$x - x' = \alpha(z - z'), \quad y - y' = \beta(z - z').$$

Puisque les deux points M et M' appartiennent à la surface, on a

$$Ax'^p y'^q z'^r + \text{etc.} = 0,$$
$$A(x'+f)^p (y'+g)^q (z'+h)^r + \text{etc.} = 0.$$

Développons la seconde équation de manière que les premières puissances de f, g, h, soient en évidence, et retranchons-en la première : on trouve

$$(pAx'^{p-1}y'^q z'^r + \text{etc.})f + (qAx'^p y'^{q-1} z'^r + \text{etc.})g$$
$$+ (rAx'^p y'^q z'^{r-1} + \text{etc.})h + \omega = 0,$$

ω étant une suite de termes qui contiennent des puissances et des produits de f, g, h.

Désignons en général par X, Y, Z, les polynômes dérivés de $F(x, y, z)$, relatifs à x, y, z, et par X′, Y′, Z′, ce qu'ils deviennent pour les valeurs $x = x', y = y', z = z'$; divisons l'équation précédente par h, et observons qu'on a $f = \alpha h$, $g = \beta h$: il viendra

$$X'\alpha + Y'\beta + Z' + \omega' = 0,$$

ω' étant une quantité qui contient encore le facteur h dans tous ses termes.

Cette équation doit avoir lieu, quelque rapprochés que soient les points M et M′; donc elle subsiste encore quand ils se confondent. Mais alors $h = 0$; par conséquent $\omega' = 0$, et l'équation devient

[3] $$X'\alpha + Y'\beta + Z' = 0.$$

Telle est la relation qui doit lier entre elles les quantités α et β, pour que les équations [2] soient celles d'une tangente à la surface, au point dont les coordonnées sont x', y', z'. Pour avoir le lieu de toutes les tangentes en ce point, il faut éliminer α et β entre les équations [2] et [3]. De cette manière on obtient

[4] $$X'(x - x') + Y'(y - y') + Z'(z - z') = 0,$$

équation qui représente un plan : c'est *le plan tangent* à la surface, au point donné.

649. On parvient encore à cette équation d'une manière simple, en regardant les surfaces courbes comme composées de faces planes infiniment petites : mais reprenons les choses de plus haut.

Soit ABD (fig. 40) une courbe, dans laquelle on a inscrit un polygone; et supposons qu'on augmente de plus en plus le nombre de ses côtés, en plaçant de nouveaux sommets entre les premiers. On aura ainsi une suite de polygones inscrits dont la courbe est la *limite*, et c'est ce qu'on exprime en disant qu'elle peut être considérée comme *un polygone d'une infinité de côtés, dont chacun est infiniment petit*. Alors aussi ces côtés infiniment petits sont nommés les *élémens* de la courbe.

Soit BCL un côté, indéfiniment prolongé, du polygone ABCD. A mesure que les côtés diminuent, le point C se rapproche du point B; et, à la limite, il est clair que la droite BL devient tangente à la courbe au point B. C'est ce qui fait dire que *la tangente à une courbe est le prolongement indéfini d'un élément de cette courbe*.

Les considérations précédentes s'appliquent naturellement aux surfaces courbes : c'est-à-dire qu'on peut les regarder comme *des polyèdres d'une infinité de faces infiniment petites*; et alors *le plan tangent est le plan d'une face, prolongé indéfiniment*.

De cette manière de présenter le plan tangent, il résulte comme conséquence qu'il doit contenir toutes les tangentes menées à la surface par le point de contact. En effet, si on prend sur la surface, autour de ce point, un espace aussi resserré qu'on voudra, on peut le considérer comme un élément plan dont le prolongement indéfini détermine le plan tangent. Concevons ensuite différentes courbes tracées sur la surface par le point de contact : il est évident que chacune d'elles aura un élément situé dans le plan tangent, et que par conséquent la tangente, qui est le prolongement de cet élément, sera tout entière dans ce plan.

Il suit de là que, pour avoir le plan tangent en un point donné, il suffit de mener par ce point les tangentes à deux lignes de la surface, et de conduire un plan par ces tangentes. Ce procédé, dont on fait usage dans la Géométrie descriptive, conduit aussi avec facilité à l'équation du plan tangent. Pour plus de simplicité, on mènera les tangentes aux deux sections faites dans la surface parallélement aux plans de xz et de yz.

Soit, comme plus haut,

[1] $$F(x, y, z) = 0$$

l'équation de la surface, et soient x', y', z', les coordonnées du point de contact : je fais $y = y'$, et il vient, pour la section parallèle au plan de xz,

$$F(x, y', z) = 0.$$

Or, suivant ce qui a été exposé (471), je prendrai les polynômes dérivés du premier membre de cette équation, relatifs à x et à z, puis j'y remplacerai x et z par x' et z'; et en les désignant, après ces substitutions, par X' et Z', on aura, pour les équations de la tangente à la section,

$$y = y', \quad z - z' = -\frac{X'}{Z'}(x - x').$$

Maintenant, pour avoir une section parallèle à yz, je fais $x = x'$ dans l'équation [1], ce qui donne

$$F(x', y, z) = 0.$$

Il est clair qu'en prenant les polynômes dérivés, relatifs à y et à z, du polynôme $F(x', y, z)$, et en y mettant y' et z' au lieu de y et z, le second ne sera autre que la quantité Z' déjà trouvée. Désignons le premier par Y'; et on aura, pour la tangente à la nouvelle section, les équations

$$x = x', \quad z - z' = -\frac{Y'}{Z'}(y - y').$$

L'équation du plan tangent doit être de la forme

$$A(x - x') + B(y - y') + C(z - z') = 0.$$

Pour qu'il contienne la première tangente, on doit avoir $A = \frac{CX'}{Z'}$; et, pour qu'il contienne la seconde, $B = \frac{CY'}{Z'}$. Par suite il vient

[4] $$X'(x - x') + Y'(y - y') + Z'(z - z') = 0,$$

pour le plan tangent, comme plus haut (648).

650. Cette équation du plan tangent peut s'écrire sous la forme

[5] $$X'x + Y'y + Z'z = V',$$

en posant, pour abréger,

$$V' = X'x' + Y'y' + Z'z';$$

et je vais faire voir que V' peut toujours se réduire à une fonction de x', y', z', de degré moindre que $F(x, y, z)$.

Pour y parvenir, il faut démontrer d'abord ce théorème :

THÉORÈME. *Si on a un polynôme homogène en* x, y, z, *et qu'on ajoute ses polynômes dérivés, après les avoir multipliés respectivement par* x, y, z, *on reproduira le polynôme primitif, multiplié par le degré de l'homogénéité.*

On dit qu'un polynôme est homogène en x, y, z, quand la somme des exposans de ces lettres est la même dans chaque terme; et cette somme se nomme le degré de l'homogénéité.

Soit donc un polynôme homogène

$$u = Ax^p y^q z^r + A'x^{p'} y^{q'} z^{r'} + \text{etc.},$$

dans lequel les sommes $p+q+r$, $p'+q'+r'$, etc. sont égales à m. En désignant les polynômes dérivés par λ, μ, ν, on a

$$\lambda = pAx^{p-1} y^q z^r + \text{etc.},\quad \mu = qAx^p y^{q-1} z^r + \text{etc.},$$
$$\nu = rAx^p y^q z^{r-1} + \text{etc.};$$

et de là il est facile de conduire la propriété énoncée : car on a évidemment

$$\lambda x + \mu y + \nu z = (p+q+r)\, Ax^p y^q z^r + \text{etc.} = mu.$$

Maintenant supposons que, dans $F(x, y, z)$, la somme des termes de degré m soit u, que celle des termes de degré $m-1$ soit u', ainsi de suite; de sorte qu'on ait

$$F(x, y, z) = u + u' + u'' + \text{etc.} = 0.$$

Appelons X, Y, Z; λ, μ, ν; λ', μ', ν';... les polynômes dérivés de $F(x, y, z)$, u, u',... : on a évidemment

$$X = \lambda + \lambda' + \text{etc.},\quad Y = \mu + \mu' + \text{etc.},\quad Z = \nu + \nu' + \text{etc.};$$

donc, si on pose $V = Xx + Yy + Zz$, on aura

$$V = (\lambda x + \mu y + \nu z) + (\lambda' x + \mu' y + \nu' z) + \text{etc.},$$

ou bien, en vertu du théorème sur les polynômes homogènes,

$$V = mu + (m-1)u' + (m-2)u'' + \text{etc.}$$

L'équation proposée $F(x, y, z) = 0$ donne

$$0 = mu + mu' + mu'' + \text{etc.};$$

et, en retranchant cette égalité de la précédente, il vient

$$V = -u' - 2u'' - 3u''' - \text{etc.}$$

Or il est évident que cette dernière fonction est, au plus, du degré $m-1$ en x, y, z; donc la fonction V', qui n'est autre que la précédente dans laquelle on a remplacé x, y, z, sera, au plus, du degré $m-1$ en x', y', z'.

651. Occupons-nous du cas où le plan tangent doit être mené par un point donné hors de la surface. Nommons x'', y'', z'', les coordonnées de ce point, et x', y', z, celles du point de contact : on n'a, pour déterminer ces trois inconnues, que les deux équations

[6] $$F(x', y', z') = 0,$$
[7] $$X'x'' + Y'y'' + Z'z'' = V',$$

dont l'une exprime que le point cherché est sur la surface; et l'autre, que le plan tangent passe au point donné. Ainsi, en général, le problème est indéterminé.

652. Cependant il faut remarquer qu'il y a une condition tacite, qui ne peut pas être exprimée par une équation, et à laquelle il faut avoir égard : c'est que les valeurs de x', y', z', doivent être réelles. Aussi trouve-t-on, dans certains cas, que le problème est déterminé, et même impossible. Par exemple, supposons qu'il s'agisse de la surface qui a pour équation

$$y^3+x^2+z^2+x+z+\tfrac{2}{3}=0,$$

et que le plan tangent doive passer par l'origine. Dans ce cas il est facile de voir que l'équation [7] devient

$$x'^2+z'^2+2x'+2z'+2=0;$$

ou bien

$$(x'+1)^2+(z'+1)^2=0.$$

Elle ne peut être satisfaite avec des valeurs réelles qu'en posant $x'=-1$, $z'=-1$. Par suite l'équation de la surface donne $y'=-\sqrt[3]{\tfrac{2}{3}}$. Ainsi, on n'a qu'un seul plan tangent.

Si on voulait mener un plan tangent à la sphère par un point intérieur, on trouverait que les équations [6] et [7] ne peuvent pas avoir de solution en valeurs réelles.

653. D'après l'observation faite sur V' (650), il est clair que l'équation [7] est, en x', y', z', de degré moindre que l'équation [6]; par conséquent on peut dire que le lieu de tous les points de contact est l'intersection de la surface proposée avec une surface d'ordre inférieur. Mais cette propriété, présentée sous un autre aspect, paraîtra plus remarquable.

Soit R (fig. 41) le point donné hors de la surface, et MA la ligne d'intersection dont il s'agit : considérons le cône formé par les droites menées du point R à cette ligne, et démontrons qu'il est *circonscrit* à la surface proposée, c'est-à-dire qu'il a, en chaque point de la courbe MA, le même plan tangent que cette surface.

Ayant pris le point M à volonté sur MA, je mène la droite RM, qui est une génératrice du cône, et qui est évidemment dans le plan tangent au point M. Sur le cône, je trace une courbe quelconque MA' passant par ce point, et une droite RN aussi voisine qu'on voudra de RM ; par les points N, N', où la droite rencontre les courbes MA et MA', je tire les sécantes Mα, Mα' ; puis je fais mouvoir la droite RN autour du point R, de manière que le point N se rapproche de M, sans cesser d'être sur la courbe MA. Pendant ce mouvement, la droite reste toujours sur le cône, le point N', où elle coupe la courbe MA', s'approche aussi de plus en plus du point M, et les deux sécantes ne cessent pas d'être contenues dans un même plan avec RM ; donc les lignes Mα, M'α', deviennent en même temps respectivement tangentes aux courbes MA et MA', et elles sont encore alors dans un même plan avec RM. Or, d'un côté, ce plan est tangent à la surface donnée, puisqu'il contient la tangente à la courbe MA et la droite RM, qui appartient à ce plan tangent : et, d'un autre côté, il est aussi tangent au cône ; car il renferme les tangentes menées, en M, à toutes les courbes qu'on peut tracer sur le cône par ce point.

Ainsi, on doit regarder comme démontré que *la courbe de contact d'une surface donnée avec un cône, qui lui est circonscrit, est toujours située sur une surface d'ordre inférieur à celui de la proposée.*

Par conséquent, *la ligne de contact d'un cône circonscrit à une surface du second ordre doit être plane.*

654. La *normale* à une surface est la perpendiculaire menée au plan tangent, par le point de contact. Le plan tangent a été trouvé sans faire aucune hypothèse sur les angles des coordonnées; mais, afin de rendre les équations de la normale plus simples, on suppose les axes rectangulaires. Alors on trouve facilement (566)

[8] $$Z'(x-x')=X'(z-z'),\quad Z'(y-y')=Y'(z-z'),$$

pour les équations de la normale.

Plan tangent aux surfaces du second ordre.

655. Appliquons au second ordre les résultats précédens. Prenons d'abord l'équation générale

[A] $$\begin{aligned}Ax^2+A'y^2+A''z^2+2Bxy+2B'xz+2B''yz\\+2Cx+2C'y+2C''z+F=0.\end{aligned}$$

Dans ce cas, on a

$$\begin{aligned}X'&=2(Ax'+By'+B'z'+C),\\Y'&=2(A'y'+Bx'+B''z'+C'),\\Z'&=2(A''z'+B'x'+B''y'+C''),\\-V'&=2(Cx'+C'y'+C''z'+F);\end{aligned}$$

et par suite l'équation du plan tangent, n° 650, devient, après qu'on l'a divisée par 2,

[1] $$\begin{aligned}(Ax'+By'+B'z'+C)x+(A'y'+Bx'+B''z'+C')y\\+(A''z'+B'x'+B''y'+C'')z+Cx'+C'y'+C''z'+F=0.\end{aligned}$$

Quand la surface a un centre, on peut la représenter par l'équation

[E] $$Px^2+P'y^2+P''z^2=H;$$

et alors l'équation du plan tangent devient

[2] $$Px'x+P'y'y+P''z'z=H.$$

Quand la surface n'a pas de centre, on peut mettre son équation sous la forme

[F] $$P'y^2+P''z^2=2Qx;$$

et l'équation du plan tangent est simplement

[3] $$P'y'y+P''z'z=Q(x+x').$$

Afin de mieux fixer les idées, dans ce qui va suivre, on ne considérera que l'ellipsoïde: mais les conséquences seront énoncées en termes généraux, parce qu'il sera facile de voir qu'elles s'étendent aux hyperboloïdes, en prenant négativement les carrés des diamètres imaginaires; et aussi aux paraboloïdes, en regardant ces surfaces comme ayant un centre situé à l'infini.

656. Prenons pour l'ellipsoïde l'équation

$$[p] \qquad \frac{x^2}{a^2}+\frac{y^2}{b^2}+\frac{z^2}{c^2}=1,$$

dans laquelle a, b, c, sont trois demi-diamètres conjugués : celle du plan tangent sera

$$[4] \qquad \frac{x'x}{a^2}+\frac{y'y}{b^2}+\frac{z'z}{c^2}=1.$$

Par le point de contact, menons un diamètre : ses équations sont $x=\frac{x'}{z'}z$, $y=\frac{y'}{z'}z$; et par suite, celle du plan diamétral conjugué devient (620)

$$\frac{x'x}{a^2}+\frac{y'y}{b^2}+\frac{z'z}{c^2}=0.$$

Donc *le plan tangent à l'extrémité d'un diamètre est parallèle au plan diamétral conjugué de ce diamètre.*

657. Cherchons la trace du plan tangent sur le plan de xy, et pour cela faisons $z=0$ dans [4] : il vient

$$\frac{x'x}{a^2}+\frac{y'y}{b^2}=1.$$

Or il est évident que cette équation ne change pas, si on donne à c et z' d'autres grandeurs, et même une autre direction, pourvu qu'on n'altère ni les longueurs ni les directions des lignes a, b, x', y'. Donc,

Si plusieurs surfaces du second ordre sont coupées, par un plan diamétral commun, suivant la même courbe, et si, par un point quelconque de ce plan, on mène, dans chaque surface, la corde conjuguée à ce plan; les plans tangens aux extrémités de ces différentes cordes iront tous rencontrer le plan diamétral suivant la même trace.

658. Faisons à la fois $y=0$ et $z=0$ dans [4] : on a

$$x=\frac{a^2}{x'},$$

valeur qui ne contient que a et x'. Ainsi, les grandeurs et les directions de b, c, y', z', peuvent varier sans que cette valeur change : donc,

Si des surfaces du second ordre ont un diamètre commun, et si, par un point de ce diamètre, on mène, dans chaque surface, le plan conjugué qui la coupe suivant la courbe dont le centre est en ce point; les plans tangens aux surfaces, dans tous les points de ces courbes concentriques, iront rencontrer le diamètre commun au même point.

659. Actuellement je vais considérer le cas où il serait question de mener un plan tangent à une surface du second ordre, par un point extérieur à la surface. Considérons toujours l'ellipsoïde représenté par l'équation [p], désignons par x'', y'', z'', les coordonnées du point donné, et par x', y', z', celles du point de contact : on aura, entre ces trois inconnues, les deux équations

$$[5] \qquad \frac{x'^2}{a^2}+\frac{y'^2}{b^2}+\frac{z'^2}{c^2}=1,$$

$$[6] \qquad \frac{x''x'}{a^2}+\frac{y''y'}{b^2}+\frac{z''z'}{c^2}=1.$$

En regardant x', y', z', comme des variables, la seconde équation représente un plan; et c'est l'intersection de ce plan avec la surface qui est le lieu des points de contact. Cette intersection peut aussi être considérée comme la base du cône qui serait circonscrit à la surface, et qui aurait son sommet au point donné (653).

Si on mène le diamètre qui passe au point donné, et qu'on prenne le plan diamétral conjugué de ce diamètre, on reconnaît sur-le-champ qu'il est parallèle au plan de l'équation [6].

Dans l'équation [6] faisons $z' = 0$, on trouve $\frac{x''x'}{a^2} + \frac{y''y'}{b^2} = 1$. Comme cette équation ne contient pas z'', on conclut qu'elle représente toujours la même droite, quelle que soit la position du point donné, pourvu qu'il reste sur une parallèle à l'axe des z; car x' et y' ne changent pas. Et remarquez qu'il est permis de supposer cet axe parallèle à une droite quelconque, et qu'alors le plan de xy serait le plan diamétral conjugué aux cordes parallèles à cette droite.

Si, dans la même équation [6], on fait $y' = 0$ et $z' = 0$, il vient $x' = \frac{a^2}{x''}$, valeur qui ne change pas quand le point donné se meut dans un plan parallèle à celui de yz. Remarquez encore que ce plan de yz peut être pris parallèle à un plan donné, et qu'alors la ligne des x doit être le diamètre conjugué à ce plan.

En résumant ce qui précède, on a ce théorème:

La courbe de contact d'un cône avec une surface du second ordre est une des sections conjuguées au diamètre qui passe par le sommet du cône. Si on fait mouvoir le sommet du cône sur une droite donnée, le plan de cette courbe passera constamment par une même droite, située dans le plan diamétral conjugué des cordes parallèles à la droite donnée. Enfin, si on fait parcourir au sommet du cône un plan donné, le plan de la courbe de contact ira toujours couper au même point le diamètre conjugué des sections parallèles au plan donné.

Théorème de Monge.

660. Théorème. *Le sommet d'un angle solide tri-rectangle, dont les faces restent constamment tangentes à une surface du second ordre douée de centre, décrit une sphère concentrique à cette surface.*

Ce théorème, qui a son analogue dans les courbes du second ordre, a été énoncé par Monge, et démontré par M. Poisson de la manière suivante.

Soit l'équation de l'ellipsoïde, rapporté à ses diamètres principaux,

$$\frac{x^2}{a^2} + \frac{y^2}{b^2} + \frac{z^2}{c^2} = 1.$$

En nommant x', y', z'; x'', y'', z''; x''', y''', z'''; les coordonnées des trois points de contact, les équations des plans tangens sont

$$[1]\quad\begin{cases}\dfrac{x'x}{a^2}+\dfrac{y'y}{b^2}+\dfrac{z'z}{c^2}=1,\\[2mm]\dfrac{x''x}{a^2}+\dfrac{y''y}{b^2}+\dfrac{z''z}{c^2}=1,\\[2mm]\dfrac{x'''x}{a^2}+\dfrac{y'''y}{b^2}+\dfrac{z'''z}{c^2}=1.\end{cases}$$

Puisque les points de contact sont sur l'ellipsoïde, on a

$$[2]\quad\begin{cases}\dfrac{x'^2}{a^2}+\dfrac{y'^2}{b^2}+\dfrac{z'^2}{c^2}=1,\\[2mm]\dfrac{x''^2}{a^2}+\dfrac{y''^2}{b^2}+\dfrac{z''^2}{c^2}=1,\\[2mm]\dfrac{x'''^2}{a^2}+\dfrac{y'''^2}{b^2}+\dfrac{z'''^2}{c^2}=1;\end{cases}$$

et puisque les plans tangens sont perpendiculaires entre eux, on doit avoir aussi (578)

$$[3]\quad\begin{cases}\dfrac{x'x''}{a^4}+\dfrac{y'y''}{b^4}+\dfrac{z'z''}{c^4}=0,\\[2mm]\dfrac{x'x'''}{a^4}+\dfrac{y'y'''}{b^4}+\dfrac{z'z'''}{c^4}=0,\\[2mm]\dfrac{x''x'''}{a^4}+\dfrac{y''y'''}{b^4}+\dfrac{z''z'''}{c^4}=0.\end{cases}$$

Pour obtenir la surface décrite par le point d'intersection des trois plans, il faut éliminer les neuf coordonnées x', y',... des points de contact, entre [1], [2], [3]. Quoique le nombre de ces équations paraisse insuffisant, l'élimination est cependant possible. Pour l'effectuer de la manière la plus simple, on pose d'abord

$$[4]\quad\begin{cases}\dfrac{x'^2}{a^4}+\dfrac{y'^2}{b^4}+\dfrac{z'^2}{c^4}=\dfrac{1}{R^2},\\[2mm]\dfrac{x''^2}{a^4}+\dfrac{y''^2}{b^4}+\dfrac{z''^2}{c^4}=\dfrac{1}{R'^2},\\[2mm]\dfrac{x'''^2}{a^4}+\dfrac{y'''^2}{b^4}+\dfrac{z'''^2}{c^4}=\dfrac{1}{R''^2},\end{cases}$$

R, R′, R″, étant des quantités auxiliaires qu'on devra éliminer aussi. On remarque ensuite que les équations [4] et [3] ne sont autres que les équations [*a*] et [*b*] du n° 590, dans lesquelles on aurait remplacé

$$a,\ a',\ a'',\ b,\ b',\ b'',\ c,\ c',\ c'',$$

$$\text{par}\ \frac{Rx'}{a^2},\ \frac{Ry'}{b^2},\ \frac{Rz'}{c^2},\ \frac{R'x''}{a^2},\ \frac{R'y''}{b^2},\ \frac{R'z''}{c^2},\ \frac{R''x'''}{a^2},\ \frac{R''y'''}{b^2},\ \frac{R''z'''}{b^2};$$

donc, en opérant les mêmes changemens dans les équations [*c*] et [*d*] du numéro cité, on aura aussi

$$[5]\quad\begin{cases}R^2x'^2+R'^2x''^2+R''^2x'''^2=a^4,\\R^2y'^2+R'^2y''^2+R''^2y'''^2=b^4,\\R^2z'^2+R'^2z''^2+R''^2z'''^2=c^4,\end{cases}$$

$$[6]\quad\begin{cases}R^2x'y'+R'^2x''y''+R''^2x'''y'''=0,\\R^2x'z'+R'^2x''z''+R''^2x'''z'''=0,\\R^2y'z'+R'^2y''z''+R''^2y'''z'''=0.\end{cases}$$

Cela posé, élevons les équations [1] au carré, multiplions-les par R^2, R'^2, R''^2, et ajoutons-les ensuite : il vient, en ayant égard aux relations [5] et [6], $x^2+y^2+z^2=R^2+R'^2+R''^2$.

Mais, en ajoutant les équations [2] après les avoir multipliées par R^2, R'^2, R''^2, et en réduisant au moyen des équations [5], on trouve $a^2+b^2+c^2=R^2+R'^2+R''^2$; donc on a, entre x, y, z,

[7] $$x^2+y^2+z^2=a^2+b^2+c^2.$$

Pour appliquer ce résultat à l'hyperboloïde à une nappe, on change c^2 en $-c^2$; et, s'il s'agit de l'hyperboloïde à deux nappes, on remplace a^2 et b^2 par $-a^2$ et $-b^2$. Dans aucun cas l'équation [7] ne représente une autre surface que la sphère; donc *le sommet d'un angle solide,* etc.

661. Il serait facile de modifier les calculs précédens pour les paraboloïdes; mais il est plus simple de considérer ces surfaces comme ayant un centre situé à l'infini. Alors la sphère décrite par le sommet de l'angle solide tri-rectangle se change en un plan perpendiculaire à l'axe, et il faut en déterminer la position. A cet effet, reprenons l'équation

[8] $$\frac{x^2}{a^2}+\frac{y^2}{b^2}\pm\frac{z^2}{c^2}=1,$$

qui représente l'ellipsoïde ou l'hyperboloïde à une nappe, selon le signe qui précède z^2. Pour la sphère décrite par le sommet de l'angle solide, on a

[9] $$x^2+y^2+z^2=a^2+b^2\pm c^2.$$

Mais, afin de placer l'origine à l'une des extrémités de l'axe $2a$, changeons x en $x-a$; faisons ensuite $b^2=aq$, $c^2=aq'$, puis supposons $a=\infty$. Les équations [8] et [9] deviennent celles-ci :

$$q'y^2\pm qz^2=2qq'x,\quad x=-\frac{q\pm q'}{2}.$$

La première donne les deux paraboloïdes; et la seconde fait voir que *le sommet de l'angle solide tri-rectangle décrit un plan.*

CHAPITRE IX.

DES SECTIONS FAITES PAR LES PLANS DANS LES SURFACES DU SECOND ORDRE.

Différentes courbes que donnent les sections planes.

662. Dans le chapitre V, on a coupé les surfaces de second ordre seulement par des plans parallèles à ceux des coordonnées, parce que ces sections suffisaient pour donner des différences caractéristiques propres à chaque genre de surfaces. Mais, pour mieux connaître ces surfaces, il est bon d'examiner toutes les sortes de sections qu'il est possible d'obtenir.

Considérons d'abord les surfaces douées de centre, dont l'équation est

[E] $$Px^2+P'y^2+P''z^2=H;$$

et, pour le plan coupant, prenons

[1] $$x=\alpha y+\beta z+\varrho.$$

L'élimination de x donne, pour la projection de l'intersection sur le plan de yz,

[2] $$\left.\begin{array}{l}(P\alpha^2+P')y^2+(P\beta^2+P'')z^2+2P\alpha\beta yz\\ +2P\alpha\varrho y+2P\beta\varrho z+P\varrho^2-H\end{array}\right\}=0.$$

Selon que cette équation représente une ellipse, une hyperbole, ou une parabole, l'intersection elle-même sera une ellipse, une hyperbole, ou une parabole : car elle doit être une ligne du second ordre (597), et il est évident qu'une de ces courbes ne peut pas avoir pour projection une des deux autres. Comparons donc l'équation [2] avec l'équation $Ay^2+Bzy+Cz^2+\text{etc.}=0$, et formons la quantité B^2-4AC : on trouve

$$B^2-4AC=-4(P'P''+PP''\alpha^2+PP'\beta^2).$$

En donnant à α et à β toutes les valeurs possibles, cette quantité reste négative quand la surface est une ellipsoïde : car alors P, P′, P″, sont positifs. Mais, pour les hyperboloïdes, P″ étant négatif, cette quantité peut être positive, négative, ou nulle. Donc l'ellipsoïde, coupé par des plans, ne donne que des ellipses, tandis que les hyperboloïdes peuvent donner aussi des hyperboles et des paraboles.

L'équation [1] ne renfermant pas les plans parallèles à l'axe des x, ceux-ci doivent être considérés à part. Or ils sont compris dans l'équation $y=\gamma z+\varrho$; et en mettant cette valeur dans [E], on trouve l'équation

[3] $$Px^2+(P'\gamma^2+P'')z^2+2P'\gamma\varrho z+P'\varrho^2-H=0,$$

qui conduit aux mêmes conséquences que l'équation [2].

663. Passons au cas des paraboloïdes. Si on veut les couper par des plans non parallèles à l'axe des x, on élimine x entre les équations

$$P'y^2+P''z^2=2Qx,\quad x=\alpha y+\beta z+\varrho;$$

et il vient

[4] $$P'y^2+P''z^2-2Q\alpha y-2Q\beta z-2Q\varrho=0.$$

Donc la section est une ellipse ou une hyperbole, selon que P″ est positif ou négatif, c'est-à-dire selon que le paraboloïde est elliptique ou hyperbolique.

Quand le plan coupant est parallèle à l'axe des x, il faut prendre, pour son équation, $y=\gamma z+\varrho$; et alors on a, pour la projection de la section,

$$(P'\gamma^2+P'')z^2+2P'\gamma\varrho z+P'\varrho^2=2Qx;$$

équation qui donne des paraboles, quel que soit le signe de P″.

664. Examinons maintenant les sections faites par des plans parallèles entre eux. Il faudra supposer, dans les calculs précédens, que α, β, γ, conservent les mêmes valeurs, et que ϱ varie seul. Les coefficiens des

termes du second degré, dans les équations des projections, ne changeront pas; donc ils auront entre eux toujours les mêmes rapports; et par conséquent (485) les projections sont des courbes semblables et semblablement placées (sauf le cas où l'on aurait des hyperboles tournées en sens opposé, comme dans la fig. 42). De là, il est facile de conclure que les sections elles-mêmes jouissent de cette propriété.

Soient (fig. 43) AC, A'C', des courbes situées dans des plans parallèles, et ac, $a'c'$, leurs projections sur un plan donné; supposons ces projections semblables et semblablement situées; et soient o et o' leurs centres de similitude. En menant les rayons vecteurs oa, ob, oc,... et leurs parallèles $o'a'$, $o'b'$, $o'c'$,... on devra avoir cette suite de rapports égaux (479)

$$oa : o'a' :: ob : o'b' :: oc : o'c', \text{ etc.}$$

Cela posé, soient OA, OB, OC,... les rayons vecteurs projetés sur oa, ob, oc,...; et O'A', O'B', O'C',... les rayons vecteurs projetés sur $o'a'$, $o'b'$, $o'c'$,... Les rayons OA et O'A' seront parallèles entre eux, comme intersections de plans parallèles; et de plus il est facile de voir qu'ils sont entre eux dans le rapport de leurs projections. On peut dire la même chose de OB et O'B', etc.; donc

$$\text{OA} : \text{O'A'} :: \text{OB} : \text{O'B'} :: \text{OC} : \text{O'C'}, \text{ etc.};$$

donc les courbes AC, A'C', sont semblables et semblablement situées.

Ainsi, *les sections parallèles d'une surface du second ordre sont des lignes du second ordre semblables et semblablement situées*.

Cas particuliers où les sections sont des hyperboles. Cône asymptote.

665. Reprenons l'équation

$$[\text{P}_1] \qquad \text{P}x^2 + \text{P}'y^2 - \text{P}''z^2 = \pm \text{H},$$

qui représente les hyperboloïdes; et supposons que le plan dont l'équation est

$$[1] \qquad x = \alpha y + \beta z + \rho$$

coupe la surface suivant une hyperbole. En changeant P'' en $-$P'' dans l'équation [2] du n° 662, on a, pour la projection de cette intersection,

$$[2] \qquad (\text{P}\alpha^2 + \text{P}')y^2 + (\text{P}\beta^2 - \text{P}'')z^2 + 2\text{P}\alpha\beta yz + \text{etc.} = 0.$$

Concevons qu'on ait mené, par le centre, des parallèles aux asymptotes de cette projection, il est facile de voir, en général, que ces parallèles ne dépendent que des trois termes du second degré : je veux dire qu'elles sont données par l'équation

$$[3] \qquad (\text{P}\alpha^2 + \text{P}')y^2 + (\text{P}\beta^2 - \text{P}'')z^2 + 2\text{P}\alpha\beta yz = 0.$$

Or, quand le plan coupant se meut parallèlement à lui-même, il est évident que ces droites ne changent pas; et cela prouve que les asymptotes des projections, et par conséquent aussi celles des sections, restent parallèles à elles-mêmes.

Transportons le plan coupant à l'origine, son équation devient

$$[4] \qquad x = \alpha y + \beta z;$$

et en prenant ensemble les équations [3] et [4], elles déterminent deux droites, passant au centre, qui sont parallèles aux asymptotes des sections. L'équation [3] peut s'écrire ainsi

$$P(\alpha y+\beta z)^2+P'y^2-P''z^2=0;$$

et, au moyen de l'équation [4], elle devient

$$Px^2+P'y^2-P''z^2=0.$$

Cette équation, indépendante de α et β, représente un cône qui est le lieu des parallèles menées, par le centre, aux asymptotes de toutes les hyperboles qu'on peut tracer sur la surface : ou bien, ce qui est la même chose, il est le lieu des asymptotes à toutes les sections hyperboliques faites par le centre. De là lui vient le nom de *cône asymptote*.

666. On peut encore justifier autrement cette dénomination. Par un point quelconque P (fig. 44) du plan de xy, je mène, au-dessus de ce plan, une parallèle à l'axe des z, et je désigne par x, y, z, et par x, y, Z, les coordonnées des points M et N, où elle rencontre l'hyperboloïde et le cône; on aura

$$z^2=\frac{Px^2+P'y^2\mp H}{P''},\quad Z^2=\frac{Px^2+P'y^2}{P''},$$

et par suite

$$Z-z=\frac{Z^2-z^2}{Z+z}=\frac{\pm H}{P''(Z+z)}.$$

Supposons que le point P s'éloigne du centre O, sans sortir de la droite OR. Il est clair que x^2 et y^2, et par suite Z et z, augmenteront indéfiniment; donc la différence $Z-z$ ira en diminuant, et pourra devenir aussi petite qu'on voudra.

Comme cette différence est positive quand l'hyperboloïde a une nappe, et négative quand il en a deux, il s'ensuit que le cône asymptote est tout entier entre ces deux surfaces.

667. Le cône asymptote se fait encore remarquer lorsqu'on cherche, par le calcul, les intersections des hyperboloïdes avec les droites qui passent par le centre. Les équations d'une telle droite sont $x=\delta z$, $y=\delta' z$; et, en les combinant avec $[P_1]$, il vient

$$z=\pm\sqrt{\frac{\pm H}{P\delta^2+P'\delta'^2-P''}}.$$

Il est évident qu'on peut donner à δ et δ' des valeurs telles que le dénominateur $P\delta^2+P'\delta'^2-P''$ soit, à volonté, ou positif ou négatif ou nul; donc il existe, dans chaque hyperboloïde, des diamètres réels et finis, des diamètres imaginaires, et des diamètres infinis.

Selon que l'hyperboloïde a une ou deux nappes, il faut prendre H avec des signes différens; et de là il suit que les diamètres imaginaires de l'une des surfaces sont les diamètres réels de l'autre. Quant aux diamètres infinis, ils sont les mêmes pour toutes deux.

Pour ces derniers diamètres, on a

$$P\delta^2+P'\delta'^2-P''=0;$$

et, en éliminant δ et δ' au moyen des équations $x=\delta z$ et $y=\delta' z$, on trouve, pour le lieu géométrique des diamètres infinis,

$$Px^2+P'y^2-P''z^2=0.$$

C'est l'équation du cône asymptote. (*)

668. Un paraboloïde hyperbolique peut aussi être coupé suivant des hyperboles. Il a pour équation

$$P'y^2-P''z^2=2Qx;$$

et, en changeant P'' en $-P''$ dans l'équation [4] du n° 663, on reconnaît sur-le-champ que les parallèles menées par l'origine aux asymptotes de ces hyperboles ont pour équations

$$y=\pm z\sqrt{\frac{P''}{P'}}.$$

Ces valeurs sont indépendantes de α et de β, et montrent que les parallèles aux asymptotes de toutes les sections hyperboliques ont pour lieu géométrique deux plans parallèles aux diamètres de la surface.

669. Je ferai remarquer ici certaines formes d'équations, sous lesquelles peuvent se présenter les hyperboloïdes et les paraboloïdes hyperboliques.

1° On peut rapporter chacun des hyperboloïdes à trois quelconques de ses diamètres infinis. Alors, il faut que les intersections de la surface par les plans coordonnés soient des hyperboles entre leurs asymptotes : or, cela exige que l'équation de la surface ne contienne ni les premières puissances des variables, ni les secondes; donc on peut comprendre les deux hyperboloïdes dans une équation telle que $Sxy+S'xz+S''yz=G$.

2° Si les y et les z seulement sont pris sur deux diamètres infinis, et si on laisse l'origine au centre, et les x sur le diamètre conjugué des sections parallèles au plan des deux premiers diamètres, la nouvelle équation devra donner des hyperboles entre leurs asymptotes, quand on coupera la surface par des plans parallèles à celui de yz; et comme d'ailleurs l'origine est encore au centre, on conclut facilement que les hyperboloïdes ont aussi une équation de la forme $Rx^2+Syz=G$.

3° L'équation du paraboloïde hyperbolique étant $P'y^2-P''z^2=2Qx$, on a vu (614) que le plan de yz coupe la surface suivant deux lignes droites, et que les sections parallèles sont des hyperboles qui ont leurs centres sur le diamètre des x, et leurs asymptotes parallèles à ces droites. Changeons les axes actuels des y et des z, et remplaçons-les par ces deux droites : on reconnaîtra aisément qu'après la transformation, l'équation du paraboloïde hyperbolique doit se réduire à la forme $Syz+Rx=0$.

Sections rectilignes de l'hyperbole à une nappe.

670. Quel que soit le point que l'on considère sur l'hyperboloïde à une nappe, on peut toujours mener un diamètre à ce point, et rapporter la

(*) Quand un hyperboloïde est rapporté à trois diamètres quelconques, son équation est de la forme $Px^2+P'y^2+P''z^2+Sxy+S'xz+S''yz=G$. Si alors on lui applique les calculs précédens, on trouvera qu'il suffit d'y remplacer G par zéro pour avoir le cône asymptote.

surface à trois diamètres conjugués dont celui-ci fasse partie. Alors, son équation est

$$[p'] \qquad \frac{x^2}{a^2}+\frac{y^2}{b^2}-\frac{z^2}{c^2}=1.$$

Supposons que le premier diamètre soit celui des y, et faisons $y=b$, il viendra

$$[1] \qquad x=\pm\frac{a}{c}z:$$

d'où l'on conclut qu'*on peut mener deux droites sur l'hyperboloïde à une nappe, par chacun de ses points.*

Le plan de ces droites est tangent à l'hyperboloïde, puisqu'il est parallèle au plan diamétral conjugué du diamètre qui aboutit au point que l'on considère sur la surface (656). Il est évident, d'ailleurs, que cela doit être : car ces droites sont elles-mêmes leurs tangentes, et à ce titre elles doivent être dans le plan tangent.

671. Considérons sur la surface une ellipse quelconque ABC (fig. 45) située dans un plan qui passe par le centre O, et qui a OZ pour diamètre conjugué. Par tous les points de cette ellipse, menons les droites AG, BH,... tangentes à cette courbe, et les droites AD, BE,... parallèles à OZ. D'après ce qui précède, les deux droites de l'hyperboloïde, qui passent au point A, sont situées dans le plan tangent DAG; et l'équation [1] prouve qu'elles sont de côtés différens par rapport à la ligne AD.

Pour fixer les idées, imaginons qu'on tourne autour de l'hyperboloïde dans le sens ABC... ; et alors on distinguera, sur cette surface, deux systèmes de droites : l'un, composé des lignes AP, BQ,... qui ont leur partie supérieure à droite des parallèles AD, BE,...; et l'autre, des lignes AP′, BQ′,... qui ont leurs parties supérieures à gauche de ces mêmes parallèles. Quand l'hyperboloïde est de révolution, les droites du premier système font avec l'axe le même angle que celle du second, et la surface peut alors être engendrée de deux manières différentes par la rotation d'une droite.

672. La disposition précédente étant bien comprise, considérons deux droites quelconques AP, BQ, appartenant au même système, et menons parallèlement à OZ, par le point de concours des tangentes AG et BH, la ligne SGS′ qui rencontre l'hyperboloïde en S et S′. La ligne SGS′ est l'intersection des plans tangens DAG, EBH; et il est clair que si les deux droites AP et BQ, qui sont respectivement dans ces plans, se rencontrent, ce ne peut être que sur la ligne SS′. Mais, d'un autre côté, il est évident que AP doit passer au point S, et BQ au point S′; donc ces droites ne se rencontrent pas. Le même raisonnement montre, au contraire, que deux droites de systèmes différens, telles que AP et BQ′, iront couper SS′ au même point S. Donc, en général, *deux droites prises dans un même système ne se rencontrent pas, et deux droites de systèmes différens se rencontrent toujours.*

673. L'équation [1] montre que les droites qu'on peut tracer sur l'hyperboloïde à une nappe, par chacun de ses points, sont parallèles aux asymptotes des sections parallèles au plan de ces droites; et de là on

conclut que *toutes les droites situées sur l'hyperboloïde étant transportées au centre, parallèlement à elles-mêmes, s'appliquent exactement sur le cône asymptote.*

674. Considérons encore trois droites d'un même système, telles que AP, BQ, CR; et supposons pour un moment qu'elles soient parallèles à un même plan. En les transportant au point O, parallèlement à elles-mêmes, elles se placeraient dans un même plan; et par conséquent, il y aurait sur le cône asymptote trois génératrices situées dans un même plan. Si cela était, la section de ce cône, par un plan parallèle à l'ellipse ABC, aurait trois points en ligne droite, ce qui est impossible, puisque cette section est une ellipse. Donc *trois droites d'un même système ne sont jamais parallèles à un même plan.*

675. Prenons à volonté trois droites dans un système, et regardons-les comme fixes dans l'espace. On peut mener, par chaque point de la première, une droite qui rencontre les deux autres : car en faisant passer par ce point deux plans, dont l'un contienne la seconde ligne, et l'autre la troisième, l'intersection de ces plans remplit les conditions dont il s'agit. On pourra donc faire glisser une droite de manière qu'elle s'appuie constamment sur les trois lignes fixes; et il est évident que, dans ses diverses positions, elle viendra coïncider successivement avec toutes les droites de l'autre système. Ainsi, *l'hyperboloïde à une nappe peut être engendré par une droite qui se meut le long de trois droites fixes, non parallèles à un même plan.*

Il est d'ailleurs assez clair qu'on peut choisir les trois directrices d'une infinité de manières dans tel système qu'on voudra, pourvu qu'elles appartiennent toutes trois au même système.

676. Un hyperboloïde à une nappe étant donné par son équation

$$[p'] \qquad \frac{x^2}{a^2}+\frac{y^2}{b^2}-\frac{z^2}{c^2}=1;$$

cherchons les équations des génératrices de chaque système. A cet effet, écrivons l'équation $[p']$ de cette manière :

$$\left(\frac{x}{a}+1\right)\left(\frac{x}{a}-1\right)=\left(\frac{z}{c}+\frac{y}{b}\right)\left(\frac{z}{c}-\frac{y}{b}\right).$$

On voit qu'elle se vérifie, soit en posant

$$[2] \qquad \frac{x}{a}+1=\alpha\left(\frac{z}{c}+\frac{y}{b}\right) \quad \text{et} \quad \frac{x}{a}-1=\frac{1}{\alpha}\left(\frac{z}{c}-\frac{y}{b}\right);$$

soit en posant

$$[3] \qquad \frac{x}{a}-1=\beta\left(\frac{z}{c}+\frac{y}{b}\right) \quad \text{et} \quad \frac{x}{a}+1=\frac{1}{\beta}\left(\frac{z}{c}-\frac{y}{b}\right);$$

α et β étant deux indéterminées, qu'on peut faire passer par toutes les valeurs possibles. Les équations [2] donnent les génératrices de la surface qui appartiennent à un système; et les équations [3], celles qui appartiennent à l'autre système.

677. On peut encore présenter cette recherche d'une autre manière. Prenons l'équation d'un plan quelconque parallèle aux z,

$$[4] \qquad y=\alpha x+\beta;$$

et éliminons y entre [p'] et [4]. Il vient

[5] $$-\frac{a^2b^2z^2}{c^2}=(b^2+a^2\alpha^2)x^2+2a^2\alpha\beta x+a^2\beta^2-a^2b^2;$$

et cette équation représente l'intersection de l'hyperboloïde et du plan, en projection sur le plan de xz. Pour que cette intersection se réduise à deux lignes droites, il faut que les valeurs de z soient du premier degré en x : le second membre doit donc être un carré, ce qui exige la condition

$$a^4\alpha^2\beta^2=(b^2+a^2\alpha^2)(a^2\beta^2-a^2b^2).$$

De là on tire $\beta=\sqrt{b^2+a^2\alpha^2}$, le radical emportant avec lui le double signe $\pm$. Par cette détermination, l'équation [5] donne en effet deux valeurs du premier degré; et en les associant, chacune à son tour, à l'équation [4], on aura

$$\left\{\begin{aligned} y&=\alpha x+\sqrt{b^2+a^2\alpha^2},\\ z&=\frac{c(x\sqrt{b^2+a^2\alpha^2}+a^2\alpha)}{ab};\end{aligned}\right. \qquad \left\{\begin{aligned} y&=\alpha x+\sqrt{b^2+a^2\alpha^2},\\ z&=\frac{-c(x\sqrt{b^2+a^2\alpha^2}+a^2\alpha)}{ab}.\end{aligned}\right.$$

Ces deux systèmes d'équations, dans lesquels α est indéterminé, correspondent aux deux systèmes de droites contenues sur la surface. Il est évident qu'on reproduirait l'équation de l'hyperboloïde en éliminant α entre les deux équations de l'un quelconque des deux systèmes.

Si on change c en $c\sqrt{-1}$, les résultats précédens conviendront à l'ellipsoïde; et si en outre on change a en $a\sqrt{-1}$, et b en $b\sqrt{-1}$, ils s'appliqueront à l'hyperboloïde à deux nappes. Mais alors ces résultats sont imaginaires; donc ces deux surfaces ne peuvent pas être engendrées par une ligne droite, ce qui, d'ailleurs, est évident *à priori*.

678. Il reste encore à démontrer que toutes les surfaces engendrées par une ligne droite qui glisse sur trois droites fixes, non parallèles à un même plan, sont des hyperboloïdes à une nappe.

Je remarque d'abord qu'on peut mener par chacune de ces droites deux plans respectivement parallèles aux deux autres droites, et qu'on détermine ainsi un parallélipipède dont ces droites sont trois arêtes. Supposons (fig. 46) que FF'GH soit ce parallélipipède, et que FF', GG', HH', soient les trois directrices. Par le centre O de ce parallélipipède, menons trois parallèles, Ox, Oy, Oz, à ces lignes, et choisissons-les pour axes des coordonnées x, y, z; enfin, faisons FF' $=2f$; GG' $=2g$, HH' $=2h$.

Cela posé, les équations des trois directrices sont

$$\left.\begin{aligned}y&=g\\ z&=-h\end{aligned}\right\}\text{pour FF}'; \quad \left.\begin{aligned}z&=h\\ x&=-f\end{aligned}\right\}\text{pour GG}'; \quad \left.\begin{aligned}x&=f\\ y&=-g\end{aligned}\right\}\text{pour HH}'.$$

Prenons, pour la génératrice, les équations

$$x=\alpha z+\alpha',\quad y=\beta z+\beta':$$

les quantités α, α', β, β', devront être assujetties aux équations qui expriment que cette ligne rencontre les trois directrices; et on trouve facilement que ces équations sont

$$g=-\beta h+\beta',\quad -f=\alpha h+\alpha',\quad \frac{\alpha'-f}{\alpha}=\frac{\beta'+g}{\beta}.$$

Alors il n'y a plus qu'à éliminer α, α'; β, β', entre ces équations et celles de la génératrice, pour avoir une relation entre les coordonnées x, y, z, d'un point quelconque de la surface engendrée par le mouvement de cette ligne le long des trois droites fixes. Or, des quatre premières équations, on tire

$$\alpha=\frac{x+f}{z-h},\quad \alpha'=\frac{-fz-hx}{z-h},\quad \beta=\frac{y-g}{z+h},\quad \beta'=\frac{gz+hy}{z+h};$$

et, en mettant ces valeurs dans la cinquième équation, il vient, toutes réductions faites,

$$hxy+gxz+fyz+fgh=0.$$

Donc la surface est du second ordre, et elle a l'origine pour centre. D'ailleurs, sa génération même montre qu'elle est continue et illimitée, et qu'elle n'est ni un cylindre ni un cône; donc *elle ne peut être qu'un hyperboloïde à une nappe.*

Sections rectilignes du paraboloïde hyperbolique.

679. On peut aussi *tracer sur la surface du paraboloïde hyperbolique deux droites par chacun de ses points.*

En effet, en prenant pour origine un point quelconque de cette surface, on peut donner à son équation la forme

[Q'] $$P'y^2-P''z^2=2Qx,$$

laquelle fait voir que le plan de yz coupe la surface suivant deux droites, qui ont pour équations

$$y\sqrt{P'}=\pm z\sqrt{P''}.$$

680. Aucune des droites de la surface n'est parallèle à un plan diamétral : car tous les plans diamétraux sont parallèles à la ligne des x (626), et de tels plans coupent la surface suivant des paraboles (663). On est donc sûr que ces paraboles sont rencontrées par toutes les droites de la surface. Soit ABC (fig. 47) une de ces paraboles : menons, par tous ses points, des tangentes AG, BH,..., et des droites AD, BE,... parallèles aux cordes qui sont conjuguées au plan diamétral ABC. Les deux droites du paraboloïde, qui passent en A, sont dans le plan tangent DAG, et situées de côtés différens par rapport à la ligne AD; et les droites de la surface qui passent en chacun des autres points de la courbe ABC donnent lieu à une remarque analogue. De là résulte la distinction de ces droites en deux systèmes; et on démontre, comme on l'a fait pour l'hyperboloïde à une nappe (672), que *deux droites du même système ne se rencontrent pas, mais que deux droites de systèmes différens se rencontrent toujours.*

681. Pour avoir les équations des droites situées sur le paraboloïde, mettons l'équation [Q'] sous cette forme

$$(y\sqrt{P'}-z\sqrt{P''})(y\sqrt{P'}+z\sqrt{P''})=2Qx:$$

on voit qu'elle est vérifiée en posant

[1] $$y\sqrt{P'}-z\sqrt{P''}=\alpha \quad\text{et}\quad y\sqrt{P'}+z\sqrt{P''}=\frac{2Q}{\alpha}x;$$

et encore en posant

[2] $$y\sqrt{P'}+z\sqrt{P''}=\beta \quad \text{et} \quad y\sqrt{P'}-z\sqrt{P''}=\frac{2Q}{\beta}x.$$

Ces équations donnent les deux systèmes de droites, en faisant passer les indéterminées α et β par toutes les grandeurs possibles.

682. On arrive encore à ces droites par les calculs du n° 677. Soit

[3] $$x=\alpha z+\beta$$

l'équation d'un plan quelconque parallèle aux y. Il faut d'abord éliminer x entre [Q'] et [3], ce qui donne

[4] $$P'y^2=P''z^2+2Q\alpha z+2Q\beta.$$

Ensuite il faut assujettir α et β à la condition nécessaire pour que cette équation représente deux droites; et on a, ainsi,

$$Q^2\alpha^2=2P''Q\beta, \quad \text{d'où} \quad \beta=\frac{Q\alpha^2}{2P''}.$$

Par suite, les équations [3] et [4] deviennent

[5] $$x=\alpha z+\frac{Q\alpha^2}{2P''}, \quad y=\pm\left(z\sqrt{\frac{P''}{P'}}+\frac{Q\alpha}{\sqrt{P'P''}}\right);$$

et elles déterminent alors le premier ou le second système de droites, suivant qu'on prend le signe + ou le signe —.

683. Il existe entre l'hyperboloïde à une nappe et le paraboloïde hyperbolique une différence qu'il importe de remarquer. C'est que, dans la première surface, trois droites d'un même système ne sont point parallèles à un même plan (674), tandis que, dans la seconde, elles remplissent toutes cette condition. Il est évident en effet, par les résultats précédens, que toutes les droites d'un même système ont leurs projections, sur le plan de yz, parallèles entre elles, et que par conséquent ces droites sont parallèles à un même plan, qui lui-même est parallèle aux diamètres de la surface.

On doit donc regarder comme démontré que *le paraboloïde hyperbolique peut être engendré par le mouvement d'une droite qui glisse sur trois droites fixes parallèles à un même plan*, ou bien encore, *par une droite qui glisse sur deux droites fixes, en restant toujours parallèle à un plan donné.*

684. Réciproquement faisons voir que *toute surface résultant de l'un de ces deux modes de génération est un paraboloïde hyperbolique.*

Supposons d'abord (fig. 48) que la génératrice se meuve sur trois directrices AR, BS, CT, parallèles à un plan. Soit Az une position particulière de la génératrice, et A, B, C, les points où elle coupe les trois directrices. Menons Ax et Ay parallèles à BS et CT : les lignes AR, Ax, Ay, seront dans le même plan, le plan zAx contiendra BS, et le plan zAy contiendra CT. Cela posé, prenons les lignes Ax, Ay, Az, pour axes des coordonnées; et les équations des trois directrices seront

$$\left.\begin{matrix} y=ax \\ z=0 \end{matrix}\right\}\text{pour AR}; \quad \left.\begin{matrix} y=0 \\ z=b \end{matrix}\right\}\text{pour BS}; \quad \left.\begin{matrix} x=0 \\ z=b' \end{matrix}\right\}\text{pour CT}.$$

Soient les équations de la génératrice :

$$x = \alpha z + \alpha', \quad y = \beta z + \beta'.$$

Pour qu'elle rencontre les trois directrices, on a les conditions

$$a\alpha' - \beta' = 0, \quad b\beta + \beta' = 0, \quad b'\alpha + \alpha' = 0;$$

et, pour avoir l'équation de la surface, il faut éliminer α, α', β, β', entre ces équations et celles de la génératrice. On trouve, pour résultat,

$$ab'xz - byz - abb'x + bb'y = 0;$$

donc la surface est du second ordre. D'ailleurs, elle est engendrée par une droite qui glisse sur trois directrices parallèles à un plan; donc *elle ne peut être qu'un paraboloïde hyperbolique*.

Supposons maintenant (fig. 49) que la génératrice glisse sur deux droites Az et Bu, en demeurant constamment parallèle au même plan yAx. Soient A et B les points d'intersection de ce plan avec les deux directrices. Menons, par ces points, la droite Ay; menons aussi, par la ligne Az, un plan parallèle à Bu, lequel coupe le plan yAx suivant la ligne Ax; enfin, prenons Ax, Ay, Az, pour axes de coordonnées.

La directrice Bu passant par l'axe des y, et étant parallèle au plan xAz, ses équations seront

$$z = ax, \quad y = b.$$

La génératrice devant toujours rencontrer l'axe des z, en restant parallèle au plan de xy, ses équations seront de la forme

$$x = \alpha y, \quad z = \beta.$$

Comme elle doit aussi rencontrer Bu, on a la condition

$$\beta = ab\alpha;$$

et en éliminant α et β, entre cette équation et celles de la génératrice, on a

$$yz = abx.$$

Cette équation doit représenter *un paraboloïde hyperbolique* : car, dans le second ordre, il n'y a que cette surface sur laquelle on puisse tracer des droites qui soient rencontrées par d'autres droites parallèles à un même plan.

Sections circulaires.

685. Au commencement de ce chapitre, on a reconnu d'une manière générale les courbes qu'on obtient en coupant les différentes surfaces du second ordre par des plans; et, plus loin, on a fait voir que l'hyperboloïde à une nappe et le paraboloïde hyperbolique peuvent donner des lignes droites : nous nous proposons actuellement de rechercher s'il est possible de placer les plans coupans de manière que les sections soient des cercles.

Considérons d'abord un ellipsoïde, et soient (fig. 50) OA, OB, OC, ses demi-axes. Supposons OA > OB, OB > OC, et menons, par le demi-axe moyen OB, un plan qui coupe l'ellipse AC au point D. L'intersection avec la surface est une ellipse qui a pour demi-axes OB et OD : or, en faisant tourner le plan autour de OB, la ligne OD prend toutes les grandeurs entre OA et OC; donc il existe une position pour laquelle OD=OB. Alors la section est un cercle, ainsi que toutes les sections parallèles.

La symétrie de l'ellipsoïde, relativement à ses axes, prouve qu'en faisant l'angle COD'=COD, le plan D'OB coupera encore la surface suivant un cercle. Les deux plans DOB, D'OB, se confondent avec le plan COB quand OB=OC; et avec AOB, quand OB=OA. Dans ces deux cas, l'ellipsoïde est de révolution.

On a mené le plan DOB par l'axe moyen : il est clair que si on l'eût mené par l'un des deux autres, on n'eût pas obtenu de cercle. Par exemple, s'il passe par OA, la section sera une ellipse dont OA est un demi-axe, et dont l'autre demi-axe, qui est compris entre OB et OC, ne peut pas devenir égal à OA.

686. Voici une autre manière fort simple de trouver les cercles BD et BD'. Prenons l'équation de l'ellipsoïde rapportée à ses plans principaux,

$$[P] \qquad Px^2+P'y^2+P''z^2=H;$$

et écrivons-la ainsi

$$Px^2+P'(x^2+y^2+z^2)+P''z^2=H+P'x^2+P'z^2,$$

ou encore, de cette manière

$$P'(x^2+y^2+z^2)=H+(P'-P)x^2-(P''-P')z^2.$$

Il est évident que cette équation est vérifiée en posant à la fois ces deux-ci :

$$P'(x^2+y^2+z^2)=H, \quad (P'-P)x^2=(P''-P')z^2.$$

La première est celle d'une sphère qui a pour rayon le demi-axe OB. La deuxième représente deux plans passant par ce demi-axe : car elle donne

$$x=\pm z\sqrt{\frac{P''-P'}{P'-P}}.$$

Par conséquent, les cercles résultant de l'intersection de la sphère avec ces deux plans sont situés sur l'ellipsoïde.

Mais, pour que ces valeurs de x déterminent réellement des plans, il faut que la quantité qui est sous le radical soit positive, et cela exige que P' soit compris entre P et P'' : c'est-à-dire que les plans doivent passer par l'axe moyen.

687. Les démonstrations précédentes peuvent être facilement modifiées pour les autres surfaces; elles sont simples et élégantes, mais elles ont le défaut de ne point apprendre si les sections circulaires qu'elles font connaître sont les seules qui existent. C'est pourquoi nous allons reprendre cette recherche par une analyse propre à donner une solution, à la fois générale et complète, de toutes les questions qui ont pour objet les intersections des surfaces par des plans.

Quelle que soit la surface dont il s'agit, supposons (fig. 51) qu'elle soit rapportée à trois axes rectangulaires Ox, Oy, Oz, et qu'on veuille la couper par un plan quelconque. Je prends à volonté le point O' dans ce plan, et je mène O'R, O'S, O'T, parallèles à Ox, Oy, Oz. Soit $RO'x'=\varphi$ l'angle que fait avec O'R la trace de ce plan sur le plan RO'S; et soit θ

l'inclinaison du premier plan sur le second. J'élève dans le plan sécant la ligne $O'y'$ perpendiculaire à $O'x'$.

Désignons par f, g, h, les coordonnées du point O' rapporté aux axes Ox, Oy, Oz; par x, y, z, celles d'un point quelconque du plan coupant relativement aux mêmes axes; et par x', y', celles du même point relativement aux axes $O'x'$, $O'y'$. On a trouvé (593) les formules

[1] $$\left\{\begin{array}{l} x = x'\cos\varphi - y'\sin\varphi\cos\theta + f, \\ y = x'\sin\varphi + y'\cos\varphi\cos\theta + g, \\ z = y'\sin\theta + h; \end{array}\right.$$

et en mettant ces valeurs dans l'équation de la surface proposée, on aura l'intersection de cette surface par le plan.

Pour plus de simplicité, ne considérons d'abord que les surfaces du second ordre qui ont un centre, et effectuons ces substitutions dans l'équation

[E] $$Px^2 + P'y^2 + P''z^2 = H,$$

dont les coordonnées peuvent être supposées rectangulaires. On trouve un résultat de la forme

$$Ay'^2 + Bx'y' + Cx'^2 + Dy' + Ex' + F = 0,$$

dans lequel on a

$$\begin{array}{l} A = P\sin^2\varphi\cos^2\theta + P'\cos^2\varphi\cos^2\theta + P''\sin^2\theta, \\ B = 2(P' - P)\sin\varphi\cos\varphi\cos\theta, \\ C = P\cos^2\varphi + P'\sin^2\varphi: \end{array}$$

et, pour obtenir un cercle, il faut poser $B = 0$ et $A = C$, c'est-à-dire

[2] $$(P' - P)\sin\varphi\cos\varphi\cos\theta = 0,$$

[3] $$P\sin^2\varphi\cos^2\theta + P'\cos^2\varphi\cos^2\theta + P''\sin^2\theta = P\cos^2\varphi + P'\sin^2\varphi.$$

En général, P' étant différent de P, l'équation [2] ne peut être vérifiée qu'en prenant ou $\cos\theta = 0$, ou $\sin\varphi = 0$, ou $\cos\varphi = 0$.

La première hypothèse, $\cos\theta = 0$, change l'équation [3] en

$$P\cos^2\varphi + P'\sin^2\varphi = P''.$$

Dans le second membre, on peut mettre $P''(\cos^2\varphi + \sin^2\varphi)$ au lieu de P, et alors on a successivement

$$\begin{gathered} P\cos^2\varphi + P'\sin^2\varphi = P''\cos^2\varphi + P''\sin^2\varphi, \\ (P' - P'')\sin^2\varphi = (P'' - P)\cos^2\varphi, \\ \tan\varphi = \pm\sqrt{\frac{P'' - P}{P' - P''}}. \end{gathered}$$

La seconde hypothèse, $\sin\varphi = 0$, réduit l'équation [3] à

$$P'\cos^2\theta + P''\sin^2\theta = P.$$

Par suite, on a

$$\begin{gathered} P'\cos^2\theta + P''\sin^2\theta = P\cos^2\theta + P\sin^2\theta, \\ (P'' - P)\sin^2\theta = (P - P')\cos^2\theta, \\ \tan\theta = \pm\sqrt{\frac{P - P'}{P'' - P}}. \end{gathered}$$

Enfin la troisième hypothèse, $\cos\varphi = 0$, donne

$$P\cos^2\theta + P''\sin^2\theta = P',$$
$$P\cos^2\theta + P''\sin^2\theta = P'\cos^2\theta + P'\sin^2\theta,$$
$$(P''-P')\sin^2\theta = (P'-P)\cos^2\theta,$$
$$\tang\theta = \pm\sqrt{\frac{P'-P}{P''-P'}}.$$

Quels que soient les signes de l'équation [E], tant que la surface n'est pas de révolution, il y a toujours une des quantités P, P', P'', comprise entre les deux autres. Supposons que ce soit P' : les deux premiers radicaux seront imaginaires, le troisième seul sera réel. C'est-à-dire que, pour avoir des sections circulaires, il faut prendre

$$\cos\varphi = 0, \quad \tang\theta = \pm\sqrt{\frac{P'-P}{P''-P'}}.$$

Ces valeurs indiquent deux séries de plans parallèles à l'axe des y.

Quand la surface est de révolution, deux des quantités P, P', P'', sont égales. Soit $P'' = P'$: les solutions des équations [2] et [3] deviennent

$$\cos\theta = 0, \quad \tang\varphi = \infty \quad \text{ou} \quad \cos\varphi = 0;$$
$$\sin\varphi = 0, \quad \tang\theta = \pm\sqrt{-1};$$
$$\cos\varphi = 0, \quad \tang\theta = \infty \quad \text{ou} \quad \cos\theta = 0.$$

Les deux solutions réelles se composent des mêmes valeurs; $\cos\theta = 0$, $\cos\varphi = 0$; et elles montrent que les sections circulaires doivent être perpendiculaires à l'axe des x, qui est ici l'axe de révolution.

Soit $P'' = P' = P$, les équations [2] et [3] sont vérifiées d'elles-mêmes, quels que soient φ et θ, ce qui revient à dire que l'intersection d'une sphère par un plan est toujours un cercle.

Modifions l'analyse précédente pour le cas des paraboloïdes. Pour ces surfaces, on peut prendre, en coordonnées rectangulaires, l'équation

$$\text{[F]} \qquad P'y^2 + P''z^2 = 2Qx;$$

et la substitution des valeurs [1] donne encore un résultat de la forme $Ay'^2 + Bx'y' + Cx'^2 + \text{etc.} = 0$. Mais alors on a, pour A, B, C,

$$A = P'\cos^2\varphi\cos^2\theta + P''\sin^2\theta, \; B = 2P'\sin\varphi\cos\varphi\cos\theta, \; C = P'\sin^2\varphi;$$

et, pour que la section soit un cercle, il faut poser

$$\sin\varphi\cos\varphi\cos\theta = 0, \quad P'\cos^2\varphi\cos^2\theta + P''\sin^2\theta = P'\sin^2\varphi.$$

On tire de là trois systèmes de valeurs, savoir :

$$\begin{cases}\sin\varphi = 0,\\ \tang\theta = \pm\sqrt{-\frac{P'}{P''}};\end{cases} \quad \begin{cases}\cos\varphi = 0,\\ \sin\theta = \pm\sqrt{\frac{P'}{P''}};\end{cases} \quad \begin{cases}\cos\theta = 0,\\ \sin\varphi = \pm\sqrt{\frac{P''}{P'}}.\end{cases}$$

Quand le paraboloïde est elliptique, P' et P'' sont de même signe : si alors P' est plus grand que P'', les valeurs de φ et de θ ne sont réelles que dans le troisième système; mais si P' est moindre que P'', elles ne sont réelles que dans le second. On a ainsi deux séries de plans perpendiculaires au plan de xy ou à celui de xz. Si $P''=P'$, on n'a plus qu'une seule série de plans, lesquels sont perpendiculaires à l'axe du paraboloïde.

Quand le paraboloïde est hyperbolique, P'' et P' sont de signes différens, et il n'y a que le premier système qui donne φ et θ réels. Mais alors les coefficiens A et C sont zéro, en même temps que B; et l'équation $Ay'^2+\text{etc.}=0$, se réduisant au premier degré, ne représente plus que des lignes droites.

Ainsi, il est démontré que *les surfaces du second ordre, le paraboloïde hyperbolique excepté, peuvent être coupées selon des cercles, par des plans parallèles conduits suivant deux directions différentes.*

Et encore pourrait-on écarter toute exception, en regardant les droites, qu'on peut tracer sur le paraboloïde hyperbolique, comme des cercles dont les rayons sont infinis.

On remarquera, sans doute, que les centres des cercles de chaque série sont sur un diamètre de la surface : car il en est ainsi de toutes les sections parallèles (624). On doit remarquer aussi que la propriété de la section anti-parallèle du cône oblique est un cas particulier du théorème précédent.

Démonstrations de quelques théorèmes.

688. Théorème. *Supposons que des cônes aient pour bases les sections planes d'une surface du second ordre, et pour sommet commun un point de cette surface; puis, imaginons, par ce point, un plan tangent à la surface : les sections faites dans les cônes et dans la surface, par un plan parallèle au plan tangent, seront des courbes semblables et semblablement situées.*

Quel que soit le point de la surface qui serve de sommet à ces cônes, choisissons pour ligne des x le diamètre qui passe par ce point, et le plan tangent pour plan de yz. En dirigeant convenablement les y et les z, on pourra donner à l'équation de la surface la forme

[1] $$Px^2+P'y^2+P''z^2=2Qx.$$

Prenons pour la base d'un des cônes l'intersection de la surface par un plan quelconque; et soit

[2] $$x=\alpha y+\beta z+\gamma$$

l'équation de ce plan. Si l'on désigne par x', y', z', les coordonnées d'un point pris à volonté sur cette intersection, on doit avoir

[3] $$Px'^2+P'y'^2+P''z'^2=2Qx', \quad x'=\alpha y'+\beta z'+\gamma.$$

D'un autre côté, si on mène une droite par ce point et par l'origine, ses équations seront

[4] $$y=\frac{y'}{x'}x, \qquad z=\frac{z'}{x'}x.$$

Or, cette droite est une génératrice quelconque du cône; donc en éliminant x', y', z', entre [3] et [4], on aura l'équation de ce cône.

Des équations [4] on tire $y'=\dfrac{yx'}{x}$, $z'=\dfrac{zx'}{x}$; et par suite les équations [3] deviennent

$$(Px^2+P'y^2+P''z^2)x'=2Qx^2, \quad xx'=(\alpha y+\beta z)x'+\gamma x.$$

Il n'y a plus qu'à éliminer x' ; et on trouvera, pour le cône,

$$[5] \qquad Px^2+P'y^2+P''z^2=\frac{2Qx}{\gamma}(x-\alpha y-\beta z).$$

Maintenant coupons ce cône et la surface proposée, par un plan parallèle à celui de yz. Pour cela, faisons $x=\lambda$ dans [1] et [5] : il vient

$$P'y^2+P''z^2=2Q\lambda-P\lambda^2,$$
$$P'y^2+P''z^2=\frac{2Q\lambda}{\gamma}(\lambda-\alpha y-\beta z)-P\lambda^2.$$

En changeant le plan de la base du cône, les quantités α, β, γ, varient; mais dans ces équations les termes du second degré demeurent les mêmes, et par conséquent elles représentent toujours des courbes semblables et semblablement situées. C'est cette propriété qu'il fallait démontrer. (Toutefois, il peut se faire que ces courbes soient des hyperboles différemment tournées.)

Le théorème qui vient d'être démontré est l'extension d'une propriété connue dans la sphère (n° 514, I), et sur laquelle PTOLÉMÉE a fondé la construction des mappemondes telles qu'elles sont encore en usage aujourd'hui.

689. THÉORÈME. *Si deux surfaces du second ordre se rencontrent suivant une première ligne plane, elles se couperont encore suivant une autre ligne plane.*

Prenons, ainsi que l'a fait M. J. BINET, le plan de la ligne commune pour celui de xy, et supposons que les équations des deux surfaces soient

$$[1] \qquad Ax^2+A'y^2+A''z^2+Bxy+B'xz+B''yz+Cx+C'y+C''z+F=0,$$

$$[2] \qquad ax^2+a'y^2+a''z^2+bxy+b'xz+b''yz+cx+c'y+c''z+f=0.$$

En faisant $z=0$, les équations résultantes doivent représenter la même ligne; et, pour cela, il faut que les coefficiens de ces équations soient proportionnels. Ainsi, ρ étant le rapport de A à a, on aura

$$A=a\rho, \quad A'=a'\rho, \quad B=b\rho, \quad C=c\rho, \quad C'=c'\rho, \quad F=f\rho.$$

Maintenant, multiplions l'équation [2] par ρ, et alors retranchons-la de l'équation [1] : les termes qui ne contiennent pas z se détruiront, et il viendra

$$(A''-a''\rho)z^2+(B'-b'\rho)xz+(B''-b''\rho)yz+(C''-c''\rho)z=0.$$

Les coordonnées de tous les points communs aux deux surfaces doivent satisfaire à cette équation : or, elle se partage en deux autres,

$$z=0, \quad \text{et} \quad (A''-a''\rho)z+(B'-b'\rho)x+(B''-b''\rho)y+C''-c''\rho=0,$$

lesquelles représentent deux plans; donc l'intersection des deux surfaces se compose de deux lignes planes. Dans certains cas, la seconde ligne peut se confondre avec la première; elle peut aussi se réduire à une simple ligne droite, ou à un point unique, ou même devenir imaginaire.

690. Théorème. *Dans une surface du second ordre, deux cercles quelconques appartenant à deux séries différentes sont toujours situés sur une même sphère.*

Cette propriété est une extension de celle qui a été donnée n° 470 pour les sections sous-contraires du cône oblique; et voici comment on peut la démontrer.

Soit (fig. 52) MNPQ le plan principal d'une surface du second ordre, sur lequel sont perpendiculaires les deux séries de plans qui coupent la surface suivant des cercles; et soient MN, PQ, les diamètres de deux de ces cercles pris dans les deux séries. Concevons qu'une sphère soit décrite du même centre et du même rayon que le cercle qui passe par les trois points M, N, P. Il est clair que le cercle MN est contenu sur cette sphère, et qu'ainsi il est une intersection de la sphère avec la surface donnée. Donc l'autre courbe d'intersection est plane, et par conséquent c'est un cercle; car, sur la sphère, toutes les courbes planes sont des cercles. Ce cercle, devant se trouver sur la surface donnée et passer au point P, est compris dans l'une des deux séries de sections circulaires. Il ne peut pas être le cercle PR parallèle au cercle MN; car s'il en était ainsi, ces deux cercles, appartenant à une même sphère, devraient avoir leurs centres sur un diamètre perpendiculaire à leurs plans, et dès-lors les cordes MN et PR devraient être perpendiculaires à leur diamètre conjugué. Or cela est impossible, à moins que la surface ne soit de révolution; et, dans ce cas, les cercles PQ et PR coïncideraient. De là il suit que la seconde courbe d'intersection doit être le cercle PQ, ce qui démontre le théorème.

691. Théorème. *Quand deux surfaces du second ordre ont un plan principal commun, l'intersection des surfaces se projette sur ce plan suivant une ligne du second ordre.*

Prenons le plan principal commun pour celui de xy, et choisissons les z perpendiculaires à ce plan. Les équations des deux surfaces ne devront contenir aucune puissance impaire de z, et seront de la forme

$$Ax^2 + A'y^2 + A''z^2 + Bxy + Cx + C'y + F = 0,$$
$$ax^2 + a'y^2 + a''z^2 + bxy + cx + c'y + f = 0.$$

Or si, pour éliminer z, on les retranche l'une de l'autre, après les avoir multipliées respectivement par a'' et A'', le résultat sera une équation du second degré en x et y; donc, etc.

CHAPITRE X.

DISCUSSION DES ÉQUATIONS NUMÉRIQUES DU SECOND ORDRE A TROIS VARIABLES.

Exposé de la méthode.

692. Les propriétés distinctives de chaque surface du second ordre étant connues, ainsi que celles des cas particuliers qui s'y rattachent, je vais exposer la marche à suivre pour déterminer à quelle surface ou à quel cas particulier se rapporte une équation du second degré, dont les coefficiens sont des nombres donnés.

Après avoir ramené l'équation à la forme

$$[A] \quad \begin{aligned} Ax^2+A'y^2+A''z^2+2Bxy+2B'xz+2B''yz \\ +2Cx+2C'y+2C''z+F=0, \end{aligned}$$

on égale à zéro les polynômes dérivés du premier membre, relatifs à x, à y, et à z: on a ainsi trois équations du premier degré, qui doivent donner pour valeurs de x, y, z, les coordonnées du centre (617). Or la résolution de ces équations conduit à distinguer quatre cas généraux (618).

1° Celui où il n'existe qu'un seul centre; 2° celui où il y a une infinité de centres, situés sur une ligne droite; 3° celui où il y a une infinité de centres, situés dans un plan; 4° celui où il n'existe pas de centre.

693. *Premier cas*. On transportera l'origine au centre, et il viendra une équation telle que

$$[G] \quad Ay^2+A'x^2+A''z^2+2Bxy+2B'xz+2B''yz+G=0,$$

dans laquelle les coefficiens sont les mêmes que dans [A], à l'exception de G, dont la valeur est (617)

$$G=Cf+C'g+C''h+F.$$

Supposons G différent de zéro, divisons l'équation [G] par $-G$, et formons celle qui fait connaître les axes de la surface (632). Pour cela, il faut remonter à l'équation [3] du n° 627, et y remplacer A, A',..., par $-\frac{A}{G}$, $-\frac{A'}{G}$,... En faisant pour abréger,

$$L=-\frac{A+A'+A''}{G},$$

$$M=\frac{AA'+AA''+A'A''-B^2-B'^2-B''^2}{G^2},$$

$$N=\frac{AB''^2+A'B'^2+A''B^2-AA'A''-2BB'B''}{G^3},$$

l'équation dont il s'agit sera

$$[\lambda] \qquad \lambda^3 - L\lambda^2 + M\lambda - N = 0.$$

On sait (632) que ses racines ne sont jamais imaginaires, et qu'en les désignant par λ', λ'', λ''', les demi-axes de la surface sont $\sqrt{\frac{1}{\lambda'}}$, $\sqrt{\frac{1}{\lambda''}}$, $\sqrt{\frac{1}{\lambda'''}}$. Puisque ces racines sont réelles, la règle de DESCARTES suffit pour connaître leurs signes. Si l'équation [λ] a trois variations, les racines λ', λ'', λ''', sont positives, et la surface a ses trois axes réels; donc elle est un ellipsoïde. S'il y a deux variations seulement, la surface n'a que deux axes réels; c'est un hyperboloïde à une nappe. S'il n'y a qu'une seule variation, la surface n'a qu'un axe réel; c'est un hyperboloïde à deux nappes. Mais quand l'équation [λ] n'a que des permanences, ses racines étant négatives, les trois axes deviennent imaginaires; et alors la surface elle-même est imaginaire, c'est-à-dire qu'il n'existe aucun point dont les coordonnées puissent vérifier l'équation proposée.

Pour faire usage de l'équation [λ], il faut que les coordonnées soient rectangulaires : c'est pourquoi j'indiquerai encore le procédé suivant, qui est indépendant de cette supposition.

On mène une droite quelconque par le centre, et on examine si, dans toutes ses positions, elle rencontre la surface, qui alors est un ellipsoïde. S'il y a des positions où la droite rencontre la surface, et d'autres où elle ne la rencontre pas, ce sera un des hyperboloïdes; et, pour distinguer lequel des deux, on fait passer un plan par le centre, puis on cherche si, en variant les positions de ce plan, il peut couper la surface suivant des ellipses, ce qui fera reconnaître l'hyperboloïde à une nappe. On peut encore obtenir la même conclusion en examinant si un plan peut couper la surface suivant une droite. Souvent les sections faites par les plans coordonnés, ou par leurs parallèles, suffisent pour obtenir toutes les indications dont on a besoin.

Jusqu'ici on a supposé G différent de zéro; soit maintenant $G = 0$: l'équation [G] se réduit à

$$Ax^2 + A'y^2 + A''z^2 + 2Bxy + 2B'xz + 2B''yz = 0.$$

Elle est vérifiée par les valeurs $x = 0$, $y = 0$, $z = 0$; ainsi le centre fait partie de la surface : et, comme nous sommes toujours dans l'hypothèse où il n'y a qu'un seul centre, l'équation doit représenter un cône ou un point unique. Pour décider entre les deux cas, on fait une section parallèle à un des plans coordonnés, et on examine si elle est réelle ou imaginaire.

694. *Deuxième cas.* Quand on résout les trois équations qui déterminent le centre, il peut se faire qu'en tirant, de deux des équations, les valeurs de deux inconnues, et en les portant dans la troisième équation, celle-ci se vérifie d'elle-même, sans aucune détermination de la dernière inconnue. On doit conclure de là que les plans représentés par les trois équations se coupent suivant la même droite, et que tous les points de cette droite peuvent être pris pour centres. Ce cas est celui dont nous nous occupons.

Alors l'équation proposée doit représenter ou un cylindre elliptique, ou un cylindre hyperbolique, ou deux plans qui se coupent, ou une droite unique, ou une surface imaginaire : or il est évident que toute indécision disparaîtra en coupant la surface par les plans coordonnés. Quelquefois la section faite par un seul de ces plans suffira. Par exemple, si celui de xy donne une ellipse, on peut affirmer que la surface est un cylindre elliptique; mais si elle donne deux droites parallèles, il faut recourir au plan de xz. Si on trouve encore deux droites parallèles, on se sert du plan yz, et il ne pourra plus rester aucun doute. *Voyez* les exemples (698).

695. *Troisième cas.* Ce cas a lieu lorsque la valeur d'une inconnue, tirée de l'une des trois équations qui doivent déterminer le centre, rend identiques les deux autres équations. Alors il existe une infinité de centres, dont le lieu est un plan, et l'équation proposée devra représenter deux plans parallèles, ou un plan unique, ou deux plans imaginaires. Les sections faites par les plans coordonnés écarteront toute indétermination.

696. *Quatrième cas.* On reconnaît ce cas à ce que, en cherchant les coordonnées du centre, on arrive à une absurdité évidente, telle que $2=3$, par exemple. Alors il n'existe pas de centre, et les sections parallèles aux trois plans coordonnés achèveront de résoudre la question. En effet, on doit avoir ou un paraboloïde elliptique, ou un paraboloïde hyperbolique, ou un cylindre parabolique; et je vais montrer que ces sections donnent des résultats différens pour chacune de ces surfaces.

Dans le paraboloïde elliptique, les sections doivent être des paraboles ou des ellipses (663) : or, les plans qui donnent des paraboles sont parallèles à une même droite; donc, sur les trois séries de sections, il y en a au moins une qui se compose d'ellipses. Un raisonnement semblable prouve que, dans le paraboloïde hyperbolique, il y aura au moins une de ces séries qui donnera des hyperboles. Enfin, quand la surface est un cylindre parabolique, les sections ne peuvent être que des paraboles ou des droites parallèles.

Exemples.

697. *Exemples dans lesquels il y a un centre unique.*

EXEMPLE I. Soit l'équation

$$[1] \qquad x^2+2y^2+2z^2+2xy-2x-4y-4z=0.$$

Je forme d'abord les équations dérivées

$$x+y-1=0, \quad 2y+x-2=0, \quad z-1=0.$$

On en tire $x=0$, $y=1$, $z=1$; donc il y a un centre unique.

En comparant l'équation [1] avec [A], on voit que $C=-1$, $C'=-2$, $C''=-2$, $F=0$. Par suite, la quantité G devient $G=-4$; et en plaçant l'origine au centre, il vient, pour la surface,

$$[2] \qquad x^2+2y^2+2z^2+2xy-4=0.$$

Je cherche maintenant ce que devient l'équation [λ] (les coordonnées sont supposées rectangulaires). Il faut prendre $A=1$, $A'=2$, $A''=2$, $B=1$, $B'=0$, $B''=0$, $G=-4$. Par suite, $L=\frac{5}{4}$, $M=\frac{7}{16}$, $N=\frac{1}{32}$; l'équation [λ] devient $\lambda^3-\frac{5}{4}\lambda^2+\frac{7}{16}\lambda-\frac{1}{32}=0$; et, puisqu'il y a trois variations, on conclut que la surface est un ellipsoïde.

C'est ce qu'on voit encore comme il suit. Une droite passant par le centre a pour équations $x = az$, $y = bz$; et quand on cherche ses intersections avec la surface, on trouve

$$z = \pm\sqrt{\frac{4}{(a+b)^2+b^2+2}}.$$

Ces valeurs, ainsi que celles de x et de y, sont réelles, quels que soient a et b; par conséquent la surface est rencontrée par tous ses diamètres: donc elle est un ellipsoïde.

On parvient aussi à cette conséquence au moyen des sections parallèles au plan de yz. Soit fait $x = \alpha$ dans l'équation [2], il vient $2y^2+2z^2+2\alpha y+\alpha^2-4=0$, ou

$$z^2+(y+\tfrac{1}{2}\alpha)^2 = 2-\tfrac{1}{4}\alpha^2.$$

En prenant $\alpha < \sqrt{8}$, quel que soit d'ailleurs le signe de α, on voit que les sections sont des ellipses; mais, en prenant $\alpha > \sqrt{8}$, elles sont imaginaires. Par là, l'ellipsoïde est clairement désigné.

EXEMPLE II. Soit proposé l'équation

[1] $$x^2+y^2+2z^2-2xy-2xz+4yz+2y-3=0.$$

Le centre sera donné par les équations

$$x-y-z=0, \quad y-x+2z+1=0, \quad 2z-x+2y=0.$$

On en déduit $x=0$, $y=1$, $z=-1$; donc il y a un centre unique. On trouve $G=-2$, et par conséquent la surface rapportée au centre a pour équation

[2] $$x^2+y^2+2z^2-2xy-2xz+4yz-2=0.$$

On a ici $L=2$, $M=-\frac{1}{4}$, $N=-\frac{1}{8}$. Par suite on aura donc $\lambda^3-2\lambda^2-\frac{1}{4}\lambda+\frac{1}{8}=0$; et puisque cette équation a deux variations, la surface est un hyperboloïde à une nappe.

On arrive immédiatement à cette conclusion, en remarquant que le plan actuel de xy rencontre la surface suivant des droites. En effet, si on pose $z=0$ dans [2], il vient

$$x^2+y^2-2xy=2, \quad \text{d'où} \quad y=x\pm\sqrt{2}.$$

EXEMPLE III. Soit l'équation

[1] $$x^2-2y^2+z^2+2xy-4xz+4y+4z-9=0.$$

On trouve le centre par les équations

$$x+y-2z=0, \quad -2y+x+2=0, \quad z-2x+2=0,$$

lesquelles donnent $x=2$, $y=2$, $z=2$, et par suite $G=-1$. Ainsi, la surface rapportée au centre a pour équation

[2] $$x^2-2y^2+z^2+2xy-4xz-1=0.$$

Les valeurs de L, M, N, sont $L=0$, $M=-8$, $N=5$; et l'équation [λ] devient $\lambda^3-8\lambda-5=0$. Comme elle n'a qu'une variation, la surface doit être un hyperboloïde à deux nappes.

Si les coordonnées étaient obliques, on ne pourrait plus se servir de l'équation [λ]. Alors, après avoir mis l'origine au centre, on cherchera les intersections de la surface avec les plans coordonnés; et comme on trouve trois hyperboles, on reconnaît bien que la surface est un hyperboloïde, mais on ne voit pas qu'il est à deux nappes. On s'en assure, en examinant si un plan mené par le centre peut la couper suivant une ellipse. Or, l'équation d'un tel plan est $z = ax + by$; et, en éliminant z de l'équation [2], il vient

$$(a^2 - 4a + 1)x^2 + (b^2 - 2)y^2 + 2(ab - 2b + 1)xy - 1 = 0.$$

De là, en posant $\rho = 2a^2 + 2ab - 8a + 3b^2 - 4b + 3$, on tire

$$x = \frac{(2b - ab - 1)y \pm \sqrt{\rho y^2 + a^2 - 4a + 1}}{a^2 - 4a + 1}.$$

Au moyen de ces valeurs de x, on aperçoit facilement que si on prend $a = 2$ et $b < \sqrt{\frac{5}{3}}$, la section est imaginaire. Ainsi, les plans menés par le centre ne donnent pas tous des sections réelles : or, cela suffit pour reconnaître l'hyperboloïde à deux nappes.

Exemple IV. Soit l'équation

$$[1] \qquad 3x^2 + y^2 + z^2 - 2xy - 3xz + yz + y + 2 = 0.$$

Pour le centre, on trouve $x = -\frac{1}{4}$, $y = -\frac{3}{4}$, $z = 0$. En y plaçant l'origine, l'équation [1] se change en

$$[2] \qquad 3x^2 + y^2 + z^2 - 2xy - 3xz + yz + \tfrac{13}{8} = 0.$$

L'équation [λ] devient $\lambda^3 + \frac{40}{13}\lambda^2 + \frac{224}{169}\lambda + \frac{256}{2197} = 0$; et, puisqu'il n'y a que des permanences, les trois racines sont négatives : donc la surface est imaginaire, ou, en d'autres termes, l'équation [1] est impossible.

Soient $x = az$, $y = bz$, les équations d'une droite menée par le centre; combinons-les avec l'équation [2] : il vient

$$(3a^2 + b^2 + 1 - 2ab - 3a + b)z^2 + \tfrac{13}{8} = 0,$$

ou, sous une autre forme,

$$[(b - a + \tfrac{1}{2})^2 + 2(a - \tfrac{1}{2})^2 + \tfrac{1}{4}]z^2 = -\tfrac{13}{8}.$$

Quels que soient a et b, les valeurs de z ne peuvent pas devenir réelles; et cela prouve encore que l'équation [1] est impossible.

Exemple V. On propose l'équation

$$[1] \qquad 3x^2 + 2y^2 - 2xz + 4yz - 4x - 8z - 8 = 0.$$

Pour le centre, on trouvera $x = 0$, $y = 2$, $z = -2$; et en prenant ce point pour origine, l'équation [1] se change en celle-ci

$$3x^2 + 2y^2 - 2xz + 4yz = 0,$$

laquelle peut donner ou un cône ou un point unique. Mais une section par un plan qui ne passe point par l'origine fait disparaître toute incertitude. Par exemple, soit $x = 1$: il vient

$$2y^2 + 4yz - 2z + 3 = 0;$$

Or il est clair que cette équation représente une courbe réelle; par conséquent l'équation [1] est celle d'un cône.

Exemple VI. Si on a l'équation

$$[1] \qquad 3x^2+2y^2+2z^2+2yz+6x+6y+6z+9=0,$$

et qu'on la traite comme l'exemple précédent, on apprend qu'elle représente un point unique.

C'est ce qu'on peut rendre évident sur l'équation même. En effet, on peut l'écrire ainsi

$$3(x+1)^2+2(y+\tfrac{1}{2}z+\tfrac{3}{2})^2+\tfrac{3}{2}(z+1)^2=0;$$

et alors on voit qu'on ne peut y satisfaire qu'en posant à la fois $x+1=0$, $y+\frac{1}{2}z+\frac{3}{2}=0$, $z+1=0$, d'où $x=-1$, $y=-1$, $z=-1$.

Remarque. Il ne faut pas croire que le changement fait à l'équation [1], pour lui donner la forme précédente, soit un artifice de calcul que la sagacité puisse seule découvrir. Le procédé qu'il faut suivre est, au contraire, naturellement indiqué par les théories de l'algèbre; et voici en quoi il consiste.

Considérons un polynôme du second degré en x, y, z,

$$X=Ax^2+A'y^2+A''z^2+2Bxy+\text{etc.}$$

Si on pose l'équation $X=0$, on en tire, pour x, des valeurs de la forme $x=X_1\pm\sqrt{Y}$, X_1 étant une fonction du premier degré en y et z, et Y une fonction du second degré. En vertu du théorème connu sur la composition des équations, on aura

$$X=A(x-X_1-\sqrt{Y})(x-X_1+\sqrt{Y})=A(x-X_1)^2-AY.$$

Supposons qu'on ait $Y=ay^2+a'z^2+2byz+\text{etc.}$, et traitons ce polynôme de la même manière que X. On posera l'équation $Y=0$, et on en tirera $y=Y_1\pm\sqrt{Z}$, en désignant par Y_1 une quantité du premier degré en z, et par Z une quantité du second degré. Alors on a

$$Y=a(y-Y_1-\sqrt{Z})(y-Y_1+\sqrt{Z})=a(y-Y_1)^2-aZ.$$

Enfin, supposons qu'on ait $Z=\alpha z^2+2\beta z+\gamma$, et qu'en posant $Z=0$, on trouve $z=Z_1\pm\sqrt{U}$, Z_1 et U étant des quantités constantes. Il est clair qu'on a aussi

$$Z=\alpha(z-Z_1-\sqrt{U})(z-Z_1+\sqrt{U})=\alpha(z-Z_1)^2-\alpha U.$$

Maintenant, mettons dans Y cette valeur de Z; et ensuite, dans X, celle de Y; on obtient

$$X=A(x-X_1)^2-Aa(y-Y_1)^2+Aa\alpha(z-Z_1)^2-Aa\alpha U.$$

Telle est la transformation qu'on peut faire subir au polynôme X, et qu'on voulait faire connaître.

698. *Exemples dans lesquels il y a une infinité de centres situés en ligne droite.*

Exemple I. Soit l'équation

$$[1] \qquad x^2+y^2+2z^2+2xy+2xz+2yz-2x-2y+2z=0.$$

S'il y a un centre, il est donné par les équations

$$x+y+z=1, \quad y+x+z=1, \quad 2z+x+y=-1.$$

Les deux premières sont identiques, et les deux dernières donnent

[2] $$z=-2, \quad y=-x+3;$$

par conséquent, il y a une infinité de centres situés sur la droite représentée par les équations [2]. En cherchant la section faite par le plan de yz, il vient

$$y^2+2z^2+2yz-2y+2z=0,$$

d'où

$$y=-z+1\pm\sqrt{-z^2-4z+1}.$$

Si on égale à zéro la quantité qui est placée sous le radical, on trouve $z=-2\pm\sqrt{5}$. Puisque ces valeurs sont réelles et inégales, et que z^2, sous le radical, est précédé du signe $-$, la section est une ellipse (239), et par conséquent l'équation [1] appartient à un cylindre elliptique.

Exemple II. Soit l'équation

[1] $$x^2-y^2-2z^2+2xy-4yz+2y+2z=0.$$

Les équations dérivées sont

$$x+y=0, \quad y-x+2z-1=0, \quad 2z+2y-1=0.$$

La première et la troisième donnent

[2] $$x=-y, \quad z=-y+\tfrac{1}{2};$$

et ces valeurs rendent la seconde équation identique, ce qui prouve qu'il existe une infinité de centres, dont le lieu est la droite des équations [2]. En faisant $z=0$ dans [1], il vient

$$x^2-y^2+2xy+2y=0, \quad \text{d'où} \quad x=-y\pm\sqrt{2y^2-2y};$$

et on peut affirmer présentement que l'équation [1] représente un cylindre hyperbolique.

Exemple III. Soit

[1] $$x^2+y^2-z^2-2xy+x-y-z=0.$$

Pour déterminer le centre, on a

$$2x-2y+1=0, \quad 2y-2x-1=0, \quad -2z-1=0.$$

La première équation est la même que la seconde; ainsi, le lieu des centres est encore une droite. Mais, en posant $x=0$, l'équation [1] donne $y=z+1$ et $y=-z$: c'est-à-dire qu'on a deux droites non parallèles. Dès-lors, il est clair que l'équation [1] appartient à un système de deux plans qui se coupent.

Si on la résout par rapport à l'une des variables, on obtiendra, séparément, les équations des deux plans, savoir: $x=y+z$, et $x=y-z-1$.

Exemple IV. Soit l'équation

[1] $$x^2+y^2+\tfrac{5}{2}z^2-3xz-yz-x+y+z+\tfrac{1}{2}=0.$$

On reconnaît encore qu'il y a une infinité de centres, situés sur la droite qui a pour équations

[2] $$x=\tfrac{1}{2}z+\tfrac{1}{2}, \quad y=\tfrac{1}{2}z-\tfrac{1}{2}.$$

Mais quand on cherche la section de la surface par le plan de xy, il vient

$$x^2+y^2-x+y+\tfrac{1}{2}=0,\quad \text{d'où}\quad y=-\tfrac{1}{2}\pm(x-\tfrac{1}{2})\sqrt{-1};$$

et, pour que y soit réel, il faut faire $x=\frac{1}{2}$.

Dans ce cas, la surface se réduit à une droite unique, qui doit être la même que celle des équations [2] Ce résultat se déduit aussi de l'équation [1] en lui donnant la forme $(x-\frac{1}{2}z-\frac{1}{2})^2+(y-\frac{1}{2}z+\frac{1}{2})^2=0$.

Exemple V. Dans l'exemple précédent mettons, pour dernier terme, $+1$ au lieu de $+\frac{1}{2}$, on aura cette équation

$$x^2+y^2+\tfrac{1}{2}z^2-3xz-yz-x+y+z+1=0,$$

qui représente un cylindre imaginaire; et c'est ce qu'on reconnaît sur-le-champ en l'écrivant ainsi :

$$(x-\tfrac{1}{2}z-\tfrac{1}{2})^2+(y-\tfrac{1}{2}z+\tfrac{1}{2})^2+\tfrac{1}{2}=0.$$

699. *Exemples dans lesquels le lieu des centres est un plan.*

Exemple I. Soit l'équation

[1] $$x^2+y^2+9z^2-2xy+6xz-6yz-x+y-3z=0.$$

Dans ce cas, les trois équations dérivées se réduisent à une seule,

$$x-y+3z-\tfrac{1}{2}=0;$$

par conséquent, tous les points du plan que cette équation détermine peuvent être également pris pour centres. En coupant la surface par le plan de xy, il vient

$$x^2+y^2-2xy-x+y=0,\quad \text{d'où}\quad y=x \quad \text{et} \quad y=x-1.$$

Puisqu'on a pour section deux droites parallèles, l'équation [1] représente deux plans parallèles. Et en effet, si on la résout par rapport à x, on en tire $x=y-3z$ et $x=y-3z+1$.

Exemple II. Si on a l'équation

[1] $$x^2+y^2+4z^2-2xy+4xz-4yz-2x+2y-4z+1=0;$$

et qu'on la traite comme la précédente, on trouvera un plan unique dont l'équation est

$$x-y+2z-1=0.$$

En élevant cette équation au carré, on reproduit la proposée.

Exemple III. Si l'équation donnée est

$$x^2+y^2+z^2-2xy-2xz+2yz-2x+2y+2z+5=0,$$

on reconnaîtra facilement qu'elle représente deux plans imaginaires : ce qui, d'ailleurs, devient évident en l'écrivant ainsi

$$(x-y-z-1)^2+4=0.$$

700. *Exemples dans lesquels il n'y a point de centre.*

Exemple I. Soit proposé l'équation

[1] $$x^2+3y^2+2z^2+2xy+4yz-3x-4y-3z=0.$$

Les équations qui donneraient le centre, s'il y en avait un, sont

$$2x+2y=3,\quad 3y+x+2z=2,\quad 4z+4y=3.$$

La première et la troisième donnent $x = -y + \frac{1}{2}$, $z = -y + \frac{1}{4}$; et, en mettant ces valeurs dans la seconde, il vient $3 = 2$, absurdité qui montre que la surface est dénuée de centre.

Pour la section faite par le plan de xz, on trouve l'équation $x^2 + 2z^2 - 3x - 3z = 0$, laquelle représente une ellipse; donc la surface est un paraboloïde elliptique.

Exemple II. Soit

$$[1] \qquad x^2 + y^2 - 2z^2 + 2xy + 2xz + 2yz - 4x - 2y + 2z = 0.$$

Je forme d'abord les équations dérivées

$$x + y + z = 2, \quad x + y + z = 1, \quad x + y - 2z = -1;$$

et comme les deux premières sont incompatibles, la surface n'a point de centre. En faisant $z = 0$ dans [1], il vient $x^2 + y^2 + 2xy - 4x - 2y = 0$; et comme cette équation est celle d'une parabole, on n'en peut rien conclure. Mais, en faisant $y = 0$, on a $x^2 - 2z^2 + 2xz - 4x + 2z = 0$, équation qui représente une hyperbole; donc la surface est un paraboloïde hyperbolique.

Exemple III. Soit encore l'équation

$$x^2 + y^2 + 9z^2 - 2xy - 6xz + 6yz + 2x - 4z = 0.$$

Les équations dérivées

$$x - y - 3z = -1, \quad y - x + 3z = 0, \quad 9z - 3x + 3y = 2,$$

étant évidemment contradictoires, la surface n'a pas de centre. En cherchant ses intersections avec les plans des coordonnées, on trouve

$$x^2 + y^2 - 2xy + 2x = 0,$$
$$x^2 + 9z^2 - 6xz + 2x - 4z = 0,$$
$$y^2 + 9z^2 + 6yz - 4z = 0.$$

Ces trois équations représentant des paraboles, on en conclut que la surface est un cylindre parabolique.

CHAPITRE XI.

DES SURFACES CONSIDÉRÉES D'APRÈS LEUR GÉNÉRATION.

Règles générales.

701. En considérant les surfaces dans leur génération, on est conduit à des questions qui exigent l'emploi de la plus haute analyse, et qui ont fait le sujet des plus beaux travaux de Monge. Il ne saurait entrer dans le plan de cet ouvrage d'exposer ici ces savantes et difficiles recherches; je me bornerai à présenter les équations de quelques surfaces très simples, engendrées par des lignes qui se meuvent et qui peuvent changer de forme d'après des lois données. Or voici, en général, la marche qu'il faudra suivre.

1° On écrira d'abord les deux équations de la ligne génératrice, sans avoir égard aux conditions qui règlent son mouvement ou son changement de forme. Il devra toujours y avoir dans ces équations un ou plusieurs coefficiens indéterminés, sans quoi elles représenteraient une ligne fixe, qui ne serait susceptible d'aucune variation, et qui par conséquent ne saurait engendrer une surface. Je donnerai le nom de *paramètres* à ces coefficiens.

2° On exprimera par des équations les conditions auxquelles la génératrice doit rester soumise pendant son mouvement. Ces équations devront toujours être en nombre moindre que celui des paramètres : autrement aucun d'eux ne pourrait varier, et la génératrice ne pourrait point subir de déplacement. D'un autre côté, quand l'énoncé détermine complétement la surface, le nombre de ces paramètres ne devra surpasser que d'une unité le nombre des équations de condition ; et il est évident que ce sera la variation de l'un quelconque d'entre eux qui, en transportant la génératrice dans différentes positions successives, et quelquefois aussi en modifiant sa forme, lui fera décrire une surface, qui est celle dont on demande l'équation. S'il y avait un plus grand nombre de paramètres, on pourrait donner des valeurs particulières à quelques uns, pour n'en conserver juste qu'un de plus qu'il n'y a d'équation de condition ; ce qui donnerait lieu à une surface. Mais, en changeant les valeurs attribuées à quelques uns des paramètres, on pourrait obtenir d'autres surfaces : c'est-à-dire que la question proposée pourrait se résoudre par une infinité de surfaces différentes, ce qui est contraire à la supposition.

3° Entre les équations de condition et celles de la génératrice, on élimine tous les paramètres indéterminés, et l'équation résultante est celle de la surface demandée. En effet, observez d'abord que le nombre total de ces équations surpasse d'une unité celui des paramètres, de sorte que l'élimination, en général, est possible ; et ensuite faites bien attention que l'équation résultante, ne conservant aucune trace des paramètres, doit être satisfaite par les coordonnées x, y, z, d'un point quelconque appartenant à telle position qu'on voudra de la génératrice, ce qui revient à dire que cette équation est celle de la surface décrite par cette génératrice.

Remarque. C'est pour donner à la règle toute la généralité possible, que j'ai prescrit en premier lieu de poser les équations de la génératrice sans avoir égard aux conditions de son mouvement, et d'établir ensuite les équations qui résultent de ces conditions. Mais, dans un grand nombre de cas, ces conditions pourront être introduites, en tout ou en partie, dans les équations mêmes de la génératrice ; et alors il ne faudra plus y avoir égard dans la suite du calcul. Par exemple, si une droite doit passer par un point donné dont les coordonnées sont a, b, c, on prendra, pour cette droite, les équations $x-a=\alpha(z-c)$, $y-b=\beta(z-c)$; et dès-lors la condition dont il s'agit se trouvera remplie.

Dans quelques cas, au contraire, il sera plus commode d'employer des indéterminées auxiliaires : mais elles auront toujours avec les autres indéterminées certaines relations dont il faut avoir grand soin de tenir compte.

Surfaces cylindriques.

702. On nomme *surface cylindrique*, ou simplement *cylindre*, la surface engendrée par une droite qui se meut parallèlement à elle-même.

703. De cette définition il suit, comme conséquence immédiate, que le contact d'un plan avec un cylindre a lieu suivant une génératrice tout entière. En effet, le cylindre peut être assimilé à un prisme dont les faces sont infiniment étroites; et il est évident, d'après les considérations exposées n° 649, que le plan d'une de ces faces, prolongé indéfiniment, est tangent à la surface en tous les points d'une génératrice.

704. Problème. *Étant donné une droite à laquelle la génératrice doit être parallèle; et une courbe directrice sur laquelle elle doit toujours s'appuyer, trouver l'équation du cylindre qu'elle décrit.*

Soient [1] $f(x,y,z)=0,\quad f_1(x,y,z)=0,$

les équations de la courbe directrice; et soient

[2] $$x=az+\alpha,\quad y=bz+\beta,$$

celles de la génératrice. Les coefficiens a et b sont constans; mais α et β sont deux indéterminées, qui doivent être assujetties à la relation nécessaire pour que la génératrice, dans toutes ses positions, rencontre la courbe. Pour que cette intersection ait lieu, il faut que les équations [1] et [2] soient satisfaites par les mêmes valeurs de x, y, z; donc, si on élimine ces trois quantités entre les quatre équations, on aura la relation cherchée. Je désignerai cette relation par

[3] $$F(\alpha,\beta)=0.$$

Elle doit toujours exister lorsque les équations [2] sont celles d'une génératrice; et par conséquent, pour obtenir l'équation du cylindre, il suffit d'éliminer α et β entre les trois équations [2] et [3]. Les équations [2] donnent $\alpha=x-az$, $\beta=y-bz$; et en mettant ces valeurs dans [3], on aura, pour le cylindre,

[4] $$F(x-az,y-bz).$$

705. Comme exemple, prenons le cas où la directrice est un cercle situé dans le plan de xy; et soient

$$z=0,\quad (x-f)^2+(y-g)^2=r^2,$$

les équations de ce cercle. Pour qu'il soit toujours rencontré par la génératrice, on aura la condition

$$(\alpha-f)^2+(\beta-g)^2=r^2;$$

et par suite on trouvera, pour le cylindre à base circulaire, l'équation

$$(x-az-f)^2+(y-bz-g)^2=r^2.$$

706. *Remarques.* De quelque manière qu'un cylindre soit déterminé, on peut toujours le concevoir comme engendré par une droite qui se meut parallèlement à elle-même le long d'une courbe tracée sur ce cylindre; et de là il suit que tous les cylindres peuvent être compris dans l'équation [4]. Il est bien entendu que, pour des cylindres différens, les

valeurs de a et b pourront être différentes, ainsi que la forme de la fonction indiquée par la lettre F.

Il est facile d'ailleurs de reconnaître *à posteriori* que cette équation [4], ou même celle-ci

[5] $$F(ax+by+cz+d,\ a'x+b'y+c'z+d')=0,$$

qui paraît plus générale, ne peut renfermer que des surfaces cylindriques. En effet, pour satisfaire à cette dernière, il faut qu'on ait en même temps

[6] $$ax+by+cz+d=\alpha,\quad a'x+b'y+c'z+d'=\beta,$$

α et β étant des quantités quelconques assujetties seulement à la relation $F(\alpha, \beta)=0$. Or, quelques valeurs qu'aient α et β, il est clair que les équations [6] déterminent des droites parallèles. Ainsi la surface peut être regardée comme engendrée par une droite qui se meut parallèlement à elle-même; par conséquent elle est une surface cylindrique.

707. Problème. *La direction de la génératrice étant connue, trouver l'équation du cylindre circonscrit à une surface donnée.*

Ce problème serait le même que le précédent, si on connaissait la courbe de contact. L'équation de la surface donnée est déjà une des équations de cette courbe, et je la représenterai par

[7] $$f(x, y, z)=0.$$

On obtiendra une autre équation de la même courbe en exprimant que le cylindre est circonscrit à la surface donnée, condition qui exige que le plan tangent à cette surface, en chaque point de la courbe de contact, soit aussi tangent au cylindre. Il suit de là que ce plan doit contenir la génératrice du cylindre, menée par le point de contact : car cette droite, devant être considérée comme étant à elle-même sa propre tangente, est évidemment contenue dans le plan tangent au cylindre. Supposons que $f(x, y, z)$ soit un polynôme algébrique; nommons X, Y, Z, ses trois polynômes dérivés; x, y, z, les coordonnées du point de contact, et x', y', z', les coordonnées courantes du plan tangent et de la génératrice qui passent en ce point : on a

$$X(x'-x)+Y(y'-y)+Z(z'-z)=0 \quad \text{pour le plan,}$$
$$x'-x=a(z'-z),\quad y'-y=b(z'-z) \quad \text{pour la droite,}$$

a et b étant deux quantités données. Or, pour que la droite soit dans le plan, ces valeurs de $x'-x$ et de $y'-y$ doivent vérifier l'équation du plan, quel que soit z; et de là il résulte l'équation

[8] $$aX+bY+Z=0,$$

laquelle achève de déterminer la courbe de contact. La question est alors ramenée à celle du n° précédent.

708. Considérons le cas particulier où la surface donnée est une sphère dont l'équation est

[9] $$x^2+y^2+z^2=r^2.$$

Alors on a $X=2x$, $Y=2y$, $Z=2z$; et l'équation [8] devient

[10] $$ax+by+z=0.$$

Cette équation, étant celle d'un plan qui passe par l'origine, montre que la courbe de contact est un grand cercle de la sphère. Il est facile de voir, en outre, que ce plan est perpendiculaire aux génératrices du cylindre (566).

Les équations [9] et [10] sont celles de la courbe de contact : il n'y a plus qu'à répéter ici les calculs du n° précédent, et on trouvera, pour le cylindre circonscrit à la sphère, l'équation

$$\left.\begin{matrix}(b^2+1)x^2+(a^2+1)y^2+(a^2+b^2)z \\ -2abxy-2axz-2byz\end{matrix}\right\}=(a^2+b^2+1)r^2.$$

Surfaces coniques.

709. On appelle *cône* ou *surface conique* la surface engendrée par une droite qui passe constamment par un même point, nommé *centre* ou *sommet*, et qui d'ailleurs se meut suivant telle loi qu'on voudra.

710. On peut donc assimiler un cône à une surface pyramidale d'une infinité de faces ; et par suite on conclût, comme pour le cylindre, que le contact d'un plan avec un cône doit avoir lieu suivant une génératrice entière.

711. Problème. *On donne le sommet d'un cône, et une courbe sur laquelle la génératrice doit toujours s'appuyer : on demande l'équation du cône.*

Soient a, b, c, les coordonnées du sommet ; et soient

[1] $$f(x, y, z)=0, \quad f_1(x, y, z)=0,$$

les équations de la directrice. Puisque la génératrice passe par le sommet, ses équations sont de la forme

[2] $$x-a=\alpha(z-c), \quad y-b=\beta(z-c);$$

et, puisqu'elle doit toujours s'appuyer sur la directrice, il existe entre α et β une relation, qu'on obtiendra en éliminant x, y, z, entre [1] et [2]. De là résulte une condition que je représenterai par l'équation

[3] $$F(\alpha, \beta)=0.$$

Alors il n'y a plus qu'à éliminer α et β entre les équations [2] et [3] ; et on aura l'équation du cône,

[4] $$F\left(\frac{x-a}{z-c}, \frac{y-b}{z-c}\right)=0.$$

712. Prenons pour exemple le cône oblique à base circulaire. Afin de simplifier, je choisis le plan de cette base pour celui de xy, et son centre pour l'origine. De cette manière les équations de la base seront

$$z=0, \quad x^2+y^2=r^2.$$

Pour que la génératrice rencontre cette circonférence, on a la condition

$$(a-\alpha c)^2+(b-\beta c)^2=r^2;$$

et en éliminant, de cette équation, α et β au moyen des équations [2], on trouve l'équation du cône, savoir :

$$(az-cx)^2+(bz-cy)^2=r^2(z-c)^2.$$

713. *Remarques.* Toute surface comprise dans l'équation [4] est un cône. En effet, si on pose

[5] $$x-a=\alpha(z-c),\quad y-b=\beta(z-c),$$

on aura $F(\alpha, \beta)=0$: de sorte que les cordonnées x, y, z, de la surface devront satisfaire aux deux équations [5], pourvu qu'on assujettisse α et β à la condition $F(\alpha, \beta)=0$. Or les équations [5] représentent une droite qui passe constamment par un point fixe dont les coordonnées sont a, b, c; donc la surface dont il s'agit est un cône.

Ce qui caractérise l'équation [4], c'est que x, y, z, n'y entrent qu'avec les rapports $\frac{x-a}{z-c}$, $\frac{y-b}{z-c}$; et de là il résulte que l'équation du cône doit être homogène par rapport aux trois quantités $x-a$, $x-b$, $z-c$. Si le sommet était à l'origine on aurait $a=0$, $b=0$, $c=0$; et l'équation serait homogène par rapport aux coordonnées x, y, z.

714. Problème. *Trouver l'équation d'un cône dont on connaît le sommet, et qui est circonscrit à une surface donnée.*

Soit [6] $$f(x, y, z)=0,$$

l'équation de la surface donnée : ce sera déjà une des équations de la courbe de contact.

Nommons toujours X, Y, Z, les trois polynômes dérivés de $f(x, y, z)$; x', y', z', les coordonnées courantes du plan tangent; et x, y, z, les coordonnées d'un point de la courbe de contact. En ce point, l'équation du plan tangent sera

$$X(x'-x)+Y(y'-y)+Z(z'-z)=0.$$

Mais ce plan devant aussi être tangent au cône, passe par le sommet donné; donc, si a, b, c, sont les coordonnées de ce sommet, on aura

[7] $$X(a-x)+Y(b-y)+Z(c-z)=0.$$

Cette équation appartient encore à la courbe de contact, et achève de la déterminer. On est ainsi ramené aux données du n° 711.

715. Supposons que l'équation [6] soit du degré m, et que, $Ax^py^qz^r$ étant un terme quelconque de ce degré, on ait

$$f(x, y, z)=Ax^py^qz^r+\text{etc.}:$$

les polynômes dérivés X, Y, Z, seront

$$X=pAx^{p-1}y^qz^r+\text{etc.},\ Y=qAx^py^{q-1}z^r+\text{etc.},\ Z=rAx^py^qz^{r-1}+\text{etc.}$$

L'équation [7] peut s'écrire ainsi

$$aX+bY+cZ=Xx+Yy+Zz.$$

En remplaçant X, Y, Z, par leurs valeurs, le premier membre est évidemment de degré inférieur à m; et quand au second, on sait (650) qu'il se réduit toujours à un degré moindre que m. Après l'avoir réduit, je le désigne par V; l'équation [7] devient

[8] $$aX+bY+cZ=V,$$

et alors elle montre que la ligne de contact est sur une surface d'ordre inférieur à m. Donc, si la surface donnée est du second ordre, la ligne de contact sera plane. Ces conséquences sont déjà connues (653).

716. Comme application plus spéciale, cherchons le cône qui a son sommet à l'origine, et qui est circonscrit à la sphère dont l'équation est

[9] $$(x-f)^2+(y-g)^2+(z-h)^2=r^2.$$

Alors on a $a=0$, $b=0$, $c=0$, $X=2(x-f)$, $Y=2(y-g)$, $Z=2(z-h)$; et l'équation [7] sera

$$(x-f)x+(y-g)y+(z-h)z=0,$$

ou, en réduisant au moyen de l'équation [9] et posant $f^2+g^2+h^2=d^2$,

[10] $$fx+gy+hz=d^2-r^2.$$

Il est facile de voir, par cette équation, que la ligne de contact est un petit cercle dont le plan est perpendiculaire à la droite menée de l'origine au centre de la sphère.

Comme l'origine est placée au sommet du cône, les équations de la génératrice sont simplement

[11] $$x=\alpha z, \quad y=\beta z;$$

et, pour qu'elle rencontre le petit cercle, on trouve la condition

$$(\alpha^2+\beta^2+1)(d^2-r^2)-(f\alpha+g\beta+h)^2=0.$$

En remplaçant α et β par leurs valeurs $\frac{x}{z}$ et $\frac{y}{z}$, tirées des équations de la génératrice, on obtient l'équation du cône circonscrit à la sphère, savoir :

$$(x^2+y^2+z^2)(d^2-r^2)-(fx+gy+hz)^2=0.$$

Surfaces développables en général.

717. On nomme *surfaces développables* celles qui sont engendrées par une droite qui se meut de manière que, dans chacune de ses positions, elle soit dans un même plan avec la position infiniment voisine. Le cylindre et le cône appartiennent à ce genre de surfaces.

718. Une propriété bien remarquable de ces surfaces, et qui est exprimée par leur dénomination même, c'est qu'une portion d'une telle surface étant prise à volonté, on peut toujours l'étendre dans un plan sans déchirure ni duplicature. Et en effet, d'après la définition, cette portion de surface étant composée d'élémens plans, dont chacun est séparé de l'élément voisin par une génératrice, on peut concevoir que chacun de ces élémens tourne successivement autour de la génératrice qui le sépare de l'élément contigu; et, de cette manière, on amènera un premier élément sur le plan du suivant, l'ensemble de ces deux élémens sur le plan du troisième, et ainsi de suite.

719. Une autre propriété également remarquable des surfaces développables, et qui dérive immédiatement de leur définition, c'est que dans toutes ces surfaces, le contact du plan tangent doit avoir lieu suivant une génératrice entière. La raison en est, comme pour les cylindres et les cônes, qu'une génératrice donnée est toujours dans un même plan avec la génératrice infiniment voisine, et que ce plan, prolongé indéfi-

niment en tous sens, est tangent à la surface en chaque point de la génératrice donnée.

720. La définition des surfaces développables peut se ramener à un énoncé auquel le calcul algébrique s'appliquera plus facilement qu'à la définition elle-même; et c'est cet énoncé que je vais faire connaître.

Considérons la surface qu'on obtient en prolongeant indéfiniment les côtés d'un polygone ABCD .... (fig. 53), dont trois côtés consécutifs quelconques ne sont pas dans le même plan. Cette surface, ou, si l'on veut, ce polyèdre, se compose de faces PAQ, QBR, ... qui ne sont autre chose que des portions angulaires de plans. Et même rien n'empêche de concevoir toutes les arêtes comme prolongées de l'autre côté du polygone. De cette manière on forme une seconde nappe de la même surface polyédrale, et qui est séparée de la première par le polygone ABCD...., de même que les nappes d'un cône le sont par le sommet.

Cela posé, imaginons que le polygone soit inscrit dans une courbe donnée, et augmentons successivement le nombre de ses côtés. On déterminera ainsi une série de polyèdres sur lesquels chaque arête sera dans un même plan avec l'arête immédiatement voisine; et par conséquent la limite de ces polyèdres sera une surface courbe douée de la même propriété, c'est-à-dire qu'elle sera une surface développable.

Remarquons en outre, qu'en passant ainsi à la limite, le polygone se confond avec la courbe donnée, et que les arêtes du polyèdre deviennent tangentes à cette courbe. Donc, en général, *une surface développable peut être décrite par une droite qui reste constamment tangente à une courbe.* Monge appelle cette courbe *arête de rebroussement.*

Le cylindre et le cône échappent à cette génération, parce que, dans l'un, les génératrices sont parallèles entre elles, et que, dans l'autre, elles passent toutes par un même point.

721. Problème. *Trouver l'équation d'une surface développable dont on connaît l'arête de rebroussement.*

Supposons que les équations des projections de cette arête soient

[1] $$y=\varphi(x),\quad z=\psi(x),$$

φ et ψ étant des signes de fonctions. Il est facile de reconnaître que les projections de la tangente à une courbe sont tangentes aux projections de cette courbe; donc, si on nomme α, β, γ, les coordonnées d'un point quelconque de la courbe donnée, on aura, pour la tangente en ce point, les équations

[2] $$y-\beta=\varphi'(\alpha)(x-\alpha),\quad z-\gamma=\psi'(\alpha)(x-\alpha):$$

en dénotant par φ' et et ψ' deux fonctions qui doivent se déduire des fonctions φ et ψ. On a d'ailleurs entre α, β, γ, les relations

[3] $$\beta=\varphi(\alpha),\quad \gamma=\psi(\alpha).$$

Ici les indéterminées α, β, γ, sont celles dont la variation fait mouvoir la génératrice; et ce sont elles qu'il faut éliminer entre les équations [2] et [3] pour avoir l'équation de la surface développable.

Il n'y a pas plus de difficulté lorsqu'au lieu des projections de l'arête de rebroussement, on donne deux surfaces sur lesquelles cette courbe est contenue. Mais alors il sera mieux de déterminer la tangente par l'intersection des plans tangens aux deux surfaces.

722. Problème. *Les équations d'une courbe étant données, reconnaître si cette courbe est plane ou à double courbure.*

Déterminez comme dans le problème précédent le lieu des tangentes à cette courbe; et si elle est plane, ce lieu sera un plan.

Par exemple, soient les équations

$$[4] \qquad y = ax^2 + bx + c, \quad z = a'x^2 + b'x + c'.$$

On aura $\varphi'(\alpha) = 2a\alpha + b$, $\psi'(\alpha) = 2a'\alpha + b'$. Par suite les équations [2] et [3] deviennent

$$y - \beta = (2a\alpha + b)(x - \alpha), \quad z - \gamma = (2a'\alpha + b')(x - \alpha),$$
$$\beta = a\alpha^2 + b\alpha + c, \qquad \gamma = a'\alpha^2 + b'\alpha + c';$$

et c'est entre celles-ci qu'il faut éliminer α, β, γ, pour avoir le lieu des tangentes à la courbe des équations [4].

Par l'addition, on élimine sur-le-champ β et γ; et on trouve

$$y = (2a\alpha + b)x - a\alpha^2 + c, \quad z = (2a'\alpha + b')x - a'\alpha^2 + c'.$$

Puis on élimine α en retranchant ces dernières l'une de l'autre, après les avoir multipliées respectivement par a' et par a. Il vient

$$a'y - az = (ba' - ab')x + ca' - ac';$$

et comme cette équation représente un plan, on doit conclure que la courbe donnée est plane.

Surfaces de révolution.

723. Les *surfaces de révolution* sont celles qu'on peut engendrer en faisant tourner une ligne autour d'un axe fixe.

On nomme *plans méridiens* les plans qui passent par l'axe, et *méridiens* les intersections de ces plans avec la surface. Il est clair que tous les méridiens sont égaux; il est également clair que les perpendiculaires abaissées sur l'axe, des différens points de la ligne génératrice, décrivent des cercles dont les plans sont perpendiculaires à l'axe, et qui ont leurs centres sur cet axe. Ces cercles se nomment *parallèles*.

724. Dans les surfaces de révolution, le plan tangent est perpendiculaire au plan méridien qui passe au point de contact. En effet, le plan tangent doit contenir la tangente au parallèle qui passe au point de contact (648) : or le plan de ce parallèle est perpendiculaire au plan méridien qui passe par ce point, et la tangente est perpendiculaire au rayon qui est l'intersection des deux plans; donc cette tangente est perpendiculaire au plan méridien; donc le plan tangent l'est aussi.

725. Problème. *Une courbe quelconque étant donnée, trouver l'équation de la surface qu'elle décrit en tournant autour de l'axe des z.*

Prenez les équations d'un cercle dont le plan soit perpendiculaire à l'axe des z, et qui ait son centre sur cet axe. Elles renfermeront deux indéterminées qu'on assujettira à l'équation nécessaire pour que le cercle rencontre la génératrice. Entre cette équation et celles du cercle, éliminez les deux indéterminées : l'équation résultante sera celle de la surface.

Soient les équations de la génératrice,

[1] $$f(x, y, z) = 0, \quad f_1(x, y, z) = 0.$$

Pour plus de simplicité on supposera les axes rectangulaires, et on pourra représenter le cercle par les équations

[2] $$z = \alpha, \quad x^2 + y^2 = \beta,$$

dans lesquelles α et β sont deux indéterminées. Mais, pour que le cercle rencontre la génératrice, les équations [1] et [2] doivent être satisfaites par les mêmes valeurs de x, y, z; et de là résulte entre α et β une relation que je représente par

[3] $$F(\alpha, \beta) = 0.$$

C'est de cette équation qu'il faut éliminer α et β, au moyen des équations [2]; et la surface demandée sera renfermée dans l'équation résultante

[4] $$F(z, x^2 + y^2) = 0.$$

Si l'équation [3] peut se résoudre par rapport à α, et qu'on en tire $\alpha = \varphi(\beta)$, l'équation [4] pourra s'écrire ainsi :

$$z = \varphi(x^2 + y^2).$$

Jusqu'ici la ligne génératrice était tout-à-fait quelconque. Supposons maintenant que ce soit une ligne située dans le plan de xz, et que ses équations soient

[5] $$y = 0, \quad f(z, x) = 0.$$

En prenant l'axe des z pour axe de révolution, les équations du cercle sont, ainsi qu'on l'a dit plus haut,

$$z = \alpha, \quad x^2 + y^2 = \beta.$$

Pour qu'il rencontre la génératrice, on a la condition

$$f(\alpha, \sqrt{\beta}) = 0,$$

f étant le même signe de fonction que pour la génératrice; et, en éliminant α et β, il vient pour la surface

$$f(z, \sqrt{x^2 + y^2}) = 0.$$

Ici f est encore le même signe de fonction; ainsi, il suffit de mettre $\sqrt{x^2 + y^2}$, au lieu de x, dans l'équation $f(z, x) = 0$ de la génératrice. Ce résultat s'aperçoit sur-le-champ en remarquant, d'une part, que si les coordonnées d'un point quelconque de la surface sont x, y, z, ce point sera sur un parallèle dont le rayon est égal à $\sqrt{x^2 + y^2}$; et, de l'autre, qu'il doit exister, entre z et $\sqrt{x^2 + y^2}$, la même relation qu'entre les deux coordonnées de la génératrice située dans le plan de xz.

Quelle que soit la ligne génératrice, la solution du problème peut encore se présenter comme il suit. Pour la génératrice, prenons toujours les équations

$$f(x, y, z) = 0, \quad f_1(x, y, z) = 0;$$

et soient x, y, z, les coordonnées d'un point quelconque de la surface de révolution; et x', y', z, celles du point qui a la même coordonnée z sur la génératrice. Le premier point est une des positions que vient occuper le second pendant la rotation de cette génératrice. Par conséquent il est à la même distance de l'axe, et l'on doit avoir

$$x^2+y^2=x'^2+y'^2.$$

Mais les équations de la génératrice donnent

$$f(x', y', z)=0, \quad f_1(x', y', z)=0;$$

donc, pour connaître la surface, il n'y a qu'à éliminer x', y', entre ces deux équations et la précédente.

Par exemple, supposons que la génératrice soit une droite ayant pour équations

$$x=Mz+N, \quad y=M'z+N':$$

il faudra éliminer x' et y' entre les trois équations

$$x^2+y^2=x'^2+y'^2, \quad x'=Mz+N, \quad y'=M'z+N';$$

et, pour la surface, il vient

$$(Mz+N)^2+(M'z+N')^2=x^2+y^2.$$

Cette équation se simplifie en choisissant pour ligne des x celle sur laquelle se mesure la plus courte distance entre la génératrice et l'axe de révolution, qui est déjà pris pour ligne des z. Alors la génératrice rencontre la ligne des x, et est parallèle au plan de yz. En conséquence, pour ses équations, je prendrai

$$x=a, \quad y=bz:$$

c'est-à-dire que $M=0$, $N=a$, $M'=b$, $N'=0$; et par suite l'équation de la surface se change en

$$x^2+y^2=b^2z^2+a^2.$$

Le lecteur a sans doute reconnu ici l'hyperboloïde de révolution à une nappe. La double génération de cette surface est évidente; car l'équation ci-dessus reste la même, quoiqu'on y change b en $-b$.

726. Problème. *L'axe et la génératrice d'une surface de révolution étant donnés, trouver l'équation de cette surface, quelle que soit la position de l'axe.*

Soient [α] $\quad f(x, y, z)=0, \quad f_1(x, y, z)=0,$

les équations de la génératrice. Je désigne par a, b, c, les coordonnées d'un point pris à volonté sur l'axe de révolution, et je mets les équations de cet axe sous la forme

[β] $$x-a=A(z-c), \quad y-b=B(z-c).$$

L'équation d'un plan perpendiculaire à cet axe, et celle d'une sphère dont le centre est sur ce même axe, au point qui a a, b, c, pour coordonnées, sont

[γ] $$Ax+By+z=\alpha, \quad (x-a)^2+(y-b)^2+(z-c)^2=\beta.$$

On peut considérer ces équations comme celles d'un parallèle quelconque de la surface, pourvu qu'on établisse entre α et β l'équation qui résulte de l'élimination de x, y, z, entre [α] et [γ]. Je représente encore cette équation par

$$[\delta] \qquad F(\alpha, \beta) = 0;$$

et alors, en éliminant α et β entre cette équation et celles du parallèle, on trouve, pour l'équation générale des surfaces de révolution,

$$F[Ax + By + z, (x - a)^2 + (y - b)^2 + (z - c)^2] = 0.$$

727. Problème. *Une surface donnée étant liée d'une manière invariable à un axe de révolution, et tournant ensuite autour de cet axe, trouver l'équation de la surface qui touche et enveloppe la surface mobile dans toutes ses positions.*

Il est clair qu'il y a sur la surface donnée une ligne qui décrit la surface de révolution, et que le plan tangent à la surface donnée, en chaque point de cette ligne, doit être aussi tangent à la surface de révolution demandée. Donc ce plan doit être perpendiculaire au plan méridien qui passe par le point que l'on considère (724). Par conséquent, en prenant simultanément l'équation qui exprime cette condition avec celle de la surface donnée, on aura deux équations en x, y, z, qui représenteront la ligne génératrice, et la question sera ramenée aux précédentes.

Surfaces gauches.

728. On nomme *surfaces gauches* celles qui sont engendrées par une ligne droite, et qui ne sont pas développables.

Toutes les surfaces décrites par une droite, soit gauches, soit développables, sont comprises dans la dénomination générale de *surfaces réglées*.

Dans toutes ces surfaces, le plan tangent en un point doit contenir la génératrice qui passe par ce point; mais, pour cela, il n'est pas tangent à la surface en chaque point de cette génératrice. Cette propriété n'a lieu que pour les surfaces développables.

729. Parmi les surfaces gauches, on remarque principalement:

1° L'*hyperboloïde à une nappe*, engendré par une droite qui se meut sur trois droites non parallèles à un même plan.

2° Le *paraboloïde hyperbolique* ou *plan gauche*, engendré par une droite qui se meut sur deux droites, en restant toujours parallèle à un plan.

3° Le *cylindre gauche*, engendré par une droite assujettie à demeurer parallèle à un plan, et à s'appuyer sur deux courbes quelconques.

4° Le *conoïde*, engendré par une droite qui reste parallèle à un plan, et qui glisse sur une droite et une courbe.

A l'égard des deux premières, nous remarquerons qu'elles sont les seules surfaces gauches comprises dans les surfaces du second ordre, et que leurs propriétés ont été exposées précédemment.

730. Si on veut appliquer le calcul à la définition des surfaces réglées, on prendra les équations

$$[1] \qquad x = az + \alpha, \qquad y = bz + \beta,$$

pour représenter la génératrice dans une position quelconque; puis on remarquera qu'il faut, pour que cette droite décrive une surface déterminée, que trois des quantités a, α, b, β, soient des fonctions de la quatrième. Donc, quelle que soit la surface réglée, les équations de la génératrice peuvent s'écrire ainsi

$$x = z\varphi(\alpha) + \alpha;\quad y = z\psi(\alpha) + \chi(\alpha);$$

les lettres φ, ψ, χ, indiquant des fonctions, et α étant une indéterminée dont la variation fait mouvoir la génératrice.

Au lieu de supposer a, b, β, fonctions de α, on peut assujettir ces quatre quantités à trois équations de condition; et alors, pour avoir la surface, il faut éliminer a, α, b, β, entre ces équations et les équations [1].

Quant à ces équations de conditions, elles résultent ordinairement du mode particulier de génération que l'on considère. Ainsi, elles exprimeront que la génératrice se meut sur trois lignes données; ou sur deux lignes, en restant parallèle à un plan; ou bien sur une ligne seulement, en demeurant constamment parallèle à un plan et tangente à une surface donnée; ou encore de bien d'autres manières. La méthode à suivre, pour soumettre ces différens cas à l'analyse, est maintenant assez connue, et de nouveaux développemens seraient inutiles.

Si on veut que la surface réglée soit développable, il faut choisir les relations des quantités a, α, b, β, de telle sorte que chaque position de la génératrice soit dans un même plan avec la position infiniment voisine. Mais, pour exprimer cette condition dans l'analyse, il faudrait emprunter au calcul différentiel des considérations qui lui sont propres, et qui ne sont pas de nature à trouver place dans cet ouvrage.

731. Les propriétés les plus importantes des surfaces gauches, et qu'on a le plus souvent occasion d'appliquer, sont plus faciles à établir par la géométrie que par l'analyse. Sur ce point, je pourrais renvoyer à mon traité de *Géométrie descriptive;* mais il sera plus commode pour le lecteur de trouver ici cette théorie.

Et d'abord, démontrons qu'on peut en général décrire une surface en faisant mouvoir une droite sur trois directrices données. A cet effet, prenez à volonté un point de la première directrice pour sommet d'un cône engendré par une droite qui s'appuierait sur la seconde directrice. Ce cône va couper la troisième directrice en un point; et la droite menée par ce point et par le sommet du cône, étant tout entière sur le cône, doit rencontrer la seconde directrice : cette droite s'appuie donc sur les trois lignes à la fois. On peut répéter cette construction en prenant des cônes qui aient successivement pour sommets tous les points de la première directrice; et alors il est clair que la droite qui les rencontre toutes trois, changeant ainsi continuellement de position, détermine une surface. Il est évident d'ailleurs que la même surface peut être produite en prenant pour directrices trois lignes quelconques tracées sur cette surface.

732. Quelles que soient les courbes qu'on prenne pour directrices d'une surface gauche, on peut les considérer comme des polygones d'une infinité de côtés, et par suite la surface elle-même comme composée d'une infinité de *faces gauches*, dont chacune est une portion d'hyperboloïde ou de paraboloïde, indéfinie en longueur, mais d'une largeur infiniment petite. Cela signifie, en d'autres termes, que si on prend sur cette surface

(fig. 54) deux génératrices G et G′ aussi voisines qu'on voudra, lesquelles rencontrent les directrices aux points *a*, *b*, *c*, *a′*, *b′*, *c′*; si on prolonge les élémens de courbe *aa′*, *bb′*, *cc′*, ce qui donne les trois tangentes *ar*, *bs*, *ct*; et si on fait glisser la génératrice G sur ces trois tangentes : on obtiendra ainsi une nouvelle surface qui aura avec la première une partie commune, comprise entre les génératrices G et G′. De là on conclut qu'en chaque point de la droite G, le plan tangent à l'une des deux surfaces l'est aussi à l'autre.

Pour mettre cette proposition dans un plus grand jour, ne supposons pas d'abord les génératrices G et G′ infiniment rapprochées; menons (fig. 55) les sécantes *aa′r*, *bb′s*, *cc′t*, et prenons-les pour directrices d'une surface gauche du second ordre (qui pourra être un hyperboloïde ou un paraboloïde). Il est démontré (671, 679) qu'il existe sur cette surface un second système de génératrices, qui toutes rencontrent les premières : soit *mp* l'une d'elles, qui coupe G et G′ en *m* et *n*. Imaginons que G′ se rapproche de plus en plus de G : les lignes *ar*, *bs*, *ct*, changeront de position, et avec elles la surface dont elles sont directrices. En même temps la droite *mp* change aussi, mais elle ne cesse pas d'être située sur cette surface, quelque petite que soit la distance de G′ à G; donc il en est encore de même au moment où ces génératrices coïncident. Mais alors *ar*, *bs*, *ct*, deviennent tangentes aux directrices de la surface proposée, et *mp* devient tangente à cette même surface; ou, ce qui est la même chose, *mp* devient tangente à une certaine courbe tracée par le point *m* sur cette surface, et le long de laquelle on peut supposer que se meut le point *n*. Donc, quand les génératrices G et G′ sont réunies, le plan *amp* devient tangent en *m* à la surface proposée : et remarquez en outre que ce plan ne cesse pas d'être tangent à la nouvelle surface, puisqu'il contient toujours deux droites *am* et *mp* situées sur cette surface.

Comme ces raisonnemens s'appliquent à tous les points de la génératrice G, on conclut, comme plus haut, que *si, par les points où les trois courbes directrices d'une surface gauche sont rencontrées par une de ses génératrices, on mène des tangentes à ces courbes, et qu'on prenne ces tangentes pour directrices d'une surface gauche du second ordre, cette nouvelle surface sera tangente à la première dans toute l'étendue de la génératrice commune :* c'est-à-dire que *les deux surfaces ont même plan tangent en chaque point de cette génératrice.*

De ce théorème découle cette conséquence importante, que *deux surfaces gauches qui ont trois plans tangens communs le long d'une même génératrice, sont tangentes l'une à l'autre en tous les points de cette génératrice.* En effet, si on mène trois plans quelconques par les points de contact, ils couperont les plans tangens suivant des droites tangentes aux deux surfaces à la fois : or la surface gauche du second ordre, qui a pour directrices ces trois tangentes, doit avoir, en chaque point de la génératrice commune, le même plan tangent que les surfaces proposées; donc aussi ces dernières sont tangentes l'une à l'autre dans toute l'étendue de cette génératrice.

Pour former des voûtes on emploie quelquefois un ensemble de plusieurs surfaces gauches. Dans ces cas, on doit faire en sorte que deux surfaces se réunissent toujours par une génératrice le long de laquelle il y ait trois plans tangens communs : car alors elles se toucheront dans toute l'étendue de cette génératrice, et pourront être considérées comme n'en formant qu'une seule. C'est ce qu'on appelle *raccorder* les surfaces.

733. Ce qui vient d'être dit se rapporte aux surfaces gauches en général : considérons en particulier les cylindres gauches, qui sont décrits par une droite qui reste parallèle à un plan et glisse sur deux courbes. Si on mène des tangentes à ces courbes en deux points d'une même génératrice, et qu'on fasse glisser sur elles une droite parallèle au plan donné, on engendre ainsi un paraboloïde hyperbolique; et, en reprenant les raisonnemens précédens, on arrive facilement à conclure que ce paraboloïde est tangent au cylindre gauche, en tous les points de la génératrice commune. Alors aussi il est facile de voir que si deux cylindres gauches ont le même plan directeur, il suffit qu'il y ait, sur une génératrice, deux plans tangens communs, pour que les deux surfaces se raccordent parfaitement.

734. Considérons de nouveau une surface gauche quelconque, et supposons qu'on veuille construire géométriquement le plan tangent en un de ses points : il est clair qu'on pourra la remplacer par une surface du second ordre qui ait avec elle trois plans tangens communs, sur la génératrice passant au point de contact. Or, on sait qu'on peut mener par ce point une autre droite sur la seconde surface; le plan tangent à cette surface, en ce point, contient ces deux droites : ce plan tangent sera donc déterminé; et par conséquent aussi le plan tangent à la surface proposée, car il doit être le même.

735. Comme on peut mener à la surface donnée une infinité de tangentes par chacun de ses points, il est évident qu'après avoir pris trois points à volonté sur une de ses génératrices, on peut choisir d'une infinité de manières un système de trois tangentes passant respectivement par ces points; et dès-lors il est évident aussi qu'il existe une infinité de surfaces du second ordre qui sont tangentes à une surface gauche suivant une génératrice, et qui peuvent être employées dans la construction du n° précédent. En général, ces surfaces du second ordre sont des hyperboloïdes; mais rien n'empêche de prendre pour directrices les tangentes menées à trois sections parallèles faites dans la surface donnée, et alors elles détermineront un paraboloïde.

On voit même qu'il y a une infinité de paraboloïdes tangens, tels que celui dont on vient de parler; car on peut varier d'une infinité de manières les trois sections parallèles. Toute indétermination cessera, si on fait ces sections perpendiculairement à la génératrice suivant laquelle la surface proposée doit être touchée.

736. Coupons en effet, ainsi qu'il vient d'être dit, la surface par trois plans perpendiculaires à une génératrice G (fig. 56); et soient *ar*, *bs*, *ct*, les trois tangentes qui déterminent alors un paraboloïde hyperbolique tangent à la surface proposée. On sait qu'il doit y avoir, sur ce paraboloïde, deux systèmes de droites : les unes, telles que G, qui rencontrent les tangentes *ar*, *bs*, *ct*; et les autres, telles que *ar*, qui rencontrent chacune des premières. On sait de plus que les droites de chaque système sont parallèles à un même plan. Or, par construction, les lignes *ar*, *bs*, *ct*,

sont perpendiculaires à la droite G; donc, si on mène une série de plans perpendiculaires à cette droite, ils couperont la surface proposée suivant des courbes qui auront toutes pour tangentes des droites du paraboloïde. De sorte qu'on peut considérer le paraboloïde comme le lieu des tangentes menées, par les différens points de la génératrice G, à toutes les sections faites, dans la surface proposée, perpendiculairement à cette génératrice.

Maintenant, imaginons que ce paraboloïde fasse un quart de révolution autour de la droite G, il est clair que chacune des tangentes devient normale à la surface proposée. De là ce théorême remarquable, dont la Géométrie descriptive fait un fréquent usage dans ses recherches : *La surface formée par les normales menées à une surface gauche quelconque, aux différens points d'une même génératrice, est toujours un paraboloïde hyperbolique.*

FIN.

DE L'IMPRIMERIE DE CRAPELET,
RUE DE VAUGIRARD, N° 9.

Trigonométrie

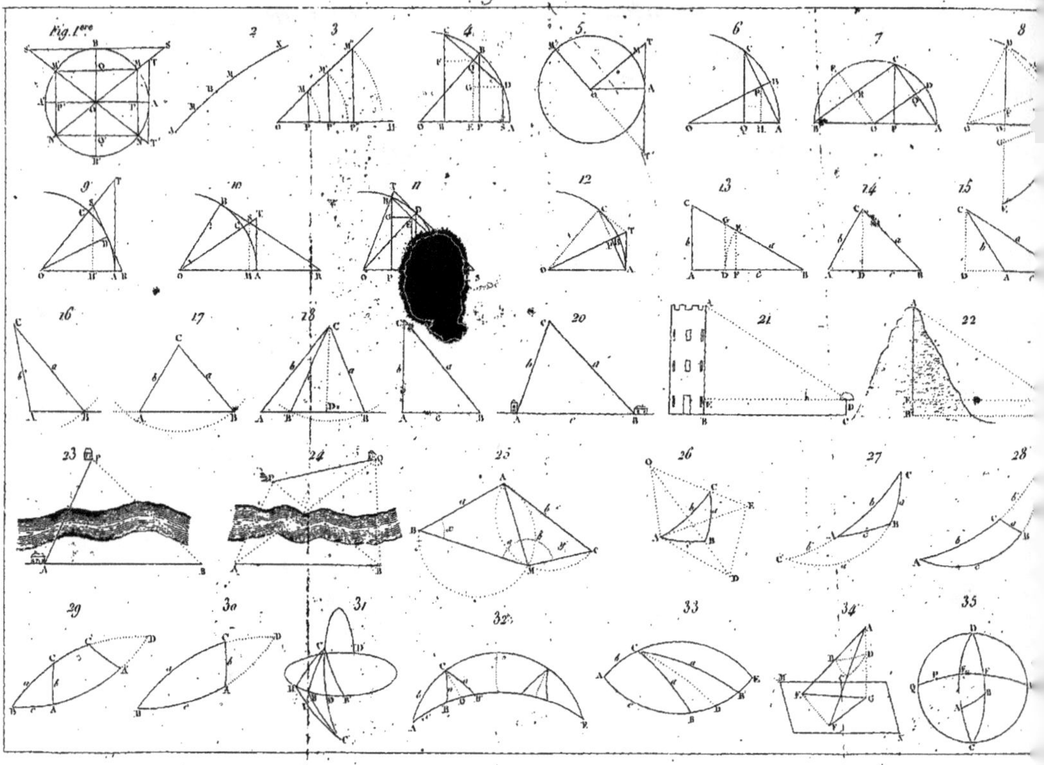

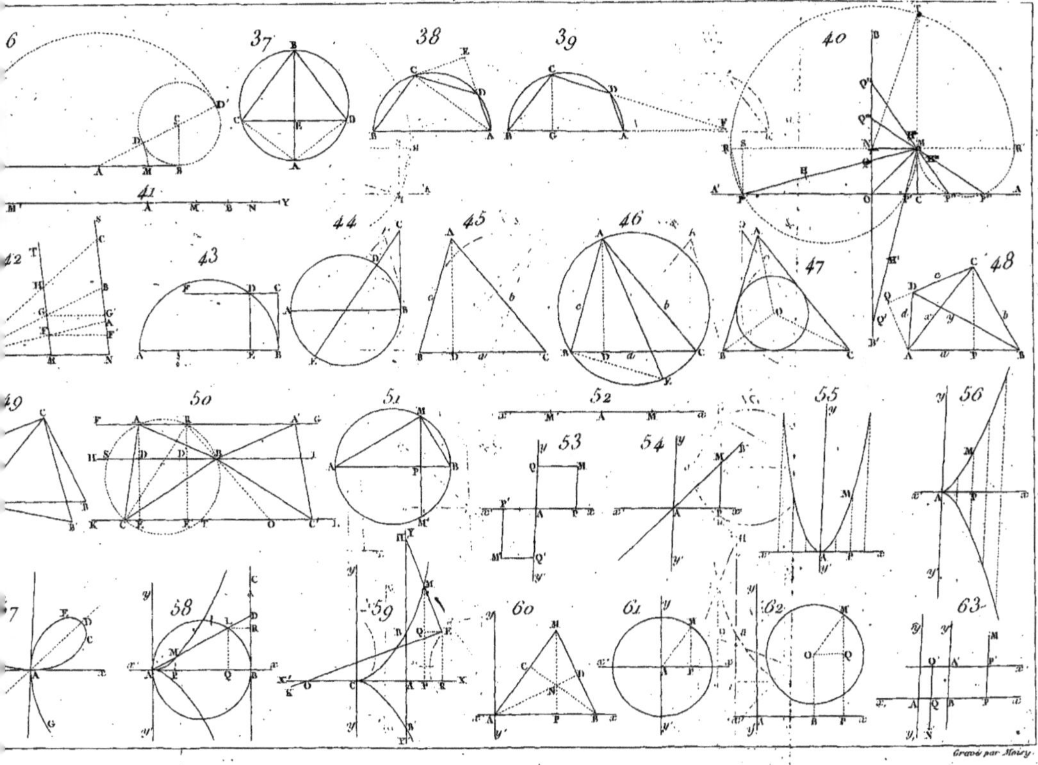

Gravé par Moisy.

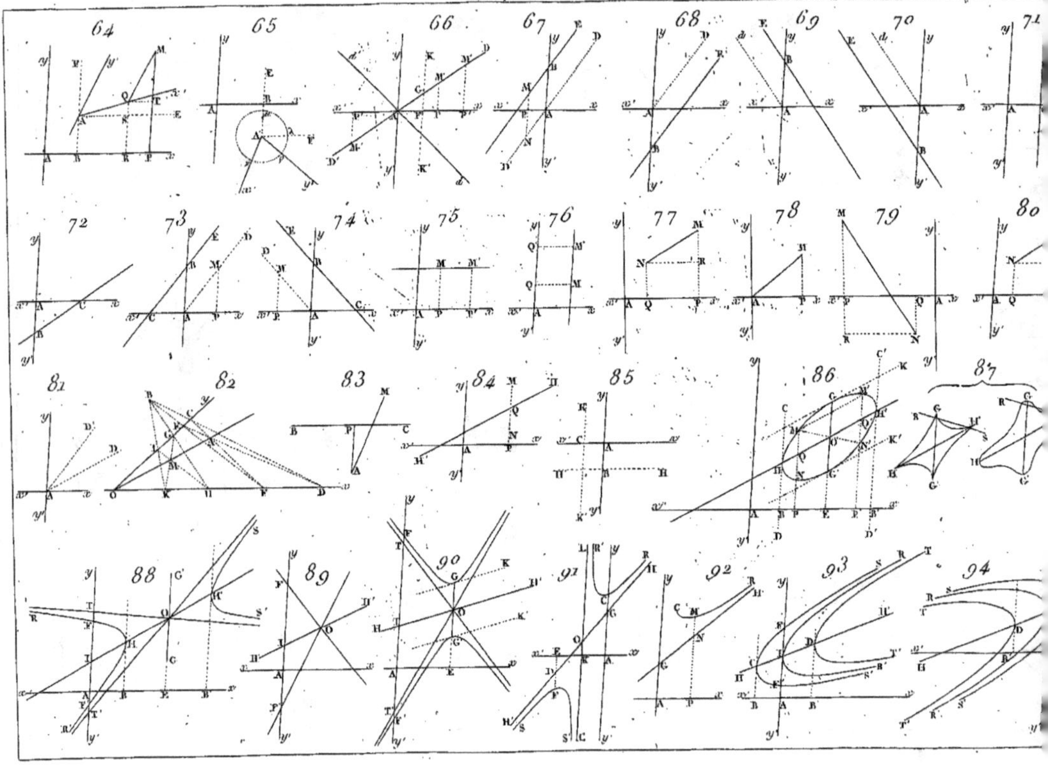
64
65
66
67
68
69
70
71
72
73
74
75
76
77
78
79
80
81
82
83
84
85
86
87
88
89
90
91
92
93
94

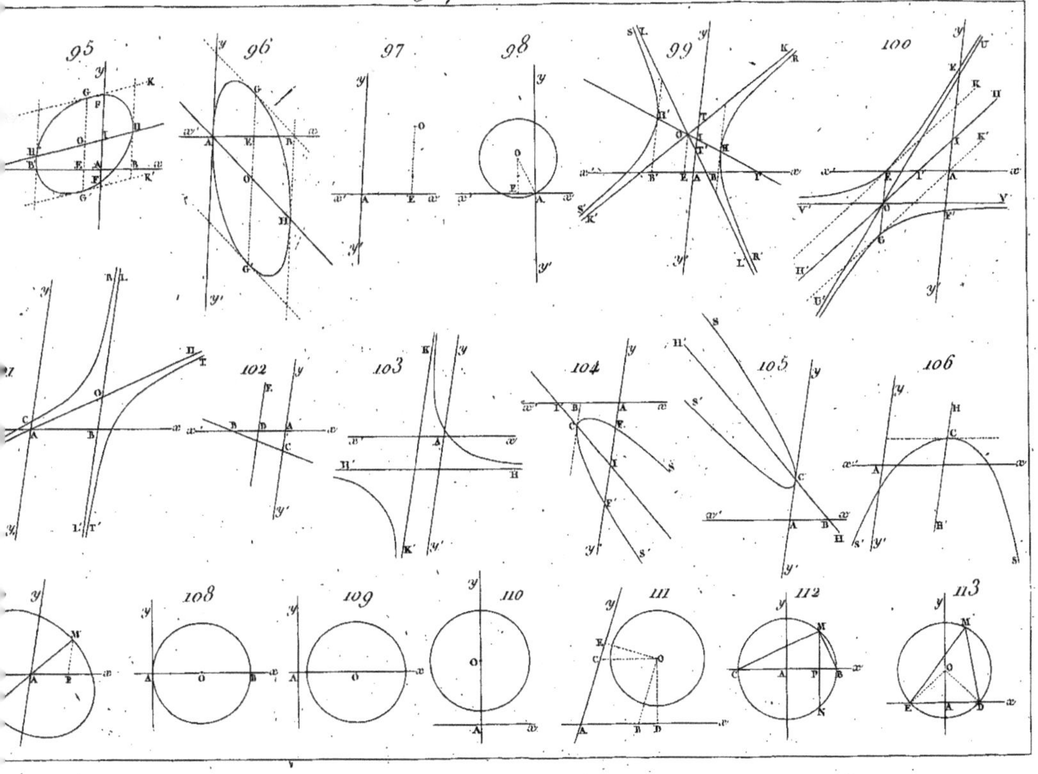
95
96
97
98
99
100
102
103
104
105
106
108
109
110
111
112
113

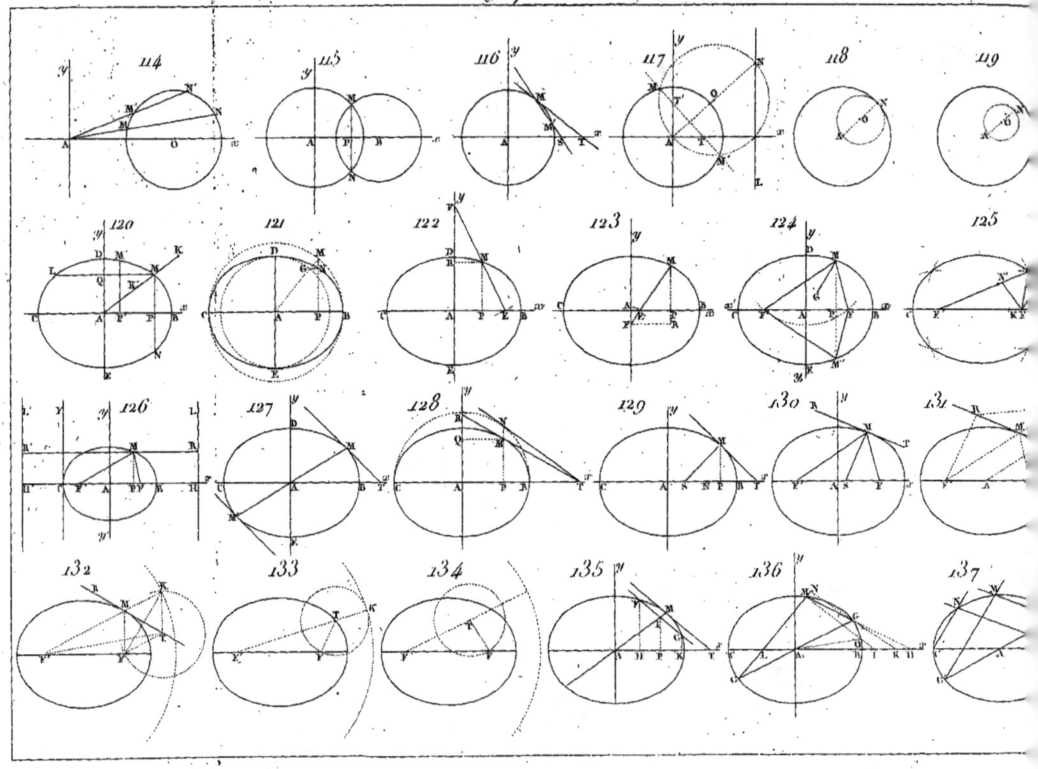
114
115
116
117
118
119
120
121
122
123
124
125
126
127
128
129
130
131
132
133
134
135
136
137

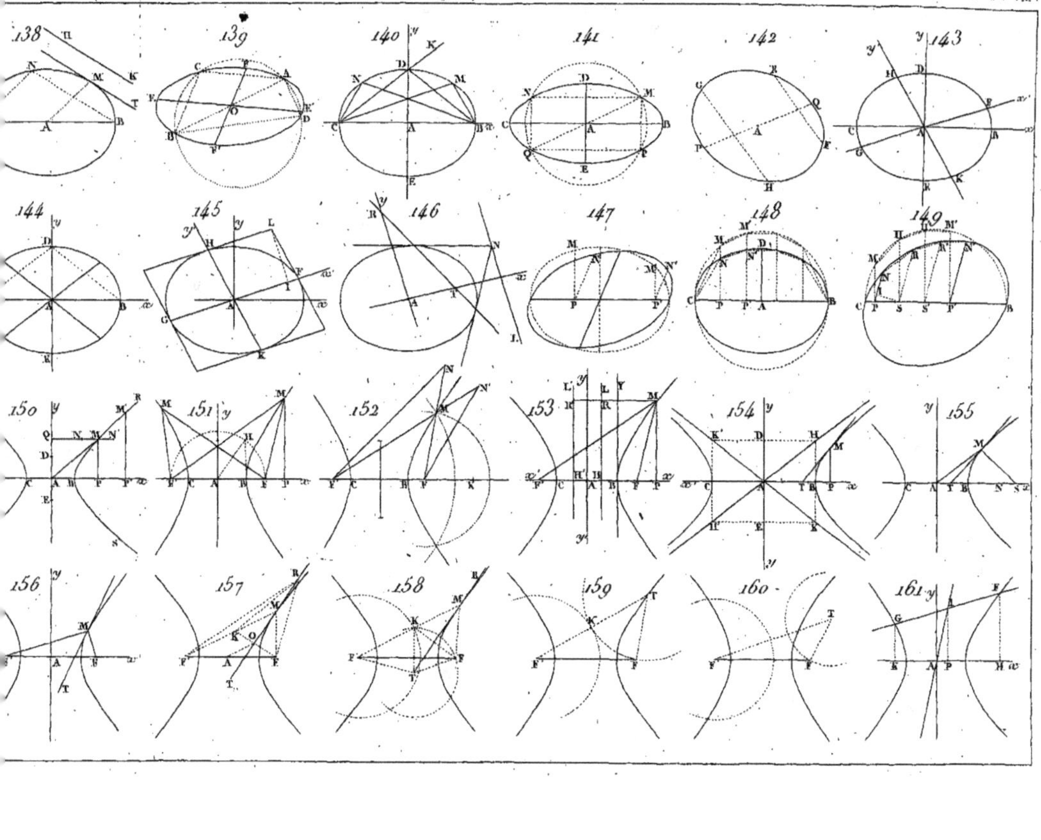
138
139
140
141
142
143
144
145
146
147
148
149
150
151
152
153
154
155
156
157
158
159
160
161

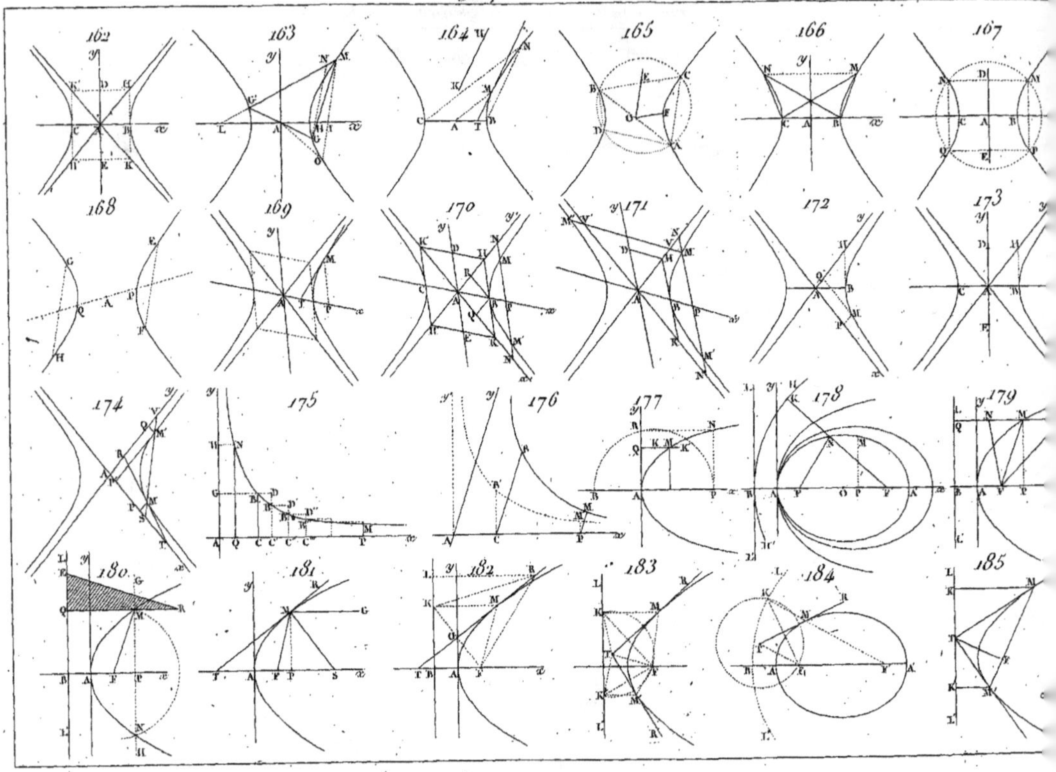
162
163
164
165
166
167
168
169
170
171
172
173
174
175
176
177
178
179
180
181
182
183
184
185

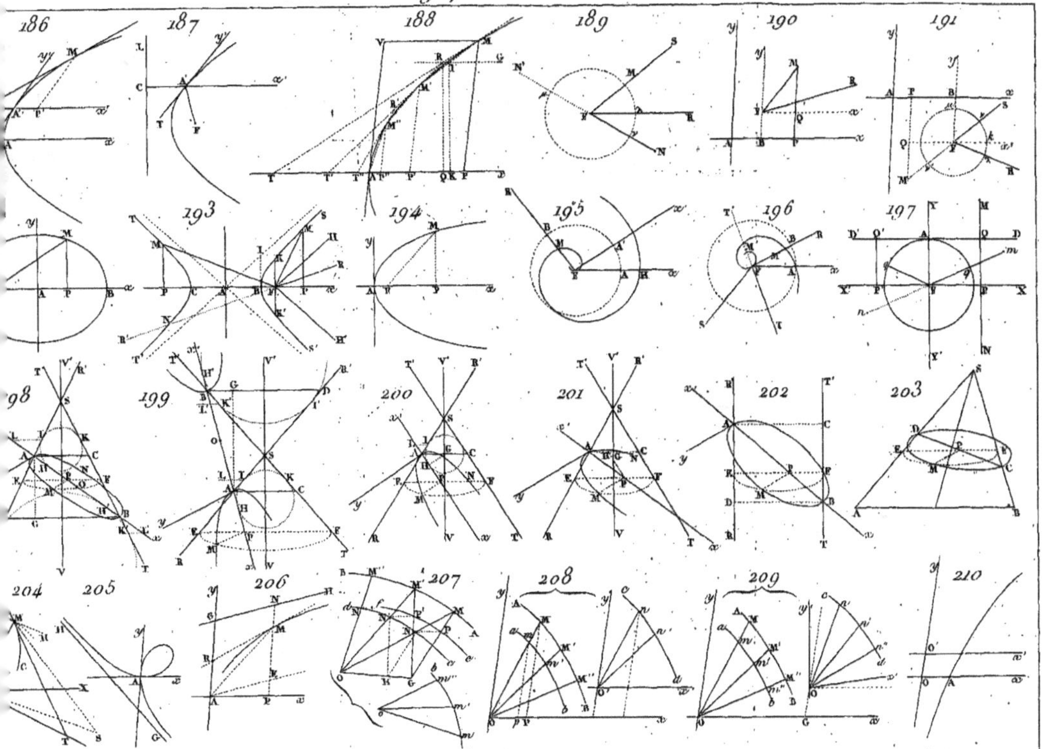
186
187
188
189
190
191
193
194
195
196
197
198
199
200
201
202
203
204
205
206
207
208
209
210

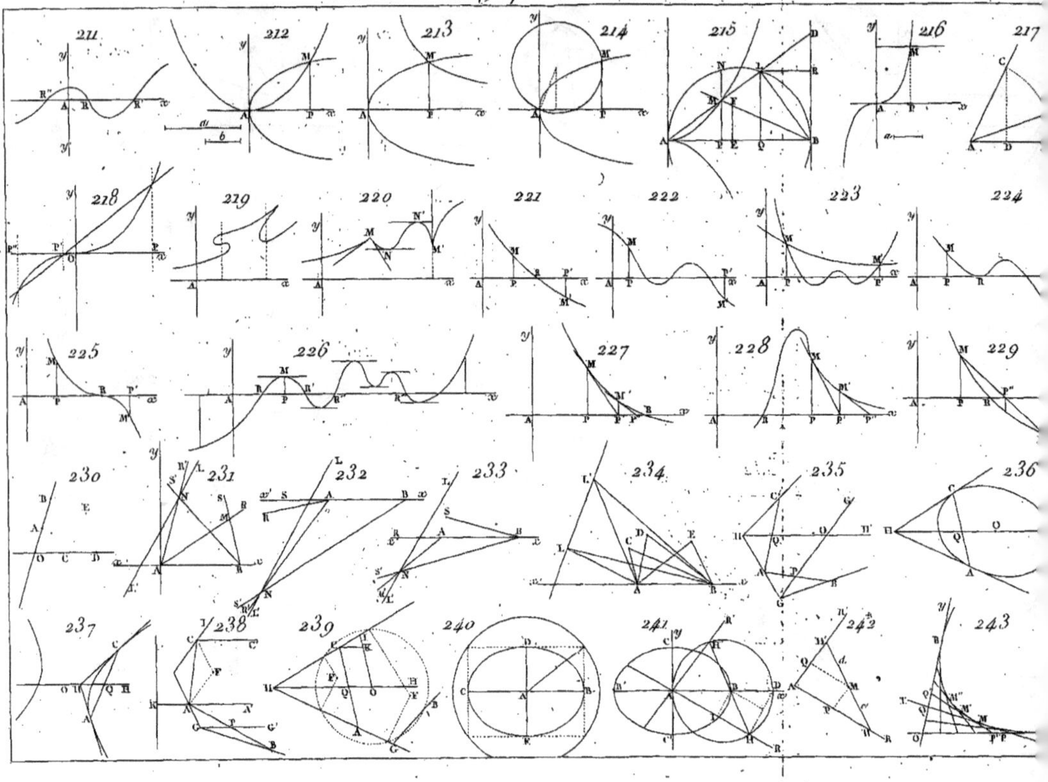
211
212
213
214
215
216
217
218
219
220
221
222
223
224
225
226
227
228
229
230
231
232
233
234
235
236
237
238
239
240
241
242
243

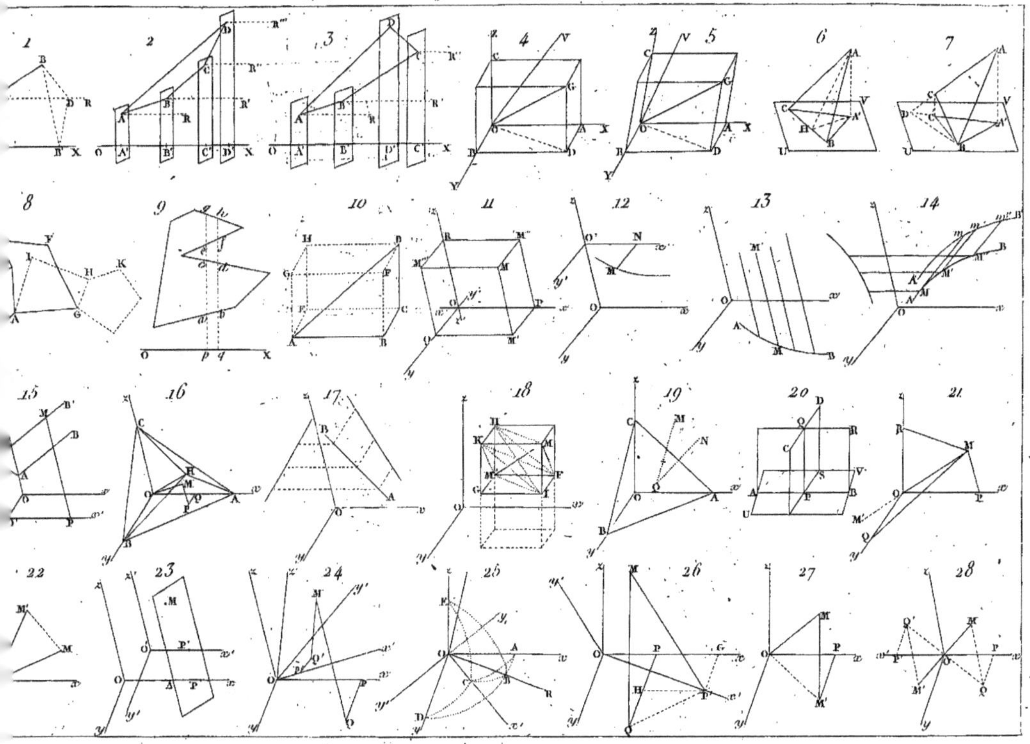

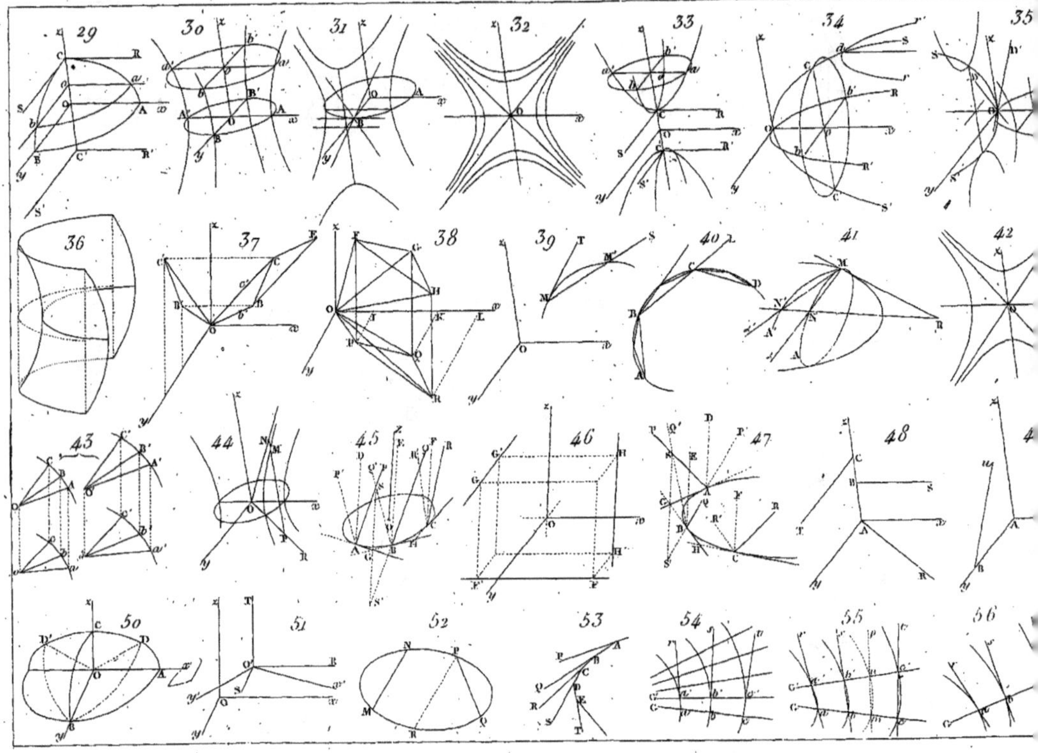

29
30
31
32
33
34
35
36
37
38
39
40
41
42
43
44
45
46
47
48
50
51
52
53
54
55
56

www.ingramcontent.com/pod-product-compliance
Lightning Source LLC
Chambersburg PA
CBHW052056230326
41599CB00054B/2874
* 9 7 8 2 0 1 2 5 7 2 3 9 3 *